[2018年大事记]

•1月12日，音乐教育专业委员会工作会议在北京召开，共有来自全国各地的40多家音乐教育企业及相关单位负责人共60余人参加。

•3月14日，星海钢琴、上海民族乐器一厂、红棉乐器被人力资源和社会保障部、轻工业联合会和中华全国手工业合作总社评为“全国轻工行业先进集体”，梁钊明获“全国轻工行业劳动模范”称号。

•4月26日，七届四次理事会在京召开。王世成理事长做重点发言，他勉励行业同仁充分认识高质量发展重要内涵，扎实推进“行业六项重点工作”，为行业新的一年运营发展梳理宏观思维导向。

•4月26日，中国乐器协会按照“中国乐器协会乐器行业50强和先进集体”评选办法，授予广州珠江钢琴集团股份有限公司等50家单位“2017年度中国乐器协会乐器行业50强”称号。

•4月26日，中国乐器协会和京东签署战略合作备忘录，将在教育维修服务、线上线下营销、展会合作等项目以及乐器电商行业标准制定方面进行合作。

•4月29日，中华号角——2018上海之春国际音乐节管乐艺术在上海开幕。来自国内外的176支管乐团的逾万名乐手参加了本次活动。

•5月8日，全国音乐教育跨界合作高峰论坛在江苏黄桥召开，探讨拓宽延伸乐器产业链，跨界整合乐器制造与音乐教育资源，推进“乐器是家庭标配，音乐是生活刚需”战略目标。

•5月8日，中国乐器协会组织行业内专家对泰兴市黄桥镇“中国提琴产业之都”进行实地复评考察。通过评审，专家们一致建议继续授予黄桥镇“中国提琴产业之都•黄桥”称号。

•5月25日，由中国乐器协会等四家行业协会共同举办的“动植物科学保护与利用及可持续发展论坛”在京举行，中国乐器协会做了《动植物保护与科学利用在乐器行业的实践》专题报告。

•6月6–13日，王世成理事长赴法国和意大利考察，与欧洲钢琴、管乐、提琴等高端乐器品牌制造商、相关大学、政府部门、行业组织等广泛接触，会见法国勒芒市政主要官员，访问取得丰硕成果。

•6月20日，中国轻工业联合会发布《2017年度中国轻工业百强企业》。吟飞科技入选“电商能力百强企业”，珠江钢琴入选“研发投入能力百强企业”。

•7月6–8日，2018国民音乐教育大会在京召开，有来自9个国家和地区的131位知名专家、学者到会，全国各地近千名音乐老师参会互动。

•7月6–8日，第四届北京国际音乐生活展在京举办。展会精心策划“国风、西韵、跨乐、乐学”四大音乐主题展区，为行业及消费终端引入全新的音乐生活生态圈和现代音乐生活方式指南。

•7月 6 日，中国乐器特色产业基地、音乐教育示范基地成果发布会在京举行。目前，我国乐器特色产业集群工商注册企业超过1000余家，就业人数约18万人。

•7月7日，提琴制作师分会第四届二次全体会员大会在中央音乐学院召开，来自全国各地的150余位会员参加了会议。

•7月8日，6•21国际乐器演奏日颁奖音乐会在北京举行，全国共有31个省、自治区、直辖市的168座城市、728家单位参与到 2018中国6•21国际乐器演奏日系列活动中。

•8月4–7日，第十二届亚太口琴节在北京举办。2800余名口琴爱好者参与本次活动，创历届亚太口琴节之最。

•8月15日，中国乐器协会组织专家赴河北省饶阳县进行实地考评，通过评审，专家们一致建议授予河北省饶阳县“中国民族乐器之乡”称号。

•9月12日，中国钢琴调律行业工作研讨交流会在京举办，正式恢复和加强钢琴调律培训认证工作，继续开展“双证”行业认证，执行原国家“双证”认证标准，颁发对应级别行业资格证书。

•10月7-9日，2018亚洲钢琴技师协会年会暨2018中国钢琴调律师年会在桐乡举办。来自中国、韩国、日本等国家的调律师汇聚一堂，交流分享行业信息和技术，共同探讨调律事业的创新发展。

•10月9日，围绕中欧当前乐器产业关注热点，中欧乐器第十三次会议在上海举行。双方对中国乐器进口降税、国民音乐教育大会和中欧音乐教育项目合作、中国市场打假维权等议题交换意见。

•10月10-13日，2018中国（上海）国际乐器展览会在沪举办。展会规模再创新高，面积扩至13.8万平方米。汇聚来自31个国家和地区的2252家企业，81个国家和地区的110381名海内外专业观众。

•10月11日，民族乐器分会会员大会在上海召开。近20家生产厂家参会。会议在“交流合作、共同探讨”的良好氛围中进行。

•10月12日，由上海国际乐器展主办方和天使知音沙龙联合发起的“音乐开启心灵——关爱自闭症慈善音乐会”上演。

•10月24日，中国乐器协会组织相关提琴及民乐制作企业技术人员、制作家、演奏家以及乐团指挥家等，在京召开“民族低音拉弦乐器研讨会”。

•11月27日，中国乐器协会首届分支机构工作交流会在羊城成功举办。会议聚焦分支机构如何助力行业科技进步，以及分支机构如何更好地发挥行业导向作用。

•11月27日，钢琴分会2018年会在广州举办。与会代表分享了在环保升级、产业结构调整、品牌战略、对外合作、二手钢琴处理等领域的经验，共同探讨行业面临的问题和解决方案。

•11月28日，中国乐器协会七届七次常务理事（扩大）会暨科技大会在广州珠江钢琴集团增城新产业园区成功召开。会议对2018年度乐器行业“科技之星”和民族低音拉弦乐器阶段成果进行了表彰。

•11月28日，中国乐器协会授予宋从甲、赵哲等25人2018年度乐器行业“科技之星”称号。

•12月13日，全国乐器标准化技术委员工作会议在京召开。总结报告表明，乐标类现行标准共计112项，其中国家标准19项，行业标准93项。

PEARL RIVER PIANO
珠江钢琴
Kayserburg
恺撒堡
70
1949-2019
庆祝中华人民共和国成立70周年
ANNIVERSARY OF THE FOUNDING
恺撒堡钢琴
以经典“中国红”系列
献礼中华人民共和国成立70周年
★★★★★
Kayserburg

SCHIMMEL
PIANOS

PEGASUS
THE GRAND

K208 飞马琴

Schimmel先生联手国际著名设计大师卢吉·科拉尼跨界融合打造了这款梦想的钢琴作品。
Mr. Schimmel, cooperating with the international designer Prof. Luigi Colani,.created this dreaming piano.

从任何角度看去，整架钢琴都像一匹凌空翱翔的飞马，完整地诠释了马到成功的美好意愿。完全打破传统钢琴的固有形象，兼具“钢琴之神韵，飞马之形态”。
From any perspective, the piano is hovering the midair, fully interpreting good wishes of success. It is a intelligent design based on traditional piano and famous for “Piano Rhyme, Pegasus Form”.

琴体线条流畅、光亮华丽，琴身与琴凳融为一体，使弹奏者可以享受到人琴合一的演奏效果，还配备高科技自动演奏系统，琴键可以自行跳跃演奏。
This piano is not only vibrant elegance and fantasy, but also creatively integrates the bench with piano, which makes the pianist to be a part of the piano in the performance. Pegasus also installs with Player System.

每年量产，据订单订制，颜色可以自行选择。
Every Pegasus is exclusively customized, including color. It is manufactured in a strictly limited annual number.

Ritmüller
里特米勒

里特米勒

源自欧洲的品牌底蕴
载誉国际的声学品质

1795年源于德国的里特米勒钢琴，饱含欧洲文化底蕴，以其欧洲琴柔美、纯净的音质和卓越的演奏性能著称，是欧洲古老著名的钢琴品牌之一。

音乐从这里开始

与全球音乐产品行业接轨

每年1月，在阳光明媚的南加州，NAMM展将音乐、声音和娱乐技术社区联合起来，共有来自130个国家和地区的11.5万多名注册者，拥有超过110亿美元的购买力。参展商利用展会在全球舞台上展示自己的品牌，引进新产品和创新，与国际媒体基地建立联系，通过跨越多个轨道的数百次免费教育课程培训他们的整个团队。

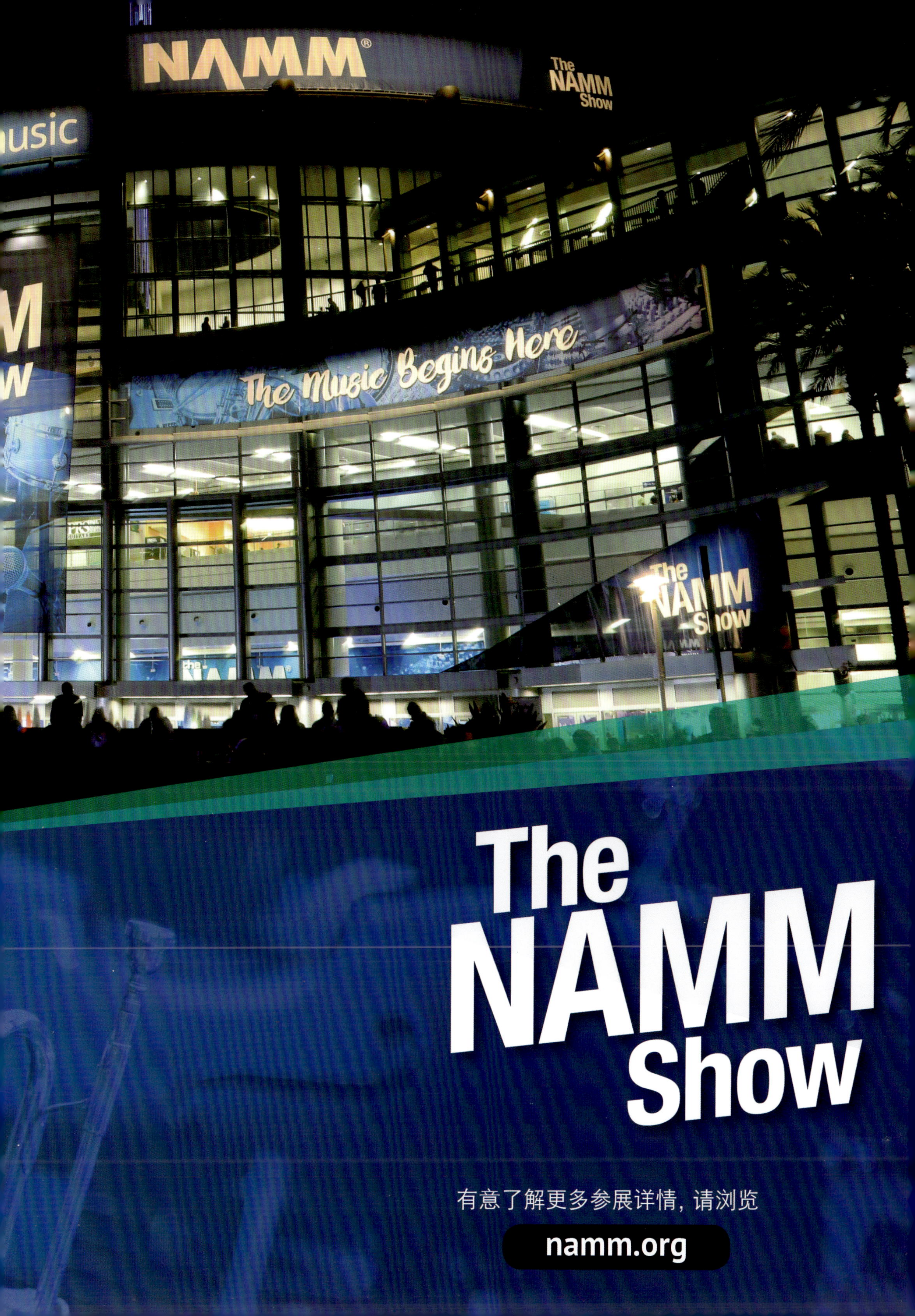
NAMM
The NAMM Show
music
The Music Begins Here
The NAMM Show
The
NAMM
Show
有意了解更多参展详情，请浏览
namm.org

上海民族樂器一厰

Shanghai No.1 National Musical Instruments Factory

“敦煌杯”中国民族器乐系列比赛

“敦煌杯”中国民族器乐系列比赛和展演活动创立于2010年。在国内各顶级专业学术机构及专家老师们的鼎力支持下，历经十年四届的发展和延续，“敦煌杯”二胡、琵琶、古筝等民族器乐系列比赛和展演活动在业内产生了巨大的社会影响力，得到了行业的高度评价，已经形成了较为成熟的音乐类比赛体系和品牌口碑。2019年5月，第四届“敦煌杯”中国二胡演奏大赛正式启动，并首次走出国门，在日本、新加坡设立了分赛区，持续扩大中国民族音乐在海外的影响力。到目前为止，“敦煌杯”中国民族器乐系列比赛和展演活动已成为专业结构体现完整、评委规模和专业度高、社会参与面广、参与人数多的中国民族器乐单项赛事。

“上海品牌”认证　中国非物质文化遗产　中华老字号 China Time-honored Brand

珍藏版小叶紫檀木
HaiShang
FengYun
海上風韵
敦煌
樂器

浙江宁波北仑厂区（1总部厂区+3分厂） 浙江宁波鄞州厂区 浙江宁波象山厂区 辽宁营口厂区 广东韶关南雄厂区

鳳 靈
FineLegend
凤灵乐器——
高档钢琴
高档小提琴
二0一九是凤灵高质量发展的一年，凤灵重
高级提琴，高级钢琴，高级吉他订单稳步
网址：www.feng-ling.com.cn
地址：江苏省泰兴市黄桥镇华溪中路1号
电话：0523-87203888

音质感动世界
FineLegend
FineLegend
高档钢琴
高档吉他
质量人才培养，高质量管理。高档次产品：
，实现了高质量、高效率、高效益！

—— Since 1984

持续改进

是津宝人永恒的追求

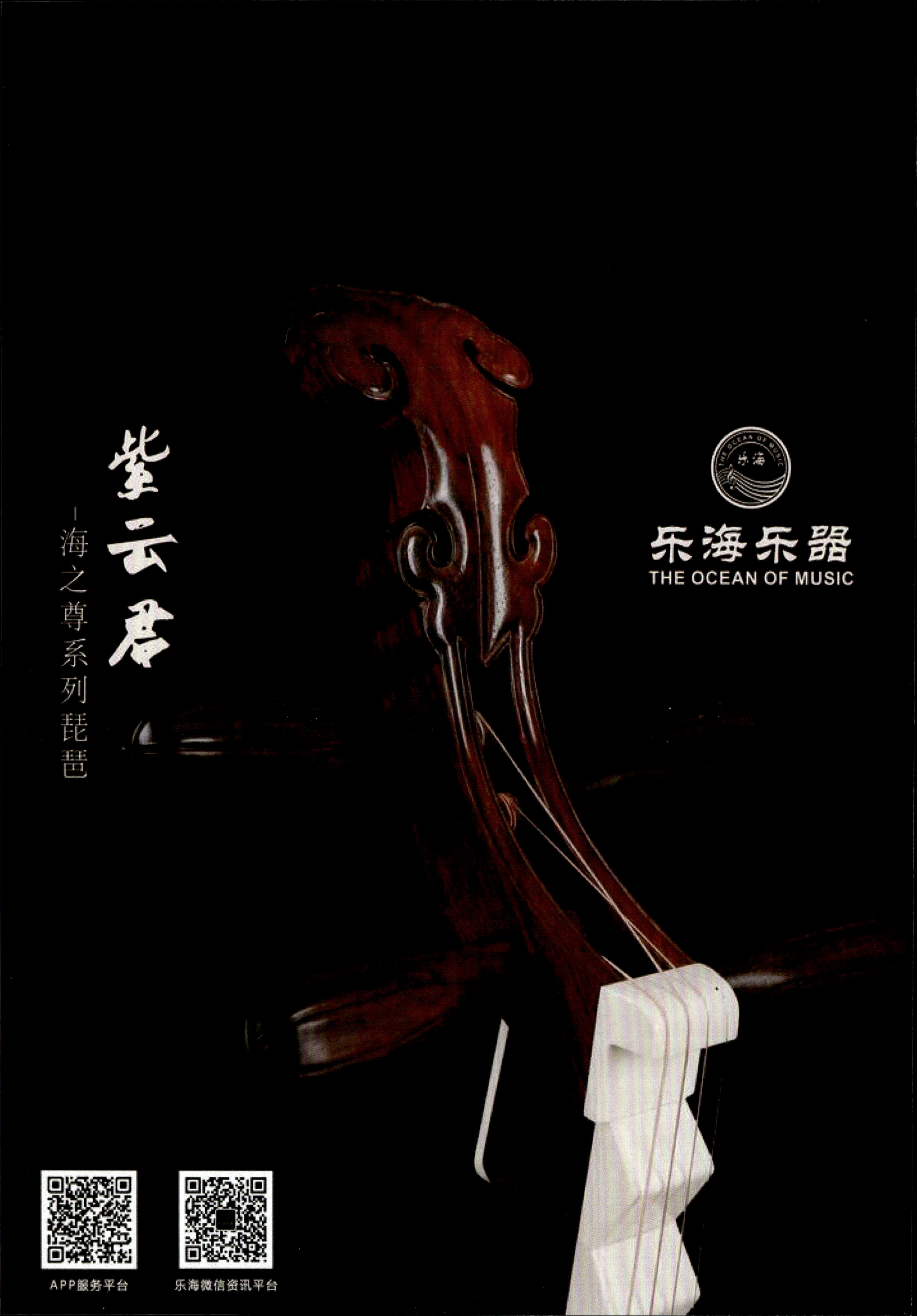
紫云君
—海之尊系列琵琶
乐海乐器
THE OCEAN OF MUSIC
APP服务平台
乐海微信资讯平台

乐海乐器
THE OCEAN OF MUSIC
海之尊
用新时代的工匠精神照亮未来
鳴鳳
地址：河北省肃宁县德善街1号
客服电话：400-006-1985
乐海艺文空间
网址:www.hbyhyq.com

26载永不止
归初心 再创新
Starsun
星臣
闪耀心声·源自星臣
SHINNING START WITH STARSUN
了解更多星臣吉他产品

▲烟台博斯纳钢琴制造有限公司厂区一角

▲博斯纳立式钢琴总装车间

▲博斯纳三角钢琴总装车间

▲博斯纳GBT187CMW三角钢琴

▲博斯纳GBT217演奏级大三角钢琴

JUPITER
JUPITER杰普特拥有超凡品质与音色的新品萨克斯JAS-1100&JTS-1100，融合了传统的手工设计与21世纪的高科技，是专业水平的全新选择。
从特殊处理过的“Sona-Pure”吹口管到手工精心打造的管体，给演奏者带来饱满圆润又不失穿透力的声音，新的专利结构。是任何演奏者卓越的演出表现不可或缺的，值得任何演奏者拥有！
KHS
功学社 集团
网址：www.chinakhs.com
品牌服务电话：010-67124640

JH2012-B
JH2011-D
Gelander
accordion
江阴金杯安琪乐器有限公司
Jiangyin Goldencup Angels Musical Instruments Co.Ltd
地址：江苏省江阴市申港镇亚包大道128号 214443 网址：http://www.chinagoldencup.com 电话：0510-86623605 传真：0510-86682398 E-mail

GOLDENCUP
accordion
GELANDER
GH5050 回声系列 Cassotto 2
GELANDER
GH1812 坤琴系列 18mm MINI
琴声愿与，共沐春秋

时代 锤炼匠心
匠心 塑造时
匠
心
用品质铸就未来！

YINGWU

妍丽不凡 心驰神往
型号 GY29 天鹅之恋
GOODWAY
嘉德威钢琴
《钢琴》国家标准制定单位
《钢琴弦轴板》国家标准制定单位

中州樂器
www.zhongzhouyueqi.com

KINGSBURG
—金斯波格—
KINGSBURG
KINGSBURG
有色彩的音色
注入当代著名钢琴设计大师克劳斯·芬纳先生毕生精髓
在继承德国传统工艺的基础上
创新当代金斯波格“有色彩的音色”钢琴品牌
400-6919-677
www.kingsburgpiano.com.cn

中国 · 江苏

德国 · 卢肯瓦尔德

www.seiler-pianos.net
"Quality-Seal RAL German Pianos"
guarantees the highest quality
SE
Flüg

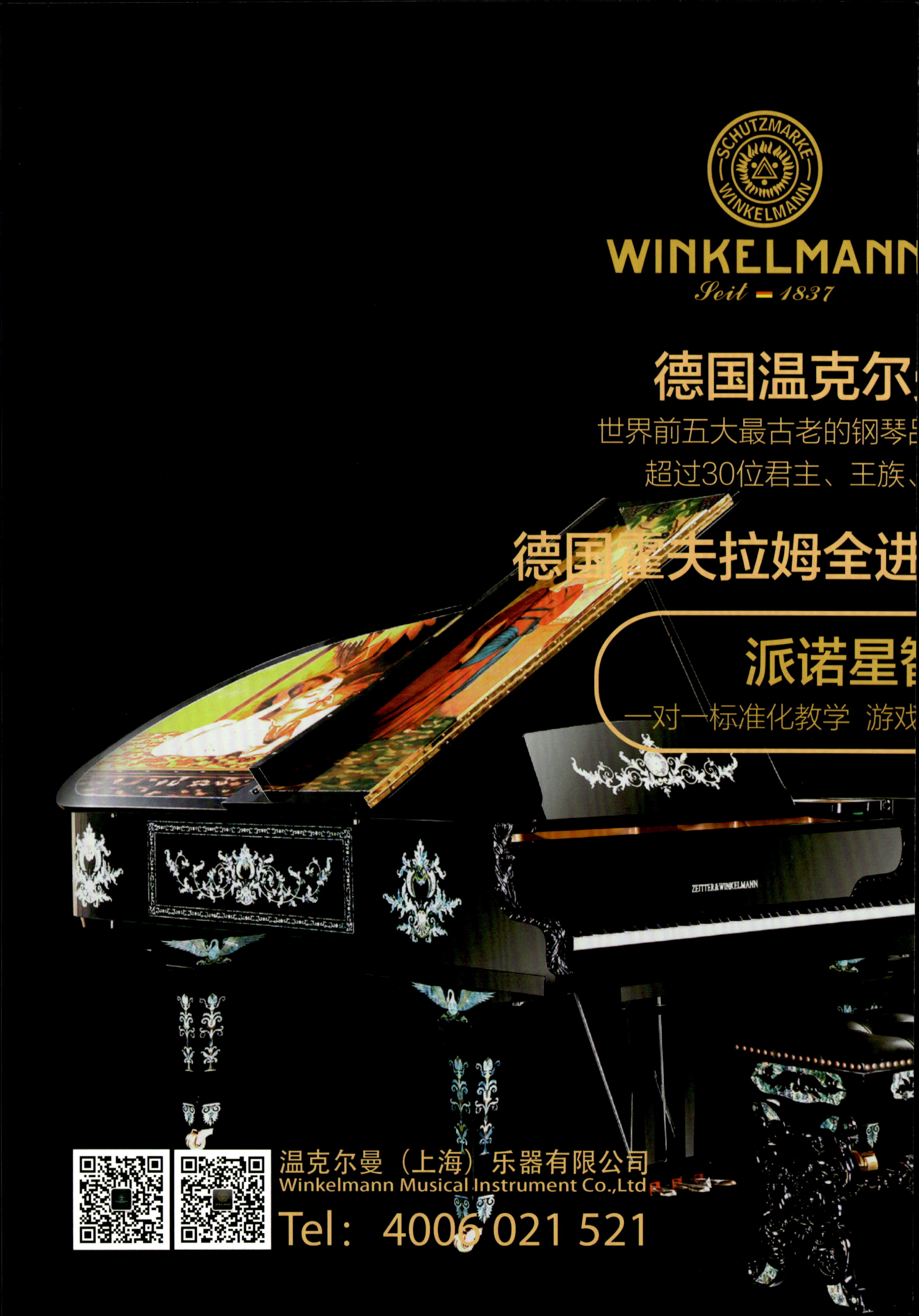
SCHUTZMARKE
WINKELMANN
WINKELMANN
Seit 1837
德国温克尔
世界前五大最古老的钢琴
超过30位君主、王族、
德国霍夫拉姆全进
派诺星
一对一标准化教学 游戏
ZEITTER&WINKELMANN
温克尔曼（上海）乐器有限公司
Winkelmann Musical Instrument Co.,Ltd
Tel：4006 021 521

SCHUTZ
MARKE
·1872·
H.WOLFFRAMM
DRESDEN
专注手工制琴
之一，世界博览会上屡获金奖
爵订购使用温克尔曼钢琴
钢琴诚招全国代理商
能钢琴教室
体教学 原版教材 智能陪练
天猫
温克尔曼天猫旗舰店上线
国内首批通过产品绿色环保检测单位
Http://www.wpiano.com.cn

王艳艳
雅特吉他教育常务校长
执行总监、发展顾问
吴琳
中国电吉他专业
考级工作委员会会长
青年吉他演奏家
王有林
电吉他考级工作委员会副会长
电吉他教育委员会副会长
多里斯
电吉他教育委员会秘书长
青年吉他演奏家
赵卫
中国乐器协会电吉
技术研究会会长
雅特吉他教室
学吉他到雅特吉他教室！学吉他让孩子有爱心，
有自信，这里是孩子们梦想的起点，人生无悔的选择！
雅特吉他教室愿为每一位致力于吉他教育的老师做出最真诚的服务！
音乐是人们生活中永恒的主题，我们用吉他教授音乐，
在音乐中感受快乐，在学习中获得自信，

雅特乐器
终无悔的选择
3
大优势
1
雅特产品不贬值
2
终生免费维修保养
3
享受
“升级 补差 置换”政策
财富热线：400-6767-980

微信号：bluthner1853
Blüthner
Blüthner
GROUP
德国博兰斯勒家族品牌
Julius Blüthner
Blüthner
CARL RÖNISCH
Blüthner-Haessler
Haessler
FÜRSTENBERG
Irmler
HUPFELD
SCHILLER

KAWAI
THE FUTURE OF THE PIANO
KAWAI
KAWAI

SHIGERU KAWAI

GRAND PIANO

The Passionate Quest Begin

In 1927, musical instrument legend and our company's founder, Koichi Kawai, established Kawai Musical Research Laboratory with a dream in his heart: "With these hands, I wish to create the world's finest pianos". Koichi's dream resonated with several of his colleagues as they worked together in a small, cramped warehouse. Resources were limited, but they shared a unified desire to craft excellent pianos. That year they produced the 'Showa-gata' (Showa type) upright piano, then in the following year of 1928, the first of Koichi's original grand pianos, 'Hiradai Ichi-gou' (Flat type no.1) was created. The company continued uncompromisingly, producing grand pianos one by one, following the traditional philosophy of craftsmanship with passion. And so began the story of Kawai.

中国乐器年鉴（2019）

中国乐器协会 编

中国轻工业出版社

中国乐器年鉴 (2019)
CHINA MUSICAL INSTRUMENT YEARBOOK

主办单位： 中国乐器协会

协办单位： 广州珠江钢琴集团股份有限公司

支持单位： 美国国际音乐制品协会（NAMM）
海伦钢琴股份有限公司
江苏凤灵乐器集团
乐海乐器有限公司
广东声凯乐器有限公司
功学社（天津）商贸有限公司
河北金音乐器集团有限公司
扬州金韵乐器御工坊有限公司
杭州嘉德威钢琴有限公司
浙江乐韵钢琴有限公司
门德尔松钢琴（上海）有限公司
嘉兴温克尔曼乐器有限公司
昌乐县雅特乐器股份有限公司
河合贸易（上海）有限公司
上海民族乐器一厂
柏斯音乐教育集团
天津市津宝乐器有限公司
北京罗兰盛世音乐教育科技有限公司
烟台博斯纳钢琴制造有限公司
江阴金杯安琪乐器有限公司
天津华韵乐器有限公司
河北华声乐器制造有限公司
河南中州民族乐器有限公司
烟台金斯伯格钢琴制造有限公司
赛乐尔三益乐器（上海）有限公司
重庆斯威特钢琴有限公司
德国博兰斯勒钢琴（中国）有限公司
捷克佩卓夫钢琴公司

地　　址：北京市丰台区顺三条 21 号嘉业大厦二期 1 号楼 706 室
电　　话：010-67665718
传　　真：010-67666220
邮　　编：100079
网　　址：www.cmia.com.cn
电子邮箱：zgyq@vip.sina.com

《中国乐器年鉴》编辑委员会

编 辑 说 明

一、《中国乐器年鉴》是由中国乐器协会编撰的综合性、公报性年刊，每年出版1卷。本书以汇总乐器行业年度经济运行主要指标数据、发展特点、大事记及趋势预测为主，囊括当年度全行业管理、生产、经营、进出口等主要方面发展的基本情况，国内各省市乐器制造业及市场信息、国外乐器发展动态等重要内容，翔实、全面、系统地反映上年度我国乐器行业的发展脉络，是一本为乐器行业及社会相关部门和单位提供最新资讯服务的大型权威性行业工具书。

《中国乐器年鉴》（2019）是继《中国乐器年鉴》（2018）之后第十三次出版发行。年鉴编辑部以乐器行业发展为主线，按时间顺序，力求客观真实记载展现年度乐器行业发展脉络和特点，配合方便查阅的分类设置，尽可能详尽的数据图表展示，希望能在编辑的内容和形式上有所突破，突出特色，编出新意，以更好地满足读者的要求。

二、《中国乐器年鉴》（2019）在内容框架方面不断完善，设有“行业篇”“指标数据篇”“协会工作篇”“科技篇”“音乐教育篇”“海外资讯篇”6个编目，各篇框架体系逐步充实。

三、2018年，乐器行业面对供给侧改革、市场需求升级和环境整顿的压力，克服了重重困难，以科技创新为动力，坚持市场导向，加速产品更新换代，提高产品质量，开拓音乐教育和音乐文化市场，取得了较好的业绩。年鉴编辑工作中，由于时间仓促、能力所限、经验不足，难以将乐器行业一年来所有的重要事件和相关信息全部收集到本年鉴中，今后我们将加强信息汇集工作，不断提高年鉴的编辑质量和水平。我们真诚希望社会各界继续对年鉴的编辑出版工作给予关心和支持，对它的不足之处，敬请提出批评和改进意见，使之日臻完善。

四、《中国乐器年鉴》（2019）在组稿、编辑、出版过程中得到乐器生产企业、经营单位、音乐艺术教育单位以及我国台湾、香港、澳门地区的同仁、朋友们的大力支持和帮助，在此谨表示衷心感谢！

《中国乐器年鉴》编辑部

2019年9月

目录

行业篇

指标数据篇

协会工作篇

工作要点

协会活动

分支机构活动

科技篇

音乐教育篇

海外资讯篇

Contents

Industry

Statistical Data

Science &Technology

Music Education

Music Education Events

National Music Education Conference

Social Music Education Training

Overseas Information

Overseas Information Chapter 1: The Global Top 225 on Musical Instrument and Pro-audio Products

Overseas Information Chapter 2: USA Musical Instrument Market

Overseas Information Chapter 3: Japan Musical Instrument Market

Overseas Information Chapter 4: Musical Instrument Markets of All Countries

中国乐器年鉴(2019)

CHINA MUSICAL INSTRUMENT YEARBOOK

新闻综述

2018年度中国乐器行业新闻综述

1月

1. 12日，中乐协音教专委会工作会议在北京召开，共有来自全国各地的四十多家音乐教育企业及相关单位负责人共六十余人参加。会议选举产生了音教专委会的领导机构成员，其中专委会主任由中国乐器协会秘书长陈晋武兼任。

2. 16日至18日，由中乐协、中央音乐学院现代远程教育学院、江苏新基因文化有限公司联合主办的小提琴师资培训班在杭州举行。参加培训并考试合格的学员获得由中央音乐学院现代远程音乐学院颁发的“音乐教育”（小提琴）标准级音乐教师专业水平认证证书，同时获得中国乐器协会颁发的社会音乐教师专业技能培训证书。

3. 21日至27日，陈晋武秘书长带团赴美国和墨西哥考察。陈晋武一行考察了NAMM乐器展，走访行业骨干企业，参加NAMM乐器联盟会议，与美国MIDI协会举行专题会议，在墨西哥参加了莫雷利亚国际音乐节、拜访了米却肯州交响乐团及米却肯州文化中心等。紧密结合协会“社会音乐教育”和“乐器科技创新”两大工作重点，积极推介北京音乐生活展、上海乐器展和国民音教大会等重点项目。

4. 25日至28日，NAMM国际乐器展在美国举办，近2000家展商参展，共计展出了7000余个品牌。展会注册参观人数115085名，是历届NAMM展参观人数最多的一届，其中来自100余个国家和地区的国际观众19356人，较2017年增加8%。

3月

5. 7日，江苏省质监局副局长李景辉一行检查验收黄桥乐器产业集群优质产品生产示范区创建工作。考核组对照《关于开展2017年江苏省优质产品生产示范区考核检查工作的通知》，听取了示范区创建情况汇报，验证相关资料、实地察看了黄桥乐器博览馆、凤灵集团、音乐生态湖等，对黄桥乐器产业集群优质产品示范区创建工作予以充分肯定。

6. 14日，人力资源社会保障部、中国轻工业联合会和中华全国手工业合作总社发布全国轻工行业先进集体、劳动模范和先进工作者名单。乐器行业中，星海钢琴总装分厂、上海民族乐器一厂、红棉乐器吉他三车间获得“全国轻工行业先进集体”荣誉称号。珠江钢琴公司的高级调律师梁钊明获得“全国轻工行业劳动模范”荣誉称号。

7. 16日，千亩乐器文化产业园区奠基仪式在乐海乐器有限公司民族乐器升级改造项目基地隆重举行。乐海乐器公司民族乐器转型升级项目总占地158亩，总投资5.6亿元，主要建设有自动化加工中心、自动化喷涂车间、恒温恒湿库房、斫琴艺术工坊等项目，乐海乐器力图打造一个“智能化、自动化、安全环保型”的民族乐器生产基地。项目建成后，可实现年产各类民族乐器60余万件，年产值5.1亿元。

8. 19日，“一带一路”中东欧沿线国——波兰艺术圈基金会主席马耶夫斯基一行莅临星海钢琴考察，进行文化交流。波兰艺术圈基金会主席马耶夫斯基一行对星海钢琴集团悠久的历史文化和先进的工艺颇感兴趣。

9. 22日，在重庆师范大学音乐学院，美得理公司与重庆师范大学音乐学院共同签署了校企战略合作协议。这是继2017年美得理公司与沈阳音乐学院、西安音乐教育学院签署了产、学、研合作框架协议后，美得理公司的第三次校企重大力作。

10. 23日，秦川乐器举行了“衡水学院大学生实习就业基地”挂牌仪式。基地的建立旨在促进衡水学院音乐学院与秦川乐器所需人才的对接，对双方人才培养和教学质量的提高都具有非常大的促进作用，同时对大学生实习锻炼、就业选择及未来的职业发展等具有非常重要的意义。

11. 29日，星海钢琴肃宁生产基地项目奠基暨开工仪式举行。该项目总体占地面积5.5万平方米，设计建筑面积约8万平方米，计划投资2.2亿元分两期建设。建成后的星海钢琴（河北）有限公司将实现年产钢琴20000架，西管乐器10000支，数码键盘乐器5000架，年生产总值2.8亿元。

4月

12. 10日至17日，副理事长王松美一行出访德国和奥地利，分别考察了法兰克福乐器展、奥地利弗尔里希钢琴公司、维也纳音乐与表演艺术大学，围绕2018年国民音乐教育大会、6・21国际乐器演奏日以及上海乐器展等协会重要活动，与相关组织进行了会晤和磋商，并取得一定成果。

13. 11日至14日，2018法兰克福国际乐器与灯光音响展在德国法兰克福展览中心举行。展会吸引了来自世界各国的56个国家的1803家企业参展，共计有超过90000名观众前往展会现场观展。

14. 17日，第十七届“星海杯”全国钢琴比赛新闻发布会在北京国家大剧院举行，该赛事是由国家大剧院、中央音乐学院、北京星海钢琴集团有限公司联合主办的全国性赛事，已经成功举办了十六届，通过这个舞台走出了郎朗、王羽佳、吴牧野、王笑晗等众多耳熟能详的青年钢琴家。

15. 25日，广州珠江艾茉森数码乐器股份有限公司在北京举行新三板挂牌敲钟仪式，股票代码：872752，总股本3221.49万股，主办券商为广州证券，首创我国数码乐器企业融资上市先河。

16. 26日，中乐协七届四次理事会在京召开。王世成理事长做重点发言，勉励行业同仁充分认识高质量发展重要内涵，扎实推进“行业六项重点工作”，为行业新的一年运营发展梳理宏观思维导向。

17. 26日，中国乐器协会按照“中国乐器协会乐器行业50强和先进集体”（两年评选一次）评选办法，根据指标测评和广泛征求意见，授予广州珠江钢琴集团股份有限公司等50家单位“2017年度中国乐器协会乐器行业50强”称号；授予中国乐器协会电鸣分会等4家单位“先进集体”称号。

18. 26日，中国乐器协会和京东签署了战略合作备忘录，未来双方将在招商项目、教育维修服务项目，线上线下营销活动项目、展会合作项目以及乐器电商行业标准制定方面进行深入合作。

19. 29日，中华号角——2018上海之春国际音乐节管乐艺术在上海开幕。来自国内外的176支管乐团，逾万名乐手踊跃参加了这一规模最大、水平最高、影响最广的管乐节。管乐节共分开幕式及行进表演晚会，优秀管乐团队展演，文化惠民演出黄浦江大巡游，管乐进校园、营区，闭幕式及晚会演出五大版块，逾百万观众在现场或通过手机网络直播观看了各项活动盛况。

5月

20. 8日，全国音乐教育跨界合作高峰论坛在江苏•黄桥——“中国提琴产业之都”隆重召开，拓宽延伸乐器产业链，跨界整合乐器制造与音乐教育资源，推进“乐器是家庭标配，音乐是生活刚需”战略目标。来自江苏、安徽周边省市的艺术院校、音乐家协会的领导、专家和院校教师等近100人莅临论坛现场。

21. 8日至9日，中国乐器协会组织行业内专家对泰兴市黄桥镇“中国提琴产业之都”进行实地复评考察。考察后，复评专家组认为，泰兴市黄桥镇“中国提琴产业之都”符合《中国轻工业特色区域和产业集群共建管理办法（修订版）》要求，一致通过评审，建议中国轻工业联合会、中国乐器协会共建继续授予“中国提琴产业之都·黄桥”称号。

22. 25日，由中国乐器协会等四家行业协会共同举办的“动植物科学保护与利用及可持续发展论坛”在京举行，中乐协副秘书长刘金荣作了《动植物保护与科学利用在乐器行业的实践》专题报告，并表示中国乐器行业的进一步发展，必须兼顾环保与传承，必须依靠科技与创新，不断提高限制材料替代率和使用效果，促进行业的可持续健康发展。

6月

23. 6日至13日，王世成理事长率领的协会代表团一行赴法国和意大利考察，考察紧紧围绕如何促进中国乐器产业向中高端迈进，加强乐器人才培养密集调研。协会一行先后与欧洲钢琴、管乐、提琴等高端乐器品牌制造商、关联大学、政府部门、行业组织等广泛接触，会见法国勒芒市政主要官员，访问取得丰硕成果。

24. 20日，中国轻工业联合会在京发布了“2017年度中国轻工业百强企业”榜单。中国乐器行业十强企业名单也同期出炉。吟飞科技在2017年“电商能力百强企业”名单中位列第24；广州珠江钢琴在研发投入能力百强企业名单中位列第91。

7月

25. 1日，上海民族乐器一厂60华诞庆典音乐会在上海召开，著名琵琶演奏家刘德海、著名古琴演奏家龚一、著名古筝演奏家王中山同台演出。1962年，“敦煌牌”商标诞生在专业生产中国民族乐器的上海民族乐器一厂。企业倾力打造的“敦煌”品牌，其取名灵感来源于敦煌莫高窟，其怀抱琵琶的飞天形象来自于敦煌壁画。

26. 2日，海伦钢琴股份有限公司与辽宁（营口）沿海产业基地在宁波举行签约仪式，海伦钢琴东北基地项目正式落户营口。海伦钢琴公司董事长陈海伦表示，营口基地的钢琴制造有利于进一步提升海伦产品对北方市场干燥气候的适应性，可以进一步提升海伦钢琴在北方市场的强大影响力。

27. 6日，中国轻工业联合会会长张崇和出席国民音乐教育大会开幕仪式，并考察调研北京国际音乐生活展。他强调，我国乐器企业正在通过不断跨界、创新，把音乐融进生活，传播企业的品牌故事和企业文化积淀，从深层次影响潜在市场，让不会乐器的消费者也能够认识乐器、懂得审美、享受音乐生活。

28. 6日至8日，2018国民音乐教育大会在北京召开。盛会精彩呈现2场主旨发言、7场主题发言、3场圆桌论坛、90场工作坊，打造体制内外、专业社会、全球联动、开放融合的音教平台。吸引来自9个国家和地区的131位知名专家、学者到会，全国各地近千名音乐老师参会互动。

29. 6日至8日，第四届北京国际音乐生活展在中国国际展览中心举办。展会规模再创新高，总展示面积达到30000平方米，云集300余乐器、音乐及生活优选品牌参展，展期三天客流达35879人次。展会以创造美好生活为理念，精心策划“国风、西韵、跨乐、乐学”四大音乐主题展区，为行业及消费终端引入全新的音乐生活生态圈和现代音乐生活方式指南。

30. 6日，中国乐器特色产业基地、音乐教育示范基地成果发布会在京举行，江苏省泰兴市人大常委会副主任、黄桥镇党委书记耿元进，江苏省扬州市琴筝文化产业园领导小组办公室主任陆志福，天津市静海区政协主席、区工商联主席王桂花等基地领导出席了会议。目前，我国乐器特色产业集群工商注册企业超过1000家，占所有乐器企业总数的22%以上，主营业务收入达到占比20%，就业人数约18万人。

31. 7日，中乐协提琴制作师分会第四届二次全体会员大会在中央音乐学院召开。中国乐器协会理事长王世成、副理事长王松美，黄桥镇人民政府镇长耿元进，中国乐器协会提琴制作师分会会长郑荃以及来自全国各地的150余位会员共同参加了会议。

32. 7日，在中央音乐学院歌剧厅举办名为“硕果”的音乐会，向社会公众和音乐爱好者汇报中央音乐学院提琴制作研究中心成立30年来取得的累累硕果。中央音乐学院提琴制作研究中心自1988年建立以来，已经培养了200多名学生，其中大部分成为职业提琴制作家，成为中国提琴制作业的领军人物。

33. 8日，6·21国际乐器演奏日颁奖音乐会在北京举行，标志着2018中国6·21国际乐器演奏日系列活动已经圆满落幕。全国共有31个省、自治区、直辖市的168座城市、728家单位参与到这项活动中，直接参与人数达16万人，受众超过500万人次。

34. 21日，津宝第四届国际音乐节暨第三届津宝行进艺术大赛开幕式在天津举办。音乐节受到国际管乐同行关注，除泰国、德国、西班牙、澳大利亚、危地马拉等国的津宝合作伙伴向活动发来贺信外，此次日本“白色银河”行进乐团应邀来华交流演出，极大增强了音乐节的国际化气息。

8月

35. 4日至7日，第十二届亚太口琴节在北京举办。2800余名口琴爱好者参与本次活动，创历届亚太口琴节之最。亚太口琴节首创于1996年，由马来西亚、新加坡、韩国、日本、中国以及中国台湾地区、中国香港地区7个理事国家和地区轮流主办，每两年举办一届，至今已举办了12届。

36. 6日，由吟飞科技公司主办的第六届“吟飞”国际电子管风琴大赛决赛及颁奖音乐会在常州大剧院举行。赛事历时3个月，11个赛场，80多位国内外著名专家评委，全国近2000名选手参加。

37. 15日，中乐协组织民族乐器专家组赴河北省饶阳县“中国民族乐器之乡”进行实地考评。专家组经过认真合议讨论，认为河北省饶阳县民族乐器产业符合《中国轻工业特色区域和产业集群共建管理办法（修订版）》和中国乐器协会《关于共建和授予中国乐器行业特色区域称号的行业规范》的要求，一致通过评审，建议中国轻工业联合会、中国乐器协会共建授予河北省饶阳县“中国民族乐器之乡”称号。

38. 31日，第十七届“星海杯”全国钢琴比赛颁奖仪式暨获奖选手音乐会在国家大剧院隆重举行。本次赛事全国及海外赛场共有45个分赛区35000人在预赛中报名参赛，在激烈角逐后产生538名选手在中央音乐学院参加专业和业余共10个组别为期一周的全国总决赛。

9月

39. 12日，中国钢琴调律行业工作研讨交流会在北京举办。作为研讨会重要议程，正式恢复和加强钢琴调律培训认证工作，初期仍遵循原《钢琴调律师》国家职业标准、参照考核鉴定流程规范运作，继续开展“双证”行业认证，执行原国家“双证”认证标准，颁发对应级别行业资格证书。

40. 7日至9日，2018亚洲钢琴技师协会年会暨2018中国钢琴调律师年会在桐乡成功举办。来自中国、韩国、日本等国家和中国台湾地区的钢琴调律师会聚一堂，交流分享行业信息和技术，共同探讨钢琴调律事业的创新发展。

41. 9日，围绕中国和欧洲当前乐器产业关注热点，中欧乐器第十三次会议在展期举行。双方对中国乐器进口降税、2019国民音乐教育大会和中欧音乐教育项目合作、中国市场打假维权等议题坦诚交换意见。

42. 9日，“2018中国社会音乐艺术教育高峰论坛”在上海召开。大会采用主题演讲和圆桌论坛等多种形式，围绕民办教育新规下音乐艺术培训机构的规范办学、教学模式创新、管理与信息化创新、社会音乐教育与学校音乐教育的合作与互补、跨界协同发展等主题进行交流研讨。

10月

43. 10日至13日，2018中国（上海）国际乐器展览会(MusicChina 2018)在上海举办。展会规模再创新高，展览面积扩至138000平方米。汇聚来自31个国家和地区的2252家企业，81个国家和地区的110381名海内外专业观众，参观总达164665人次。展会盛邀100多位海内外嘉宾，倾情奉献70多场会议论坛，600多场燃情演出。

44. 10日，2018 NAMM CMIA行业论坛在2018上海国际乐器展期间成功举办。国际音乐教育学会主席苏珊·奥内尔，美国West琴行总裁罗宾·瓦伦塔、中国音协音乐教育学会会长谢嘉幸、上海知音音乐文化公司董事长朱文玉以及音乐宝贝艺术中心校长周洲等多位国内外音乐教育界重量级嘉宾出席论坛。本次论坛主题为“让更多人学习音乐”。

45. 10日，法国驻上海总领馆在总领馆官邸举行法国百年艺术瑰宝普雷耶品牌鉴赏会。法国驻沪总领事及普雷耶总裁分别致辞，希望象征法国音乐文化的普雷耶能够借助上海乐器展会被中国市场熟识。

46. 11日，为促进德中展商交流，搭建合作平台，由德国驻上海总领事馆举办的2018中国（上海）国际乐器展览会德国展团招待会在上海浦东嘉里中心举行。上海国际乐器展主办单位、中德经贸促进机构、德国官方展团、德国在沪经济界代表等业界人士近百人参会。

47. 11日，中乐协民族乐器分会会员大会在上海召开。上海民族乐器一厂、苏州民族乐器一厂、乐海乐器、扬州金韵、饶阳北方等近20家生产厂家参会。与会代表积极发言，介绍本地区民族乐器产业的发展状况，讨论如何提升产品质量等相关问题，会议在“交流合作、共同探讨”的良好氛围中进行。

48. 12日，由上海国际乐器展和天使知音沙龙联合发起的“音乐开启心灵——关爱自闭症慈善音乐会”在上海温情上演。音乐会上，上海国际乐器展主办方将本次音乐会的所有票务收入共计71973元，悉数捐赠给上海市教育发展基金会曹鹏教育基金。珠江钢琴、柏斯音乐、吟飞科技、上海知音、于斯科技等爱心企业捐赠了乐器，以继续支持天使知音沙龙对自闭症儿童的音乐培养。

49. 24日，中乐协组织相关提琴及民乐制作企业、制作家、演奏家以及乐团指挥家等专家，共同召开“民族低音拉弦乐器研讨会”。中央音乐学院提琴制作研究中心的大华琴、上海民族乐器一厂大瓷琴以及泰兴凤灵乐器公司研制的贝拉琴参加了此次研讨会评价。

50. 25日，中国轻工业联合会发布了轻工“大国工匠”名单，其中，提琴制作大师、中国乐器协会提琴制作师分会会长郑荃榜上有名。作为当代中国提琴制作界的领军人物，郑荃深耕提琴制作艺术、教育、科研和国际乐器文化交流事业四十载，曾在国际提琴制作比赛中获奖二十余项，金牌四枚，开创了中国提琴制作学派。

11月

51. 27日，中国乐器协会首届分支机构工作交流会在羊城成功举办。中乐协15家分支机构负责人到会交流。会议主题聚焦分支机构如何助力行业科技进步，以及分支机构如何更好地发挥行业导向作用，与会领导与分支机构代表展开深度探讨交流。

52. 27日，中乐协钢琴分会2018年年会在广州举办。30多名钢琴分会的会员单位代表出席会议。与会代表分享了在环保升级、产业结构调整、品牌战略、对外合作、二手钢琴处理等领域的经验，共同探讨行业面临的问题和解决方案。

53. 28日，中乐协七届七次常务理事（扩大）会暨科技大会在广州珠江钢琴集团增城新产业园区成功召开。会议对2018年度乐器行业“科技之星”和民族低音拉弦乐器阶段成果进行了表彰，院校专家、企业精英展开乐器科研专题对话，会议各项议程策划务实高效，见证行业发展阶段成果，探寻产业发展创新坐标。

54. 28日，为更好地推动中国乐器行业科技创新工作，落实乐器行业《技术路线图》，促进行业科技创新与科技进步，推动行业人才战略。中国乐器协会在行业内开展“科技之星”推荐学习活动，经个人申报、单位推荐、办公室审核、专家组投票推荐、征求相关分支机构意见及网上公示，确定授予宋从甲、赵哲等25名为2018年度乐器行业“科技之星”称号。

12月

55. 2日，长江钢琴·2018全国高校钢琴音乐周闭幕音乐会在宜昌剧院成功举行。7天活动中，共举办了包括7场高水准音乐会、2场高峰论坛、1场长江钢琴大师讲堂、2场钢琴名家进社区进校园以及多场钢琴新品发布会、参观长江钢琴生产基地等多项活动，在打造钢琴音乐精品，探索前沿音乐教育理念和发展方式，推动高校钢琴音乐教育发展等方面，都具有重要的意义。

56. 12日，深圳市乐器行业协会成立新闻发布会暨第一届一次会员代表大会在深圳隆重召开。深圳市乐器行业协会由近百家从事乐器生产、乐器销售、乐器培训、乐器演艺及乐器行业相关配套的公司、厂商、机构联合发起成立，致力于搭建具有深圳特色乐器行业全链创新服务平台，促进深圳市乐器行业的健康发展。

57. 13日，全国乐器标准化技术委员工作会议在北京召开，51家标委会会员单位出席。总结报告表明，乐标委自2008年成立以来，所归口管理乐器类现行标准共计112项，其中国家标准19项，行业标准93项。2014-2018年乐标委完成27项国家、行业标准制修订，共有41个单位，247人次参加了这些标准的制修订工作。

58. 15日，扬州琴筝文化产业园商品街开街仪式在扬州成功举办。该园落户于扬州市邗江区，总面积约1242亩。园区以琴筝文化和产业为先导，以乐器产业的人才、技术、市场等传统积淀为依托，集聚、整合、招引、培育国内外知名琴筝和乐器企业，建设集研发、生产、展销、培训、演艺、主题游和电子商务等于一体的、国内一流的琴筝产业基地和文化旅游小镇。

59. 27日，中国乐器协会钢琴调律师资考委工作会在福州召开，会议审议通过申报一级、二级且考核成绩合格的11位调律师资格审核，并修订和完善《钢琴调律师》乐器行业标准，调整《钢琴调律师职业技术等级鉴定（考核）规范》中五级制具体考核鉴定内容，修改并增补钢琴调律师考核鉴定用题库。同时，分不同级别制定出若干套试题，便于各鉴定站（所）、培训基地（中心）考核鉴定时随机抽取使用。

60. 珠江钢琴增城国家文化产业示范基地二期项目建成，基地总占地面积约431亩，建筑面积约32.3万平方米，年产钢琴15万台、数码乐器20万台，总投资约12亿元。建成二期项目包括外壳、涂装、三角琴装配等工艺加工厂房，以及音乐艺术馆、专业演奏会级音乐厅、乐器产品展示厅、营销中心、技术研发中心、乐器质量监督检测中心、珠江钢琴集团总部与数码乐器、文化教育等板块投资运营管理中心等功能场所。

61. 乐海乐器有限公司民族乐器转型升级项目入选2018年度河北省“十大文化产业项目”。项目占地158亩，总投资4.75亿元。项目搭建智能化工厂互联网应用系统，采用全自动油漆作业流水线，进一步提升标准化、规模化生产能力。项目全部建成投产后，可实现年产扬琴、古筝、二胡、琵琶、阮等各类民族乐器60万件，年销售收入5.1亿元，提供就业岗位800个，带动相关就业人员达6000余人。

62. 美国《音乐贸易》杂志2018年第12期公布了2017年全球乐器与音响制品行业225强榜单。全年225强销售收入225亿美元，再次创下十年新高，员工总数11万。225强榜单中包括中国台湾和中国香港在内的中国企业共有38家入选，其中中国大陆27家，中国香港3家，中国台湾8家。

年度报告

2018年中国乐器行业年度报告

综述篇

2018年，我国乐器制造业在全球乐器经济震荡加剧，产业结构升级重组，新旧动能转换中，走过了不平凡的科技、文化创新年。透视乐器行业整体经济格局，鉴于国际政治经济形势错综复杂，面对中美贸易摩擦引发乐器出口成本增长，以及企业内部运营成本攀升不利要素，中国乐器产业在变局中面临机遇与挑战。全体行业同仁依托科技创新精准对接市场需求，主动布局社会音乐教育文化市场，突破传统运营思维，拥抱移动互联经济。行业技术装备升级改造，产品标准化、系列化和智能化加强，境外品牌并购反哺企业科技和品牌结构重组。综观行业全年运行稳中有进，三品战略的贯彻实施，音教服务市场的拓展，人才培训机制的完善，特色产业集群的政策助力，实现全年行业与市场要素协同发展的良性格局。

一、2018年度乐器产业宏观运行数据

据中国轻工业经济运行及预测预警系统显示，2018年1-12月，规模以上乐器企业242家，比上一年同期减少15家。1-12月累计完成主营业务收入391.44亿元，同比增长4.40%，主营业务利润总额同比增长13.82%；1-12月，我国乐器行业累计出口金额16.29亿美元，同比增长8.15%；进口金额为4.88亿美元，同比增长24.63%。各项数据显示产业结构趋向中高端发展，产业获利能力稳步有序提升。

盘点乐器分支行业的盈利水平，中乐器和西乐器利润总额仍保持11.54%和9.37%的增幅；电子乐器与其他乐器及零件增幅分别为19.98%和24.16%，改变2017年分支行业市场运营下降的态势，直接印证分支行业产业结构转型调整市场成效显著。综合数据显示，2018年，我国乐器产业规模继续维稳拓展，面对中美贸易摩擦，欧美市场消费滞缓，企业环保与用工成本等不利要素，行业骨干企业依托规模优势和品牌差异化发展，以及高端品牌市场布局和个性化塑造，促成乐器产业结构趋向规模化、智能化和差异化发展趋向。

二、2018年度乐器行业总体运行分析

（一）2018年度乐器行业运行特征概述

站在改革开放40周年重要历史节点，目前，我国乐器制造企业超过6000家，乐器年消费市场额约448亿，占全球市场总量32%。中国乐器行业快速融入全球经济一体化潮流，成为世界第二大乐器消费市场。鉴于国际政治经济形势错综复杂，中美贸易摩擦引发乐器出口成本增长，运营成本与核心人才缺乏抑制产业活力，盘点我国乐器制造业整体运营呈现如下特征：

1. 中美贸易摩擦抑制外贸经济活力。2018年，中美贸易摩擦升级，美国加征关税清单涵盖轻工全部行业，三次清单共涉及轻工各行业1280个税号，对应商品去年对美出口755亿美元，占对美总额53%。作为以外向型出口为主导的乐器企业，直接带来乐器出口成本升高，竞争力下降；造成汇率变化，产生汇兑损益；导致进口木材及相关材料采购成本增加；出现出口短单为主，海外采购商不敢批量压货，甚至订单转移；也促使美国进口商品价格攀升，民众的消费能力降低等。

2. 运营成本攀升促使企业苦练内功。1-12月乐器行业主营业务收入391.44亿元，同比增长4.40%；出口交货值87.11亿元，同比下降7.89%，实现利润总额增长13.82%。行业整体运行呈现稳中有进态势。目前，伴随运营成本高企压力，包括乐器行

业在内整体轻工业，利息支出增长12.7%，同比高出10.2%，原材料价格增长11.5%，社保费用占企业利润的比重超过40%，加之环保改造和供应链调整投入，调研显示乐器行业一般企业成本上升10%~15%，而主营利润率仅为5.72%。如何化解成本增长因素，乐器制造企业要苦练内功。

3. 产业短板与乐器大国地位不相适应。近年来，乐器民族品牌相继亮相主场外交、大阅兵、国内外赛事、央视“光荣绽放”系列音乐会等大型活动，乐器企业科技创新成果转化业绩显著。但与国际先进水平相比，我国民族乐器在声学品质和演奏性能的综合提升，海外市场的品牌培育与拓展，核心技术人才梯队的建设，以及科研投入与高质量技术改造力度等方面，与当前乐器行业市场需求和大国地位还不够协调、不相适应。

4. 消费需求变化或将引发产业结构调整。2018年，随着乐器消费市场化进程的成熟完善，用户需求呈现如下变化：首先，品牌认知度和性价比取代单一“价格”消费观；其次，智能化乐器产品引发消费热点，时尚外观与技术文化附加功能受到用户青睐；再次，产品售后服务品质成为用户消费的考量要素。从经销商渠道看，乐器产品的个性化消费趋向，导致经销商订单从单一大批量货品，转为多品种小批量，企业产品研发和生产周期明显缩短。用户消费需求趋向中高端，以及智能化和个性化乐器消费，或将引发产业未来的产品研发与生产结构调整。

（二）产业结构趋向中高端个性化，集群资源整合协同创新发展

2018年，是我国乐器制造产业继续贯彻落实供给侧改革、深入实施中国制造2025、产业结构趋向中高端的转型之年。顺应创新、绿色、环保发展理念，精研市场需求，推进产品创新、市场创新、品牌创新，乐器产业不断促进产品趋向中高端化、智能化、个性化发展。

1. 产品结构趋向中高端化、智能化、个性化发展。面对复杂多变的国际经济环境，以及乐器消费市场的多元化需求，国内骨干企业推进高端乐器产品的研发，通过加强内部管理、技术创新、工艺改造、自动化智能化设备的投入，促进产品不断中高端化、智能化、个性化，为消费者提供性价比更高、更适合消费者需求的产品。珠江钢琴集团以强化企业内部管理为主线，以“提质、增效、降耗”为抓手，打造“干净、整洁、平安、有序”的企业环境，通过增城国家文化产业示范基地的生产线布局，深入推进“乐器+教育+服务”新业态的战略布局。2019年，珠江钢琴集团完成整体搬迁，搬迁改造没有影响生产经营，继续保持钢琴年产15万架以上的良性发展态势。上海民族乐器一厂全年销售收入和利润总额均同比增长20%以上，古筝产量突破10万台，创意推出“敦煌”一带一路系列、海派风情系列、大唐雅韵系列等近50款新品乐器，其中，售价128万的珍藏版小叶紫檀木“海上风韵”金筝刷新民族乐器市场售价新高，产品发布当日即被高端买家收购。

2. 技术装备升级化解成本增长压力。2018年，中美贸易摩擦持续加剧、全球经济增长放缓、贸易争端抑制出口，原料成本和用工成本使企业运营压力持续增加。凤灵集团全年工作注重提高生产劳动率、投资回报率和资源配置效率，全面推进公司两化融合建设，加大全司ERP实施覆盖率，采用大数据管理，提高系统运营效率，确保高质量管理，2018年销售比2017年度增长10.9%，利税增长12%以上。广东红棉乐器有限公司自行研发自动化生产设备，节约生产成本投入，并为企业吉他工作室购置恒温衡湿试验机、拉力试验机、模拟运输震动试验机、电子式顶破强度试验机等先进设备，2018年与2017年企业研发成果转化率同比增长107.56%。推进科学管理，加大新品研发、装备投入、工艺改进力度，提高作业效率、降低制造成本、提升工艺精度，成为乐器企业化解外贸出口和运营压力的现实举措。

3. 区域联动，产业集群实现资源整合协同发展。2018年，特色产业集群以展团形势亮相MusicChina，中泰竹笛之乡，中州兰考琴筝，泰兴黄桥提琴，广东惠阳吉他，贵州正安吉他皆以产业集群形势闪亮登场，集中体现地方政府创建特色乐器产业集群的政策推动力。值得一提的是，江苏乐器产业区域特色显著，在黄桥以提琴、吉他为主导产品，常州的电鸣乐器、扬州的琴筝产业、靖江和江阴的手风琴、口琴、竖笛、口风琴，苏州地区的二胡、琵琶等，从品牌、产销规模和发展速度等方面得到行业公认，形成产业集聚效应。同时，国内特色乐器产业集群、品牌乐器制造商依托展会平台，积极进行品牌推广与文化创意营销，形成多点开花的品牌创意营销格局。但面对12.7万架进口二手钢琴影响钢琴市场秩序的问题，以及国家和地方环保整改，造成部分企业阶段性停产整顿和区域产业集群的迁移调整问题，或将继续给部分企业和区域产业集群转型构成运营压力。

（三）市场要素跨界重组资本+人工智能力促产业链延伸

2018年，在移动互联技术革命的宏观背景下，互联网商业环境和消费层次的扩展，互联网技术应用促成工业智能化、教育智能化、互联网信息化的行业发展特质，促成中高端智能化产品集群式的发展，智能化产品带动音乐教育的普及与发展，资本要素和人工智能同步促进乐器消费结构延伸拓展。

1. 社会音乐教育促进市场扩容。2018年，AI人工智能和移动互联技术成为科技发展的关键热词，在智能化教学领域，川音乐器引进海伦智能钢琴，采用与迪士尼合作推出的“迪士尼海伦智能钢琴教程”系列教材，用动画和游戏方式，使儿童在趣味教学中理解乐理知识，得到学员家长的肯定与好评。上海民族乐器一厂与罗兰数字音乐教育合作研发的“敦煌·罗兰智能交互古筝”，实现了“一对多”的互动式智能化古筝教学，为古筝教育市场注入新科技。面对社会大众的普及艺术教育，依托人工智能技术为主导的艺术教育，集艺术性、娱乐性、互动性和平台分享机制为一体的特质，或将在不同年龄结构群体的器乐普及学习中起到积极推动作用。

2. 资本市场助力企业并轨快车道。深化现代乐器企业体制机制改革，资本助力企业并轨发展快车道。2018年4月25日，广州珠江艾茉森数码乐器股份有限公司在首都北京金阳大厦全国中小企业股份转让系统中心隆重举行新三板挂牌敲钟仪式，首创我国数码乐器企业融资上市先河。2018年，知音文化立足本土、放眼世界，跻身美国《音乐贸易》杂志“全球乐器零售商”30强榜单，位列第26位，连续两年获得金号角奖“最具投资价值新三板公司”称号；2018年底，海伦艺术教育与川音大地等一批音乐培训机构联手，探讨产业化+资本的运作思路。用资本平台整合优势行业资源，乐器行业上市企业在深化企业体制机制改革、为我国乐器行业突破传统发展思维和体制，在新市场谋篇布局中带来创新思维和发展模式。

3. 品牌文化创意扩大内需市场。深入推进文化营销战略，加快转型发展的步伐。2018年，随着欧美市场发展滞缓，我国内地文化音乐制品消费潜力的继续释放，促成国内乐器企业品牌文化创建活动异常活跃，创意布局内销乐器消费市场，不断提升终端用户的品牌辨识度。2018年，上海民族乐器一厂力推“敦煌”乐器走向世界，在美国阿纳海姆国际乐器展期间，中央电视台新闻栏目《朝闻天下》、新华社驻洛杉矶记者到场采访报道。柏斯音乐集团长江钢琴载入中央宣传部等国家多部委联合巨制的纪念改革开放40周年大型政论专题片《必由之路》的史册；登上中央电视台《2018“一带一路”沿线国家作品音乐会》的舞台；亮相中央电视台“改革开放40年中国品牌盛典”；国内行业骨干企业以文化“引进创意推广机制”，促进品牌文化走近终端用户，精研市场消费趋势变化，在科技、管理、营销上创新，逐步实现企业发展的“弯道超车”“变道超车”。

（四）科技创新突破发展瓶颈，工匠精神带动产业中高端发展

1. 科研专题突破核心技术瓶颈。2018年，盘点行业全年乐器科技创新重点工作与阶段成果，产业内部设施升级改造，产品标准化、系列化和智能化加强，产业外部品牌结构加速调整，境外品牌并购反哺企业科技和品牌战略重组升级。经过协会和分支机构及骨干企业共同努力，四个行业科研基地着力从声学木材、民族膜鸣乐器蟒蛇皮、手风琴簧片研发和吉他工艺研发重大科技课题，突破行业发展核心技术瓶颈。

以珠江钢琴集团国家级技术中心和一批省市级

企业技术中心为代表骨干企业科技研发机构锐意进取，不仅成为区域经济发展中创意文化战略发展引擎，更成为行业科技创新活动的有力保障。在2018上海国际乐器展期间，全球乐器新品首发平台创建科技元素新亮点，面向市场进行科技模块的创意呈现，在业界与消费终端创造新闻热点，拉近品牌与终端用户的消费距离。

2. 工匠精神助力行业人才梯队建设。2018年，我国乐器产业进入中高端转型发展的关键期，中高端科研人才队伍建设，提升行业核心竞争力，成为行业破局发展的关键要素，全行业涌现出众多科技精英，助力行业科研人才梯队的结构转型。过去一年来，星海钢琴总装分厂、上海民族乐器一厂、红棉乐器吉他三车间获得“全国轻工行业先进集体”荣誉称号。珠江钢琴公司的高级调律师梁钊明获得“全国轻工行业劳动模范”荣誉称号。10月25日，中国轻工业联合会发布了轻工“大国工匠”名单，其中，提琴制作大师、中国乐器协会提琴制作师分会会长郑荃榜上有名。11月28日，中乐协七届七次常务理事（扩大）会暨科技大会会议对2018年度乐器行业“科技之星”和民族低音拉弦乐器阶段成果进行了表彰，见证行业发展阶段成果，探寻产业发展创新坐标。

3. 国际MIDI论坛强化国际先进技术合作交流。10月12日，2018国际MIDI论坛在MusicLab户外实验室成功举行。论坛邀请国内外多位MIDI领域知名专家，分别围绕国际MIDI技术最新进展、MIDI专业技术应用等发表主题演讲。中国乐器协会MIDI工作委员会还与美国MIDI制造商协会进行工作会谈，希望美国MIDI协会进一步关注中国市场，发掘市场潜力，让MIDI数字技术为乐器科技发展插上腾飞的翅膀。

（五）音乐教育助力大众音乐普及创意文化拉近用户消费距离

1. 6·21国际乐器演奏日再掀民众乐器文化消费热潮。7月8日，6·21国际乐器演奏日活动在全国呈现星火燎原之势，全国共有31个省、自治区、直辖市的168座城市、728家单位参与到这项活动中，直接参与人数达16万人，受众超过500万人次。在推动社会音乐教育和校园艺术教育协同发展的过程中，中国乐器协会协同地方政府和文化职能部门，国内各产业基地积极投身到社会艺术教育的推广活动中来。在江苏黄桥主会场，活动规模和社会影响力显著。同时，江苏阜宁县中小学生当日超过3万人参加演出，参与和观摩的师生超过8万人，见证行业支持和地方教育部门共同努力的社会成果。在行业组织的发动下，各基地的企业连续多年支持江苏阜宁县的艺术普及教育，凤灵、奇美、金杯、天鹅、东方、琴艺等企业都大量支持了该县普及艺术教育所需的乐器，作为全民性、大众性6·21国际乐器演奏日，为进一步扩大音乐人口，培育社会音乐教育力量起到积极促进作用。

2. 互联网艺术教育延伸乐器产业链。面对移动互联经济+乐器互联网音乐生态的构建，国内行业骨干企业拥抱互联网，深化音乐教育布局，深入开展全国文化艺术教育中心建设项目，创意延伸乐器产业链，谋求新的市场增量空间。2018年，珠江钢琴加快产业转型升级和融合发展步伐，加速推广钢琴云学堂产品，持续研发升级珠江埃诺智能乐器和数字艺术教育课程产品，实现线上音乐教育与音乐后服务的协调融合。知音文化铁琴房用互联网思维与技术赋能校区的管理、运营、课程、师训等整校输出，创新音乐教育模式引起多方关注。河北武强周窝全国音乐教育服务联盟基地整合乐器制造企业、琴行、音乐培训机构及社会各界的优势资源，开展供需对接，解决学校和社会音乐教育条块分割、区域资源浪费与匮乏等问题。值得一提的是，2018国民音乐教育大会打造体制内外、专业社会、全球联动、开放融合的音教平台，吸引来自9个国家和地区的131位知名专家、学者到会，全国各地近千名音乐老师参会互动。通过行业组织和骨干企业的共同努力，我国乐器企业正在通过不断跨界、创新，把音乐融进生活，传播企业的品牌故事和企业文化积淀，从深层次影响潜在市场，让不会乐器的消费者也能够认识乐器、懂得审美、享受音乐生活。

三、2019年乐器产业展望

盘点2018乐器产业经济发展趋向，目前全球经济发展不确定因素增多，且我国正处在政策窗口期，建议行业同仁务必认真研究善于借力借势，持续着力乐器行业高质量发展，推动科技研发项目和中高端产品明显进展，依托音乐教育市场拓展，不断助力乐器消费潜力的释放。展望2019年乐器产业发展，中美贸易战升级，经济下行压力加大，研判2019我国乐器产业运行趋势，总量仍将稳中有升，依托国内市场发展和内需体量，乐器产业发展总体可控。在新一轮科技和产业变革兴起之时，中国乐器协会理事长王世成对行业未来发展作出了五个基本预判：一是国内外乐器消费市场发展前景可期；二是随着乐器人口有效扩大，家庭乐器拥有率势必出现重大突破；三是中高端品牌产品优质优价已成常态；四是新需求理念将主导未来乐器市场；五是乐器产业品质革命将引领产业未来转型升级。

2019年，恰逢新中国成立70周年，改革开放走过了40年，号召行业同仁以更博大的胸怀，更广阔的视野，以市场化国际化的经营理念和运作思路推动行业发展，共同推动我国乐器行业逐步实现从跟跑、并跑到领跑的融合与交替，向着高质量发展的目标坚实迈进，共创乐器产业美好的明天。

钢琴篇

综观2018年我国钢琴产业发展轨迹，鉴于国际政治经济形势错综复杂，中美贸易战引发乐器出口成本增长，企业运营成本与核心人才缺乏抑制产业活力，我国钢琴骨干企业内部采取工艺设备与产品结构升级，外部谋求商品流通渠道调整与创新布局。同时，钢琴企业立足全产业链视角，有效延伸拓展钢琴品牌文化触角，各项举措有效化解成本压力与市场风险，行业全年整体运行稳中有进，效益增幅高于轻工平均水平。产业结构调整和产业集群提升，“三品战略”贯彻实施，音教服务市场的拓展，人才培训机制的完善，取得社会业绩可圈可点，最终实现全年行业与市场要素协同发展良性格局。

一、2018我国钢琴行业总体运营数据

据我国轻工业经济运行及预测预警系统显示，2018年1—12月，规模以上西乐器企业141家，累计完成主营业务收入240.06亿元，同比增长3.80%；西乐器主营业务利润总额同比增长9.37%，完成累计产成品9.93亿元(占63.14%)，同比增长28.96%。

2018年，全国乐器行业完成累计出口额16.30亿美元，同比增长8.15%。其中，出口立式钢琴（包括自动钢琴）17873架，同比下降7.15%，出口金额2835万美元，同比下降2.47%；透过钢琴出口数据，国内钢琴企业中高端产品结构调整成效显著。

中国立式钢琴主要出口国和地区为美国、德国、中国香港地区、澳大利亚、韩国、朝鲜等，其中德国、澳大利亚、朝鲜增幅明显，分别为40.52%、45.73%、58.75%。三角钢琴以美国、德国、中国香港地区、澳大利亚和捷克共和国等为主要输出地。数据显示，在中美贸易战影响因素下，我国钢琴出口市场结构从以北美市场为主，改变为市场流通渠道出现多元化的发展趋向，反映国内钢琴企业积极谋求创新市场渠道，规避美方关税加征的市场风险。

1—12月，我国乐器行业累计进口金额为4.88亿美元，同比增长24.63%。进口的乐器产品中，钢琴进口额占比接近一半，累计进口额2.37亿美元(占48.47%)，同比增长20.29%。其中，进口立式钢琴（含自动钢琴）17.73万架，同比增长7.46%，进口金额1.59亿美元。进口三角钢琴（含自动钢琴）8204架，同比增长15.24%，进口金额7636万美元，同比增长25.38%。

2018年，中国立式钢琴主要进口国和地区是日本、印度尼西亚、韩国、德国、捷克共和国。三角钢琴的主要进口国为德国、日本、印度尼西亚、美国、捷克共和国等。其中，关注焦点为日本和韩国，钢琴进口量分别为75080架和78786架，进口金额分别为7845万美元和2572万美元，进口产品单价分别为1045美元（折合人民币7202元）和327美元（折合人民币2253元）。其中，来自日本有70%为二手钢琴，韩国95%为二手钢琴，我国全年合计进口二手钢琴达到12.7万架。透视进口产品数量与单价金额，反映从日本和韩国市场大批量进口的二手钢琴以低价倾销形式影响我国钢琴市场的正常秩序，中国乐器协会将针对二手钢琴低价倾销问题，继续向国家商务部和海关总署进行申诉，以保证我国钢琴

市场的良性竞争秩序。

二、2018年我国钢琴行业总体运行特征

1. 2018我国钢琴行业发展概述

盘点2018年我国钢琴行业总体运行特征，四季度在珠江钢琴增城工业园，由钢琴分会会长组织召开“钢琴分会年会”，钢琴分会会长、珠江钢琴集团董事长李建宁在2018钢琴行业分会工作报告中表示，回顾过去一年：首先，大型钢琴品牌企业在产品结构转型升级同时，依托资本市场通过兼并收购，加快行业全产业链资源整合，建立满足产品布局与转型的生态产业链；其次，钢琴企业变革生产技术，改善生产工艺，提高劳动生产率。透过技术工艺层面，引入智能自动化设备，降低对劳动人口的依赖，但相对于标准化产品如汽车、电子产品等行业，乐器行业的机械以及自动化率仍然存在较大提升空间；再次，面对中美贸易摩擦持续升级，北美钢琴市场流通渠道出现多元化分流，钢琴企业立足本土市场，跟随国家一带一路的步伐，积极主导拓展海外创新市场渠道，积极化解成本压力与市场风险。

分析我国乐器产业竞争优势和钢琴产业的发展趋向，中国乐器协会常务副理事长曾泽民表示，第一是行业发展趋向国际化，目前中国乐器市场一年在448亿元人民币左右，国际品牌国内生产的市场规模约有97亿元，占市场总量的21%；第二是质量品牌意识提升，众多乐器企业实施品牌化战略，发展中高端产品；第三是区域差异化明显，互联网、电子商务发展迅猛。钢琴产业近期产销量仍将保持30~35万架高位运行，中高端产品呈上升趋势，技术改造和科技创新更加活跃，产业与音乐教育和技术服务结合更加紧密。

2. 产研升级化解市场风险

盘点行业全年乐器科技创新重点工作与阶段成果，产业内部设施升级改造，产品标准化、系列化和智能化加强，钢琴行业科研基地立足木材声学研究，有效突破行业发展核心瓶颈。以珠江钢琴集团国家级技术中心和一批省市级企业技术中心为代表骨干企业科技研发机构锐意进取，不仅成为区域经济发展中创意文化战略发展引擎，更成为行业科技创新活动的有力保障。

2018年，珠江钢琴集团全年推进产品创新、市场创新、品牌创新，完成国家文化产业基地建设及搬迁工作的顺利完成，实现产能转移无缝对接，全面提升企业核心竞争力。通过技术创新，采用自动化、数控化、模拟技术、静电技术等加工手段，不断完善先进数控加工中心、静电喷涂、高频数控、环境温湿度控制等专业设备，降低人力成本，提高产品制造工艺精度、工艺环境，提升生产效率，节能减排，优化工作环境，促进产品高端化、智能化、个性化发展。企业全年自主创新成果显著，荣获中国轻工业联合会“科学技术进步奖”三等奖等荣誉，蝉联中国乐器制造业50强首位。

面对京津冀制造工业战略转移与升级，星海钢琴肃宁生产基地项目奠基暨开工仪式举行。项目总体占地面积5.5万平方米，设计建筑面积约8万平方米，计划投资2.2亿元，建成后的星海钢琴（河北）有限公司将实现年20000架钢琴的产能。德清洛舍镇在政府支持下，调整产品结构，提高产品质量，加强与老企业合作，使钢琴质量有较大提升，同时受到成本、环保和管理等因素影响也关停了一些小微企业。同年，德国博兰斯勒集团在衡水武强打造的德国隆尼施钢琴产业园于2018年年底正式投产，音源加工关键工序使用数控设备，提高了生产线自动程度。

面对中美贸易战爆发和国内环保整改，烟台博斯纳钢琴内部强化完善企业管理，苦练内功，加大环保改造力度，通过环保双体系建设与安全生产认证。在技术层面上，成功开发专业演奏217大型三角钢琴，乐器声学品质与弹奏触感得到钢琴专业演奏家的好评与认同。同年，韩国赛乐尔三益乐器贯彻环保理念，更新先进设备设施，开发新工艺新材料，加强质量管理，培育工匠人才，提升产品性能。通过加强与国内外权威乐器研究机构的技术交流合作，积极与第三方平台合作，进行资源整合，打造更多的音乐学习交流平台。

3. 资本助力保障跨越式发展

2018年，资本市场助推钢琴产业创新驱动战略和产业转型升级，有效扩大企业筹集资金渠道，促进资源优化配置，推动企业公司制改造和现代企业制度完善，促进企业法人治理结构改善，构建有效率激励和约束机制，助推企业打破产业壁垒，取得跨越式发展。

年初4月，珠江钢琴集团旗下子公司珠江艾茉森数码乐器股份公司成功挂牌新三板，股票代码：872752，总股本3221.49万股，标志艾茉森公司步入资本助力发展快车道，也意味着珠江钢琴集团在深化企业体制机制改革，为我国乐器行业突破传统发展思维，谋篇布局新市场带来创新思维。珠江钢琴集团表示，在新的起点和资本平台上，艾茉森公司将积极探索“产业化+资本化”发展思路，用资本平台整合优势行业资源，以卓越业绩和口碑，回报股东与投资者。

不仅是中国乐器制造领域，国内钢琴骨干企业在艺术教育行业也展开资本战略布局。2018年底，海伦艺术教育投资对川音大地部分股权收购交割完毕，并购标志产业要素的上下游资源有效重组，新的海伦川音或将成为四川乃至西南区域集教学、销售、师资培训、文化产业一体的标杆性企业。同年4月，海伦钢琴股份有限公司与辽宁（营口）沿海产业基地在宁波举行签约仪式，海伦钢琴东北基地项目正式落户营口。海伦钢琴表示，营口基地钢琴制造有利于进一步提升海伦产品对北方市场干燥气候的适应性，进一步提升海伦钢琴在北方市场的强大影响力。

4. 强化行业人才资质考核鉴定

2018年，人力资源社会保障部、中国轻工业联合会和中华全国手工业合作总社发布全国轻工行业先进集体、劳动模范和先进工作者名单。乐器行业中，星海钢琴总装分厂、上海民族乐器一厂、红棉乐器吉他三车间获得“全国轻工行业先进集体”荣誉称号。珠江钢琴公司的高级调律师梁钊明获得“全国轻工行业劳动模范”荣誉称号，集中见证钢琴行业科研人才队伍建设成果。

9月12日，中国乐器协会经请示中国轻工业职业技能鉴定指导中心同意，正式恢复和加强钢琴调律培训认证工作，继续开展“双证”行业认证，执行原国家“双证”认证标准，颁发对应级别行业资格证书。此举旨在推进国家标准培训鉴定转为行业培训鉴定的平台建设，完善钢琴调律师培训鉴定体系，不断补充和完善职业技能标准、培训教材、题库和壮大培训师、考评员及督导员队伍，用国际化联盟标准作为行业标准的补充和中高端人才培训的试点。

12月27日，中国乐器协会钢琴调律师资考委工作会在福州召开，会议通报，截止至11月份，各鉴定站（所）、培训基地（中心）钢琴调律师考核鉴定共进行11批次、497人通过考核。为尽快适应钢琴调律行业发展和市场需要，会议在《钢琴调律师》国家标准基础上，修订和完善《钢琴调律师》乐器行业标准，同时修改并增补钢琴调律师考核鉴定用题库，各项举措扎实推进钢琴行业人才队伍建设。

5. 文化公益延伸产业链条

2018年，面对中美贸易战升级，全球乐器经济下行不利因素，我国钢琴企业借势国家文化产业发展政策，积极主动创意布局内地钢琴文化市场，依托杯赛、大师班、艺术节等多元文化平台，不断提升自主品牌的辨识度和文化影响力。

金秋时节，由上海国际乐器展和天使知音沙龙联合发起的“音乐开启心灵——关爱自闭症慈善音乐会”在上海温情上演。珠江钢琴、柏斯音乐、吟飞科技、上海知音、于斯科技等爱心企业到场捐赠乐器，支持天使知音沙龙对自闭症儿童的音乐培养。同年，柏斯音乐集团采取“乐器制造”“乐器销售”“音乐教育”“文化推广”四轮驱动战略，长江钢琴载入中央宣传部制作的纪念改革开放40周年大型政论专题片《必由之路》，登上中央电视台《2018“一带一路”沿线国家作品音乐会》的舞台，亮相中央电视台“改革开放40年中国品牌盛典”，荣获由国家市场监督管理总局、中宣部、发改委、工信部授予的“全国质量检验稳定合格产品”“全国新乐器制造行业质量领先品牌”。

同时，国内各钢琴企业组织的杯赛和艺术节精彩纷呈，第十七届“星海杯”全国钢琴比赛颁奖仪式暨获奖选手音乐会在国家大剧院隆重举行，赛事全国及海外赛场共有45个分赛区，吸引35000选手报名参赛。海伦钢琴参与承办的“丝路琴声”宁波国际钢琴艺术节于8月举行，内容涵盖大师讲座、名家音乐会、音才奖国际钢琴邀请赛决赛、全国音乐巡演等精彩活动，网络直播观众突破32万人次，音才奖国际钢琴邀请赛覆盖全国116个城市，参赛选手累计超过20000人次，组织钢琴名家全国巡演跨越全国近80个城市，举行百场大师班、音乐会。博兰斯勒在中国开展博兰斯勒165周年纪念系列活动，先是完成携手钢琴演奏家元杰奏响黄龙天子山巅、100多架钢琴支持黄龙艺术节的文化创意，又成功创造666位钢琴爱好者最大规模钢琴合奏的世界纪录，各类钢琴文化创意活动继续推动我国钢琴文化消费市场蓬勃发展。

6. 人工智能引领社会音教升级

2018年，面对互联网商业环境和消费层次的扩展，互联网技术应用促成工业智能化、教育智能化、互联网信息化的行业发展特质，促成中高端智能化产品集群式发展，产品智能化促进产业中高端转型升级，智能化产品带动音乐教育的普及与发展，学校和社会音乐教育呈现出信息化与智能化的发展趋势。

面对移动互联经济+乐器互联网音乐生态的构建，珠江钢琴集团积极拥抱互联网，深化音乐教育布局，深入开展全国文化艺术教育中心建设项目，持续研发升级珠江埃诺智能乐器和数字艺术教育课程产品，拓展珠江钢琴艺术教室线下加盟。海伦钢琴针对消费升级的需求推出iPiano智能钢琴，企业与迪士尼公司合作推出迪士尼系列呈现销量增长趋势。在智能化教学领域，川音乐器引进海伦智能钢琴，采用与迪士尼合作推出的“迪士尼海伦智能钢琴教程”系列教材，用动画和游戏方式，使儿童在趣味教学中理解乐理知识，同时利用智能钢琴纠错功能辅助教学，得到学员家长的肯定与好评。

在国家文化产业政策的扶持下，面对社会大众的普及艺术教育，依托人工智能技术为主导的艺术教育，集艺术性、娱乐性、互动性和平台分享机制为一体的特质，或将在不同年龄结构群体的器乐普及学习中起到积极推动作用。以兴趣为导向，娱乐作为学员进驻乐器学习的初级途径，线下因材施教的个性化教学，线上多媒体兴趣互动分享练习机制的引导，或为未来互联网艺术教学的发展导向。

三、2019年钢琴行业展望

展望2019，依托国内强大消费内需，内地文化消费潜力逐步释放，钢琴的家庭拥有率或将持续增长。透视我国钢琴进口市场数据，随着消费终端的品牌与文化认知的有序提升，中高端产品的优质优价或成常态，人工智能或将引领产业制造与消费结构的创新升级。号召全体钢琴行业同仁进一步完善行业科技创新合作平台，大力培养激励乐器行业高技能人才，认真组织好标准制修订和贯标活动，持续创建和完善跨界融合发展平台，不断发力完善行业特色服务平台。全行业要努力打造行业品牌高地，推动乐器产业高质量发展。

民族乐器篇

2018年是全面贯彻党的十九大精神开局之年，也是中国改革开放40周年，在以习近平同志为核心的党中央领导下，我国各行各业坚持稳中求进工作总基调，按照高质量发展要求，供给侧结构性改革深入推进，改革开放力度加大，人民生活持续改善，保持了经济持续健康发展和社会大局稳定，朝着实现全面建成小康社会的目标迈出了新的步伐。

2019年3月8日上午，习近平总书记参加了十三届全国人大二次会议河南代表团审议，现场，河南开封市长高建军发言，围绕弘扬焦裕禄精神、兰考发展变化进行了发言。发言中，高建军介绍了兰考近年来的发展变化，从焦书记当年种泡桐，主要是用于防风固沙，到现在已经成为制作乐器音板的优质原材料，并深度挖掘兰考的泡桐资源，发展壮大了民族乐器产业，带动了8.6万人就业。2018年兰考的农民年人均纯收入已达到了11910元，是2013年的1.8倍，贫困发生率也由2014年的10%降到2018年的0.74%。总书记认真听、仔细问，听后很高兴，他对兰考之变给予了充分肯定，并特别叮嘱要关注好贫困群众的生活，做好“三农”工作。

民族乐器产业是我国传统制造业的一部分，是我国产业升级，结构调整范畴的重点行业，但由于民族乐器又属于我国民族音乐的重要组成部分，是中华民族传统文化的一部分，因此，民族乐器是一种特殊商品，具有浓厚的文化色彩，近年来，受到社会各界的格外关注，民族乐器在音乐文化领域，教育领域的重要性越来越突出。

2018年我国民族乐器产业有如下几个特点：

1．民族乐器产业形势喜忧参半

据国家统计局公布的2018年乐器行业规模以上生产企业主要经济指标完成情况，乐器行业规模以上企业共计242家，民族乐器行业规模以上企业34家，2018年主营生业务收入53.23亿元，同比增长4.80%，总资产21.36亿元，同比下降0.59%，实现利润2.18亿元，同比增长11.54%。

2018年我国民族乐产业发展受到有利和不利因素的双重影响，有上升的一面，也有下降的一面，利好因素是受国家大力发展传统文化和中小学加强艺术教育政策影响，我国民族乐器未来10年发展将保持持续增长态势，市场日趋繁荣。民族乐器制造业发展速度领先于其他乐器类别发展速度。但是，民族乐器产业多数是传统手工业生产，多年来生产条件较差，没有足够的环保措施，对外部环境影响较大，因此，许多地区的民族乐器生产受到国家环保政策严格限制管理，2018年民族乐器产业出现收紧形势，个别地区有所下滑。一些民族乐器生产企业开工率不高，处于半停产状态。

2．民族乐器专利创历史最高

国家知识产权局专利资料显示，2018年民族乐器专利发布共计731项，同比增长73.63%，其中，发明专利120项，同比增长17.65%，占全部专利的16.41%；实用新型专利271项，同比增长42.63%，占全部专利37.07%；外观设计专利370项，同比增长163.57%，占全部专利的50.61%。

按民族乐器各类别划分，吹管乐器专利155项，同比增长86.74%，其中，巴乌7项，笛子43项，葫芦丝25项，笙16项，唢呐7项，陶笛25项，箫16项，埙16项；弹拨乐器专利481项，同比增长105.55%，其中，古筝259项，琵琶30项，阮11项，扬琴20项、古琴138项，箜篌17项；拉弦乐器专利87项，同比增长19.17%，其中，二胡78项，马头琴5项，京胡3项；打击乐器8项，比去年增长14.28%，其中，排鼓1项，编钟7项。弹拨乐器专利发布数量列居首位，单件乐器，古筝专利数量最多，古琴、二胡、笛子、琵琶、陶笛、葫芦丝次之。

按地区划分：2018年民族乐器专利发布来自国内30个省市地区，其中，江苏129件、上海124件、河南67件、山东45件、广东42件，位列前五。按申请人类型划分，共有311家企业、个人、科研机构、院校申报民乐专利。个人有170位个人发布专利，企业有80家企业发布专利，院校有61个单位发布专利。

3．乐器展览业如火如荼

上海国际乐器展会依然是目前国内最大的乐器展览会，从2002年举行第一届以来，到2018年已经是第17届了，上海乐器展中民乐展示是整个中国民族乐器行业发展的一个缩影，从上海乐器展中民族乐器展示规模和形式的变化，可以看到整个行业的变化。

从规模上看，2018上海乐器展民乐馆共计16000平方米，参展商数量为389个，这一数字比2017年增长了12.42%，是10年前的2.77倍，是2002年首届上海乐器展的22.88倍。

按产品分类划分，这届展会，弹拨乐器有160家企业参展，与上年相比增长44.14%，拉弦乐器112家，同比增长13.48%，吹管乐器78家，同比增长13%，打击乐器3家，同比下降62.5%，民乐配件32家，同比下降57.33%，其他4家。

按参展商来自国家和地区划分，来自韩国1家，中国台湾2家，中国香港1家，其他为中国内地的参展商，来自23个省和直辖市。民乐馆，参展商最多的地区是江苏、河南、河北、浙江、天津。与上届展会相比，有14个省市参展商数量保持持平或者增长。

4．全国各地民族音乐舞台绚丽多彩

2018年我国民族音乐市场继续保持繁荣。民族乐器生产企业活动频繁，组织举办了多种文化艺术活动，对提高民族乐器产品质量，加强民族乐器生产与民族器乐演奏家的联系，繁荣民族音乐市场起到十分重要的作用。

2018年，上海民族乐器一厂迎来建厂60周年华诞，这一年上海民族乐器一厂邀请了多位民乐名家、文化学者举办了一系列丰富多彩的庆典活动，包括“丝绸之路”主题音乐作品展播、“敦煌故事”征集、中国民族音乐文化传承系列活动、庆典音乐会等，进一步提高了“敦煌”品牌的社会影响力。7月下旬，上海民族乐器一厂在甘肃敦煌举办了“敦煌国乐”中国民族音乐文化传承系列活动，包括《大漠晨光》音乐片拍摄、“敦煌杯”中国民族室内乐＆乐团演奏比赛等高质量的民乐文化活动，不断释放品牌力量。

苏州民族乐器一厂2018年以苏州民族乐器博物馆为依托，与社区共建了民族乐器传习基地，充分发挥企业小乐队的作用，先后为企业所在区域学校的200余名中小学生举办了数十场免费民族音乐欣赏会，介绍中国的民族乐器和优秀民族乐曲，传播中华音乐文化。结合“一带一路”倡仪，苏州民族乐器一厂还组织在苏州的60余名外国留学生、接待了法国文化代表团和中东欧国家作曲家等来厂参观采风，向他们介绍中国的民族乐器和民族音乐，收到了良好效果。

乐海乐器有限公司乐海乐器有限公司2018年文化活动丰富多彩，1月20日，由乐海乐器爱心赞助的定边县“爱心舞台筝情世界”公益慈善晚会；乐海乐器有限公司倾情赞助北京电视台儿童春晚压轴大戏——古筝合奏《我爱你中国》；乐海乐器有限公司连续三年赞助支持广东音乐邀请赛；8月14日乐海乐器有限公司举办筝情呼伦贝尔大草原文化之旅等活动。

钧天坊推出了《乘物游心》中国古琴艺术与当代文人生活美学展演，《臻器》《原音再现》等主题展，在业内外产生强烈反响。2018年钧天云和乐团创编的世界上第一部古琴音乐舞剧《初无垠》，在墨尔本进行了全球首演，获得澳大利亚权威音乐艺术网站themusic.com.au最高五星好评。并获邀参加2019悉尼艺术节、2019柏斯艺术节。

2018年，各民族器乐组织、演出团体及院校民乐系也开展了形式丰富的各项活动在器乐文化惠民、教育传承与出版、器乐展演比赛、乐器学术交流、器乐创新创业、对外文化交流等方面都取得突出的成绩。2018年，中国乐器协会民族器乐学会、北京乐器学会和中央音乐学院音乐孔子学院办公室及中外音乐文化交流与体验基地联合国内外音乐文化艺术机构于2018年8月在北京举办2018“第八届中国（国际）器乐文化艺术节”[前身为中国（国际）民族器乐艺术节]。5月，广东省民族管弦乐学会举办的第五届中国民族器乐大赛，共有500多个节目分别以独奏、重奏、小组奏、大合奏等形式参赛。6月，天津市民族管弦乐学会举办的第八届天津市民乐大赛，参赛人数近1300人，参赛节目千余个，呈现大量原创和改编作品。7月，由河南省兰考县委宣传部主办、河南省民族管弦乐学会承办的“2018年民族乐器学术交流会”在河南省兰考县举行，来自全国各音乐院校的教授、演奏家及青少年学生300多人参加了活动。

5. 2018年过得很充实，走得很坚定

对于2018年民族乐器生产经营形势，各企业都表示了不同的观点和看法，上海民族乐器一厂王国振厂长说：“2018年，企业在产品研发上深入实践‘+文化’思维，推出了近50款新品乐器，为‘敦煌’乐器的升级发展集聚动能。企业对高端乐器的大力研发，不仅有利于提高民族乐器的文化价值、市场价值，也有效引导、释放了消费者对民族乐器的隐性消费需求。此外，企业注重提高乐器的声学品质，积极与民乐演奏名家、团体，以及专业研发机构合作，以前瞻性研究开辟乐器市场新领域。”

苏州民族乐器一厂张礼东说：“2018年企业生产经营步入良性发展轨道，产量稳步提升，无论产量还是销量均较往年有较大幅的增长，经济效益不断提高，职工收入逐年增加，员工队伍稳定。”

2018年，乐海乐器有限公司实现主营业务收入1.6亿元，利税2000余万元。荣获高新技术企业、河北省科技型中小企业、河北省十大文化产业项目、河北省知名文化企业30强、河北省专精特新中小企业等资质与荣誉，董事长宋从甲被评选为河北省十佳文化企业家。在研发创新方面，企业技术研发中心被认定为河北省工业企业A级研发机构、沧州市

企业技术中心、沧州市工业设计中心等；申报国家专利5项，其中发明专利1项；获得国家专利授权11项，其中发明专利1项；开展了扬琴、琵琶、二胡、阮等共计10届声学品质教学研讨会。

在营销体系方面，乐海公司形成了由区域代理、专业销售、电子商务等多元化的销售模式，销售市场及销售规模得到了快速的增长。建立了由自营旗舰店、网络代理商组成的电子商务体系，同时正在筹划O2O商务体系。在品牌推广方面，乐海公司通过传统媒体、乐海大讲堂、微信公众号、乐海APP、慈善公益活动、民乐进校园等多渠道、多方式的宣传，全方位提升乐海品牌影响。

6. 2019年大家还要一起拼搏、一起奋斗

面对2019年有机遇也有挑战的形势，各民族乐器生产企业纷纷表示，大家还要一起拼搏、一起奋斗。

2019年，宏观经济面临着更多的不稳定因素，要继续坚守传承、弘扬、发展中国乐器文化的时代使命，继续坚持以文化为主线，以品牌运作和创新驱动为两翼的发展战略，以稳中求进谋发展。为此，企业将进一步深入推进民族乐器制造与文化产业的有效融合，注重以绿色环保的生产方式、追求卓越的工匠精神、灵活多变的创意设计在乐器上镌刻中国文化、沉淀中国智慧，为员工、客户、社会创造更多的价值。

企业将紧跟时代发展步伐，进一步大力推进文化营销战略，加强与国内外优质资源的链接合作，努力成为中国民族乐器行业优秀文化的承载者、创新驱动的领跑者、走向世界的开拓者，为繁荣和发展中国民族乐器事业作出新的贡献。

2019年，新中国成立70周年之际，钧天云和乐团《高山流水》音乐会将赴莫斯科、曼谷中国文化中心等地举办专场音乐会，将全力向世界推广古琴和我国民族器乐文化，民族音乐的推广不仅仅是中国文化的呈现，相信也是中国智慧的世界分享。

电鸣乐器篇

2018年，面对国际局势错综复杂现状，环保升级与企业各项运营成本上涨等不利因素。电鸣乐器行业全年主营业务收入小幅增长，因中美贸易摩擦引发乐器出口成本增长，在出口交货方面受影响较大。同时，电鸣乐器的丰富多彩的功能吸引了越来越多的年轻人，也促使企业加大科研创新力度，更新产品迭代升级。另外，移动互联科技发展，线上线下互动教学，改变了传统教学模式。乐器电声化的趋势，在市场上创造新的增量空间。

一、2018电鸣乐器行业宏观运行数据

2018年，我国乐器行业累计完成主营业务收入391.44亿元，同比增长4.40%，出口交货值87.11亿元，同比下降7.89%。其中，电鸣乐器行业规模以上企业主营业务收入78.96亿元，同比上升5.34%，利润率同比上升19.98%。通过电产生或扩大声音的键盘乐器出口额3.87亿美元，同比上涨11.37%，进口额为4714万美元，同比上升25.52%；其他通过电产生或扩大声音的乐器（如：电吉他）出口额为1.58亿美元，同比下降0.97%，进口额为1969万美元，同比上升119.02%。

二、2018电声乐器行业总体运行特征

1. 2018电鸣乐器行业发展概述

2018年，随着劳动力成本在快速上升，国外品牌转移到东南亚国，将厂房设在人力成本较低的地区；原料方面，木材作为乐器的主要原材料之一，在价格方面长期处于增长状态，提升了成本；此外，我国日趋严格的环境保护要求也在一定程度上提升了企业的生产成本。

综观2018年电鸣乐器市场消费产品结构，数码钢琴、双排键电子琴、电子琴、电子鼓成为主线结构产品，电子合成器、吉他和贝斯效果器、音箱、监听耳机、电子节拍器和校音器等具有一定专业技术含量的产品为辅线结构产品。其中数码钢琴年产能已突破40万架，已超过传统钢琴的生产总量。

针对电鸣乐器行业发展的新需求，中国乐器协会分支机构工作交流会于11月27日在广州举办，与会嘉宾就电鸣乐器国家和行业标准制修订、电鸣乐器技术和国际标准上进行学习和信息跟踪、MIDI

技术上加强与国际交流和合作分享了经验心得。同时，为推进行业科研创新交流，探讨MIDI技术领域的最新发展趋势及应用，在2018上海国际乐器展期间召开了第五届上海国际MIDI论坛，与会嘉宾分享国际MIDI发展最新态势与人工智能于5G时代下的MIDI技术应用等前沿新知。

面对全球经济增速放缓、生产环境、人力等成本上升，以及利润下降、虚拟经济泡沫等因素影响，实体经济发展面临诸多困难。国家政策关于供给侧改革、产业升级以及环境保护等各项政策的实施，企业发展挑战与机遇并存。为此行业骨干积极布局，加大品牌建设，拓展推广渠道，如吟飞科技网络旗舰店与2018年8月正式亮相，通过线上线下结合的模式强化产品质量，提升企业影响。电鸣乐器集乐器、科技与信息化为一体，技术存在专利壁垒，得理集团20多年间，投入数千万元研发了10多款PCM合成集成电路，填补了国内多项技术空白，打破了国外芯片垄断，产品达到国际领先水平，并积极开拓海外市场，创造了巨大的经济效益。

2. 企业积极布局音乐教育市场

经过多年快速发展，中国已成为世界第二大乐器市场，音乐教育呈爆发式增长态势，多年来，中国音乐教育市场年均增速都在10%以上。蔚科科技在2018年能在国内和海外市场保持16%的增长率，音教市场的产出功不可没。面对社会音乐教育市场开拓，蔚科科技推出多款自主研发高科技含量产品，创建数码电鼓和电钢教学服务平台，实现线上线下的远程互动教学。吟飞科技创办的“吟飞”国际电子管风琴比赛已成为行业内的顶级赛事，承办“中国音乐小金钟奖”比赛，在各大音乐学院设立“吟飞”电子键盘教学中心，组织开展全国各地的师资培训也已超过上百场。朱磊音乐工作室和吟飞艺术中心为双排键创作了大量音乐作品，为中国双排键事业的发展做出了重大贡献。

时下，教育是全社会最热门的话题之一，电鸣乐器相较其他乐器科技感更厚重，配合软件更加具有趣味性，进一步促进鸣乐器在教育领域的普及，让越来越多的家长和孩子逐步接受并喜爱电鸣乐器，全方位感受音乐魅力。另外，企业意识到单从学校音乐教育产品服务还远远不够，需要充分发挥电鸣乐器科技优势，从定制产品、跨界合作和创建音乐教育品牌项目等方面大胆探索 ，共同开发乐器增量市场。

3. 企业加强科技创新，培育人才

电鸣乐器作为乐器产业家族中发展迅速的行业，集乐器、科技与信息化为一体，始终保持强劲的发展势头。2018年，外部环境变化，宏观经济不确定因素增多，无论对于传统制造业，还是科技型创新企业，都是挑战与机遇并存的一年。当前，电鸣企业面对核心芯片和音源采样技术的瓶颈突破，以及电鸣乐器行业知识产权保护问题，在核心技术方面持续投入与创新。2018年蔚科科技耗时两年推出的新型节拍器，将传统机械节拍器外观和操作方式与电子控制的数码节拍器无缝衔接，做到科技与艺术的紧密结合。另外经过企业创新研发，在音频领域中无限传输技术的延迟、精度等指标均有技术突破，产品在国内外市场均产生了不小的反响。

在人才培育方面，当前急需落实的是一线员工上岗培训后，缺乏系统地进行标准化技术提升的培训。在中高端人才方面，电鸣乐器制作的中高端人才关键是设计师、工程师。面对中高端人才流失，企业拓展人才储备库，美得理公司在2018年3月与重庆师范大学音乐学院共同签署了校企战略合作协议。这是继2018年美得理公司与沈阳音乐学院、西安音乐教育学院签署了产学研合作框架协议后，美得理公司的第三次校企重大合作。校企双方通过各个层面进行交流，在信息技术以及其他领域开展深层次合作，也为电鸣行业输送高质量人才，共同服务国家战略和行业企业创新驱动发展。吟飞电子与专业院校建立了长期的产学研合作关系，旗下的艺术中心在全国举办了数场师资培训活动，并精心打造在线课程，培养创新型人才。

4. 传统乐器智能化电声化发展

随着互联网技术的发展，越来越多的企业着力打造智能乐器，乐器可接入互联网、连接智能终端、PC与云端数据库的优势开始凸显。智能乐器的兴起，打开了乐器制造业的互联网进程。2018年上海国际乐器展期间，上海民族乐器一厂与罗兰数字音乐教育集团共同研发的“敦煌·罗兰智能交互古筝”发布，在保留了“敦煌古筝”标准形制、稳定音色的基础上，加装了罗兰数字音乐教育集团自主研发的MIDI控制器，将古筝教学纳入到成熟的数字化教学课程当中。用数字化完美演绎中国风，真正实现古筝教学“一对多”的互动式智能化，利用科技助力民乐发展。

随着现代音乐的发展，电鸣乐器的种类呈快速递增的总趋势，传统乐器电声化、民乐电声化，西乐小号、管乐、提琴等都有电声产品，我国的传统乐器在这一方面还有巨大的发展空间。未来中乐西乐和民族乐器的界限、应用范围将被打破，也就是说实现中西乐各种乐器创新交融。

5. 文化娱乐产业发展助推电鸣乐器行业发展

电鸣乐器相较于传统乐器，电鸣乐器拥有由若干电子元件组成的特殊电子发音体，其音色、音高不会受温度、湿度等自然气候条件的影响，且既可以表现单一音色，也可以模拟表现复合音色，表现能力更为出色，更受年轻人青睐。近年来，政府推动文化产业发展，促进音乐文化市场的繁荣，国民文化娱乐消费支出上升，促使电子音乐市场蓬勃发展。据悉，2016年中国电子音乐用户规模为1.97亿个，2017年达到2.86亿个，增长率为45.2%，2018年达到3.58亿个，2019年将突破4亿个。2018年，初步统计我国电子音乐节举办量已经达到150场左右。近年来网络电视台制作了多个音乐类综艺节目，涌现了大量电音制作人，展现出了不俗的创造力，让观众感受到了电音文化以及电音文化展现的力量。伴随广大乐器厂商对用户的培育，电鸣乐器市场规模将进一步扩大。

三、2019年电鸣乐器行业展望

综观2018电鸣乐器行业市场发展，企业面对主营业务成本增长、贸易战影响以及环保升级、核心技术差距等问题。促使企业向中高端转型升级，扩大国内市场，拓展品牌影响力，完善从软件到硬件的电子音乐产品生态系统与产业链的拓展延伸。随着互联网技术的发展，乐器可接入互联网、连接智能终端、电脑与云端数据库的优势开始凸显。改变原有一次性销售乐器，售后无法与用户互动的模式，并由此带来了新的销售方式与盈利模式。企业应针对物联网时代需求变化，通过大数据分析迅速做出反应，加快调整产业结构，满足当下市场的新需求。

西管打击乐器篇

一、2018年西管打击乐器行业运行数据

据海关总署数据显示，2018年我国西管和打击乐器出口情况相似，出口量值均双线上扬。其中，西管乐器全年向112个国家和地区出口打击乐器66.44万件，同比增长13.10%；出口总额8851.75万美元，同比增长7.51%，产品单价有所下降。美国依然位于西管乐器主要出口国之首，出口量值占比均超过30%，出口西管乐器19.39万件，近年来首现负增长，同比下降5.87%，出口额3787.88万元，较去年基本持平，增长0.49%。德国、英国、法国、日本位列其后，除英国出口量下降6.78%，德、法、日出口量值均呈增长态势。其中，出口到日本的西管乐器量值均大幅增长，涨幅近50%。

海关数据显示，2018年打击乐器出口量值涨幅均超10%。全年向150个国家或地区出口945.41万支，同比增长17.57%，出口额1.33亿美元，同比增长11.85%。其中，美国、德国、荷兰成为主要出口国，位于前三。其中，向美国出口打击乐器249万支，同比增长22.14%，出口额4390.11万美元，同比增长2.7%，出口量增长大幅超过出口额，产品单价下调明显。

2018年，西管乐器与打击乐器的进出口情况均保持强劲增势，进口方面更是稳中向好。2018年中国从世界17个国家和地区进口各类西管乐器6735件，同比增长0.65%，进口额598.73万美元，增长33.72%，产品单价涨幅较大。进口的西管乐器主要为高端产品，三分之一来自美国、德国和日本，其中，德国进口量现下行，但进口额反增10.28%。打击乐器进口方面，2018年全年共计从46个国家进口

了234.20万支，同比增长32.33%，进口额2475.04万美元，同比增长25.36%。印尼、德国和中国台湾为主要打击乐器进口国和地区，其中，从印尼进口量值均位于首位，进口量同比增长40.87%，进口额增长7.18%。

2018年，打击乐器专利发布共计32项，其中，发明专利5项，实用新型专利16项，外观设计专利11项。西管乐器中，仅萨克斯发布的专利就有31项，较2017年有所增长，我国西管打击乐器企业研发创新能力逐年提升。

二、2018年西管打击乐器产业运行特征

1. 消费升级倒逼西管打击乐器产业升级

“十九大”报告提出，当前我国发展的主要矛盾是“人民日益增长的美好生活需求和不平衡、不充分的发展之间的矛盾”，这是行业发展的大环境。2018年，中国文化产业市场日新月异，尤其是行进乐队的快速发展，给西管打击乐器产业创造了巨大的市场空间。与此同时，消费者品牌意识明显提高，人们对名牌和质量的追求，已经不受价格的影响。2018年，西管打击乐器的进口量值均双线增长，产品单价的增长尤为显著，反映出国内市场消费能力的升级和潜力。与此同时，高速发展的互联网时代下，消费习惯和方法途径发生重大改变，网购成主流。2018年11月11日24时，2018天猫双11成交额最终落地，达到2135亿元，同比2017年1682亿增长26.93%，天猫双11再次成为阿里巴巴创造纪录。天猫乐器类目也有着亮眼的表现，在整个大盘品类上西乐器继续占据较大份额，乐器配件、音乐书籍和音箱等周边产品紧随其后排名第二，民族乐器排名第三，可见包括西管打击乐器在内的西乐器仍然是网购消费者最喜爱的品类。据天猫乐器类目负责人黄忠介绍，在天猫平台上，品牌逐渐成为消费者选择乐器的第一要素，老品牌乐器由于其悠久的技术沉淀，出色的品质，优美的音色和良好的口碑，使消费者在购买决策上更快捷。为此，对于西管打击乐器产业来说，消费升级已经不可逆转的逼迫企业升级换代。

2. 西管打击乐器产业高质量发展愈发紧迫

近几年来，西管打击乐器制造企业成本持续攀升，除了钢材、铜材等原材料，人工成本，还有环境治理投入和能源、物流成本，都对企业经营造成很大压力，这让小微企业很难承受，靠贴牌加工的企业发展更是受阻，市场份额越来越小，今后还要面对更多的不确定因素。因此，西管打击乐器产业的高质量发展愈发紧迫。2018年，以天津津宝、河北金音等为首的西管打击乐器企业，在新品研发、新装备投入、新工艺改进等方面投入了更大的力度，使产品在声学品质、外观及使用舒适性等方面指标大幅提高。同时，对提高作业效率、降低制造成本、提升工艺精度等起到积极推动作用。据天津津宝乐器有限公司总经理刘运斌介绍，2018年，天津津宝实施以技改投入驱动企业向智能制造升级，从而实现产品质量提高和成本降低，以此惠及消费者的经营策略。仅2018年企业以机械人、数控机床、自动化流水线等为代表的先进制造装备投入就达到2000余万元，从而促进了产品的高质量发展。

3. 中美贸易摩擦下的博弈与出路

我国西管打击乐器产业中，外向型经济一直占据主导地位。2018年，中美贸易摩擦升级和汇率浮动，无疑使这些出口型企业面临新一轮的市场增压。作为西管乐器制造企业，河北金音乐器集团总经理陈学孔表示，早前乐器出口业务呈现出订单周期长，客户按年支付订金的特点。而今，乐器出口以短单为主，海外采购商轻易不敢批量压货，从侧面反映出外部乐器消费环境回暖乏力；其次，在西管乐器产业链运行上，由于上游中小零配件企业因环保整治出现关停问题，促使下游零配件供应不顺畅，企业完成订单速度滞缓。河北华声乐器制造有限公司总经理张立根表示，在过去的布局规划中，企业对出口的依存度较高，中美贸易摩擦对企业的经济效益有所波及。

中美贸易摩擦的阴霾，短期内无疑会给外向型西管打击乐器企业带来了不小的负面影响。中美贸易摩擦背景下，企业要找寻破题探路的攻略，以不变应万变，不断提升产品附加值，化解成本压力；坚持出口国别多元化，倒逼企业拓展新的市场行销

渠道。主动拓展国内市场，关注5G、4K、VR创新技术引发的消费新需求，启动创新业态，激发新消费热点。

4. 扎实有序开品牌文化活动

在探索文化产业和文化事业融合发展的产业生态基础上，西管打击乐器产业通过品牌文化活动来增进国内外文化艺术学习、交流，增强民间文化交往。以文化“引进来”促进文化“走出去”，使文化活动成为打通海内外文化艺术沟通的桥梁和纽带，从而促进区域社会音乐教育事业普及与发展。2018年，各西管打击乐文化活动如火如荼。

5月伊始，已连续举办10年的“上海之春国际音乐节管乐艺术节”如期而至。来自国内外的176支管乐团，逾万名乐手踊跃参加了这一规模最大、水平最高、影响最广的管乐节。管乐节共分开幕式及行进表演晚会，优秀管乐团队展演，文化惠民演出黄浦江大巡游，管乐进校园、营区，闭幕式及晚会演出五大板块。开幕式上，为纪念国歌立法一周年，由中国音协管乐学会主席、管乐艺术节艺术总监、著名指挥家于海先生指挥来自全国25个省市及专业军乐团的176支乐团近3600名乐手演奏《中华人民共和国国歌》，创造了最多省市管乐团、最多演奏员演奏《中华人民共和国国歌》的“大世界吉尼斯纪录”。

“中华杯”中国第十二届非职业优秀管乐团队展演已经进入第十二年征程。2018年更是达到169支乐队和11000多名乐手参加的历史之最，展演组委会邀请了近40位国内具有高深艺术造诣和高超专业水平的顶级指挥家、作曲家、演奏家组成的评审委员会，负责展演评审工作。

7月，2018津宝第四届国际音乐节暨第三届津宝行进艺术大赛开幕式在天津市宝坻区举办。音乐节吸引了国内外音乐爱好者4000余人，到场专家、器乐大师140人，其中来自美、法、英、日等国的嘉宾、大师15人，国外参演选手30余人。音乐节期间观看开幕式、社区演出、音乐会、演奏比赛等活动的音乐爱好者、市民累计近万人次。

5. 跨界合作发展音教事业

2018年，我国西管打击乐器产业不断完善新型经营模式，联合各地高校资源，建立强大的校企联盟，搭建企业、高校、中小学三者之间强强联合的高速桥梁，融合优质音乐教育资源，大力发展地方音乐教育事业，充分衔接乐器生产与音乐教育之间纽带，不断创新、发展，为音乐教育做出应有的贡献。

据罗兰数字音乐教育集团董事长程建铜介绍，2018年，罗兰数字音乐教育与长江师范学院达成校企合作战略协议，“罗兰数字音乐（打击乐）实验班”正式落成，开启罗兰数字音乐教育与艺术高校合作的战略布局。截止至2018年，罗兰数字音乐教育全国校区已高达400余家，在国民音乐素养的提升上，起到了积极推动作用。

金音集团从事乐器生产与乐器研发等工作，已经走过30年的发展历程，并在国际和国内市场上创立品牌效应。但时代发展脚步要求企业快速转型，也促成金音集团由传统制造型企业逐步向轻资产音乐教育行业的跨乐发展。河北金音乐器集团总经理、全国音乐教育服务联盟负责人陈学孔表示，全国音乐教育服务联盟基地落户武强，意味着乐器制造与经营、音乐培训和大众音乐文化活动有了新的跨界合作平台，从而实现了乐器设备、教材教案、技术服务、音乐教育和音乐生活全产业链的互动融合。基地聘请国内外音乐教育学专家共同深化研究艺术素质测评测试系统，在音乐教育行业里开辟先河。另外，立足产业链拓展全局视野，全国音乐教育服务联盟基地整合乐器制造企业、琴行、音乐培训机构及社会各界的优势资源，开展供需对接，解决学校和社会音乐教育条块分割、区域资源浪费与匮乏等问题。将传统单一的乐器培训和乐器销售，做到高端化、体验化、生活化，依托全新的经营模式，树立国产乐器品牌在大众心中的品牌形象，为加盟者带来可观的经营利润。

6. 公益文化事业身先士卒做表率

面对音乐教育的普及与社会公益文化事业，西管打击乐器企业在全行业内身先士卒做表率，通过自身技术和责任辅助解决我国偏远地区教育不均衡的问题。2018年，天津津宝乐器与新疆维吾尔自治区和田市民丰县签订了结对帮扶协议，为贫困地区提供就业与爱心助学形式的帮扶。同时，企业向甘肃省天水市武山县教育体育局、海军军乐团、北京中关村三小雄安分校等15家机构或组织捐赠乐器价值50余万元。

罗兰数字音乐教育2018年，罗兰数字音乐教育和陶行知教育基金会一道，走进安徽省金寨县，为革命老区建设数字音乐教室，让优质教学资源与教育理念惠及山区的孩子们。值得一提的是，2018年，罗兰数字音乐教育学员亮相“6·21”开闭幕式、冬奥启动仪式、中网小乐手以及颁奖音乐会上，以及每一年由中国社会艺术协会主办的罗兰艺术节，在精彩活动中精彩比拼，绽放自我。

三、2019年西管打击乐器行业展望

展望2019年，面对环保治理、原料设备和人工薪资成本上涨，中美贸易摩擦升级和汇率浮动，加上乐器消费市场日新月异的挑战，无疑还将使西管打击乐器产业面临新一轮的市场增压，同时倒逼乐器行业进入创新提升期。在机遇与挑战面前，西管打击乐器产业还需稳扎稳打，克服困难，以科技创新为动力，坚持市场导向，积极推进三品行动计划，完善品牌发展和人才发展战略，推动中高端产品品质提升和规模扩展，全面提升“中国制造”整体形象。

为了充分发挥乐器制造企业与管乐演奏家、音乐家合力，提升国产西管乐器中高端产品质量和档次水平，2019年4月，中国乐器协会西管乐器专委会与音协管乐学会签订了《西管乐器中高端产品提升合作意向书》，未来，双方就西管乐器中高端产品研发、测评和展演将开展合作，邀请著名教育家、演奏家助力西管乐器行业中高端产品升级，相信年内将所突破，使“三品”行动计划在资源整合和跨界融合中得到进一步彰显。

材料配件篇

2018年，对于我国材料配件行业而言，成本元素上涨、环保升级依旧成为行业发展的主导旋律。涉及钢琴铁板铸造、音板、琴弦、外壳油漆制造工艺相关企业，都在产业转移与转型升级改造中，向着绿色低碳、集约智能、科研创新发展的道路扎实迈进，从传统材料配件产业向着现代制造工艺转型取得初步的市场成效。

一、2018年材料配件行业运行数据

2018年，受主营业务成本和环保设备升级影响，其他乐器及零件制造累计资产总计24.13亿元，同比下降5.63%。其他乐器及零配件行业主营业务收入45.19亿元，同比增长5.17%。从累计利润总额看，其他乐器及零件制造完成累计利润总额2.22亿元，同比增长24.16%。从累计资产和利润总额的数据升降，反映产业面临结构调整波动要素，材料配件行业在中高端转型升级取得初步市场成效。从产成品库存分析，其他乐器及零件制造累计完成产成品1.62亿元，同比下降11.68%。

2018年，钢琴的零件、附件出口量为6748085千克，同比增长25.87%，出口额4277万美元，同比增加21.11%；弓弦乐器的零件、附件出口量为4953161千克，同比增长11.39%，出口额4800万美元，同比下降27.22%；电子乐器的零件、附件出口量为6138481千克，同比下降1.39%，出口额5171万美元，同比增长20.13%。

2018年，钢琴的零件、附件进口量为6406912千克，同比增长7.15%，进口额3131万美元，同比增加16.61%；弓弦乐器的零件、附件进口量为366416千克，同比增长12.24%，出口额751万美元，同比增长22.46%；电子乐器的零件、附件进口量为2291052千克，同比下降4.33%，进口额2573万美元，同比下降1.99%。

二、2018年材料配件行业运行特征

1. 中美贸易站引发材料成本价格波动

2018年，在我国材料配件行业修炼内功，转型升级发展之时，美国单边发起的全球贸易战促成我国乐器产业的上下游相关分支行业的材料成本的价格波动。目前，美国加征的2500亿美金产品清单中，对以木材加工为主的声学乐器影响有限，但面对后续3000亿美金的关税加征清单，或将覆盖整个乐器产品。在中美贸易战升级之前，我国行业骨

干企业公司及时调整市场战略，由欧美市场转向南美、非洲、亚洲、大洋洲邻国等区域，有效降低本次贸易战带来的市场损失。而提琴依托木质材料，若关税提升至25%，会造成国内提琴的产品价格不再具有国际市场竞争力。

面对全球乐器制造业向东南亚国家的转移，是否会造成全球乐器上下游产业链的重新分工布局，南京爱韵乐器有限公司表示，目前，中国出口美国市场吉他销量是100万级别的，能找到第二大出口国的概率几乎不可能，毕竟墨西哥和印尼的年产总量不过是20万把，想要取代中国的乐器制造业地位几乎不可能。且近年来，国内乐器企业的创新意识逐步增强，从产能和创新进步的层面看，我国乐器产业在未来还是具有相应的发展机遇。

2. 钢材、铜材、高档木材进口或将受价格冲击

江苏凤灵乐器集团信息反馈，受中美贸易战影响，对美出口订单还是呈现下降趋势。从目前形势分析，以钢材和铜材为主要加工材料的打击乐器和钢琴或将受到冲击和影响。近年来，因人工和材料成本问题，欧美各国乐器企业开始向印尼、马来西亚等国家转移，国产提琴与东南亚地区提琴的出口价格优势差距会进一步加大。上海民族乐器一厂信息反馈，随着其他国家环保意识的增强，对于高档红木和紫檀的出口限制增多，对高档民族乐器材料进口形成影响，企业也在积极寻找替代材料以解决材料问题。

3. 科研创新突破环保与成本瓶颈

过去的2018年，乐器制造企业克服了环保成本增加、中美贸易战带来的影响，坚持科技是第一生产力这一行业风向标，走出了一条开拓创新之路。2018年，材料行业骨干企业川雅木业面对高标准高品质的市场要求，公司立足新产品、新工艺的研发，不断开拓新市场，企业健康发展，产值利润双增长。

为全国声学木材研发基地，川雅木业与东北林业大学合作，对木材声学品质、钢琴声学原理进行深入研究，取得阶段性成果，找出不同产地、不同树种的木材声学品质特征，深入理解了木材的基本特性对声学品质的影响，做到精准确定木材原产地，认真挑选每一根原木，再到精心选配每一块板条，历经几十道严苛工艺管控，完成高质量零配件加工的品质管控。2018年，川雅木业励精图治、埋头苦干，潜心研究钢琴共鸣盘各部件的物理性能和声学原理，掌握了共鸣盘的核心制造技术，研发出高品质、好声音的共鸣盘，获得行业与市场的肯定与认同。

三、2019年材料配件行业展望

展望2019，科技和创新依然是材料配件行业的主题，传统制造业唯有不断创新，转型升级，才能突破和超越固有的生存发展模式。在新的一年里，弘扬工匠精神，坚守“匠心”和“匠艺”，成为材料配件行业发展之魂魄。坚持创新理念，加强科技投入和技术改造，是提升产品技术含量和市场竞争力的科研保障。同时，发挥全国声学木材研发基地的作用，深化乐器声学品质研究，不断优化产品设计，持续强化和提升国际高等级声学木材的专业化采购实力，让更多欧美优质资源成为保障行业发展的不竭口粮。面向未来，在绿色低碳循环经济发展道路上，顺应国家的制造业宏观发展战略布局，既要抬头看政策，更要扎实走好脚下科技创新之路，才是材料配件行业持续发展的智慧之举。

弦乐器篇

2018年，我国弦乐器制造业在全球乐器经济振幅增强，产业结构升级重组，发展新旧动能转换中，走过了不平凡的科技、文化创新年。鉴于国际政治经济形势错综复杂，面对中美贸易摩擦引发乐器出口成本增长，环保成本与贸易壁垒抑制产业发展活力，全体行业同仁以科技创新精准对接终端需求，主动布局社会音乐教育文化市场，调整产品结构、产业结构，开展广泛深入地科技创新活动，市场创新成果可圈可点。

一、2018年弦乐器行业宏观运行数据

来自轻工行业经济数据显示，2018年，乐器行

业全年累计利润总额20亿元，全国乐器行业累计资产总计231亿元，同比增长14.71%。其中，西乐器制造累计资产总计181.72亿元，同比增长5.46%，直接反映出企业在能源环保、硬件设施与材料成本投入增幅显著。2018年，西乐器累计主营业务收入214.06亿元，同比增长3.80%；西乐器累计完成利润总额10.25亿元，同比增长9.37%。反映西乐器企业在控制规模增速，产品结构提档升级，市场成效显著。

来自国家海关总署数据显示，2018年，我国西乐器累计完成出口交货值42.93亿元，同比增长1.27%。我国出口弓弦乐器1525828只，同比增长5.95%，出口金额8139万美元，同比增长6.12%。出口其他弦乐器（吉他、小提琴、竖琴）1058万只，同比增长6.42%，出口金额3.19亿美元，同比增长10.9%。2018年，我国弦乐器进口1419万只，金额244万美元。其他弦乐器进口22.8万只，金额2051万美元，同比增长58.7%。反映出国内市场对海外弦乐器产品的市场需求超过往年。

二、2018年弦乐器产业运行特征

回首2018，弦乐器行业内部设施升级改造，产品标准化、系列化和智能化加强，全年科技、音教双轮驱动工作扎实推进，推动产业升级重组，在科技信息平台建设，三品战略贯彻实施，音教服务市场拓展，完善人才培训机制，特色产业集群的政策助力，实现行业与市场要素协同发展的良性格局。

1. 新旧动能转换，产研设备设施升级

2018年，在国家明确提出支持民营企业发展，为民营经济注入发展动力的利好政策下，“高质发展”成为行业骨干企业全年发展的核心要务。江苏凤灵集团确立“以中高档琴为主、科技琴为核心”的生产方针，扩充中、高档提琴产量30%以上，普及科技提琴。公司全面推进公司两化融合建设，加大全司ERP实施覆盖率，采用大数据管理，提高系统运营效率，确保高质量管理。同时，凤灵集团加大设备改革投入，降低劳动成本，提高生产效率。面对绿色生产、乐器环保发展问题，企业主动出击，不论是制作材料，还是环保工艺，通过技术手段实施解决方案，切实解决喷漆、粉尘、排污等问题，打造绿色工厂。公司全年注重提高生产劳动率、投资回报率和资源配置效率，以达到投资有回报、产品有市场、企业有利润、员工有收入、环境有改善的发展目标。2018年凤灵乐器销售比2017年度增长10.9%，利税增长12%以上。

广东红棉乐器有限公司为能使技术开发快速转变为生产力，提升企业创新竞争能力，在产品研发、制造等方面发挥集群效应，引进及自行研发自动化生产设备，通过公司创立工作室以标准化生产转化技术成果，节约生产成本投入，设立恒温恒湿生产车间，保证产品质量稳定性；其次，加强生产一线管理及环保理念在生产中的应用。为确保生产作业能符合产品标准化，公司通过设定严谨的生产工艺流程和质量体系来控制产品质量，为工作室购置恒温衡湿试验机、拉力试验机、模拟运输震动试验机、电子式顶破强度试验机、盐水喷雾实验箱、电子分析天平、金属利边试验机等先进设备；再者，为倡导“绿色、环保、可持续”发展理念，红棉乐器专门研发水性漆静电喷涂技术并应用于乐器生产，在保证绿色生产及使用者身体健康同时，提升产品竞争力。相比2017，公司全年研发成果转化率为21.72%，2018年与2017年同比增长107.56%。

广东声凯乐器有限公司以“中国制造 2025”为行动纲领，在 2018 年进一步专注于吉他制作工艺的创新与新产品的设计研发，在不断尝试引进新材料的同时，将数控加工、激光雕刻等新技术应用于吉他生产工艺上，不断改进生产工序，提升吉他产品的品质与声学性能。此外，公司还经常组织团队参加国内外行业展会，考察最新的市场动向与产品发展趋势，并邀请国外技术专家对自身生产工艺进行优化改良，指导培养团队技术骨干。将创新能力转变 为整个企业源源不断的竞争力。

2. 产业集群建设集中体现区域政策推动力

2018，我国弦乐器特色产业集群建设社会业绩显著，以泰兴黄桥提琴，广东惠阳吉他、贵州正安吉他皆以产业集群形势亮相MusicChina，集中体现地方政府创建特色乐器产业集群的政策推动力。同时，国内弦乐器产业集群、品牌乐器制造商依托展

会平台，积极进行品牌推广与文化创意营销，在主办方的创新思维引领下，形成多点开花的品牌创意营销格局。

针对弦乐器产业集群建设，3月7日，江苏省质监局副局长李景辉一行检查验收黄桥乐器产业集群优质产品生产示范区创建工作。考核组对照《关于开展2017年江苏省优质产品生产示范区考核检查工作的通知》，听取示范区创建情况汇报，验证相关资料、实地查看黄桥乐器博览馆、凤灵集团、音乐生态湖等，对黄桥乐器产业集群优质产品示范区创建工作予以充分肯定。5月，中国乐器协会组织行业内专家对泰兴市黄桥镇“中国提琴产业之都”进行实地复评考察。考察后，复评专家组认为，泰兴市黄桥镇“中国提琴产业之都”符合《中国轻工业特色区域和产业集群共建管理办法（修订版）》要求，一致通过评审，建议中国轻工业联合会、中国乐器协会共建继续授予 “中国提琴产业之都·黄桥”称号。

2018年，黄桥镇乐器配套企业达220多家，年加工提琴产量是76万套，吉他150万套，钢琴6000架，各类乐器配件100多万套，形成了完整的乐器产业链，取得进出口自营权企业30多家，全镇从事乐器加工和配套人员超过3.5万人。主要产品由过去单一的小提琴，延伸到小提琴，大提琴，贝斯、钢琴、吉他和有尤克里里等16个品种，产品远销全球90多个国家和地区，提琴产品的产量占全球产量30%，出口占国内市场50%以上。各项指标数据显示，乐器产业在江苏省基本形成区域特色，在黄桥以提琴、吉他为主导产品，规模在国际、国内的已处于领先地位。

3. 校企联合推动行业科技创新发展

在“大众互联、万众虚拟”的资本盛行时代，作为实体经济企业，如何深度思考自身产业结构、产业组织和产业布局，加快企业转型升级，推进两化融合、走科技创新、发展自主品牌的强企之路，成为我国弦乐器骨干企业突破发展核心技术瓶颈的关键节点。

为推动我国弦乐器产业的良性发展，助力弦乐器行业科技创新工作。7月，中乐协提琴制作师分会第四届二次全体会员大会在中央音乐学院召开。中国乐器协会理事长王世成、副理事长王松美，黄桥镇人民政府镇长耿元进，中国乐器协会提琴制作师分会会长郑荃以及来自全国各地的150余位会员共同参加了会议。同期，在中央音乐学院歌剧厅举办“硕果”的音乐会，向社会公众和音乐爱好者汇报中央音乐学院提琴制作研究中心成立30年来取得的累累硕果。10月24日，中国乐器协会组织相关提琴及民乐制作企业、制作家、演奏家以及乐团指挥家等专家，共同召开“民族低音拉弦乐器研讨会”。中央音乐学院提琴制作研究中心的大华琴、上海民族乐器一厂大瓷琴以及泰兴凤灵乐器公司研制的贝拉琴参加此次研讨会评价。与会评审专家共同见证弦乐器科研创新阶段性成果。

为推动中国乐器行业科技创新工作，中国乐器协会年终科技大会特设科技人才表彰平台，会议对2018年度乐器行业“科技之星”和民族低音拉弦乐器阶段成果进行表彰，院校专家、企业精英展开乐器科研专题对话，会议各项议程策划务实高效，见证行业发展阶段成果，探寻产业发展创新坐标。值得一提的是，作为中央音乐学院提琴制作中心教授、中国提琴制作师分会会长，郑荃教授荣获轻工行业大国工匠殊荣，不仅见证郑荃教授在艺术提琴制作、教育、科研和文化交流的卓越成就，更从轻工行业科技创新视野，为中国乐器产业实施音教与科技双轮驱动战略注入强心剂。

4. 教育市场协同推进，有序激发终端消费潜力

面对移动互联新经济，乐器企业主动进驻移动互联消费市场，展开品牌和渠道创新布局，通过文化创意制造品牌文化营销亮点，有序提升用户的品牌认知度。

面对社会音乐教育的标准化建设议题，中国乐器协会、中央院现代远程教育学院、江苏新基因文化有限公司联合主办的小提琴师资培训班在杭州举行。参加培训并考试合格的学员获得由中央音乐学院现代远程音乐学院颁发的“音乐教育”（小提琴）标准级音乐教师专业水平认证证书，同时获得中国乐器协会颁发的社会音乐教师专业技能培训证书。

为促进区域乐器产业集群音教文化建设，5月

8日，全国音乐教育跨界合作高峰论坛在江苏•黄桥——“中国提琴产业之都”隆重召开，来自江苏、安徽周边省市的艺术院校、音乐家协会的领导、专家和院校教师等近100人莅临论坛现场。与会专家就拓宽延伸乐器产业链，跨界整合乐器制造与音乐教育资源，推进“乐器是家庭标配，音乐是生活刚需”战略目标展开头脑风暴。2018年，泰兴黄桥在打造乐器产业园和国家级“琴韵小镇”的同时，全力推进中小学生普及艺术教育工作，目前在校学生占70%人员都学会了一种乐器的演奏，全镇有小提琴学员超过2000人，古筝和吉他的学员均超过1000人，社会成人艺术培训也比较活跃，凤灵文化艺术中心10多年的学员超过15000人，各项数据显示区域产业集群的音教文化建设社会成果显著。

不仅如此，金音乐器集团依托全国音乐教育服务合作联盟武强基地品平台，以前瞻定位视野，与校内音乐教育体制进行资源整合，有序开展社会音乐普及培训，取得良好的市场发展业绩。2018年，武强周窝音乐小镇斥资4000万创建乐器博物馆，占地8112平方米，引进河北师范大学音乐学院的师资与毕业生，提升基地的人才储备与文化软实力。通过创意的音乐教育版块，在儿童培训中心有序拓展游学项目，包括吉他教育、手工DIY尤克里里和各类艺术兴趣班，仅2018年当地夏令营接待学员就达到7000人。将传统单一的乐器培训和乐器销售，做到高端化、体验化、生活化，依托全新的经营模式，树立国产乐器品牌在大众心中的品牌形象，为加盟者带来可观的经营利润。面向未来，科研创新+教育培训成为武强乐器产业未来清晰的发展坐标。

2018年，我国弦乐器骨干企业同样在音教事业拓展上持续发力。广东红棉乐器再次被中国商务部等五部联合认定为“2017-2018年度国家文化出口重点企业”，成为“广东省科普教育基地”“河源市科普教育基地”。利用音教服务平台，红棉乐器积极推进音乐文化教育及工业游项目，2018年与晟雅教育机构合作培训中华小四弦师资上千人次、完成中华小四弦考级教材的编订，协助中国音乐学院、星海音乐学院开展中华小四弦教研活动等，成为公司2019年销售新的增长点。同时，红棉乐器还参与协办中国“好声音”河源地区赛事、河源市第一届青少年好歌声大赛，有序拓展品牌终端影响力。

乐器行业在轻工制造业中体量虽然有限，但延伸到音乐教育和音乐文化的大市场，属于国家文化产业的重要组成部分。2018 年广东声凯乐器有限公司继续强化战略聚焦，推动产业链延伸，把乐器研发、制造、营销与音乐教育等产业串联起来，形成产业合力。2018 年 1 月，广东声凯乐器旗下全国连锁音乐教育品牌音乐窝举办品牌发布会，针对传统 音乐教育市场的机会与痛点，依托强大的技术、教研、与营销团队，打造出以“线上APP+线下加盟店”为形式，结合大数据、新零售，以及智能运营体系的跨时代音乐教育平台，从 而实现音乐爱好者、音乐教师、音乐教育机构以及品牌之间的多方共赢。

三、2019年弦乐器行业展望

展望我国未来弦乐器行业发展，扩大内需，深度挖掘国内市场，从传统贸易模式转型进行多渠道、多平台营销，使企业实现自主知识产权，自主品牌自主竞价权，优化产品工艺，使产品质量精细化成为弦乐器市场未来发展的主导趋向。中国乐器协会理事长王世成认为，首先，我国弦乐器企业既要按照国家的总体战略部署，履行行业和企业的社会责任，坚定全球经济一体化的信念和多变发展市场规则；第二，以不变应万变，通过创新提升产品的附加值；第三，坚持出口国别的多元化，倒逼企业拓展新的市场行销渠道；第四，主动拓展国内市场，关注5G、4K、VR新的创新技术，以及引发的新的消费需求变化，启动创新业态，激发新的消费热点，从而促进行业与市场多元要素协同创新发展。

吉他篇

随着我国经济的不断发展、人们生活水平的不断提高，人们的消费观念和消费水平也有了很大的转变与提升。在这个契机下，吉他行业也得到了快速发展。2018年，全球乐器经济震荡加剧，国际局势错综复杂，乐器企业面对环保、成本上升的压力，生产经营压力增大。在如此压力下，有不少规模较小、不合规范的吉他工厂面临被淘汰的局面。另一方面，品牌意识的增强，每个品牌都加大了自己在品牌营销或建立企业文化上的投入，竞争力更为强劲。越来越多的地区企业在政府支持下，打造“乐器生产+音乐教育+文化交流”的产业集群集团化发展模式。整体提升乐器企业文化，推动乐器制造业跨越发展。

一、2018吉他行业宏观运行数据

2018年，我国乐器行业累计完成主营业务收入391.44亿元，同比增长4.40%，出口交货值87.11亿元，同比下降7.89%。据国家海关总署数据显示，其他弦乐器（如：吉他、小提琴、竖琴）出口额为3.18亿美元，同比上升10.90%，进口额为2051万美元，同比上升58.70%；其他通过电产生或扩大声音的乐器（如：电吉他）出口额为1.58亿美元，同比下降0.97%，进口额为1969万美元，同比上升119.02%。吉他行业面对当前制造行业面临环保和成本要素增长的现行压力，企业转型向中高端产品研发制造的核心技术谋求突破，进一步促进区域吉他产业向着标准化、自动化、智能化方向发展。

二、2018吉他行业总体运行特征

1. 2018吉他行业发展概述

2018年，吉他行业全年发展基本平稳。中国吉他制造业的生产模式和销售渠道相对比较成熟，吉他制造业从东南沿海地区蓬勃发展，至今已形成多个吉他文化小镇，打造特色区域吉他产业集群，实现资源整合协同发展。不过在吉他产业规模扩张的同时，缺乏技术创新与品牌文化建设、过分依赖出口市场等问题亟待改善。“更新发展观念，扩大内需市场，实现产业升级”已经成为吉他行业走出困境的不二出路。

针对吉他行业发展的新需求。2018年7月13日，由中国乐器协会、惠州市惠阳区文化广电新闻出版局主办的2018中国（惠阳）吉他产业高峰论坛在广东惠阳召开。会议围绕“聚焦新常态，转型谋发展”主题就产业发展现状与面临瓶颈、品牌多元化运营、文化教育培育等方面展开探讨。

2. 玫瑰木列入濒危物种名录，吉他产业受到直接影响

玫瑰木由于稳定性高、价格便宜，被广泛用于吉他指板与侧板。2017年1月玫瑰木禁运，对整个国产吉他行业带来不小的冲击。玫瑰木材储备紧俏，其价格也跟随着水涨船高。使得吉他厂商们不得不面临生产原材料枯竭的问题，寻找可能的替代方案。比如使用碳纤维材料和马丁公司率先尝试的高强度压合板技术，但他们的声音目前还很难被主流所认可。更多的厂商选择的是退而求其次，以新的或者较为少见的木材逐渐代替常用的木材。比如用那都木、寇曲木、禾木替代玫瑰木、沙比利代替桃花心木。原材料的日益稀缺，是全球吉他制造业面临的整体态势，因此加紧寻找可替代木材的步伐，将会是厂商们一个必然的选择。

3. 中美贸易战促企业出口成本增长

乐器行业多以小微企业为主，纵观2018年吉他行业进出口市场，多数企业反映外销出口依旧占据企业营销的主导。受中美贸易战影响，目前进口采购配件，汇率涨幅明显，对企业有不小压力，有企业表示订单整体量下滑20%。中美贸易战几次增税，使得成本上升明显，另国内企业与东南亚工厂相比，国内企业竞争能力下降，客户砍掉订单或者将很多产品订单转移到其他国家，从而削减了在中国生产的产品数量。另外，因贸易战导致的市场经济低迷，使其他国家客户持观望态度，也造成了间接性的影响。

4. 加速科技创新，寻求核心技术突破

在核心专利技术方面，当前，压电薄膜材料广泛用于城市交通建设、医疗设备等领域，在中高端吉他中广泛使用，对吉他的声效起到了举足轻重的作用。其薄厚均匀、体积小、音质佳等特点目前没有其他材料可替代，只能靠进口。其专利与核心技术均掌握在美国乐器公司手里，维持高单价的情况对企业盈利很不利。这也给整个吉他行业敲响警

钟，企业应加快科技攻关核心部件，减少或者避免卖方垄断的局面，以科技创新为抓手，提升产业发展质量。

面对市场不利要素，广东红棉乐器有限公司加大设备、产品研发力度，自主研发了部分自动化生产设备，节约了成本。在产品管控方面，加强生产一线管理、严控产品质量及环保理念在生产中的运用，研发了水性漆静电喷涂技术应用于乐器生产，在保证绿色生产的同时提升了产品竞争力。2018年的研发成果转化力较2017年同比增长了107.56%。

5. 乐器进校园，拓展音乐人口

音乐艺术教育作为教育这个大系统中的一个分支，具有审美功能、道德教化功能、发展智力、培养想象力和创造力、促进人的身心健康等种种功能。中共中央国务院在《关于深化教育改革，全面推进素质教育的决定》中指出：必须把德育、智育、体育、美育等有机地统一在教育活动的各个环节中。在国家和政府素质教育政策扶持下，乐器进校园不仅增进学校区域教育特色发展建设，加快校园文化建设。还能够发展学生的个性特色，推动学生音乐素质的全面发展。在培养学生视野的同时，拓展音乐人口。

以广东惠阳为例，在政府方面，从2018年至2020年，惠阳区财政每年安排1000万元，作为产业发展专项资金，同时，大力推进吉他进校园工作。2018年安排资金800多万元，为全区100余中小学校，开展吉他音乐教学提供保障。惠阳学校中小学每周开展尤克里里课程，中学开展吉他课程；乐器进校园离不开企业的支撑，从惠阳吉他行业协会了解到，当地企业比较早就参与到了乐器进校园的工作中，从乐器维护、师资培训、学生培养等方面与学校进行全面合作，已有多家企业与幼儿园、学校等机构合作四五年了。乐器入校园是很重要的一个入口，也是未来购买乐器的流量来源。如果器乐文化不从校园培养，那么接触乐器的人群的年龄层次会增高。孩子从低年龄开始接触乐器，培养兴趣，能够让吉他的整个产业都具有生生不息的活力，对行业来说也是非常好的一件事情。

6. 地方政府支持下，产业集群发展迅速

在国家大力发展文化产业的政策下，乐器行业享受到文化部、商务部等发布和实施的诸多政策支持，许多乐器生产企业得到了各地政府的重视，发展成为当地经济发展的骨干。 广东红棉乐器股份有限公司、广东声凯乐器有限公司、江苏凤灵乐器集团等一大批公司在乐器制造企业面临产业结构调整和企业转型升级的过程中，地方政府出台扶持产业发展政策，落实推进文化产业园的建设，在促进地方文化产业发展的同时，企业得以突破性发展。

通过当地政府规划，从以产业为核心，迅速延伸、扩展到音乐文化、音乐旅游等领域，形成了一个特色鲜明、互融发展的乐器文化特色产业集群。贵州正安经济开发区，大力开展吉他音乐节、吉他艺术节等活动，旨在推动吉他工业、吉他文化、吉他旅游三位一体融合发展和产业转型升级。正安县坚持以脱贫攻坚为统揽，以产业为引领，围绕市场调结构、围绕企业建基地，大力建设正安国际吉他文化产业园，取得了良好的效果，完成“吉他制造之乡”向“吉他文化之乡”的转变。

另外，惠阳地处珠江三角洲东部，是“深莞惠1小时经济圈”的枢纽中心。经过20多年的发展，如今，惠阳全区聚集了吉他及相关企业200多家，创立吉他自主品牌120多个，产品覆盖古典吉他、民谣吉他、爵士吉他、电吉他、尤克里里等所有吉他种类；形成了从原材料供给、半成品、电子五金配件、装饰包装、数控机械、成品等完整的产业链。近三年来，惠阳区启动了惠阳吉他与荔枝文化旅游产品的塑造计划，成功举办了两届吉他文化艺术节，编制了惠阳吉他小镇产业规划，引入社会资本高质量打造吉他小镇，构建了政府引导、市场运作的吉他企业融资需求的服务体系。惠阳区财政每年安排一千万元，设立吉他产业贷款风险补偿金，出台吉他荔枝文化、吉他产业发展扶持办法。

三、2019年吉他行业展望

综观2018吉他行业市场发展，各项成本增长与环保升级,当前吉他企业面临运营成本增高、招工难等不利要素，优化区域吉他行业产能结构，立足差异化品牌发展战略思维，企业只有不断提升自动化水平，采取减员增效模式，方可化解成本压力,促成企业进驻新一轮的转型升级期。中美贸易战的影响也暴露了国内吉他企业核心专利技术欠缺的问题，促使加速科技创新，寻求核心技术突破。同时，在出口业务稳定的同时将重心转移到国内这个庞大市场，扩大音乐人口，普及吉他艺术教育，提升消费终端的文化素养，如此良性举措定会促进区域市场的有序发展。国内吉他企业必须要不断强化品牌意识，对品牌未来发展进行系统规划，无论是代言人的选择，还是文创活动的策划，都要深耕用户的品牌消费习惯，强大自主品牌，布局未来发展。

手风琴篇

一、2018手风琴行业运行数据

据海关总署发布数据，2018年手风琴及类似乐器进口3251台，同比增长115.44%。进口金额417045美元，同比增长90.2%。2018年手风琴及类似乐器出口275096台，同比下降15.89%。出口金额11694650美元，同比增长3.89%。

二、2018手风琴行业总体特点

1. 手风琴进口额增长，供给侧改革成效初现

2018年在中美贸易摩擦频现背景下，国家出台减税降费利好政策，进一步降低中小企业税负，大力激发市场主体创新活力，为手风琴企业发展营造宽松的市场环境。国家稳步推进经济结构调整，推动建设开放型世界经济，为我国经济发展营造有利的外部环境。2018年首届上海进口博览会成功举办，就是向世界释放中国开放合作、互利共赢的积极信号，中国向世界开放的大门不仅不会关闭，只会越来越大。在扩大进口政策的带动下，手风琴行业顺势而为，主动把握时代机遇。2018年手风琴及类似乐器进口金额大幅飙升，从一个侧面反映出国内高端手风琴用户对海外高质量产品和高端品牌的强烈市场需求。

2. 手风琴行业标准化工作取得扎实成效

提升产品质量是企业永恒的追求。手风琴质量向高端化、品牌化方向发展过程中离不开标准化建设。2018年，国家工信部以“工信厅科【2018】31号”公告的形式下达了2018第二批行业标准制定计划，批准了由全国乐器标准化技术委员会手风琴工作组申报的《手风琴规格划分与型号命名方法》（计划编号：2018-1140T-QB）和《手风琴零部件名称》（计划编号：2018-1141T-QB）两项行业标准的制定。全国乐器标准化技术委员会也以“全国标委【2018】第4号函”的形式，下达了标准制定的工作函。

根据工信部的批复和乐标委的工作函，手风琴工作组第一次全体会议成立了标准工作组，由江阴金杯安琪乐器有限公司董事长、总经理时建明任组长，北京乐器研究所乐器标准化技术委员会秘书长王伟任秘书长，工作组成员既包括天津华韵乐器有限公司、河北香河天音乐器有限公司、天津佰笛乐器有限公司、河北沧州市金狮乐有限公司、扬中市华联手风琴有限公司等骨干手风琴制造企业，又有手风琴演奏、教育方面的专家、教授，还有声学、材料学、质量检测方面的专家、学者。产学研互动融合，整合手风琴行业各类资源，生产制造企业、科研工作者以及音乐教育专家资源，体现出手风琴行业凝心聚力、团结协作的良好精神风貌，只有不断坚持创新驱动科技引领，才能共同助力手风琴行业高质量发展。

三、手风琴行业未来展望

拓展手风琴学习和演奏人口，以丰富的文化活动吸引更多手风琴爱好者，筑牢手风琴演奏群体基础，激发老中青各年龄群体的学习演奏热情，是手风琴行业经久不变的主题。未来，手风琴企业将积极举办群众性、团体性手风琴活动，激发手风琴演奏热情以此挖掘手风琴人口红利，进一步培育手风琴市场。

口琴篇

一、2018口琴行业运行数据

据海关总署发布进出口数据，2018年中国口琴出口数量5370652只，同比2017年5448645只略减1.43%。2018年口琴出口金额11860292美元，较2017年11410117美元同比增长3.95%。进口方面，2018年口琴进口量67469只，同比增长45.64%。进口金额1256464美元，同比增长73.22%。

二、2018口琴行业总体特点

1．口琴骨干企业积极借势国际乐器展会平台宣传展示中高端产品

2018上海国际乐器展成为口琴行业展示新产品的首发平台，也成为口琴骨干企业品牌文化建设的重要宣传阵地。奇美公司推出了中高档口琴产品：黑霸王系列铜琴格半音阶、复音、布鲁斯口琴、低音贝司口琴、双联和弦口琴等；江苏东方乐器推出21孔单孔单面口琴和21孔重音口琴12调为加速国际化步伐，东方乐器聘请美国口琴协会前主席Tom Stryker先生为Easttop（东方鼎）口琴形象代言人。通过上海国际乐器展这一亚太地区首屈一指的国际乐器展览会，展现出各家骨干口琴企业在提升产品质量上精益求精，不懈追求高端品质，为用户精心打造匠心之作。

2．大型口琴节庆活动提振口琴行业社会影响力

通过举办重大杯赛活动，扩大口琴演奏影响力，推动口琴事业普及和发展。2018年由中国乐器协会口琴专业委员主办，由北京口琴乐团、首都师范大学附属玉泉学校、北京昌平区大东流中心小学、江苏天鹅乐器有限公司、江苏东方乐器有限公司联合承办，由通宝国际贸易(天津)有限公司协办的第十二届亚太口琴节，于8月4日在北京昌平区九华山庄隆重开幕。中国轻工业联合会党委副书记、中国乐器协会理事长王世成，中国大众音乐协会主席梁鑫华，世界口琴联盟主席穆勒，中国乐器协会口琴专业委员会会长周伟仪，第十二届亚太口琴节主席、中国大众音乐协会口琴专业委员会会长白燕生以及亚太口琴节理事国和地区代表等领导及嘉宾出席。参与本次节会的来宾、口琴家和大中小学校的学生、幼儿园的小朋友、各阶层、各中老年的口琴爱好者达到了2800余人，创历届亚太口琴节之最。除了各发起国组织了庞大的代表团参加外，还有来自美国、英国、德国、意大利等世界著名的口琴演奏家、口琴组织、口琴爱好者莅临，使本次节会升格为名副其实世界级的口琴艺术节，成为全世界口琴人的盛会。口琴节内容包括各类口琴音乐比赛、名家及大师音乐会、开放式舞台表演、展览、讲座及论坛等，是亚太地区口琴爱好者的盛会。亚太口琴节的举办，有力地推动了亚太地区乃至世界口琴音乐的发展。

3．口琴行业精诚团结抱团发展

2018年，口琴行业锐意进取，要事不断，好事连连。口琴骨干企业不断强化企业自身建设，精准施策，向管理要效益。口琴行业产值规模虽小，但各家企业精诚团结，抱团发展。2018年12月23日至24日中国乐器协会口琴专业委员会六届四次会议在江苏天鹅乐器公司召开，共议行业发展大计，分享交流口琴企业好经验、好做法。中国乐器协会常务副理事长曾泽民，马桥镇镇长吴文彬，中国乐器协会口琴专业委员会会长周伟义，口琴专业委员会顾问蒋林森，江苏东方乐器有限公司董事长孔文忠，江苏奇美乐器有限公司总经理张敏，上海胤兰乐器有限公司总经理谢强，江苏天鹅乐器有限公司董事长陈红梅，上海凯恩乐器有限公司董事长张伟鸣，江阴奇灵乐器有限公司经理杨松桦，无锡铃木乐器经理孔维庆等口琴行业的代表以及相关配套企业的领导欢聚一堂，共谋发展。会议由江苏天鹅乐器有限公司总经理陈滔负责。会上，马桥镇吴镇长致贺词，东方乐器董事长孔文忠传达了中国乐器协会七届七次常务理事会会议暨科技大会的主要内容，周伟义会长作了口琴专业委员会工作小结汇报，天鹅乐器董事长陈红梅和奇美乐器总经理张敏分别作了重点企业介绍发言。

2018年，口琴行业顺应时代潮流努力，落实

国家环保政策理念，加大环境保护力度。积极改进生产工艺，打造科学环保工艺流程，使生产设备和工艺达到环保部门要求，积极履行社会责任。中国乐器协会常务副理事长曾泽民对于口琴行业取得的成绩给予充分肯定，也给行业未来的发展指明了方向，希望行业今后继续团结协作，资源共享，和谐发展，再创辉煌！

三、2019年口琴行业未来展望

口琴行业通过参加国际乐器展会或举办大型口琴艺术活动，有力提振了口琴行业的社会影响力，受到社会各界广泛关注，势必将持续助力口琴行业创新发展。今后口琴行业将继续积极应对国内外市场环境变化，谋定后动，善于在变化的市场环境中创造机遇，变外部压力为高质量发展的源源动力。

专 题

2018年我国乐器行业经济运行报告

重点提示：

● 重点提示：2018 年，我国乐器行业规模以上企业有 242 家，其中，西乐器企业 141 家，中乐器 34 家，电子乐器 22 家，其他乐器及零件制造 45 家。

● 2018 年乐器行业累计完成主营业务收入 391.45 亿元，同比增长 4.40%，累计主营业务收入利润率为 6.89%，高于同期全国轻工行业 6.56% 的平均水平；累计增加值增速为 7.1%，高于同期轻工行业 5.8% 的平均水平。

● 2018 年乐器行业累计进出口 21.18 亿美元，同比增长 11.55%。其中：出口额 16.30 亿美元，同比增长 8.15%；累计进口额 4.88 亿美元，同比增长 24.63%。

● 2018 年我国乐器行业与“一带一路”沿线国家进出口总额 4.50 亿美元，同比增长 16.41%，其中：出口额 2.97 亿美元，同比增长 10.69%，进口额 1.54 亿美元，同比增长 29.33%。

一、生产运行

（一）中轻景气指数分析

据中国轻工业信息中心发布的“2018 年 12 月中轻乐器景气指数”，12 月中轻乐器景气指数为 95.72，处于“稳定”区间内。从 2018 年的月度走势看，12 个月运行均处于“稳定”区域内（见图 1）。

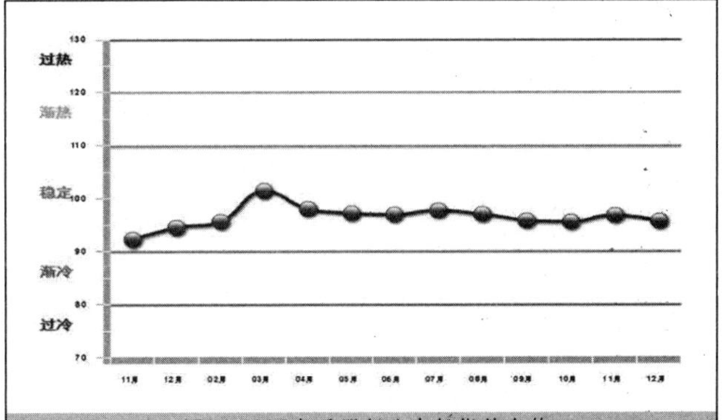

图1 2018年乐器行业中轻指数走势

从分指标看，主营业务收入指数 93.53（见图 2）和资产指数 101.34（见图 3）一直在稳定区域内波动；出口指数 113.15 四月出现过热现象（见图 4），全年高位震荡，最终停留在渐热区域；利润指数 92.86 年初偏冷（见图 5），一路震荡上行，最终停留在稳定区域。

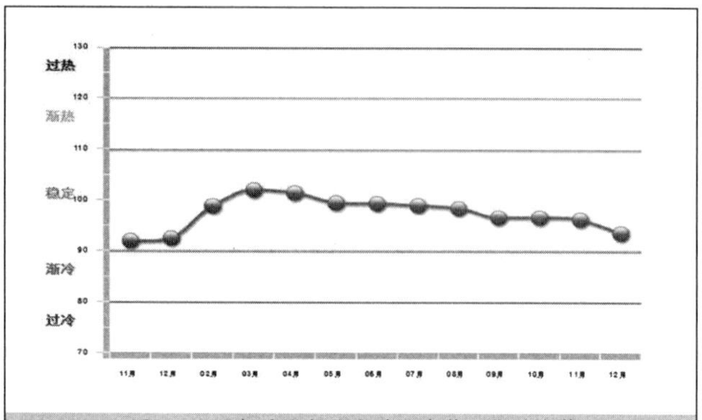

图2 2018年乐器行业主营业务收入指数走势

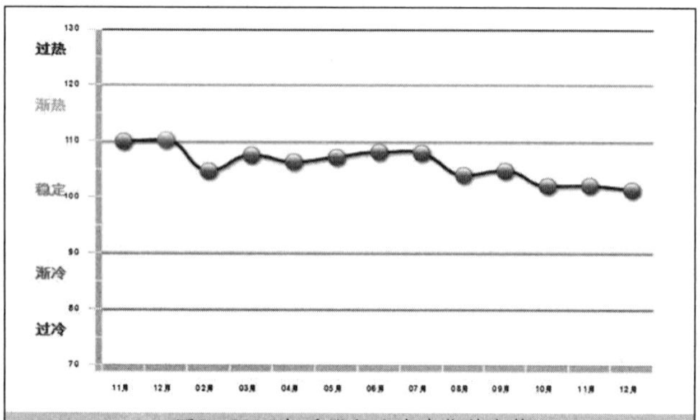

图3 2018年乐器行业资产指数走势

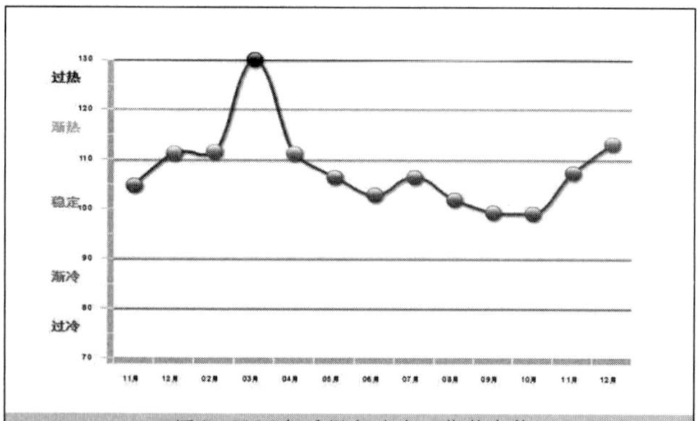

图4 2018年乐器行业出口指数走势

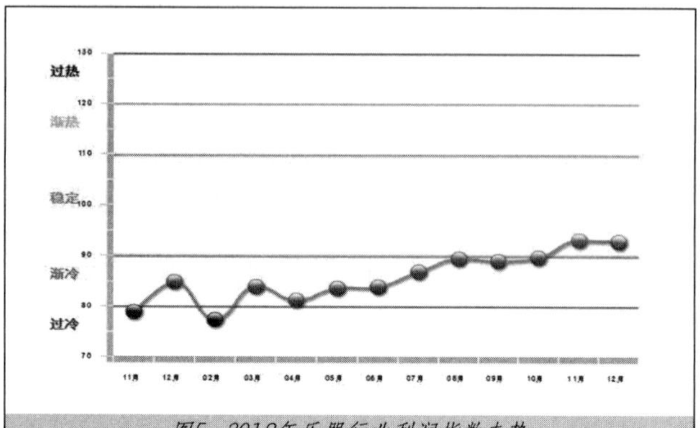

图5 2018年乐器行业利润指数走势

（二）工业增加值增速分析

2018 年 1–12 月，全国乐器行业累计工业增加值增速为 7.10%，高于同期全轻工行业 5.81% 的平均水平。（2011 年起，“规模以上”是指年主营业务收 2000 万元及以上全部工业法人企业）

从月度工业增加值增速看，年初增速较高，第三季度增速较低，整体较前两年波动幅度更大注：2011 年起，“规模以上”是指年主营业务收 2000 万元及以上全部工业法人企业。

（三）产成品库存分析

2018 年，全国乐器制造行业累计完成产成品 15.72 亿元，同比增长 22.75%。月度走势波动较大（见图 6、图 7），其中 8 月同比增长 452.5%。从子行业分布来看，电子乐器增幅超过 1/3，累计产成品 2.09 亿元（占 13.29%），同比增长 35.77%；西乐器制造完成累计产成品 9.93 亿元（占 63.14%），同比增长 28.96%；中乐器制造完成累计产成品 2.09 亿元（占 13.27%），同比增长 20.08%；其他乐器及零件制造完成累计产成品 1.62 亿元（占 10.3%），同比下降 11.68%。

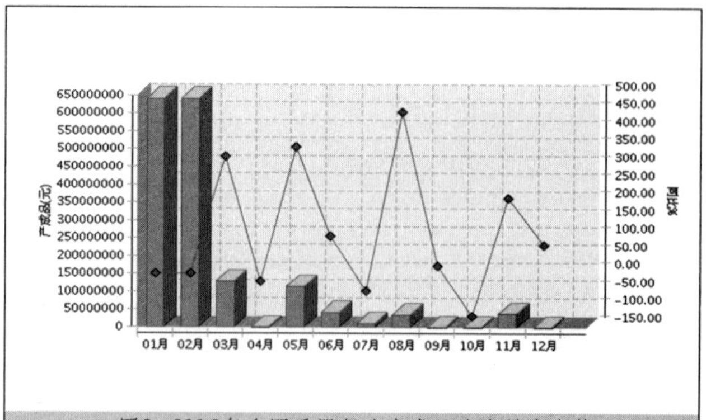

图6 2018年全国乐器行业产成品库存月度走势

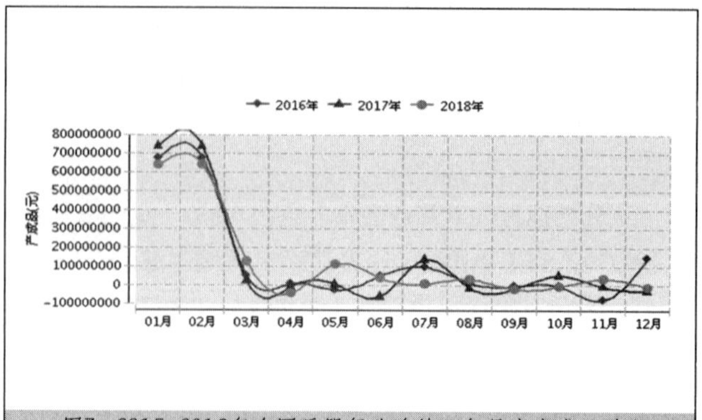

图7 2015-2018年全国乐器行业连续三年月度产成品对比

二、经济效益

（一）主营业务收入分析

2018 年，全国乐器行业累计完成主营业务收入 391.45 亿元，同比增长 4.40%。月度走势总体走势趋于稳定（见图 8、图 9），三月增长最快，增长 20.3%，12 月统计局对数据进行了一次调整，当月数据波动较大，不具备参考价值。

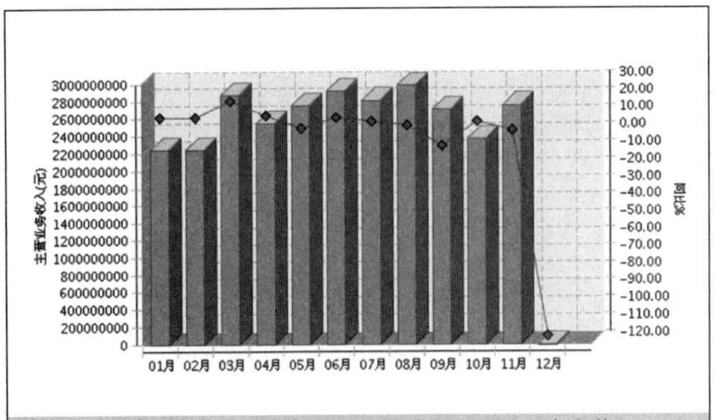

图8　2018年全国乐器行业主营业务收入月度走势

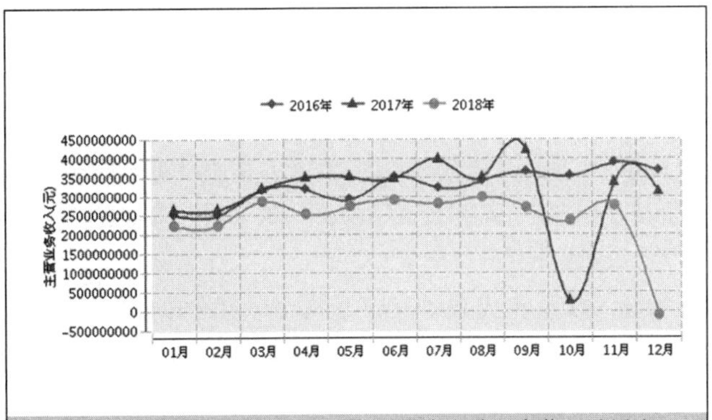

图9　2015-2018年全国乐器行业月度主营业务收入及同比

2018 年，乐器行业各子行业均保持增长态势（见图 10），其中，西乐器占比过半，累计完成主营业务收入 214.06 亿元（占 55.3%），同比增长 3.80%；中乐器 53.23 亿元（占 9.37%），同比增长 4.80%；电子乐器 78.96 亿元（占 22.5%），同比增长 5.34%；其他乐器及零件制造 45.19 亿元（占 12.83%），同比增长 5.17%。

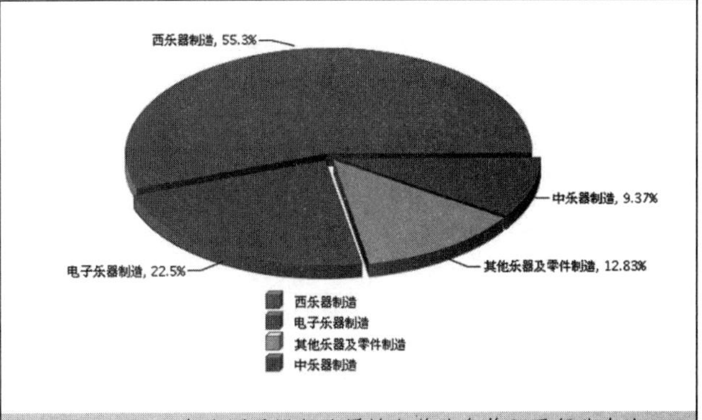

图10　2018年全国乐器行业累计主营业务收入子行业占比

（二）主营业务收入利润率分析

2018 年，全国乐器行业累计主营业务收入利润率为 6.89%，同比增长 0.55%（由于统计局在统计口径方面有所调整，2018 年利润率较去年的数据有所下滑，但按照当年的统计口径，利润率有小幅提升）；高于同期全国轻工行业 6.56% 的平均水平（见图 11）。与轻工行业比较，乐器行业近五年利润率持续高于轻工行业平均水平，说明乐器行业盈利水平好于全轻工行业平均水平。

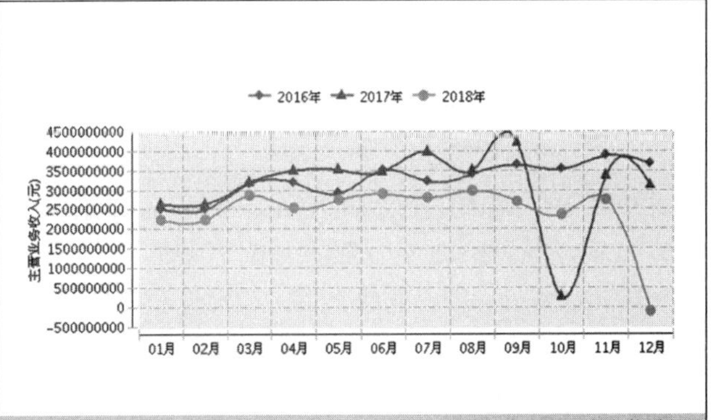

图11　2016-2018年全国乐器行业月度累计主营业务收入利润率走势对比

从子行业看（见图 12、图 13），电子乐器盈利水平较好。2018 年，电子乐器制造累计主营业务收入利润率为 8.22%，同比增长 0.65%；中乐器制造累计主营业务收入利润率为 8.01%，同比增长 0.16%；西乐器制造累计主营业务收入利润率为 6.38%，同比增长 0.36%；其他乐器及零件制造累计主营业务收入利润率为 5.95%，同比增长 1.18%。

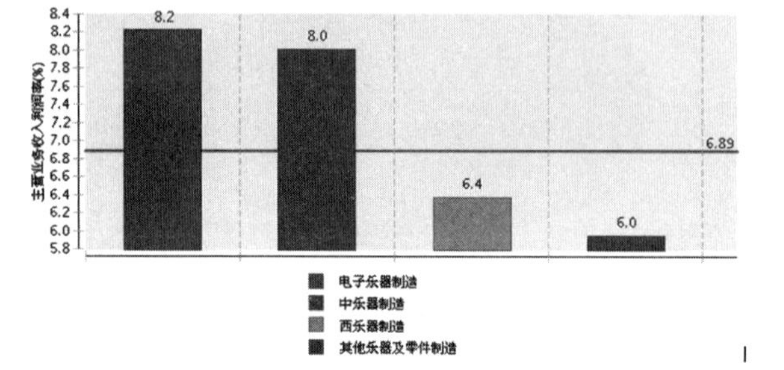

图12 2018年乐器行业累计主营业务收入利润率子行业同比增长对比

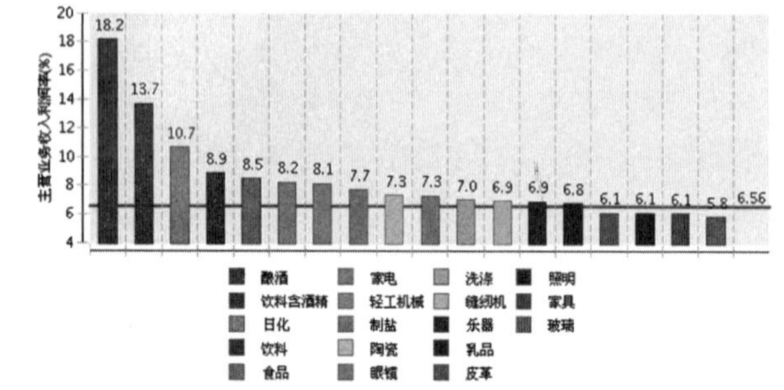

图13 2018年全国轻工全行业累计主营业务收入利润率重点行业对比

（三）亏损情况分析

2018年，全国乐器行业亏损企业37家，较去年同期增长11家。子行业亏损企业数全线增长（见图14），其中，西乐器制造累计亏损企业数25家；其他乐器及零件制造累计亏损企业数6家；中乐器制造累计亏损企业数3家；电子乐器制造累计亏损企业数3家。

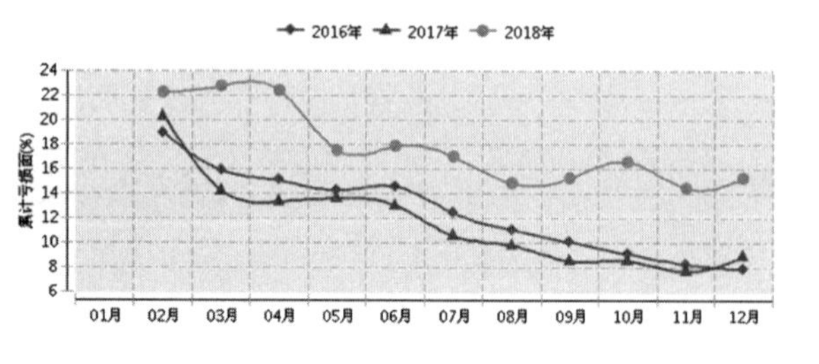

图14 2016-2018年全国乐器行业月度累计亏损面走势

2018年亏损面有所回升（见图15），全国乐器行业累计亏损面为15.29%，同比增长4.55%，高于同期全轻工行业亏损面平均水平（13.78%）。从子行业看，西乐器亏损面高于乐器行业平均水平，为17.73%；中乐器亏损面最低，为8.82%。

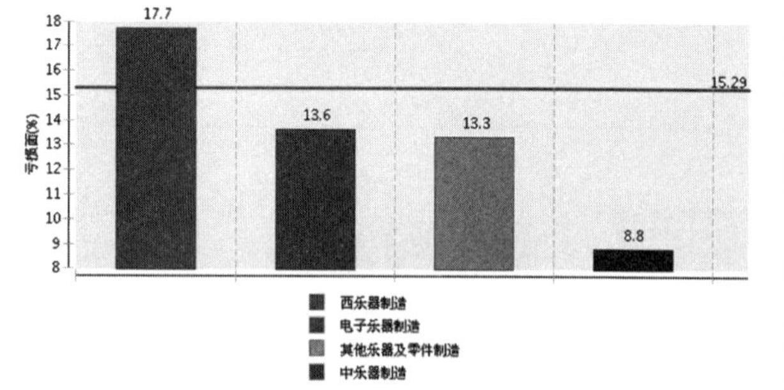

图15 2018年乐器行业累计亏损面子行业增速对比

三、进出口情况分析

（一）进出口总额

2018年，全国乐器行业完成累计进出口总额21.18亿美元，同比增长11.55%（见图16）。

从各大洲贸易分析（见图17），亚洲占比居首位，累计进出口总额8.11亿美元（占38.3%），同比增长11.66%；主要经济组织贸易中，一带一路国家进出口总额微增，累计进出口总额4.5亿美元（占21.27%），同比增长16.41%，欧盟完成累计5.04亿美元（占23.81%），同比增长19.96%，增长较快。

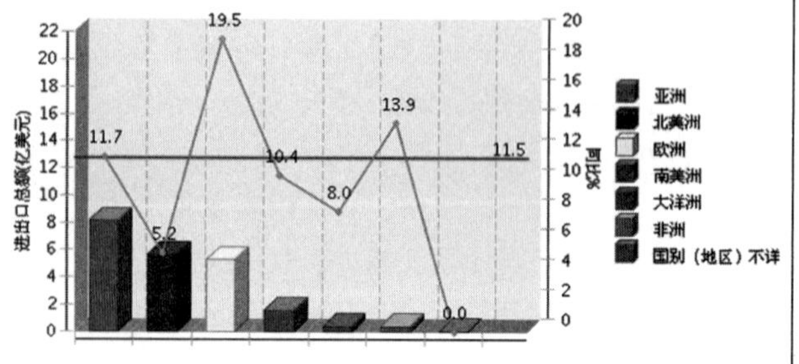

图16 2018年全国乐器行业累计进出口总额各大洲增速对比

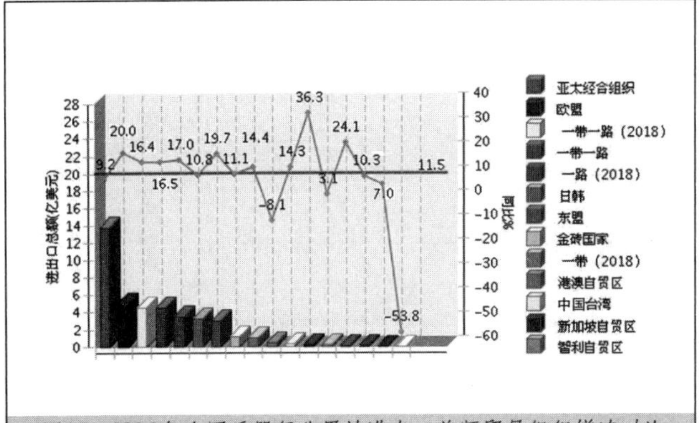

图17 2018年全国乐器行业累计进出口总额贸易组织增速对比

出口的主要乐器产品中（见图 20），出口立式钢琴 17873 架，同比下降 7.15%，出口额下降 2.47%。打击乐器 1.34 亿美元（占 8.2%），同比增长 11.85%；从出口市场来看（见图 21），2018 年美国占比仍居首位，完成累计出口额 4.94 亿美元（占 30.33%），同比增长 3.85%；印尼、德国增量较大，分别增长 26.81% 和 19.51%；中国香港完成累计出口额 0.44 亿美元（占 2.72%），同比下降 8.64%（见图 22）。

（二）出口额

2018 年，全国乐器行业完成累计出口额 16.30 亿美元，同比增长 8.15%。其中：对北美洲出口占比第一，累计出口额 5.29 亿美元（占 32.47%），同比增长 4.31%（见图 18）；主要经济贸易组织中（见图 19），金砖国家出口额大幅提升，累计出口额 1.07 亿美元（占 6.57%），同比增长 12.79%，“一带一路”完成累计出口额 2.97 亿美元（占 18.22%），同比增长 10.69%。

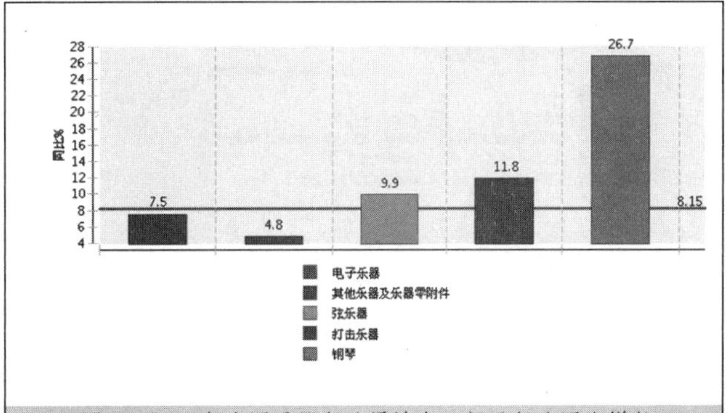

图20 2018年全国乐器行业累计出口额子行业同比增长

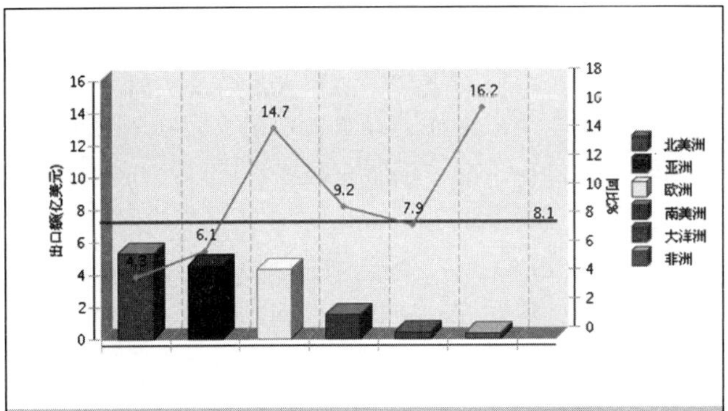

图18 2018年全国乐器行业累计出口额各大洲增速对比

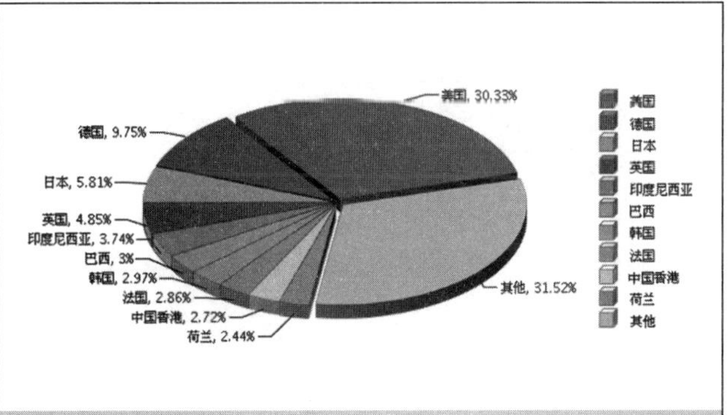

图21 2018年全国乐器行业累计出口额贸易国占比

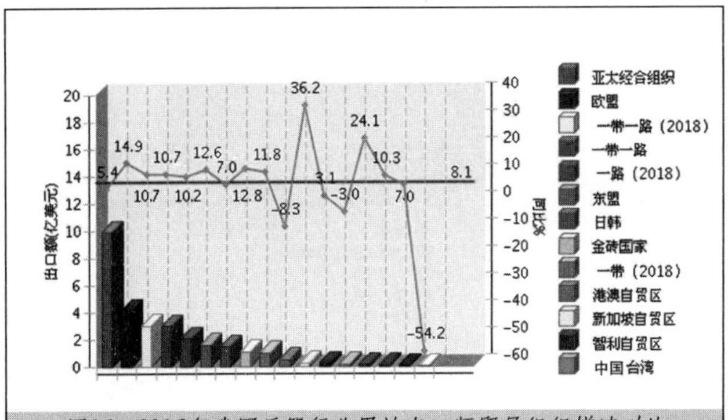

图19 2018年我国乐器行业累计出口额贸易组织增速对比

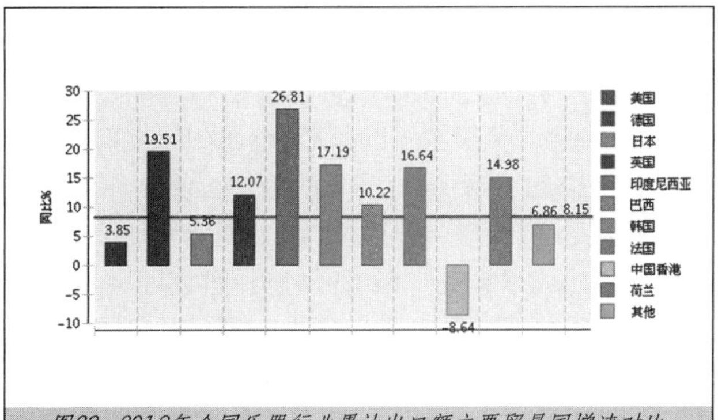

图22 2018年全国乐器行业累计出口额主要贸易国增速对比

进出口贸易方式显示（见图 23），2018 年全国乐器行业出口一般贸易占比过半，累计出口额 9.21 亿美元（占 56.51%），同比增长 9.07%；进料加工贸易完成累计出口额 4.78 亿美元（占 29.35%），同比增长 8.49%（见图 24）。

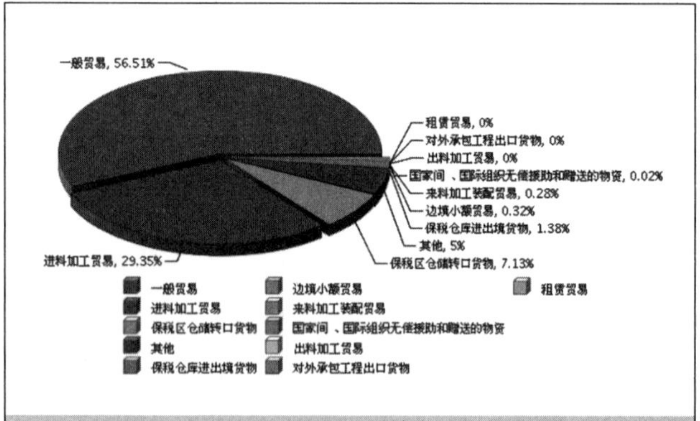

图23 2018年全国乐器行业累计出口额贸易方式占比

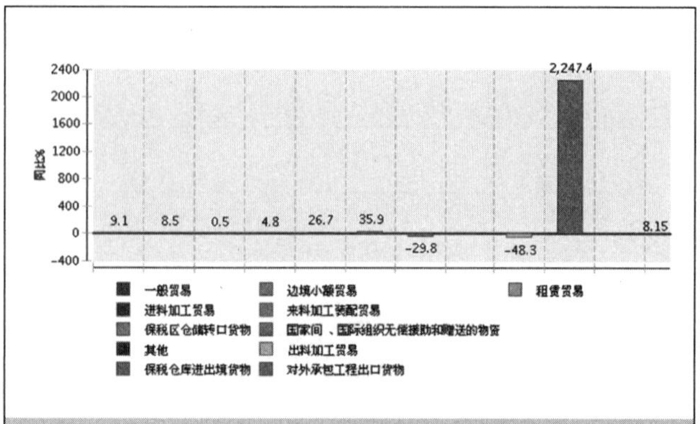

图24 2018年全国乐器行业累计出口额贸易方式增速对比

（三）进口额：亚洲占四分之三

2018 年，全国乐器行业完成累计进口额 4.88 亿美元，同比增长 24.63%（见图 25），亚洲占比超过 3/4，累计进口额 3.57 亿美元（占 73.1%），同比增长 19.57%；主要经济贸易组织中（见图 26），亚太经合组织完成累计进口额 3.91 亿美元（占 80.04%），同比增长 20.35%；日韩完成累计进口额 1.81 亿美元（占 37.13%），同比增长 13.99%；一带一路完成累计进口额 1.54 亿美元（占 31.44%），同比增长 29.33%；欧盟完成累计进口额 0.96 亿美元（占 19.64%），同比增长 47.36%。

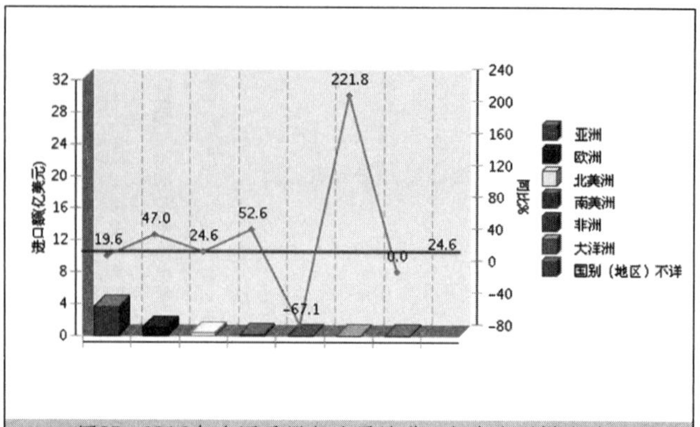

图25 2018年全国乐器行业累计进口额各大洲增速对比

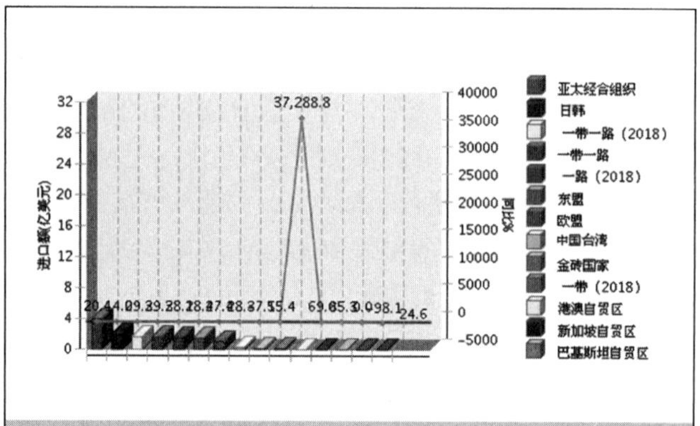

图26 2018年全国乐器行业累计进口额贸易组织增速

2018 年，进口的乐器产品中（见图 27），钢琴进口额占比接近一半，累计进口额 2.37 亿美元（占 48.47%），同比增长 20.29%；电子乐器完成累计进口额 0.67 亿美元（占 13.69%），同比增长 43.58%；打击乐器完成累计进口额 0.25 亿美元（占 5.07%），同比增长 25.36%；弦乐器完成累计进口额 0.23 亿美元（占 4.7%），同比增长 55.62%（见图 28）。

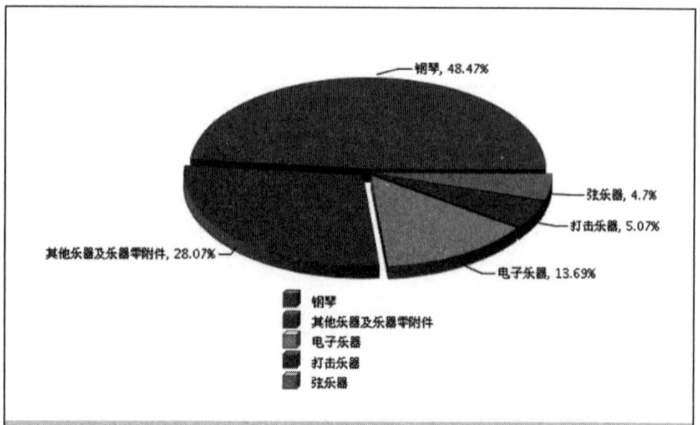

图27 2018年乐器行业进口额子行业占比

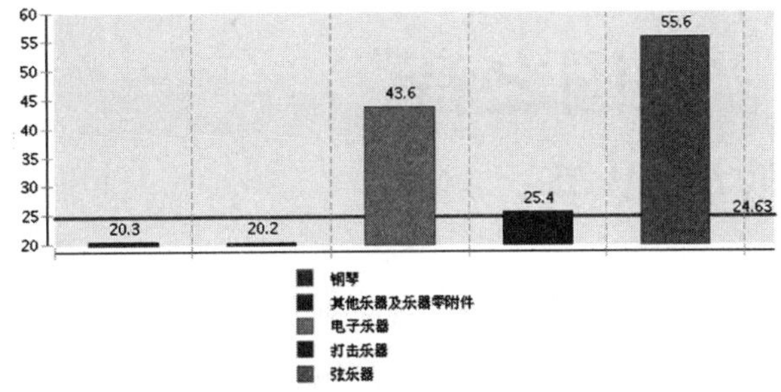

图28 2018年全国乐器行业累计进口额子行业增速对比

2018 年，日本仍为我乐器最大进口来源，累计完成进口额 1.48 亿美元 (占 30.4%)，同比增长 15.53%；其次为印度尼西亚、德国、韩国及美国，分别增长 27.47%、59.85%、7.5% 及 18.81% (见图 29、30)。

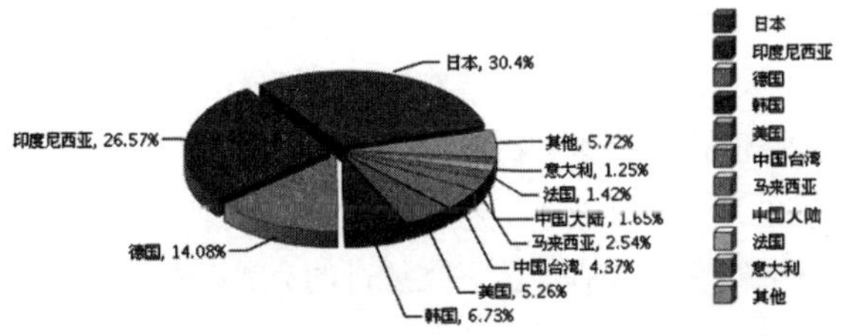

图29 2018年我国乐器行业进口来源分布

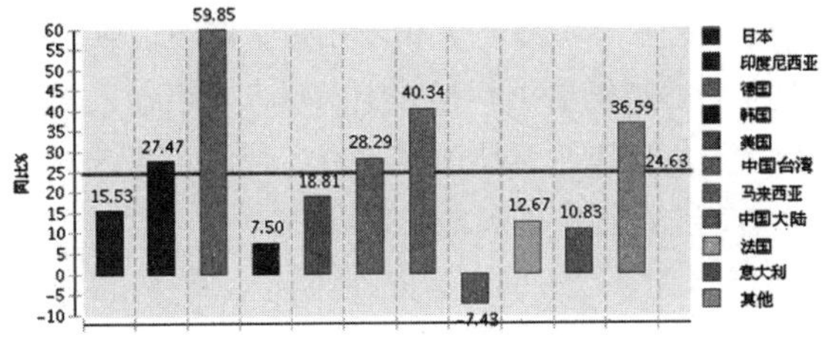

图30 2018年全国乐器行业累计进口额贸易国占比情况

我国乐器进口贸易方式中 (见图 31)，一般贸易方式超过 3/4，累计完成进口额 3.68 亿美元 (占 75.3%)，同比增长 21.72%；保税区仓储转口货物完成累计进口额 0.68 亿美元 (占 13.98%)，同比增长 62.32%；来料加工装配贸易完成累计进口额 0.02 亿美元 (占 0.37%)，同比下降 13.4%；2018 年没有租赁贸易进口额 (见图 32)。

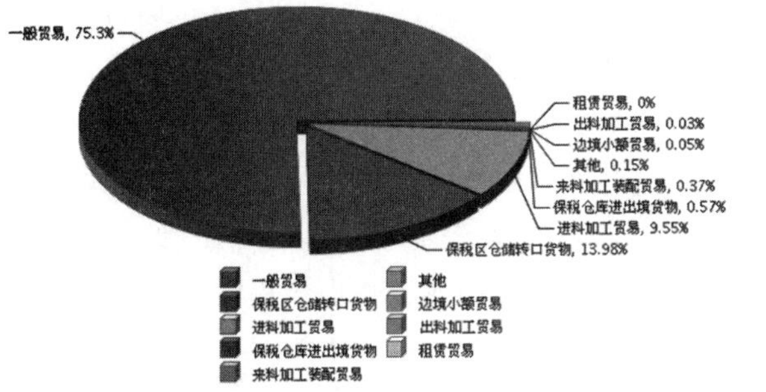

图31 2018年全国乐器行业进口额贸易方式占比

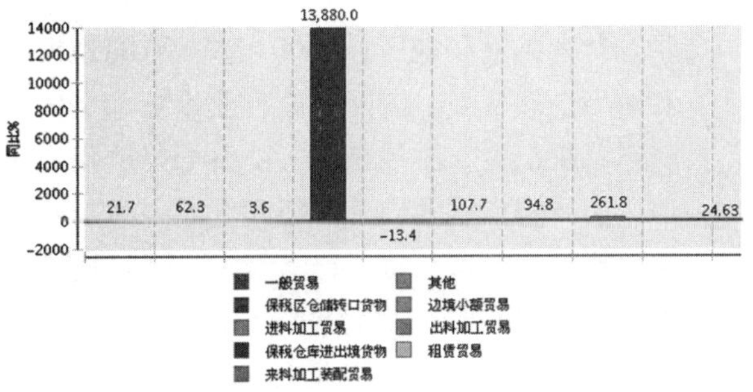

图32 2018年全国乐器行业进口额贸易方式增速对比

与改革同行，与时代同步，中国乐器正在奏响“大国之音”

——献给改革开放40周年

40年弹指一挥间。投身波澜壮阔的改革大潮，挣脱束缚，注入活力，面向全球大市场的中国乐器制造业一路高歌，砥砺奋进，奏响了一曲高亢嘹亮的改革之音、时代之音和大国之音。

站在纪念改革开放40年的重要节点上，我们可以自豪地说，今天的中国乐器产业早已摆脱了小弱散的传统印象，无论从规模、档次、品种、品质，还是市场、品牌影响力，都已经和正在树立起世界乐器制造大国的新形象。刚刚闭幕的由中国乐器协会主办的2018中国（上海）国际乐器展览会，以全球同业第一的13.8万平方米展会面积，和汇聚了来自31个国家和地区2252家参展企业，81个国家和地区165000人次观众的规模，以及新品全球首发、国际高端行业论坛、文化教育演艺名家汇聚，实战指南大师讲坛等重磅现场活动，引发国内外业内外广泛关注，“中国乐器”的“热度”与“跨度”已然登上全球热搜榜，成为影响全球乐器行业发展的“晴雨表”。对比改革开放之初，1989年在北京举办的首届全国乐器博览会，当时的展览面积2500平方米，仅有66家乐器企业的691件乐器和1120件配件参展，今天的乐器展规模几乎是翻了40倍不止，虽然这只是一个典型个例，却集中展示了中国乐器制造业40年发展的惊人速度和成就。同样引人注目的是，随着我国社会经济快速发展，特别是近年来的文化产业大发展，互联网技术普及，百姓文化消费层次水平不断提高，音乐文化教育演艺成为发展最快的领域之一，中国已经是全球最大的乐器制造大国和第二大消费市场。一个“让音乐成为生活的刚需、让乐器成为家庭的标配”的时代越来越近。全行业正在抖擞精神，唱响“音乐让生活更美好”的主旋律，准备迎接产业发展又一个新的“黄金时代”。

回首既往，中国乐器行业的快速发展实实在在得益于改革开放的大政策、大环境、大背景，每一个转折和新的发展节点都与改革开放的大进程紧密相关，步步相随。20世纪八九十年代，作为行业发展的起步期，同样也经历了一个从以国有企业为单一计划经济体制向以公有制为主，个体民营外资多元并举的市场经济新格局的转变过程。一时间，大大小小，属性各不相同的乐器企业遍地开花，同场竞争。从统购包销围着计划转到面向市场针对需求下单，从业者的生产积极性被空前调动起来，聪明才智得到充分发挥，行业规模迅速扩大。随之而来激烈的市场竞争，优胜劣汰产生出第一批市场公认的优秀品牌和企业。进入新世纪，国际市场大门的打开，对于乐器行业发展有着至关重要的作用，让中国的乐器产业插上腾飞的翅膀，努力与国际对标，使这个阶段的乐器产业在设备、技术、标准、工艺和外观等方面都有了突飞猛进的完善与提升，呈现出一个全行业规模、产值、利税、进出口额等各项重要指标连续十多年持续攀升、高位运行的局面，被称为10年高速发展期；进入改革开放深度发展的新时期，全行业加快供给侧改革，强调科技引领创新驱动，积极落实“三品”战略，加快整体转型升级，重点推进行业整体向中高端发展；同时，适应形势、政策和市场变化需求，积极跨界拓展音乐教育服务产业，有效扩大市场增量；同时，强化推进行业职业技能培训和相关中高端人才培养，为行业持续发展提供高素质人才支持。行业正在进入内外兼修，全面提升的高质量发展期。

40年探索不止，40年奋斗不息，今天的中国乐器制造业以繁荣发展的新格局和制造大国迈向强国的新形象，自信亮相世界舞台。数字看发展，对比见变化，中国乐器行业40年发展变化的成就有目共睹。

当之无愧的乐器制造大国

不再是零打碎敲，不仅是贴牌代工，中国的乐器制造业经过40年发展，正在逐渐实现纵向上下游首尾相接，横向覆盖配套合理，各环节紧密衔接的完整产业链条和整体化、集约化发展新态势。数据显示，目前我国乐器制造企业超过6000家，90%为中小企业。其中，乐器规模以上企业主营业务收入由1989年的18.86亿元飙升至2017年的374.94亿元，增长约20倍；钢琴年产量连续17年保持30万架以上高位运行，占全球总量75%以上；提琴、管乐、吉他、手风琴等主要乐器产品产量均在全球占比60%以上。加入“世贸”后，中国乐器行业快速融入全球经济一体化潮流，产品出口到全球200多个国家和地区，产品档次、销售额和利润率持续上升，表现出强大竞争力。1997年至2017年，主要乐器出口额由2.77亿美元增长至15.48亿美元，增长458.84%；乐器进口额由3209.60万美元增长至4.03亿美元，增幅达1155.84%；行业运行效益步入良性循环。

中国不仅是全球乐器生产大国，市场消费能力与潜力也与日俱增。目前，中国乐器年消费市场额约448亿，仅次于美国，成为世界第二大乐器消费市场，占到全球市场总量32%。近年来，国内音乐教育产业发展方兴未艾，各类音教机构如雨后春笋，遍布大中小城市。目前中国市场上已有琴行2万多家，90%以上都有音乐培训项目。据《中国音乐产业发展报告》数据，2014年音乐教育培训行业总产值为643.8亿元，其中，艺考音乐培训产值66亿元，社会音乐考级培训产值577.8亿元，各类音乐培训机构约为8500家，参加全国性音乐考级的考生人数在120万人以上，音乐教育培训产业规模呈明显上升趋势，中国乐器消费市场潜力无限。

作为现代企业发展成熟度标志之一，2012年，广州珠江钢琴集团股份有限公司率先在深圳证券交易所挂牌上市，“中国乐器行业第一股”由此诞生。随后，又一家自主品牌，国家重点火炬计划实施高新技术企业海伦钢琴有限公司在深交创业板成功上市。2015年，上海知音音乐文化公司成功在新三板挂牌上市，成为我国第一家上市的乐器零售企业。这三家公司成功迈入资本市场，标志着我国乐器企业发展又站在了一个全新的高起点上，预示着未来更大更好的发展机遇和前景。

外交主场上的中国品牌绽放

改革开放40年间，我国乐器行业基本完成了三期技术改造，产品更新换代速度加快，产销规模稳居世界前列，同时创出了一些堪舆国际品牌媲美的知名品牌，多次在国家主场外交、大阅兵、国内外重大赛事、高级别音乐会等大型活动中，作为国家文化形象和民族乐器最高水平代表出场，演奏出中华民族自信优美的乐曲华章：今年8月，国家主席习近平在北京人民大会堂同俄罗斯总统普京举行会谈，并将一把中国古老的民族乐器——古琴作为国礼赠送给普京；习近平主席夫人彭丽媛出访塔吉克斯坦参观塔吉克斯坦国立音乐学院时，向学院赠送中国传统乐器古筝，拨动琴弦，传递中国传统文化，连接两国人民情谊；珠江恺撒堡演奏会钢琴以其优异品质成为万众瞩目的G20峰会文艺演出唯一用琴；长江钢琴亮相中俄两国领导人习近平主席和普京总统出席的《中俄睦邻友好合作条约》签署15周年纪念大会，见证了中俄两国人民的伟大友谊；北京第29届奥运会闭幕式上，由上海民族乐器一厂和罗兰电子公司合作研发生产的EH-10电子二胡精彩亮相，震惊了世界；上海民族乐器一厂受邀在亚信会议第四次峰会上，向与会人员展现中国的传统乐器文化和民族风采；“星海”“鹦鹉”“金杯”乐器等被选送作为中央代表团专用礼品，在新疆维吾尔自治区成立60周年之际发放到全疆中小学，助推边疆音乐教育事业的发展；海伦红色九尺钢琴亮相在天安门广场举行的奥运会倒计时一周年纪念晚会；“第四届深圳国际钢琴协奏曲音乐周”上多名中外演奏者选择“长江钢琴”参加演出，展示了中国制造的自信与实力；津宝乐器被定为中国援外定点生产企业，多次在中华人民共和国周年大庆、澳门回归等国内外重大庆典演出中担当重任……，这样可圈可点的事例和故事不胜枚举，充分展现国产乐器和民族品牌的魅力，为国争光，令业界自豪，为行业的中高端发展提供范例与经验，极大鼓舞了全行业的信心与干劲。

科技创新激发产业发展新动能

40年间风云激荡，国内外市场变化不断，尤其是大洋彼岸触发的“金融海啸”冲击了原本平稳、快速运行的中国经济列车，也对乐器行业发展提出严峻挑战。面对人工成本优势弱化、材料能源成本上升，环保压力加大，国内外市场竞争愈发激烈，科技创新能力和品牌影响力不强等不利因素，乐器行业坚持科技创新驱动，实施“三品战略”，对标国际先进水平，组织力量重点攻克关键部位核心技术制约，推动中高端产品质量与档次提升，在新技术研发、新材料替代、新标准制定、新产品推出等方面成绩斐然：广州珠江钢琴公司恺撒堡艺术家（KA)系列钢琴、凤灵乐器公司“木材生物改性与提琴音质改良”、吟飞科技公司“互联网+智能化乐器”、武汉艾立卡公司“用于电吉他的延时类数字音效嵌入式系统”、广州红棉乐器公司“采用光敏油漆对木吉他静电喷涂的系统”、和声公司“R版系列创新技术的钢琴”荣获“科技进步”分别获得“科技进步二等奖”和“科技进步三等奖”；海伦钢琴在北美市场国际钢琴评比中获得“北美市场消费者使用钢琴”最高级别；江苏凤灵乐器公司竹制贝拉琴获得第二届中国轻工业优秀设计“金奖”称号等。

与此同时，行业科技合作及重点科技项目在扎实有效的推进下不断取得阶段性成果：民族低音拉弦乐器的改革，经过反复研究实验，与院校、专业团体合作，创作了“大华琴”“贝拉琴”“大瓷琴”等新一代样品，经专业团体使用，反映良好；声学木材研发团队由行业声学木材研发基地成都川雅木业公司与东北林学院合作，珠江钢琴、海伦钢琴、雅马哈钢琴、红棉乐器等骨干企业积极参与，项目在全球资源调研、科学选材和加工工艺研究等方面有较大突破，并进行批量投产推广，新的声学木材加工基地正在紧张建设中；民族膜鸣乐器蟒皮科研项目从人工繁育养殖和人造蟒皮两个方向突破。人工养殖蟒蛇皮所产蟒皮基本能够适应二胡等民族膜鸣乐器需求，人造蟒皮坚持绿色环保理念开辟了民族膜鸣乐器声学材料的新途径。这些行业合作和企业创新的项目取得了喜人的成果，推动着乐器产业转型升级。

专利和标准为行业发展保驾护航。改革开放40年，我国乐器行业的专利与标准制度历经了从无到有、着眼全球、制度创新等几个阶段，有效将乐器科技成果转换为专利和技术标准，成为抢占市场高地、提升产品附加值和利润的重要途径。截止2017年，全行业共完成112项国家、行业技术标准制修订，其中国家标准19项，行业标准93项。作为衡量产品和企业技术实力的技术专利工作日益受到企业重视。2017年全行业共申报技术专利1317项，其中发明专利423项，实用新型专利579项，外观设计专利315项，发明专利占总项目数32.12%。有6项少数民族乐器制作技艺入选国家级非物质文化遗产名录。打造品牌高地硕果累累随着改革开放深入发展和市场经济体制逐步完善，以及技术改造持续开展，质量与品牌意识不断增强，打造优秀品牌，扩大品牌影响力成为行业和企业持续努力精心培育的目标。

目前全行业拥有省市著名品牌90余个，高新技术企业近20余家（享受15%所得税的优惠政策），企业实力和品牌地位明显提升。星海钢琴公司和上海民族乐器一厂获得“中华老字号”称号；珠江、星海、津宝、润韵、金杯、凤灵、吟飞、乐海等20余个品牌获得“中国驰名商标”；美得理、施特劳斯、博斯纳、星臣等近100个品牌获得各省市“名牌产品”和“驰名商标”；珠江钢琴名列中国品牌价值500强，第一批获得由工信部授予的“中国制造业单项冠军示范企业”称号；上海民族乐器一厂获“全国工业品牌培育示范企业”；长江钢琴获中国国际与名牌博览会特别金奖；蔚科旗下NUX品牌DM-1电子鼓获中国设计红星奖等。

随着乐器全球化发展加快，企业加大品牌打造投入，品牌国际化推广与合作成为新的趋势和亮点，从为众多国际品牌定制到收购国际品牌，不少骨干企业大胆尝试收购或控股国际知名品牌，例如：珠江钢琴并购德国舒密尔钢琴；柏斯音乐集团收购德国格德里安钢琴；森鹤乐器与法国著名钢琴普利耶品牌合作等都取得丰硕成果，进一步推动了国产乐器品牌的国际化、高端化。

“大国工匠”共筑乐器中国梦

虽然生产的机械化、自动化、智能化日益普及，但是乐器很大部分还是属于手工制作，技艺要求很高。顶尖的乐器产品，无论中西乐器，大到上万零部件的钢琴，小到只有七根琴弦的古琴，最终都离不开匠人精益求精的打磨修造和调试整理。乐器行业改革开放40年快速发展成果，也是传承发扬中国大国工匠精神，一大批乐器制造业工匠们的心血之作。他们中的代表人物有：从业四十载，深耕高端手工提琴制作技艺，在制琴、教育、科研和国际交流等方面多有建树，曾在国际提琴制作比赛中获奖二十余项，金牌四枚，开创了中国提琴制作学派的“轻工大国工匠”郑荃；血液里流淌着“争创一流、敢于担当、勇于创新”的全国劳动模范、天津津宝乐器有限公司总经理刘运斌；在上海民族乐器一厂从事古筝制作30余年，勇于突破传统，不断探索创新，在古筝装饰、琴码调整、琴弦改良、引入标准化制筝模式等方面做出突出贡献的“中华非物质文化遗产传承人”徐振高；在2016年全国钢琴调律职业技能竞赛上脱颖而出，获得前三名的“全国技术能手”梁钊明、刘东林、张翀等，他们代表了中国乐器行业所承载的数十年如一日，兢兢业业，精益求精的中国“大国工匠”精神，为行业发展做出了突出贡献。

国以才立，业以人兴。人才是支持行业发展的核心竞争力，人才匮乏一直是乐器行业发展短板。不断提升从业者职业技能水平，培养适应发展需要的多元化高素质人才，始终是与产业发展和市场开拓并肩齐行的行业工作重点。自2002年始，乐器行业已连续16年开展钢琴调律师和提琴制作师等专业职业技能培训鉴定工作。截止2017年底，共有6931人/次取得人社部《钢琴调律师职业资格证》；132人取得人社部《提琴制作师职业资格证》。即将陆续开展的还有电鸣乐器制作工（师）和民族拉弦弹拨乐器制作工（师）等行业的职业技能培训认证。同时，企业联手专业院校共同设立人才培养项目，与中央音乐学院、中国音乐学院、南京艺术学院、星海音乐学院等国家部委级到省市地级各类艺术院校合作办班、代培和定向培养专业技术人才已经在行业全面展开，校企合作项目超过20个，成效显著。为尽快缩小与国际先进水平差距，拓展与国际知名企业合作，共同推进国内中高端技能人才培养，相继与日本河合乐器公司签约合作，建立钢琴调律联盟标准，在国内开展中高级钢琴调律师培训认证工作；在中法技术合作框架下，与法国布菲乐器集团、法国欧洲音乐技师学院合作，筹建中法合作中国乐器修造学院，按国际先进体系标准要求，为国内培养培训中高端专业技术人才。目前，乐器行业人才培训工作正向覆盖基础，提升中级，突破高端的方向全面推进。

跨界融合助推音教服务，创新市场发展

适应改革开放进入到着力解决“人民日益增长的美好生活需要和不平衡不充分的发展之间的矛盾”新阶段的新要求，我国乐器行业从现有国情实际出发，积极倡导并牵头创建跨界融合发展的全国音乐教育联盟服务平台，联手国内音乐教育、文化、演艺、传媒等相关行业，博采众长，搭建平台，互动共推国内音乐教育文化演艺协同发展。与此同时，与美国国际音乐制品协会（NAMM）、欧洲音乐联盟、巴西乐器协会、国际钢琴调律师及技师协会（IAPBT）等国际组织以及维也纳音乐与表演艺术大学、澳大利亚墨尔本大学等国际知名音乐院校等开展全方位合作，先后举办了多届国际行业高峰论坛和乐器营销培训课程；引进国外先进音乐教育理念，联合打造适应我国国情的社会音乐教育服务项目；重点引进推广的“6·21国际乐器演奏日”品牌活动仅3年，至2018年，全国就已有700多家机构团体，在140多座城市，有16万人参演、近200万人参与的超大型全国性的乐器演奏活动，在世界范围内引起轰动；重点策划和举全力召开的“2018国民音乐教育大会”，来自中国、美国、奥地利、日本、捷克、英国、澳大利亚和泰国8个国家和中国台湾地区140位主讲嘉宾奉献了9场主旨发言、3场圆桌论坛、89场工作坊，集中展现当今世界及中国音乐教育文化各方面成果，吸引了国内外众多同行的目光，被称为音乐教育史上的破冰之举；上海国际乐器展和北京音乐生活展，为行业提供国际商贸、音乐教育、器乐文化的交流与合作平台。北京音乐生活展更是以全新的视角和定位，为音乐文化产业搭建跨界融合发展的新平台，汇聚众力，促进中国音教服务产业的创新发展。

40年的努力和奋斗，我国乐器行业经历了从无到有、从小到大、从弱到强的发展历程，从学习、模仿到创新及至赶超，今天，一个全新的中国乐器制造业已然屹立于世界之林。明年，中国乐器协会即将迎来自己的30岁生日。30年来，中国乐器协会在国资委和中国轻工业联合会的领导下，在全体会员单位的大力支持下，历经七届班子接力奋斗，一步步走向成熟、壮大，正在担负起“集行业之力，办行业之事，为行业服务”的责任，助推营造“良好行业生态环境”，促进中国乐器制造业健康发展。王世成理事长根据我国乐器行业当前经济运行的总体特征，对行业未来发展作出了五个基本预判：一是国内外乐器消费市场发展前景可期；二是随着乐器人口有效扩大，家庭乐器拥有率势必出现重大突破；三是中高端品牌产品优质优价已成常态；四是新需求理念将主导未来乐器市场；五是乐器产业品质理念将引领产业未来转型升级。清晰向全行业，向国内外传达了对中国乐器产业未来发展的良好预期，展示出中国乐器行业正在从制造大国向制造强国迈进的坚定信心和稳健步伐。

改革洪流如东去春水，船行中流，尤须击楫奋进。站在新的历史起点，面对新的机遇和挑战，全行业摩拳擦掌、枕戈待发。新时期的中国乐器制造行业将以更博大的胸怀，更广阔的视野，站在全球乐器市场的高度，以国际化的经营模式和理念推进改革与发展，努力使我国乐器行业从“跟跑”“并跑”到“领跑”，向着中国乐器行业的高质量发展目标阔步迈进，让中国乐器行业的“大国之音”更加坚定悦耳，雄浑豪迈。

中国民族乐器行业改革开放40年进行曲

中国的民族乐器是世界乐器的重要组成部分，也是中国传统优秀文化的一部分，俗话说：琴棋书画，琴为先，说明中国民族乐器在我国传统文化中占据着十分重要的地位。

今年是中国改革开放40周年。40年来，中国的乐器行业已经发展为世界最大的乐器生产国和乐器市场。民族乐器产业早在新中国成立之前，在北京、上海、苏州等地区就已经有了多个手工作坊，民族乐器行业是我国新中国成立逐渐形成乐器工业体系中的分支，民族乐器学习与演奏在我国具有十分雄厚的群众基础和影响力。随着我国改革开放的不断深入，我国民族乐器也开始走出国门，出口到世界各国，不仅受到华人和华侨的喜爱，而且一些外国人也都开始学习民族乐器，甚至在一些国家和地区，如日本和韩国也在开始尝试制造中国民族乐器，不仅在本国销售，并且开始在中国建立销售网点，以图占领一席之地。改革开放40年，中国民族乐器无论是质还是量都发生了翻天覆地的变化，中国民族乐器正在成为世界性乐器，大踏步地走向世界。

回顾40年前，改革开放初期，20世纪80年代初，我国民族乐器生产企业主要是单一国有企业经济体制，有100多家，主要的企业有北京民族乐器厂、上海民族乐器一厂、上海民族乐器二厂、上海民族乐器三厂，苏州民族乐器一厂、苏州民族乐器三厂，天津民族乐器厂、广州民族乐器厂，另外还有长春乐器厂、沈阳乐器厂、延边乐器厂、徐州民族乐器厂、呼和浩特民族乐器厂、新疆乌鲁木齐民族乐器厂、长沙乐器厂、郑州乐器厂、武汉乐器厂、昆明乐器厂、成都民族乐器厂、贵州玉屏箫笛厂、泉州乐器厂等。

这些乐器厂大都是在新中国成立以后，经过合作化高潮，由各地区手工作坊合并起来的民族乐器生产企业，在经过“文革”以后依然保留下来的企业。由于改革开放之前，我国实行半封闭的政策，对外不开放，西洋音乐基本上在中国没有市场。因此，民族乐器还能够维持，但是日子也不好过，时起时伏，有的时候企业产品销售不出去，只能改产，做其他产品维持生存。

20世纪80年代到改革开放初期，国门大开，西方音乐像泉水一样涌进国门，钢琴，电子琴市场快速上升，那时，钢琴要凭票购买，电子琴销售更是供不应求。当时，电子琴放在北京琉璃厂乐器一条街的马路边上卖，一上午，50台电子琴一抢而光。

可是这个时候，民族乐器市场急转直下，大幅度下降，各民族乐器厂都面对严重的销售危机。大型民族乐器厂基本上都有部分产品转产，如北京民族乐器厂根据上级领导的安排与乐器机修厂合并，并调入风琴车间。开始生产音箱，架子鼓，电子琴、风琴、百叶窗帘等副产品，上海民族乐器一厂则建立了雅马哈电子琴生产流水线，苏州民族乐器一厂生从1973年开始生产钢琴、电子琴、木梳和康乐球台等。

当时轻工业部对民族乐器生产曾提出一个口号，叫“留根保苗，借庙躲雨”，意思是保存实力，渡过难关。可想而知，在改革开放初期，20世纪80年代，国有性质民族乐器生产企业的日子是非常难过的。

到了20世纪80年代后期，民族乐器市场有所转机，各民族乐器厂逐步减少了副产品的生产，以主要精力生产民族乐器。这时，轻工业部实行优质产品评选制度，北京民族乐器厂的扬琴和中虎音锣、上海民族乐器一厂的琵琶、苏州民族乐器一厂的二胡、武汉锣厂的大抄锣被评为国家银质奖产品，各厂还有一批乐器被评为部优质产品。当时，北京、上海、苏州成为我国三大重点民族乐器生产企业，占据主要的市场份额。而其他地区的民族乐器厂逐步萎缩，化整为零，分散生产，甚至解体。

20世纪80年代末，我国城市经济体制改革深入进行，各地民族乐器生产企业相继进入转制承包阶段。这时的国有民族乐器生产企业出现了多渠道分流发展的状况，一是合资风，当时有北京民族乐器厂和香港粤华行合资，将北京民族乐器厂一分为二，成立了北京星海粤华乐器有限公司，专门生产扬琴。上海民族乐器一厂与香港利源贸易有限公司水文彬合资成立了上海敦煌乐器有限公司，苏州民族乐器一厂和台湾先进乐器公司陈焕辉成立了苏州虎丘民族乐器有限公司。

二是产品扩散，大兴加工点之风，各大民族乐器厂开始走与农村相结合，产品扩散的道路。北京民族乐器厂在河北饶阳、肃宁、怀来等地成立联营厂及河北怀来响器分厂，上海民族乐器厂将笛箫转至浙江余杭中泰乡成立笛箫加工厂。苏州民族乐器一厂将二胡转到苏州北郊的江南乐器厂进行委托加工。

三是下海风，各地民族乐器厂一些技术骨干出现了一股下海风，一些技术工人凭借自己的技术，有的辞职后自谋生路，有的退休后办起了民族乐器厂，当时，北京民族乐器厂退休职工李俊杰在北京前门三井胡同办起了街道工厂，以后成为北京荟萃民族乐器厂，企业规模不断扩大。另外，还有满瑞兴、田双琨、张祥云、刘进兴、吴仲孚等人，分别成立了规模不等的民族乐器作坊。苏州民族乐器一厂有少量人下海但都没有形成气候，上海民族乐器一厂原厂长常敦明在退休以后在家乡江苏扬中县办起了扬中长鸣乐器厂，以生产笛箫为主。而其他技术人员，企业及时采取相应措施，提高技术工人工资待遇，刹住了下海风。

而这时，全国各地具备条件的乡镇企业也开始生产民族乐器，他们利用具有一定技术的工人办起了乐器厂，在当地逐渐形成气候，当时有天津静海子牙镇潘庄子村，在王泽林、王泽云等人的带领下生产笛箫、笙、唢呐、葫芦丝等。扬州先期研制生产古筝，是在张弓、田步高、卢玉平等人的带动下，逐步发展起来的，以后生产规模越来越大，打造出一个“扬州古筝之乡”。另外，1985年浙江余杭中泰乡，董仲彬等人利用当地的天然资源在上海周林生老师的指导下，开始批量研制生产笛箫。而这时河南兰考由于具有制作民族乐器音板最佳资源的优势，在兰考汤大法等人的积极努力下，逐渐成为被轻工业部正式授予的民族乐器音板加工基地。从此兰考的大批农民走上了养殖、采伐、加工泡桐板材的谋生道路，当年兰考县委书记焦裕禄种下的泡桐树使兰考农民走上了脱贫致富的道路。

到20世纪90年代末、21世纪初，在经过一番市场经济洗礼以后，我国民族乐器生产企业格局基本定型：个别国有企业保留、涌现出大量新兴的民营企业、数以千计的个体手工作坊点缀其中（实际上应当是数以万计），一批民族乐器产业基地逐步形成。

国有及集体所有制企业是指上海民族乐器一厂和西安音乐学院乐器厂。上海民族乐器一厂原属上海轻工控股集团公司及上海英雄集团公司领导，后划归上海红双喜集团有限公司，集体所有制性质，企业相继在上海郊区及河南兰考建立民族乐器生产企基地，成立企业室内乐团，举行敦煌杯民族器乐比赛，企业经济效益和社会效益明显提升，逐步拉开了与其他民族乐器生产企业的差距，成为民族乐器行业的领军者。

西安音乐学院乐器厂属西安音乐学院领导，属事业单位编制。而原属于北京星海钢琴集团公司下属的北京民族乐器厂由于几经搬迁，技术人员大量流失，元气大伤，最后只保留一个销售门市部，其他人员全部分流到钢琴厂，北京民族乐器厂名存实亡。苏州民族乐器一厂也在1999年实行转制，企业性质改为股份制民营企业，名称苏州民族乐器一厂有限公司，2016年企业转让给苏州圣典堂红木家具有限公司总经理张礼东，企业经营形势出现了转机。其他全国各地的国有性质的民族乐器厂基本解体分流。

民营企业年销售额在1000万元以上的大约有30家企业，其中有代表性的企业有：乐海乐器有限公司、北京钧天坊古琴文化艺术传播有限公司、苏州民族乐器一厂有限公司、扬州金韵御工坊乐器有限公司、扬州雅韵乐器有限公司、扬州民族乐器研制厂有限公司、武汉市海平乐器制造有限公司、开封中原民族乐器有限公司、饶阳北方民族乐器有限责任公司、扬州琼花民族乐器有限公司、河北霸州威名乐器有限公司、天津静海盛兴民族乐器厂等。

个体手工作坊：指家庭式手工作坊，几乎每个城市都会有他们的身影，他们采用简单的通用机械，自制的手工工具，购进成分的半成品原材料，有的雇佣一两个工人，有的干脆是夫妻店。每月加工十件至数十件乐器，自产自销，他们没有营业执照，没有商标，过着殷实的小康生活。

民族乐器产业基地13个，分别是，扬州古筝之乡（古筝）、天津静海民族管乐器生产基地（笛箫、唢呐、笙、葫芦丝）、河北饶阳大官厅乡民族乐器生产基地（民族拉弦乐器，弹拨乐器）、河北肃宁县民族乐器生产基地（民族拉弦乐器，弹拨乐器）、河南兰考民族乐器原材料生产基地（原材料，古筝，古琴）、无锡梅村二胡基地（二胡）、山东临沂二胡基地（二胡）、余杭中泰笛箫生产基地（笛箫）、贵州玉屏笛箫生产基地（笛箫）、云南昆明乐器生产基地（葫芦丝），徐州柳琴生产基地（柳琴），内蒙古呼和浩特马头琴生产基地（马头琴），山西长子县铜响器之乡（响铜乐器）。

历史翻开了新的一页，在21世纪的头20年发展时期，伴随着中国以史无前例的加速度成为世界第二大经济体时，中国的传统文化、民族音乐放射出从未有过的夺目光辉，从而带来了民族乐器产业连续多年的直线上升以及民族乐器市场持续多年的繁荣。

改革开放40年，中国的民族乐器行业与40年前相比，有了多项重大变化：民族乐器已经从过去的普通轻工文体用品，发展成为中国传统文化的重要组成部分，文化产业的相关产品，非物质文化遗产的技艺产品，列入教育部中小学音乐教学设备目录之中。许多地区政府以民族乐器为城市名片，大力发展文化产业，如辽宁省辽源市“琵琶之乡”，云南省德宏州梁河县葫芦丝基地，江苏省无锡市梅村镇二胡博物馆，扬州市甘泉琴筝文化产业园区等国内11所专业音乐学院全部建立了民乐系，并设立了主要民族乐器学习专业，编写完备了主要民族乐器教学教材。琵琶等专业已经培养出第一批博士生。

古筝从一件冷门乐器已经发展为目前学习人数仅次于钢琴的热门乐器，据不完全统计，国内拥有古筝学习人数近1000万人，年产古筝50万架左右，上海民族乐器一厂敦煌古筝从1978年年产155架到2018年生产11万架，增长709倍。

古琴从一件国内仅100多人会弹的高雅乐器，在古琴艺术2003年被列入联合国非物质文化遗产目录后，有了井喷式的增长，现在的古琴不只限于老年人学习，而是老少皆宜，涌现了大量的少年儿童古琴学习班，据不完全统计，现在国有50万人在学习古琴，年产古琴20万架。一些濒于失传的民族乐器得以恢复，如箜篌、阮等，阮形成系列化，成为乐队弹拨乐声部的重要乐器，箜篌进入专业音乐学院专业教学中。

一些少数民族乐器融入汉族乐器，成为大众喜闻乐见的乐器，如葫芦丝，马头琴等。民族乐器的功能已经不限于演奏娱乐，而是开始跨界融合，产品销售范围扩大到收藏、拍卖、旅游、博物馆。产品与美术、香道、茶道、国学相结合，成为恢复发展中国传统文化的重要组成部分，成为向世界传播中华民族悠久文化的重要内容。目前我国在世界各地建立的孔子学院已经部分建立了民族乐器培训班，如敦煌讲堂。

民族乐器的产值和质量有了几何级数的增长，据不完全统计，1978年，民族乐器年销售收入大约是7000万元，到2018年，国家统计局发布的37家规模以上民族乐器生产企业主营收入为50.79亿元，再加上数百家规模以下的民族乐器生产企业销售收入，总计可以达到100亿元，比40年前增长了142倍。在产品质量方面，民族乐器产品已经从40年前土里土气，价值低廉的产品，发展为普及与中高档兼有的乐器文化消费品，民族乐器进入千家万户百姓家庭，还成为国家领导人赠送外国元首的国礼，一架古筝、一把二胡，一张古琴也可以卖到数千到上万元了。

历史是由人创造的，伟大的时代造就了一批无愧于这个时代的英才。我们在这里要提出五位具有突出事迹的典型代表人物，他们为40年来中国民族乐器的繁荣发展做出了杰出的贡献。

上海民族乐器一厂厂长王国振。他在担任厂长20年期间，以远见卓识的战略思维，通过企业文化创新的手段，把一个传统的民族乐器厂带上了年销售额数亿元领军者的道路，同时以行业领军者的姿态，带领全行业实现了民族乐器产业的升级换代，使民族乐器行业彻底摆脱了“又土又乱”的落后形象，中国民族乐器从此登上世界音乐舞台的大雅之堂。

乐海乐器有限公司董事长宋从甲。他从一个微不足道的加工二胡弓的个体手工作坊做起，经过30多年创业发展，在北京民族乐器厂的扶持之下，把企业创办成一个总资产3.6亿元，北方规模较大的综合性民族乐器生产企业，扬琴、琵琶、阮、古筝、二胡等产品产量都在国内民族乐器市场占有主要份额，宋从甲是一个成功的创业者，他在不断追求，不断探索，2017年，他开始与北京星海钢琴联合，打造肃宁千亩国际乐器产业基地，未来河北肃宁将成为中西乐器合璧的北方乐器重镇。

北京钧天坊古琴文化艺术传播有限公司创办人王鹏。他毕业于沈阳音乐学院乐器工艺系，从一名研琴师做起，经过近30年的发展，他把他的公司打造国家级非物质文化遗产基地，他的事业不仅涵盖古琴制造、传承、教学、演出、影视制作。同时跨界涉及建筑设计、室内装饰、家居设计等业界，王鹏现在的影响力已经远远超出了民族乐器界。

北京满氏乐器厂创始人满瑞兴。20世纪50年代起，满瑞兴从北京民族乐器手工作坊学徒开始，成为北京民族乐器厂的一名技术骨干，获授技师称号。改革开放后，他下海办厂，顶住了来自企业诸多不公正的待遇，坚定一条心，一定要让北方琵琶发扬光大，他凭着自己坚韧的毅力，刻苦研究的精神，聪明的才智，使北方琵琶制作技术有了很大的提升，声学品质有了很大的改善，从而赢得了国内专业演奏琵琶特别是专业音乐学院的主要市场份额。他今年已经83岁了，仍然坚持在生产第一线，不断做出新的贡献。

河北涿州宏亮乐器厂总经理赵宏亮。他在他的爷爷赵伯纯（原北京民族乐器厂制笙技师）的教导下，从零开始学习制笙技术，经过刻苦钻研，不仅全面掌握了36簧加键扩音笙制作技术，而且在质量上完全达到专业演奏家的演奏要求。数年内，他所制作的各种类型的加键笙基本上控制了国内专业品市场。同时他还研发了高、中、低、倍低音加键笙系列，逐步武装到国内及海外的大型民族乐团，为中国民族管弦乐队管乐声部建设做出了十分重要的贡献。

历史的车轮滚滚向前，中国改革开放40年带来了我国民族乐器行业的一片繁荣，具有伟大历史使命感的民族乐器开拓者们正在以更大的信心和勇气，绘制着更新、更美的画卷。

中美贸易战背后的乐器产业经济

编者按：2018年，面对环保治理、原料设备和人工薪资成本上涨，国内乐器企业进行绿色低碳经济模式转型之时，中美贸易摩擦升级和汇率浮动，无疑使乐器出口型企业面临新一轮的市场增压。贸易摩擦+汇率浮动引发的贸易风险，进出口格局逆转诱发的消费热点转移，以及人工智能技术推动的乐器智造+互联网艺术教育，都成为我国乐器行业发展的新一轮转型课题。

贸易摩擦+汇率浮动增加贸易风险

从行业发展历史的时间纵轴看，我国乐器产业从2002年至今，外向型经济一直占据主导地位，中美贸易摩擦升级会对国内乐器出口带来哪些影响？成为当前行业首要关注热点。珠江钢琴集团表示，中美持续的贸易摩擦，早期乐器企业并没有直接受到波及，但是随着后续摩擦争端升级，不排除会被扩大范围到乐器商品等，造成比较明显的不利影响。从目前来看，对国内乐器制造业造成明显影响主要是：一是中美贸易摩擦导致外汇汇率的波动，会直接产生汇兑损益并同时使贸易风险增加，需要企业有极好的应对能力；二是中美贸易摩擦扩大会导致国内乐器企业从美国地区进口木材以及相关材料的成本增加，亦可能会导致出口商品价格增加，导致出口竞争力下降，对出口型乐器企业产生明显不利的冲击。因此，持续性的中美贸易摩擦，对国内乐器制造业发展的不利影响是直接助推国内生产成本上升、增加贸易风险、产生汇兑损益，并会持续改变产业链以及行业消费者消费偏好甚至是经济增速。

2018年，由于美国早前引发的全球经济危机尚未复苏，加之美国当前面向全球发起贸易战，促使美国本土进口商品价格攀升，美国民众的消费能力降低，欧洲向北美市场的乐器出口也同步受阻。来自烟台博斯纳钢琴的信息反馈，博斯纳钢琴超过50%的产品为出口，进口原材料比例也不小，汇率浮动对企业乐器出口和原料进口当是利弊共存。可以说，美国的贸易战对全球经济造成了负面影响，像伊朗由于受美国制裁，已经限制除民生用品外的产品进口，这对于国内企业向伊朗的钢琴出口受到不同程度的阻碍。

作为西管乐器制造企业，河北金音乐器集团同样表示，早前乐器出口业务呈现出订单周期长，客户按年支付订金的特点。而今，乐器出口以短单为主，海外采购商轻易不敢批量压货，从侧面反映出外部乐器消费环境回暖乏力；其次，在西管乐器产业链运行上，由于上游中小零配件企业因环保整治出现关停问题，促使下游零配件供应不顺畅，企业完成订单速度滞缓。虽然，目前市场前景并不明朗，但从上游木材原料和乐器包装纸箱价格上涨幅度看，美国进口关税的增加，已给国内吉他生产企业带来经营压力。作为木吉他和电吉他制造企业，广东声凯乐器表示，当前企业主要以出口盈利为主导，美国进口关税调整势必会影响到企业的进出口业务。面对成本的增长，声凯乐器立足自主品牌，谋求创新发展道路，在原有经营模式基础上，调整新的市场营销策略，从互联网+思维上拓展线上线下艺术教育，主动布局内地未来吉他营销市场。

深圳蔚科电子表示，美国面向全球发起的贸易战，主要影响因素体现在贸易战中引发的汇率波动，使我国电子乐器在全球不同国家和地区的乐器出口受到连带影响。像伊朗、土耳其、阿根廷都出现货币贬值现象，特别是伊朗由于美国制裁造成的外汇储备短缺，使得伊朗乐器采购商出现无法向我国乐器制造商交付订金的窘境。再如阿根廷货币比索的贬值，采购商在我国以美金结算拿货后，回到本国后销售乐器出现亏本经营现象，若长此以往，汇率浮动对我国乐器出口业务带来的负面影响，需要行业人士保持警惕。

乐器进出口格局逆转诱发消费热点转移

自中国加入世贸组织后，乐器企业从内销转向外销出口，逐步摆脱国内三角债的资金束缚。2005年前后，国内乐器出口达到峰值，以钢琴为例，年出口总量突破12万架次。此后，国内乐器出口市场受美国金融危机降温收缩，内地不少企业重新调整内销与出口市场比例。

面对市场环境诱发的消费热点内外转移，珠江钢琴集团表示，相对于欧美市场，目前国内乐器消费市场仍未处于饱和状态，仍然有较大的增长空间，而且国内消费者不再单纯的迷信国外生产的产品，更多的考虑国产品牌商品，相应的生产企业亦意识到此变化，并顺势变革，一边调整销售比例一边引导消费市场，并尽最大的努力改善国内乐器市场环境。

以钢琴为例，2009年以来，钢琴进出口顺差持续拉大，中国已经成为全球最大的钢琴消费市场，针对这个趋势，国产品牌生产商陆续推出了适应国内消费需求的多样化产品以及贴心服务。以珠江钢琴为例，珠江钢琴曾经通过大力开拓美国市场，加快增长，亦取得了一定的成果，但是随着国内外经济环境以及消费结构人口的变化，珠江钢琴在出口降温后，主动加大对国内市场销售的支持，并陆续推出多款适合国人消费需求的中高端钢琴产品，使越来越多的国内消费者倾向于国产钢琴品牌，促进了企业发展和产业发展的良性循环。

其次，当前，中国乐器市场已经是全球最大的乐器市场，进口关税的调整一方面降低了乐器进口的成本，将会吸引更多国际乐器制造商进军中国，必然会导致国内乐器市场竞争更加白热化。另一方面，也降低了进口零配件的成本，随着我国制造成本的上升，也增加了国内乐器企业到低成本国家进行生产布局的可能性。总体而言，对国内有品牌、有创新能力的企业来说，影响不会很大。

环保治理+贸易摩擦背后的产业发展趋向

2018年，环保治理覆盖到乐器产业链上游的金属锻造、抛光以及油漆处理的企业，面对环保能源、原料设备、人工薪资成本的增长，中美贸易摩擦引发出口市场波动，无疑使外向型出口乐器企业生存压力骤增。面向未来，乐器产业作为实体经济要素，如何完成现代制造工业的新一轮转型，成为行业同仁需要深度思考的生存课题。

2018年，从电子乐器制造行业视角看，涉及金属锻造、抛光以及油漆处理的上游零配件加工企业，上半年由于环保整治多处于关停状态。深圳蔚科电子表示，从长远看，生产制造企业环保治理是宏观大势，国家既要发展实体经济，也要保护民生环境，作为生产企业应该肩负起相应的社会和历史责任。面对内外震荡因素，电子乐器企业一旦依托科技创新获得成功，产品的高附加值特性就会凸显，由此可以有效抗衡制造成本的上升。

可以说，电声乐器行业的科技化发展特性，是受到环保治理和成本增长影响最小的分支行业。面对市场的震荡因素，烟台博斯纳钢琴表示，作为中型钢琴制造企业，博斯纳钢琴坚持走“规模适中、优质高效之路，精兵、精品、精干的三精之路”，不盲目扩张产能，以高附加值中高端产品研发为主导；其次，企业贷款比例少，资金主要用于产品制造和原材料进购上，产品没有库存积压；第三，企业在国内外市场信誉良好。面对发展和前进中的困难，以扎实稳健的产品质量，以高附加值产品赢得未来钢琴消费市场，方是企业健康发展的正途。

大型规模化乐器集团如何顺应产业升级转型？珠江钢琴集团表示，第一，大型品牌企业进行产品和品牌升级的同时，亦可以通过兼并收购，加快对行业产业链的整合，建立能满足产品布局与转型的生态产业链；第二，变革生产技术，改善生产工艺，提高劳动生产率，目前乐器生产企业尤其是钢琴行业，仍较多依赖劳动人口的熟练度与工作时间，可以考虑从技术工艺层面，引入智能自动化设备，降低对劳动人口的依赖，相对于标准化产品如汽车、电子产品等行业，乐器行业的机械以及自动化率仍然存在较大提升空间。此外，还应在立足于中国市场的基础上，跟随国家一带一路的步伐，拓展国外市场。

人工智能技术推动社会音乐教育升级

在国家文化产业政策的扶持下，随着社会音乐普及教育的发展，民众的乐器消费潜力得到不同程度的释放，为企业在新市场环境下的转型发展提供历史契机。罗兰数字音乐教育表示，中国目前已进入老年社会，当前，罗兰数字音乐教育针对大众人群，有机整合音乐娱乐和文化消遣需求，尝试在老年消费市场谋求突破。面对社会大众的普及艺术教育，依托人工智能技术为主导的艺术教育，集艺术性、娱乐性、互动性和平台分享机制为一体的特质，或将在不同年龄结构群体的器乐普及学习中起到积极推动作用。以兴趣为导向，娱乐作为学员进驻乐器学习的初级途径，线下因材施教的个性化教学，线上多媒体兴趣互动分享练习机制的引导，或为未来互联网艺术教学的发展导向。

金音乐器表示，全国音乐教育服务合作联盟武强基地以前瞻定位视野，与校内音乐教育体制进行资源整合，有序开展社会音乐普及培训，取得良好的市场发展业绩。迄今，武强周窝音乐小镇斥资4000万元创建乐器博物馆，占地8112平方米，引进河北师范大学音乐学院的师资与毕业生，提升基地的人才储备与文化软实力。通过创意的音乐教育版块，在儿童培训中心有序拓展游学项目，包括吉他教育、手工DIY尤克里里和各类艺术兴趣班，仅2018年当地夏令营接待学员就达到7000人。面向未来，科研创新+教育培训成为武强乐器产业未来清晰的发展坐标。

面对内外部市场的波动要素，国内企业在线上线下主动布局，博兰斯勒中国表示，未来发展，品牌的角色定位要清晰，产业和产品发展趋向中高端已成定局，国内将不再具有土地和人工成本优势，钢琴普及品制造已转向越南、印尼等东南亚国家和地区，全球乐器产业链将再度面临转移和重新角色分工。对于国内而言，乐器的智能化发展和中高端转型成为行业发展的未来趋向，不少国内企业也在智能制造领域谋篇布局，企业内部依托智能化制造设备实现生产流水线的减员增效，消费市场依托人工智能技术实现线上艺术教育的创新拓展，或将成为乐器产业未来发展主流趋向。可以说，文化消费品市场呈现多元化发展，乐器行业如何在文化消费市场分羹，还是要持续地推动乐器消费人群的增长，产品结构面向消费人群需求的细分，扎实有序地推动乐器艺术教育的发展，才是行业发展应该具备的长效视野。

结束语

从行业发展的历史规律看，事物发展都遵循螺旋上升的曲线。通过调研，我们看到，尽管由于受外部市场环境影响，国内乐器企业在乐器出口和内销比例上再度调整，但相比早前市场环境和运营状态，国内企业自主品牌的创新意识，渠道的互联网多元化拓展，现代企业管理理念日臻完善，都赋予了当前乐器内销市场新的生机活力。告别传统营销思维，在产品设计中融入人文设计理念，与大众音乐文化审美消费进行对接，有序地提升品牌的文化附加值，才是乐器产业经济的跨越发展课题。事实证明，只有富有设计主题思想和人文精神的产品，才能击中消费者的文化神经，乐器的文化价值由此才能得到社会大众的认知与鲜明呈现。

动植物科学利用与发展在乐器产业的实践

导语：党的十九大报告强调，在发展中保障和改善民生问题是发展的根本目的，同时把“坚持人与自然和谐共生”纳入新时代坚持和发展中国特色社会主义的基本方略，指出尊崇自然、绿色发展生态体系的构建，需要建立在“以人为本”的基础之上。

近年来，濒危物种保护与科学应用成为社会关注的热点。1988年“中华人民共和国野生动物保护法”颁布以后，蟒被列为国家一级保护动物，蟒皮二胡因此纳入国家林业局野生动植物保护司管理范围；2016年4月，濒危物种国际贸易公约组织（CITES）发布了《濒危野生动植物种国际贸易公约》，在“附录二”中将玫瑰木列入濒危物种名录，玫瑰木吉他的出口受到影响。一方面，包括蟒蛇皮在内的濒危动物的生存状况普遍不容乐观，导致部分民族乐器所需的蟒蛇皮来源受到限制；另一方面，在国际公约日趋严格的管制下，玫瑰木吉他出口受到牵制，国际竞争力下降。然而，现代科技的迅猛发展却为乐器制造的创新发展带来历史机遇，也为我国乐器产业可持续发展提供了强大的技术支撑。在举国努力推进生态文明建设的大背景下，以蟒蛇皮及玫瑰木等濒危动植物为部分原材料的民族乐器及吉他制作行业应当转变思路，借助现代科学技术，实现产业转型升级。总的来说，在乐器行业，推广替代原材料及人工繁育的科学研究既保护了濒危物种和生态环境，又顺应了生态文明建设的时代要求。

蟒蛇皮在民族乐器制造中的运用

一、蟒蛇皮在民族乐器制造中的使用情况

濒危物种的生存与发展对维持生态系统的平衡有着重大作用。保护濒危物种不仅对动植物自身的生存发展有重要的意义，还对维护人类经济社会的可持续发展有重大作用。

近年来由于我国实施文化产业大发展大繁荣发展战略，各省市地方政府以发展文化产业为推动地方经济的支柱，有力地促进了各地区音乐艺术教育的开展，其中包括民族音乐的普及和推广，从而带动了民族乐器二胡生产企业的扩大生产，我国蟒皮乐器生产地区从原来以苏州、上海、北京为主，近年来增加了江苏无锡、山东临沂、河北衡水沧州，这些地区出现大量以农村手工作坊加工为主的二胡企业，目前国内各种类型的二胡生产企业从原来100余家基础上有较大幅度增长，发展到约有400余家之多。

数百年以来二胡振动膜均使用野生蟒蛇皮作为原材料，20世纪80年代后，由于滥杀、滥捕造成国内野生蟒蛇资源消耗殆尽，从而转向东南亚地区的越南等周边地区进口蟒蛇皮。蟒皮的需求量也不断上升。据不完全统计，2017年国内二胡生产量大约有40万把，按一张蟒蛇皮可出12~20个二胡皮，估计年消耗蟒皮约20000张。蟒皮的合法来源主要依靠越南进口以及海南大蟒科技有限公司（原海南东盛弘蟒业科技开发有限公司）的人工养殖蟒蛇。

1988年《中华人民共和国野生动物保护法》颁布以后，为了恢复和保护野生动物蟒蛇这一物种以及从根本解决蟒皮民族乐器的原材料来源问题，中国乐器协会受国家林业局保护司的委托，开展蟒蛇皮乐器材料进口、生产和市场调研，实施二胡蟒皮标识化管理，支持海南大蟒科技有限公司开展人工繁育蟒蛇的试点工作。

二、实施二胡蟒皮标识化管理

（一）就国内二胡生产及蟒皮使用情况进行了相关的调查研究工作

为贯彻落实国家野生动物保护法的有关规定，加强对国家一级濒危动物——蟒蛇的保护，确保民族乐器二胡生产的健康发展，自2004年以来，在国

家林业局国家工商行政管理总局关于对利用野生动物及其产品的生产企业进行清理整顿和开展标记试点工作的通知发布以后，中国乐器协会积极配合国家林业局保护司开展了定点二胡生产企业的二胡标记管理工作，凡从事采用蟒皮生产制造拉弦类或其他类别乐器的生产企业（包括个体制作者，手工作坊）均在调查范围之内。协会向国内42家民族乐器生产企业下发（邮寄或传真）中乐协(2003)037号文件《关于民族乐器生产企业二胡蟒皮使用情况的调查通知》，对国内各二胡生产企业的基本情况，二胡生产量及蟒皮消耗库存情况进行调查。随后，召开制定二胡蟒皮使用管理办法的座谈会，就实施二胡蟒皮标识、定点企业的标准、定点企业名单等进行了讨论，就座谈会的基本情况以书面形式向国家林业局作了汇报。

（二）协会积极引导和监督“蟒皮二胡标识化管理”

根据国家林业局保护司关于二胡蟒皮实施标识化管理的主要意见和精神，并在二胡生产企业进行调研的基础上，中国乐器协会提出制定二胡蟒皮实施标识化管理办法的意见：

1. 对使用蟒皮二胡进行企业定点生产，实施产品标识化管理，是加强濒危动物资源保护和合理利用，促进二胡行业健康发展的有效措施，中国乐器协会将积极配合并可以接受国家林业局的委托，开展实施标识化管理有关具体工作。

2. 对于“具有国家工商局颁发的营业执照，照章纳税”“生产二胡的历史在10年以上(以工商登记之日起计算)”“从业人员具有国家职业资格，高级技能以上制作工占10%以上，中级技能以上制作工占30%以上”等条件被纳入“使用野生蟒皮生产二胡企业”（定点企业）标准。

3. 根据对国内二胡企业的规模、经营时间、产品质量状况、技术人员队伍的素质状况等因素综合考虑，拟提出上海民族乐器一厂、河北乐海乐器有限责任公司等17家二胡生产企业作为二胡使用蟒皮定点企业。

总的来说，自实施二胡蟒皮标识化管理以来，达到了“既严格执行濒危动物保护法，实现人与自然的协调发展”，又“弘扬优秀民族文化，使中国传统二胡得到发扬光大”的目的。几年来，中国乐器协会配合国家林业局野生动植物保护司开展工作取得显著的成绩，目前，蟒皮乐器生产企业已经取消“定点”，凡持有国家工商执照，有国家许可蟒皮合法来源的企业均可生产经营蟒皮乐器。

三、开展乐器行业蟒蛇人工繁育试点的科学研究

为满足传统蟒皮乐器产业发展和文化传承的需要，实现资源保护与优秀传统文化可持续发展的目标，中国乐器协会受国家林业局野生动植物保护司委托，积极开展乐器行业蟒蛇人工繁育试点的科学研究，对现有养殖场地、规模、技术及发展趋势等实施评估和管理，对外种源提供渠道进行考察论证的工作。希望通过开展蟒蛇人工繁育及种源引进的科学评估和管理等工作，掌握人工繁育和饲养管理技术，攻克繁育难关，扩大人工繁育种群。

同时学习和借鉴国内外种源繁育成功经验，建立相对稳定、可靠的种源提供渠道。逐步扩大养殖繁育规模，提高养殖技术和质量，满足传统蟒皮乐器产业发展和文化传承的需要，实现资源保护与优秀传统文化可持续发展的目标。经过多年科研攻关，取得突破性进展，人工繁育蟒蛇存栏达到数万条，成为乐器行业蟒皮材料科研基地。

四、规范“蟒蛇皮在民族乐器制造的合理运用”取得的成效

近年来，国家林业局保护司对野生动植物所采取的“在保护中利用，在利用中保护”的一系列政策在蟒皮乐器制造中进一步得到贯彻和实施，收到了明显的成效。在生态面，完全杜绝了对野生蟒蛇资源的滥杀滥捕，保护了野生动物蟒蛇，实现了人与动物的和谐共存。同时进行人工繁育蟒蛇，使野生动物蟒蛇能够得到繁衍，大自然实现了生态平衡。

同时在经济方面，人工繁育蟒蛇成功，使蟒蛇的各个部分都能够创造较大的经济效益，满足人类对蟒蛇的各种需要。与此同时，实施“办理蟒皮行政许可进口手续—采购蟒皮—办理蟒皮收藏证标识卡"一条龙手续，大大简化并方便了蟒皮采购和加工经营手续，为广大企业采购合法渠道的蟒皮提供了极大方便，从而缓解了蟒皮供不应求的紧张状况，目前蟒皮乐器市场蟒皮供应量基本达到供求平衡，蟒皮平均价格普遍下调，下调幅度为20%左右。

濒危物种玫瑰木在吉他产业的保护与发展

一、濒危物种玫瑰木在吉他产业中的应用

根据市场统计数据显示，吉他是乐器产品中使用量最大的产品，全球年产销量近2000万把，以欧美市场为主，吉他出口也是中国乐器产业的重要项目。2017年被濒危物种国际贸易公约组织（CITES）列入濒危物种的玫瑰木，由于稳定性高、价格便宜，被广泛用于吉他指板与侧板。每年全球吉他进、出口贸易里，有超过50%的吉他采用了玫瑰木。由于音乐制作人和专业吉他手出于乐器声学品质和演奏性能的要求，坚持使用玫瑰木部件的吉他，就产生了传承音乐文化和濒危物种保护矛盾。乐器企业为了保护中高端市场需求，一定会保留生产少量玫瑰木产品，约占总量的30%。按2016年数据估算为135万把，中国乐器行业预计年消耗玫瑰木675吨（约合877立方米）。

二、限制令对我国吉他行业的影响

玫瑰木的生产和贸易限制，条款出示的时间快，作为吉他企业从原产地进口木材原料到使用，至少要经过一年的材料自然风干静止期，因此，玫瑰木材储备紧俏，其价格也跟随着水涨船高。这让多数吉他生产企业深感被动。与此同时，由于音乐制作人和专业吉他手出于乐器声学品质和演奏性能的要求，坚持使用玫瑰木部件的吉他，因而玫瑰木吉他的价格不可避免地大幅上涨。据某琴行负责人告诉记者，自己的琴行中，玫瑰木吉他占了总销量的90%。今年年初玫瑰木被限的消息一出来，市面上用玫瑰木制作的吉他价格就上涨了10%。从年初至今3个多月的时间里，玫瑰木吉他的价格已经普遍上涨了30%。

比如Fender品牌的印尼产玫瑰木吉他CD60，去年价格还在2200元左右，今年就在3000元以上了。玫瑰木被列入濒危物种名录，实行出口许可证管理，随之而来的是声学吉他出口的13%退税被取消。据中国乐器协会吉他专业委员会会长何志强介绍，根据商务部海关总署联合公告2014年第90号《关于公布加工贸易禁止类目录的公告》{商务部海关总署联合公告〔2014〕90号}规定，所有涉及使用该类木种的弦乐器均属于加工贸易禁止类商品目录（详见序号：1850，商品编码：9202900010，商品名称：含濒危物种成分的其他弦乐器）的范围，因此，不能享受退税优惠。然而，中国是吉他生产和出口大国，产量占据全球60%以上，出口量占80%，取消退税优惠政策，对吉他产业造成了重大打击，大部分吉他生产制造企业进入被动运营格局。据凤灵集团董事长李书介绍，2017年，凤灵集团吉他产能达60万把，产值增长37%，出口量增长39%，企业生产效益增长49%。

2017年初至今，凤灵集团已完成吉他出口业务达到30万美金，且没有享受国家13%的出口退税，预计江苏全省受影响吉他出口的金额达到100万美元。惠阳区秋长全丰育乐用品厂总经理蔡赖丰表示，以法丽达出口的木吉他单品100美元为例，一只木吉他的13美元退税被取消，企业全年在出口退税上失去的金额达到500万元人民币，企业的经营压力骤增。

三、企业积极寻找替代材料化解市场不利要素

玫瑰木是吉他手最熟悉的木材之一，已被广泛接受。但按照新规，现有企业需要研发替代材料来缓解经营压力，而替代材料需要客户的认同，加上新材料需要重新采购且需有静止期，这些都需要时间。同时，以往库存的材料、产品也要消化，他同样需要一定的过渡期。国内吉他生产企业正在积极采取应对措施，包括加大技术投入研发替代材料、主动与客户沟通寻求共识、积极消化库存的濒危木材转向国内销售，等等。凤灵集团李书董事长告诉记者，当前，凤灵集团的吉他玫瑰木仓储量价值达2800万元，提琴指板材料达到4600万元，两项材料储备价值合计达到7500万元。面对玫瑰木被限制出

口不利局面的出现，凤灵集团当前正积极采取用寇曲木和禾木进行材料替代，以化解市场不利要素。惠阳区秋长全丰育乐用品厂总经理蔡赖丰表示，法丽达吉他为应对进出口政策的变化，在木吉他的玫瑰木用量上从100%降到20%，采用南美红铁豆木和乌木进行材料替代。总体而言，企业在玫瑰木材料的年消耗总量上降低了80%~90%。

在积极寻找替代材料的同时，我国吉他企业不断调整布局，在内销市场找突破口。广东声凯乐器有限公司总经理黄志康表示，以往声凯乐器的吉他产品有15%内销，85%是外销出口，当前环境下，企业只能被动选择内销化解经营损失，产品结构也进行重新的布局调整。近年来，红棉乐器以音乐生活的元素向动漫、微电影以及创意文化等多领域拓展延伸，形成多元化发展态势。总经理何志强表示，当前，不少国内企业在坚持固有品牌的优势基础上，不断创新研发中高端副线品牌，为企业发展创造新的利润空间。企业只有坚持重资产和轻资产同步推进，就能在未来的创业发展中走得更为顺畅，优势互补，协调共进，更具抗风险能力。

四、事态进展

公约实施以来，中国乐器协会积极与相关国际乐器行业组织，欧洲音乐产业联盟，美国音乐制品协会等保持密切沟通，商讨应对举措，反复强调这是传承音乐文化和濒危物种保护之间的矛盾，应当二者兼顾，中国吉他制造企业正在积极研发替代品，现已取得很多新的突破，逐步压缩玫瑰木的使用量。中国乐器协会提出的诠释和建议得到了国际同行的广泛理解和认同，欧洲音乐产业联盟向《国际濒危物种保护公约》执委会建议，希望对列入CITES目录的某些乐器类别进行具体分析，对“非商业用途”的认定进行进一步讨论。

2017年11月27日至12月1日，第69次国际濒危物种保护公约执委会会议在瑞士日内瓦召开，会议期间，乐器行业代表人士参与了决策过程，并建议公约组织执委会就乐器用途的性质认定及木材成分重量的解释提出推荐建议。建议明确“关于‘非商业用途’的认定”“关于非商务用途的物品中‘10千克’的解释”“关于乐器表演、团体旅途携带各类乐器的集中流动”等内容，并于下次斯里兰卡召开第19届缔约方大会上对相关条款再次讨论，力争对跨国/境乐器流动的执行程序予以简化。

结束语

近年来，文化产业对国民经济贡献持续加大，文化自信显著增强，为稳步推进文化强国建设、实现全面建成小康社会目标提供了有力支撑。乐器作为国家文化产业的重要组成部分，作为音乐教育不可或缺的设备和舞台音乐艺术品，具有无限的魅力和广阔的发展空间。二胡和吉他又是乐器中最受欢迎的乐器，在民族音乐、流行音乐、摇滚音乐、古典音乐的领域里，扮演着重要的角色，让每个人的生活变得丰富多彩。

中国乐器协会始终重视动植物在乐器制造业的科学利用与发展，尤其是濒危物种的保护，连续多年配合国家林业局开展蟒皮乐器材料研发、推广和市场监管，应对玫瑰木限制条款，和吉他企业采取有力措施，收到明显成效。

我们深知，保护野生物种，维护自然生态平衡，不仅关系到人类的生存和发展，也是衡量一个国家、一个民族、一个行业文明进步的重要标志。乐器行业的进一步发展，不能仅靠低价竞争，只有依靠科技和创新，提高产品质量，提高技术含量，提高综合竞争力，创立自己的品牌，我国乐器行业在国际乐器界才能得到进一步的发展。因此，作为行业协会，今后我们会在全行业中加强日常监管、强化行业自律，保护资源。

突破产业思维瓶颈 创造音乐文化消费市场增量

编者按：面对我国幼儿园到大学近4.2亿的受教育人口，如何开展音乐艺术在内的国民审美教育，这是一个关乎国民艺术素质教育、大国文化复兴梦想的时代文化课题。器乐教育在国民审美教育中担当着何样的角色？发挥着怎样的社会作用？如何突破校内和社会音乐教育的体制和思维瓶颈？5月8日，全国音乐教育跨界合作高峰论坛在江苏·黄桥——“中国提琴产业之都”的隆重召开，无疑成为2018北京国民音乐教育大会倒计时前的一次集中实战演练。

拓宽延伸乐器产业链，跨界整合乐器制造与音乐教育资源，推进“乐器是家庭标配，音乐是生活刚需”战略目标。本次论坛汇集重量级嘉宾，江苏省文化厅巡视员、江苏省文化产业协会理事长马宁，中央音乐学院教授、著名教育学家周海宏，中国轻工业联合会城镇集体经济部副主任康培莲，中国乐器协会常务副理事长曾泽民、副理事长王松美，首都师范大学教授、博士生导师郑莉，江苏省泰州市、泰兴市、黄桥镇党政领导班子成员，以及来自江苏、安徽周边省市的艺术院校、音乐家协会的领导、专家和院校教师等近100人莅临论坛现场。论坛嘉宾在文化观念的交流碰撞中，勾勒出我国普及音乐教育现状与未来图景。

国民音乐教育市场缺口巨大

中国经济总量世界排名第二，但国民素质教育市场缺口巨大。在《富强美善进程中的音乐事业》主旨发言中，中央音乐学院教授周海宏首先抛出鲜明的文化观点。目前，我国社会人口总量超过欧美发达国家人口总量，仅江苏省人口就与德国人口总量相当，广东省GDP总量已超过俄罗斯。中国已成为世界经济总量与综合实力排名第二的国家，但中国的文化艺术事业，特别是音乐事业非常落后。

中国的文化和教育需求到底有多大？举例说明，我国有27万所中小学，儿童人口1.5亿，需要580万名音乐教师，才能支撑起中华民族伟大复兴，每个孩子一生学习一件乐器的战略构想，才能达到与欧美国家比肩的音乐文化教育水平。我国13.8亿人每年看一场音乐会，全国每天需要举办4300场音乐会，共需30多万名演奏员参与，才能支撑每个国民一年听一场音乐会的文化构想。不难看出，我国文化艺术事业发展任务极为艰巨，我国国民音乐素质教育市场的缺口是如此巨大。

“德国汉诺威51万人的城市，剧场拥有量达到40多座，俄罗斯喀山有人口100万，该座城市有7座大剧院和13所音乐学校。”周海宏说，我国的音乐文化现实境况是，国内音乐厅门可罗雀，市民没有欣赏音乐会的习惯，文艺院团经营难，依靠国家经济输血，国民音乐教育管理者不重视中小学音乐教育，校内外音乐师资严重不足，大部分音乐学院毕业生就业难。一方面是国内社会音乐教育市场需求缺口巨大，一方面社会音乐艺术教育人才遭遇就业尴尬。

“我国作为人口大国，基础教育没有辉煌的发展历史，我国的音乐教育定位处于紧缺薄弱状态。”首都师范大学音乐学院教授郑莉表示，国家提出美育教育全覆盖之时，师资紧缺确实成为艺术教育普及推广的现实瓶颈。来自江苏黄桥镇的经验启示，社会音乐教育发展可以通过乐器企业的经济和器材助力，与校内、校外艺术教育资源跨界重组，统筹规划师资培训，给予儿童素质教育滋养，助推我国普及音乐教育健康发展。

从“琴韵小镇”看江苏文化教育心经

在论坛前期，泰兴市人大常委会副主任、黄桥镇党委书记耿元进作为东道主，对行业领导及各界同仁莅临黄桥工作指导表示欢迎，并向与会嘉宾介绍“琴韵小镇”的蓝图规划与阶段性成果。江苏省教育厅副巡视员尹伟民认为，文化振兴、艺术振兴应从教育入手，乡镇教师培养应受重视，艺术教育更应从娃娃抓起。据悉，江苏省泰州市已形成一校一评一特色的音乐普及推广模式，促进每个学校都有音乐教师，开展兼职老师培训工作。泰州市委教育工委副书记管文化介绍，通过创建学校音乐特色课程，组织学校艺术方面活动，结合互联网+，家庭、社会、学习音乐融合发展得到积极推动。黄桥镇人民政府副镇长丁春兵表示，当前，黄桥镇当地的学校和企业合作紧密，政府扶持，教师培训，从幼儿园到小学推动小提琴进课堂。10多年来，全镇中、小学校及社会艺术培训机构累计培训各类音乐艺术人群达11000多人次，成为名副其实的“全国音乐教育服务联盟”示范基地。

来自江苏阜宁县教育局蔡卫国的经验分享，阜宁艺术教育遵循三个保障：一是保障乐器设备到位，通过企业捐赠、家庭自备和教育装备投入，保障每个学生手中有一件乐器；二是课时要保障，音乐课要开足开全，同时要求器乐进课堂；三是提供音乐才能展示平台，通过文化艺术活动激发儿童学习的兴趣和热情。目前，阜宁县各类音乐艺术表演活动覆盖20万学生人次，包括家长在内的社会各界人士达到26万人次。

需求侧发力，供给侧改革建设国民音乐文化生活

面对国内音乐艺术教育需求的巨大缺口，作为音乐教育职能部门，国内艺术院校、乐器行业协会、社会音乐培训结构当采取何样举措？周海宏教授提出，国民音乐教育必须从需求侧发力，供给侧改革，建设与大国相适应的音乐文化生活概念。

所谓需求侧发力，即需要向国民大力宣传音乐教育的重要性，让国民树立“乐器是家庭的标配，音乐生活的刚需”的意识，让国民知晓音乐在人的成长中的重要作用。随着我国物质生活水平的提升，国民所有的感官体验都在同步提升，只有国民的听觉体验在下降。国民严重忽略了音乐对人的情绪和心境的重要作用。“我们应该向国民宣传：缺少艺术教育的生活幸福少，缺少艺术教育的人生成功难。国民不仅要拥有获得幸福条件的素质，更要有体验幸福感受的素质。”周海宏强调，当今社会，审美素养成为国民生存的核心竞争力。企业家的审美素养决定着产品的品质，全民审美素质低，成为社会文化发展的瓶颈，要想社会进步发展，不能没有美的力量。

其次，供给侧改革。当前，专业艺术教育要打破明星意识，比赛教育，树立生存意识和职业意识，要推动国民音乐生活需求为导向的音乐教育的改革。教育者要让家长明白人口的金字塔层级结构，越往顶层人数越少，要正确引导学生的人生观。教育者不能再沿用以往的教育观念，学IT的就要成为比尔盖茨，学物理就要成为钱学森，学钢琴就要成为郎朗、李云迪。周海宏认为，音乐是幸福指数高、发展前景很大的行业，但音乐行业从业者是失落感最强的行业。多数从业者把音乐当理想和梦想，没有把音乐当作职业和行业，我们在音乐教育导向上有严重的定位错误。

要解决师资培养和人才就业瓶颈，要从演奏型和教育型两个人才培育方向入手，教育型人才更要进行专业教育和业余教育的细分。当前，我国音乐教育应以岗位提升为主，以技能型人才培育为辅。艺术人才进入大学后，更应该拓展人才的音乐文化，培养人才面对未来工作知识和能力，拓宽人才的演奏曲目，针对中秋节、情人节、社区老年音乐会，举办特色节日音乐会，以培养人才面向社会需求的生存能力。

首都师范大学郑莉教授表示，国家已在基础音乐教育标准上推出高中音乐教育的新标准，该标准中的演奏模块便是要求高中学生具有演奏学习的课程内容，国务院也提出助推传统文化的传承与发展政策要求。关注幼儿园、中小学的器乐学习，乃至高中的艺术教育也被国家所重视。统筹国家艺术教育的全盘大局，从学龄前儿童到大学的“幼、小、中、高、大”的系统艺术教育，将真正助推我国音乐艺术教育向着系统化、标准化方向的健康发展。当前，中国从幼儿园到大学在读的学生总量为4.2亿人口，中小学在校生总量为2亿，面对如此庞大的学生群体要进行器乐学习，国家教育部已与16省签约，助力各省艺术审美教育的良性发展。

结束语

沉淀本届跨界合作高峰论坛专家与院校机构代表的多元化主题内容，无论是河北秦川音乐集团分享的社会音乐教育教材、教学大纲的标准化，年度教学成果的量化评估，还是来自江苏、安徽省市院校结构代表在音乐信息化、社团化的管理经验，与会嘉宾深切感受到一线音乐教育的蓬勃发展和阶段性教育成果，以及互联网科技手段引发的教育模式的变革。

著名小提琴家盛中国曾说："让孩子学琴，主要目的不是造就小提琴家，而是造就人，音乐会使人成为一个感情丰富的人，一个有格调和品位的人，一个富有同情心的人。"我们相信，无论是奥尔夫音乐教学法、柯达伊音乐教学法，还是美国综合音乐教学法、达尔克罗兹体态律动教学法，音乐教育的最终结果是向人的本体传递美誉感和幸福感。乐器是学习音乐的工具，而非音乐学习的终点；教育是过程，而不是结果，音乐艺术教育应该从技术教育回归音乐教育的本位。中国乐器协会常务副理事长曾泽民最后在《国民音乐教育大会的意义与实践探索》专题发言中表示，通过本次跨界合作高峰论坛，遴选优秀主题，对深化助推北京国民音乐教育大会具有积极的促进意义。需求侧发力，供给侧改革，跨界整合艺术教育、乐器制造、社会音乐培训社会资源，开辟国民音乐教育发展的创新坐标系，更是历史和时代赋予国民音乐教育大会的重要文化使命和社会责任。

周海宏：消费升级时代，艺术素质攸关企业生死

艺术有什么用？就如问别人"为什么要喝酒？"的性质是一样的。长期以来，艺术在中国只是饭后茶余可有可无的东西。我们应该很熟悉，现在很多家长的成功育子经验：只顾学习，孩子的时间表上一切和升学考试无关的东西都去掉，没有艺术、没有游戏，没有交友、没有自由……但要知道：影响人一生幸福最重要的东西，你没有让孩子学，却让他学了大量没用的东西。家长可能认为，这样就能让孩子获得他所希望的人生。我想告诉你们：你正在毁掉孩子的一生。

当前教育缺失了什么？

在十九大的报告中明确指出，中国特色社会主义进入新时代，我国社会主要矛盾已经转化为人民日益增长的美好生活需要和不平衡不充分的发展之间的矛盾。建设"美丽中国"，追求"美好生活"成为时代的主旋律。在此时代背景下，我们探讨艺术的功用，问题在常人看来有些奇葩。

当前，中国的教育出现的问题林林总总，从内容角度概括为两个方面：一是结构失衡；二是程序失当。所谓结构失衡，是影响人一生幸福最重要的素质，没有得到充分的教育，而学了大量重复、冗余、无用的东西。程序失当是指人的素质发展存在关键期，错过素质教育关键期，则是亡羊补牢，为时晚矣。结构失衡，程序失当，将使教育过程赢在起跑线，输在终点站。对于中国的家长而言，更在乎成功。我们倡导的是人的一生幸福，而不是后半生幸福。但是先苦后甜，告诉人们为了后半生幸福，只能忍受前半生的教育之苦。

这样的教育缺失了什么？首先剥夺了孩子的感性素质的发展机会，何谓感性素质？即感性能力+感性需要。众多周知，人有感性和理性两大心智能力，理性代表领域为科学，感性代表领域为艺术，理性赋予人们认知世界、改造世界的力量，感性让人的生活充满诗意。在人生道路上，二者如车之两轮、鸟之两翼，不可偏废。忽略儿童感性素质的培养，则会使其一生幸福化为泡影。因为一个完善的人，要想获得一生的幸福，不仅要拥有获得幸福条件的素质，还要拥有体验幸福感受的素质。

感性素质的差异，产生了价值观的分歧。感性素质高的人愿为美化生活付出成本，感性素质低的人判断事物只有有用和无用两种价值标准。作为完善的人，获得幸福生活的条件，要有理性素质，体验人生幸福的感受，要有感性素质。作为家长，当儿童拥有这些资源后，其生命质量到底如何。生活当中，不同角色的社会个体都有各自的感受，但感觉麻木使很多失去如何体验幸福的人生。当我们国家物质生活丰富后，若感性素质不高，会滋生出许多贫穷社会所没有的社会问题。当前，中国的城市化进程将奠定未来50~70年中国人的生活方式，我们还没有做好成为文化大国的准备。

品质是实用价值+感性审美

当一个拙劣的产品最终出现在用户面前，从产品的设计者、制造者，乃至营销环节，产业链各环节的从业者感性素质低成为现实写照。中国产品与发达国家产品设计的差距集中体现在外观难看、工艺粗糙、使用不人性化，从哲学层面看即是感性质量低。

当前，企业都在讲求品质提升，何为品？何为质？一个产品的品质有两方面构成：一是实用价值，二是感性审美。一件产品不仅要有使用价值，还能满足人们的文化审美需要，两者叠加方称为品质。从一个普通的水杯，再到具有艺术设计感的水杯，提升的并非是产品的功能质量，而是产品的感性质量。产品价值的增加，产品价格的翻番，并非杯子的功能发生变化，而是消费者的体验发生了变化。我们很多企业家，由于他自己的感性素质低，产品的升级换代本质吃不透，死磕功能性，不懂审美性，不舍得在感性品质上增加成本。结果是你的产品换了代，但是并没有升级。特别遗憾！

哪个山寨货没有强大的功能？奢侈品和日用品的功能是不是一样的？但使用体验一样吗？尽人皆知！苹果靠什么征服了世界？苹果的核心竞争力，就是把技术变成了艺术，让产品成为作品。他的核心竞争力，是感性的智慧。不知道大家是否同意这个观点：自乔布斯死后，苹果的特色不是特别突出了。若乔布斯活着，苹果6的天线不会这么难看；若乔布斯活着，苹果7的摄像头恐怕也不会那么高。

大家想一想，为什么我们服装建材、美容化妆、装修装饰、汽车手机、酒店医院，凡是需要感性品质的地方，都更相信外国产品，甚至把高端产品拱手让给国外企业。我们必须从深层分析国民素质的原因。21世纪中国开始全面迈入了小康时代。小康时代，是感性需求全面升级的时代！小康经济是感性经济，因此，这个时代企业家的感性素质，对整个企业的生存发展，是生死攸关的影响。

感性素质攸关企业生死

什么是叫生死攸关？波导死了，华为活了。还记得波导手机吗？那个“手机中的战斗机”，功能够凶悍吧，都“战斗机”了。上千万元的研发费投进去，几个亿的生产销售、广告资金砸进去，由于外观丑到没朋友，使用不人性化，死了！

营销人员、广告公司从业人员感性素质低，艺术修养差，出了这么一个馊主意。但是企业家的感性素质、艺术品位也低，采纳了这个创意。最后几个亿的广告费投进去，就让全国人民都知道：波导是一个很low的产品。过去几年，我几乎每年去一次华为。但是在2013年，我去了六次华为。在一次我给华为研发高管团队的讲座上，华为的高管说：华为当年出一款手机，小样打出来发现，长度比设计长4毫米，厚度厚了2毫米。

可以想象，这手机还能看吗？这就是因为每个环节的人都不把感性品质当刚性要求。华为说，我们是工程师文化，华为员工97%出身理工科。这其实就是我们的教育存在缺失。不是因为你是工程师，学的是理工科，而是因为工程师和理工科教育，严重缺少了审美和艺术的教育。后来，华为决定把产品设计中心放到法国，把质检中心放到日本。高层意识到这个问题的症结，但手上的员工缺乏解决这个问题的基本素质，教育就有先天缺失啊。

后来，我曾经收到华为一款土豪金的手机，拿到后发现没有LOGO，问高管“为什么”。他说这种金属拉丝表面背后印LOGO特别不好看，就没印。我当时立刻点赞！因为华为能够为了好看而不印LOGO，可见他们把感性品质放在了怎样的高度。但不得不提的是，这位高管的补充：这是因为我们的外国员工一致反对。那么，为什么反对的不是国人呢？我们也要反过来讲：如果高层没有一致共识，没有接受过审美教育，又怎么能够接受这样的创意呢？

企业家分为三代，每一代都有自己的核心竞争力。第一代，在改革开放时率先下海的这一代人，他们的核心竞争力是勇气。在那个时代，只要敢干，就能挣钱；第二代企业家，是受过良好教育的人，他们的核心竞争力是知识理性；第三代，是以乔布斯为代表的，具有很高艺术修养、审美品质的人，是他们引领了这个时代的未来。

我提醒各位：也许，你们已经赶上这个时代了。如果在未来，你们缺乏艺术修养、感性智慧，你还想取得成功，你所遇到的困难是和这一代没有受像样高等教育的人遇到困难是一样的。记住，感性素质低的人成功难，缺少艺术教育的人幸福少，缺少艺术教育的人成功难，缺少艺术教育的人破坏大。有的老板开餐馆，越开越亏，到死都不知道为什么……其实就是因为门口两个迎客的门童塑像太难看了。一个人能把这么难看的玩意放在门外，就可以想象门里的脏、乱、差。

为什么我们国家服务行业水平普遍偏低？但凡是任何一个环节上的人，有一点点感性的要求，都不会导致这种结果。但遗憾的是，每一个环节的人，都没有要求。一个人连自己都没有感觉，怎么能体验到你的感觉。我们国家当前面临如此可怕的环境问题，最深层、最根本的原因就在于全民感性素质低。特别是历史上，我们把大量感性素质低的人提到了领导岗位上，我们需要从根上去解决这个问题。记住，感性素质低的人破坏大。出路在哪里？毫无疑问，提升全民族的感性素质。

如何提升？感性素质的培养，要通过艺术教育来实现。中华民族从来不是一个感性素质低的民族。我一直认为中国当下如此可怕的环境问题，是和我们半个多世纪以来压制人对美的愿望，否定艺术审美功能的一种报应。如果改革开放以后，我们能够持续30年强化艺术教育，培养出一代热爱美，热爱艺术的公民来，我们现在苦恼的很多问题都不存在了。但是遗憾的是过去30年来，我们仍然不是这样做的。在当今中国，中小学还是动辄就停音、体、美这样的课程。

艺术能够培养我们的感性素质，提升感性智慧，美化我们的生活。他有推动人类感性文明发展，人类在生活当中不可替代的职能。这方面职能在中华大地上被大大忽略，甚至在很大程度上被压制了。缺少艺术教育的人幸福少，缺少艺术教育的人成功难，缺少艺术教育的人破坏大。

改革开放初期，“学好数理化走遍天下都不怕”这个口号迅速传播，通俗易懂。让我们国民重视了科学，重视了理性。我也想发明类似传播的话，让大家重视艺术：要想成功幸福，从小热爱艺术。这就是为什么我到处去呼吁，让我们全社会都来重视艺术，重视艺术教育，重视各类艺术素养。特别是在座各位精英阶层，你们是这个国家发展的引领者；特别在座各位年轻人，你们决定着祖国的未来。

乐器展览

拓展国际乐器商贸经济
共享全球音乐文化盛宴
——2018中国(上海)国际乐器展巡礼综述报道

编者按：2018年10月10-13日，由中国乐器协会、上海国展展览中心有限公司和法兰克福展览（香港）有限公司共同主办的2018中国（上海）国际乐器展览会(MusicChina 2018)荣耀收官。展会规模再创新高，展览面积扩至138000平方米。汇聚来自31个国家和地区的2252家企业，81个国家和地区的110381名海内外专业观众，参观总达164665人次。展会盛邀100多位海内外嘉宾，倾情奉献70多场会议论坛，600多场燃情Live Show。上海本地及中央电视台等8个电视频道，12个电视栏目，3个电台频率，7个广播栏目，逾50家专业微信公众号，美国、欧洲、拉美、东南亚等逾1100个海外网站，美通社大陆地区近1000个网站共同见证MusicChina 2018全球业界音乐文化盛宴！

2018年，当人工智能与移动互联技术共舞，用户消费需求导向立体多元，乐器产业创新升级势在必行。立足国际乐器商贸视野，优化重组全球业界资源，见证移动互联时代创新科技成果，主办方特别组织全国音乐教育服务合作联盟专家巡展活动。由前任中国乐器协会理事长安志，著名音乐教育家理论家吴斌，中央音乐学院原副院长、著名音乐教育家理论家周海宏，中国音协管乐学会副主席姜斯文，人民音乐出版社社长莫蕴慧，中国音协音乐教育学学会会长、中国音乐学院教授谢嘉幸，中国乐器协会常务副理事长曾泽民、副理事长王松美、秘书长陈晋武以及上海国展展览中心有限公司总经理吴江红等有关领导对广州珠江、海伦钢琴、上海民族乐器一厂、柏斯集团、泰兴凤灵、天津津宝、苏州民族乐器一厂、功学社、人民音乐出版社、施坦威、雅马哈等部分参展企业进行集中调研。展会规模、项目品质、观众数量的进步与提升，得到与会领导、行业专家、新闻媒体、社会各界人士的高度赞誉。研究产业与市场需求变化，精准对接行业市场需求，创意拓展MusicChina市场桥接服务职能，“求新、求变”更成为本届MusicChina核心关键热词。

概述

展会规模再创新高 见证中国乐器经济活力

2018年，中国乐器制造业进入产业发展转型期，成本、环保、出口要素抑制乐器产业经济活力，绿色循环经济模式对产业发展继续增压。综观行业科技、音教文化、慈善公益要素，剖析不同模块内容策划创意思路，总结项目活动创建成果，透视2018 MusicChina呈现如下新热点：

一、展会规模再创新高，展馆面积达到138000平方米，展商与现场观众人数超出预期，进驻国际展团达到13个国家和地区，新增俄罗斯和朝鲜展团，海外商家继续抢滩登陆国内乐器消费市场，MusicChina国际商贸平台热度继续飙升。深度拓展商家与市场的商业桥接服务职能，MusicChina的全球品牌影响力和文化辐射效应得到集中呈现。

二、特色产业集群以展团形式亮相MusicChina，中泰竹笛之乡，中州兰考琴筝，泰兴黄桥提琴，广东惠阳吉他、贵州正安吉他皆以产业集群形势闪亮登场，集中体现地方政府创建特色乐器产业集群的政策推动力。同时，国内特色乐器产业集群、品牌乐器制造商依托展会平台，积极进行品牌推广与文化创意营销，在主办方的创新思维引领下，形成多点开花的品牌创意营销格局。

三、分析展品品类，受环保因素影响，中小型提琴、民乐参展商流动性增强，但民乐展馆规模依旧强势扩展，受地方政府特色乐器产业集群的政策推动，本届MusicChina馆外广场增建竹笛和民乐综合两大主题展馆。来自北京钧天坊古筝的信息反馈，所有展商、观众、新闻媒体对民乐展馆的搭建布局、文化装饰印象鲜明。无论展区的规模面积，还是展品内容的艺术化呈现，有机地传递出中国传统民族器乐文化的韵味，从侧面反映出商家品牌文化审美思维的转换与重塑。

四、从特色展区规模拓展看，音乐教育市场需求逐年递增，诸多国内外乐器品牌进驻音教培训领域，谋求产业链的延伸与拓展。MusicChina音乐教育版块历时4年，展区面积从初创时期的400平方米拓展为独立展馆，在资本市场的热钱推动下，社会音乐教育市场规模增速撼动业界，成为MusicChina展区规模拓展的黑马；再者，在全球其他业界展会钢琴展区规模递减形势下，本届MusicChina钢琴馆囊括全球著名钢琴品牌，展区规模扩容至三个展馆，直接反映国内钢琴消费市场的强劲需求，侧面印证深耕音乐教育市场，协同推动乐器消费市场版图扩展。

行业

创建业界资讯平台 科技创新驱动发展引擎

综观2018上海国际乐器展的创意主题活动，NAMM CMIA行业论坛继续发挥行业前瞻与示范作用，为业界同仁提供宏观经济信息，创建业界前沿资讯分享与互动交流平台。HOW TO经销商课程注重务实操作，直接瞄准行业热点与发展痛点，助力驻会学员解决发展中面对的瓶颈与经营困惑。鉴于HOW TO经销商课程现场接纳学员已超负荷，主办方特别打通两间会议室作为活动会场，但参会学员依旧爆满，从业者对现代乐器营销与经管知识的迫切渴求可见一斑。今年，主办方特别策划中高端钢琴调律师培训讲座，直接对准国内中高端调律技术人才匮乏的困境发力，依托展会平台辐射效应，有的放矢创建中高端调律人才的行业培训试点。

立足行业发展视角，市场需求倒逼产业升级，科技创新成为发展核心驱动力。本届MusicChina，主办方汲取前期科技创新评奖经验，隆重推出全球业界新品首发平台。中国乐器协会常务副理事长曾泽民表示，MusicChina已成为全球业界规模最大的展会，随着展会规模与展品品类的持续扩容，引领科技创新步伐，感知行业发展前沿脉搏，打造全球新品首发平台的创意可谓顺势而为。将制造企业的创新科技要素进行资源重组，面向市场进行科技模块的创意呈现，在业界与消费终端创造新闻热点，拉近品牌与终端用户的消费距离。创建兼具多元职能的科技创新平台，成为本届MusicChina的科技元素新亮点。主办方透露，本届展会发布新品皆属于全球首发，且具有独立自主知识产权的创意新品。经过专家组评选，最终有20件创意科技新品入围，并在特色新品发布展示区与观众见面。为扩大活动传播覆盖范围，在首发平台展区进行线上同步直播，为商家与用户创建直播互动平台，取得良好的新闻传播效应。

Music Lab音乐实验室至今已举办两届，汲取业界同类特色项目创建案例经验，以及当代青年音乐消费人群的音乐喜好，主办方创建电子音乐产品展示与体验平台，意在健全MusicChina现代音乐科技元素的创意展示架构，展品内容涵盖录音、编曲、配器等数字音频设备，展品科技要素含量更加显著。同时，在电音玩家分享区，业界专业人士与现场观众互动交流，电音爱好者在娱乐体验区可操作苹果虚拟乐器，体验现代电子音乐前沿科技的乐趣。上海国展展览中心有限公司副总经理王蕾表示，Music Lab展区的时尚设计，以及展品的实验性与前瞻性，吸引央视直播平台、杨澜阳光卫视众多新闻媒体前来采访报道。从市场反馈层面看，电子音乐越来越为社会人群所接纳和认同，展品科研要素的前瞻时尚气质，电音玩家的文化认同，新闻媒体的聚焦热度，以及展会科技要素版块的全局构建，最终促成Music Lab音乐实验室的时尚与科技呈现。

音教

资本要素拉高行业增速 项目精准对位多元需求

当前，音乐教育市场在行业外部资本的热推下，音教元素在MusicChina的展示版图呈几何指数扩展。本届MusicChina，音教展区规模拓展至独立展馆，配套音教活动创建可谓水到渠成。首先，音乐教育大师班特色鲜明，主办方遵循乐器品类多元化特质，每年推出不同主题器乐大师班，并在器乐文化基础上，向合唱、视唱练耳教学法等音乐素质教育内容拓展。鉴于受邀专家的权威性以及内容设计的针对性，教育大师班年年爆满，吸引大量教育师资与爱好者到会交流；其次，针对社会音乐培训机构的业务拓展需求，主办方特别策划音乐分享课，依托展会平台聚集效应，通过教学项目商业运营管理模式的配套展示，助力参展教育培训机构连锁加盟业务的渠道拓展，帮扶社会音教项目与地方教育单元进行更高的资源对接；值得一提的是，主办方特别设立儿童音乐启蒙教育体验区——儿童音乐城堡，特色展区集趣味性和娱乐性于一体，器乐体验内容创意迭出，体现出主办方的创新思维与人文关怀。作为免费开放区域的儿童音乐城堡，不仅为社会家庭带来美好音乐体验，更将优质教学模式与快乐学习理念传递给家长和儿童。

可以说，主办方按照行业定位与市场需求，将音乐教育版块细分且进行功能重新划分，无论是音教培训服务商的商业渠道拓展，社会师资对于教学法的针对性学习，还是器乐消费者对于演奏技能的提升诉求，MusicChina音教版块主题内容设计，最大限度地满足了不同角色社会人群的现实需求。上海国展展览中心有限公司副总王蕾表示，虽然社会音教市场商业潜力巨大，但目前行业发展模式粗放且有待规范，局部音教项目的科学性与实操性有待市场检验，教育模式的良性循环与可持续发展，有待业界同仁进一步探研。从当前社会音教市场看，资本要素拉高行业发展热度，但从业者对音教产业的本质认识，以及国际先进教育教学机制的专业驾驭，还需要从长计议与市场考量。

文化

东西合璧艺术对话 大咖高手演艺音乐武侠

本届MusicChina文化演艺版块，华乐论坛与艺术沙龙交相辉映，民族器乐制作工坊、提琴大师制作工坊展开制作文化对话，本届MusicChina文化演艺元素呈现出东西合璧、协同发展的主题活动创建思维。艺术沙龙聚焦西洋古典、爵士音乐主题，内容设计涵盖钢琴、提琴、管弦交响、爵士乐多元化艺术风格，华乐论坛传承民族器乐文化精神，涵盖古筝、古琴、二胡、琵琶等特色鲜明的民族器乐讲座。两大特色板块立足器乐演奏艺术，受邀嘉宾更侧重于器乐演奏专家与大师，覆盖人群指向消费终端和音教师资。可以说，历经17载的创新发展，MusicChina不仅是B2B的展会，同时B2C的内容比重或将更为重要和凸显。本届MusicChina，主办方盛邀作曲家谭盾和央视名嘴白岩松共话“音乐武侠，浪漫天涯”专题艺术讲座，作曲家谭盾的《音乐武侠》配套乐谱发布会在MusicChina同步举行，活动采用现场互动与网络同步直播的线上线下联动模式，有超过万名音乐网友进行线上艺术交流，活动的触角延伸至网络平台，主办方对演奏家、音乐爱好者的资源与需求进行了创意嫁接与重组。有观众聆听后表示，仿佛接受了一场音乐精神的洗礼，嘉宾主题演讲风趣幽默、干货十足。主办方表示，随着MusicChina品牌影响力的提升，众多艺术大咖进驻加盟，MusicChina的权威性和内容品质或将具有质的提升与飞跃。从另一角度看，艺术沙龙的创建，不仅对器乐消费终端，对展商也是一种文化思维的浸染与意识渗透，对于乐器从业者的文化思维构建也具有积极的促进意义。

对于民族器乐制作文化展示要素，本届MusicChina民族器乐制作工坊，与西乐提琴制作大师工坊构成东西器乐制作文化的对话辉映。从民族器乐制作文化角度看，展示民族器乐制作工艺魅力的同时，配以相应的艺术讲座，使得民族乐器爱好者对乐器选材、制作流程、声音特色的认知逐步具象，民族器乐的匠人精神得到艺术化呈现。从乐器制作文化的视角看，如果乐器制作仅停留在工序展示层级，消费终端或许不会认同乐器本身的文化价值，但通过主办方创意策划的民族乐器制作工艺的艺术化呈现，更深层面地是在深挖乐器背后的文化价值，帮扶行业深度拓展民族器乐的文化附加价值，促使民族乐器产业从单纯的制作、销售思维向文化创意产业进行渗透与转型拓展。实践证明，引领、示范核心要素贯穿MusicChina文化项目始终。引领意即作为活动的组织者要具备前瞻视野，走在行业前沿，带动行业向着更高、更深的层级迈进与拓展，帮扶行业从业者认清行业未来发展趋势；其次，当从业者对发展趋向没有清晰认知时，透过文化项目的案例呈现，触碰从业者的品牌文化神经，引导从业者进行思维模式的转换升级，也是主办方创意策划的内在驱动力。

作为文化演艺版块的新亮点，爵士乐坛高手争霸赛品质升级，MusicChina与上海爵士节强强联合，赛事有近百个团队踊跃报名，最终12个团队和16名选手入围决赛。主办方同时与新浪合作，线上直播反响热烈，大赛组办成果与社会影响超出预期。主办方表示，参赛器乐品类多样，涵盖钢琴、提琴、小号、口琴、手风琴等，从侧面可以看出，当代音乐人的创作视野比业界预想的要更加宽泛，更具国际化和包容性特质；其次，本届赛事评委来自美国伯克利、英格兰和荷兰音乐艺术高校的学科带头人，以及国内一线爵士名家。大赛奖项设置具有权威性和含金量，三家海外艺术高校专家特别为获奖选手带来奖学金与留学免试入学申请，获奖选手同时荣获爵士节全国巡演的难得机遇。可以说，爵士乐坛高手争霸赛将院校、演奏家和乐手资源进行创意重组，深挖赛事的艺术教育、文化演艺价值，使得活动创意价值从众多音乐缤纷季演出项目中得以凸显。

公益

耄耋名家舞台激情执棒 星星快闪谱写爱心交响

创办慈善公益活动，肩负社会公益责任。关爱自闭症儿童慈善公益活动缘起于著名指挥家曹鹏先生对自闭症儿童的爱心音乐慈善公益教育项目，主办方接过爱心蓝色丝带，在MusicChina特设关爱自闭症儿童专属日，创意策划主办方与爱心企业捐赠仪式，为孩子们捐助乐器设备，提供才艺演出舞台，现场同时进行爱心T恤、环保袋义卖活动，得到各界爱心人士的积极响应。本届MusicChina，慈善公益活动升级，主办方特别策划自闭症儿童慈善公益音乐会和儿童管弦乐团广场快闪演出活动。

据悉，由指挥家曹鹏先生执棒的自闭症儿童乐团在北京国家大剧院首演成功，得到前任国家领导人和爱心人士的广泛好评。以国家大剧院慈善音乐会为创意蓝本，主办方在关爱自闭症儿童专属日特别策划慈善音乐会，由著名指挥家曹鹏执棒，上海市侨联副主席王勇主持，上海城市交响乐团、上海学生交响乐团、上海城市青少年交响乐团与天使知音沙龙的自闭症孩子们同台演出。90高龄指挥家曹鹏先生在舞台上激情挥棒的感人瞬间，堪称是一次爱的教育与精神洗礼。音乐抚慰人心，见证自闭症儿童的音乐天赋开发与成长，到场嘉宾因爱心音乐而动容，全场观众集体起立，以长时间的热烈鼓掌向曹鹏先生与爱心乐团致敬！音乐会当日，主办方将票务收入作为善款捐献上海自闭症儿童发展基金会，慈善音乐会的爱心善举感染在场嘉宾与观众，社会各界人士纷纷认购爱心T恤、包袋，以绵薄爱心践行慈善公益精神。

作为爱心公益项目的创意延续，本届MusicChina还特别策划由自闭症儿童乐团参与的广场管弦乐团“星星快闪秀”活动，创新艺术形式令活动影响力再度升级。由200余名城市交响乐团、上海学生交响乐团和自闭症儿童组成的弦乐、管乐、打击乐演出矩阵，共同奏响气势恢宏的管弦作品《龙舌兰》，艺术表现形式热烈奔放，音乐激情感染在场观众驻足围观，MusicChina音乐缤纷季演出再现高潮。主办方表示，随着展会规模不断拓展，社会影响力不断提升，展会社会公益精神同步成长。MusicChina的良性发展得益于社会经济与文化的推动，而组织策划关爱自闭症儿童慈善公益项目也是MusicChina回馈社会的最具人文情怀的方式。关爱自闭症儿童的音乐艺术成长，让行业同仁、爱心人士、新闻媒体和社会各界人士见证音乐在抚慰心灵、人格塑造的文化价值，也使爱心企业与各界人士获得幸福感与价值感。我们看到，从对弱势群体的关注，对音乐文化价值的关注，也从另外层面印证着社会文化的进步。主办方表示，通过创意策划与新闻热点打造，希望更多爱心企业与社会人群见证自闭症儿童的音乐成长，让爱的蓝色丝带成为MusicChina一道靓丽的公益文化风景。

结束语

综观MusicChina的商贸、科技、教育、文化与慈善公益文化的创建与发展，多年来，主办方持续塑造MusicChina品牌文化形象，构筑展会平台多元化职能的协调发展，从行业引领、科研创新、文化延伸、慈善情怀，深挖MusicChina的国际商贸价值和音乐文化创建新视野。迄今，MusicChina历时17载，主办方深感肩负的社会责任与使命担当，依托MusicChina平台，矢志不渝扩大音乐消费人口，引领乐器行业有序良性发展。面向未来发展，将MusicChina塑造成为一个承载情怀和温度的展会，一个引领产业思维创新与结构升级的展会，一个兼具音乐文化价值延伸与拓展的展会，一个时代精神与社会文化责任担当的展会。实践证明，只有音乐消费人口的不断增长，行业发展才会具有更加开阔的前景。只有不断深耕市场的现实需求，有效重组优质社会资源，精准对位行业市场发展诉求，依托MusicChina国际化、专业化、多元化的创意视野，我国的乐器产业才会在不断汲取正能量的同时，谋求乐器产业未来发展的恢弘壮阔图景。

2018中国（上海）国际乐器展览会总结报告

——中国（上海）国际乐器展组委会——

*** 展出规模达138000平方米，持续提升商贸效果**

*** 逾160000人次观展，展会专业买家逆势增长**

*** 全球新品首发平台，助力行业创新进步**

*** 深挖音乐消费潜在市场，助推音乐文化普及**

*** 名师名家大咖云集，展会品牌效应彰显**

*** 100多位海内外嘉宾，70多场会议论坛，600多场户内外演出，音乐文化的饕餮大餐**

由中国乐器协会、上海国展展览中心有限公司和法兰克福展览（香港）有限公司共同主办的2018中国（上海）国际乐器展览会(MusicChina 2018)于10月10-13日在上海新国际博览中心圆满落幕。

一、展会概况

顺应文化消费市场的发展趋势与需求，今年展会规模再攀高峰，增加了13000平方米，从上届的125000平方米扩至138000平方米，汇聚来自31个国家和地区的2252家企业参展，来自比利时、保加利亚、捷克、法国、德国、意大利、日本、荷兰、西班牙、英国、俄罗斯以及中国香港、中国台湾在内的13个国家和地区展团共同亮相。珠江、敦煌、星海、英昌、凤灵、海伦、超拨、津宝、柏斯、知音、金音、得理、声凯、乐海、吟飞、红棉、雅马哈、卡西欧、施坦威、乐兰、三益等国内外知名乐器企业和品牌携新品、精品展示。泰兴、扬州、兰考、贵州、惠州等国内产业基地组团参展，展示乐器产品的同时，展现了当地的文化特色与产业集群。此外，音乐教育文化市场的持续升温，促进了音乐教育展馆的进一步扩大，汇集了海内外的各类教育培训机构及新兴的音乐教育模式，深挖潜在消费市场的商业模式与发展机遇。

展会四天，共吸引了来自81个国家和地区的110381名海内外专业观众前来参观，参观总达164665人次，同比增长10%。在乐器行业遭受供给侧改革，市场需求升级和环境整顿的压力下，展会的参观人数逆势增长，专业观众质量大幅提升，得到了来自行业各方的肯定。来自全球的意见领袖、行业精英、教育专家、演奏大师、艺术大家等各界人士齐聚，全球无限商机尽现，是国内外商贸采购、企业品牌拓展、行业间互相交流学习的绝佳平台。随着展会的社会影响力日益加深、音乐文化市场的普及，越来越多的音乐爱好者也来到了展会现场，共享这场全球音乐盛会。

二、观众数据分析

96%的展商对现场订单表示满意；97%的展商通过展会建立了新的业务关系；98%的展商对观众质量表示满意；95%的展商对观众数量予以肯定。

观众感兴趣的产品

	2018年	2017年
弦乐器	57%	58%
民族乐器	41%	45%
钢琴及键盘	40%	43%

	2018年	2017年
乐器配件	36%	32%
打击乐器	35%	34%
音乐教育机构	35%	30%
铜管、木管乐器	33%	35%
乐谱书籍出版	31%	29%
电声乐器	29%	29%
音乐相关电脑硬件软件	20%	18%
口琴手风琴	12%	14%
协会/媒体	12%	11%
其他	2%	2%

数据显示音乐教育的关注度持续增长，反映了教育文化市场的火热发展，弦乐器、民族乐器、钢琴、打击、管乐类也得到了广大观众的关注度。

观众业务性质

	2018年	2017年
音乐类院校、艺教中心及音乐培训机构	47%	43%
零售/批发	13%	13%
青少年活动中心/中小学/大学	8%	10%
文艺团体	7%	8%
进出口/代理/经销	5%	7%
制造商	5%	6%
协会	3%	3%
媒体	2%	2%

从观众的群体分类来看，来自音乐院校、音乐培训机构的人群再次增长了5个百分点，零售、批发、经销商、院校、演出团体为展会观众的主要组成部分，专业观众占了展会参观人群的90%以上，商贸、教育类观众依然为展会群体的核心组成。

参观目的

	2018年	2017年
看样订货	55%	53%
收集市场和产品信息	48%	44%
寻求合作伙伴	30%	26%
比较不同产品/供货商/同行对手	26%	21%
联络固有的供应商和销售商	24%	21%
观看现场表演、活动展区	15%	28%
参加会议论坛	15%	27%

数据调研分析显示，看样订货、收集市场产品信息、寻求合作伙伴的需求比例再次上升，其中看样订货的比例达到了55%，同时，对于巩固原有经销渠道、比较不同产品供货商的需求较去年也有了进一步的增长，展会的贸易洽谈、国际合作、同行交流的商贸平台作用越来越显著和稳固。

三、同期活动

（一）三大亮点活动，构建展会多元化发展

（1）MusicChina全球业界新品首发活动

为鼓励并推动行业新技术、新产品的研发与创新，展会今年重磅打造了全球业界新品首发活动。经过专家评委推荐以及网络观众投票，最终选出了20个“MusicChina推荐新品”，进入展期特设的“首发新品展示区”，享受包括自助展示、媒体专访、网络直播等展前展中展后，线上结合线下的一系列产品曝光与品牌推广机会。此次由展会发起的全球业界新品首发的强势发声，为传统的乐器行业带来创新力量，并以切实措施助力企业走技术创新之路。

值得一提的是，此次的新品发布、媒体专访进行了全程直播，在线观看人次累计达33000多人次，突破了时间和空间的限制，实现了更好的传播作用。

（2）“音乐开启心灵”——关爱自闭症儿童公益活动

随着展会的品质与业界影响力的不断提升，主办方也希望能借助展会的平台承担社会责任，传播公益精神，融入人文关怀，自2014年起，今年已是主办方发起关爱自闭症儿童公益活动的第五年。为扩大爱的共鸣，12日晚展会策划了“关爱自闭症慈善音乐会”，由著名指挥家曹鹏执棒，上海市侨联副主席王勇主持，上海城市交响乐团、上海学生交响乐团、上海城市青少年交响乐团与天使知音沙龙的自闭症孩子们同台演出。饱含真情的演奏与诉说令闻者动容、听者落泪。13日，自闭症儿童与演奏家200余人，从四面八方向室外集合点行进，一路奏响欢快的《龙舌兰》，展会因这场“星星快闪秀”瞬时沸腾。此次展会募集到的10多万善款与物资捐予上海市教育发展基金会曹鹏教育基金，为自闭症儿童学习音乐、快乐成长再添新力，也希望更多的爱心人士一起加入我们，共同为星星的孩子们带来爱和关怀。

（3）2018“爵士高手 乐坛争霸”

展会联合JZ School，重磅推出中国首个纯爵士比赛——“爵士高手

乐坛争霸”。展会作为业界标杆，为大赛提供了广阔平台与行业资源；JZ School则依托亚洲著名爵士厂牌JZ Music，为大赛提供国际视角与专业指导。两大优质平台联袂，不仅带来世界一流音乐家组成的强大评委阵容，也为获奖者提供了海外知名爵士音乐学院专业面试直通车、全国巡演计划、现金及乐器大礼包等丰厚诱人的奖品。短短60天征集到91组高水准的参赛作品，现场30组乐人同台竞艺，为现场观众带来视听享受，更助推了中国爵士乐的推广与人才培养。

（二）宏观论坛+微观课程，帮助从业者提升专业能力

（1）NAMM CMIA行业论坛

力求以全球视野探求中国乐器产业方向的行业论坛，一直是业界资讯及专家观点的重要发布平台。今年的论坛围绕《让更多人学习音乐——探讨不同人群的器乐学习》展开研讨。来自海内外的业界领袖们，包括中国乐器协会常务副理事长曾泽民、国际音乐教育学会主席Susan O’Neill、美国国际音乐制品协会主席罗宾·瓦伦塔、中国音协音乐教育学学会会长谢嘉幸、上海知音音乐文化股份有限公司董事长朱文玉、音乐宝贝艺术中心校长周洲等嘉宾，以各自乐器行业及音乐教育工作多年的亲身实践，放眼全球浪潮与本土思考，在头脑风暴中扣问论坛主题，为中国乐器企业寻找新一轮的发展机遇和行业前景。

（2）“如何操作”——经销商培训课程

今年的经销商培训课程继续发挥为行业提供“干货”内容的强大功能，邀请多位行业领军人物带来实操案例分享与管理经验传授，尤其是针对当今市场环境，不同地域、不同规模、不同发展阶段的琴行如何求生存、谋发展，来自海内外的实践家与急先锋都给出了各自的解答，并深度剖析与慷慨分享了自身的发展方向与管理之道，今年的会场虽扩大了一倍，依然场场爆满，一座难求，两天的八节精彩课程共吸引了3190名来自全国各地琴行的专业听众。

（三）聚焦先进技术，服务行业全方位创新实践

（1）Music Lab音乐实验室

今年的音乐实验室全面升级，设计潮酷，充满未来科技感，营造出创新潮流音乐阵地的氛围。互动展示区里，冰蓝的灯光映射在酷炫的电音产品上，极具沉浸体验感;游戏体验区内，Apple倾情加入，新奇的音乐制作玩法吸引了大批音乐玩家驻足把玩；分享访谈区还邀请到Piah、3ASIC、王磊等国际知名音乐人精彩演出和分享，更有Ample Sound、Hotone、MIDIPLUS等品牌的新品发布会，以及IOS音研会、音乐故事访谈等活动，参观者络绎不绝，为行业成功地搭建了一个音乐科技与音乐制作的展示互动平台，特别值得一提的是，今年的Lab展区得到了很多媒体的特别关注和大量的专题报道。

（2）第五届上海国际MIDI论坛

今年论成功邀请到了MIDI领域的多位中外专家，美国MIDI协会主席汤姆•怀特，英国DigiTrax集团公司首席技术官马科斯，长沙幻音电子科技有限公司产品经理刘杰、中音公司董事长赵易天、吟飞科技（江苏）有限公司副总经理陈国斌、得理电子（上海）有限公司技术总监张光中，长沙幻音电子科技有限公司郭润博，分享了他们对于MIDI最新技术和行业趋势的深刻洞察。

（3）钢琴高级调律师培训讲座

今年的两位演讲专家分别是日本河合MPA技师岩倉康之和中国台湾APTA讲师林大嘉。他们关于“三角钢琴高精度调音的音程检查”“钢琴圆销钉、扁销钉键孔呢快速换修与触感相关之调整”两大专题的现场示范与详细讲解，吸引了众多中国调律师与会学习。

（四）理念与模式齐头并进，助推音乐教育事业健康发展

（1）教育大师班

音乐教育事业对于全社会、乐器行业以及上海乐器展的长期发展至关重要，因而每届展会都力邀海内外教育领袖、专家名师前来传播与分享前瞻性教育理念和多元化教学经验。今年邀请到中国音协音乐教育学会会长谢嘉幸、著名竹笛演奏家唐俊乔、中央音乐学院副教授韩瀚、九拍创始人李红育、上海音乐学院教授唐哲、钢琴家Samantha Ward，6位中外著名音乐教育家先后现身说法，从各自的艺术视野与教学案例出发，为观众们传道授业，分享教学路上的得失体会，赢得听众的热烈反响。

（2）音乐分享课

近3年，展会紧跟市场大势，整合资源帮助企业挖掘音乐教育的蓝海。展会同期举办的音乐分享课，即是为广大音乐教育机构搭建的精准推广平台。今年的15节分享课，内容涵盖器乐培训、音乐素养、集体课、师资标准等多个热门话题，汇聚了人民音乐出版社副总编赵易山、唐朝乐队吉他手陈磊、欧洲弦乐器教师协会首席执行官Philip Aird、福建音乐才能教育协会会长张乔希等国内外教育嘉宾，以及罗兰、珠江、卡西欧、乐斯、金手指、The ONE、九拍等机构带来不同的教育模式分享，共吸引了逾1800名关注音乐教育的听众朋友参与。

（3）儿童音乐城堡

“儿童音乐城堡”是专为儿童设计的音乐乐园，吸引了来自沪上音乐特色幼儿园的近千名幼儿园师生实地体验。今年新增了“水果音悦台”“奇妙的象棋”“AR体验区”“音乐爬爬梯”“水中的音阶”等生动有趣的体验项目，将新兴的智能科技转化为新奇好玩的音乐游戏：孩子们用水果拍出美妙的音乐，用自带声光效果的棋子下象棋，用iPad识别不同的乐器……还有“小小录音师”“神秘的音律”“欢乐小鼓手”等热门项目。通过形式各样的互动游戏，孩子们深入浅出地了解乐理知识，有效地启发了他们学习音乐的热情。

（五）艺术名家大师亲临现场，共论中西音乐之美

（1）华乐国际论坛

今年的华乐论坛延续了往年的精彩，四场讲座各领风采：古筝艺术家袁莎的《筝与传承之美》，娓娓述说加之行云流水的演奏，令现场成为美的享受；琵琶名家吴玉霞从琵琶的音色、演变、琵琶曲的分类与演绎，对琵琶音乐进行全面剖析，并结合乐曲独奏，使观众切实感受了一趟琵琶鉴赏之旅；古琴家戴晓莲则以其琴学底蕴，将古琴背后的历史情愫悉数牵扯而出，现场人文香气四溢；二胡艺术家邓建栋带来的对话讲座，由刘红教授发问直击艺术关键期及代表作品，邓老师则以风趣幽默的方式回应，生动展现了他的二胡求索路和艺术恒心。

（2）中国传统乐器制作工坊

本届展会继续在E7民乐馆辟出近200平方米的独立活动空间，用于打造致力于传播传统器乐文化的公益活动展区。今年以“民乐制作”为轴，由来自著名民乐制造企业的骨干制作师与技师，现场进行阮、琵琶、古琴、二胡的核心工艺制作展示，同时邀请到当代著名阮作曲家、演奏家刘星，古琴（广陵琴派）代表性传承人田泉举办现场讲座，与听众互动交流，为广大观众揭秘琴音背后的工艺奥秘，吸引了众多媒体和观众的视线。

（3）艺术沙龙

今年的艺术沙龙盛况空前，迎来了多位顶尖艺术家及推动艺术传播的社会贤达。享誉世界的作曲家、指挥家谭盾带着他的《武侠》室内乐乐谱的首发，与央视著名主持人白岩松，做客现场、大咖对话，通过优酷直播，为广大观众朋友们带来了一场万人共襄的精彩沙龙。此外，国际著名大提琴家秦立巍，第49届帕格尼尼国际小提琴大赛金奖获得者黄蒙拉，享誉全球的四重奏团体“上海四重奏”，上海东方广播经典947主持人洪韵，爵士钢琴家黄健怡、贝斯演奏家纪鹏、打击乐演奏家文烽，就提琴艺术、古典乐等话题展开了对话与分享。

（4）提琴制作大师工坊

今年的提琴工坊活动，邀请了来自七位分别来自中、德两大制琴国度的制琴名师及中青年翘楚现场献技，为中国的同行们带来零距离观摩与双向交流的学习良机，也为广大提琴爱好者打开神秘之门，解锁琴身之谜。首场制作交流即由中央音乐学院提琴制作研究中心主任郑荃教授领衔，四位中青年制琴师于慧东、周晓伟、薛彭、陈祥伟先后带来各自经年所学，一展中国制琴师的专业风采，而两位德国制琴师Wolfgang Hamberger、Wolfgang Schiele也带来德国的制琴工艺展示。

（六）现场演出精彩纷呈，明星乐手共襄盛会

爵士的慵懒，古典的优雅，打击的狂野，民乐的悠扬，魅力纷呈的不同音乐类型在600多场live show中逐一呈现——美国吉他英雄NEIL ZAZA和多才多艺又多产的贝斯手Guy Pratt“疯狂”演绎重金属摇滚；CJ Li用清新的民谣木吉他展现仿如原声的现代民谣；爵士泰斗翟黑山的“入室弟子”杨政奉上即兴慵懒的爵士乐；泰国Nylon Steel组合在古典与现代的摩擦之下碰撞出美妙的音乐火花；刘雍用非洲手鼓展现热情奔放的异域色彩……四大舞台，4天狂欢，来自全球的知名音乐人以乐会友，用似火的热情点燃万人音乐海洋。

四、媒体推广综述

展会今年将通过多类渠道的推广，覆盖专业人群及音乐爱好者，对展会进行了全面、深度、又富有个性化的报道。

专业媒体方面，展会选择了 13 家杂志和 8 家网站、1 家电台、逾 50 家专业微信公众号，在展前、展中及展后对展会进行跟踪报道。根据媒体的用户群体细分，进行更为有针对性的宣传，并通过广告与软性报道相结合的方式，让更多行业人士及时有效的了解展会信息。

公众媒体方面，选择了在 8 个电视频道，12 个电视栏目，3 个电台频率，7 个广播栏目，美国、欧洲、拉美、东南亚等逾 1100 个海外网站，美通社大陆地区近 1000 个网站进行多轮宣传，增加了宣传途径、频率，并加强了媒体的深入合作，上海本地及中央电视台的多个重要栏目到场拍摄，海内外杂志网站都进行了专题报道，大大提高了展会推广的力度与深度，扩大了展会的知名度。

经过 17 年的积累，通过上海国际乐器展特有的国际化全球网络资源，官方自媒体已经积聚了逾 190000 人的观众群体。将经销代理、音乐院校、演出团体、音乐家 / 艺术家及广大爱乐人等全群体全覆盖。依据各观众群体的使用习惯及需求，通过更多新兴的方式和渠道，多元化多层次立体互动的推广宣传展会。

此外，展会在新媒体的推广上也不断尝试新手段、寻求新突破，在不断扩充与音乐、艺术、文化、生活类微信公众平台的基础上，今年更是拓展了视频直播、朋友圈、今日头条、网站、搜索引擎等，结合用户接受信息方式的转变和多样化，扩大展会宣传面及时效性。

五、展会服务

为提升企业参展与观众观展的良好环境，展会主办方一直在不断改进和提高展会服务，从意见征询表的统计和会后的电话回访情况来看，主办方的服务得到了众多参展企业的认可，98％的展商对主办方展前工作及现场服务表示满意。

（一）音量控制

结合乐器发声的实际需求，更好地优化展会洽谈环境，管理音量噪音问题是目前的展会服务工作重点。近年来，主办单位也采取了多方位的音量控制的管理办法，优化参展及观展环境。

（1）设置静音馆和有声馆，根据不同产品特性，区分了有声馆和无展台演出的展馆。

（2）分别在 W 和 E 两侧的有声馆设置买家洽谈区，让展商与观众有安静的洽谈环境。

（3）专业观众日上午全场禁演，买家与展商能有充裕的时间，在相对安静的环境中洽谈业务。

（4）错开相邻展位演出场次，以降低噪声的叠加。

（5）加强现场管理与处罚措施，对于违反音控规定的企业，扣除演出押金，严重的进行了展台停电的处罚措施，取消来年静音馆展示展位的相关处罚措施。

对于展会的音控问题，虽然管理过程中，会有很多问题与难点，主办方将会一如既往，砥砺前行，在此，也倡议所有的参展商积极配合主办方的工作，良好的展会环境需要大家的共同努力，自觉遵守相关规定，每个企业都从自己做起，不要互相看样、比拼音量，这样既影响了别人，又不利于自身，美好的环境需要大家共同来创建。

（二）知识产权

随着展会发展与行业进步，企业对于品牌的保护意识与重视程度也在不断提升，对此，主办方也将相关知识产权的法律规范于展前发送给所有参展商，并在现场设置了知识产权服务咨询机构，为现场侵权事件提供专业的建议与处理。与此同时，也希望广大企业自觉自律，合法合规的经营企业品牌，共创良好的市场规范与行业发展环境。

（三）展商在线邀约观众

为提升观众的质量与展会品质，展会目前已全面启动售票入场的机制。考虑到展商邀约专业买家的实际需求，主办方在官网的展商系统开设了在线邀约观众的功能，展商可以通过自身账号登录，为客户登记或发送邀请码给观众，展商邀请的专业买家均可免费观展。

2018 上海乐器展已落下帷幕，在此我们衷心感谢一直以来给予我们关心和指导的各方领导及合作伙伴，感谢长久以来支持和理解我们的参展企业，感谢始终关注我们的广大观众朋友们，正是有了你们的参与和肯定，上海乐器展才能成为备受瞩目的业界盛会，才有了今天的辉煌。

2018年中国(上海)国际乐器展览会知识产权工作报告

——上海东浩法律咨询服务有限公司——

2018 年 10 月 10-13 日，上海东浩法律咨询服务有限公司受展会主办方的委托，作为本届展览会知识产权办公室的主要成员协助主办方在展会期间，对知识产权侵权纠纷进行了调查、取证、协调、处理、咨询等项工作。涉及侵权的事由主要有：专利侵权、商标侵权和版权侵权案件。本次展会共受理 9 项知识产权投诉，共计处理 9 起投诉案件。

一、案件投诉处理概况

1. 知识产权类别：商标

01

商标名称：
商标注册证号：7113489、4566874、4566875、11582732、11582744
权利人：德莱得诺股份有限公司（DREADNOOGHT, INC）
投诉人：德莱得诺股份有限公司（DREADNOOGHT, INC）
展位号：W3D12
被投诉人：广州力稳乐器有限公司
展位号：W5A37
投诉日期：2018/10/10
投诉内容：投诉人拥有在中国合法的多版注册商标，被投诉人未经许可使用投诉人注册商标展示销售被控侵权商标，构成商标侵权。
处理结果：被投诉方不配合，已与主办方招展人员沟通。

2. 知识产权类别：商标

02

商标名称：
商标注册证号：21300450
权利人：厦门市美森邦加琴业有限公司
投诉人：厦门市美森邦加琴业有限公司
展位号：E1F82
被投诉人：美森翰林（厦门）钢琴有限公司
展位号：W1B28
投诉日期：2018/10/10
投诉内容：钢琴铁板上、三角钢琴底部、宣传资料上，使用与本公司注册商标一致的商标，10月9日和10日已经口头和书面警告，不整改。
处理结果：被投诉人同意自行撤下涉嫌侵权展品。

3. 知识产权类别：商标

03

商标名称：约翰·布罗德伍德、布罗德伍德
商标注册证号：15868987、24524331
权利人：英国布罗德伍德集团有限公司
投诉人：青岛布罗德伍德乐器有限公司
展位号：E2B46
被投诉人：北京瑞音天地文化艺术有限公司
展位号：E2G45
投诉日期：2018/10/10
投诉内容：被投诉人侵犯英国布罗德伍德集团公司注册的约翰·布罗德伍德和布罗德伍德商标权。
处理结果：被投诉人表示已起诉确认商标无效且有关于使用情况。

4. 知识产权类别：外观设计专利

04

专利名称：智能共享琴房
专利号：ZL 2017 3 0655985.6
权利人：广州鼓巴教育科技有限公司
投诉人：广州鼓巴教育科技有限公司
展位号：W1G64
被投诉人：德国格尔斯卡尔曼钢琴
展位号：E3C42
投诉日期：2018/10/10
投诉内容：卡尔曼钢琴厂家非法侵权广州鼓巴教育公司外观设计专利，将非法产品对外销售。
处理结果：被投诉方同意断电。

5. 知识产权类别：专利

05

专利名称：
专利号：ZL 2016 2 0733048.8
权利人：漳州汉旗乐器有限公司
投诉人：漳州汉旗乐器有限公司
展位号：E6C52
被投诉人：福州市牛源乐器有限公司
展位号：E6A21
投诉日期：2018/10/10
投诉内容：被投诉人展台有疑似侵权产品。
处理结果：投诉人决定暂不投诉，准备诉讼。

6. 知识产权类别：外观设计专利

06

专利名称：带键盘的吹奏乐器用盒、带键盘的吹奏乐器
专利号：ZL 2014 3 0061124.1 ZL 2014 3 0061342.5
权利人：雅马哈株式会社
投诉人：雅马哈株式会社
展位号：E2D12
被投诉人：奇美乐器有限公司
展位号：E3B52
投诉日期：2018/10/11
投诉内容：被投诉人宣传手册中有侵权产品（小冠军口风琴及其盒子）。
处理结果：被投诉方对侵权有异议，被投诉人方也有专利证书，是否侵权存疑。

7. 知识产权类别：专利

07

专利名称：乐器柄头多主轴加工工位平弧面切割雕刻自旋轴数控机床
专利号：申请号201820274850.4
权利人：深圳徽雕智能科技有限公司
投诉人：深圳徽雕智能科技有限公司
展位号：E6G78
被投诉人：广州赛维数控设备有限公司/南京超翰数控设备有限公司
展位号：W3G31
投诉日期：2018/10/11
投诉内容：产品的结构，吸附方式，翻转功能，主轴加工方式。
处理结果：投诉人专利证书未能领取。

8. **知识产权类别：实用新型专利**

08

专利名称：一种带吹嘴式洞箫
专利号：ZL 2015 2 0432470.5
权利人：王太平
投诉人：成都王师傅乐器有限公司
展位号：NE6D08
被投诉人：长沙乐易乐器有限公司

展位号：NE6D16
投诉日期：2018/10/12
投诉内容：未经专利权人许可，实施专利并以生产经营用品使用。
处理结果：专利保护限制于洞箫，被投诉产品非洞箫。

2018中国(上海)国际乐器展览会

数据分析

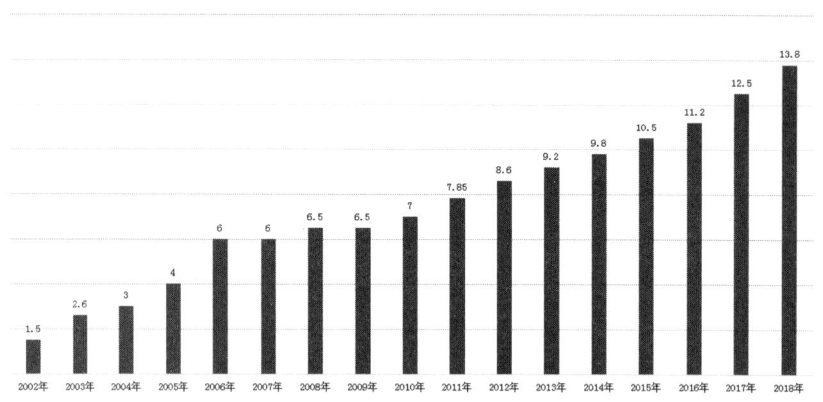

图33 展览会总面积（单位：万平方米）

展会规模

展会面积138000平方米，同比增长10.40%，是2002年第一届展览会的9.20倍（见图33）。

参展商数量

展商数量共计2252家（见表1），同比增长6.03%，是第一届的8.22倍。其中，国内展商共计1833家，同比增长6.63%，是第一届展会的10.36倍；海外及中国港澳台地区展商共计419家，较2017年增加14家（见图34）。

国内参展商分布地区

国内参展商主要来自：华北地区478家，同比增长2.30%，占国内参展商的21.71%；华东地区806家，同比增长7.75%，占国内参展商的35.79%；华中地区100家，同比增长16.28%，占国内参展商的4.44%；华南地区342家，同比增长3.64%，占国内参展商的15.19%；西南地区33家，同比增长17.86%，占国内参展商的1.47%；东北地区57家，同比增长

表1 2002-2018年中国（上海）国际乐器展览会基本情况

项目	2002年	2003年	2004年	2005年	2006年	2007年	2008年	2009年	2010年	2011年	2012年	2013年	2014年	2015年	2016年	2017年	2018年
展览会总面积（平方米）	1.5	2.6	3	4	6	6	6.5	6.5	7	7.85	8.6	9.2	9.8	10.5	11.2	12.5	13.8
参展商国家和地区数量（个）	14	15	18	19	24	22	22	23	27	26	29	29	29	30	33	30	31
参展商总数（家）	274	419	619	756	999	1019	1112	1171	1274	1419	1606	1680	1775	1800	1909	2124	2252
国内参展商数量（家）	177	317	437	554	747	760	895	898	969	1062	1241	1291	1386	1418	1499	1719	1833
海外参展商数量（家）	97	102	182	202	252	259	218	273	305	357	365	389	389	382	410	405	419

23.91%，占国内参展商的 2.53%；西北地区 6 家，增加 3 家（见表 2）。

国内参展商来自 26 个省、自治区、直辖市，甘肃、宁夏、青海三省“区”今年没参展。本届国内参展商数量最多的分别为广东、江苏、北京、上海、河北、浙江及天津，参商数量均超过 100 家。其中，来自广东的参展商 340 家，江苏 327 家，北京 228 家，上海 186 家，河北 130 家，浙江 126 家，天津 117 家，除北京展商数量减少 9 家外，其余均较 2017 年有所增长。国内参展商主要集中在华东、华北和华南地区，共计 1626 家，同比增长 4.49%，占国内参展商的 88.71%（见图 35）。

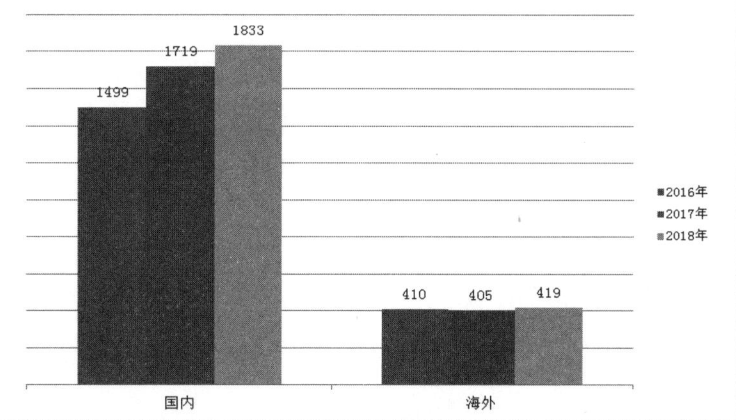

图34 国内外参展商地区分布

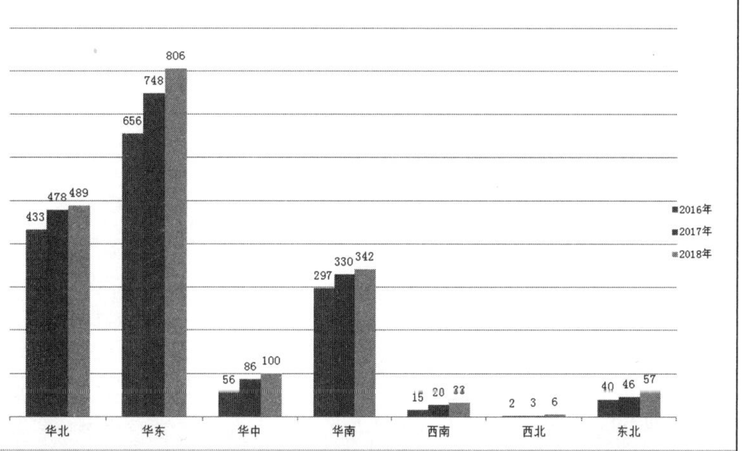

图35 国内参展商地区分布

表2 2007-2018年中国（上海）国际乐器展览会国内参展商地区（省、直辖市）分布

单位：家

大区	地区	2007年	2008年	2009年	2010年	2011年	2012年	2013年	2014年	2015年	2016年	2017年	2018年
华北	北京	118	132	136	153	178	169	193	208	224	219	237	228
	河北	45	59	63	63	73	82	88	86	95	102	118	130
	天津	73	85	93	92	107	108	115	111	104	108	113	117
	山西	2	2	1	—	2	1	1	2	3	2	7	12
	内蒙古	1	1	1	1	1	3	2	2	2	2	3	2
华东	江苏	116	140	136	161	183	216	222	235	238	267	301	327
	上海	88	90	87	104	117	124	124	132	124	146	178	186
	浙江	62	64	69	70	85	113	109	123	104	106	112	126
	山东	47	51	70	71	71	76	78	78	79	80	101	97
	福建	12	16	16	17	19	18	25	27	30	42	43	52
	安徽	1	1	1	2	2	1	5	3	8	9	7	10
	江西	4	2	3	4	3	5	3	4	4	6	6	8
华中	河南	11	8	9	8	17	16	15	26	33	34	58	74
	湖南	3	3	2	4	3	4	4	5	7	7	10	16
	湖北	16	12	15	15	16	16	12	12	14	15	18	10

续表

大区	地区	2007年	2008年	2009年	2010年	2011年	2012年	2013年	2014年	2015年	2016年	2017年	2018年
华南	广东	124	122	167	160	207	242	239	275	286	295	328	340
	广西	—	1	—	—	2	3	2	3	2	1	1	1
	海南	—	—	—	—	—	—	—	1	1	1	1	1
西南	贵州	—	1	—	—	—	—	—	—	2	2	12	14
	云南	9	8	7	7	8	9	16	11	10	7	9	9
	四川	1	1	2	1	3	3	6	5	4	4	6	5
	重庆	3	3	1	1	1	—	—	1	3	2	1	5
西北	陕西	2	1	1	2	2	2	1	1	2	2	3	6
东北	辽宁	13	10	9	23	18	19	22	27	27	31	33	38
	黑龙江	5	5	6	2	4	8	6	6	7	6	10	14
	吉林	3	2	3	6	1	2	2	2	5	3	3	5

海外参展商分布地区分析

本届展览会共有来自海外及中国港澳台地区的30个国家和地区的419家企业参展，较上届增加14家，占展商总数的18.61%。意大利、德国、中国台湾展商数量位于海外参展商的前三位（见图36、图37）。

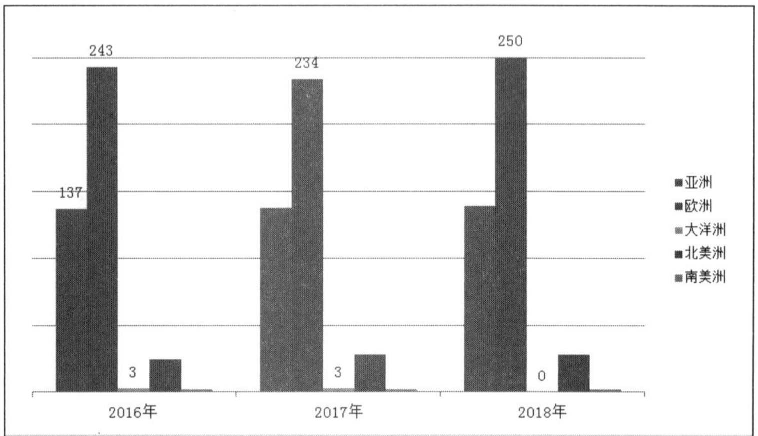

图 36 海外参展商地区分布

欧洲展商共计250家，较上届增加16个，占海外参展商总数的59.67%。其中，意大利参展企业总计72家，较上届持平，仍位于欧洲第一位；亚洲展商共计139家，较上届增加1家，其中中国香港减少5家，新增来自巴基斯坦的展商1家；来自北美洲的美国和加拿大共有28家企业参展，较上届持平；来自南美洲的巴西仍有2家企业参展；大洋洲的澳大利亚和新西兰均没有企业参展（见表3）。

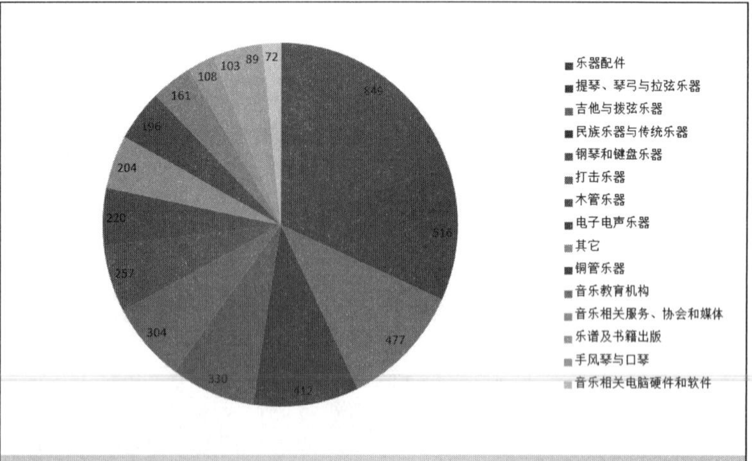

图37 参展商类别分布

参展企业按主要产品类别划分，乐器配件849家，占总数的37.69%；提琴、琴弓与拉弦乐器参展企业516家，占总数的22.91%；吉他与拨弦乐器477家，占总数的21.18%；民族乐器412家，占18.29%；钢琴和键盘乐器330家，占总数的14.65%；打击乐器304家，占总数的13.49%；电子电声乐器220家，占9.77%。本届展会上，

表3 2008-2018年中国（上海）国际乐器展览会海外参展商国家和地区分布

洲别	国家（地区）	2008年	2009年	2010年	2011年	2012年	2013年	2014年	2015年	2016年	2017年	2018年
亚洲	中国台湾	24	27	36	37	38	46	49	48	50	50	51
	中国香港	9	15	20	19	17	17	20	16	29	30	25
	日本	9	12	18	18	45	49	43	32	27	33	33
	韩国	24	27	31	21	26	26	20	22	24	18	21
	新加坡	1	—	3	5	2	2	4	2	2	1	3
	印度	2	2	1	1	1	1	1	1	2	3	4
	马来西亚	—	—	—	—	—	1	—	1	2	2	1
	巴基斯坦	—	—	—	—	—	—	—	—	—	—	1
欧洲	意大利	29	30	32	44	45	48	55	66	72	71	72
	德国	41	36	44	42	39	55	52	55	60	58	64
	法国	24	30	27	26	26	24	24	25	30	29	26
	英国	17	25	16	14	22	27	26	25	24	24	24
	俄罗斯	—	—	—	—	—	—	—	—	1	—	12
	西班牙	18	13	13	14	17	19	18	15	15	13	11
	捷克	12	11	9	9	11	12	10	11	9	9	9
	荷兰	10	10	10	9	9	9	9	7	9	8	7
	比利时	—	—	1	8	8	6	7	7	6	6	7
	奥地利	5	1	3	4	4	4	3	3	5	4	6
	瑞士	1	—	1	1	2	1	—	3	3	1	1
	保加利亚	—	—	—	—	—	—	1	2	2	3	3
	丹麦	2	2	2	1	3	—	—	1	1	1	1
	波兰	—	—	—	—	—	—	—	—	1	3	2
	塞尔维亚	—	—	—	—	—	—	—	—	1	2	1
	希腊	—	—	—	—	—	—	—	—	—	1	1
	爱沙尼亚	—	—	—	—	—	—	—	—	1	—	1
	匈牙利	—	—	—	—	—	—	—	—	—	—	1
	阿尔巴尼亚	—	—	—	—	—	—	—	—	—	1	1
大洋洲	澳大利亚	2	2	2	5	3	2	1	1	2	2	0
	新西兰	—	—	—	—	—	—	—	—	1	1	0
北美洲	美国	16	17	25	23	26	23	28	22	22	25	26
	加拿大	2	2	2	2	3	3	3	5	3	3	2
南美洲	巴西	—	—	—	—	2	2	2	3	2	2	2

音乐教育继续独立成馆，共计 161 家，占总数的 7.15%，同比增长 25.78%。

观众情况

为期 4 天的展会共吸引了来自 81 个国家和地区的 105125 名海内外观众参观上海国际乐器展，较 2016 年增长 16.64%。其中，国内观众 100948 人，同比增长 17.44%。参展展品类别划分见表 4，（观众参观目地、感兴趣产品和业务性质分析见表 5–表 7）。

海外观众来自 80 个国家和地区，较上届减少了 6 个国家，观众总计 4177 人，同比基本持平，海外观众占观众总数的 3.97%。其中，来自 27 个亚洲国家的观众数量共计 3164 人，同比持平；欧洲 30 个国家，共计 450 人；北美洲 2 个国家，共计 302 人；南美洲 12 个国家，共计 129 人；大洋洲 2 个国家，共计 95 人；非洲 7 个国家，共计 37 人。观众超过 100 人以上的国家和地区分别为：韩国（986 人）、中国台湾（608 人）、中国香港（496 人）、日本（347 人）、美国（259 人）、马来西亚（159 人）、泰国（152 人）。

表4 2017–2018年中国（上海）国际乐器展览会参展商产品类别分布

类别	数量	
	2017年	2018年
乐器配件	816	849
提琴、琴弓与拉弦乐器	496	516
吉他与拨弦乐器	438	477
民族乐器与传统乐器	346	412
钢琴和键盘乐器	308	330
打击乐器	280	304
木管乐器	228	257
电子电声乐器	194	220
其他	166	204
铜管乐器	180	196
音乐教育机构	128	161
音乐相关服务、协会和媒体	104	108
乐谱及书籍出版	92	103
手风琴与口琴	75	89
音乐相关电脑硬件和软件	63	72

表5 2013–2018年中国（上海）国际乐器展览会观众分析——参观目的

参观目的	2013年	2014年	2015年	2016年	2017年	2018年
参加会议论坛	38%	23%	46%	46%	46%	46%
看样订货	33%	35%	41%	41%	41%	41%
观看现场表演、活动展区	11%	23%	36%	36%	36%	36%
收集市场和产品信息	26%	27%	31%	31%	31%	31%
寻求合作伙伴	14%	13%	20%	20%	20%	20%
联络固有的供应商和销售商	10%	9%	14%	14%	14%	14%
比较不同产品/供货商/同行竞争者	11%	10%	13%	13%	13%	13%
确定下届是否参展	6%	5%	8%	8%	8%	8%

表6 2013–2018年中国（上海）国际乐器展览会观众分析——感兴趣产品

感兴趣产品	2013年	2014年	2015年	2016年	2017年	2018年
民族乐器	44%	47%	42%	42%	38%	42%
钢琴及键盘	31%	30%	32%	32%	38%	32%
弦乐器	30%	29%	31%	31%	42%	31%
乐器配件	22%	21%	24%	24%	30%	24%
电声乐器	22%	21%	23%	23%	28%	23%
打击乐器	22%	22%	22%	22%	28%	22%
管乐器	33%	37%	20%	35%	40%	35%
乐谱	17%	17%	19%	19%	26%	19%
音乐相关电脑硬件软件	12%	10%	13%	13%	19%	13%
口琴手风琴	12%	12%	13%	13%	13%	13%
音乐教育机构	–	–	–	–	8%	35%
协会/媒体	6%	5%	8%	8%	10%	8%
其他	2%	2%	4%	4%	2%	4%

表7 2013–2018年中国（上海）国际乐器展览会观众分析——业务性质

从事的职业	2013年	2014年	2015年	2016年	2017年	2018年
音乐类院校/艺教中心/音乐培训机构	19%	20%	25%	25%	39%	43.03%
零售商/批发商	17%	18%	17%	17%	15%	13.37%
青少年活动中心/幼儿园/中小学/大学	14%	12%	11%	11%	9%	9.61%
文艺团体/演出团体/戏剧及话剧团/文工团	12%	13%	10%	10%	8%	7.71%
进出口/代理/经销商/供应商	13%	12%	10%	10%	10%	7.40%
制造商	12%	11%	8%	8%	8%	6.00%
协会	2%	2%	4%	4%	2%	2.97%
媒体	2%	2%	2%	2%	1%	2.19%
其他	9%	10%	13%	13%	8%	8.23%

2018北京国际音乐生活展助力音乐文化产业，共筑音乐生活方式

第四届北京国际音乐生活展于7月6-8日在中国国际展览中心（静安庄馆）盛大开幕。展会以音乐为核心，集合各类乐器、音乐文化及生活跨界类精选品牌，通过沉浸式文化场景体验，致力于为行业及消费终端引入全新的音乐生活生态圈和现代音乐生活方式指南。

2018北京国际音乐生活展从去年27000平方米的展览面积上扩大到30000平方米，云集300余乐器、音乐及生活精选品牌参展。展会打破传统的乐器展览形式，精心策划了“国风、西韵、跨乐、乐学”四大音乐主题展馆，分别呈现以民族乐器、西洋乐器、电子音乐和音乐教育培训为主的乐器、音乐及生活类展品，并结合生活场景设计和文化体验活动，为展会观众展现最新的音乐生活方式趋势。今年吸引了腾讯音乐娱乐集团和爱奇艺两大音乐及视频在线平台及京东电商平台强势入驻，更有安吉星汽车信息服务等跨界品牌首度加入，旨在打通线上线下，从多品类、多渠道挖掘新观众，直面中高端消费群体，共筑音乐生活方式。同期将重磅推出国民音乐教育大会、琴行经销商培训课程面向琴行/音乐培训机构、体制内外院校及音乐教师的行业活动，为业内人士提供专业交流平台。

一、跨乐馆，见证中国音乐新能量——Hall 1A

1. 跨乐馆特色展品

跨乐馆为电音与吉他爱好者网罗了当今现代音乐最具潮流的数码音乐产品、经典吉他、电子电声和智能音乐产品——如雅马哈搭载传统钢琴的击弦机与实木键盘的NUX1跨界钢琴；代表着摇滚文化精神的Fender将展出Fender American Original美产源系列吉他、来自夏威夷的OHANA和WAIKIKI尤克里里吉他和恩雅夏威夷相思木KOA全单尤克里里；针对音乐制作和电音爱好者的产品今年大比例增加：雅马哈带来EPH-W53无线耳机、NUX品牌系列效果器监听音箱、森海塞尔监听音箱；专业级DENON DJ表演产品系列；众和传新将展示PUSH2音乐制作设备和满足创作、录制、混合的Pro Tools;在智能音乐世界展区，可以看到知名品牌铁三角、Sontronics、huder、iwit、Mikai Audio、BBL、Hotone、Lewitt、RFSound、IK Multimedia等专业录音和音频设备及MIDI键盘产品；豪华时尚音响品牌Harman Kardon携手MINI COOPER展示高端车载音乐；还吸引了来自通用安吉星、百事、腾讯音乐娱乐集团、爱奇艺中国新说唱等汽车和音乐文化平台入驻。

2. 跨乐馆亮点活动

吉他名人访谈室，邀请到唐朝乐队吉他手陈磊、子曰乐队创始吉他手汶麟、GHS中国代言人刘麟以及吉他收藏家张治寰、收藏大咖龙隆等7位吉他领袖人物和收藏爱好者，娓娓道来他们与吉他的情缘和音乐故事；吉他藏品区可以看到包括Fender的George Benson限量版吉他、Gibson名琴等10余把收藏级吉他。

首次举办的“安吉星首届EDM电子音乐原创大赛”旨在为全国EDM制作人和优秀DJ提供展示自我与交流切磋的平台，大赛以金牌电子音乐人引领，评委会主席——谭伊哲被誉为华语歌坛“音乐魔法师”，联合圈内知名大腕袁立宾、冷炫忱CURTIS、WhyBeatZ、王璐，将在展会决赛现场精彩点评，并带来实操性EDM电音大师创作讲座和现场演绎，配合一系列DJ&LIVE SET现场演出、电音制作交流及DJ设备体验活动，并请到北京人民广播电台主持人、全国优秀音乐DJ常晓航携手知名DJ Leslie Jaycee共同解读电音奥妙。

二、乐学馆，关注素质教育与音乐启蒙——Hall 1B

1. 乐学馆特色展品

乐学馆顺应不断增长的素质教育和艺术培训消

费趋势而设立，现场汇聚众多智能音乐教育产品、趣味在线及陪练产品、儿童音乐图书、音乐教辅书籍等展品。例如，在这里可以看到海伦智能钢琴i · Piano1，卡西欧Privia数码钢琴，由当代著名抽象画家钱铃戈创作的珠江恺撒堡 · 铃戈幻彩艺术钢琴，功学社针对4~6岁儿童音乐启蒙教育的ESP音乐世界课程、乐斯电鼓课程，还有来自美得理、瑞音天地、三益、普晋、罗兰数字音乐教育、凡朵教育、天天陪练、柚子练琴、帮你教、罗米思、KAWAI、邦乐考、普罗、灵乐器、人民音乐出版社和朔特出版社等知名艺术教育品牌和机构。

2. 乐学馆亮点活动

欢乐无限的“乐学秀场”是快乐教育的天地，不仅有展商带来的新品体验和演示，还有Mini室内演奏、儿童及青少年音乐赛事以及关爱听障儿童公益活动。我们用同龄人的爱乐之心感染孩子，将邀请北京广播之声青少年优秀乐手举办现场音乐会，并携爱乐网举办“家有琴童”城市音乐会，为孩子们创造发挥音乐力的舞台。

第二届Music & Life全国少儿乐队大赛，面向全国小于17周岁（含17周岁）的儿童及青少年，以培养和发现新秀吉他、鼓手、歌手为方向，普及少儿现代音乐教育，以此带动整个现代音乐的基础建设。7月7日展会现场中央舞台，将有20组新星少儿乐队展开角逐，专业乐手评审团树立偶像标杆，为小选手们提供最佳平台。

“美国皇家骑士杯”2018中国鼓手冠军赛及精英赛，以激发青少年儿童对现代打击乐的学习兴趣、提供学习与交流的机会为目的，大力选拔全国各地的优秀小鼓手。Meinl镲片国际代言人、craviotto鼓品牌国际代言人高飞，鼓手王夏骏Pipa（噼啪），“核聚变 –G”&“陈磊与八只手”乐队鼓手付苍海将作为评委列席展会现场的精英赛决选。

“为爱发声”关爱听障儿童公益计划，由展会主办方联合中国听力发展基金会、罗兰数字音乐教育发起，展期3天为来自澳美听力语言康复中心的贫困家庭听障儿童举办“音为爱”爱心义卖，7月8日我们将邀请听障儿童现场音乐表演，并将展会现场义卖募捐收入作为支持这批听障儿童音乐学习的经费。

三、国风馆，民乐风雅与文人雅集——Hall 2

1. 国风馆特色展品

上海民族乐器一厂带来由“海上画坛”执行主编张雅歌创作设计二十四节气古筝、乐海乐器与著名中阮演奏家、教育家徐阳教授研制的“徐阳牌 · 阮族”系列产品、苏州民族乐器一厂“虎丘”牌二胡及独家转调凤首箜篌，泫音堂搜集并展示牛腿琴、侗琵琶、藏弦胡、马骨胡、彝三胡等西南地区少数民族弦乐器，当代斫琴与演奏兼善的古琴艺术家王鹏创立的钧天坊古琴，久鼎箜篌的66弦双弦变音便携箜篌，無弦堂、筝炫、五蕴堂、天艺、秦岭、荟萃、泫音堂、莫高、仲尼制琴社、竹西琴坊、采樂筝琴、梅村二胡等知名民乐品牌悉数登场，另有融茶教育、茶文创与茶生活于一体的“莲语学堂”“生姜”带来灵感源自艺术家毕立伟的釉上彩瓷作品的2018夏季新款等生活美学产品一并呈现。

2. 国风馆亮点活动

国风馆经典活动“东方会客厅”，植根于民族音乐演奏，衍生中式国学文化，四年来已汇集数百位民乐大家、传统文化名士及艺术名家。今年邀请到中国音乐学院国乐系主任、著名二胡演奏家张尊连教授，从二胡的悠远历史谈到今夕未来；国乐系副主任梁聆聆副教授，品读二胡之美；中国音乐学院博导、琵琶演奏家杨靖教授与爱徒陈甦超，一同畅谈琵琶音乐故事；中央民族乐团琵琶首席董晓琳，用她严谨细腻、沉稳大气的演奏风格，揭秘琵琶文武；中国音乐学院副教授邱霁漫“弹”民间与当代，从传统筝艺风俗引入，演绎现代新式筝乐与国际音乐语言的结合；中国音乐学院古筝青年教师宋心馨，延续清新自然的个人风格，细说筝语话筝史。

“古琴艺术”国家级非物质文化遗产项目代表性传承人王鹏，亲述《琴 · 鉴》的奥秘，并携以古琴文化为核心的专业乐团钧天云和，献上雅集空间；莲语学堂暨书茶联盟创始人肖思学、导演兼音乐人山奇、“传统香品制作技艺”非遗传承人罗子杰、东方美学服饰“生姜”品牌创始人李斯、凡花侍工作室创始人吴永刚，五位文人雅士相聚，传达书茶生活与山水精神；中国民族管弦乐学会箜篌专业委员会副会长鲁璐，呈现经典全面的箜篌科普大讲堂；

杭盖乐队队长伊立奇与乐评人刘钊，带领大家从民族音乐走向世界之声……

四、西韵馆，西韵经典与雅致艺术——Hall 3

1. 西韵馆特色展品

西韵馆汇聚了普雷耶、柏斯、凤灵、威柏尔、赞凯尔松、夏贝尔、诗帝堡、斯威特、先韵、德鑫开元等国内外乐器品牌；还有全球音响品牌领军者、HIFI业界顶尖品牌丹拿音响以及Sound United集团——携Definitive Technology、Polk Audio、Denon、Marantz和HEOS展出一系列明星产品，为全球收听者和发烧友精妙再现高质音频。

2. 西韵馆亮点活动

经典交融的“艺术沙龙”活动区，汇聚了国内外西洋乐界的知名人士，今年将邀请管弦乐、钢琴名师及顶尖爵士音乐家们，倾听他们的学艺之路和艺术人生。首次邀请多个室内乐演奏团体，在音乐欣赏的同时传授室内乐知识。嘉宾包括知名重奏团体——琥珀四重奏，他们是首个跻身“蒙特利尔国际四重奏音乐节”的中国室内乐团；另有柴可夫斯基国际音乐大赛最年轻的首奖获得者小提琴家陈曦；钢琴演奏家、教育家、中央音乐学院硕导原丁副教授以及爵士长号演奏家杨明老师所创的长号联盟、由著名爵士钢琴家黄健怡、贝斯演奏家纪鹏、打击乐演奏家文烽组成的GST爵士三重奏等10余场活动，呈现各类西式乐曲的经典重现。

提琴制作工坊，邀请中央音乐学院提琴制作研究中心主任、“中国提琴制造大师”郑荃携中青年制琴师现场制作琴头、F孔等核心工艺。展期内，郑荃教授还将携手学生展示归国建系30周年以来的多件获奖作品及历年精品，观众将可以直接触摸和体验大师的匠心之作。

首次亮相的HI-FI生活体验区，携手丹拿音响和来自丹麦的达尼两大HI-FI品牌，现场打造卧室、书房、客厅等家居空间，并通过不同的HI-FI音响方案，为消费者呈现居家音乐欣赏指南，打破HI-FI音响昂贵、发烧友专属这一传统认知，通过现场听音、试音等体验，让HI-FI音响走进日常生活，提升家居听音品质。

五、国民音乐教育大会——Hall 4 & 综合楼会议室

音乐教育是本届展会的聚焦点，展期3天重磅推出2018国民音乐教育大会，由中央音乐学院、中国乐器协会、中国音乐家协会管乐学会、全国音乐教育服务合作联盟共同主办。

本次大会以内容为王，音教大咖云集，针对音乐教育焦点问题，打造基础与专业纵横的内容体系。届时将有百余位国内国际知名专家、学者以及音乐教育行业从业者，在9场主旨主题发言、3场圆桌论坛、90余场工作坊（包括大师课）等环节中闪亮登场，展现当今音乐教育各方面成果，打造广大音乐教育工作者学习交流体验的国际化平台。

主旨发言的两位重量级嘉宾，中央音乐学院院长俞峰、美国国际音乐制品协会NAMM基金会执行主席玛丽·卢尔森，将从宏观角度分别阐述国内和国际音乐教育及音乐生活的特点与发展趋势。主题发言则启示音乐教育细分领域的发展方向，如周海宏教授将从“需求侧发力、供给侧改革”角度阐释“建设与强国相适应的音乐文化生活”；谢嘉幸教授将提出“音乐在线课程联盟的基本设想与策略”；刘沛教授则开创性地探讨“西方音乐教育哲学的东方化趋势”；于海主席将介绍“管乐艺术的魅力”等。

中国音协音乐教育学学会、中国音协奥尔夫专业委员会、中国音协手风琴学会、中国民管会陶笛艺术委员会、北京乐器学会、北京学前教育协会、国际键盘手风琴联盟等众多专业协会作为协办单位，都已组织精尖人才进行内容分享。

六、琴行经销商培训课程——综合楼201会议室

7月6-7日两天下午，郑州星艺琴行·星艺音乐教育总经理翟联合、江西宏声文化艺术发展有限公司总经理刘宏、浙江天目琴行有限公司总经理刘骋、河北秦川文体乐器有限公司总经理秦浩等7位行业大咖就琴行内部经营管理、琴行未来增长点、琴行销售趋势、人才资源管理、中小琴行生存与发展之道等五大琴行热点问题，进行案例分析、实务探讨和经验分享。

北京国际音乐生活展是北方地区乃至全国独具特色和艺术品位不可错过的展览活动，更是对器乐文化、音乐科技、艺术教育进行广泛推广的盛会。

第116届美国NAMM乐器、灯光、音响展览会（NAMM SHOW）简况

2018年，一年一度的美国NAMM国际乐器展于1月25—28日在美国加利福尼亚阿纳海姆举办，美国国际音乐制品协会（NAMM）发布消息称，本届展会参观总人数115085名，其中来自100余个国家和地区的国际观众19356名。2018 NAMM SHOW有近2000家展商参展，共计展出了7000余个品牌。包括雅马哈、乐兰、芬达、珠江、舒密尔、布菲、AXL、铃木等国际知名品牌厂商悉数参展，涵盖了钢琴、弦乐器、管乐器、键盘、合成乐器、专业音响、乐器配件、音乐出版物等，聚集了大量人气，现场气氛热烈。

据悉，2018年年展会注册参观人数创下纪录，成为历届NAMM展参观人数最多的一届，其中来自100余个国家和地区的国际观众19356人，较2017年增加8%。

展览会期间，除了展览，还有70余场同期活动，80名海内外演讲嘉宾以及600多场室内外演出，在全方面体验行业最新产品技术的同时，可一睹2018年最新的业内动态。

第39届德国法兰克福国际乐器、乐谱及配件展览会（2018 Musikmesse）简况

2018年法兰克福国际乐器、乐谱及配件展览会于4月14日落幕，为期5天的展会吸引了来自55个国家及地区的参展商参展和144个国家近11万人次到会参观。来自全球近2000家左右的企业展示了3万多件最新的乐器产品。观众可在此体验各式各样的乐器、音乐软件、电脑硬件、乐谱和音乐附件，以及与音乐制作相关的所有产品。约67%的观众来自欧盟，其中决策人占30%。欧洲观众主要来自荷兰、比利时、意大利、法国、瑞士、英国、瑞典、奥地利、俄罗斯、西班牙和波兰；欧洲以外的观众主要来自美国、韩国、日本、中国、印度、巴西和澳大利亚。

2018年乐器展和灯光音响展的特点是“新概念”。德国法兰克福展览负责人布朗恩表示：“毫无疑问，这两个展都体现了法兰克福作为欧洲音乐圣地的地位。在销售方式和销售渠道不断变化的背景下，我们对于这两个展进行重新定位是正确的，并且，我们仍将沿着这个方向，继续与音乐协会和参展商进行更多更细致的合作。”

2018年德国法兰克福国际乐器、舞台灯光及音响博览会为中国相关企业的全面交流、深化合作搭建了一个共商、共建、共赢的沟通平台和契机。

2018年中国（广州）国际专业音响、灯光、乐器展览会简况

第15届广州国际乐器展览会于2018年5月10日在中国进出口商品交易会展馆B区举行。本届展会展览面积达40000平方米，设4大展厅共625家参展商参展。本次展会展览面积创历史之最，4天以来，共计75993名(含同期灯光音响展）观众莅临参观，同比增长2.7%。

2018年是广州乐器展办展15周年，15年来，广州乐器展逐步成长，无论在展商数量、展览面积和观众人数上都稳步增长。2018年展会展商阵容强大，业内各大乐器公司继续亮相广州乐器展，助力广州乐器展。同时，一系列现场活动使广州乐器展更加精彩纷呈，为观众带来涵盖琴行经营、学术考级、儿童教育、新品推介等领域的前沿资讯与动态。

2018年广州乐器展主办方第二次发起关爱特殊儿童公益活动，为特殊儿童搭建起展示自我的舞台，令在场观众看到了这些孩子们内心的音乐梦想。为庆祝广州乐器展15周年，广州乐器展主办方组织“名师带您逛展会”活动，领域权威专家方锦龙、张强、比约恩·莱曼，以专业视角带着观众对展会、展商、参展产品等进行全面系统解读与品鉴，引起观众热烈的反响。

2018年第27届中国国际专业音响·灯光·乐器技术展览会简况

5月24日，第27届中国国际专业音响•灯光•乐器及技术展览会（乐器展）（简称PALM 2018 北京乐器展）在北京中国国际展览中心（老馆）举办。该展会是由中国演艺设备技术协会主办，北京演艺展业广告有限公司承办。

本届展览汇聚了来自中国大陆和世界10余个国家以及中国港澳台地区近700多家中外知名乐器企业、组织，全面覆盖了乐器制造企业、琴行、文化教育机构、乐器研究及改革机构、专业协会组织及相关的大众、专业媒体，显示出北京乐器展持续发展的品牌影响力。

展会期间，除令人期待的中外知名乐器企业带来的新产品、新技术外，还有面向不同群体的更多高端技术交流和互动活动，多类别的高端论坛、专题技术交流活动、乐器大讲堂，以及尤克里里大赛、木吉他大赛、主题摄影大赛等，更有音乐界的大咖到会与观众近距离互动，精彩纷呈，情趣各异。

2018年世界乐器展览会回顾

据不完全统计，2018年，世界乐器展览会在美国洛杉矶、德国法兰克福、意大利克雷蒙娜、中国北京、上海、广州、日本东京等城市成功举办，各大展会参展商数量和观众人数均较上年平稳增长，持续点燃世界各地音乐热情。在2018年国际形势复杂多变，世界经济整体趋缓的背景下，取得如此卓越成绩殊为不易。主办机构密切跟踪时代形势，深入研判市场发展新变化、新特点，不断推陈出新，创意频现，为各地展商和观众奉上音乐盛宴。

聚焦音乐教育，挖掘音乐人口，突出文化创意，成为2018年各乐器展览会着力开拓的重要领域。由美国国际音乐制品协会与德国法兰克福展览公司共同主办的俄罗斯莫斯科乐器展从2012年起，至今已举办七届。2018年面积3672平方米，展会受到俄罗斯联邦工业贸易部支持，被列入“重点行动计划”。7年来，展会规模基本保持平稳状态。2018年展会期间，主办方邀请国际音乐教育学会前任主席辛吉斯参加音乐教育主题论坛，与俄罗斯音乐教师和教育工作者共话当代音乐教育关注前沿，更好培育乐器市场新生力量，鼓励更多人学习乐器。

2018年，意大利克蕾蒙娜乐器展从单一的提琴逐渐涵盖钢琴、手风琴、吉他等其他门类乐器。意大利国内专业提琴展逐渐向综合性、多元化及国际化的乐器展览会过渡。52%的展商来自意大利之外的国际展商，专业观众同比略增5%。展会主办方表示，扩大展会影响力，提升展会品质、丰富活动内容，为展商和观众创造更好体验，是未来展会努力的四大方向。

在中国北京，2018北京国际音乐生活展与国民音乐教育大会同期召开，本届大会紧扣社会音乐教育需求，“展中有会，以会带展”，大会与展会相互促进，围绕乐器市场和音乐教育，主办方促进两大领域跨界融合，加速资源整合，以期持续壮大乐器消费的“生力军”。

2018年，中美贸易摩擦升级，贸易壁垒抬高，另一方面，中国国内人均收入水平不断增长，乐器消费能力显著增强。在此背景下，注重开发国内乐器市场，成为众多乐器厂商首选战略。展会数字印证出2018年上海乐器展稳中有进：展会面积13.8万平方米，来自31个国家和地区的2252家企业参展，展会四天共吸引来自81个国家和地区的110381名海内外专业观众前来参观，观众达164665人次，同比增长10%。主办方充分重视音乐教育的引领作用，再次设置音乐教育专馆，引入各类市场主体深入交流音教理念，相互激发创新思维，积极探索音教实践模式，显示出展会立足长远发展，以乐器行业和市场为依托，紧紧服务于乐器行业供给侧改革、高质量发展和可持续发展的时代新目标。

2018年世界乐器展览会回顾一览表

展会名称	展会届别	展会日期	展会地点	主办单位
美国洛杉矶阿纳海姆乐器展（The NAMM Show）	第116届	2018.1.25–1.28	阿纳海姆	美国国际音乐制品协会（NAMM）
德国法兰克福国际乐器、乐谱及附件展览会（Musikmesse 2018）	第39届	2018.4.11–4.14	法兰克福	德国法兰克福展览公司
中国（广州）国际专业音响、灯光、乐器展览会	第15届	2018.5.10–5.13	广州	广东省科学技术厅、广东省文化厅、国家轻工业乐器信息中心
PALM 2018 北京乐器展	第27届	2018.5.24–5.27	北京	中国演艺设备技术协会
印度乐器音响展 (Musician Expo 2018)	第17届	2018.5.31–6.2	孟买	印度DIVERSIFIED公司
美国NAMM夏季乐器展 (Summer NAMM Show)	每年夏季	2018.6.28–6.30	纳什维尔	美国国际音乐制品协会
北京国际音乐生活展	第4届	2018.7.6–7.8	北京	中国乐器协会、上海国际展览中心有限公司
NAMM&法兰克福俄罗斯乐器展	第7届	2018.9.13–9.16	莫斯科	国际音乐制品协会、法兰克福展览公司
巴西雷西菲乐器展览会	—	2018.5.18–5.20	雷西菲	巴西乐器协会、FRANCAL展览公司
巴西里约乐器展览会（Expomusic 2018）	—	2018.9.21–9.23	里约热内卢	
意大利克雷蒙娜乐器展（Cremona MondonMusica 2018）	第31届	2018.9.28–9.30	克雷蒙娜	克雷蒙娜乐器展组委会
中国（上海）国际乐器展览会（Music China）	第17届	2018.10.10–10.13	上海	中国乐器协会，上海国际展览中心有限公司，法兰克福（香港）展览公司
日本东京乐器展	双年展	2018.10.19–10.21	东京	日本乐器展览协会

	展品范围	2018年展会规模
	各种乐器、音响	注册参观总人数115085名，其中来自100余个国家和地区的国际观众19356人
	各类乐器、乐器配件、乐谱、音乐硬软件、音乐出版物等	展商总数1803家，其中37%为德国内展商，63%为国际展商。来自世界150个国家和地区的参观总人数90200人
	西乐器、民族乐器	展商625家，展览面积约40000m^2
	乐器	展览面积约35000m^2
	音响和电声乐器为主	展商200余家
	以美国国内乐器商展示和音乐教育人士使用的乐器为主	展商500多家
	钢琴、弦乐器、电声乐器、乐器配件、民族乐器、铜管乐器、打击乐器、相关协会媒体、乐谱、音乐书籍等。	展出面积37000m^2
	乐器综合类、钢琴、弦乐器、打击乐器、电声乐器、配件、乐谱、音响设备等	展览面积3672m^2，来自9个国家和地区的100多家展商参展，观众12681名
	各种乐器、音响及配件、相关媒体及专业刊物	—
		—
	以提琴等弦乐器为主，兼展弹拨乐器、琴弓、配件、乐谱等	来自30个国家和地区的302家展商，专业观众18158名
	钢琴、弦乐器、电声乐器、乐器配件、民族乐器、铜管乐器、打击乐器、相关协会媒体、乐谱、音乐书籍等。	展会面积138000m^2，来自31个国家和地区的2252家企业参展，展会4天共吸引来自81个国家和地区的110381名海内外专业观众前来参观，观众达164665人次，同比增长10%
	钢琴、提琴、电声乐器、乐器配件等	观众50841人

名牌产品

乐器产品获中国驰名商标，国家、省（市）级名牌产品、著名商标、老字号品牌名录

中国驰名商标

品牌（商标）名称	商标注册人	认定商品或服务项目
珠江	广州珠江钢琴集团股份有限公司	钢琴
星海 XINGHAI 及图形	北京星海钢琴集团有限公司	钢琴
津宝及图形	天津津宝乐器有限公司	爵士鼓、军鼓、萨克斯
Taishan	山东泰山管乐器有限公司	管乐器
嘉德威	杭州嘉德威钢琴有限公司	钢琴
卡西欧 CASIO	日商・樫尾计算机株式会社	计算器、手表、电子音乐仪器等
润韵	扬州天韵琴筝有限公司	筝、乐器、弦乐器、七弦琴、弹拨乐器、木琴、电子乐器、乐器键盘、乐器弦轴、乐器盒
金杯及图形	江阴市金杯安琪乐器有限公司	手风琴、簧（管）乐器等
凤灵 fitness 及图形	泰兴凤灵乐器有限公司	小提琴、中提琴等
Orient	宁波森隆乐器股份有限公司	钢琴部件
YAMAHA 及图形	雅马哈株式会社	钢琴
奇美	江苏奇美乐器有限公司	竖笛、口风琴、口琴
鹦鹉 YINGWU 及图形	天津鹦鹉乐器有限公司	手风琴、提琴
吟飞 Ringway	吟飞科技（江苏）有限公司	乐器
乐海 The Ocean of Music 及图形	河北乐海乐器有限责任公司	扬琴、琵琶
天鹅及图形	江苏天鹅乐器有限公司	口琴、口风琴
爱迪 Aidi 及图形	香河天音乐器有限公司	西乐器
HAILUN 及图形	海伦钢琴股份有限公司	钢琴
芳鸥及图形	武汉市海平乐器制造有限公司	铜锣等

省（市）名牌产品

省（市）地区	品牌（商标）名称	商标注册人	认定商品或服务项目
上海市	施特劳斯	上海钢琴有限公司	钢琴
	敦煌	上海民族乐器一厂	民族乐器（古筝、二胡、琵琶）
	海曼	上海中雅钢琴有限公司	钢琴
	华星	上海华新电子电器总厂	电子琴

续表

省（市）地区	品牌（商标）名称	商标注册人	认定商品或服务项目
天津市	津宝	天津津宝乐器有限公司	爵士鼓、西管乐器
	Singer' s day	天津圣迪乐器有限公司	萨克斯、小号
	雅乐	天津华韵乐器有限公司	手风琴
江苏省	润韵、天籁	扬州天韵琴筝有限公司	古筝
	碧泉	扬州市正声民族乐器厂	古筝
	凤灵	泰兴凤灵乐器有限公司	吉他、提琴系列产品
	奇美	江苏奇美乐器有限公司	竖笛、口风琴、口琴
	摩德利	南京摩德利钢琴有限公司	钢琴
	天鹅	江苏天鹅乐器有限公司	琴笛
	雅韵	扬州龙凤琴筝有限公司	古筝
	凤韵	扬州龙凤琴筝有限公司	古筝
	大风	江苏大风乐器有限公司	古筝
	Easttop、蜜蜂	江苏东方乐器有限公司	口琴
	英杰	扬中市华联手风琴有限公司	手风琴
	虎丘	苏州民族乐器一厂有限公司	二胡
	吟飞	吟飞科技（江苏）有限公司	电子乐器
广东省	珠江	广州珠江钢琴集团股份有限公司	钢琴
	AMASON 艾茉森	广州珠江钢琴集团股份有限公司	数码钢琴
	恺撒堡	广州珠江钢琴集团股份有限公司	钢琴
	里特米勒	广州珠江钢琴集团股份有限公司	钢琴
	吉声	广州吉声琴业有限公司	电吉他
	Blue Diamond	广州保嘉乐器制造厂有限公司	鼓乐
	星臣 starsun	四会市华声乐器有限公司	吉他
	红棉	广州红棉吉他有限公司	提琴
	Ayalea	揭阳市长城乐器有限公司	吉他
	杜鹃花	揭阳市长城乐器有限公司	吉他
	美得理	得理电子（珠海）有限公司	数码钢琴、电子琴、电子管风琴、电子鼓音箱
河北省	JY	河北金音乐器制造集团有限公司	西管乐器
	乐海	乐海乐器有限责任公司	民族乐器
	月坛	饶阳北方民族乐器制造有限公司	二胡
	成乐	饶阳成乐民族乐器有限责任公司	扬琴
山东省	金斯波格	烟台金斯波格钢琴有限公司	钢琴
	SEJUNG（世正）	青岛世正乐器有限公司	钢琴
	仙乐	百灵乐器公司	电吉他
	飞灵	潍坊惠好乐器有限公司	电吉他

续表

省（市）地区	品牌（商标）名称	商标注册人	认定商品或服务项目
湖北省	TOYAMA（托雅玛）/ Yangtze River 牌钢琴	宜昌金宝乐器制造有限公司	钢琴
	艾立卡	武汉艾立卡电子有限公司	乐器音箱、电吉他配套音箱
福建省	HARMONY（哈曼尼）	福州和声钢琴有限公司	立式钢琴
河南省	中州	开封中原民族乐器有限公司	古筝

省（市）驰名商标

省（市）地区	品牌（商标）名称	商标注册人	认定商品或服务项目
河北省	JY	河北金音乐器制造集团有限公司	钢琴
	乐海	河北乐海乐器有限责任公司	民族乐器

省（市）著名商标

省（市）地区	品牌（商标）名称	商标注册人	认定商品或服务项目
上海市	施特劳斯	上海钢琴有限公司	钢琴
	海曼	上海中雅钢琴有限公司	钢琴
	敦煌	上海民族乐器一厂	民族乐器
天津市	津宝	天津津宝乐器有限公司	军鼓、爵士鼓、萨克斯
	鹦鹉	天津鹦鹉乐器有限公司	手风琴、提琴
	雅乐	天津市雅乐尔乐器有限公司	风琴
	佰笛及图形	天津市佰笛乐器有限公司	手风琴
	WSMAN 及图形	天津市欧斯曼乐器有限公司	钢琴
	singer’sday	天津圣迪乐器有限公司	号（乐器）、乐器
	森雀	天津市静海县盛兴乐器厂	中乐器、笛子、笙、箫
	奥维斯	天津奥维斯乐器有限公司	乐器、笛、号（乐器）
江苏省	摩德利	南京摩德利钢琴有限公司	钢琴等
	天鹅及图形	江苏天鹅乐器有限公司	口琴、口风琴、竖笛等
	凤灵及图形	江苏凤灵乐器文化产业有限公司	小提琴、吉他、大提琴等
	奇美	江苏奇美乐器有限公司	手风琴、钢琴、口琴等
	雅韵及图形	扬州龙凤琴筝有限公司	打击乐器、胡琴、筝等
	虎丘及图形	苏州民族乐器一厂有限公司	二胡
	碧泉 BIQUAN 及图形	扬州市正声民族乐器厂	筝
	和声及图形	江苏省和声琴行有限公司	钢琴
	金韵及图形	扬州开发区金韵乐器厂	筝
	GOLDENCUP 及图形	江阴市金杯乐器有限公司	手风琴
	润韵	扬州天韵琴筝有限公司	筝

省（市）地区	品牌（商标）名称	商标注册人	认定商品或服务项目
江苏省	吟飞及图形	吟飞科技（江苏）有限公司	电子键盘
	玉振 YUZHEN	扬州市金声古筝有限公司	乐器、琵琶等
广东省	kayserburg	广州珠江钢琴集团股份有限公司	乐器（钢琴）
	珠江	广州珠江钢琴集团股份有限公司	长笛、小号、萨克斯
	Ritmiiller	广州珠江钢琴集团股份有限公司	中西乐器（钢琴）
	吉声	广州吉声琴业有限公司	吉他
	Martin	广州吉声琴业有限公司	吉他
	红棉	广州红棉吉他有限公司	中乐器、西乐器
	ALICE	广州市罗曼士乐器制造有限公司	乐器弦
	永美	揭西县美声电子电器厂	电子琴
	美得理	得理乐器（珠海）有限公司	乐器（电子琴，数码钢琴）
河北省	JY	河北金音乐器制造集团有限公司	钢琴
	成乐	饶阳成乐民族乐器有限责任公司	扬琴
	月坛	北方民族乐器制造有限公司	二胡
	秦川	河北秦川文体乐器有限公司	琴行
	乐海	乐海乐器有限责任公司	民族乐器
	秦川乐器	河北秦川文体乐器有限公司	乐器经营
山东省	KINGSBURG 及图形	烟台金斯波格钢琴有限公司	钢琴
	仙乐及图形	昌乐百灵乐器有限公司	吉他
	博斯纳及图形	烟台博斯纳钢琴制造有限公司	钢琴
	MERCURY	龙口锦盛乐器有限公司	簧（管）乐器
	图形	龙口市博奥乐器制造有限公司	簧（管）乐器
	FAREST 及图形	龙口金鸣乐器有限公司	笛
浙江省	HAILUN 及图形	宁波海伦乐器制品有限公司	钢琴
	嘉德威	杭州嘉德威钢琴有限公司	钢琴
	拉奥特	浙江乐韵钢琴有限公司	钢琴
	LUODELAISI	湖州华谱钢琴有限公司	钢琴
湖北省	芳鸥	武汉市海平乐器制造有限公司	铜锣
	银可可	武汉银可可琴行有限责任公司	乐器经营
	皇玛 HUANGMA	湖北华都钢琴制造有限公司	钢琴、电子琴、乐器键盘
	TOYAMA 托雅玛	宜昌金宝乐器制造有限公司	钢琴
	长江	宜昌金宝乐器制造有限公司	钢琴
福建省	HARMONY（哈曼尼）	福州和声钢琴有限公司	钢琴
河南省	中州	开封中原民族乐器有限公司	古筝、琵琶
	鸣韵	鸣韵兰考县鸣韵乐器有限公司	吉他、乐器、琵琶、七弦琴

老字号品牌

		注册商标	企业名称
中华老字号		敦煌	上海民族乐器一厂
		STRAUSS	上海钢琴有限公司
		星海	北京星海钢琴集团有限公司
		鹦鹉	天津鹦鹉乐器有限公司
		老天华	福州台江老天华乐器行
地方老字号	北京市	星海钢琴	北京星海钢琴集团有限公司
	天津市	鹦鹉乐器	天津鹦鹉乐器有限公司
	广东省	珠江	广州珠江钢琴股份有限公司
		张长合	汕头市龙湖区张长合乐器店
	湖北省	高洪太	武汉高洪太铜响乐器有限公司
	福建省	老天华	福州台江老天华乐器行

注：① 中国名牌战略推进委员会2008年第3号公告，2005、2006、2007年公布的中国名牌产品，有效期满后不再继续使用。

② 我国新商标法认定“驰名商标”并非荣誉称号，从2014年5月1日起，“驰名商标”禁止出现在商品包装上，也不能用于广告宣传、展览。

③ 以上发布的品牌信息来源于商务部，国家工商行政管理总局，各省市工商行政管理总局，国家质量监督检验检疫总局，各省市地区质量检验局网站的公告信息，如有遗漏，请相关企业与我协会取得联系，进行信息补充和更正。

中国乐器

年鉴

CHINA MUSICAL INSTRUMENT YEARBOOK

(2019)

2018年乐器行业规模以上企业主要经济指标完成情况

（按产品类别划分）

（金额：千元）

产品类别		中乐器制造	西乐器制造	电子乐器制造	其他乐器及零件制造	总计
汇总企业数（个）		34	141	22	45	242
主营业务收入	2018 年累计	5,323,095.92	21,406,085.45	7,896,031.48	4,519,585.05	39,144,797.90
	2017 年累计	5,079,290.00	20,622,433.00	7,495,758.00	4,297,409.00	37,494,890.00
	同比（%）	4.80	3.80	5.34	5.17	4.40
出口交货值	2018 年累计	1,849,153.00	4,293,001.00	2,272,100.00	297,367.00	8,711,621.00
	2017 年累计	2,160,256.00	4,239,234.00	2,818,906.00	239,894.00	9,458,290.00
	同比（%）	−14.40	1.27	−19.40	23.96	−7.89
应收账款净额	2018 年累计	236,934.00	1,411,052.00	375,599.00	309,356.00	2,332,941.00
	2017 年累计	203,776.00	1,459,794.00	296,433.00	370,555.00	2,330,558.00
	同比（%）	16.27	−3.34	26.71	−16.52	0.10
产成品存货	2018 年累计	208,580.00	992,648.00	208,894.00	161,966.00	1,572,088.00
	2017 年累计	173,708.00	769,722.00	153,863.00	183,379.00	1,280,672.00
	同比（%）	20.08	28.96	35.77	−11.68	22.75
流动资产净值平均余额	2018 年累计	1,242,846.00	8,817,054.00	1,915,732.00	1,270,939.00	13,246,571.00
	2017 年累计	1,125,617.00	8,364,323.00	1,647,919.00	1,377,665.00	12,515,524.00
	同比（%）	10.41	5.41	16.25	−7.75	5.84
主营业务成本	2018 年累计	2,135,558.00	13,693,470.00	4,960,335.00	3,225,872.00	24,015,235.00
	2017 年累计	1,958,304.00	13,338,744.00	4,543,468.00	3,315,233.00	23,155,749.00
	同比（%）	9.05	2.66	9.18	−2.70	3.71
资产总额	2018 年累计	2,136,155.00	14,174,138.00	4,386,690.00	2,413,092.00	23,110,075.00
	2017 年累计	2,148,780.00	13,239,428.00	3,967,436.00	2,556,972.00	21,912,616.00
	同比（%）	−0.59	7.06	10.57	−5.63	5.46
利润总额	2018 年累计	218,166.00	1,025,987.00	538,015.00	222,198.00	2,004,366.00
	2017 年累计	195,590.00	938,085.00	448,419.00	178,964.00	1,761,058.00
	同比（%）	11.54	9.37	19.98	24.16	13.82
亏损企业（个）	2018 年 12 月	3	25	3	6	37
	2017 年 12 月	2	19	2	3	26

备注：①由于每年参与统计的规模以上企业与前一年并不完全相同，故不同年份的数据不可比。各单位在使用过程中，请用当年的同比数据。

②由于2018年统计局数据口径变化，各类乐器统计省市数量减少，因此协会对部分数据进行了调整，该表仅供参考。

（数据来源：国家统计局 中国轻工业信息中心 中国乐器协会信息部）

2018年中国乐器海关出口量值

商品名称	单位	数量			金额（美元）		
		2018 年	2017 年	同比 (%)	2018 年	2017 年	同比 (%)
竖式钢琴（包括自动钢琴）	台	17,873	19,250	−7.153246753	28,359,416	29,078,056	−2.471416934
拨弦古钢琴及其他键盘弦乐器	台	28,448	14,394	97.64	2,037,928	1,543,423	32.04
弓弦乐器	只	1,525,828	1,440,105	5.95	81,391,896	76,694,756	6.12
其他弦乐器（如吉他、小提琴、竖琴）	只	10,580,602	9,941,870	6.42	318,929,914	287,591,286	10.90
铜管乐器	只	664,475	587,521	13.10	88,517,521	82,330,421	7.51
键盘管风琴；簧风琴及类似的游离金属簧片键盘乐器	只	1,961,558	1,988,273	−1.34	11,513,258	11,009,093	4.58
手风琴及类似乐器	只	275,096	327,059	−15.89	11,694,650	11,257,132	3.89
口琴	只	5,370,652	5,448,645	−1.43	11,860,292	11,410,117	3.95
其他管乐器，但游艺场风琴及手摇风琴除外	只	8,449,495	7,347,487	15.00	71,760,393	64,043,668	12.05
打击乐器（如鼓、木琴、响板、响葫芦）	只	9,454,170	8,041,574	17.57	133,716,924	119,548,972	11.85
通过电产生或扩大声音的键盘乐器	只	5,634,969	4,937,253	14.13	386,862,036	347,371,290	11.37
其他通过电产生或扩大声音的乐器（如电吉他）	个	2,507,067	2,664,553	−5.91	158,073,661	159,615,234	−0.97
百音盒	个	16,006,789	15,469,183	3.48	41,538,754	41,621,539	−0.20
未列名的其他乐器	个	81,217,586	64,756,404	25.42	18,200,199	15,301,645	18.94
乐器用弦	千克	445,347	274,160	62.44	7,226,507	6,245,053	15.72
钢琴的零件、附件	千克	6,748,085	5,361,218	25.87	42,773,673	35,319,255	21.11
弓弦乐器的零件、附件	千克	4,953,161	4,446,641	11.39	48,005,047	65,963,449	−27.22
电子乐器的零件、附件	千克	6,138,481	6,225,077	−1.39	51,713,960	43,047,534	20.13
节拍器、音叉及定音管	千克	103,685	73,433	41.20	2,949,787	2,712,025	8.77
百音盒的机械装置	千克	352,174	366,010	−3.78	3,916,235	3,871,447	1.16
未列名乐器的零件、附件	千克	12,197,507	11,166,236	9.24	82,117,348	77,021,345	6.62

（数据来源：海关总署 中国轻工业信息中心 中国乐器协会信息部）

2018年中国乐器出口世界各大洲概况

洲别	占比 (%)	金额（美元）		
		2018 年	2017 年	同比 (%)
北美洲	32.47	529,098,817	507,222,187	4.31
亚洲	27.87	454,238,764	427,975,539	6.14
欧洲	26.36	429,651,624	374,567,824	14.71
南美洲	9.11	148,528,721	136,012,331	9.20
大洋洲	2.27	36,987,490	34,274,985	7.91
非洲	1.91	31,204,516	26,860,017	16.17
贸易国合计	100	1,629,709,932	1,506,912,883	8.15

（数据来源：海关总署 中国轻工业信息中心 中国乐器协会信息部）

2018年中国乐器出口贸易组织概况

组织和地区	占比 (%)	金额（美元）		
		2018 年	2017 年	同比 (%)
亚太经合组织	60.63	988,063,669	937,538,493	5.39
欧盟	25.06	408,403,302	355,319,935	14.94
一带一路（2018）	18.22	296,888,749	268,207,839	10.69
一带一路	18.09	294,766,918	266,174,065	10.74
一路（2018）	12.41	202,243,704	183,567,938	10.17
东盟	9.47	154,281,027	136,992,519	12.62
日韩	8.77	142,987,783	133,690,970	6.95
金砖国家	6.57	107,086,840	94,940,199	12.79
一带（2018）	5.81	94,645,045	84,639,901	11.82
中国港澳自贸区	2.78	45,306,179	49,391,632	−8.27
新加坡自贸区	1.20	19,551,520	14,353,587	36.21
智利自贸区	1.11	18,115,247	17,563,771	3.14
中国台湾	0.80	13,000,142	13,396,978	−2.96
秘鲁自贸区	0.63	10,285,957	8,290,217	24.07
新西兰自贸区	0.27	4,412,615	4,001,921	10.26
哥斯达黎加自贸区	0.07	1,065,088	995,425	7.00
巴基斯坦自贸区	0.05	851,861	1,860,517	−54.21

（数据来源：国家海关总署 中国轻工业信息中心 中国乐器协会信息部）

2018年中国乐器出口国家和地区前30位

（按出口金额排序）

排名	国家和地区	数量（件）			金额（美元）		
		2018 年	2017 年	同比 (%)	2018 年	2017 年	同比 (%)
1	美国	34,974,039	33,547,719	4.25	494,283,438	475,948,806	3.85
2	德国	9,659,494	7,428,722	30.03	158,971,915	133,014,645	19.51
3	日本	9,440,317	8,452,596	11.69	94,665,702	89,849,524	5.36
4	英国	5,023,701	5,165,638	−2.75	79,062,731	70,546,180	12.07
5	印度尼西亚	8,927,460	6,308,937	41.50	60,959,001	48,071,174	26.81
6	巴西	2,796,926	2,342,897	19.38	48,845,322	41,679,938	17.19
7	韩国	4,441,885	3,930,746	13.00	48,322,081	43,841,446	10.22
8	法国	2,720,390	1,812,735	50.07	46,662,710	40,007,371	16.64
9	中国香港	3,214,840	3,092,198	3.97	44,372,947	48,568,427	−8.64
10	荷兰	3,714,362	2,551,228	45.59	39,801,124	34,616,450	14.98
11	加拿大	1,844,054	1,635,676	12.74	34,814,838	31,272,581	11.33
12	印度	14,725,152	4,473,057	229.20	34,460,789	31,920,527	7.96
13	澳大利亚	1,630,300	1,886,505	−13.58	31,589,073	29,376,391	7.53
14	马来西亚	2,385,119	2,217,024	7.58	24,440,161	26,272,618	−6.97
15	墨西哥	3,212,210	3,895,205	−17.53	24,397,375	23,399,783	4.26
16	新加坡	3,953,813	502,746	686.44	19,551,520	14,353,587	36.21
17	泰国	1,613,806	1,766,377	−8.64	19,022,373	19,772,572	−3.79
18	菲律宾	4,487,991	4,339,194	3.43	18,551,709	16,300,802	13.81
19	意大利	2,001,951	1,749,653	14.42	18,479,283	15,898,860	16.23
20	智利	1,933,091	1,908,779	1.27	18,115,247	17,563,771	3.14
21	阿联酋	1,074,007	1,337,340	−19.69	17,064,484	14,734,501	15.81
22	俄罗斯	1,337,661	1,801,060	−25.73	15,706,550	14,679,831	6.99
23	土耳其	2,690,275	3,084,291	−12.77	15,039,948	15,463,902	−2.74
24	西班牙	2,041,898	2,415,286	−15.46	13,645,713	12,010,134	13.62
25	中国台湾	901,963	769,289	17.25	13,000,142	13,396,978	−2.96
26	比利时	2,146,933	2,664,579	−19.43	12,542,389	16,899,818	−25.78
27	阿根廷	1,196,489	1,267,060	−5.57	11,806,449	14,015,723	−15.76
28	越南	975,199	1,194,892	−18.39	10,910,915	11,664,702	−6.46
29	秘鲁	1,570,226	960,784	63.43	10,285,957	8,290,217	24.07
30	尼日利亚	1,955,285	3,042,661	−35.74	9,636,677	7,385,074	30.49

（数据来源：海关总署 中国轻工业信息中心 中国乐器协会信息部）

2018年中国乐器各省市海关出口情况

排名	省市	数量（件）			金额（美元）		
		2018年	2017年	同比(%)	2018年	2017年	同比(%)
1	广东	44,969,251	41,840,386	7.48	618,032,223	575,210,763	7.44
2	天津	8,534,955	8,078,269	5.65	262,533,433	233,098,491	12.63
3	江苏	11,750,849	11,944,052	−1.62	184,134,422	185,257,114	−0.61
4	浙江	79,038,608	68,333,565	15.67	172,959,979	159,903,959	8.16
5	上海	5,063,202	4,926,271	2.78	98,169,639	105,125,794	−6.62
6	山东	4,988,275	3,864,227	29.09	63,556,191	58,447,891	8.74
7	北京	7,454,049	5,634,439	32.29	57,098,291	44,153,755	29.32
8	河北	6,095,736	2,387,992	155.27	49,560,901	35,378,761	40.09
9	福建	426,707	553,164	−22.86	44,305,558	48,044,079	−7.78
10	辽宁	409,560	309,049	32.52	33,434,631	24,983,336	33.83
11	湖北	539,567	380,651	41.75	12,829,362	12,015,412	6.77
12	贵州	217,389	204,377	6.37	8,056,905	7,826,677	2.94
13	黑龙江	922,410	694,909	32.74	7,455,983	6,703,576	11.22
14	安徽	1,360,245	655,341	107.56	3,788,408	2,875,428	31.75
15	江西	177,989	72,698	144.83	3,399,007	1,310,917	159.28
16	四川	94,205	41,108	129.16	2,369,678	1,157,008	104.81
17	湖南	764,477	350,810	117.92	1,573,357	795,280	97.84
18	河南	203,274	113,606	78.93	1,554,961	1,194,904	30.13
19	广西	516,823	329,475	56.86	1,492,859	1,155,827	29.16
20	新疆	43,322	16,065	169.67	1,383,790	646,440	114.06
21	西藏	36,534	7084	415.73	735,059	309,261	137.68
22	陕西	15,380	8899	72.83	532,640	629,939	−15.45
23	云南	207,743	4008	5083.21	418,720	470,004	−10.91
24	重庆	17,329	21,808	−20.54	158,003	41,371	281.92
25	吉林	775,350	126,566	512.61	155,985	176,610	−11.68
26	宁夏	557			12,757		
27	内蒙古	507	10	4970.00	5176	286	1709.79
28	山西	20,028			2014		

（数据来源：海关总署 中国轻工业信息中心 中国乐器协会信息部）

2018年立式钢琴出口国家和地区

（按出口金额排序）

排名	国家和地区	数量（台）			金额（美元）		
		2018 年	2017 年	同比 (%)	2018 年	2017 年	同比 (%)
1	美国	3037	3039	−0.07	5,025,266	4,802,460	4.64
2	德国	1919	1462	31.26	3,026,519	2,153,857	40.52
3	中国香港	1131	1256	−9.95	2,496,507	2,751,608	−9.27
4	澳大利亚	797	586	36.01	1,651,098	1,132,970	45.73
5	韩国	710	658	7.90	1,428,218	1,220,397	17.03
6	朝鲜	942	813	15.87	1,325,226	834,778	58.75
7	新加坡	834	826	0.97	1,108,569	1,333,172	−16.85
8	荷兰	617	650	−5.08	1,026,633	1,104,823	−7.08
9	伊朗	610	1076	−43.31	953,495	1,684,044	−43.38
10	法国	595	265	124.53	800,708	289,654	176.44
11	波兰	623	155	301.94	700,149	235,776	196.96
12	日本	388	486	−20.16	672,977	782,900	−14.04
13	比利时	467	406	15.02	666,301	572,064	16.47
14	英国	479	423	13.24	646,401	575,236	12.37
15	捷克	298	171	74.27	583,156	262,543	122.12
16	意大利	341	453	−24.72	462,713	553,795	−16.45
17	马来西亚	312	300	4.00	459,809	446,732	2.93
18	俄罗斯	305	352	−13.35	459,155	477,724	−3.89
19	加拿大	241	280	−13.93	396,523	413,725	−4.16
20	土耳其	343	274	25.18	395,237	291,413	35.63
21	泰国	224	96	133.33	383,463	157,855	142.92
22	印度	183	197	−7.11	305,825	295,827	3.38
23	中国台湾	103	68	51.47	239,074	152,568	56.70
24	越南	83	70	18.57	220,263	169,504	29.95
25	爱尔兰	206	155	32.90	219,130	151,390	44.75
26	新西兰	125	246	−49.19	211,913	358,346	−40.86
27	巴西	279	269	3.72	204,453	216,728	−5.66
28	阿联酋	123	170	−27.65	177,439	210,177	−15.58
29	中国澳门	186	239	−22.18	170,605	215,218	−20.73
30	奥地利	100			154,728		
31	黎巴嫩	102	56	82.14	145,608	84,724	71.86

续表

排名	国家和地区	数量（台）			金额（美元）		
		2018 年	2017 年	同比 (%)	2018 年	2017 年	同比 (%)
32	西班牙	100	70	42.86	136,249	103,885	31.15
33	以色列	83	149	−44.30	120,092	195,822	−38.67
34	墨西哥	91	6	1416.67	117,130	8342	1304.10
35	印度尼西亚	85	13	553.85	116,522	12,220	853.54
36	塞浦路斯	74	72	2.78	93,502	90,331	3.51
37	希腊	58	43	34.88	77,736	43,717	77.82
38	智利	45	35	28.57	68,781	46,690	47.31
39	秘鲁	52	22	136.36	67,997	25,929	162.24
40	哈萨克斯坦	46	54	−14.81	66,222	69,992	−5.39
41	格鲁吉亚	38			62,030		
42	马耳他	40	6	566.67	61,287	6611	827.05
43	斯里兰卡	47	2	2250.00	55,836	2496	2137.02
44	哥伦比亚	43	26	65.38	53,035	37,932	39.82
45	文莱	18	9	100.00	40,764	20,891	95.13
46	立陶宛	24			39,084		
47	突尼斯	31	76	−59.21	38,528	86,841	−55.63
48	博茨瓦那	21			37,501		
49	肯尼亚	15	15	0.00	32,045	33,050	−3.04
50	巴拿马	27	12	125.00	31,618	13,351	136.82
51	阿塞拜疆	25	21	19.05	31,410	30,690	2.35
52	斯洛文尼亚	20			26,716		
53	菲律宾	17	67	−74.63	24,909	71,988	−65.40
54	阿根廷	16	16	0.00	23,841	29,804	−20.01
55	伊拉克	18			18,820		
56	乌拉圭	11			18,675		
57	匈牙利	8			18,540		
58	拉脱维亚	15	5	200.00	17,527	6095	187.56
59	约旦	15			17,493		
60	埃及	12	25	−52.00	15,618	38,337	−59.26
61	波多黎各	11			13,965		
62	阿尔巴尼亚	10			12,790		
63	南非	8	20	−60.00	11,381	29,340	−61.21
64	斯洛伐克	7	14	−50.00	10,055	16,929	−40.60
65	巴林	5			8665		

续表

排名	国家和地区	数量（台）			金额（美元）		
		2018 年	2017 年	同比 (%)	2018 年	2017 年	同比 (%)
66	尼日利亚	8	14	−42.86	8154	24,618	−66.88
67	沙特	2			6990		
68	摩洛哥	4	12	−66.67	6829	19,019	−64.09
69	孟加拉国	3			6017		
70	危地马拉	4	17	−76.47	5948	23,150	−74.31
71	坦桑尼亚	3			4066		
72	乌克兰	1	5	−80.00	3603	7200	−49.96
73	巴基斯坦	2	2	0.00	3303	2496	32.33
74	毛里求斯	1			2650		
75	牙买加	1	1	0.00	2230	1188	87.71
76	缅甸	1			2205		
77	所罗门群岛	1			1519		
78	加纳	1	1	0.00	1081	1290	−16.20
79	喀麦隆	1			850		
80	卡塔尔	1			446		

（数据来源：海关总署 中国轻工业信息中心 中国乐器协会信息部）

2018年三角钢琴出口国家和地区

（按出口金额排序）

排名	国家和地区	数量（台）			金额（美元）		
		2018 年	2017 年	同比 (%)	2018 年	2017 年	同比 (%)
1	美国	3069	1882	63.07	10,745,032	7,493,170	43.40
2	德国	330	217	52.07	1,826,390	1,127,687	61.96
3	中国香港	3833	1688	127.07	1,738,882	811,904	114.17
4	澳大利亚	175	170	2.94	1,430,155	1,559,277	−8.28
5	捷克	232	177	31.07	1,136,974	854,118	33.12
6	荷兰	151	65	132.31	843,549	260,897	223.33
7	韩国	119	127	−6.30	767,101	894,554	−14.25
8	新加坡	654	41	1495.12	738,544	562,046	31.40
9	越南	26	14	85.71	694,329	245,543	182.77
10	马来西亚	52	29	79.31	601,282	116,134	417.75
11	加拿大	398	128	210.94	597,009	483,541	23.47
12	英国	1250	101	1137.62	576,454	431,306	33.65
13	比利时	96	11	772.73	480,179	50,019	859.99
14	泰国	36	17	111.76	465,914	108,682	328.69
15	日本	74	34	117.65	458,513	129,881	253.03
16	中国台湾	34	16	112.50	388,939	460,139	−15.47
17	巴西	94	75	25.33	301,589	231,945	30.03
18	俄罗斯	56	35	60.00	245,990	150,061	63.93
19	意大利	58	83	−30.12	226,939	287,829	−21.15
20	新西兰	12	18	−33.33	224,792	258,024	−12.88
21	爱尔兰	68	33	106.06	189,750	85,000	123.24
22	伊朗	34	78	−56.41	164,904	334,129	−50.65
23	波兰	29	49	−40.82	137,519	226,004	−39.15
24	印度	24	26	−7.69	135,847	121,451	11.85
25	法国	32	19	68.42	127,247	75,688	68.12
26	阿塞拜疆	32	27	18.52	127,101	109,775	15.78
27	奥地利	24	24	0.00	113,908	106,666	6.79
28	土耳其	29	34	−14.71	97,964	104,426	−6.19
29	阿联酋	24	11	118.18	97,033	37,654	157.70
30	以色列	26	45	−42.22	96,528	144,869	−33.37

续表

排名	国家和地区	数量（台）			金额（美元）		
		2018 年	2017 年	同比 (%)	2018 年	2017 年	同比 (%)
31	墨西哥	22	3	633.33	86,217	10,280	738.69
32	埃及	21	5	320.00	75,549	16,310	363.21
33	黎巴嫩	15	23	−34.78	64,496	89,695	−28.09
34	菲律宾	9	9	0.00	48,885	34,317	42.45
35	希腊	12	3	300.00	48,499	11,312	328.74
36	印度尼西亚	9	3	200.00	43,552	17,473	149.25
37	塔吉克斯坦	5			30,000		
38	哥伦比亚	7	3	133.33	24,420	10,335	136.28
39	巴林	4			23,640		
40	智利	5	3	66.67	19,352	15,776	22.67
41	乌拉圭	4			19,340		
42	哈萨克斯坦	5	21	−76.19	19,105	77,080	−75.21
43	塞浦路斯	5	7	−28.57	18,766	38,957	−51.83
44	南非	5	8	−37.50	18,563	31,060	−40.24
45	斯洛伐克	5	2	150.00	18,020	6,411	181.08
46	西班牙	5	7	−28.57	17,676	16,177	9.27
47	阿根廷	5	3	66.67	17,660	14,082	25.41
48	巴拿马	6	9	−33.33	17,259	26,904	−35.85
49	亚美尼亚	4	5	−20.00	14,954	18,449	−18.94
50	格鲁吉亚	4	1	300.00	13,780	3910	252.43
51	波多黎各	4			13,440		
52	马耳他	3	7	−57.14	12,575	26,107	−51.83
53	约旦	4	4	0.00	12,065	9225	30.79
54	阿尔及利亚	3			10,335		
55	埃塞俄比亚	1			10,000		
56	中国澳门	4	3	33.33	9146	12,973	−29.50
57	博茨瓦那	3			8890		
58	秘鲁	2			7315		
59	摩洛哥	2			6984		
60	伊拉克	2			5680		
61	孟加拉国	1			4660		
62	立陶宛	1			4653		
63	挪威	1	1	0.00	4430	5405	−18.04
64	科威特	2			4000		

续表

排名	国家和地区	数量（台）			金额（美元）		
		2018 年	2017 年	同比 (%)	2018 年	2017 年	同比 (%)
65	突尼斯	1	2	-50.00	3537	7290	-51.48
66	加纳	1			3467		
67	阿曼	1			3200		
68	纳米比亚	1			2870		
69	蒙古	1			2711		
70	巴哈马	1			2378		
71	朝鲜	1			1000		
72	玻利维亚	1			798		
73	斯洛文尼亚	4			309		

（数据来源：海关总署 中国轻工业信息中心 中国乐器协会信息部）

2018年主要乐器出口额前10位国家和地区

（按出口金额排序）

商品名称	国家和地区数量	排名	国家和地区	数量（件）			金额（美元）		
				2018年	2017年	同比(%)	2018年	2017年	同比(%)
立式钢琴	80	1	美国	3037	3039	−0.07	5025266	4802460	4.64
		2	德国	1919	1462	31.26	3026519	2153857	40.52
		3	中国香港	1131	1256	−9.95	2496507	2751608	−9.27
		4	澳大利亚	797	586	36.01	1651098	1132970	45.73
		5	韩国	710	658	7.90	1428218	1220397	17.03
		6	朝鲜	942	813	15.87	1325226	834778	58.75
		7	新加坡	834	826	0.97	1108569	1333172	−16.85
		8	荷兰	617	650	−5.08	1026633	1104823	−7.08
		9	伊朗	610	1076	−43.31	953495	1684044	−43.38
		10	法国	595	265	124.53	800708	289654	176.44
三角钢琴	73	1	美国	3069	1882	63.07	10745032	7493170	43.40
		2	德国	330	217	52.07	1826390	1127687	61.96
		3	中国香港	3833	1688	127.07	1738882	811904	114.17
		4	澳大利亚	175	170	2.94	1430155	1559277	−8.28
		5	捷克	232	177	31.07	1136974	854118	33.12
		6	荷兰	151	65	132.31	843549	260897	223.33
		7	韩国	119	127	−6.30	767101	894554	−14.25
		8	新加坡	654	41	1495.12	738544	562046	31.40
		9	越南	26	14	85.71	694329	245543	182.77
		10	马来西亚	52	29	79.31	601282	116134	417.75
拨弦古钢琴及其他键盘弦乐器	78	1	美国	14437	365	3855.34	289300	19767	1363.55
		2	德国	2516	2791	−9.85	215962	457923	−52.84
		3	土耳其	599	268	123.51	181729	61637	194.84
		4	中国台湾	535	602	−11.13	162504	230000	−29.35
		5	捷克	640	178	259.55	160880	44500	261.53
		6	荷兰	657	512	28.32	124819	113265	10.20
		7	俄罗斯	458	140	227.14	116827	21420	445.41
		8	伊朗	397	229	73.36	85978	62747	37.02
		9	韩国	1094			82806		
		10	加拿大	889	73	1117.81	73328	37394	96.10

续表

商品名称	国家和地区数量	排名	国家和地区	数量（件）			金额（美元）		
				2018 年	2017 年	同比 (%)	2018 年	2017 年	同比 (%)
弓弦乐器	134	1	美国	449204	529508	−15.17	36771848	35411050	3.84
		2	德国	63650	37769	68.52	4449238	3081574	44.38
		3	英国	68331	74236	−7.95	3895112	3809504	2.25
		4	加拿大	26945	17521	53.79	3068963	2316691	32.47
		5	韩国	73724	77472	−4.84	2809798	3323340	−15.45
		6	巴西	82635	48274	71.18	2801539	1682238	66.54
		7	日本	38185	19714	93.69	2589289	2029191	27.60
		8	澳大利亚	27311	22119	23.47	1880019	1655297	13.58
		9	法国	38640	16476	134.52	1818920	1322592	37.53
		10	墨西哥	54467	61537	−11.49	1566105	1793209	−12.66
其他弦乐器	163	1	美国	2921710	3091775	−5.50	93482079	90361542	3.45
		2	德国	710421	505022	40.67	26013817	16875479	54.15
		3	巴西	732164	677740	8.03	19109434	20008750	−4.49
		4	英国	571419	575916	−0.78	14677641	13182588	11.34
		5	印度	407724	307578	32.56	10508031	7904670	32.93
		6	日本	193682	180106	7.54	10095442	8730012	15.64
		7	法国	178212	183473	−2.87	9495334	8610441	10.28
		8	荷兰	217176	258270	−15.91	9241944	8079166	14.39
		9	泰国	282705	272241	3.84	8308385	9438636	−11.97
		10	菲律宾	334388	294795	13.43	7817222	6893527	13.40
键盘管风琴；簧风琴等游离金属簧片键盘乐器	67	1	日本	279080	268066	4.11	3380312	2929168	15.40
		2	土耳其	530900	851628	−37.66	2646675	3765681	−29.72
		3	印度尼西亚	680862	513992	32.47	2560272	2119925	20.77
		4	墨西哥	58874	32081	83.52	318481	173962	83.08
		5	智利	56748	28902	96.35	274557	154048	78.23
		6	德国	27307	14050	94.36	235748	120417	95.78
		7	斯里兰卡	28480	24106	18.14	230848	175807	31.31
		8	巴西	42894	15461	177.43	226615	90338	150.85
		9	泰国	31799	28640	11.03	213443	197007	8.34
		10	阿根廷	32887	52616	−37.50	169075	270571	−37.51
手风琴及类似乐器	89	1	美国	75755	63226	19.82	3035362	2478352	22.48
		2	德国	5132	10382	−50.57	1084900	1519395	−28.60
		3	墨西哥	13331	21151	−36.97	944615	912821	3.48
		4	巴拉圭	11954	2139	458.86	690985	556526	24.16
		5	韩国	2495	1758	41.92	623584	427807	45.76

续表

商品名称	国家和地区数量	排名	国家和地区	数量（件）			金额（美元）		
				2018 年	2017 年	同比 (%)	2018 年	2017 年	同比 (%)
手风琴及类似乐器	89	6	日本	7042	3586	96.37	578130	630117	−8.25
		7	智利	30567	22619	35.14	572457	693030	−17.40
		8	哥伦比亚	21232	12878	64.87	563120	399168	41.07
		9	阿根廷	8012	8083	−0.88	546709	532959	2.58
		10	巴西	14160	35782	−60.43	426849	734276	−41.87
口琴	98	1	美国	1931522	1516637	27.36	3464668	2526994	37.11
		2	日本	551301	615349	−10.41	2057294	1820065	13.03
		3	韩国	229759	263313	−12.74	1406046	1210540	16.15
		4	德国	343200	454406	−24.47	1024000	1121225	−8.67
		5	比利时	391453	380357	2.92	600840	601894	−0.18
		6	印度	261858	171957	52.28	325060	331023	−1.80
		7	印度尼西亚	87277	63434	37.59	280567	174134	61.12
		8	英国	166900	265250	−37.08	249657	336037	−25.71
		9	巴西	112756	118739	−5.04	240687	252806	−4.79
		10	意大利	71864	82315	−12.70	211200	103719	103.63
铜管乐器	112	1	美国	193917	206002	−5.87	37878822	37693147	0.49
		2	德国	74963	61291	22.31	12471333	10419639	19.69
		3	英国	28475	30547	−6.78	5369808	5034066	6.67
		4	法国	17864	15626	14.32	4661801	3847146	21.18
		5	日本	27055	18648	45.08	3780339	2390187	58.16
		6	巴西	20879	12122	72.24	2090495	1573305	32.87
		7	澳大利亚	14165	11673	21.35	1973674	1663695	18.63
		8	墨西哥	12239	10801	13.31	1488253	1306503	13.91
		9	智利	19199	23418	−18.02	1454290	1530351	−4.97
		10	中国台湾	4407	4510	−2.28	1378252	1436325	−4.04
其他管乐器，但游艺场风琴及手摇风琴除外	130	1	美国	1569608	1547453	1.43	31932005	31485997	1.42
		2	德国	234779	223070	5.25	6143181	4443596	38.25
		3	中国香港	137856	32791	320.41	2954993	2282535	29.46
		4	加拿大	90641	116331	−22.08	2896792	3027744	−4.33
		5	英国	232219	198383	17.06	2538294	2231775	13.73
		6	巴西	180467	209488	−13.85	2054268	1423060	44.36
		7	秘鲁	491792	253376	94.10	1929213	1205511	60.03
		8	法国	92096	88971	3.51	1908640	1896347	0.65
		9	韩国	79566	62561	27.18	1487192	1208235	23.09
		10	墨西哥	519906	319863	62.54	1367452	1022388	33.75

续表

商品名称	国家和地区数量	排名	国家和地区	数量（件）			金额（美元）		
				2018 年	2017 年	同比 (%)	2018 年	2017 年	同比 (%)
打击乐器	150	1	美国	2490699	2039175	22.14	43901091	42747433	2.70
		2	德国	563241	428341	31.49	10731706	9741094	10.17
		3	荷兰	642164	100081	541.64	6210697	3912245	58.75
		4	尼日利亚	150736	62126	142.63	5205763	2627536	98.12
		5	巴西	164918	103669	59.08	4929113	3992804	23.45
		6	英国	353615	304731	16.04	4823594	3743633	28.85
		7	日本	443646	404636	9.64	4497191	4080648	10.21
		8	韩国	396412	306436	29.36	3556622	3137726	13.35
		9	菲律宾	251986	210080	19.95	3482965	3385407	2.88
		10	加拿大	170475	168274	1.31	3204481	3229925	−0.79
通过电产生或扩大声音的键盘乐器	155	1	美国	1264331	1198600	5.48	102276755	95583855	7.00
		2	德国	643989	584946	10.09	53692949	50609565	6.09
		3	日本	412946	361271	14.30	36361246	35003650	3.88
		4	英国	287126	232300	23.60	24773793	18076748	37.05
		5	法国	181905	141830	28.26	18619470	13978207	33.20
		6	中国香港	253585	272662	−7.00	17131919	22040468	−22.27
		7	韩国	142058	109132	30.17	14904424	12149592	22.67
		8	印度	360637	319225	12.97	13369722	14886642	−10.19
		9	阿联酋	133084	125608	5.95	10597791	9340421	13.46
		10	加拿大	70603	91228	−22.61	7250874	4718384	53.67
其他通过电产生或扩大声音的乐器	118	1	美国	804932	841797	−4.38	64331811	66636516	−3.46
		2	德国	240282	153104	56.94	17422618	13020401	33.81
		3	荷兰	131139	133335	−1.65	10912474	10952787	−0.37
		4	日本	126798	165045	−23.17	10876728	13909412	−21.80
		5	英国	133037	106772	24.60	8489755	7086418	19.80
		6	巴西	79432	52194	52.19	4403276	2812439	56.56
		7	马来西亚	53388	87254	−38.81	3631703	6770002	−46.36
		8	澳大利亚	50004	50556	−1.09	3403161	2922348	16.45
		9	加拿大	51690	45862	12.71	2849555	3586204	−20.54
		10	墨西哥	390212	617913	−36.85	2077883	1678314	23.81
百音盒	118	1	美国	2661936	2687821	−0.96	9791430	9473308	3.36
		2	英国	1186505	1378857	−13.95	5381611	5985900	−10.10
		3	中国香港	1242985	1263856	−1.65	1870944	2363486	−20.84
		4	土耳其	768111	790386	−2.82	1753468	1886917	−7.07
		5	德国	1399583	1092420	28.12	1559547	1011060	54.25

续表

商品名称	国家和地区数量	排名	国家和地区	数量（件）			金额（美元）		
				2018 年	2017 年	同比 (%)	2018 年	2017 年	同比 (%)
百音盒	118	6	法国	560037	447284	25.21	1537821	1418071	8.44
		7	日本	676616	508376	33.09	1357780	1288154	5.41
		8	荷兰	527142	491770	7.19	1212281	1141819	6.17
		9	韩国	414509	221253	87.35	1105431	758101	45.82
		10	加拿大	191663	76782	149.62	1094686	336208	225.60
其他乐器；各种媒诱音响器、哨子、号角等	169	1	美国	13990854	13252831	5.57	3916483	2850053	37.42
		2	日本	4785786	4066573	17.69	1102697	830704	32.74
		3	印度	12365039	2644002	367.66	963482	645923	49.16
		4	中国香港	611556	578807	5.66	867528	513322	69.00
		5	新加坡	3347360	102916	3152.52	796654	27963	2748.96
		6	德国	2606330	1288876	102.22	594108	440858	34.76
		7	菲律宾	3327220	3097273	7.42	576126	578092	−0.34
		8	韩国	1000206	776801	28.76	440246	435757	1.03
		9	英国	970237	1110124	−12.60	399647	303351	31.74
		10	秘鲁	543077	228634	137.53	322902	105825	205.13
乐器用弦	112	1	印度尼西亚	144488	55923	158.37	1490326	1211842	22.98
		2	美国	21319	16827	26.70	637413	884107	−27.90
		3	德国	18062	12406	45.59	521920	352036	48.26
		4	英国	11992	6615	81.28	436778	431176	1.30
		5	印度	27595	12630	118.49	354978	194819	82.21
		6	日本	16179	13832	16.97	320351	290960	10.10
		7	中国香港	15156	12358	22.64	293586	243418	20.61
		8	法国	5842	3264	78.98	228367	96248	137.27
		9	菲律宾	14978	15798	−5.19	221998	230875	−3.84
		10	俄罗斯	8732	10495	−16.80	203681	202466	0.60
钢琴的零件、附件	67	1	印度尼西亚	4248786	3173002	33.90	26759238	22295826	20.02
		2	捷克	687216	456890	50.41	4879024	3201522	52.40
		3	日本	205244	201859	1.68	2294642	2295127	−0.02
		4	韩国	782397	720334	8.62	2120488	1587637	33.56
		5	美国	41398	39305	5.33	1420240	929435	52.81
		6	德国	306452	246979	24.08	1285605	1115286	15.27
		7	意大利	22575	6353	255.34	1220854	973639	25.39
		8	伊朗	151992	195231	−22.15	818318	1038849	−21.23
		9	中国台湾	113154	148845	−23.98	487990	612443	−20.32
		10	波兰	43047	13427	220.60	437307	207650	110.60

续表

商品名称	国家和地区数量	排名	国家和地区	数量（件）			金额（美元）		
				2018年	2017年	同比(%)	2018年	2017年	同比(%)
弦乐器的零件、附件	200	1	美国	1591975	1055189	50.87	10475442	12242456	−14.43
		2	印度尼西亚	838340	612615	36.85	7580177	5460697	38.81
		3	德国	252725	243517	3.78	2842272	2885801	−1.51
		4	日本	284577	246050	15.66	2266355	2237254	1.30
		5	英国	241383	207455	16.35	2239019	4004217	−44.08
		6	中国香港	81240	104613	−22.34	1578473	2124948	−25.72
		7	韩国	124925	160691	−22.26	1464517	2042224	−28.29
		8	法国	55212	72906	−24.27	1122743	2467641	−54.50
		9	巴西	63494	88346	−28.13	1106863	1586008	−30.21
		10	俄罗斯	69593	150378	−53.72	1076480	3613234	−70.21
键盘电子乐器的零件、附件	110	1	美国	1377036	2028933	−32.13	11365984	10518301	8.06
		2	印度尼西亚	635549	448492	41.71	7727056	5154605	49.91
		3	中国香港	191255	225781	−15.29	6847508	7035923	−2.68
		4	德国	1013402	761565	33.07	4338328	2653911	63.47
		5	韩国	576847	677172	−14.82	4024063	4346958	−7.43
		6	日本	336479	292890	14.88	3508303	1998731	75.53
		7	马来西亚	195706	198064	−1.19	3241273	3322745	−2.45
		8	英国	333943	246062	35.71	1478544	1217158	21.48
		9	加拿大	73499	58328	26.01	984411	351297	180.22
		10	比利时	124993	272900	−54.20	833433	1216932	−31.51
节拍器、音叉及定音管	74	1	中国香港	19284	16112	19.69	1037708	941659	10.20
		2	美国	31565	24525	28.71	987167	945279	4.43
		3	德国	8644	7701	12.25	179065	215143	−16.77
		4	英国	5704	4071	40.11	114059	71523	59.47
		5	日本	5073	1184	328.46	82043	37737	117.41
		6	俄罗斯	3847	2250	70.98	68311	46138	48.06
		7	澳大利亚	2588	1257	105.89	45359	26104	73.76
		8	加拿大	2350	219	973.06	36391	8852	311.10
		9	巴西	894	3321	−73.08	33725	20695	62.96
		10	印度尼西亚	2069	99	1989.90	28880	1785	1517.93
百音盒的机械装置	61	1	斯里兰卡	99829	115398	−13.49	1089082	1193324	−8.74
		2	日本	87789	61780	42.10	515406	335181	53.77
		3	德国	39983	54428	−26.54	510928	663098	−22.95
		4	法国	24877	29146	−14.65	378275	367821	2.84
		5	美国	9874	7647	29.12	154969	100440	54.29

续表

商品名称	国家和地区数量	排名	国家和地区	数量（件）			金额（美元）		
				2018 年	2017 年	同比 (%)	2018 年	2017 年	同比 (%)
百音盒的机械装置	61	6	印度尼西亚	8170	333	2353.45	132294	9523	1289.21
		7	中国香港	17327	40394	−57.11	118764	300903	−60.53
		8	荷兰	5988	6743	−11.20	111338	109208	1.95
		9	印度	2684	4234	−36.61	106163	154850	−31.44
		10	西班牙	3418	5698	−40.01	60358	76226	−20.82
其他乐器的零件、附件	131	1	美国	3502545	3368115	3.99	22277008	20594881	8.17
		2	德国	1102584	1243979	−11.37	8801781	8985600	−2.05
		3	日本	662186	653326	1.36	6662262	6989622	−4.68
		4	荷兰	358360	308741	16.07	3933862	3430889	14.66
		5	韩国	431941	338646	27.55	2780211	2033078	36.75
		6	中国香港	306551	277596	10.43	2758030	2544762	8.38
		7	印度尼西亚	447288	322080	38.87	2672447	2039548	31.03
		8	英国	407035	372577	9.25	2480932	3283753	−24.45
		9	中国台湾	145292	125707	15.58	2336780	2065386	13.14
		10	巴西	340572	266623	27.74	2202349	1297812	69.70

（数据来源：海关总署 中国轻工业信息中心 中国乐器协会信息部）

2018年中国乐器海关进口量值

商品名称	单位	数量			金额（美元）		
		2018 年	2017 年	同比 (%)	2018 年	2017 年	同比 (%)
竖式钢琴（包括自动钢琴）	台	177,379	165,067	7.46	159,163,402	135,092,956	17.82
大钢琴（包括自动钢琴）	台	8204	7119	15.24	76,366,062	60,906,192	25.38
拨弦古钢琴及其他键盘弦乐器	台	352	231	52.38	1,107,119	721,769	53.39
弓弦乐器	只	1419	581	144.23	2,443,135	1,825,897	33.80
其他弦乐器（如吉他、小提琴、竖琴）	只	228,412	143,791	58.85	20,513,483	12,925,907	58.70
铜管乐器	只	6735	3234	108.26	5,987,341	3,409,811	75.59
键盘管风琴；簧风琴及类似的游离金属簧片键盘乐器	只	3706	699	430.19	4,073,963	191,636	2025.89
手风琴及类似乐器	只	3251	1509	115.44	417,045	219,262	90.20
口琴	只	67,469	46,325	45.64	1,256,464	725,350	73.22
其他管乐器，但游艺场风琴及手摇风琴除外	只	382,202	192,106	98.95	11,702,282	8,947,942	30.78
打击乐器（如鼓、木琴、响板、响葫芦）	只	2,342,091	1,769,922	32.33	24,750,441	19,744,119	25.36
通过电产生或扩大声音的键盘乐器	只	107,940	86,646	24.58	47,146,248	37,562,112	25.52
其他通过电产生或扩大声音的乐器（如电吉他）	个	73,151	33,330	119.47	19,694,336	8,992,194	119.02
百音盒	个	14,184	11,141	27.31	409,854	267,598	53.16
未列名的其他乐器	个	552,268	449,761	22.79	614,189	418,487	46.76
乐器用弦	千克	335,377	317,712	5.56	7,878,541	6,713,438	17.35
钢琴的零件、附件	千克	6,406,912	5,979,373	7.15	31,315,293	26,853,931	16.61
弓弦乐器的零件、附件	千克	366,416	326,472	12.24	7,513,686	6,135,482	22.46
电子乐器的零件、附件	千克	2,291,052	2,394,833	−4.33	25,731,061	26,253,096	−1.99
节拍器、音叉及定音管	千克	29,873	22,669	31.78	1,330,334	838,153	58.72
百音盒的机械装置	千克	2324	5007	−53.58	24,493	255,837	−90.43
未列名乐器的零件、附件	千克	1,410,332	1,205,465	16.99	38,766,632	32,714,731	18.50
合计					488,205,404	391,715,900	24.63

（数据来源：海关总署 中国轻工业信息中心 中国乐器协会信息部）

2018年中国从世界各大洲进口乐器概况

洲别	占比 (%)	金额（美元）		
		2018 年	2017 年	同比 (%)
亚洲	73.1	356,855,874	298,446,536	19.57
欧洲	19.7	96,192,144	65,427,073	47.02
北美洲	5.89	28,748,284	23,073,327	24.60
南美洲	1.25	6,098,670	3,997,201	52.57
非洲	0.05	247,754	752,379	−67.07
大洋洲	0.01	62,381	19,384	221.82
国别（地区）不详	0	297	0	
贸易国合计	100	488,205,404	391,715,900	24.63

（数据来源：海关总署 中国轻工业信息中心 中国乐器协会信息部）

2018年中国乐器进口贸易组织概况

组织和地区	占比 (%)	金额（美元）		
		2018 年	2017 年	同比 %
亚太经合组织	80.04	390,752,749	324,692,059	20.35
日韩	37.13	181,263,845	159,016,789	13.99
一带一路（2018）	31.44	153,505,157	118,695,675	29.33
一带一路	31.44	153,503,952	118,695,675	29.33
一路（2018）	29.76	145,276,969	113,399,045	28.11
东盟	29.73	145,137,626	113,236,121	28.17
欧盟	19.64	95,902,807	65,081,000	47.36
中国台湾	4.37	21,322,696	16,620,254	28.29
一带（2018）	1.69	8,228,188	5,296,630	55.35
金砖国家	1.69	8,257,665	8,891,708	−7.13
港澳自贸区	0.02	90,107	241	37,288.80
新加坡自贸区	0.01	66,028	39,073	68.99
秘鲁自贸区	0	815	0	
巴基斯坦自贸区	0	10,039	5419	85.26
智利自贸区	0	220	11,684	−98.12

（数据来源：国家海关总署 中国轻工业信息中心 中国乐器协会信息部）

2018年中国乐器进口国家和地区

（按进口金额排序）

排名	国家和地区	数量（件）			金额（美元）		
		2018 年	2017 年	同比 (%)	2018 年	2017 年	同比 (%)
1	日本	6,755,331	6,155,549	9.74	148,409,482	128,455,529	15.53
2	印度尼西亚	3,815,209	2,855,422	33.61	129,726,601	101,772,550	27.47
3	德国	545,815	463,118	17.86	68,755,627	43,012,102	59.85
4	韩国	309,086	270,662	14.20	32,854,363	30,561,260	7.50
5	美国	223,382	210,601	6.07	25,656,828	21,594,494	18.81
6	中国台湾	1,493,730	1,262,236	18.34	21,322,696	16,620,254	28.29
7	马来西亚	518,080	793,027	−34.67	12,402,117	8,837,037	40.34
8	中国大陆	402,199	411,969	−2.37	8,074,179	8,722,171	−7.43
9	法国	16,172	18,649	−13.28	6,953,804	6,171,958	12.67
10	意大利	123,387	116,199	6.19	6,113,369	5,516,139	10.83
11	墨西哥	26,516	16,156	64.12	6,014,818	3,978,746	51.17
12	捷克	4235	4219	0.38	5,994,188	3,669,066	63.37
13	加拿大	194,268	161,415	20.35	3,091,456	1,478,833	109.05
14	泰国	75,391	69,335	8.73	2,453,129	2,330,254	5.27
15	荷兰	1929	1406	37.20	2,336,518	1,936,854	20.63
16	奥地利	3876	33,037	−88.27	1,458,926	1,692,592	−13.81
17	波兰	1748	187	834.76	1,297,090	920,787	40.87
18	英国	115,766	115,401	0.32	867,505	568,466	52.60
19	瑞典	10,596	5905	79.44	845,864	772,664	9.47
20	西班牙	55,206	38,406	43.74	507,248	251,730	101.50
21	丹麦	428	354	20.90	477,923	388,946	22.88
22	土耳其	5907	10,141	−41.75	475,062	439,786	8.02
23	越南	4085	1434	184.87	416,715	179,879	131.66
24	瑞士	582	3699	−84.27	234,279	332,532	−29.55
25	朝鲜	2794	1089	156.57	188,355	78,335	140.45
26	尼泊尔	58,833	74,117	−20.62	142,556	171,766	−17.01
27	爱沙尼亚	6	1	500.00	126,141	19,952	532.22
28	印度	5624	5329	5.54	124,044	155,579	−20.27
29	中国香港	978	36	2616.67	90,107	241	37,288.80
30	突尼斯	7984	47,902	−83.33	79,455	605,499	−86.88

（数据来源：国家海关总署 中国轻工业信息中心 中国乐器协会信息部）

2018年中国乐器各省市海关进口情况

省市	数量（件）			金额（美元）		
	2018 年	2017 年	同比 (%)	2018 年	2017 年	同比 (%)
上海	2,233,273	1,786,343	25.02	257,841,790	213,014,538	21.04
广东	2,765,430	2,632,227	5.06	53,734,468	42,584,391	26.18
浙江	7,071,162	6,587,970	7.33	45,238,761	37,242,028	21.47
北京	182,823	432,007	−57.68	30,918,036	24,705,701	25.15
天津	428,962	390,555	9.83	22,630,146	19,756,053	14.55
湖北	159,770	95,932	66.55	19,616,430	16,355,926	19.93
江苏	562,052	527,272	6.60	17,879,809	9,768,390	83.04
山东	238,661	168,678	41.49	13,809,078	11,489,045	20.19
河北	231,800	173,604	33.52	7,610,298	5,908,286	28.81
福建	417,464	169,505	146.28	7,031,212	4,849,147	45.00
辽宁	50,890	36,571	39.15	5,819,604	4,237,677	37.33
四川	31,805	16,468	93.13	2,059,779	256,874	701.86
吉林	4826	52	9180.77	872,267	61,568	1316.75
重庆	985	1326	−25.72	795,064	827,193	−3.88
广西	218,284	47,049	363.95	675,477	191,333	253.04
陕西	165			565,100		
湖南	550	288	90.97	281,687	8170	3347.82
云南	92,616	53,456	73.26	172,105	157,548	9.24
宁夏	5			123,909		
山西	45,131			119,132		
安徽	16,633	40	41482.50	96,028	2828	3295.62
河南	4225	224	1786.16	78,928	21,220	271.95
江西	2927	3007	−2.66	61,765	176,830	−65.07
黑龙江	954	301	216.94	53,434	37,349	43.07
青海	24,465	15,786	54.98	48,096	24,832	93.69
西藏	24,856	24,332	2.15	42,274	38,973	8.47
海南	122			20,246		
内蒙古	212			10,467		
新疆	1			14		

（数据来源：海关总署 中国轻工业信息中心 中国乐器协会信息部）

2018年立式钢琴进口国家和地区

（按进口金额排序）

排名	国家和地区	数量（台）			金额（美元）		
		2018 年	2017 年	同比 (%)	2018 年	2017 年	同比 (%)
1	日本	75,080	69,742	7.65	78,452,294	67,082,787	16.95
2	印度尼西亚	20,356	17,642	15.38	41,539,357	34,226,636	21.37
3	韩国	78,786	75,315	4.61	25,727,787	25,161,967	2.25
4	德国	1017	771	31.91	7,723,831	4,964,496	55.58
5	捷克	881	633	39.18	3,496,808	2,430,245	43.89
6	波兰	183	138	32.61	951,319	655,466	45.14
7	美国	202	161	25.47	386,058	126,027	206.33
8	中国台湾	330	260	26.92	208,293	78,898	164.00
9	意大利	43	10	330.00	188,926	41,667	353.42
10	奥地利	21	19	10.53	114,350	55,312	106.74
11	中国大陆	202	108	87.04	113,273	59,900	89.10
12	英国	118	147	−19.73	109,977	77,110	42.62
13	越南	48	25	92.00	48,239	27,878	73.04
14	法国	29	12	141.67	35,433	6,051	485.57
15	马来西亚	27	50	−46.00	11,833	60,314	−80.38
16	荷兰	7	10	−30.00	11,300	24,479	−53.84
17	格鲁吉亚	8			9825		
18	俄罗斯	6	16	−62.50	9413	6841	37.60
19	加拿大	11			8196		
20	瑞典	8			4983		
21	匈牙利	1			3820		
22	丹麦	5	3	66.67	3589	4052	−11.43
23	澳大利亚	2			1455		
24	爱尔兰	2			1078		
25	芬兰	3	2	50.00	1012	873	15.92
26	比利时	1			613		
27	西班牙	2	3	−33.33	340	1957	−82.63
28	乌克兰	1	8	−87.50	423	1808	−76.60
29	爱尔兰	1			257		
30	南非	1	1	0.00	230	943	−75.61

（数据来源：海关总署 中国轻工业信息中心 中国乐器协会信息部）

2018年三角钢琴进口国家和地区

（按进口金额排序）

排名	国家和地区	数量（台）			金额（美元）		
		2018 年	2017 年	同比 (%)	2018 年	2017 年	同比 (%)
1	德国	679	474	43.25	34,880,205	21,739,947	60.44
2	日本	5036	4360	15.50	24,958,999	21,716,867	14.93
3	印度尼西亚	1942	1934	0.41	9,648,317	9,875,686	−2.30
4	美国	262	158	65.82	3,241,532	4,334,155	−25.21
5	捷克	87	61	42.62	1,499,951	1,001,208	49.81
6	奥地利	15	12	25.00	864,593	851,973	1.48
7	意大利	7	8	−12.50	429,870	865,481	−50.33
8	波兰	25	22	13.64	324,106	261,325	24.02
9	法国	31	15	106.67	134,556	78,578	71.24
10	爱沙尼亚	6	1	500.00	126,141	19,952	532.22
11	瑞士	1			89,265		
12	韩国	79	51	54.90	74,237	124,144	−40.20
13	英国	15	20	−25.00	62,370	33,126	88.28
14	中国大陆	9	3	200.00	14,832	3750	295.52
15	荷兰	1			5441		
16	新加坡	1			4732		
17	格鲁吉亚	1			2613		
18	比利时	5			2609		
19	马来西亚	1			1103		
20	中国台湾	1			590		

（数据来源：海关总署 中国轻工业信息中心 中国乐器协会信息部）

2018年主要乐器进口额前10位国家和地区

（按进口金额排序）

商品名称	国家和地区数量	排名	国家和地区	数量（件）			金额（美元）		
				2017年	2016年	同比(%)	2017年	2016年	同比(%)
立式钢琴	30	1	日本	75,080	69,742	7.65	78,452,294	67,082,787	16.95
		2	印度尼西亚	20,356	17,642	15.38	41,539,357	34,226,636	21.37
		3	韩国	78,786	75,315	4.61	25,727,787	25,161,967	2.25
		4	德国	1017	771	31.91	7,723,831	4,964,496	55.58
		5	捷克	881	633	39.18	3,496,808	2,430,245	43.89
		6	波兰	183	138	32.61	951,319	655,466	45.14
		7	美国	202	161	25.47	386,058	126,027	206.33
		8	中国台湾	330	260	26.92	208,293	78,898	164.00
		9	意大利	43	10	330.00	188,926	41,667	353.42
		10	奥地利	21	19	10.53	114,350	55,312	106.74
三角钢琴	20	1	德国	679	474	43.25	34,880,205	21,739,947	60.44
		2	日本	5036	4360	15.50	24,958,999	21,716,867	14.93
		3	印度尼西亚	1942	1934	0.41	9,648,317	9,875,686	−2.30
		4	美国	262	158	65.82	3,241,532	4,334,155	−25.21
		5	捷克	87	61	42.62	1,499,951	1,001,208	49.81
		6	奥地利	15	12	25.00	864,593	851,973	1.48
		7	意大利	7	8	−12.50	429,870	865,481	−50.33
		8	波兰	25	22	13.64	324,106	261,325	24.02
		9	法国	31	15	106.67	134,556	78,578	71.24
		10	爱沙尼亚	6	1	500.00	126,141	19,952	532.22
拨弦古钢琴及其他键盘弦乐器	12	1	日本	294	178	65.17	582,561	301,952	92.93
		2	德国	11	47	−76.60	317,969	345,751	−8.04
		3	法国	4	3	33.33	55,188	4,086	1250.66
		4	意大利	3	1	200.00	45,726	68,796	−33.53
		5	美国	25	1	2400.00	45,163	1000	4416.30
		6	荷兰	1			36,176		
		7	英国	6	1	500.00	16,488	184	8860.87
		8	印度尼西亚	4			3308		
		9	加拿大	1			2159		
		10	希腊	1			1205		

续表

商品名称	国家和地区数量	排名	国家和地区	数量（件）			金额（美元）		
				2017 年	2016 年	同比 (%)	2017 年	2016 年	同比 (%)
弓弦乐器	21	1	意大利	43	54	−20.37	1,362,967	1,186,610	14.86
		2	德国	282	120	135.00	647,428	295,673	118.97
		3	法国	47	77	−38.96	262,484	332,156	−20.98
		4	捷克	75			37,173		
		5	奥地利	1			36,415		
		6	中国大陆	684	307	122.80	32,014	5097	528.09
		7	美国	14	15	−6.67	17,776	5356	231.89
		8	英国	40			14,207		
		9	匈牙利	14	2	600.00	9866	952	936.34
		10	菲律宾	76			8048		
其他弦乐器	28	1	印度尼西亚	202,555	122,826	64.91	10,066,485	6,235,413	61.44
		2	墨西哥	15,812	9948	58.95	4,442,863	2,841,427	56.36
		3	美国	2859	4220	−32.25	3,405,581	2,159,678	57.69
		4	意大利	82	65	26.15	586,325	444,271	31.97
		5	日本	720	1122	−35.83	420,933	281,556	49.50
		6	中国台湾	2265	1687	34.26	377,637	293,822	28.53
		7	法国	51	1	5000.00	281,284	1103	25,401.72
		8	德国	232	190	22.11	235,489	242,118	−2.74
		9	英国	68	42	61.90	204,062	101,229	101.58
		10	西班牙	360	340	5.88	108,017	98,444	9.72
铜管乐器	17	1	美国	1195	226	428.76	1,339,549	170,631	685.06
		2	德国	330	350	−5.71	1,291,183	1,170,826	10.28
		3	日本	868	632	37.34	1,059,100	743,927	42.37
		4	中国台湾	1879	1534	22.49	787,416	697,329	12.92
		5	捷克	605	57	961.40	733,326	127,524	475.05
		6	西班牙	204	52	292.31	291,850	72,624	301.86
		7	荷兰	67	3	2133.33	181,409	23,688	665.83
		8	法国	46	77	−40.26	109,421	263,911	−58.54
		9	奥地利	72	61	18.03	76,801	95,426	−19.52
		10	越南	195	82	137.80	28,441	12,688	124.16
键盘管风琴；簧风琴等游离金属簧片键盘乐器	8	1	德国	19			2,772,305		
		2	加拿大	3203			1,123,819		
		3	意大利	21	27	−22.22	112,917	173,828	−35.04

续表

商品名称	国家和地区数量	排名	国家和地区	数量（件）			金额（美元）		
				2017年	2016年	同比(%)	2017年	2016年	同比(%)
键盘管风琴；簧风琴等游离金属簧片键盘乐器	8	4	荷兰	8	2	300.00	22,669	640	3442.03
		5	美国	35	7	400.00	19,735	4080	383.70
		6	日本	397	657	−39.57	12,910	12,952	−0.32
		7	英国	3			9052		
		8	新加坡	20	6	233.33	556	136	308.82
手风琴及类似乐器	13	1	意大利	370	229	61.57	206,608	104,713	97.31
		2	朝鲜	2794	1089	156.57	188,355	78,335	140.45
		3	俄罗斯	28	23	21.74	5340	6700	−20.30
		4	中国大陆	17			3722		
		5	德国	16	127	−87.40	3258	27081	−87.97
		6	英国	4			3131		
		7	捷克	2			3036		
		8	日本	6	1	500.00	1924	759	153.49
		9	西班牙	4			688		
		10	荷兰	3	40	−92.50	420	1674	−74.91
口琴	7	1	日本	31,598	24,094	31.14	806,871	482,540	67.21
		2	德国	30,872	21,656	42.56	427,449	240,248	77.92
		3	中国大陆	3450	76	4439.47	11,906	182	6441.76
		4	波兰	1193			6063		
		5	印度尼西亚	85	6	1316.67	3166	130	2335.38
		6	新加坡	270	492	−45.12	871	1000	−12.90
		7	美国	1	1	0.00	138	1250	−88.96
其他管乐器，但游艺场风琴及手摇风琴除外	18	1	日本	18,408	11,257	63.52	3,681,405	3,141,626	17.18
		2	法国	2090	2415	−13.46	3,159,820	2,762,593	14.38
		3	中国台湾	189,091	127,548	48.25	2,106,646	1,539,374	36.85
		4	德国	1393	1353	2.96	1,790,794	1,072,874	66.92
		5	美国	1116	1183	−5.66	392,968	288,028	36.43
		6	韩国	34,611	750	4514.80	151,915	23,137	556.59
		7	印度尼西亚	94,867	18,220	420.68	102,153	41,990	143.28
		8	瑞典	2294	150	1429.33	78,460	2445	3109.00
		9	英国	28,557	25,620	11.46	75,720	55,018	37.63
		10	捷克	84	10	740.00	75,447	15,195	396.53
打击乐器	46	1	印度尼西亚	1,835,729	1,303,134	40.87	5,979,856	5,579,196	7.18
		2	德国	168,365	139,887	20.36	3,990,457	2,840,127	40.50

续表

商品名称	国家和地区数量	排名	国家和地区	数量（件）			金额（美元）		
				2017 年	2016 年	同比 (%)	2017 年	2016 年	同比 (%)
打击乐器	46	3	中国台湾	108,963	105,082	3.69	3,803,146	2,314,803	64.30
		4	美国	48,288	46,081	4.79	3,149,854	2,726,954	15.51
		5	日本	12,314	6908	78.26	2,257,476	906,882	148.93
		6	荷兰	844	790	6.84	1,865,145	1,775,443	5.05
		7	加拿大	43,716	38,890	12.41	1,255,786	1,282,236	−2.06
		8	泰国	37,071	34,209	8.37	830,116	889,212	−6.65
		9	土耳其	5497	9707	−43.37	463,390	433,551	6.88
		10	法国	703	227	209.69	210,573	157,660	33.56
通过电产生或扩大声音的键盘乐器	13	1	印度尼西亚	72,191	49,908	44.65	36,735,990	26,580,645	38.21
		2	马来西亚	17,213	14,640	17.58	6,130,607	5,793,211	5.82
		3	日本	1565	1542	1.49	2,099,160	2,707,253	−22.46
		4	中国大陆	12,650	18,451	−31.44	927,697	1,164,372	−20.33
		5	瑞典	413	530	−22.08	538,077	687,521	−21.74
		6	意大利	405	525	−22.86	332,459	467,801	−28.93
		7	越南	3046	835	264.79	228,212	81,142	181.25
		8	墨西哥	438	203	115.76	81,441	36,642	122.26
		9	荷兰	8	4	100.00	63,526	41,172	54.29
		10	美国	6	8	−25.00	5382	2353	128.73
其他通过电产生或扩大声音的乐器	27	1	印度尼西亚	43,042	21,034	104.63	7,552,851	3,881,844	94.57
		2	马来西亚	9915	93	10,561.29	4,071,717	16,701	24,280.08
		3	美国	5471	3793	44.24	3,738,395	2,648,637	41.14
		4	日本	3172	1129	180.96	1,300,493	615,582	111.26
		5	墨西哥	4002	2748	45.63	1,209,920	980,257	23.43
		6	中国台湾	3995	1500	166.33	1,120,475	421,707	165.70
		7	韩国	975	931	4.73	248,012	200,633	23.61
		8	意大利	529	28	1789.29	156,833	52,818	196.93
		9	德国	208	39	433.33	113,077	25,233	348.13
		10	中国大陆	1454	1965	−26.01	89,720	134,555	−33.32
百音盒	17	1	日本	4476	15	29,740.00	144,557	557	25,852.78
		2	中国大陆	6747	5888	14.59	95,576	120,005	−20.36
		3	瑞士	166	158	5.06	54,720	87,694	−37.60
		4	意大利	52			49,041		
		5	英国	405	391	3.58	21,534	20,836	3.35
		6	美国	28	20	40.00	19,736	13,562	45.52

续表

商品名称	国家和地区数量	排名	国家和地区	数量（件）			金额（美元）		
				2017 年	2016 年	同比 (%)	2017 年	2016 年	同比 (%)
百音盒	17	7	中国台湾	2027	4413	−54.07	11,440	12,301	−7.00
		8	德国	53	175	−69.71	4432	9844	−54.98
		9	比利时	21			2034		
		10	荷兰	43	39	10.26	2020	2340	−13.68
其他乐器；各种媒诱音响器、哨子、号角等	22	1	日本	126,324	97,136	30.05	320,770	235,330	36.31
		2	中国台湾	141,023	99,157	42.22	115,487	90,491	27.62
		3	加拿大	135,613	119,351	13.63	60,377	48,388	24.78
		4	德国	246	52	373.08	43,221	658	6468.54
		5	英国	84,303	86,659	−2.72	25,392	12,550	102.33
		6	西班牙	53,512	37,300	43.46	13,566	7576	79.07
		7	以色列	107			8419		
		8	美国	310	720	−56.94	6846	8136	−15.86
		9	泰国	125	246	−49.19	5369	1248	330.21
		10	中国大陆	7043	1039	577.86	5351	2198	143.45
乐器用弦	19	1	美国	64,932	56,674	14.57	4,325,413	3,824,085	13.11
		2	德国	159,686	171,558	−6.92	1,240,775	1,242,627	−0.15
		3	日本	96,101	80,237	19.77	634,968	507,984	25.00
		4	丹麦	304	351	−13.39	412,122	384,894	7.07
		5	印度尼西亚	4143	3019	37.23	359,809	293,435	22.62
		6	奥地利	250	731	−65.80	257,116	146,952	74.97
		7	墨西哥	4571	1847	147.48	246,082	85,645	187.33
		8	意大利	1984	1283	54.64	230,139	126,917	81.33
		9	法国	1935	1478	30.92	85,432	79,639	7.27
		10	阿根廷	541	27	1903.70	34,357	2349	1362.62
钢琴的零件、附件	14	1	日本	6,112,592	5,630,446	8.56	20,317,797	17,945,046	13.22
		2	德国	94,729	89,954	5.31	9,370,866	6,982,366	34.21
		3	印度尼西亚	184,865	245,487	−24.69	1,173,415	1,632,239	−28.11
		4	韩国	8848	11,383	−22.27	225,047	211,084	6.61
		5	奥地利	2889	253	1041.90	65,442	11,164	486.19
		6	中国台湾	30	10	200.00	56,610	17,243	228.31
		7	加拿大	965			48,549		
		8	捷克	817	1379	−40.75	28,059	14,660	91.40
		9	英国	156	428	−63.55	13,352	35,935	−62.84
		10	美国	431	19	2168.42	7146	2687	165.95

续表

商品名称	国家和地区数量	排名	国家和地区	数量（件）			金额（美元）		
				2017 年	2016 年	同比 (%)	2017 年	2016 年	同比 (%)
弦乐器的零件、附件	26	1	中国台湾	288,588	259,744	11.10	2,352,642	2,181,127	7.86
		2	韩国	45,527	36,469	24.84	2,052,251	1,030,311	99.19
		3	美国	6305	6914	−8.81	927,861	898,543	3.26
		4	中国大陆	5456	4164	31.03	555,998	436,056	27.51
		5	日本	9378	8644	8.49	518,218	448,025	15.67
		6	法国	709	957	−25.91	317,607	407,964	−22.15
		7	德国	2808	4708	−40.36	306,446	449,568	−31.84
		8	加拿大	1483	952	55.78	120,336	60,981	97.33
		9	中国香港	34	36	−5.56	82,969	241	34,326.97
		10	瑞典	964			73,525		
键盘电子乐器的零件、附件	28	1	印度尼西亚	1,300,495	1,025,336	26.84	9,111,177	7,167,465	27.12
		2	韩国	130,160	145,610	−10.61	3,972,285	3,790,384	4.80
		3	中国大陆	111,665	134,288	−16.85	2,945,910	3,909,153	−24.64
		4	马来西亚	490,872	778,244	−36.93	2,183,171	2,966,811	−26.41
		5	日本	71,008	79,355	−10.52	2,154,766	2,648,273	−18.64
		6	意大利	114,276	110,479	3.44	1,587,940	1,506,813	5.38
		7	泰国	29,000	26,048	11.33	1,421,951	1,263,425	12.55
		8	中国台湾	21,473	33,640	−36.17	978,333	1,059,464	−7.66
		9	美国	6754	7934	−14.87	970,366	1,039,114	−6.62
		10	瑞典	5550	4026	37.85	94,625	47,104	100.89
节拍器、音叉及定音管	9	1	日本	14,541	12,939	12.38	515,059	400,314	28.66
		2	中国大陆	5170	3918	31.96	363,164	268,747	35.13
		3	德国	4311	541	696.86	258,421	28,010	822.60
		4	泰国	5292	5158	2.60	132,664	125,290	5.89
		5	越南	424	93	355.91	48,917	13,017	275.79
		6	美国	92	11	736.36	11,722	2644	343.34
		7	中国台湾	38			195		
		8	英国	5	9	−44.44	176	131	34.35
		9	印度				16		
百音盒的机械装置	6	1	中国大陆	1944	117	1561.54	12,864	4291	199.79
		2	日本	40	46	−13.04	6915	6915	0.00
		3	中国台湾	102	4829	−97.89	3096	244,259	−98.73
		4	斯洛文尼亚	20			822		

续表

商品名称	国家和地区数量	排名	国家和地区	数量（件）			金额（美元）		
				2017 年	2016 年	同比 (%)	2017 年	2016 年	同比 (%)
百音盒的机械装置	6	5	波兰	189			473		
		6	瑞士	29	15	93.33	323	372	−13.17
其他乐器的零件、附件	43	1	中国台湾	733,907	622,832	17.83	9,400,019	7,669,436	22.56
		2	日本	171,412	125,106	37.01	8,162,261	8,268,360	−1.28
		3	印度尼西亚	54,560	46,423	17.53	7,399,963	6,216,716	19.03
		4	美国	85,056	82,455	3.15	3,645,607	3,337,574	9.23
		5	德国	79,933	30,386	163.06	3,266,477	1,290,921	153.03
		6	中国大陆	236,131	236,429	−0.13	2,696,416	2,363,817	14.07
		7	法国	10,494	13,359	−21.45	2,295,714	2,073,237	10.73
		8	意大利	4080	3390	20.35	691,290	457,380	51.14
		9	韩国	9617			324,145		
		10	加拿大	8198	1908	329.66	311,017	61,163	408.51

（数据来源：海关总署 中国轻工业信息中心 中国乐器协会信息部）

中国乐器年鉴（2019）

CHINA MUSICAL INSTRUMENT YEARBOOK

工作要点

中国乐器协会2018年工作要点

2018年，协会认真贯彻落实党的十九大精神，遵循新时代中国特色社会主义思想和基本方略，坚定“道路自信、理论自信、制度自信、文化自信”，围绕建设“美好生活、美丽中国”的奋斗目标，坚持“一条主线”、抓住“三大市场”、扩展“五大平台”。坚持一条主线：以认真学习贯彻党的“十九大”精神为主线，研究乐器行业新环境、新特点；抓住三大市场：乐器产销市场、音乐教育服务市场和器乐文化演艺消费市场；五大平台：完善行业科技合作、音乐教育服务、技能人才培训、信息服务和国际交流合作五大平台。中国乐器行业面对国内外市场变化，面对音乐文化消费国际化、多元化和消费习惯的改变，积极面对，勇于创新、善于创新，紧跟日新月异的发展形势。

一、科技创新驱动，实施“三品战略”，推动中高端产品质量与档次提升

（一）加强行业科技合作

协会根据当前科技创新与行业合作发展需求，制定了“关于加强乐器行业科技合作的若干意见”，充分发挥分支机构、骨干企业作用，增强校企合作，上下游协调，重点项目联合攻关；实施行业“增品种、提品质、创品牌的三品战略”；推动乐器标准化和加强环境保护等方面，研究制定符合乐器行业特点的科技合作工作原则和运行机制，完善行业科技合作平台。

（二）组织重点项目联合攻关，组织好年度行业科技大会

组织行业专家和专业院所资源，研究影响行业发展的重点技术课题，围绕“十三五”规划和技术路线图，有计划地组织好国家级和行业重点科技项目立项、攻关，力求每年有所突破。2018年行业科技攻关重点是：民族低音拉弦乐器、乐器声学木材研究与应用、新材料推广等。协会要进一步充实合作内容，扩大合作范围，力求重点项目年年有所突破，并组织好年度行业科技大会，促进产业结构调整和转型升级。

（三）加强行业中高端技能人才的培养

乐器行业中高端技术人才匮乏，一线工人流动性大，是困扰行业发展的重点问题。2018年努力做好三件事，一是承接国家职业技能培训鉴定职能，推动行业职业技能培训。此项工作得到人社部和中国轻工业联合会主管部门的支持，可以在新政策出台以前，由行业协会进行组织实施。此次理事扩大会就要审议通过新指定的《乐器行业职业技能培训管理实施办法》。此办法延续原有国家职业技能培训鉴定管理原则，继续开展好钢琴调律师和提琴制作师培训和行业鉴定。二是扩展到原国家职业大典中项目，近期重点筹备民族弹拨、拉弦乐器和电鸣乐器重点工种。三是积极推进与国际职业培训项目合作，扩展职业技能培训联盟标准培训试点，2017年已经开展了钢琴调律师联盟标准培训认证，2018年拟与欧洲音乐技师学院和布菲乐器集团开展西管乐器联盟标准培训试点。联盟标准作为国家和行业标准的补充和中高端人才培训试点。同时支持各分支机构和会员企业与专业院校合作，实施定向人才培养计划。

（四）推动乐器标准化工作，落实标准制修订和贯标活动

乐器行业已经制修订并管理着112项国家、行业技术标准，2018年计划完成1项国标、5项行标的制修订，同时对《乐器有害物质限量》《废旧乐器回收利用通用技术规范》等国家标准进行宣贯。

二、以市场为导向，树立战略发展思维，创建跨界融合发展平台

（一）继续办好上海国际乐器展，打造国际化商贸、科技服务平台

一要稳健扩展上海乐器展规模，不断完善服务功能，提高服务水平；二要扩大国际化合作，争取更多国际知名品牌和民族优秀品牌加入；三要扩展科技创新服务项目，在连续开展创新产品评选基础上，探讨创建全球新产品首发平台；四要加强知识产权保护和提升服务质量，为展商和行业创造公开、公正、和谐的氛围。2018年预计还要增加一个馆，面积将突破13万平方米。

（二）办好北京音乐生活展，组织国民音乐教育大会，开拓音乐教育市场

北京音乐生活展定位是创新和服务大众音乐生活市场，2018年将坚持“以会助展、以活动带展、以专家引领大众”的原则，音乐生活展与国民音乐教育大会同址、同期举办，与“6·21国际乐器演奏日”总结展演结合，对应市场需求，打造“音乐教育、音乐生活一站式采购服务平台”。将设立“国风、西韵、跨界、乐学”四大板块，吸收国内外著名乐器、音乐教育、音乐消费品牌，专家与观众零距离，坚持跨界融合、时尚引领，努力扩展音乐体验、项目推广等市场化板块。包括：音乐教育分享、定制产品、技术服务、项目平台、工坊、游学等内容。希望会员单位积极参与，用不同于商贸展的视角和跨界、互联网思维，共同打造音乐教育、音乐生活市场化交流合作平台。

展会同期，将由全国音乐教育服务合作联盟发起组织“国民音乐教育大会”，预计有8场主旨、主题发言，70余场圆桌论坛和工作坊（大师讲座），将有7个国家和地区音乐教育专家，近千位学校及社会音乐教育专家和音乐文化工作者参加，共同商讨当前音乐产业的热点、焦点问题，挖掘市场需求，提供跨界合作商机。为了办好国民音乐教育大会，计划在5月8日，由合作联盟与江苏文化艺术科学技术协会、黄桥镇政府等联合组织“全国音乐教育专题研讨会”。

（三）继续组织好2018年“6·21国际乐器演奏日”活动，扩大音乐人口，培育乐器潜在市场

“6·21国际乐器演奏日”1982年由法国发起，目前在全球120多个国家和地区展开，美国国际音乐制品协会连续3年在国际联盟会议向各国推荐。2018年“6·21乐器演奏日”活动，已于1月在协会音教专委会上启动，全国已有41家联合主办单位授权，有100余个城市3000场大众演出活动。世界5个国家电话会议商定，在6·21前后全球陆续点亮世界标志性建筑，于6月16日点亮中华世纪坛，举办3000人音乐盛会，启动全国演出周活动。届时全国活动全面展开。活动之后，在北京音乐生活展期间，组织6·21优秀节目展演和总结颁奖活动。

（四）延伸乐器、音乐教育、音乐文化产业链，拓展行业服务项目

建议各分支机构和会员单位，为适应当前跨界融合及乐器+互联网的发展趋势，将行业活动范围扩展到院校合作、跨行业学习、产业链上下联通等方面，充分发挥会员单位的积极性、创造性，使各分支机构活动更加丰富、有实效。8-9月份召开协会分支机构和产业基地工作会议。

协会音乐教育专委会、民族器乐学会、琴行分会、钢琴调律师分会、提琴制作师分会要根据会员需求和行业特点，完善分层、区域组织建设，明确领导班子分工职责，制定好计划，积极开展丰富多彩的行业交流活动，落实服务会员项目，开展社会化服务。

三、促进跨界融合，扩展乐器行业对外合作

（一） 继续巩固扩大音乐教育服务联盟合作平台，扩大合作范围，吸收更多合作伙伴，抓好重点项目，研究合作运行机制。

组建合作联盟“智库”，由各行业领军专家组成音乐教育服务合作联盟专家组，负责在联盟领导层决策后，研究项目思路和方案要点，便于执行层推进。同时，扩展合作联盟合作伙伴，保持合作平台的稳定性和可持续发展。

（二） 加强与地方政府的合作，完善乐器特色产业基地和音乐教育服务示范基地建设

在加强已经命名的乐器特色产业基地和音乐教育服务示范基地共建的同时，做好河北饶阳“民族乐器之乡”、河南兰考“乐器产业基地”和惠阳“吉他产业基地”的考察和专家评审工作。支持乐器文化产业、音乐教育项目创建音乐教育服务示范基地活动。支持地方政府音乐文化特色项目建设。

（三） 扩大国际同行业交流合作，落实NAMM、欧洲音乐产业联盟合作项目

继续做好“国际乐器演奏日”合作交流，落实国民音乐教育大会外方主旨、主题发言和圆桌论坛项目；继续组织好上海展行业论坛和培训课程；加强国际行业协会信息交流与服务合作，为会员走出去、请进来牵线搭桥；引进国外先进音乐教育项目，联合打造适应我国国情的社会音乐教育服务项目。

四、打造乐器品牌高地，推动行业高质量发展（五项重要举措）

（一） 推动“三品战略”，与京东电商实施战略合作，扩大品牌影响力

京东主管领导在会上给大家介绍当前消费品市场的特点和变化，并与协会签署战略合作协议。京东近期提出第四次零售革命的概念，用商业智能将众多行业推向变革窗口，消费互联网走向产业互联网，京东向品牌商提供营销和公关方面支持，发挥仓储、物流和售后服务优势。协会与京东合作，一是发挥行业组织和京东各自优势，助力中国乐器品牌推广，推行技术标准和市场导向，实施多元媒体全景营销推广；二是探讨商贸及服务线上线下合作平台，用商业智能促进乐器电商与实体店体验协调发展；三是发挥互联网大数据优势，建立全方位智能服务体系，以满足消费者日益增长的美好需求；四是通过品牌文化活动，如上海国际乐器展、北京音乐生活展、6·21国际乐器演奏日、国民音乐教育大会等平台，打造乐器品牌高地。

（二） 创新行业信息服务平台，助力行业、企业品牌升级

协会信息服务将扩展为四大板块，一是健全四大信息采集渠道，从国家统计信息、国际行业交流信息、行业内部统计信息和互联网大数据信息；二是立体化全方位品牌宣传板块；三是国际合作交流板块；四是行业动态、政策研究，反映会员诉求，开展专题调研。充分发挥协会网站、官微、公众号、服务号等新媒体功能，《中国乐器》杂志增设“大国品牌”“大国工匠”“企业家”等栏目，推广轻工行业数据直报系统，宣传品牌，丰富数据、信息服务质量和覆盖率。同时根据会员需求，提供专项定制服务。协会要继续加强与业内和大众媒体的密切合作，为行业和会员提供更多、更快捷的服务项目，扩展行业宣传途径。

（三） 开展多元化行业人才培训，提升行业、企业品牌内在实力

恢复和完善行业职业技能培训鉴定项目，发挥各专家委员会作用，协助各分支机构做好基础准备。创造条件促进校企合作，引进国际合作项目，继续推进钢琴调律联盟标准培训，积极推进与法国布菲乐器集团及欧洲音乐技师学院合作，筹建具备学历教育和社会培训结合的中国乐器修造学院。

（四） 组建乐器行业专家委员会，打造行业特色品牌项目

分期分批组建乐器科技、社会音乐教育和经营管理等方面专家组，首批音乐教育专家组已邀请了吴斌、周海宏、姜斯文、赵易山等著名专家教授和业内专家。要在实践中摸索专家委员会活动运行机制、服务方法与途径，支持分支机构，开展丰富多彩的专题活动。琴行及培训机构以及专业个人会员的分支机构，要尽快落实分层或区域活动组织，集中活动与分散活动结合，共性项目与个性特色项目并举，提高分支机构覆盖率和影响力，扩大会员的参与度和黏度。

（五） 积极推动行业信用体系建设，提升乐器品牌信誉度

按照国家民政部社团管理的要求，行业协会都要开展信用体系建设。行业协会是推动社会信用体系建设的中坚力量，担负着主体责任。要建立一套“双层互促”的制度体系，逐步建立起从信用承诺开始，到履行承诺、信用信息监测、信用状态评价、实施激励惩戒的双层互促的全链条闭环式管理体系。围绕行业信用建设，建立完善行业信用承诺、行业信用采集、行业信用状态评价、行业信用红黑名单和重点关注名单认定发布，以及行业信用激励与承接制度等。逐步建立“守信用收益、失信者受限”的业态发展良好环境。协会与中商信国际信用管理有限公司第三方进行合作，理事会通过《关于开展乐器行业企业信用体系等级评价管理办法》，并在行业内开展企业信用体系等级的评价工作。

中国乐器协会2018年工作总结

2018年是我国改革开放40周年，是乐器行业创新提升的一年，一年来，我会在中国轻工业联合会党委领导下，深入贯彻党的“十九大”精神，坚持创新发展理念，以满足人民对美好生活期盼为出发点，实施“三品战略”，强化科技创新，拓展音乐教育与音乐文化市场，致力产品中高端和扩大音乐人口，促进行业高质量发展，全年规模以上企业主营业务收入增长8%，利润增长9%，出口稳中有升，行业整体运行良好。

2018年我们经历了诸多困难与挑战，一是美国贸易保护造成乐器出口波动，二是劳动力、原材料和环境治理成本继续攀升，三是国际濒危物种保护组织将玫瑰木列入出口限制目录，吉他产业实行出口许可证，不能享受出口退税政策，四是国家将进口乐器关税由17.5%降到10%，国外乐器进口呈增长趋势，对民族品牌中高端产品压力增大。加上乐器消费市场日新月异的挑战，倒逼乐器行业创新提升。在机遇与挑战面前，协会和广大会员单位积极应对，调整产品结构，加速技术改造，深入开展科技创新、管理创新和市场创新，推动音乐教育和音乐文化活动，取得了较好的成绩。

一、学习落实“十九大”精神，应对国内外市场变化，调整产业结构提升运行质量

（一） 四月，协会理事扩大会议以“努力打造行业品牌高地，推动乐器产业高质量发展”为主题，组织8家企业专题经验交流，表彰行业50强和先进集体，启动行业“信用体系”建设，为了促进乐器+互联网，协会与京东集团签订战略合作协议。

（二） 各分支机构积极开展行业交流学习活动，产业链上下游及时沟通调整，产业集群重点应对环保整顿，采取积极整改措施。为减少人工成本压力，不少骨干企业加大技术改造力度，更新改造设备，使得产量稳定增长，用工数量反而有所降低。产品成本、库存和流动资金等主要经济技术指标整体可控。

（三）乐器特色产业集群建设有新进展。在完成天津静海区乐器特色产业基地共建评审后，2018年完成了河北饶阳县“民族乐器之乡”的共建评审。还完成了江苏黄桥“提琴之都”的复评。并组织产业集群交流研讨会，地方政府高度重视，各产业基地积极参加。

二、创新推动企业成长，科技引领产业升级

（一） 内外兼修，品牌地位有所提高

从内部，技术改造持续开展，质量与品牌意识提升，生产工艺装备改善，产品标准化、系列化和智能化加强；从外部，企业加大市场投入，产业结构、产品结构调整加速，品牌推广与国际化合作成市场亮点，一批骨干企业走出去，大胆尝试收购或控股国际知名品牌，例如：珠江钢琴并购德国舒密尔钢琴、柏斯集团收购格德里安钢琴、森鹤乐器与法国著名钢琴品牌普利耶钢琴开展合作。目前乐器行业省市著名品牌50余个，高新技术企业近20余

家，企业实力和品牌地位明显提升。珠江钢琴荣获2017轻工百强（研发能力）、吟飞科技荣获轻工百强（电商能力）称号。

（二）行业科技合作及重点科技项目取得阶段性成果

民族低音拉弦乐器改革，由中央音乐学院提琴制作中心、上海民族乐器一厂和凤灵乐器集团分别组成三个专业攻关小组，经过反复研究实验，与院校、专业团体合作，创作了“大华琴”“贝拉琴”“大瓷琴”新一代样品，经专业团体使用，反映良好，10月24日协会主办，中央音乐学院提琴制作中心协办，在中央音乐学院组织了专家测评座谈会，得到专家充分肯定，并提出下一步改进目标。

声学木材研发，由行业声学木材研发基地成都川雅木业公司与东北林学院合作，珠江钢琴、海伦钢琴、雅马哈钢琴、红棉乐器等骨干企业积极参与，项目在全球资源调研、科学选材和加工工艺研究等方面有较大突破，并进行批量投产推广，新的声学木材加工基地正在紧张建设中。

电鸣乐器分会和MIDI技术工作委员会坚持与美国国际MIDI协会合作，开展国际MIDI技术交流与推广，得理上海公司张光中技术总监，经行业推荐，被选为美国国际MIDI协会技术委员，直接参与国际标准制修订工作，为中国乐器行业在国际技术组织赢得话语权。

民族膜鸣乐器蟒皮科研项目，从人工繁育养殖和人造蟒皮两个方向突破。人工养殖蟒蛇皮经过多年大胆尝试，经过人工繁育、饲料研究、人工养殖和野外放养。人造蟒皮坚持绿色环保理念，经过反复试验和应用，开辟了膜鸣乐器声学材料的新途径。还有不少行业合作和企业创新的项目取得了喜人的成果，推动着乐器产业转型升级。

（三） 以“创四新”为动力，发力中高端，提升产业技术质量水平

新材料方面，玫瑰木代用材应对出口限制，进口阿拉斯加云杉音板原木等提升吉他、钢琴、提琴音板质量；人工养殖蟒蛇和人造蟒皮支撑民族膜鸣乐器可持续发展；环保油漆、包装材料等一批环保材料应用推广，解决了工业污染源治理和保护环境的重大课题。新技术、新装备研发推广，重点在产品设计、数控精密加工、焊接及组装、产品检测等方面技术推广。企业与院校及科研单位合作，研发制作了大批专用设备和装备。

新产品重点发力中高端，用提高技术附加值和文化附加值等方法，提高新产品市场竞争力。民乐分会龙头企业带头，与院校、专业团体紧密合作，组织专业型产品研发制作车间或小组，将中华文化、品牌文化和制作名家资源融入产品，推出了一大批传承创新型产品，成为展会和业内传颂的佳话。10月上海国际乐器展期间，上海民族乐器一厂推出的一款价值100多万元的工艺收藏版古筝，一亮相就被商家购买；珠江恺撒堡钢琴坚持中高端路线，创新型号通过轻工创新产品奖评审；中国提琴制作师又在国际比赛获大奖；协会口琴专业委员会主办“亚太口琴艺术节”，迎来了2800多名国内外嘉宾和代表，中国口琴备受国内外演奏者好评。钢琴调律师分会承办“亚太钢琴调律师联盟大会”及行业年会，组织了多场国际性的技术讲座，受到国际同行和业内好评。

（四）乐器科技成果转换为专利和技术标准，成为抢占市场高地的利器

目前，乐器行业完成112项国家、行业技术标准制修订（不含完成审定报批的项目），其中国家标准19项，行业标准93项。今年完成了《MIDI键盘通用技术条件》《尤克里里》《小提琴》《小提琴弓》《提琴通用技术条件》5项标准审定，年底又完成《电鸣乐器能耗设计通用技术规范》国家标准的审定。按照联合会要求，乐器行业团体标准也有2个项目启动。

2017年乐器行业共申报技术专利1317项，其中发明专利423项，实用新型专利579项，外观设计专利315项。发明专利占总项目数32.12%。技术专利已经成为衡量产品和单位技术实力的重要指标，也是提升技术附加值，提高产品利润和市场占有率的有利条件。

（五）乐器行业技术人才培养转型升级有所突破

协会在中国轻工业职业培训指导中心的指导下，启动全国钢琴调律行业标准培训鉴定工作，4月份协会办公会决定恢复行业职业技能培训鉴定工作，《方案》经七届四次理事扩大会议审议通过，5月8日发布“关于正式恢复和加强钢琴调律师培训认证工作的通知”，各鉴定站和相关院校积极组织落实。9月12日，在北京劲松职业学校组织专题研讨会，进一步落实有关措施，介绍钢琴调律联盟标准体系和院校双证服务项目。协会与国际先进职业技能培训学校合作，组织钢琴调律联盟标准培训认证平台，是职业技能培训国家及行业标准的补充和中高端培训的试点。协会组织对26所有钢琴调律专业的院校进行摸底调研，提出加强院校与行业技能培训的合作的任务，并安排年底完成原国家标准转换为行业标准的补充修改意见采集、补充修订。充分发挥原职业技能鉴定站的作用，加强行业与专业院校的技术合作，服务院校双证培训需求。预计2018年钢琴职业技能培训鉴定人数将超过500人。

10月经行业推荐，中轻联与全国财贸轻纺烟草工会联合组织专家评审，郑荃老师被评为中国轻工“大国工匠”。本次科技大会前，协会又组织乐器行业开展“科技之星、行业工匠、创新优秀企业家”推荐学习活动。经本人申请，所在单位推荐，行业专家组审核通过，授予王琳琳等25名同志评为2018年中国乐器行业“创新之星”称号。

三、音乐教育服务合作，拓展乐器增量市场

（一） 组织2018“国民音乐教育大会”

为了扩大音乐人口，扩展乐器增量市场，协会与中央音乐学院、中国音协管乐学会和“全国音乐教育服务联盟合作平台”联合主办2018国民音乐教育大会。美国国际音乐制品协会、欧洲音乐产业联盟作为国际合作伙伴，乐器协会和上海国展公司承办，音协教育学学会等8家单位协办。会议以“音乐让生活更美好”为主题，提倡“每个人一生学会一件乐器，一个家庭每年听一场音乐会”。会议组织了101场主题发言、圆桌论坛和工作坊（大师课），聚集了来自美国、意大利、奥地利、英国、捷克、澳大利亚、日本、中国台湾等9各国家和地区14位海外嘉宾和国内一百多位专家教授、音乐教育工作者、企业家参与组织，参会代表近千人。成为近年规模最大，涵盖内容最丰富的音乐教育盛会。

（二） 组织“6·21国际乐器演奏日”活动，营造音乐生活大市场

协会牵头组织中国“6·21国际乐器演奏日”活动，6家单位联合发起，组织了43家联合主办单位深入宣传推广。王世成理事长亲自带队拜访活动发起人，前法国文化部长朗·杰克先生，协会多次参加美国组委会召集的国际交流策划（网络）会议。经过多方发动，2018年有31个省、自治区、直辖市的168座城市，728家单位参与到这项活动中，直接参演人员16万人，受众超过500万人次，成为我国目前规模最大的社会公益性音乐文化活动，受到社会各界认可。

（三） 组织社会音乐教育主题论坛，共建音乐教育示范基地

为了加强乐器产业市场拓展，协会将乐器产销市场延伸到社会音乐教育市场，组建协会音乐教育专业委员会，筹备组建协会器乐文化分会，并积极组织主题论坛、社会师资培训和共建音乐教育示范基地等活动。分别于年初、5月和10月组织三场专题论坛和峰会，有效聚集行业和社会专家资源，开展社会音乐教育服务工作。先后完成武强、黄桥和红棉三个示范基地共建与评审，完成了河北饶阳“中国民族乐器之乡”的共建评审，并对惠阳、兰考等一批项目进行考察调研。

四、反映行业、企业诉求，完善协会服务平台

（一） 协会和各分支机构，积极反映行业诉求

针对国际濒危物种保护组织将使用玫瑰木乐器列入出口限制目录，协会一方面及时经联合会向国家濒危办反映情况，另一方面与欧洲音乐产业联盟各国沟通，联合向国际组织反映乐器行业情况，目前国际濒危物种保护组织常务会已同意做调整，有待2019全委会审定通过。协会还组织骨干企业参与了皮革协会等单位联合组织的高峰论坛，呼吁正确处理濒危物种保护与产业发展的关系。

（二）关于进口二手钢琴的问题

协会与钢琴分会密切配合，不断向政府主管部门反应情况，书面提出解决问题的具体建议，同时

加强市场监督，积极探讨对韩国进口二手钢琴采取反倾销调查。

（三）为了加强协会综合服务能力，协会进一步加强行业信息服务，在做好经济运行数据分析的同时，强化协会官网、官微建设，及时准确反映行业、企业动态。组织行业发展专题调研报告

加强会员服务方面，及时做好品牌服务、科技创新项目、商贸合作咨询等专项服务。按章程规定，清理了一批不参加活动，2年以上不交会费的会员单位，同时发展了45家新会员。为3家会员提供防伪标识和信用标识服务达6万个。经理事会审议通过，行业启动“信用体系建设”，有24家企业开始推进。

五、加强党建和协会自身建设

（一）按照联合会党委统一部署，协会党支部基础工作进一步加强

积极落实国资委党委巡视组提出的问题和整改措施，完善党建工作制度，坚持“三会一课”，开展针对性的学习教育活动，组织党员积极分子参观河南林州市红旗渠纪念馆。协会秘书处加强组织建设，给年轻同志压担子，提供锻炼机会，并做好新党员发展工作。

（二）发挥分支机构作用，增强行业协会凝聚力和影响力

协会一方面充分发挥各分支机构的作用，支持分支机构组织各项交流合作，另一方面针对存在的问题，及时沟通协调。11月组织了分支机构工作会议，开展内部交流学习，提出下一步任务和加强管理的办法。

（三）扩大行业及跨界合作交流，整合社会资源

协会以“全国音乐教育服务联盟合作平台”为核心，以音乐教育和国际合作项目为依托，努力探讨跨界融合与国际合作。例如：国民音乐教育大会拉近了制造业协会与教育、文化系统各个行业协会（学会）的关系，通过解决国际贸易摩擦和开展职业技能教育合作，加深了协会与美国、法国、英国、意大利、澳大利亚等国同行的合作与友谊。

六、存在的主要问题

总结协会一年工作，还存在一些问题和不足，一是认真学习贯彻党的“十九大精神”，研究行业新时期发展特点，提供政策建议不够，大多忙于各种活动和会议；二是分支机构作用发挥不够，行业重大活动分支机构和骨干企业参与度有待提高；三是行业品牌建设、科技合作和会员服务还有待加强。

中国乐器协会七届四次理事（扩大）会

4月26日，中国乐器协会七届四次理事（扩大）会议在北京隆重召开。会议的主题：努力打造行业品牌高地，推动乐器产业高质量发展。中国轻工业联合会党委副书记、中国乐器协会理事长王世成，中国乐器协会常务副理事长曾泽民、副理事长王松美、秘书长陈晋武，咨询委员会主任安志、副主任齐建平，协会理事及会员代表近150多人出席会议。会议议程涵盖2017年度中国乐器行业50强和先进集体表彰颁奖，理事会2017年工作报告，2017年财务报告，京东战略合作推介、展示与签约仪式，“创建品牌高地，推动行业高质量发展”八项企业专题经验交流，以及中国乐器协会助力品牌高地重要举措专题展示。王世成理事长做重点总结发言，勉励行业同仁充分认识高质量发展重要内涵，扎实推进“行业六项重点工作”，为行业新的一年运营发展梳理宏观思维导向。会议审议通过了大会秘书处所做的行业工作报告、财务工作报告、关于《中国乐器协会章程》修改的说明，关于开展乐器行业企业信用等级评价管理办法，以及关于增补调整理事的议案。为表彰乐器行业先进企业和集体取得的创新社会业绩，会议对广州珠江钢琴集团股份有限公司等50家企业及中国乐器协会电鸣分会等4家单位进行了表彰。

协会常务副理事长曾泽民做理事会工作报告，对乐器行业2017年总体工作进行了梳理与回顾：一是学习落实“十九大”精神，抓住新时期新特点，建设“科技、音教、职业技能培训三个体系”，做实行业服务平台；二是落实国家产业政策，开展行业调研，反映行业诉求；三是落实技术路线图，组织行业科技合作，推动人才战略；四是聚集行业及社会力量，办好特色展会，推广国际化特色音乐文化品牌；五是加强协会基本建设，健全组织、发展会员。展望2018年的重点工作：一是科技创新驱动，实施“三品战略”，推动中高端产品质量与档次提升；二以市场为导向，树立战略发展思维，创建跨界融合发展平台；三是促进跨界融合，扩展乐器行业对外合作；四是打造乐器品牌高地，推动行业高质量发展五项重要举措。

协会副理事长王松美作中国乐器协会七届四次理事会财务及会费收支报告，介绍了2017年度中国乐器协会财务收支状况，特别是会费收支和管理情况，针对会员单位缴费的问题进行了强调和说明。

2018年，乐器行业面对供给侧改革，市场需求升级和环境整顿的压力，产业结构升级，产品品质升级势在必行。为践行“十九大”报告精神，大会主题明确指向“努力打造行业品牌高地，推动乐器产业高质量发展”。在上午品牌创新与经验交流环节，来自广州珠江钢琴邹润慧的《国际品牌与自主品牌的协调发展》、广东红棉乐器何志强的《红小宝艺术中心发展模式》、上海民族乐器一厂王国振的《打造品牌文化内涵》以及电鸣乐器分会葛兴华的《电声乐器MIDI国际合作话语权》，从资本运作、品牌创新、文化附加值和MIDI技术的国际接轨不同层面，使与会嘉宾对我国乐器行业的品牌创新发展现状以及应对举措有了具体的认知与理解。

面对电子商务和人工智能在商业领域的快速拓展，为顺应乐器与音乐消费宏观大势，作为本次大会的重点环节，中国乐器协会与京东签署战略合作备忘录，未来双方将在招商项目、教育维修服务项目，线上线下营销活动项目、展会合作项目以及乐器电商行业标准制定方面进行深入合作，共促我国乐器行业品牌运营战略在新经济模式下纵深拓展。

面对企业特色文化活动创建，区域乐器产业集群和品牌文化活动的创建，在下午的主题经验交流环节，中国音乐学院音乐科技系韩宝强教授从学科建设与校企联合的视角，针对乐器行业品牌高地的创建内涵与现实举措进行了观点阐述。

来自天津津宝乐器刘珈旭的《器乐比赛与品牌塑造》，扬州琴筝协会熊立群的《产业集群品牌建设》，琴行分会刘宏的《打造琴行联盟品牌》以及民族器乐学会毕可炜的《文化品牌建设》，从企业的创意策划，集群的智慧众筹，以及分支协会的文化创建视角，由点及面，让与会人士从品牌文化创建的经验分享中开拓了思路，激发了头脑风暴。

2018年，面对移动互联新经济创造的市场机遇与发展挑战，为顺应市场的宏观发展，提升乐器协会的社会化服务职能，中国乐器协会秘书长陈晋武、副秘书长兼综合业务部主任刘金荣，信息部主任高萍和项目部主任刘勇针对乐器行业职业技能培训实施方案，行业信息综合服务以及国民音乐教育大会和国际乐器演奏日的筹备进程进行了说明，上海国展展览有限公司项目经理房瑾针对北京音乐生活展的办展方针和主题活动策划，以及展商服务进行了详细推介，诸多创新举措得到与会人士的欢迎与价值认同。

在听取理事会的工作报告、财务工作报告，以及品牌文化创建的主题经验交流后，中国乐器协会理事长王世成做“努力打造行业品牌高地推动乐器产业高质量发展”重点总结发言。王世成理事长在分析我国当前经济运营的总体特征后作出五个基本判断：一是乐器行业经济总量五年左右赶上全球第一的美国充满信心；二是随着乐器人口有效扩大，家庭乐器拥有率将出现重大突破；三是中高端品牌产品优质优价渐显常态；四是新零售理念将主导市场；五是乐器产业品质理念引领产业转型升级。

王世成理事长勉励行业同仁充分认知高质量重要内涵，务实推进乐器行业高质量发展六项工作：一是进一步完善行业科技创新合作平台；二要持续培育推出市场叫得响的品牌；三要大力培养激励乐器行业高技能人才；四要认真组织好标准制修订和贯标活动；五要持续创建和完善跨界融合发展平台；六要不断发力完善行业特色服务平台。全行业要努力打造行业品牌高地，推动乐器产业高质量发展。

为使与会代表深切感悟文化创意即为创造生产力和品牌文化推动力的重要内涵，会议安排了国家文化产业示范基地北京钧天坊古琴文化艺术中心的观摩活动。从园区的创意布局，古琴主题文化的创意策划，非遗的传承与保护，古琴的艺术教学，以及古琴制作艺术人才的培养，为观摩群体呈现出立体、多元、综合配套，以及具有文化深度和广度的优秀品牌文化创建项目，通过大会丰富的主题活动策划与设计，将进一步强化行业同仁的品牌高地创建共识，群策群力，众筹行业智慧，共同攻坚乐器品牌与文化创建的战略高地。

中国乐器协会七届七次常务理事（扩大）会暨科技大会

11月28日，中国乐器协会七届七次常务理事（扩大）会暨科技大会在广州珠江钢琴集团增城新产业园区成功召开。中国轻工业联合会党委副书记、中国乐器协会理事长王世成，广州市增城区委常委邬卫东，广州市国资委副巡视员吴不克，中国乐器协会常务副理事长曾泽民、副理事长王松美、秘书长陈晋武以及理事单位领导、乐器科研项目负责人，中央音乐学院提琴制作中心郑荃教授，中国音乐学院音乐科技系韩宝强教授，天津大学建筑学院、东北林业大学材料科学系、复旦大学计算机科学技术学院、北京邮电大学数字媒体与设计学院的乐器声学专家共计160余人出席会议。会议审议通过修改会费标准提案和分支机构管理办法，同期对2018年度乐器行业“科技之星”和民族低音拉弦乐器阶段成果进行了表彰，院校专家、企业精英展开乐器科研专题对话，会议各项议程策划务实高效，见证行业发展阶段成果，探寻产业发展创新坐标。

创新驱动产业升级引擎

针对当前乐器行业发展与战略布局，中国轻工业联合会党委副书记、中国乐器协会理事长王世成作重要讲话。首先，王世成理事长向增城区委、区政府和广州市国资委的大力支持，向珠江钢琴集团的精心承办和温馨服务表示由衷感谢，向获得科技之星奖项个人和成果单位表示祝贺，向与会院校专家学者对协会工作的支持与指导表示敬意。本次会议融科技工作总结、项目成果分享、科技之星表彰、专家声学对话和律师维权讲座等内容于一体，会议内容策划严谨有序，与会嘉宾代表不虚此行。

透视乐器行业整体经济格局，改革开放历经40年发展，进入高质量、高水平开放的新时代。鉴于国际政治经济形势错综复杂，面对中美贸易摩擦引发乐器出口成本增长，以及企业内部运营成本攀升不利要素，突破中高端人才储备与乐器科研创新短板，精研市场消费趋势变化，在新一轮科技和产业变革兴起之时，以科技创新实现产业发展的“弯道超车”“变道超车”势在必行。改革开放40年来，我国民族乐器品牌在主场外交、大阅兵、国内外赛事、央视“光荣绽放”系列音乐会等大型活动中闪亮登场，彰显民族器乐文化精魂。但行业同仁也要理性看到，民族乐器品牌在声学品质和演奏性能的综合提升上，在国内外乐坛上立足的品牌培育上，在科研管理核心人才队伍建设与高质量技术改造力度上，与乐器行业市场需求和大国地位还不够协调不相适应。号召会员单位既要埋头苦干，又要抬头解读国家经济政策，历练借力借势发展的能力，认清乐器终端消费需求变化的市场现实，以行业科研创新企业为发展坐标系，强化品牌战略创新布局，强化科技成果转化机制。推进与国际先进水平对标达标，提高国际标准话语权，系统提升、打造中国乐器制造的升级版。中国乐器协会与轻工业联合会将及时反映企业调研中的政策诉求，期待企业主动借助行业科技大会交流平台、上海乐器展全球新品首发平台、四个专业科研基地、中国乐器协会信息服务平台、协会科技成果和人才表彰平台，联合推动行业校企攻关、多元协同，加强业内交流分享、产学研协同、产业链协同、集群创新协同、国际技术协同，为行业高质量发展、实现乐器大国向强国的历史跨越，砥砺奋进！

2018年，中国乐器产业在变局中面临机遇与挑战，环保成本与贸易壁垒抑制产业发展活力。乐器协会各分支机构和会员单位积极应对，调整产品结构、产业结构，开展广泛深入的科技创新活动，市场创新成果可圈可点。中国乐器协会常务副理事长曾泽民在科技工作报告中强调，面对2019年乐器行业科技工作重点，协会和各分支机构组织专业小组要梳理行业科技项目框架体系，做好顶层设计，落实行业年度重点攻关项目计划，办好全球业内新品首发平台，组织中高端产品供需交流活动，强化技术专利转换、保护知识产权，发挥技术标准对行业引领作用，筹建国际化、高水准、多专业的中国乐器修造学院，落实激励机制，开展科技创新人才推荐学习活动，打造权威、专业、多元协同的行业科技创新服务平台。

为推动中国乐器行业科技创新工作，大会特设科技人才表彰平台，旨在落实乐器行业《技术路线图》，推动行业人才战略。中国乐器协会副理事长王松美宣读授予郑荃大国工匠、2018年度乐器行业“科技之星”、民族低音拉弦乐器成果发布表彰的公告。值得一提的是，作为中央音乐学院提琴制作中心教授、中国提琴制作师分会会长，郑荃教授荣获轻工行业大国工匠殊荣，不仅见证郑荃教授在艺术提琴制作、教育、科研和文化交流的卓越成就，更从轻工行业科技创新视野，为中国乐器产业实施音教与科技双轮驱动战略注入强心剂。希冀行业涌现更多科技英才，依托科技表彰平台，展现行业科研创新阶段性成果。

校企协同见证创新成果

2018年岁末，盘点行业全年乐器科技创新重点工作与阶段成果，产业内部设施升级改造，产品标准化、系列化和智能化加强，产业外部品牌结构加速调整，境外品牌并购反哺企业科技和品牌战略重组升级。经协会和分支机构及骨干企业共同努力，四个行业科研基地着力从声学木材、民族膜鸣乐器蟒蛇皮、手风琴簧片研发和吉他工艺研发重大科技课题，突破行业发展核心技术瓶颈。以珠江钢琴集团国家级技术中心和一批省市级企业技术中心为代表骨干企业科技研发机构锐意进取，不仅成为区域经济发展中创意文化战略发展引擎，更成为行业科技创新活动的有力保障。

广州市增城区委常委邬卫东表示，增城地处粤港澳大湾区，具有广州、深圳、澳门、香港科技走廊的区位优势，产业基础扎实。近年来，增城秉承发展先进制造产业，着力改善营商环境理念，先后引进珠江钢琴、广汽本田、富士康等90家大型战略新型企业进驻，成为区域经济发展的强力引擎。2011年，珠江钢琴集团进驻园区，先后成功打造恺撒堡、艾茉森等名牌钢琴产品，二期项目投资7亿元已建成投产，且在2018年完成集团总部的搬迁入驻，有效提升增城的文化经济活力，为增城的经济发展作出了重要贡献。作为本届理事会的协办单位的负责人，广州珠江钢琴集团股份有限公司董事长李建宁表示，作为国家文化产业示范基地，广州珠江钢琴集团增城新产业园区占地面积达430亩，项目总投资近10亿元，园区覆盖传统钢琴、数码钢琴生产线，采用自动化、数控化模拟技术，严格执行国家环保标准，着力提升钢琴的制造水平和文化附加值，科研创新与环保投入贯穿企业生产经营全过程，打造具有高度社会责任感，有温度和情怀的高新技术企业，成为珠江钢琴集团新时代的战略愿景。

为统筹总结2018年度乐器行业科技创新工作，会议安排划专家对话、科技创新分享专题论坛，由广州珠江钢琴集团总经理肖巍主持，论坛内容涵盖乐器制造信息化、智能化，民族乐器的蟒皮材料应用，电鸣乐器MIDI标准修订与市场开发应用多元化专题，集中巡礼2018乐器行业科研创新阶段性发展成果。

立足乐器材料声学的研究，中央音乐学院提琴制作中心教授郑荃、天津大学建筑学院教授马蕙针对话《乐器的声学性能与评测》基础学科的行业价值与应用；成都川雅木业有限公司董事长张华君、东北林业大学材料科学系教授刘镇波在《乐器声学木材应用与研究》专题中，反映出我国乐器行业在声学材料研究领域，在全球资源调研、科学选材和加工工艺研究范畴的进展突破；遵循绿色循环经济发展理念，上海民族乐器一厂副厂长周力、海南大蟒科技有限公司副总经理尹德才、中国戏曲学院京胡制作专家、演奏家刘正辉、上海民族乐器一厂高级技师张建平、上海民族乐器一厂演奏家朱宇虹立足民族膜鸣乐器蟒皮科研视角，从人工繁育养殖和人造蟒皮两个方向探寻科研突破新坐标。

2018年，AI人工智能和移动互联技术成为科技发展的关键热词，创新技术在乐器制造行业和消费终端的渗透与应用，正在潜移默化中改变着产业未来的发展格局和用户的消费习惯。本届科技大会论坛，中国音乐学院教授韩宝强、复旦大学计算机科学技术学院教授李伟、中国音乐学院副教授李子晋、北京邮电大学数字媒体与设计学院讲师李荣锋针对《乐器信息化智能化的应用》展开探讨；北京中音科技有限公司董事长赵易天对未来音乐产业的发展与格局提出了新锐观点与见解；得理电子（上海）有限公司技术总监张光中作为美国国际MIDI协会新技术委员，汇报参与国际标准制修订的工作成果，为中国乐器行业在国际技术组织赢得话语权。会议期间，为拓展行业运营发展思维，与会代表集体乘车参观广州珠江钢琴集团股份有限公司增城工业园和广州索菲亚家居有限公司，对现代乐器制造工业和家具工业化的集成化、规模化、智能信息化发展有了深刻的认知与感受，与会代表表示会议内容务实且具有针对性，会议学习成果显著。

协会活动

中国乐器协会组团出访美墨考察乐器市场

1月21—27日，由中国乐器协会秘书长陈晋武率领的中国乐器协会代表团赴美国和墨西哥考察。陈晋武一行考察了NAMM国际乐器展览会，走访行业骨干企业，参加2018 NAMM国际乐器联盟会议，与美国MIDI协会举行专题会议，在墨西哥拜访了莫雷利亚国际音乐节、米却肯州交响乐团及米却肯州文化中心等。紧密结合协会“社会音乐教育”和“乐器科技创新”两大工作重点，积极推介2018北京音乐生活展、上海国际乐器展览会和国民音乐教育大会等重点项目。

中国乐器协会七届四次理事（扩大）会议隆重召开

为努力打造行业品牌高地，推动乐器产业高质量发展。4月26日，中国乐器协会七届四次理事（扩大）会议在京隆重召开。中国轻工业联合会党委副书记、中国乐器协会理事长王世成，中国乐器协会常务副理事长曾泽民、副理事长王松美、秘书长陈晋武，咨询委员会主任安志、副主任齐建平，协会理事及会员代表近150多人出席会议。会议议程涵盖2017年度中国乐器行业50强和先进集体表彰颁奖，理事会2017年工作报告，2017年财务报告，京东战略合作推介、展示与签约仪式，“创建品牌高地，推动行业高质量发展”八项企业专题经验交流，以及中国乐器协会助力品牌高地重要举措专题展示。王世成理事长做重点总结发言，勉励行业同仁充分认识高质量发展重要内涵，扎实推进“行业六项重点工作”，为行业新的一年运营发展梳理宏观思维导向。会议审议通过了大会秘书处所做的行业工作报告、财务工作报告、关于《中国乐器协会章程》修改的说明，关于开展乐器行业企业信用等级评价管理办法，以及关于增补调整理事的议案。为表彰乐器行业先进企业和集体取得的创新社会业绩，会议对广州珠江钢琴集团股份有限公司等50家企业及中国乐器协会电鸣分会等4家单位进行了表彰。并表彰了乐器行业成长优秀企业。

中国乐器协会与京东签署战略合作备忘录

4月26日，中国乐器协会七届四次理事扩大会在北京举行，在本次会议上，中国乐器协会和京东签署了战略合作备忘录，中国乐器协会副理事长王松美和京东消费事业部母婴、玩具、乐器采销部总经理刘利振分别代表双方签字。未来双方将在招商项目、教育维修服务项目，线上线下营销活动项目、展会合作项目以及乐器电商行业标准制定方面进行深入合作。

中国乐器协会代表团出访德奥

4月10-17日，中国乐器协会副理事长王松美率领中国乐器协会代表团一行6人出访德国和奥地利，分别考察了法兰克福乐器展、奥地利弗尔里希钢琴公司、维也纳音乐与表演艺术大学，围绕2018年国民音乐教育大会、6·21国际乐器演奏日以及上海乐器展等协会重要活动，与相关组织进行了会晤和磋商，并取得一定成果。

在法兰克福乐器展，代表团一行走访了参展的中国企业代表，与金音、津宝、上海民族乐器一厂、乐森黑马乐器、德鑫开元提琴公司、东方乐器等企业负责人进行了交流，通过中方企业的反馈，代表团了解了当今国际市场的动态及发展趋势。

国民音乐教育大会、北京国际音乐生活展新闻发布会在京举行

5月24日，2018国民音乐教育大会、北京国际音乐生活展新闻发布会在中央音乐学院举行。中国乐器协会理事长王世成，中央音乐学院副院长于红梅，中国音协管乐学会副主席姜斯文，国民音乐教育大会专家委员会主席、著名音乐教育家理论家吴斌，著名音乐教育家理论家周海宏，中央音乐学院继续教育学院院长孔聪、上海国展展览中心有限公司副总经理王蕾、北京乐器学会常务副会长毕可炜，中国乐器协会副理事长王松美、秘书长陈晋武等领导及30余位媒体记者出席了此次新闻发布会。发布会由中国乐器协会常务副理事长曾泽民主持。

2018国民音乐教育大会系由中央音乐学院、中国乐器协会、中国音乐家协会管乐学会、全国音乐教育服务合作联盟共同主办，中国乐器协会、上海国展展览中心有限公司承办，美国国际音乐制品协会、欧洲音乐产业联盟作为国际合作伙伴，中国音协管乐协会、中国音协音乐教育学学会、中国音协奥夫尔学会、中国音协手风琴学会、中国音协合唱联盟、北京乐器学会等单位协办。大会于7月6—8日在北京中国国际展览中心正式召开。

中国乐器提琴产业集群专家组赴泰兴市黄桥镇进行实地复评考察

5月8—9日，中国乐器协会组织行业内专家对泰兴市黄桥镇“中国提琴产业之都”进行实地复评考察。

泰兴黄桥镇（溪桥镇）是乐器行业首批开展共建的特色产业集群之一。2005年，中国轻工业联合会、中国乐器协会联合共建授予泰兴市溪桥镇“中国提琴产业之乡”称号，2009年复评，共建授予泰兴市溪桥镇“中国提琴产业之都”称号，2013年复评，授予江苏省泰兴市黄桥镇“中国提琴产业之都”称号。4月份，泰兴市人民政府向中国轻工业联合会、中国乐器协会提出对黄桥镇“中国提琴产业之都”复评的申请。经中国轻工业联合批准，中国乐器协会组织行业内专家赴泰兴市黄桥镇对“中国提琴产业之都”进行实地复评考察。

动植物科学保护与利用及可持续发展论坛在京召开

党的十九大报告强调，在发展中保障和改善民生问题是发展的根本目的，同时把“坚持人与自然和谐共生”纳入新时代坚持和发展中国特色社会主义的基本方略，指出尊崇自然、绿色发展生态体系的构建，需要建立在“以人为本”的基础之上。为扭转当前极端动保主义泛滥的情况，搭建探讨合理合法可持续地利用动植物资源的平台，建立交流科学保护利用理念、切实有效保护措施、规范动物福利做法的长效机制，中国乐器协会、中国水产流通与加工协会、中国中药协会、中国皮革协会四家全国性行业协会于5月25日在京共同举办“动植物科学保护与利用及可持续发展论坛”，国际毛皮协会、中国羽绒工业协会、中国烹饪协会、广州市海味干果行业商会等行业组织为支持单位，中央网络安全和信息化委员会办公室、全国人大环境与资源保护委员会、农业农村部畜牧业司、渔业渔政管理局、自然资源部林业和草原局、国家濒危物种进出口管理办公室、国家中医药管理局等主管部门领导莅临会议并指导，中国野生动物保护协会、中国畜牧业协会、中国绿化基金会、全国水生野生动物保护协会等10多家行业组织负责人，中国科学研究院动物所、中国水产科学研究院、东北林业大学、上海海洋大学、青岛农业大学等院校科研专家以及100多位业界代表参加会议。乐器行业中，上海民族乐器一厂、广东声凯乐器有限公司代表相关乐器企业参加会议。

中国乐器协会代表团考察法国和意大利

6月6—13日，应法国普雷耶钢琴、法国布菲乐器、欧洲音乐技师学院和欧洲音乐产业联盟邀请，中国乐器协会理事长王世成率领的协会代表团一行赴法国和意大利考察，此次考察紧紧围绕如何促进中国乐器产业向中高端迈进，加强乐器人才培养密集调研。协会一行日程紧凑，与欧洲钢琴、管乐、提琴等高端乐器品牌制造商、关联大学、政府部门、行业组织等广泛接触，会见法国勒芒市政主要官员，访问取得丰硕成果。

中国乐器协会组织专家组对河北饶阳县“中国民族乐器之乡”进行实地考评

2017年6月，河北省饶阳县人民政府正式向中国轻工业联合会和中国乐器协会提出共建“中国民族乐器之乡”的申请，为了解共建一年多来饶阳县民族乐器产业发展现状，和其申请“中国民族乐器之乡”的产业和发展环境基础，2018年8月15日，中国乐器协会组织民族乐器专家组赴河北省饶阳县“中国民族乐器之乡”进行实地考评。

中国乐器特色产业基地、音乐教育示范基地成果发布会在京举行

7月6日，中国乐器特色产业基地、音乐教育示范基地成果发布会在京举行，出席本次活动的主要领导有：江苏省泰兴市人大常委会副主任、黄桥镇党委书记耿元进，江苏省扬州市琴筝文化产业园领导小组办公室主任陆志福，天津市静海区政协主席、区工商联主席王桂花等，中国乐器协会副理事长王松美主持会议。

由于我国政治经济中心城市主要分布在东部沿海地区，所以乐器主要产地集中在广州、江浙、京津冀、上海、山东、河南、辽宁、福建11等省市。乐器制造企业大多是中小企业，受材料资源、人脉传承和产业链等影响，呈现较强的产业聚集性。同类或相关的产业往往聚集在一定区域，形成特色乐器产业集群。乐器产业基地包括：已命名的江苏泰兴黄桥提琴之都、北京乐谷东高村镇提琴特色产业基地、山东昌乐鄌郚电声乐器产业基地、杭州余杭中泰竹笛之乡、扬州琴筝之都、浙江德清洛舍镇钢琴之乡和天津静海乐器特色产业基地，正准备审定的河北饶阳民族乐器之乡；全国音乐教育服务合作联盟共建的“音乐教育服务示范基地”包括：河北武强示范基地、红棉乐器示范基地和黄桥示范基地。

据不完全统计，目前，我国乐器特色产业集群工商注册企业超过1000余家，占所有乐器企业总数的22%以上，主营业务收入达到占比20%，就业人数约18万人。乐器特色产业基地和音教示范基地得到了各级政府的高度重视和大力支持，成为地方特色文化产业的名片。

中国钢琴调律行业工作研讨交流会在京举办

为落实国家《新时期产业工人队伍建设改革方案》，立足校企联合中高端人才培养战略，有序推进乐器行业职业技能培训和双证教育，助力乐器行业转型升级步伐。9月12日，由中国乐器协会主办的中国钢琴调律行业工作研讨交流会在北京劲松职业高中成功举办。作为研讨会重要议程，中国乐器协会经请示中国轻工业职能鉴定指导中心同意，正式恢复和加强钢琴调律培训认证工作，初期仍遵循原《钢琴调律师》国家职业标准、参照考核鉴定流程规范运作，继续开展“双证”行业认证，执行原国家“双证”认证标准，颁发对应级别行业资格证书。面向未来，创建更符合行业发展需求和指导意义的《钢琴调律师行业标准》。

民族低音拉弦乐器研讨会在中央院举行

在行业科技创新和落实“技术路线图”过程中，中国民族低音拉弦乐器的设计、制作与创新一直是科技创新工作的焦点。为了持续推进行业科技创新工作和使民族低音拉弦乐器进入实用推广阶段，10月24日，中国乐器协会特组织相关提琴及民乐制作企业、制作家、演奏家以及乐团指挥家等专家，共同召开“民族低音拉弦乐器研讨会”。

分支机构活动

江苏省乐器技术专业委员会2018年常务理事（扩大）会召开

4 月10日，江苏省文化艺术科学技术协会乐器技术专业委员会2018年常务理事（扩大）会议在江苏东方乐器有限公司隆重召开。中国乐器协会秘书长陈晋武在讲话中对江苏省乐器企业在行业发展中发挥的作用，地方政府对文化产业的重视和支持表示感谢。倡议广大企业积极参与到行业重点工作中，并认真理解工作的重要意义。建议江苏省乐器企业要积极发挥利用政府的资源优势，结合产业特点把地方乐器行业做大做强。同时做好文化艺术领域的产业融合，积极转变观念，实现音乐教育和产业扩延。强调要掌握观念更新能力，市场化能力、规范化能力、职业化能力和国际化能力。相信在广大会员单位的支持下，江苏乐器专委会的工作前景可期。

电鸣乐器分会2018年年会在绍兴召开

4月16-18日，来自全国各地的电鸣乐器企业领导、专家齐聚绍兴，参加年度分会工作会议。盛子斐会长做工作报告，会议听取了委员会主任葛兴华中国乐器协会MIDI技术工作委员会工作汇报，珠海得理总经理顾冰峰企业管理讲座《精益思想与精益生产》，会议组织了广泛的交流。协会常务副理事长曾泽民参加会议并讲话。

盛会长总结了电鸣分会在建立健全管理机制，领导班子带头，制定班子监督考评制度；积极反映行业、企业诉求；深入开展行业科技交流合作，组织专题讲座；积极参与国标、行业制修订；厂校结合编写“职工技能培训教材”；与国际MIDI技术组织合作交流及发展新会员等方面的做法和体会。并对2018年重点工作做了部署。曾泽民对电鸣分会的工作给予充分肯定，赞扬电鸣乐器行业团结协作和求真务实的作风。他认为电鸣分会在盛会长和各位副会长领导下，以科技创新和现代音乐为依托，积极开展技术交流与合作；加强材料配件与主机厂的密切合作；积极支持学校和社会音乐教育等方面成果显著，总结了许多宝贵的经验，值得协会其他分会学习。

提琴制作师分会第四届二次全体会员大会在京召开

7月7日，中国乐器协会提琴制作师分会第四届二次全体会员大会在中央音乐学院召开。中国乐器协会理事长王世成、副理事长王松美，黄桥镇人民政府镇长耿元进，中国乐器协会提琴制作师分会会长郑荃以及来自全国各地的150余位会员共同参加了会议。

大会上，王世成理事长对提琴制作师分会所取得的工作成效表示诚挚祝贺，对30年前国际大奖的斩获和郑老师及领衔的提琴制作中心对中国提琴事业的倾心付出并赢得国际同行的首肯与尊重送上由衷的敬意。王世成提出，今后要站在新时代发展高度，加强提琴制作师分会建设，希望分会在积极推动科技创新的基础上，抓好四个环节的工作：一是充分发挥分会领导班子作用，有计划地组织好特色活动和会员服务工作。二是继续加强职业技能培训与行业认证。三是加强区域协调，完善组织建设和会员服务。四是加强国际同行间的合作交流。

2018亚洲钢琴技师协会年会暨2018中国钢琴调律师年会在桐乡举办

为增强亚洲范围各钢琴技师组织间的友谊，交流分享行业信息和技术，共同推动钢琴品质的提升，2018亚洲钢琴技师协会年会暨2018中国钢琴调律师年会在桐乡成功举办。本届大会由中国乐器协会钢琴调律师分会主办，浙江温克尔曼钢琴有限公司协办。中国乐器协会副理事长王松美、钢琴调律师分会会长冯高昆，韩国钢琴技师协会会长河江，日本钢琴技师协会会长齐田健，中国台湾钢琴技术者协会会长林斌一、荣誉会长刘麟和，浙江传媒学院音乐学院院长吴艳彧，温克尔曼钢琴有限公司总经理应利星，中国乐器协会钢琴调律师分会副会长黄苏东、陈惠庆、王文琦，中国乐器协会钢琴调律师分会秘书长秦敏静，中国乐器协会项目部主任刘勇，以及来自韩国、日本、中国台湾和大陆各地的钢琴调律师汇聚一堂，共享新知，共同探讨钢琴调律事业的创新发展。

中国乐器协会民族乐器分会会员大会在上海召开

10月11日上午，中国乐器协会民族乐器分会会员大会在上海紫竹国际大厦2楼会议室召开。参加会议有上海民族乐器一厂、苏州民族乐器一厂、河北乐海乐器有限责任公司、扬州金韵乐器御工坊有限公司、饶阳北方民族乐器制造有限公司等近20家生产厂家。会议主题：结合企业的发展实践，畅谈民族乐器未来的机遇与挑战。

中国乐器协会首届分支机构工作交流会在广州举办

为深入推进社会团体登记管理制度改革，切实加强行业协会分支机构的监督管理，更好地发挥分支机构在我国乐器经济建设中的推动作用，中国乐器协会首届分支机构工作交流会于11月27日在羊城成功举办。中国乐器协会理事长王世成、常务副理事长曾泽民、副理事长王松美、秘书长陈晋武，以及中国乐器协会提琴制作师分会会长郑荃、钢琴分会会长李建宁等15家分支机构负责人到会交流。会议主题聚焦分支机构如何助力行业科技进步，以及分支机构如何更好地发挥行业导向作用，与会领导与分支机构代表展开深度探讨交流。

中国乐器协会钢琴调律师资考委工作会在福州召开

11月27日，由中国乐器协会指导，中国乐器协会钢琴分会主办，广州珠江钢琴集团股份有限公司承办的中国乐器协会钢琴分会2018年年会在广州举办。30多名钢琴分会的会员单位代表出席会议。会议由中国乐器协会钢琴分会会长、广州珠江钢琴集团股份有限公司党委书记、董事长李建宁主持。

与会代表各自分享了在环保升级、产业结构调整、品牌战略、对外合作、二手钢琴处理等领域的经验，共同探讨行业面临的问题和解决方案。通过交流沟通，加深相互了解，推进钢琴行业的健康发展。至此，本届2018年中国乐器协会钢琴分会年会在热烈讨论的氛围中圆满落幕，相信在行业同仁的共同努力下，中国钢琴行业的发展将会越变越好。

中国乐器协会钢琴分会2018年年会在广州召开

12月27日，中国乐器协会钢琴调律师资考委工作会在福州召开，此次会议由福州和声钢琴有限公司承办。

为尽快适应钢琴调律的行业发展和市场需要，会议在《钢琴调律师》国家标准的基础上进行修订和完善了《钢琴调律师》乐器行业标准；根据标准对申报级别的要求和相关培训部分内容作了调整。

国际交流

2018年中国乐器协会国际交流与合作

1月

22日，为推动促进中墨音乐文化交流合作，由中国乐器协会秘书长陈晋武率领的中国乐器协会代表团赴墨西哥考察，首先拜访了墨西哥米却肯州文化中心、米却肯州交响乐团以及莫雷利亚国际音乐节。实地了解了墨西哥当地的文化背景、音乐教育框架及产业发展现状等。陈晋武在与墨方的会谈中表示，中国乐器协会正在努力推进音乐教育服务和提高社会音乐培训的水平，希望今后双方共同加强音乐教育和音乐文化方面的交流与合作。

24日，中国乐器协会代表团来到了美国阿纳海姆，应邀参加了美国国际音乐制品协会主持召开的2018国际乐器联盟会议。来自德国、法国、英国、意大利、西班牙、捷克、匈牙利、巴西、阿根廷、印度、泰国、乌克兰、墨西哥、澳大利亚、新西兰等乐器行业组织代表参会。会上，“国际乐器演奏日”组委会主席亚伦及国际音乐教育协会主席辛吉斯分别就6·21 国际乐器演奏日及协会近期开展的主要活动与项目进行了介绍。本次联盟会上，还特别邀请了NAMM法律顾问Goldberg就2017年底召开的第69次《国际濒危物种保护公约》执委会会议中，有关乐器木材“关于‘非商业用途’的认定”“关于非商务用途的物品中‘10 千克’的解释”“关于乐器表演、团体旅途携带各类乐器的集中流动”等相关对策进行了介绍和解读，并回答了代表提出的问题。

25日，陈晋武秘书长还与美国MIDI制造商协会举行中美MIDI交流专题工作会，双方一致表示，在MIDI研讨会基础上，要继续加强中美MIDI交流，运用上海国际乐器展平台，创新MIDI产品，拓展MIDI终端用户，扩大MIDI乐器产品应用空间。美得理、吟飞、中音、蔚科、幻音等五家中国企业派代表出席了本次会议。

25日，陈晋武秘书长与美国NAMM国际事务部主任石碧天及国际音乐教育协会主席辛吉斯举行会谈，就2018上海国际乐器展行业高峰论坛主题、2018 全国音乐教育大会等合作项目交换看法，达成初步意向。

4月

11日，中国乐器协会副理事长王松美与美国NAMM国际事务部主任石碧天在德国法兰克福会面，就7月将在北京举行的2018国民音乐教育大会以及10月上海乐器展的论坛合作事宜进行商谈，包括涉及的演讲嘉宾、主题及其他相关细节等方面进行了交流。

11日，王松美一行还与捷克佩卓夫钢琴负责人亚当进行了会谈，就7月国民音乐教育大会期间，佩卓夫钢琴安排钢琴家在大会上进行工作坊讲座的相关事宜进行了沟通。

13日在奥地利维也纳，代表团一行通过海伦钢琴股份有限公司的介绍，参观考察了弗尔里希（Feurich）钢琴公司总部。弗尔里希钢琴拥有165 年历史，是欧洲著名的钢琴品牌之一，欧洲许多知名的剧院、音乐厅、音乐学院都使用弗尔里希钢琴，许多知名音乐家都是弗尔里希钢琴的拥趸。弗尔里希至今一直延续着手工制作钢琴的传统， 其工厂位于维也纳郊区。弗尔里希钢琴公司总经理安纳斯（Ernest Bittner）向代表团重点介绍了一项应用了新技术的新产品—— Feurich Mod. 123—Europe 立式钢琴，通过巧妙的设计，该款立式钢琴可以获得三角钢琴的音色和手感，并且可以保证击弦机反应非常灵敏。这款钢琴是弗尔里希的技术团队和维也纳艺术与表演大学声学实验室共同研制而成，一经推出，就受到市场的热烈追捧。

13日，代表团一行来到维也纳音乐与表演艺术大学，这所世界著名的音乐学院拥有悠久而辉煌的历史，指挥巨匠卡拉扬、祖宾·梅塔等音乐大师都是从这里走出。该校校长乌尔里克·祖希女士、副校长克里斯蒂安· 迈耶尔、音乐教育系主任韦德赫姆等校领导与中国乐器协会代表团进行会晤。王松美副理事长向祖希校长介绍了中国乐器行业发展的总体情况，以及将于7月在北京举行的国民音乐教育大会，并邀请她7月能来北京参会。祖希校长也表示，如果时间允许的情况下，她本人非常愿意能够来北京参加本次音乐教育大会，并且愿意与中国乐器协会建立长期合作的关系。随后，代表团在克里斯蒂安·迈耶尔副校长的陪同下参观了该校的声学实验室以及若干院系。据悉，维也纳音乐与表演艺术大学与中国的来往也非常密切，去年中央音乐学院俞峰院长应邀参加了该校的200 周年校庆，并且该校与海伦钢琴公司也保持着长期合作，为海伦艺术教育项目提供专家、师资和课程方面的支持。

6月

6日，王世成理事长率协会代表团赴巴黎考察法国布菲管乐器集团总部。在法国布菲乐器集团总裁赫罗德热情迎候下，集团高级生产副总和营销副总陪同王世成一行考察管乐生产流水线并进行座谈。总裁赫罗德详细介绍了布菲公司品牌、历史及运营情况。布菲创办于1825年，作为驰名世界管乐界的品牌，布菲家族产品包括单簧管、双簧管、萨克斯、英国管、巴松及管乐配件，于1850年移师现集团总部所在地——法国巴黎西部城市拉维尔并在那里建厂，建立了波姆系统（法式系统）的单簧管体系。集团根据形势发展需要，在业界不断兼并整合优化布局。在布菲荣誉展示厅内，王世成理事长欣然签名，对布菲取得的卓越成就及集团人性化的和谐工作氛围表示赞赏。

7日，中国乐器协会理事长王世成一行赴欧洲音乐技师学院考察。该学院位于法国勒芒市，建筑面积约3万平米，目前开设钢琴调律、管乐、吉他和音响工程等专业，校园整体设计精致、专业，教学方法突出动手实践。中法乐器合作项目得到中国乐器协会及法国驻华使馆的鼎力支持，协会此行与欧洲音乐技师学院举行专题会议，围绕合作基本框架进行细致、深入研讨，就“时间表”和“路线图”初步交换意见。王世成理事长表示，国家有战略需求，行业在向中高品质有发展需求，企业有实际市场需求，加强中法乐器维护及技术交流是中法乐器界的共同心愿，学院希望能向全球推荐和拓展宏伟战略，中国应该是“重中之重”。欧洲音乐技师学院受到所在勒芒市的支持和重视。在法国期间，王世成与勒芒市副市长玛格丽特及旅游局局长等市政厅官员就中法乐器人才培养和乐器产业合作交换了意见。玛格丽特副市长表示，多年来，欧洲音乐技师学院在乐器人才培养方面积累了丰富经验，学院位于勒芒，是勒芒市文化产业的一张靓丽名片，勒芒市鼓励法中乐器交流，将竭诚为法中乐器国际合作提供资源支持。

7日，在法方周密安排下，协会一行考察法国勒芒大学声学实验室，围绕产学研一体化进行综合调研。作为欧洲久负盛誉的声学研究中心，勒芒大学声学工程实验室在声学研究方面翘楚欧洲，其声学实验室、孵化器机构将实验研究成果、技术转化和商业应用有机融为一体。勒芒大学声学实验室与法国航天、军工等技术应用领域形成良好合作互动关系。乐器声学研究作为乐器科技极其重要的一环，如何以理性、客观的数据形式表现出来，一直是乐器科技界不倦追求的科研目标。实验室特色在于将产、学、研有机融合。勒芒大学声学工程实验室斥巨资投入的“机械手、机器臂”，首先在铜管乐器方面进行了开创性、开放式研究，大号、圆号、次中音号、低音号方面的声学表现进行细致的数据跟踪，力求为乐器高端产品的声学特性改进提供科学依据。通过3D立体数据在电脑上直观分析，呈现数据，通过数值计算、颜色模板、色差密度等多种形式展示声学共振效果及其表现特质，追求精准分析高端乐器产品声学效果，在非线性、抗阻凝等高科技声学领域颇有建树。

8日，在法国普雷耶国际总裁盖纳尔和销售总监安妮热情陪同下，王世成一行实地参观法国普雷耶音乐厅和钢琴艺术展示中心，见证法国 THIBAUD 基金会、普雷耶国际、普雷耶（中国）和在巴黎布里斯班酒店举行的玛格丽特朗钢琴大赛意向书签字仪式。法国普雷耶音乐厅位于巴黎市中心地段，始建于1927年，声学效果独树一帜，古色古香的建筑历经近百年沧桑，成为音乐之城巴黎的响亮文化名片，将声学音效与建筑装饰艺术巧妙融合。普雷耶钢琴作为法国钢琴品牌和文化的象征，承载着一代代法兰西民族的音乐情怀。

8日，协会一行在巴黎拜访了“6・21国际乐器演奏日”创始人、法国文化部原部长朗・杰克。王世成向朗・杰克介绍了近年来中国国际乐器演奏日取得的成绩，预计2018年，中国将有140个城市举办3000余场音乐会，参与上次上百万人，6・21活动在中国在短时间内取得重要成果，受到国际乐器同行和朗・杰克先生高度评价。

11日，中国乐器协会代表团一行赴意大利克雷蒙娜参观考察提琴博物馆。意大利克雷蒙娜被誉为世界小提琴制作的“麦家圣地”，从斯特拉迪瓦里、瓜奈利到各提琴流派，克雷蒙娜以其提琴制作的高端品质，吸引世界各地提琴制作爱好者慕名而来。协会一行参观克雷蒙娜手工业及工艺品协会会长斯蒂芬诺及其提琴大师工作室。在克雷蒙娜，斯蒂芬诺提琴工作室成就斐然。斯蒂芬诺向王世成理事长细致展示了提琴制作的全流程。斯蒂芬诺作为意大利提琴制作大师，从提琴选材、面板弧度、上漆工艺等方方面面精雕细琢，展示出意大利手工提琴制作的精湛技艺和精益求精的工匠精神。

12日，应意大利米兰现代音乐学院院长穆赛达邀请，协会一行着重了解该院办学理念和人才培养模式。米兰现代音乐学院始创于1984年，是一所集工厂、学校和出版于一体的现代化音乐机构。学院是培养意大利乃至欧洲乐器人才的重要基地。学校现有学生400余人，教师近90名，采用小班化教学模式，师生配比高、教学质量高。教材全部采用本校教师实践中总结、提炼、自编的自创教材。教学实践方面与意大利广播频道、米兰电视台等传媒界广泛合作，为音乐人才培养提供了广泛、多元出口，在意大利现代音乐人才培养方面首屈一指。学院的特点是典型的欧洲教育风格，充分挖掘学生潜力，发挥主观能动性，让每位学生的观点和创造性，得到充分调动，同时注重突出团队合作和学生协同创作。综合而言，学院是培养市场针对性、发挥团队主创性、突出活动实践性的现代音乐学校。个人主创性和团队合作性在这里得到完美结合。

12日，中国乐器协会一行与欧洲音乐产业联盟主席克劳迪亚围绕中欧乐器行业合作、乐器技术人才培养、国际濒危物种保护、贸易关税、北京音乐生活展等多项事宜进行了深入、友好交流。为进一步提振行业向中高端迈进，促进乐器行业产学研融合发展，强化乐器行业资源跨界、跨境整合等方面打下了坚实基础。

10月

8日，为增强亚洲范围各钢琴技师组织间的友谊，交流分享行业信息和技术，共同推动钢琴品质的提升，2018亚洲钢琴技师协会年会暨2018中国钢琴调律师年会在桐乡成功举办。本届大会由中国乐器协会钢琴调律师分会主办，浙江温克尔曼钢琴有限公司协办。中国乐器协会副理事长王松美、钢琴调律师分会会长冯高昆，韩国钢琴技师协会会长河江，日本钢琴技师协会会长齐田健，中国台湾钢琴技术者协会会长林斌一、荣誉会长刘麟和，浙江传媒学院音乐学院院长吴艳彧，温克尔曼钢琴有限公司总经理应利星， 中国乐器协会钢琴调律师分会副会长黄苏东、陈惠庆、王文琦，中国乐器协会钢琴调律师分会秘书长秦敏静，中国乐器协会项目部主任刘勇，以及来自韩国、日本、中国台湾和大陆各地的钢琴调律师汇聚一堂，共享新知，共同探讨钢琴调律事业的创新发展。

9日，围绕中国和欧洲当前乐器产业关注热点，中欧乐器第十三次会议在展期举行。双方对中国乐器进口降税、2019国民音乐教育大会和中欧音乐教育项目合作、中国市场打假维权等议题坦诚交换意见。双方一致同意共同搭建品牌和专业产品展示交流平台，拟在今后北京音乐生活展或上海国际乐器展期间共同组织新品推介、专家鉴赏和用户对接等推广活动。中欧音乐教育合作方面，欧盟继续支持中国国民音乐教育大会，愿提供欧洲大师讲座、公开课等资源支持。在各方共同努力下，2018年7月在京举办的国民音乐教育大会取得圆满成功。中国乐器协会对欧方给予的大力支持表示感谢，中欧双方将继续就2019北京国民音乐教育大会展开深入合作。

11日，为促进德中展商交流，搭建合作平台，由德国驻上海总领事馆举办的2018中国（上海）国际乐器展览会德国展团招待会在上海浦东嘉里中心举行。中国乐器协会秘书长陈晋武、德国驻上海总领事馆副总领事施可雅以及德国乐谱出版协会会长出席活动并致辞。招待会由德国联邦经济和能源部资助，由德国驻上海总领事馆主办，邀请包括上海国际乐器展主办单位、中德经贸促进机构、德国官方展团、德国在沪经济界代表等业界人士近百人参会。广州珠江钢琴、海伦钢琴、温克尔曼、金斯伯格以及江阴金杯乐器等公司参加招待酒会。陈晋武表示，2018年上海乐器展面积13.8万平方米，参展规模和展商数量再创历史新高，展会的持续发展离不开包括德国在内的国际展商、展团大力支持，希望中德乐器界进一步加强交流，深化合作，共同推动中德乐器合作再上新台阶。

12日，2018国际MIDI论坛在Music Lab户外实验室成功举行，受到MIDI乐迷的热烈追捧。论坛邀请国内外多位MIDI领域知名专家。美国MIDI制造商协会主席汤姆 · 怀特，英国DigiTrax集团公司首席技术官马科斯，长沙幻音电子科技有限公司产品经理刘杰分别围绕国际MIDI技术最新进展、MIDI专业技术应用等发表主题演讲。中音公司董事长赵易天、吟飞科技（江苏）有限公司副总经理陈国斌、得理电子（上海）有限公司技术总监张光中，长沙幻音电子科技有限公司郭润博等圆桌论坛嘉宾围绕MIDI最新热点进行深入交流互动。中国乐器协会MIDI工作委员会还与美国MIDI制造商协会进行工作会谈，希望美国MIDI协会进一步关注中国市场，发掘市场潜力，让MIDI数字技术为乐器科技发展插上腾飞的翅膀。

12日，中国乐器协会常务副理事长曾泽民、副理事长王松美，秘书长陈晋武会见美国驻上海总领馆商务领事。会谈中，美方期待上海国际乐器展能为美国乐器展商搭建品牌乐器展示推介平台，让更多美国乐器制品找到稳定渠道进入中国乐器市场。总领馆希望今后能以适当形式参与展会主办方策划举办的重要活动，进一步增强中美乐器展商的交流互动。

会员名录

中国乐器协会团体会员名录

（截止至2019年7月4日）

（排序按协会任职和地址）

序号	企业名称	会员证号	地址	联系人	协会任职
1	上海民族乐器一厂	0020	上海闵行区七宝镇联明路 400 号	王国振	副理事长
2	森鹤乐器股份有限公司	0050	浙江省慈溪市逍林镇樟新公路 1928 号（胜山镇沙滩路）	罗森鹤	副理事长
3	天津市津宝乐器有限公司	0094	天津市宝坻区迎熏街 1–2 号	刘　明	副理事长
4	福州和声钢琴股份有限公司	0119	福建福州市仓山区金山工业集中区浦上工业园 B 区红江路 2 号	卢书英	副理事长
5	上海艾克斯尔乐器音响有限公司	0126	上海市嘉定区徐行镇新建一路 2411 号	刘卫国	副理事长
6	宜昌金宝乐器制造有限公司	0146	湖北省宜昌市宜昌东山经济技术开发区珠海路 1 号	吴天延	副理事长
7	乐海乐器有限公司	0152	河北省沧州市肃宁县德善街 1 号	宋从甲	副理事长
8	吟飞科技（江苏）有限公司	0240	江苏省常州市新北区汉江西路 101 号	范廷国	副理事长
9	上海乐兰电子有限公司（更名：北京罗兰盛世音乐教育科技有限公司）	0522	上海市杨浦区平凉路 1500 号 2 号楼 5 楼 北京市朝阳区西大望路 63 号阳光财富大厦 3 层	程建铜	副理事长
10	上海钢琴有限公司	0019	上海市宝山区宝扬路 2222 号	杨盛惠	副理事长
11	广州珠江钢琴集团股份有限公司	0030	广东省广州市增城永宁街香山大道 38 号	李建宁	副理事长
12	广东红棉乐器股份有限公司	0038	广东省河源市高新技术开发区高新六路 28 号（广州市海珠区基立道 10 号 2 楼）	何志强	副理事长
13	广东声凯乐器有限公司	0073	广东省肇庆市四会市城中街道三棵榕	黄志康	副理事长
14	海伦钢琴股份有限公司	0118	浙江省宁波市北仑区龙潭山路 36 号	陈海伦	副理事长
15	烟台博斯纳钢琴制造有限公司	0188	山东省烟台市高新区博斯纳东路 3 号	孙强	副理事长
16	功学社（天津）商贸有限公司	0219	北京市东城区左安门内大街 76 号龙潭湖体育馆 3 楼 天津市武清开发区福源道 27 号	林志明	副理事长
17	江阴金杯安琪乐器有限公司	0251	江苏省江阴市申港镇亚包大道 128 号	时建明	副理事长
18	深圳市蔚科电子科技开发有限公司	0279	广东省深圳市南山区蛇口南海意库 1 栋 507 室	赵哲	副理事长
19	得理乐器（珠海）有限公司	0311	广东省珠海市金湾区联港工业区大林山片区双林东路 2 号得理工业园	盛子斐	副理事长
20	江苏凤灵乐器集团	0114	江苏省泰兴市溪桥镇华溪中路 18 号	李书	副理事长
21	上海知音音乐文化股份有限公司	0138	上海市长宁路 1200 号贝多芬广场 3 楼	朱文玉	副理事长
22	武汉艾立卡电子有限公司	0124	湖北省武汉市东西湖将军五路 12 号	张琳	副理事长
23	北京乐器研究所	0002	北京市朝阳区南新园西路甲 6 号	张小川	副理事长
24	四川盛音乐器有限公司	0310	四川省成都市新生路 6 号	黄茂强	副理事长

续表

序号	企业名称	会员证号	地址	联系人	协会任职
25	北京星海钢琴集团有限公司	0001	北京市通州区光机电一体化产业基地科创东五街8号	孟宇	副理事长
26	河北金音乐器集团有限公司	0076	河北省武强县周窝乡工业区金音街8号衡水地区	陈学孔	副理事长
27	苏州公爵琴业有限公司（上海办事处）	0134	上海市金沙江西路1555弄395号 江苏省昆山市锦溪镇锦欲路158号	朱庆	常务理事
28	上海市国光口琴厂有限公司	0023	上海浦东金港路211号一号楼1105室	周伟义	常务理事
29	苏州民族乐器一厂有限公司	0043	江苏省苏州市平江区学士街梵门桥弄15号	易慧银	常务理事
30	河北省怀来锣厂	0055	河北省怀来县新保安镇幸福村	张全富	常务理事
31	广州吉声琴业有限公司	0067	广东省从化市鳌头镇岭南村古塘村106国道边	梁泽敏	常务理事
32	扬州民族乐器研制厂有限公司	0071	江苏省扬州市隋杨路槐泗工业园	田步高	常务理事
33	天津华韵乐器有限公司	0087	天津市静海县中旺镇旭华道13号鹦鹉乐器大厦三楼	罗松森	常务理事
34	江苏东方乐器有限公司	0090	江苏省江阴市祝塘云顾路8号	孔文忠	常务理事
35	扬州金韵乐器御工坊有限公司	0095	江苏省扬州开发区鸿扬路8号	熊立群	常务理事
36	南京舒曼钢琴制造有限公司	0112	江苏省南京市雨花经济开发区龙藏大道9号	王永和	常务理事
37	美得理电子（深圳）有限公司	0128	广东省深圳市福田区中康路卓越城1期4-505	徐俊	常务理事
38	饶阳北方民族乐器制造有限责任公司	0129	河北省饶阳县大官厅	杨俊朋	常务理事
39	成都川雅木业有限公司	0132	四川省成都市龙泉驿区驿都西路4361号	张华君	常务理事
40	浙江天目琴行有限公司	0151	浙江省杭州市拱墅区润园街135号	刘为明	常务理事
41	扬州市天艺民族乐器厂	0173	江苏省扬州市邗江区甘泉镇姚湾村	汪扬	常务理事
42	江苏奇美乐器有限公司	0178	江苏省靖江市经济开发区兴业路	张龙贵	常务理事
43	上海国际展览中心有限公司	0199	上海市长宁区娄山关路55号新虹桥大厦11楼	吴江红	常务理事
44	广州格利蒙那提琴有限公司	0208	广东省广州市番禺区大石街涌口村工业三种6号	关尚持	常务理事
45	河北华声乐器制造有限公司	0213	河北省深州市前么头工业区	张立根	常务理事
46	扬州天韵琴筝有限公司	0299	江苏省扬州市仪征刘集盘古工业园	李同志	常务理事
47	广东省乐器协会	0470	广东省广州市越秀区署前路33号2号楼905室	李爱群	常务理事
48	北京中加海资曼钢琴有限公司	0003	北京市通州区光机电一体化产业基地科创东五街8号	谭宝利	常务理事
49	北京华东乐器有限公司	0010	北京市平谷区东高村镇大旺务西路21号	刘云东	常务理事
50	江苏天鹅乐器有限公司	0045	江苏省靖江市马桥镇北首	陈红梅	常务理事
51	上海中雅钢琴有限公司	0127	上海市青浦区清赵路6158号	马惠忠	常务理事
52	河北秦川文体乐器有限公司	0137	河北省石家庄市建设北大街38号	秦传功	常务理事
53	杭州嘉德威钢琴有限公司	0184	浙江省杭州市江干区丁桥镇临丁路1191号	陈莲琴	常务理事
54	河南中州民族乐器有限公司	0186	河南省兰考县固阳镇中州路003号	代胜民	常务理事

续表

序号	企业名称	会员证号	地址	联系人	协会任职
55	宁波四海琴业有限公司	0211	浙江省宁波鄞州区云龙镇前后陈村	何四海	常务理事
56	天津圣迪乐器有限公司	0284	天津市静海县蔡公庄镇四党口中村	王玉春	常务理事
57	浙江乐韵钢琴有限公司	0389	浙江省德清洛舍工业园顺达路 18 号	章顺龙	常务理事
58	大连铜管乐器有限公司	0106	辽宁省大连市中山区鲁迅路 88 号 308 室	焦永达	常务理事
59	饶阳成乐民族乐器有限责任公司	0143	河北省饶阳县大官厅开发区	李铁成	常务理事
60	长春新威琴行有限公司	0369	吉林省长春市朝阳区工农大路 1796 号	周宝强	常务理事
61	扬州雅韵琴筝有限公司	0159	江苏省扬州市西区新盛街道蜀岗果园	刘永发	常务理事
62	上海华新乐器有限公司	0109	上海市浦东新区沈梅路 600 号 C 栋	林伯龙	常务理事
63	上海市乐器行业协会	0123	上海市黄浦区中山南路 917 号 5A	王国振	常务理事
64	江苏大风乐器有限公司	0480	江苏省徐州市沛县张庄镇工业区	徐宝华	常务理事
65	上海口琴总厂	0025	上海市宝山区蕰川路 510 号	蒋林森	常务理事
66	大厂回族自治县华丰铸造有限责任公司	0252	河北省大厂回族自治县夏垫村西	杨山	常务理事
67	烟台金斯波格钢琴有限责任公司	0052	山东省烟台市经济技术开发区长白山路 5 号	张绪斌	理事
68	昆明乐器用品有限责任公司	0064	云南省昆明市东风西路 289 号	伍俊武	理事
69	龙口锦盛乐器有限公司	0084	山东省龙口市东莱街道大李村	李传术	理事
70	扬州市正声民族乐器厂	0145	江苏省扬州市江阳工业园西湖双塘东路 28 号	周平	理事
71	北京长安乐器有限公司	0153	北京市海淀区西四环北路 15 号依斯特大厦 610 号	马雪松	理事
72	门德尔松钢琴（上海）有限公司	0162	上海市松江区叶榭镇浦亭路 88 号	郑明统	理事
73	国家轻工业乐器质量监督检测中心（广州）	0172	广东省广州市荔湾区芳村花地大道壹号国际文化广场三楼 C018	秦敏静	理事
74	河北乐之洋乐器制造有限责任公司	0191	河北省饶阳县大官厅工业园 566 号	赵爱敏	理事
75	广州市罗曼士乐器制造有限公司	0241	广东省广州市花都区狮领镇育才路 13 号	郑玉棠	理事
76	浙江友谊电子有限公司	0262	浙江省乐清市经济开发区纬 19 路 268 号	陈天浩	理事
77	赛乐尔三益乐器（上海）有限公司	0269	上海市奉贤区环城北路 753 号	李炯国	理事
78	扬州风华国乐琴筝有限公司	0312	江苏省扬州市江都区邵伯工业文化产业园振兴路东首向北 200 米	刘庆阳	理事
79	上海和乐钢琴有限公司	0337	上海市青浦区练塘工业园区蒸夏路 200-8 号	姚建芳	理事
80	北京华韵阿波罗艺术发展中心	0374	北京市丰台区百强大道 6 号 2 座 2610 号	姚远	理事
81	广州珠江艾茉森数码乐器股份有限公司	0426	广东省广州市增城区香山大道 38 号 1 号楼	刘春清	理事
82	温克尔曼（上海）乐器有限公司	0467	上海市静安区大田路 129 号嘉兴大厦 B 幢 6B	应利星	理事
83	汕头市乐童乐器有限公司	0488	广东省汕头市丹阳庄东区 59 栋 802	孙丽松	理事
84	福建亚东钢琴有限公司	0669	福建漳州市芗城区金峰经济开发区北斗工业园	洪亚东	理事
85	泰兴斯坦特乐器有限公司	0041	江苏省泰兴市黄桥镇华溪西路 2 号	李荣富	理事
86	重庆斯威特钢琴有限公司	0089	重庆市北碚区童家溪镇建设村新房组天成小学旁	王建华	理事
87	北京天力凯业贸易有限公司	0092	北京市大兴区长子营镇郑二营村	杨凯	理事

续表

序号	企业名称	会员证号	地址	联系人	协会任职
88	天津盛兴元乐器有限公司	0103	天津市静海县子牙镇潘庄子	王泽云	理事
89	福建省爱乐钢琴有限公司	0147	福建省南平市顺昌县双溪镇货场路 142、144 号	柯松理	理事
90	湖州华谱钢琴制造有限公司	0174	浙江省湖州市德清县洛舍经济开发区	姚小林	理事
91	湖州杰士德钢琴有限公司	0176	浙江省德清县洛舍镇杨树湾工业园区	韩生华	理事
92	扬州市思美民族乐器厂	0282	江苏省扬州江都市武坚镇黄思工业区（邮局对面）	胡思林	理事
93	晋江力达电子有限公司	0288	福建省晋江市安海镇第二工业区力达工业楼	吴希达	理事
94	长沙星飞达音乐器材厂 长沙飞达琴行有限公司	0289	湖南省长沙市芙蓉区东牌楼新世界商贸西1号	劳绍立	理事
95	宁波市江北珂乐乐器有限公司	0321	浙江省宁波市鄞州区明珠路 428 号 3A 五角阻尼二楼	蔡赋勇	理事
96	天津奥维斯乐器有限公司	0354	天津市静海县蔡公庄镇四党口中村	张国民	理事
97	杭州爱尔科乐器有限公司	0406	浙江省杭州市萧山区闻堰镇长安工业区	朱伟柳	理事
98	陕西省文化物资公司	0502	陕西省西安市龙首北路东段 4 号	张忠民	理事
99	卡西欧（中国）贸易有限公司	0554	上海市普陀区凯旋北路 1188 号 B 座 11 楼 D	王帅	理事
100	上海灵江乐器有限公司	0598	上海市松江区沪亭北路 218 号 F115-117 德国哈罗德钢琴	黄正达	理事
101	厦门斯坦伯格钢琴有限公司	0622	福建省厦门市湖里区高崎南五路 220 号航空商务广场 8 号楼 2 层	叶海鹏	理事
102	大连福音乐器有限公司	0654	辽宁省大连市西岗区中山路 236 号	曲星君	理事
103	广州欧米勒钢琴有限公司	0655	广东省广州市白云区江高镇神山工业园振兴路 77 号厂区 2 号厂房	方扬	理事
104	浙江珠江德华钢琴有限公司	0229	浙江省德清县武康镇丰庆街 788 号	伍锐伟	理事
105	杭州顺和硅橡胶制品有限公司	0530	浙江省杭州市余杭区临平南街道高地工业园	沈国水	理事
106	宁波市北仑乐器配件制造有限公司	0203	浙江省宁波市北仑区大矸镇俞王村	俞兆祥	理事
107	英昌乐器（中国）有限公司	0335	天津市东丽区崔家码头东侧	陈香菊	理事
108	德清县中德利钢琴有限公司	0136	浙江省德清县城关西郊路 158 号	王惠林	理事
109	南京新辉琴行有限公司	0266	江苏省南京市中山北路 42 号	刘小辉	理事
110	武汉银可可琴行有限责任公司	0303	湖北省武汉市彭刘杨路 228 号金榜名苑一楼	蒋迟	理事
111	鲍德温（中山）钢琴乐器有限公司	0032	广东省中山市东升镇观栏村工业区	周有恩	理事
112	德清县海尔乐器制造有限公司	0171	浙江省德清县洛舍经济开发区文明东路 18 号	王惠忠	理事
113	上海威堡钢琴有限公司	0239	上海市南汇坦直工业园古翠路 33 号	蒋维国	理事
114	青岛海韵琴行有限公司	0242	山东省青岛市江西路 98 号乙	莫蓓茜	理事
115	广东蓝洋科技有限公司（原佛山市万正涂料有限公司）	0390	广东省佛山市三水区西南镇金本工业园 B 区	肖亚亮	理事
116	广州市大同琴行有限公司	0397	广东省广州市越秀区东川路 37 号	佟伟彦	理事
117	北京福韵国际工贸有限公司	0492	北京市大兴区青云店镇垡上电镀厂院内	李宝红	理事
118	厦门律动钢琴有限公司	0510	福建省泉州市迎津街建材公寓 B 幢 501 室	彭清燕	理事
119	北京卓邦乐米文化传播有限公司	0526	北京市丰台区南四环西路 188 号总部基地十一区 27 号楼 6 层	张新峰	理事

续表

序号	企业名称	会员证号	地址	联系人	协会任职
120	广州闻乐教育科技有限公司	0757	广东省广州市天河区科韵路天河软件园建工路 13 号 703 房	梁永波	理事
121	于斯教育科技（上海）有限公司	0759	上海市浦东新区御北路 385 号 5 号楼	王维	理事
122	北京音乐盛世文化传播有限公司（吉他中国）	0835	北京市东城区交道口菊儿胡同 17 号南院 魔菇音乐	姜伟	理事
123	德鑫开元（北京）琴业有限公司	0525	北京市经济技术开发区荣华南路 10 好远荣华鑫泰大厦 5 号楼 1809	王武	理事
124	小叶子（北京）科技有限公司	0687	北京市朝阳区叶青大厦北园 1 层	叶滨	理事
125	西安音乐学院乐器厂	0224	陕西省西安市高陵区西高路丝路融豪工业城内 103,104 号	张小东	理事
126	天津市民族乐器厂	0018	天津市河北区南㘵路 1 号	郭建文	
127	天津渤轻进出口有限公司	0107	天津市河西区新围堤道 5 号	韩延林	
128	武汉市海平乐器制造有限公司	0125	湖北省武汉市江岸区云林街 65 号观湖铂金公寓 321 房	王志军	
129	山东泰山管乐器制造有限公司	0131	山东省龙口市东莱街道大李家村	赵人兴	
130	武汉致嘉乐器销售有限公司	0100	湖北省武汉市经济开发区民营科技工业园 12 号 M 栋	周致嘉	
131	上海韵乐电器有限公司	0166	浙江省乐清市淡溪镇石龙头工业区	柯应岳	
132	永康市前仓永固乐器厂	0204	浙江省永康市前仓镇前仓村金鸡路 156 号	蒋学良	
133	揭西县美科电子电器厂	0206	广东省揭西县城环城路西段	张远青	
134	杭州雅马哈乐器有限公司	0212	浙江省杭州市萧山区瓜沥镇沙田头村	小林孝一	
135	泰兴琴艺乐器有限公司	0218	江苏省泰兴市溪桥镇华溪东路 8 号	吴建新	
136	广州市朗晴发展有限公司	0268	广东省广州市珠江新城华明路 9 号华普广场西楼 2613 室	周旗	
137	北京星海福音琴业有限公司	0278	北京市东城区夕照寺中街 4 号 A 座 609	胆美珍	
138	杭州声贝音响有限公司	0291	浙江省杭州市余杭区黄湖镇黄湖工业园区兴湖路 19 号	蔡忠伟	
139	广州市新艺宝乐器有限公司	0309	广东省广州市天河区黄浦大道西 177 号二楼	凌建聪	
140	钰丰乐器（福建）有限公司	0313	福建省漳州市南靖县丰田镇华侨经济开发区	陈永茂	
141	上海晨川琴业材料有限公司	0320	上海市青浦区华新镇民兴工业园区徐华公路 3029 弄民兴一路 59 号	郑纪海	
142	河合贸易（上海）有限公司	0349	上海市浦东新区张杨路 500 号 28 楼 C 座	森口昌基	
143	北京龙羽时代科技有限公司	0351	北京市海淀区北三环中路 77 号 27 号楼 509 室	魏剑羽	
144	深圳市中艺盈科电子有限公司	0355	广东省深圳市宝安 35 区安华工业区一巷 8 栋 A5	钟永津	
145	天津乐海城乐器配件有限公司	0364	天津市塘沽区春风路紫云国际 5 栋 1 门 201 室	王锡华	
146	湖北华都钢琴制造股份有限公司	0427	湖北省广水市广办西河路二路 2 号	汪其见	
147	南京爱韵乐器有限公司	0433	江苏省南京市雨花区软件大道 119 号丰盛商汇 6 号楼 208 室	童磊	

续表

序号	企业名称	会员证号	地址	联系人	协会任职
148	威柏尔乐器（北京）有限公司	0454	北京市东城区王府井大街 277 号好友写字楼 2518 室	刘勇	
149	深圳市伏荣科技开发有限公司	0459	广东省深圳市宝安区西乡西城工业区 12 栋 2 楼	李胜	
150	浙江学全科教仪器有限公司	0475	浙江省永康市石柱镇下里溪工业区百福临大道 9 号	蒋学全	
151	北京中音中音科技有限公司	0486	北京市朝阳区建国路 88 号 SOHO 现代城 D 座 0711-0712 室	赵易天	
152	天津市东丽区乐林乐器厂	0491	天津市东丽区大毕庄工业区国信路 10 号	卢启恒	
153	北京素达文化传播有限公司	0500	北京市丰台区南四环西路 188 号总部基地 2 区 6 号楼 3 层	叶彩萍	
154	佛山市高明区子昊钢琴有限公司 更名浙江子昊钢琴有限公司	504	浙江衢州市常山县金川街道创新东路 5 号	温日辉	
155	安徽和信教学仪器设备有限公司	0514	安徽省宿州市武夷商业城 B1 区 210-222 室	陈静	
156	临沂宗沛斋工贸有限公司	0518	山东省临沂市河东区华龙路	张宗沛	
157	佛山市南海区海韵乐器制造有限公司	0520	广东省佛山市南海区狮山镇小塘三路西路江湄工业区	胡冬花	
158	南宁市嘉诚琴行有限公司	0546	广西南宁市教育路 7-2 号	林李斌	
159	六艺星空（北京）文化传播有限公司	0556	北京市朝阳区百子湾石门村路 5 号创美东朝时代创意园西区 1-118 室	周鹏	
160	自贡市贝尔吉教学仪器设备有限公司	0559	四川省自贡市国家高新技术产业区川南中小企业创业园金川路 15 号附 10 号	兰金	
161	江苏柠檬科教设备有限公司	0563	江苏省沭阳县章集工业园区柠檬 3 号	徐兴俊	
162	合肥海知音乐器销售有限责任公司	0583	安徽省合肥市庐阳区长江路 276 号	李扬秋	
163	北京诺健科技发展有限公司	0592	北京市海淀区复兴路甲 36 号百朗园 1218 号	李腊	
164	安徽省国声琴行有限公司	0596	安徽省合肥市桐城路 77 号 1 号门面 安徽省合肥市包河区芜湖路城市华庭 C 座 2909	杨保海	
165	宁波市镇海磊磊音响器材厂	0605	浙江省宁波市镇海庄市兆龙路 368 号	徐佩红	
166	广州市恒胜箱包有限公司	0606	广东省广州市花都区新华街团结村塘口四队机场安置区商业街	彭兰	
167	扬州正和民族乐器厂	0615	江苏省扬州市广陵区头桥镇迎新村	杨越	
168	江苏大鹏科教设备有限公司	0621	江苏省淮安市淮安区施河镇淮河路	刘宝珍	
169	宿州新华书店有限公司	0625	安徽省宿州市淮海中路 79 号	邓琼	
170	安徽省吉利琴行有限公司	0627	安徽省合肥市蜀山区潜山路与皖河支路交口商之都三楼	王欣	
171	江苏星杨月科教设备有限公司	0645	江苏省淮安市淮安区施河镇世纪大道	杨如忠	
172	江苏月星科教设备有限公司	0646	江苏省淮安市淮安区施河镇世纪大道 2 号	葛彩珍	
173	牡丹江和音乐器有限公司	0650	黑龙江省牡丹江市西安区海浪路 199 号	贾酝	
174	山东吉诺尔体育器材有限公司	0651	山东省临沂市兰山区小商品城 22 号楼 0767-0768 号	李娟	
175	上海萨瑟钢琴有限公司	0656	上海市奉贤区南桥镇张翁庙路 525 号晨日科创园 G 幢 302	王立功	
176	廊坊市斯尔曼乐器有限公司	0659	河北省廊坊市安次区祖各庄西口光辉巷	王颂	

续表

序号	企业名称	会员证号	地址	联系人	协会任职
177	惠州市乐音乐器有限公司	0672	广东省惠州市惠阳区淡水镇铁湖路玉兰别墅 D9-10 栋	彭爱平	
178	长沙幻音电子科技有限公司	0688	湖南省长沙市高新开发区谷苑路 186 号湖大科技园孵化大楼东栋 201	郭润博	
179	山东黑木环保材料科技有限公司	0689	山东省淄博市桓台经济开发区泰山路 30 号	张玲玲	
180	武汉工控艺术制造有限公司	0698	湖北省武汉市东西湖将军路万家墩东村 59 号	高力强	
181	江苏华丰教学装备有限公司	0704	江苏省淮安市淮安区施河镇工业园区	刘长军	
182	达达里奥贸易（上海）有限公司	0708	上海市长宁区中山西路 999 号华闻国际大厦 1305 室	john daddario	
183	定州市定海体育器材有限公司	0715	河北省定州市唐河循环经济产业园区	李增甫	
184	山东奥尚体育产业有限公司	0716	山东省临沂市兰山区后十社区 2 号楼（聚财商务中心）704 号	潘书杰	
185	北京德勇乐器有限公司	0729	北京市丰台区南三环东路 6 号嘉业大厦 B 座 1104 室	闫丕勇	
186	北京管乐器厂	0004	北京市通州区光机电一体化产业基地科创东五街 8 号	赵彤	
187	天津通宝乐器有限公司	0015	天津市河北区南口支路 6 号	姜静	
188	无锡铃木乐器有限公司	0039	江苏省江阴市祝塘镇人民路 1 号	缪志兴	
189	无锡市新区古月琴坊	0101	江苏省无锡市新区梅村镇新南路 10 号	万其兴	
190	上海华黎民族乐器厂（普通合伙）	0161	上海市南汇区大团镇永春北路 88 弄 68 号	唐华军	
191	广州传音乐器厂	0168	广东省广州市天河区天河路 228 号广晟大厦 1710 室	苏常青	
192	廊坊韵迪乐器有限公司（原文安鑫森）	0170	河北省文安县新镇镇工业区	王景川	
193	上海敦煌乐器有限公司	0185	上海市奉贤区运河北路 1025 号	吴启明	
194	山东山石麦尔乐器有限公司	0243	山东省聊城市花园北路 38 号	刘冰	
195	济宁市兖州区声远乐器有限公司	0245	山东省兖州市谷村镇杨村	颜廷学	
196	北京市产品质量监督检验院	0255	北京市顺义区顺兴路 9 号	陈梨	
197	北京敦善文化艺术股份有限公司	0259	北京市丰台区大红门西马厂甲 14 号集美文化产业园 4 号楼 3 层 A08	于添	
198	廊坊市永信实业有限公司	0261	河北省廊坊市安次区杨税务	刘家庆	
199	通宝国际贸易（天津）有限公司	0264	天津市河西区苏州道 2 号图书大厦 1515 室	恽林	
200	杭州沃尔特数码钢琴有限公司	0267	浙江省杭州市余杭区五常工业区荆长路 31 号 -A	赵为民	
201	营口西尔伯曼钢琴有限公司	0270	辽宁省营口市西市区民兴河北街	丁弘戬	
202	天津天同音工贸有限公司	0274	天津市河东区六纬路神州花园 26-3-101	王琳	
203	上海邦加琴业有限公司	0287	上海市金山区亭林镇亭东村 4062 号	张琳媚	
204	武汉市乐王乐器有限公司	0293	湖北省武汉市东湖高新技术开发区武大科技园路 7 号武大航域办公楼 A8 栋 6 楼	邢福志	
205	法兰山德乐器（上海）有限公司	0297	上海市金山区枫泾工业园区钱明东路 1338 弄 35 号	陈德鹏	
206	上海市普陀区爱乐琴行	0317	上海市普陀区兰溪路 119 号	许俊	

续表

序号	企业名称	会员证号	地址	联系人	协会任职
207	余干县民族乐器有限公司	0319	江西省余干县玉亭镇沙窝大街	张仕先	
208	扬州市维扬区御声乐器厂	0322	江苏省扬州市西湖镇司徒庙路西首－胡场	杨国富	
209	深圳市和普乐器有限公司	0341	广东省深圳市福田区八卦岭八卦五路五街543栋4楼433房	毛建平	
210	丽水括苍琴行	0344	浙江省丽水市括苍路222号	叶菊香	
211	三河市龙洋乐器有限公司	0393	河北省三河市新集镇	李宝玉	
212	天津扬昇国际贸易有限公司	0408	天津市南开区鞍山西道信诚大厦704室	许心缇	
213	上海顶胜钢琴有限公司	0409	上海市闵行区都会路100号	顾名迈	
214	北京爱芝音教教学设备有限公司	0425	北京市昌平区马池口镇乃干屯村203号 北京市海淀区上庄梅所屯207号	宁爱中	
215	巨吉贸易（上海）有限公司	0435	上海市闵行区都会路1885号丽琴大厦1楼	司马健	
216	济南旭秋乐器有限公司	0441	山东省济南市高新区世纪大道理想嘉园2号楼19屋1909室（小鸭集团）	董念春	
217	天津市万德弗劳乐器有限责任公司	0444	天津市河东区新开路春华里11-2-401	高志伟	
218	山东省济宁市颜氏调律工具有限公司	0453	山东省济宁市任城区南张工业园	颜婷婷	
219	天津劳伦斯乐器有限公司	0476	天津市武清区京津时尚广场7楼大厦1002室	刘瑞	
220	天津创丰乐器进出口贸易有限公司	0483	天津市河北区红星路万科城市花园F-409	贺天宝	
221	浙江格莱姆乐器有限公司	0485	浙江省温州市瓯海区郭溪下屿工业区富泉路66号格莱姆乐器	陈小秋	
222	广州市雅迪数码科技有限公司	0496	广东省广州市荔湾区桥中中路186号爱国者一楼自编45号	胡伟	
223	营口乐器协会	0503	辽宁省营口市沿海产业基地新联大街东1号	郝峰	
224	深圳市卓乐科技有限公司	0521	广东省深圳市宝安28区陆氏工业大厦2楼	李国飞	
225	江苏乾坤教学设备有限公司	0534	江苏省淮安市淮安区施河镇工业园区	董玉乾	
226	揭西县美乐斯电子电器厂实业有限公司	0537	广东省揭阳市揭西县河婆街道北环一路中段（国税大楼后面）	张伟雄	
227	北京安平乐乐器有限责任公司	0539	北京市海淀区紫竹院路100号信弘大厦A221	安青	
228	惠州市惠阳区新圩曼棱乐器厂	0540	广东省惠州市惠阳区新圩镇塘口工业区	李秋云	
229	淮安市经纬教学设备有限公司	0552	江苏省淮安市楚州区施河镇德福北路186号	成鹏	
230	江苏华辰教学设备有限公司	0560	江苏省淮安市施河镇工业园区人民路南首	管益武	
231	江苏华光科教设备有限公司	0571	江苏省淮安市淮安区施河镇世纪大道8号	吴斌	
232	深圳市魔耳乐器有限公司	0593	广东省深圳市宝安区71区留仙三路25号电明6楼	朱四华	
233	深圳市宏伟顺科技发展有限公司	0599	广东省深圳市宝安区新安街道44区富源商贸中心B1403	段建军	
234	鹤山市挚雅乐器有限公司	0602	广东省江门市鹤山市龙口镇北环路6号	杨建勋	
235	扬州清和文化发展有限公司	0611	江苏省扬州市江阳中路433号金天城519号	金峰	
236	开平市圣诺电子有限公司	0609	广东省开平市三埠长沙光明路82号102	黄美娴	
237	江苏宇辉教学用品有限公司	0618	江苏省淮安市淮安区施河镇德福南路	刘红兵	

续表

序号	企业名称	会员证号	地址	联系人	协会任职
238	菲奥娜乐器（上海）有限公司	0629	上海市宝山区呼兰西路60号卓越时代广场709-710菲奥娜乐器	王幼妹	
239	徐州市铜山区顺成乐器配件厂	0630	江苏省徐州市铜山区房村镇新庄	刘方盘	
240	江苏六鑫科教仪器设备有限公司	0648	江苏省扬州市江都区浦头镇工业园区	朱美馀	
241	深圳市阿诺玛乐器有限公司	0658	广东省深圳市宝安区宝田三路宝田工业区56栋6楼	陈海华	
242	南雄市海伦罗曼钢琴有限公司	0664	广东省南雄市珠玑镇二塘村国道G323线旁	李晓勇	
243	北京时代众乐琴行有限公司	0667	北京市朝阳区慧忠里304号楼1层304-2	刘小涌	
244	大连龙音乐器有限公司	0671	辽宁省大连市开发区辽河东路88号	王明瑜	
245	成都伟航科技有限公司	0677	四川省成都市高新区天府大道1480号高新孵化园德商国际B座505	彭德伟	
246	佛山市佰添乐器有限公司	0686	广东省佛山市南海区里水镇和顺官和路金星工业区东门39-7	陈祝军	
247	上海鼎韵乐器有限公司	0693	上海市浦东新区大团镇宣大路688号	唐正君	
248	江苏三毛教仪成套设备有限公司	0696	江苏省沭阳县工业园区萧山路36号	徐兴俊	
249	惠州声柏乐器有限公司	0697	广东省惠州市惠阳区长街道秋长镇岭湖工业区亚来路39号	王振中	
250	廊坊市圣爱工艺品有限公司	0699	河北省廊坊市安次区仇庄乡景村工业区	邓岳梅	
251	江苏兴特教学设备有限公司	0701	江苏省淮安市淮安区施河镇世纪大道	施信忠	
252	天津市静海县恒艺燕京乐器厂	0703	天津市静海县子牙镇潘庄子村	田树恒	
253	江阴奇灵乐器有限公司	0705	江苏省江阴市申港镇澄路1597号	缪庆益	
254	广州市拿火信息科技有限公司	0707	广东省广州市越秀区解放北路568号	陆子天	
255	扬州玲珑苑琴筝坊	0710	江苏省扬州市江都区武坚镇周西社区兴周路2号	陈后勇	
256	合肥市乐海琴行有限公司	0717	安徽省合肥市寿春路88号	邵坚	
257	扬州翔韵琴筝有限公司	0721	江苏省扬州市西区杨庙镇	刘永勤	
258	北京中艺乐器有限公司	0722	北京市通州区马驹桥镇西马各庄村委会西2000米	李建明	
259	天津乐威乐器有限公司	0724	天津市东丽区南何庄地铁站B出口南50米	苗永伟	
260	上海先韵乐器有限公司	0725	上海市浦东新区康桥路1123弄146号	岳倍先	
261	武汉余晓维金手指文化艺术咨询有限公司	0726	湖北省武汉市武昌区和平大道绿地国际金融城B2栋2611室	余小维	
262	吴兴东林星火钢琴配件厂	0727	浙江省湖州市吴兴区东林镇锦山工业区	施丽萍	
263	德清县洛舍森玛钢琴配件厂	0728	浙江省德清县洛舍镇张陆湾工业区	姚小雄	
264	北京诺宝文化艺术有限责任公司	0731	北京市朝阳区向军北里瀚海文化大厦809室	李薇	
265	天津市恒诚工业用呢有限公司	0732	天津市空港经济区东九道八号	齐朝利	
266	上海艺音乐器有限公司	0734	上海市金山区朱泾工业区东日路186号	曾香梅	
267	江苏安琪尔科教设备有限公司	0735	江苏省淮安市淮安区施河镇太平西路26号	李晓燕	
268	江苏强众科教设备有限公司	0736	江苏省淮安市淮安区施河镇工业园区29号	查永安	
269	饶阳县海之韵乐器有限公司	0597	河北省饶阳县东草芦村七区46号	李广敖	

续表

序号	企业名称	会员证号	地址	联系人	协会任职
270	江苏东大科教设备有限公司	0702	江苏省淮安市淮安区施河镇条龙村	胡国政	
271	海湾乐器（嘉善）有限公司	0148	浙江省嘉善县惠民街道钱塘路 8 号	胡华丰	
272	天津三卫乐器有限责任公司	0637	天津市北辰区北辰西路联东 U 谷产业园区 29-2 号	李国华	
273	惠州全丰育乐用品有限公司	0234	广东省惠阳区秋长镇长兴路鹏岭工业城	蔡赖丰	
274	长春市恒兴华科技有限公司	0663	吉林省长春市南关区大马路吉塔公寓 998 号	崔京宜	
275	深圳市伊诺乐器有限公司	0300	广东省深圳市平山区仓坑路家德马峦工业区 1 区 7 栋	袁雁	
276	广州弦尚文化传播有限公司	0501	广东省广州市天河区黄村路 51 号粤安工业园 A 栋 6 楼	隋细华	
277	山东八音乐器有限公司	0469	山东省菏泽市牡丹区刘寨（原乡政府）	马宏川	
278	安庆新华书店有限公司	0617	安徽省安庆市集贤南路 2 号	肖金和	
279	海南大蟒科技有限公司	0572	海南省海口市美兰区海甸五西路兆南绿岛家园绿轩 17-18A	胡建智	
280	成都朝阳浪琴乐器制品有限公司	0210	四川省成都市双流区东升镇永安路二段	黎明强	
281	浙江一恒教学仪器有限公司	0692	浙江省永康市前仓镇世纪路 6 号	章青华	
282	安庆新华书店有限公司	0617	安徽省安庆市集贤南路 2 号	肖金和	
283	临海市均华乐器有限公司	0380	浙江省临海市古城街道聚景路 9 号	金云声	
284	乐器空间	0508	北京市通州区李庄佳苑 5 号楼 2 单元 902	赵文广	
285	北京兆森乐器有限公司	0484	北京市房山区韩村河镇西东村南	孙伟	
286	沧州市金狮乐器有限公司	0227	河北省沧州市纸房头工业区	吕宝合	
287	天津滨海琴行有限公司	0290	大津市塘沽区上海道 1329 号	刘祥清	
288	昆山德邦木业有限公司	0358	江苏省昆山市巴城镇正仪高科技术产业园富丽路	唐亮	
289	珠海汇吉洋电子科技有限公司	0532	广东省珠海市斗门区白蕉工业园新科二路 26 号	王超	
290	江苏省华茂科教设备有限公司	0565	江苏省沭阳县经济开发区永嘉路 40 号	祁霞	
291	江西省宏声文化艺术发展有限公司	0579	江西省南昌市国安路 112 号	刘宏	
292	延吉市民族乐器研究所	0154	吉林省延吉市北山街爱丹路 125-2 号	赵基德	
293	亳州市冠中琴行经营部	0714	安徽省亳州市谯城区建安路与光明路交叉口南二十米路东	陈冠中	
294	漳州市龙吟乐器有限公司	0674	福建省漳州市北斗工业园金华路 1 号	段性皓	
295	德国博兰斯勒钢琴（中国）有限公司	0541	广东省广州市天河北路 595-599 号创新科技广场二楼	方扬	
296	南通市乐王琴业有限公司	0046	江苏省南通市环城东路 93 号	王夕林	
297	北京星海钢琴集团有限公司北京民族乐器厂	0104	北京市西城区槐柏树街乙 9 号楼地下室	宋从甲	
298	上海胤兰乐器有限公司	0111	上海市青浦区莲溪公路 3102 号	徐建华	
299	佛山市三水龙声乐器制造有限公司	0362	广东省佛山市三水区白坭镇白沙南街一号	李庆炎	
300	青岛青大琴行有限公司	0400	山东省青岛市市南区宁夏路 127-6 号	周克岭	
301	上海凯恩乐器有限公司	0413	上海市崇明县合兴镇东首	张伟明	

续表

序号	企业名称	会员证号	地址	联系人	协会任职
302	施坦威钢琴亚太有限公司	0499	上海市自贸区朝鹏路 147 号	Werner Husmann	
303	广州市和必括乐器制造有限公司	0553	广东省广州市白云区石井红星工业路 10 号 B 座 2 号	黄斌	
304	深圳戎马广告有限公司（琴行经营报）	0578	广东省深圳市福田区车公庙泰然六路泰然物业大厦 207 栋 301 室	林凯	
305	扬州太古琴坊有限公司	0586	江苏省扬州市仪征刘集镇盘古工业园 1 号	刘霄	
306	无锡市锡艺乐器厂	0194	江苏省无锡市新区梅村镇锡贤路 149 号	万建平	
307	昌乐县东方乐器厂	0417	山东省昌乐县鄌郚镇政府驻地	李凤英	
308	东莞市增旺精密五金有限公司	0531	广东省东莞市塘厦镇莆心湖大道北七号	姜有文	
309	滕州市北辛华彩琴行	0544	山东省滕州市善国北路人才市场对过	梁景永	
310	广州市鸣雅玛丁尼乐器制造有限公司	0587	广东省广州市花都区新华镇凤凰北路三东工业区	汪宏齐	
311	山东劳立斯世正乐器有限公司	0108	山东青岛城阳区春阳路 101 号	邓莹	
312	山西普晋琴行有限公司	0334	山西省太原市青年路 12 号	董武斌	
313	上海乐圣乐器有限公司	0412	上海市闵行区都市路 384 号 309 室	胡祖庭	
314	安斯特早教投资管理湖北有限公司	0737	湖北省武汉市武昌区积玉桥万达公馆五栋 1 单元 502 室	蔡德武	
315	深圳市和乐文化传播有限公司	0740	深圳市福田区福中一路 2016 号深圳音乐厅首层施坦威钢琴专卖店	翁环	
316	呼和浩特市艺达乐器商贸有限公司	0742	内蒙古呼和浩特市新城区兴安北路 2 号	林清端	
317	西安音乐学院朱雀琴行	0744	陕西省西安市长安中路 110 号	徐胜利	
318	上海海音乐器有限公司	0745	上海市黄浦区中山南路 917 号	叶晖	
319	惠州壹号琴行有限责任公司	0747	深圳市罗湖区太白路太阳新城 6B	王浩然	
320	武汉钢的琴音乐文化发展有限公司	0748	湖北省武汉市武昌区彭刘杨路 228 号	伍海波	
321	四川英才教学设备有限公司	0749	四川省绵阳市机场西路 98 号	张萃超	
322	东莞市乾方音响设备有限公司	0750	广东省东莞市南城区水濂山绿色路澎峒工业区第 1 栋 3 楼	董夷	
323	河北铭泽文体用品有限公司	0751	河北省定州市大奇工业区	张江伟	
324	天津达姆特乐器有限公司	0752	天津市武清区大良镇蔡各庄	杜承柱	
325	江苏百宇兴事业有限公司	0753	江苏省淮安市淮安区施河镇淮河路 1 号	钱国强	
326	苏州市福合天韵乐器科技有限责任公司	0755	江苏省苏州工业园区星湖街 328 号创意产业园 1-B601 室	包伟康	
327	河北康喜乐器制造有限公司	0756	河北省石家庄市新华区杜兆乡西营村和乐巷 4 号	张喜	
328	临汾明星琴行有限公司	0758	山西省临汾市尧都区解放路辛寺街 6 号	卢青	
329	高碑店市佰格乐器箱包厂	0760	河北省高碑店市南大街 152 号	邓印明	
330	青岛美德威教育科技有限公司	0771	山东省青岛市市南区银川西路 67 号国际动漫游戏产业园 A 座 107B	吴丹舟	
331	中沃舜克管乐器（上海）有限公司	0762	上海市青浦区徐泾镇沪青平公路 2152 弄 8 号	谷攀峰	
332	广州市天樱电子有限公司	0763	广东省广州市越秀区明月一路 20 号明月阁 806 房	张继发	

续表

序号	企业名称	会员证号	地址	联系人	协会任职
333	青岛帕蒂兰德乐器进出口有限公司	0766	山东省青岛市崂山区海尔路 61 号天宝国际银座 2010	展丽	
334	山东中艺音美器材有限公司	0767	山东省菏泽市鄄城县富春乡开发区 999 号	李洪强	
335	山东省鄄城训福教学仪器有限公司	0768	山东省鄄城县什集镇工业园	刘建芳	
336	山东鄄城致远科教仪器有限公司	0769	山东省鄄城县什集镇工业园 777 号	陈海红	
337	白银辰睿新理念艺术传播有限公司	0770	甘肃省白银市白银区观澜商业街 5 楼 B 座辰睿新理念钢琴艺术中心	赵辰睿	
338	深圳金色田园教育科技股份有限公司	0773	深圳市南山区高新技术园区南区 A8 音乐大厦 905 室	史斌	
339	厦门市华成琴行有限公司	0774	福建省厦门市四明东路 9 号	伊道生	
340	郑州星艺新琴行有限公司	0775	河南省郑州市北二七路 96 号（金水路和东明路交叉口东 30 米路南）	翟莲花	
341	东莞市乐手时代乐器有限公司	0776	广东省东莞市高埗镇振兴北路米兰财富园 4 楼乐手时代乐器	何冬君	
342	定州市即兴音乐培训学校	0778	河北省定州市北城区大道观小学西行 50 米	佘会凤	
343	瑞宝乐器（上海）有限公司	0779	上海市闵行区七莘路 182 号 B 座 301	韩军	
344	上海凯笙钢琴有限公司	0780	上海市松江区嘉松南路 408 号 9 号商业广场北区 3F（凯笙琴艺）	EDDIE NI	
345	南宁市鑫金冠琴行	0781	广西南宁市星湖路 37 号	陈振华	
346	山东庆云国健教学设备制造有限公司	0783	山东省德州市庆云县经济开发区民营创业园	张建涛	
347	河北鑫欧泰教学设备制造有限公司	0784	河北省盐山县南环路	徐淑英	
348	天津市静海县鸣鹏永兴乐器厂（普通合伙）	0786	天津市静海县子牙镇潘庄子	元景梅	
349	天津华一乐器有限公司	0787	天津市滨海新区大港小王庄镇小王庄村	陈宝展	
350	天津市佰笛乐器有限公司 (5 月补交 2000 元）	0189	天津市河东区程林庄路华冠丝绸有限公司院内	赵景萱	
351	江苏金太阳科教设备有限公司	0789	江苏省沭阳县公园路 20 号金太阳科教	汤亚	
352	浙江康贝尔教学设备有限公司	0790	浙江省永康市总部中心金同大厦 26 楼	李泽林	
353	成都豪兴泰科技有限公司	0791	四川省成都市武侯区簇锦街办聚龙路 68 号摩尔汽配城 11 幢 10 层 41 号	暨兴培	
354	延安鲁艺文化艺术有限公司	0792	陕西省延安市师范路自来水公司一楼	文星月	
355	青海三益琴行有限公司	0794	青海省西宁市南大街 18 号负一层	李永文	
356	江苏盛达教学设备有限公司	0795	江苏省淮安市淮安区施河镇长江路 1 号	王国顺	
357	江苏省苏创教学设备有限公司	0796	江苏省泰州市高港科技创业园	戴春喜	
358	泰州市苏北实验仪器有限公司	0797	江苏省泰州市寿巷街道长太新村	芮锦成	
359	江苏双丰教学用品有限公司	0798	江苏省淮安市晃哪去施河镇德福路 102 号	沈卫国	
360	江苏鸿星教学设备有限公司	0799	江苏省泰州市高港区力铺街道西工业区	吉荣进	
361	惠州恒生乐器有限公司	0800	广东省贵州市惠阳区秋长镇西湖村扶贫路	邓忠兵	
362	江苏宝乐实业有限公司	0801	江苏省扬州市宝应县草甸工业区	杨军勇	
363	瑞安市中联电声乐器有限公司	0803	浙江省瑞安市塘下罗凤北工业区万景路 588 号	林遵义	
364	淮安市福乐教学设备有限公司	0804	江苏省淮安市施河镇世纪大道	高云军	

续表

序号	企业名称	会员证号	地址	联系人	协会任职
365	江苏华睿科教设备有限公司	0805	江苏省淮安市施河镇世纪大道	周艾军	
366	扬州云飞教学设备有限公司	0806	江苏省扬州市宝应县曹甸镇工业集中区	罗云谋	
367	江苏玉河教玩具有限公司	0807	江苏省扬州市宝应县曹甸工业园区中央西路 15 号	唐素芳	
368	江苏康乐玩具有限公司	0808	江苏省扬州市宝应县曹甸镇工业集中区	施乃凤	
369	江苏思礼实业有限公司	0809	江苏省扬州市宝应县曹甸镇工业集中区	李如星	
370	江苏金阳光游乐设备有限公司	0810	江苏省扬州市宝应县曹甸镇工业集中区	好自强	
371	北京快乐神州科技有限公司	0811	北京市朝阳区望京东路 8 号锐创国际 1 号楼 16F	彭锡涛	
372	广东琴趣网络科技有限公司	0812	广东省广州市黄埔区茅岗村坑田大街 32 号鱼珠智谷 E306	麦燕玉	
373	淮安市成达教学用品有限公司	0813	江苏省淮安市淮安区施河镇德福北路 16 号	马俊成	
374	江苏万里科教设备有限公司	0814	江苏省淮安市淮安区施河镇工业园区淮河路 18 号	施守英	
375	淮安市长三角科教设备有限公司	0815	江苏省淮安市淮安区施河镇世纪大道 13 号	施守江	
376	江苏润晨科教设备有限公司	0816	江苏省淮安市淮安区施河镇 政和路	王顺国	
377	江苏雪峰科教设备有限公司	0817	江苏省淮安市清河区万达广场一期 3 号楼 2 单元 1 楼	单平平	
378	安徽健洋体育产业股份有限公司	0818	安徽省淮北市杜集经济开发区 202 省道以北腾飞路以西	张峰	
379	安徽吉祥科教设备有限公司	0819	安徽省淮北市杜集经济开发区紫藤路北侧	王飞	
380	淮北市兴华家具有限公司	0820	安徽省淮北市杜集经济开发区众诚路 2 号	郭吉文	
381	安徽世鹏教学设备有限公司	0821	安徽省淮北市杜集区滂汇工业区	郭彬	
382	淮北市力得科技发展有限公司	0822	安徽省淮北市相山区相山水路 55-11 号	张学勇	
383	淮北市云飞商贸有限责任公司	0823	安徽省淮北市杜集区高岳镇 B2-105 幢 109 号	李林军	
384	济南新泺港琴行有限公司	0824	山东省济南市历下区文化东路 94 号	宁春玉	
385	香河天音乐器有限公司	0060	河北省廊坊香河县香河经济技术开发区运泰路	曹振民	
386	霸州市威名乐器有限公司	0177	河北省霸州市大高各庄工业区	张维明	
387	北京盛世雅歌琴行有限公司	0746	北京市东城区交道口东大街 6-6 号	于效威	
388	北京东奇众科技术有限公司	0788	北京市石景山衙门口村南（西五环内黑马家具厂南侧）北京东奇	郭学成	
389	贵州律动文化发展股份有限公司	0765	北京市通州区梨园镇九棵树西路 90 号弘祥 1979 文化产业创意园 B 座 3 层律动乐器 8355 室	韦永勇	
390	龙口金鸣乐器有限公司	0738	山东省龙口市兰高工业园	李廷东	
391	金蓝国际乐器（北京）有限公司	0828	北京市通州区东燕郊开发区东贸国际 16 号楼 2 单元 2011 室	吕占武	
392	新昌县七星街道双明民族乐器厂	0829	浙江省新昌县七星街道下石演 60 号	俞开明	
393	随州市曾侯乙编钟编磬文化有限公司	0830	湖北省随州市舜井大街 305-2 号	项绍清	
394	惠州市惠阳区吉他行业协会	0831	广东省惠州市惠阳区大剧院 1 楼右侧办公室	闫兴为	

续表

序号	企业名称	会员证号	地址	联系人	协会任职
395	福建合声钢琴工业制造有限公司	0832	福建省东山县西埔镇拜师街泽园路 342 号开发区办公室 602 室	谢福志	
396	彤杺钢琴培训工作室	0833	江苏省常州市新北区三井街道绿都万和城三区商业广场彤松钢琴培训工作室	叶立宇	
397	杭州余杭鸣声乐器有限公司	0834	浙江省杭州市余杭区中泰街道紫荆村寺前头 16-1 号	丁小明	
398	北京珠江钢琴制造有限公司	0836	北京市通州区经济开发区东区靓丽 5 街 8 号	冯汉辉	
399	山东省华泰教学设备有限公司	0837	山东省临沂市高新区宝山路 113 号	李永彬	
400	江苏永创教学仪器有限公司	0838	江苏省扬州市江都区浦头镇工业园区	吴亚芹	
401	泰州永创教学仪器有限公司	0839	江苏省扬州市江都区浦头镇工业园区	吴亚芹	
402	山东省雷鸣教学设备有限公司	0841	山东省临沂市兰山区临西七路小商品城二期大卖场中国教育用品采购基地三楼 3023 号	胡晓艳	
403	无棣县馨雅教学仪器设备有限公司	0842	山东省无棣县车王镇政府驻地	李风军	
404	北京银河润泰科技有限公司	0843	北京市朝阳区曙光西里甲 6	闫文闻	
405	淮安市迅腾教学设备有限公司	0844	江苏省淮安市淮安区施河镇世纪大道 16#	宋平安	
406	哈尔滨七星乐器有限公司	0845	黑龙江省哈尔滨市道里区森林朝阳胡同 6 号 2 单元 1 层 4 号	王世秋	
407	漳州汉旗乐器有限公司	0846	福建省漳州市芗城区金峰北斗工业园万利达园内金华路 1 号	林天福	
408	东莞市华锦礼品有限公司	0847	广东省东莞市厚街镇下汴村汴康西路鑫浩源科技园一区	姜平	
409	兰考县成源乐器音板有限公司	0848	河南省兰考县固阳镇工业区 3 号	汤二法	
410	济南市金生源乐器厂	0849	山东省济南市章丘区水寨镇范家开发区	范育荣	
411	北京家训马林巴文化艺术中心	0850	北京市海淀区紫竹院路 100 号	王家训	
412	惠州德尚乐器有限公司	0851	广东省惠州市惠阳区秋长益发工业区 A 栋	钟文辉	
413	广州华丰乐器制造有限公司	0852	广州市白云区人和镇汉塘村汉塘北路自编 19 号	李概文	
414	宁波市鄞州正美电子元件厂	0853	浙江省宁波市鄞州区东兴工业区 1 号楼	赵屈正	
415	山东瑞世达体育器材有限公司	0854	山东省德州市庆云县崖口工业园	刘金财	
416	九江赛璐珞实业有限公司	0855	江西省九江市武宁县万福经济技术开发区万福大道 6 号	单成鹿	
417	惠州市铭仕电子制品有限公司	0785	广东省惠州市惠阳区秋长镇西湖边水村铭仕电子制品有限公司	赵建萍	
418	内蒙古艺龙琴行商贸有限公司	0761	内蒙古自治区呼和浩特市赛罕区新华东街长安金座 D 座商业二楼 204	靳英士	
419	淮安市众兴教学设备有限公司	0856	江苏省淮安市淮安区泾口镇光明居委会	钱国军	
420	深圳市小草音乐网络科技有限公司	0858	广东省深圳市宝安区沙井街道锦程路 2070 号石厦港联工业园 C 栋 2 楼	梁海	
421	江苏出入境检验检疫局轻工业产品与儿童用品检测中心	0862	江苏省扬州市开发西路 10 号	陈明	
422	霸州贝司克斯乐器有限公司	0861	河北省霸州兴港工业园贝斯克斯路	Han-Peter Messner	

续表

序号	企业名称	会员证号	地址	联系人	协会任职
423	天津吉华国际贸易有限公司	0860	天津市西青区中北工业园阜盛道 22 号	Han-Peter Messner	
424	中国民族器乐学会	0857	北京市丰台区怡海花园恒丰园 3 号 -202	毕可炜	
425	英氏婴童用品有限公司	0859	广东省广州市海珠区广州大道南 788 号自编 7 栋	高峰	
426	深圳市双华鑫电子有限公司	0864	深圳市龙岗区布吉中元路 4 号楼 32 栋 A305	江中华	
427	绍兴飞达电声厂	0866	浙江省绍兴市皋埠镇银春路 15 号 -1	赵志刚	
428	北京杜兰德科技有限公司	0867	北京市房山区绿地启航国际商务办公区三期 13 号楼 603 室	郭树	
429	永康市新宝乐器有限公司	0863	浙江省永康市前仓镇工业区双丰路 10 号	池中贤	
430	玉屏侗族自治县箫笛行业协会	0865	贵州省铜仁地区玉屏侗族自治县箫笛厂内	杨永华	
431	天府新区成都片区新兴星韵乐器厂	0709	四川省成都市天府新区新兴镇凉水村 4 组 306 号	陈东兵	
432	深圳市艾伦易登文化发展有限公司	0868	深圳市南山区前海星空科技园 A 栋 401	黄彬彬	
433	潍坊大唐乐器发展有限公司	0869	山东省昌乐县唐吾镇乐器产业园	李华波	
434	扬州市邗江区泉声民族乐器厂	0870	江苏省扬州市邗江区杨庙镇杨庙村荷花组	颜正友	
435	山东沁诚之窗教育咨询有限公司	0871	山东省菏泽市牡丹区大学路菏泽学院锦苑 3 楼	郑瑞霞	
436	中国大众音乐协会口琴专业委员会	0872	江苏省江阴市祝塘镇云顾路 8 号	孔文忠	
437	武汉大音唐韵乐器有限责任公司	0873	湖北省武汉市武昌彭刘杨路 229 号	唐志雄	
438	台州狂飙琴行	0874	浙江省温岭市前溪路 158 号	刘佳	
439	北京瑞音天地文化艺术有限公司	0875	北京市东城区广渠门内大街 88-12	邓肯	
440	昌乐县雅特乐器股份有限公司	0876	山东省昌乐县唐吾工业园大沂路 33203	赵卫国	
441	广州二诺信息科技有限公司	0877	广东省广州市黄埔区黄埔大道东 933 号 2 层	肖志伟	
442	北京乐器学会	0857	北京市丰台区怡海花园恒丰园 3 号 -203	刘正辉	
443	江苏大鑫教育装备有限公司	0878	江苏省扬州市江都区浦头镇工业园区	薛建萍	
444	扬州市恒厚科技发展有限公司	0879	江苏省扬州市江都区浦头镇工业园区	董安	
445	江苏润宏科教设备有限公司	0880	江苏省扬州市江都区浦头镇工业园区	陆静	
446	佛山市小钟琴文化传播有限公司	0881	广东省佛山市禅城区南庄镇商业广场 4 座 808	李康勇	
447	清浦区简悦琴行	0882	上海市青浦区淮海南路 23 号府山时代广场	林宁	
448	泉州合乐电子有限公司	0883	福建省泉州市南安市水头镇五里桥大道 1268 号	高铭胜	
449	北京晨语筝业教育科技有限公司	0884	河北秦皇岛海港区秦皇东大街 236 号沃金商厦 B 座 301	李君	
450	忻州市东韵琴行有限公司	0885	山西省忻州市七一北路精华写字楼底商	智建	
451	成都云创新科技有限公司	0886	四川省成都市成华区一环路东一段电子信息产业大厦 1106	刘德文	
452	宁波海伦睿卡教育科技有限公司	0887	河南省郑州市管城区商城路东明路交叉口茂祥大厦 17 楼	樊国领	
453	成都好琴无忧钢琴有限公司	0888	四川省成都市武侯区普利大厦	张恩	
454	深圳市众郦科技有限公司	0889	广东省东莞市松山湖高新开发区新竹路万科松湖中心濮园 903	许杏生	

续表

序号	企业名称	会员证号	地址	联系人	协会任职
455	易弹乐器（上海）有限公司	0890	上海市青浦区新团路 248 号 13 撞	王昭阳	
456	广州诗帝堡乐器有限公司	0891	广东省广州市番禺区大北路 150 号华兴商贸大厦 16 层 13 号	谢春南	
457	北京扬世正雅文化艺术传播有限公司	0892	重庆市渝中区大坪龙湖时代天街 B 馆 3 号楼 2406	胡瑨	
458	逻兰（上海）电子有限公司	0893	上海市长宁区紫云路 421 号 SOHO 天山广场 T1 703–705	鄂嵋	
459	长春市新博乐乐器有限公司	0894	吉林省长春市朝阳区同志街东清华路南汇华大厦 107 号	吕硕	
460	德清鲍尔钢琴有限公司	0895	浙江省德清市洛舍镇工业区	鲍海尔	
461	晋江市法莱斯特乐器有限公司	0896	福建省晋江市安海镇安平开发区嘉禄路 2 号	周耀军	
462	淮安市翔声民族乐器厂	0897	江苏省淮安市楚州区翔宇大道 1003 号易郡龙腾 3 号商住楼 101 室（售楼处旁）	贾宇	
463	深圳市巴罗克文化艺术发展有限公司（BARROCO 乐器）	0898	广东省惠州市惠城区长湖苑 1 期 9 栋 2 单元 1 号琴行	王浩然	
464	北京乐界乐科技有限公司	0899	北京市海淀区上地信息路 26 号中关村创业大厦 719	凌新爱	
465	北京葡橙朵朵文化艺术有限公司（北京琴学社）	0900	北京市大兴区黄村观音寺街 31 号	贾建伟	
466	广州吉琴社乐器有限公司	0901	广东省广州市白云区人和镇穗禾名庭	洪银山	
467	德国贝希斯坦钢琴制造股份公司上海代表处	0902	上海市长宁区兴义路 8 号万都中心 2608 室	周翔昊	
468	金华市金东区辰音琴行	0903	浙江省金华市金东区清照路 828 号保集外滩山谷而广场 A4–201–212 室	朱建波	
469	宇声乐器（惠州）有限公司	0904	广东省惠州市惠阳区秋长街道金秋大道 75 号	冯振鑫	
470	厦门唐基文化艺术有限公司	0905	福建省厦门市思明区悦享中心 A 塔六楼	杨晓杰	
471	罗切尔钢琴（上海）有限公司	0906	上海市闵行区都会路 2501 号 2 栋 2 楼	魏硕	
472	乐斯（北京）教育投资有限公司	0907	北京市朝阳区四惠东华腾世纪总部公园	肖瑶	
473	江苏新基因文化发展有限公司	0733	江苏省泰兴市黄桥镇华溪中路 18 号（黄桥乐器文化产业园内）	钱富民	
474	杭州威勒乐器有限公司	0908	浙江省杭州市余杭区塘栖镇运溪路 186 号	常先国	
475	上海各尧企业管理股份有限公司	0909	重庆市渝北区东湖南路力帆时代 3 栋 12–5	陈浩	
476	兰考焦桐乐器股份有限公司	0910	河南省兰考县堌阳镇月起工业园（民族乐器展厅）	王刚	
477	宁波典雅提琴有限公司	0911	浙江省宁波市北仑区新大路 1069 号	胡蕴子	
478	淮南市海之声乐器销售有限公司	0912	安徽省淮南市田家庵区龙湖中路西段顺峰大厦三层	王治淮	
479	扬州市开发区竹西琴坊	0913	江苏省扬州市泰州路保安巷 14 号	李全	
480	宁波蓝奥电子科技有限公司	0914	浙江省宁波市鄞州区朝晖路 188 号民安路 306 号 1115 室	张文河	
481	福州市拉维斯文化发展有限公司	0915	福建省福州市仓山区建新镇建新北路 161 号 2 号楼 1 层	廖俊伟	
482	江苏远恒教学设备有限公司	0916	江苏省淮安市淮安区施河镇工业园区	刘金云	
483	北京雅颂华声文化传播有限公司	0917	北京市朝阳区大郊亭中街 2 号院华腾国际 2 号楼 17B	张立营	
484	惠州市思琪特科技有限公司	0918	广东省惠州市仲恺高新区陈江街道办五一大道日通达大楼 1 栋 3 楼	邱宇鹏	

续表

序号	企业名称	会员证号	地址	联系人	协会任职
485	广州诺英德曼钢琴股份有限公司	0919	广东省广州市番禺区沙湾镇福冠路福正西街15号B103	靳伟明	
486	天津康耐克斯商贸有限公司	0920	天津市河西区友谊南路梅江欣水园5-201	张婧	
487	杭州卡米莉娅琴业有限公司	0921	浙江省杭州市拱墅区丽水路166号F3	魏增荣	
488	兰考桐韵民族乐器有限公司	0680	河南省兰考县文明路16号	袁玉刚	
489	临沂市音之源乐器有限公司	0922	山东省临沂市兰山区中国临沂小商品城北区卖场三楼3012号	胡鲁南	
490	安徽凯瑞教育设备有限公司	0923	安徽省六安市解放南路恒生阳光城商务中心68A1405室	张炜	
491	泉州海丝蔓电子科技有限公司	0924	福建省晋江市五里经济开发区长安路22号	柯俊雄	
492	四川华之艺教育科技有限公司	0925	四川省成都市青羊区光华东一路75号2幢3层301号	蒲丁	
493	宁波海宇科技有限公司	0926	浙江省宁波北仑区大碶徐洋峙山工业区道口南路6号	俞军	
494	慈溪市叮当五金配件有限公司	0927	浙江省慈溪市新浦镇新胜东路358号	冯升科	
495	晋江市美固展示柜有限公司	0928	福建省晋江市罗山梧安社区113号	李雪芳	
496	南通星海乐器有限公司	0929	江苏省南通市人民中路8号	汪祖洪	
497	杭州余杭区中泰街道竹霖生乐器厂	0930	浙江省杭州市余杭区中泰街道紫荆村17组竹弄里58号	李尔王	
498	河北学艺乐器有限公司	0931	河北省石家庄长安区体育北大街19号中山路体育大街北行300米路西	张建立	
499	尼凯乐器（深圳）有限公司	0932	深圳市光明新区公明街道将石新围第一工业区1栋	宋燕刚	
500	深圳市乐器行业协会	0933	深圳市坪山区坪山办事处汤坑社区同富西路67号家德马峦工业园一区7栋3楼	袁雁	
501	南京梦飞乐器贸易有限公司	0934	江苏省南京市江宁区东山街道宏远大道2298号秦淮绿洲东苑75幢103室	刘飞	
502	盐城桐鹄堂琴行有限公司	0935	江苏省盐城市城南新区新都街道盐城金融城6幢1707室	张蓉蓉	
503	桐林独幽古琴艺术馆	0936	云南省玉溪市红塔区东风北路玉锦园A-3号二单元201室	施宏伟	
504	北京过云楼文化传媒有限公司	0937	北京市西城区百花深处胡同16号	董娜	
505	美森翰林（厦门）钢琴有限公司	0938	福建省厦门市湖里区五缘西二里21号1502	黄大柯	
506	杭州戴纳钢琴有限公司	0939	浙江省杭州市萧山区义桥镇御景蓝湾2幢3单元1202	蔡蓉蓉	
507	环球乔治布莱耶（北京）乐器有限公司	0940	北京市通州区运河西大街乔庄路18号	杨宝玉	
508	岩手一全科技（深圳）有限公司	0941	广东省深圳市南山区大新路88号金龙工业区63栋西309	陈谦	
509	上海伍韵钢琴有限公司	0942	上海市松江申港路258号	姚启武	
510	北京唐采文化发展有限公司	0943	北京市朝阳区六里屯北里	王小亚	
511	江苏冠仪教学设备有限公司	0944	江苏省沭阳县师十字工业园区双阳路10号	周立梅	
512	安徽麒泽教育装备有限公司	0945	安徽省合肥市蜀山区南二环路3818号合肥天鹅湖万达广场1-8幢8-办1512	沈萍	
513	北京春秋博乐文化传播有限公司	0946	北京市朝阳区青年路西里国峰时代106	翟翀	
514	安徽拂晓教育装备有限公司	0947	安徽省宿州市灵璧县经济开发区红卫庄（西集）西边	朱柏	

续表

序号	企业名称	会员证号	地址	联系人	协会任职
515	南京音杰琴行有限公司	0948	江苏省南京市江宁区天元东路 523 号	安吉	
516	欧贸乐器（上海）有限公司	0949	上海市虹口区物华路 288 号	倪丙占	
517	江苏威特诺乐器有限公司	0950	江苏省泰兴市黄桥镇金溪路东、通站路北	郭美霞	
518	北京魔音科技有限公司	0951	北京市朝阳区立清路 7 号院 5 号楼 3 层 3 单元 303	殷宝山	
519	青岛莫勒乐器有限公司	0952	山东省青岛莱西夏格庄夏四村	李言明	
520	南京南淮文化传播有限公司	0953	江苏省南京市秦淮区中山南路 315、313 号 1805、1806 室	总经理	
521	玉丰乐器（漳州）有限公司	0954	福建省漳州市芗城区金峰开发区玉丰乐器	李水发	
522	广州市泰源乐器制造有限公司	0955	广东省广州市花都区花山镇永乐村菊花石大道自编 100 号之六	张冬美	
523	杭州知乐数码科技有限公司	0956	浙江省杭州市余杭区仓前街道海创科技中心 4 幢 1111 室	陈闻捷	
524	赞凯尔松钢琴河北有限公司	0957	河北省沧州市肃宁县德善街	张振环	
525	惠州市天音乐器有限公司	0958	广东省惠州市大亚湾西区开城大道南 11 号	张又文	
526	惠州市汤姆乐器有限公司	0959	广东省惠州市惠阳区秋长岭湖市场汤姆乐器厂	谢宝舰	
527	深圳市新众玩网络科技有限公司	0960	深圳市南山区软件园 1 期 3 栋	许乐平	
528	上海布戈乐器有限公司	0961	上海市奉贤区联合北路 215 号第 5 幢	唐雨晴	
529	广州市威柏乐器制造有限公司	0962	广东省广州市花都区花东镇丰园路 1 号（空港花都）	贾刚	
530	龙口市管乐器协会	0963	山东省龙口市东莱街道大李家村	钦永庆	
531	帕多瓦乐器（珠海）有限公司	0964	广东省珠海市香洲区粤华路 338 号	黄国城	
532	福建音桥电子科技有限公司	0965	福建省福州市台江区五一中路 132 号抽纱大厦二层	陈雪萍	
533	创尊科技（深圳）有限公司	0966	深圳市龙岗区龙岗街道南联社区圳埔领路 2 号 F 栋 202	张又文	
534	中山市笛驰文体用品科技有限公司	0967	广东省中山市三乡镇麻斗工业区锚金大道 19 号	陆嘉诚	
535	镇江新区汉韵民族乐器厂	0968	江苏省镇江市京口区桃花坞支路八角亭 42 号	朱剑	
536	北京爱新聚福电子音乐设备有限公司	0969	北京市朝阳区科学园南里中街京辰大厦 B1	刘福新	

中国乐器年鉴（2019）

CHINA MUSICAL INSTRUMENT YEARBOOK

科技工作报告

2018年中国乐器协会科技工作报告

2018年，是乐器行业创新提升的一年，经历了诸多困难与挑战，一是美国贸易保护造成乐器出口波动，二是劳动力、原材料和环境治理成本继续攀升，三是国际濒危物种保护组织将玫瑰木列入出口限制目录，吉他产业实行出口许可证，不能享受出口退税政策，四是国家将进口乐器关税由17.5%降到10%，国外乐器进口呈增长趋势，对民族品牌中高端产品压力增大。加上乐器消费市场日新月异的挑战，倒逼乐器行业进入创新提升期。在机遇与挑战面前，乐器协会各分支机构和会员单位积极应对，调整产品结构、产业结构，开展广泛深入地科技创新活动，取得了较好的成绩。

一、乐器科技创新重点工作与阶段成果

1. 内外兼修，品牌地位有所提高

从内部看，技术改造持续开展，质量与品牌意识提升，生产工艺装备改善，产品标准化、系列化和智能化加强；从外部看，企业加大市场投入，产业结构、产品结构调整加速，品牌推广与国际化合作成市场亮点，涌现一批骨干企业走出去，大胆尝试收购或控股国际知名品牌，例如：珠江钢琴并购德国舒密尔钢琴、柏斯集团收购格德里安钢琴、森鹤乐器投入法国著名钢琴品牌普雷耶都取得丰硕成果。目前乐器行业省市著名品牌50余个，高新技术企业近20余家（享受15%所得税的优惠政策），企业实力和品牌地位明显提升。

2. 行业科技合作及重点科技项目取得阶段性成果

去年行业科技大会的重点科技合作项目，在各个分支机构和骨干企业通力协作和项目组扎实有效的推进下，成绩令人欣慰。例如：民族低音拉弦乐器改革，由中央音乐学院提琴制作中心、上海民乐一厂和凤灵乐器集团分别组成3个专业攻关小组，经过反复研究实验，与院校、专业团体合作，创制了“大华琴”“大瓷琴”“贝拉琴”新一代样品，经专业团体使用，反映良好，10月24日，协会主办、中央音乐学院提琴制作中心协办，在中央音乐学院组织了专家测评座谈会，声学部分采取专业人员演奏，测评专家背对背评价，产品形制和工艺面对面比较研讨，研发人员和专家深度交流，对3款民族低音拉弦乐器逐项测评。来自中央音乐学院、中国广播民族乐团、中国歌舞团、中国民族管弦乐学会专家对阶段性成果给予充分肯定，并提出下一步改进目标。声学木材研发团队由行业声学木材研发基地成都川雅木业公司与东北林学院合作，珠江钢琴、海伦钢琴、雅马哈钢琴、红棉乐器等骨干企业积极参与，项目在全球资源调研、科学选材和加工工艺研究等方面有较大突破，并进行批量投产推广，新的声学木材加工基地正在紧张建设中。

电鸣分会和MIDI技术工作委员会坚持与美国国际MIDI协会合作，开展国际MIDI技术交流与推广，得理电子（上海）有限公司技术总监张光中，经行业推荐，被选为美国国际MIDI协会技术委员，直接参与国际标准制修订工作，为中国乐器行业在国际技术组织赢得话语权。

民族膜鸣乐器蟒皮科研项目，从人工繁育养殖和人造蟒皮两个方向突破。人工养殖蟒蛇皮经过多年大胆尝试，经过人工繁育、饲料研究、人工养殖和野外放养，所产蟒皮基本能够适应二胡等民族膜鸣乐器需求，人造蟒皮坚持绿色环保理念，经过反复试验和应用，开辟了民族膜鸣乐器声学材料的新途径。以上行业重点项目还将在会上与大家分享。还有不少行业合作和企业创新的项目取得了喜人的成果，推动着乐器产业转型升级。

3. 以“创四新”为动力，推动中高端产品成长

近几年，我们把乐器中高端产品提升作为行

业科技创新的重点工作。新材料方面，玫瑰木代用材、进口阿拉斯加云杉音板原木等提升吉他、钢琴、提琴指板和音板质量；簧片材料选用解决手风琴、口琴声学品质的瓶颈；人工养殖蟒蛇和人造蟒皮支撑民族膜鸣乐器可持续发展；环保油漆、包装材料等一批环保材料应用推广，解决了工业污染源治理和保护环境的重大课题（有的新材料成本略偏高）。新技术、新装备研发推广，重点在产品设计、数控精密加工、焊接及组装、产品检测等方面技术推广。新设备除了木工、钣金、组焊、抛光电镀等通用新技术推广应用之外，企业与院校及科研单位合作自制或委托加工大批乐器制作专用设备装备。

新产品重点发力中高端，用提高技术附加值和文化附加值等方法，提高新产品市场竞争力。民乐分会龙头企业带头，与院校、专业团体紧密合作，组织专业型产品研发制作车间或小组，将中华文化、品牌文化和制作名家资源融入产品，推出了一大批传承创新型产品，成为展会和业内传颂的佳话。上海国际乐器展上民一厂推出的一款一百多万元的工艺收藏版古筝，一亮相就被商家购买；珠江凯撒堡钢琴坚持中高端路线，近期创新型号通过轻工创新产品奖评审；中国提琴制作师又在国际比赛获大奖；协会口琴专业委员会主办"亚太口琴艺术节"，迎来了2800多名国内外嘉宾和代表，中国口琴备受国内外演奏者好评。

4. 行业科研基地和企业技术中心及专业实验室有所加强

经过协会和分支机构及骨干企业的共同努力，目前有四个行业科研基地（声学木材、民族膜鸣乐器蟒蛇皮、手风琴簧片研发和吉他工艺研发），为解决行业重大科技课题做着努力。以珠江钢琴集团国家级技术中心和一批省市级企业技术中心为代表骨干企业科技研发机构不断加强，成为行业科技创新活动的有力保障。

钢琴、民乐、管乐、电声、手风琴、口琴、乐器配件以及钢琴调律师、提琴制作师分会都因地制宜，开展行业技术交流和项目合作。钢琴调律师分会承办"亚太钢琴调律师联盟大会"及行业年会，组织了多场国际性的技术讲座，受到国际同行和业内好评。

5. 乐器科技成果转换为专利和技术标准，成为抢占市场高地的利器

目前，乐器行业完成112项国家、行业技术标准制修订（不含完成审定报批的项目），其中国家标准19项，行业标准93项。今年完成了《MIDI键盘通用技术条件》《尤克里里》《小提琴》《小提琴弓》《提琴通用技术条件》五项标准审定，年底还要完成《电鸣乐器能耗设计通用技术规范》国家标准的审定。按照联合会要求，乐器行业团体标准作为标准工作市场化试点，是政府主导的国标、行标体系的补充或延伸，为乐器产业快速发展和市场规范提供有力的技术保障。

2017年，乐器行业共申报技术专利1317项，其中发明专利423项，实用新型专利579项，外观设计专利315项。发明专利占总项目数32.12%。技术专利已经成为衡量产品和单位技术实力的重要指标，也是提升技术附加值，提高产品利润和市场占有率的有利条件。

6. 乐器行业技术人才培养转型升级有所突破

2017年国家简政放权，取消了大部分国家职业培训鉴定项目，只有少部分关系国计民生和安全方面项目保留，提出职业技能培训以企业培训和行业及社会职业培训相结合的原则，同时强调职业教育是产业发展的重要保障。协会按照联合会精神，在职业培训指导中心的指导下，启动全国钢琴调律行业标准培训鉴定工作，4月份，协会办公会决定加强行业职业技能培训鉴定工作，方案经七届四次理事扩大会议审议通过，5月8日，发布《关于正式恢复和加强钢琴调律师培训认证工作的通知》，各鉴定站和相关院校积极组织落实。9月12日，在北京劲松职业学校组织专题研讨会，进一步落实有关措施，介绍钢琴调律联盟标准体系和院校双证服务项目。协会与国际先进职业技能培训学校合作，组织钢琴调律联盟标准培训认证平台，是职业技能培训国家及行业标准的补充和中高端培训的试点。协会组织对26所有钢琴调律专业的院校进行摸底调研，提出加强院校与行业技能培训的合作的任务，并安排年底完成原国家标准转换为行业标准的补充修改意见采集，明年上半年完成标准补充修订。充分发挥原职业技能鉴定站的作用，加强行业与专业院校的技术合作，服务院校双证培训需求。预计今年钢琴职业技能培训鉴定人数将超过500人。

协会各分支机构和骨干企业与专业院校开展人才培养项目，从中央音乐学院、中国音乐学院、南京艺术学院、星海音乐学院到省市艺术类院校，合作办班、代培和定向培养技术人才已经在行业展开，校企合作项目超过20个，并收到明显的成效。

10月份，经行业推荐，中国轻工业联合会与全国财贸轻纺烟草工会联合组织专家评审，郑荃教授被评为中国轻工“大国工匠”。本次科技大会前，协会又组织乐器行业开展“科技之星、行业工匠和创新优秀企业家”推荐学习活动。经本人申请，所在单位推荐，行业专家组审核通过，授予王琳琳等25名同志评为2018年中国乐器行业“科技之星”，此次“行业工匠和优秀企业家”等推荐学习，放到明年理事（扩大）会暨乐器协会30周年纪念活动一并组织。

今年，乐器行业许多单位都获得了行业和地方科技创新奖项，珠江钢琴荣获2017轻工百强（研发能力）、吟飞科技荣获轻工百强（电商能力）称号。其他获表彰的单位待年底统计后再做宣传推介。围绕行业科技创新还有许多可以总结推广的事项，时间关系请各分支机构在本行业总结交流活动中推荐学习，在此不做赘述。

二、2019年乐器行业科技工作重点

新的一年，我们将面对更加复杂的国际贸易环境，国内市场国际化、专业化和信息化进程加快，科技创新和音乐文化产业发展将继续得到国家和地方政府的重视和支持，但是国家对税收、环保和进出口管理也会更加规范，企业唯有经过科技创新提升自我，适应市场，才能过好日子，健康发展。2019年行业科技工作的主要任务和措施，总体概括为“坚持一条主线，突出三大重点，建立三个机制”，即：坚持行业发展技术路线图，梳理科技创新项目体系；突出行业科技合作服务平台、加强行业及跨界科技项目合作，推动科技人才战略；三个机制是，分支机构和行业科研基地合作共赢机制，优秀科创人才激励机制和知识产权保护机制。

一. 合力搭建行业科技创新服务平台

（1）科技信息服务平台，让科技信息动起来。

协会综合业务部对接中轻联主管部门，建立科技创新和品牌建设快速信息通道，并与国际同行业、院校科研单位和中国乐器信息中心等单位密切合作，逐步组成科技信息采集交流平台。采取重点活动对接和常态科技信息发布形式，及时准确为会员单位提供行业科技信息服务。创造条件编制《乐器科技信息快报》（网络版）。

（2）搭建科技创新专家及项目合作平台，让科技资源聚起来。

拓宽行业科技合作视野，协会和分支机构积极与科研院所合作，与国际行业协会和著名企业合作，广泛聚集国内外科技项目和科研单位及专家资源，为行业和会员单位提供专家咨询、项目对接等服务。2019年，支持会员单位技术中心、重点实验室建设，落实科研院校合作单位3个，国际科技合作类项目2个，充实行业及院所科研专家，逐步积累行业科技资源库，争取在科技大会期间组织“科技项目专家与行业对接洽谈活动”，发布技术专利、项目成果和交流经验。

（3）行业重点科技项目对接服务平台，把企业、行业和政府连起来。

按照王理事长要求，协会综合业务部认真对接中国轻工业联合会综合业务部，加强行业科技创新等各方面的工作服务力度。包括：政策宣贯、推广先进质量管理方法、轻工重点实验室、技术标准制修订、品牌培育、创新项目推荐、申报绿色工厂、共建特色产业基地等十多项重点工作。协会适时加强协调服务机构力量，打通上下通道，反映行业、企业诉求，使乐器行业紧跟国家科技创新的步伐，支撑产业转型升级。

（4）职业技能培训鉴定服务平台，让技术培训活起来。

自2002年以来，乐器行业职业技能培训鉴定，有6931名钢琴调律师、132名提琴制作师取得国家相应级别职业资格证书。2019年，一要实施行业培

训鉴定计划，完成标准补充修订，二要完善职业技能鉴定站培训鉴定职能，三要为乐器技能专业院校提供双证培训鉴定服务。同时积极开展钢琴调律联盟标准培训认证工作，作为行业标准的补充和中高端试点。在推进钢琴调律技能培训鉴定基础上，加速筹备西管乐器、吉他、提琴、电鸣乐器和民族弹拨、拉弦乐器等职业技能培训鉴定工作。制定行业职业标准、培训中高级教师、完善职业技能培训课程、实操训练和行业职业鉴定等。

二.合力办好7件实事

（1）梳理行业科技项目框架体系，做好顶层设计。

协会和各分支机构组织专业小组，针对影响行业技术进步和产业升级的关键技术难点，梳理出全行业和本行业重点科研项目课题体系，按协会和分支机构及骨干企业三级管理，并不断完善补充。依据课题体系，制定年度科技攻关计划，分阶段组织实施。请各分支机构和行业科研基地于2019年4月底之前，提出各行业科技创新两年任务体系和近期计划，各分支机构按时报告，协会组织专家组汇总整理成“乐器行业科技创新实施方案”。

（2）落实行业年度重点攻关项目计划。

近期乐器行业重点科技方向：乐器声学（声学材料、声学测试分析、乐器声学改善）；智能加工装备与技术工艺（通用设备应用、专用设备研发）；乐器表面处理与环保技术（木材、金属材表面砂磨与油漆）等。具体项目，一是民族低音拉弦乐器改革三个项目组在多年研发取得阶段性成果基础上，重点推动乐团试用改进，在音色融合度和演奏性能方面不断研究改进，年内争取有新的突破；二是声学木材研发项目在钢琴音板批量应用基础上，扩展到吉他、提琴音板研究与应用。乐器特色产业基地可以组织民乐泡桐、苦竹和蟒皮声学项目研究；三是环保材料和先进工艺设备推广，重点从环保油漆的选择，工艺研究与应用，环境治理经验推广。协会和相关分支机构将对以上三个重点的各个合作项目进行跟进和配套服务，组织专项交流活动。

（3）办好全球业内新产首发平台。

今年上海展主办方就全球新品首发进行初步尝试，试点采取企业按条件申报，在展会客户网观众投票推荐，再请专家委员会审核确定。目的是利用上海乐器展全球最大的国际化商贸平台，搭建行业科技创新新品首发的机会。首发产品设立创新产品展示专区，并组织媒体专访网络直播。今年时间紧，宣传推介不够，很多骨干企业没有申报，希望2019年大家积极参与。我们将不断总结经验，真正把全球新品首发平台做实做好。

（4）组织中高端产品供需交流活动。

面对乐器进口关税下调，国外名牌产品已经加快中国市场布局，行业中高端产品升级推进，消费者专业需求越来越高，协会计划在上海乐器展或北京音乐生活展期间，或在行业科技大会时，组织中高端及进口产品供需对接活动，用专业对接的方法尝试搭建专业产品市场服务平台，也请各位常务理事提出宝贵意见。

（5）技术专利转换、保护知识产权，发挥技术标准对行业引领作用。

按照乐器标准化体系，组织好2019年国标、行标制修订，完成国家标准《电鸣乐器能耗设计技术规范》（2018年底）、行业标准《手风琴》等4项制修订。同时认真落实团体标准调研起草，重点在乐器消费、技术服务和信息化、智能化等跨界合作的领域展开。现正在进行的有星海、珠江、海伦等单位起草的《键盘乐器智能系统通用技术条件》，吟飞、乐器研究所等单位起草的《绿色产品评价乐器》两项团体标准。团体标准市场化特点，会有新的发展空间，同时又要避免系统混乱和粗制滥造的现象。

（6）筹建国际化、高水准、多专业的中国乐器修造学院。

目前，乐器技术人才培养是行业发展的瓶颈，专业技术、技能人才是短板，缺乏综合性培训平台。我们总结多年国家标准培训鉴定经验，实施行业职业技能培训鉴定，钢琴调律师培训鉴定计划已经落实，每年400~500人次的规模将持续推进，其他专业也在积极筹备。为了尽快解决行业中高端人才系统培养和提升的问题，今年在中法技术合作框架下，协会与法国布菲乐器集团、法国欧洲音乐技师学院合作，组建中法合作中国乐器修造学院为行业人才培养创造了机遇。协会推荐江苏高等职业艺术学校作为乐器修造阅历教育的共建单位，四方已经于10月签订合作意向，准备在中法合作乐器修造学院先设立钢琴、提琴、吉他和西管乐器修造专业，逐步扩展到民族乐器、声学研究、工艺研究等专业，并设立面对乐器行业和社会的中高端乐器修造人才培训基地。合作各方正在就专业教材、师资培训、运行成本和市场需求进行调研准备，此次会上发了一个乐器专业修造人才需求调查表，请大家根据实际需求提出意见和建议。总体设计应当是博采众长、企业参与的乐器修造联合学院，如何发挥专业院校的专业优势，如何引进法国、德国、美国、日本等乐器修造专业的资源，还有待细致的工作，我们完全可以整合成多层次、跨区域的乐器修造培训体系，这样才能与世界乐器制造大国身份相匹配。

（7）落实激励机制，开展科技创新人才推荐学习活动。

为了更好地推动行业科技创新工作，推动人才战略，协会研究决定自2018年起，在行业内部免费开展“科技之星、行业工匠、优秀企业家”推荐学习和评选表彰活动。本次大会对获得“科技之星”称号的，进行推荐学习。2019年理事（扩大）会，将组织行业工匠和创新优秀企业家推荐学习表彰活动，鼓励行业科技创新先进代表，开展科技创新经验交流推广。

乐器科技创新是一个艰难而长期的任务，我们还有很多项目可以展开，很多问题有待探讨。让我们团结起来，勇于挑战国际先进技术，敢于战胜自我，善于落地生根，用行业的智慧和社会关爱，搭建通往世界乐器强国的桥梁。

2018年度乐器行业“科技之星”名单

（以姓氏笔画为序）

序号	姓名	单位名称
1	王琳琳	上海民族乐器一厂
2	王景影	天津市津宝乐器有限公司
3	冯岳飞	森鹤乐器股份有限公司
4	江万年	得理乐器（珠海）有限公司
5	宋从甲	乐海乐器有限公司
6	张光中	得理电子（上海）有限公司
7	张国稳	得理电子（上海）有限公司
8	陈 滔	江苏天鹅乐器有限公司
9	陈国斌	吟飞科技（江苏）有限公司
10	范廷国	吟飞科技（江苏）有限公司
11	林建忠	福州和声钢琴股份有限公司
12	周 力	上海民族乐器一厂
13	赵 哲	深圳市蔚科电子科技开发有限公司

序号	姓名	单位名称
14	胡晓红	烟台金斯波格钢琴有限责任公司
15	俞兆祥	宁波市北仑乐器配件制造有限公司
16	钱冰菁	上海民族乐器一厂
17	徐 刚	广州珠江钢琴集团股份有限公司
18	黄 毅	广东红棉乐器股份有限公司
19	龚承忠	广州珠江钢琴集团股份有限公司
20	商继红	成都川雅木业有限公司
21	梁俊伟	吟飞科技（江苏）有限公司
22	熊立群	扬州金韵乐器御工坊有限公司
23	熊南方	宜昌金宝乐器制造有限公司
24	潘启槟	广州珠江钢琴集团股份有限公司
25	戴勇才	天津市津宝乐器有限公司

职业技能鉴定

2018年中国钢琴调律师行业概况

一、行业概况及培训鉴定数据汇总

2018年，受国家钢琴调律师职业技能考核鉴定工作暂停的影响，全年仅在全国范围开展10个批次的调律师职业资格考核鉴定工作，共有495人次通过了钢琴调律师职业资格考核，其中：五级145名，四级173名，三级166名，二级（技师）10名，一级（高级技师）1名。截至目前，共有6931人次取得了各级钢琴调律师职业资格证书，其中技师和高级技师415名，占比为5.98%。

此外，中国乐器协会和日本河合乐器共同打造的高级调律师培训班活动，2018年共有21名调律师参加了培训，其中9人通过了最终考核，加上2017年通过的学员，共有17人取得"钢琴调律联盟'高级钢琴技师'"证书，为音乐会等大型活动的调律服务培养了一批人才。

二、重要活动

4月7日，吉林省钢琴调律服务平台启动

吉林省钢琴调律协会在长春市博乐精品钢琴城举行了吉林省钢琴调律服务平台启动仪式，通过了吉林省钢琴调律师服务规范，确定了第一批进入服务平台的调律师成员，并针对服务平台服务标准由秘书长李宏全讲授了钢琴调律服务礼节及程序的第一次培训课程。今后针对钢琴服务对象及客户要求服务平台将不断组织各种培训和讲座活动，使吉林省钢琴调律平台成为钢琴拥有使用者与调律师沟通的纽带与桥梁，为广大钢琴使用者提供更高水准的服务。

在启动仪式上，吉林省钢琴调律师协会会长王文琦就建设吉林省钢琴调律服务平台的目的和任务做了说明；建设吉林省钢琴调律服务平台是为钢琴调律者与使用者提供相互了解沟通桥梁，同时又规范钢琴调律师专业的标准，使钢琴使用者的院校、琴行及个人用户有选择更高水准钢琴调律师的可能，认识钢琴调律重要性及必要性，在吉林省内逐步树立需要钢琴调律就找学会服务平台调律师的理念，推动全省钢琴调律行业健康发展。吉林省钢琴调律学会将着力加强行业引导作用，建立钢琴调律服务标准及规范，对进入服务平台的调律师严格把关；并开展持续不断的调律师职业培训和岗位练兵工作，实现技术和市场的有效对接，通过优质的服务把省内院校、琴行、钢琴用户逐步吸纳到钢琴服务平台之中，利用各种宣传渠道使广大钢琴用户了解钢琴调律服务平台，最终把吉林省钢琴调律服务平台建设成省内钢琴调律行业权威机构。

6月12日，烟台市音乐家协会钢琴调律艺术委员会成立

在烟台市音乐家协会的直接领导下，经过认真筹备，于2018年6月12日，烟台市音乐家协会钢琴调律艺术委员会在烟台市文化馆召开会议，正式宣告成立。

烟台市文化馆馆长、烟台市音乐家协会主席解维力先生，中国乐器协会副理事长、烟台市音乐家协会名誉主席、烟台博斯纳钢琴制造有限公司总裁孙强先生，烟台市音乐家协会副主席陈方方女士，烟台博斯纳钢琴制造有限公司副总经理王锡玉先生及来自市内的几十名钢琴调律师等出席了成立大会。

大会由烟台市音乐家协会秘书长刘伟先生主持，烟台市音乐家协会副主席陈方方女士，公布了钢琴调律艺术委员会组成名单，全体与会人员一致表示赞同。

会上，新成立的钢琴调律艺术委员会主任黄奎勇先生首先发言。他表示，钢琴调律艺术委员会将以党的十九大精神为指引，不断地加强和提高广大调律师的技术水平和服务意识，为进一步繁荣发展烟台市的钢琴艺术事业，实现伟大的中国梦作出积极的贡献；钢琴调律艺术委员会秘书长邴艳丽女士，宣读了钢琴调律艺术委员会的组织章程。

烟台市音乐家协会副主席陈方方女士、烟台博斯纳钢琴制造有限公司总裁孙强先生、烟台市音乐家协会主席解维力先生先后在会议上讲话。他们既热烈祝贺钢琴调律艺术委员会的正式成立，也提出了许多希望、要求与建议。

中国乐器协会副理事长单位——烟台博斯纳钢琴制造有限公司，作为新成立的烟台市音乐家协会钢琴调律艺术委员会挂牌的常设办公机构。公司一如既往地大力支持烟台市钢琴艺术事业的繁荣和发展，继续努力生产更多更好的品质卓越、性价比高的博斯纳钢琴，而不断创新、砥砺奋进、勇攀高峰！

10月7－9日，2018亚洲钢琴技师协会（APTA）年会暨2018中国钢琴调律师年会在桐乡举办

为增强亚洲范围各钢琴技师组织间的友谊，交流分享行业信息和技术，共同推动钢琴品质的提升，2018亚洲钢琴技师协会年会暨2018中国钢琴调律师年会在桐乡成功举办。本届大会由中国乐器协会钢琴调律师分会主办，浙江温克尔曼钢琴有限公司协办。中国乐器协会副理事长王松美、钢琴调律师分会会长冯高昆，韩国钢琴技师协会会长河江，日本钢琴技师协会会长齐田健，中国台湾钢琴技术者协会会长林斌一、荣誉会长刘麟和，浙江传媒学院音乐学院院长吴艳彧，温克尔曼钢琴有限公司总经理应利星，中国乐器协会钢琴调律师分会副会长黄苏东、陈惠庆、王文琦，中国乐器协会钢琴调律师分会秘书长秦敏静，中国乐器协会项目部主任刘勇，以及来自韩国、日本、中国台湾和大陆各地的钢琴调律师汇聚一堂，共享新知，共同探讨钢琴调律事业的创新发展。

在我国已成为亚洲乃至全球首位的钢琴生产和消费市场之时，2018亚洲钢琴技师协会年会与2018中国钢琴调律师年会的同步举办，更加彰显出大会的时代性、开放性、包容性和国际化的合作视野与创新精神。中国乐器协会副理事长王松美首先致开幕词，并代表中国乐器协会对第四届APTA亚洲钢琴技师协会年会的召开表示热烈祝贺。对从日本、韩国和台湾地区远道而来的业界同仁表示热烈欢迎。立足全球钢琴产业发展的历史，透视亚洲钢琴调律师联盟组织成立的意义与作用，以及中国钢琴调律师事业的发展。王松美表示，世界钢琴制造和消费已转向亚洲，而中国更成为新的历史时期钢琴制造与消费大国。

迄今，亚洲钢琴保有量超过2000万架，钢琴调律仍有近9000人的人才缺口。而中国从2003年至今，已连续15年钢琴年产能突破30万架，国内钢琴保有量近800万架，钢琴调律人才缺口仍有4000人。目前，国内整体调律技术水平偏低，中高端人才奇缺，对应的教材、标准和培训体系严重不足。而日本、韩国和台湾地区的调律人才培训体系已经成熟完善，希望通过本届大会，加强国际合作交流，引进先进培训体系和经验，加快我国钢琴调律行业整体技术水平提升。

中国乐器协会钢琴调律师分会会长冯高昆表示，钢琴调律师职业群体的发展，不仅与消费终端密切相关，更与钢琴企业未来命运息息相关。中、日、韩和台湾地区调律行业的技术交流与长期合作是全亚洲调律行业发展的重要保证。中国乐器协会钢琴调律师分会有责任和义务为新生代调律师创建国际化的合作交流平台。基于国内钢琴调律行业的发展现状，行业的“系统化、规范化、专业化”发展势在必行，2018亚洲钢琴技师协会年会暨2018中国钢琴调律师年会的举办，正是顺应了钢琴行业转型升级和中高端调律人才队伍建设的迫切需求。

韩国钢琴技师协会会长河江致辞中表示，目前，韩国传统钢琴的生产与销售，钢琴教学市场正在经历较大的萧条阶段，而数码钢琴的生产与销售却逐年升温，这对传统调律行业的生存空间构成了挤压。面对韩国本部钢琴产量与销量减少的现状，希望通过亚洲钢琴调律师联盟组织各国开展钢琴调律技术交流，达到技术共享，共赢发展。日本钢琴技师协会会长齐田健介绍了日本钢琴调律产业的历史脉络，并向与会代表分享了日本钢琴产业在调律人才队伍建设的成功经验，希望通过亚洲钢琴调律师联盟组织深化行业交流，提升亚洲钢琴调律行业总体水平，促进亚洲钢琴消费市场的繁荣发展。

中国台湾钢琴技术者协会会长林斌一、荣誉会长刘麟和分别致辞，表示本届大会同步开展的技术讲座精准务实，面对面传递互动信息，相信与会代表会收获满满。在网络盛行的E时代，希望所有调律行业的精英打破地域发展的思维限制，展开跨区域的合作交流，共同为维护亚洲钢琴调律行业健康、有序、积极的发展做出应有的社会贡献。协办方温克尔曼钢琴公司总经理应利星在致辞中，感谢行业同仁莅临桐乡，支持我国钢琴事业的创新发展。

中国乐器协会钢琴调律师分会秘书长秦敏静做中国乐器协会钢琴调律师分会第五届会员代表大会工作总结，从分会组织的全国钢琴调律师竞赛，国际化合作体系下的联盟标准认证，以及关于职业技能鉴定工作的组织与未开拓展进行了细致梳理，获得与会领导与代表的首肯与好评。

为强化校企合作，以及中高端调律艺术人才的培养。浙江传媒学院音乐学院院长吴艳彧从学院钢琴调律学科建设的视角，感谢钢琴调律行业专家莅临桐乡，希望通过亚洲钢琴调律师联盟组织和中国乐器协会钢琴调律师分会展开校企合作交流，积极促进高校的钢琴调律学科建设和艺术人才的创新就业空间。

面对我国钢琴调律中高端人才匮乏的现状，本届大会举办期间，由来自日本、韩国、台湾地区和内地的钢琴调律专家进行了10场专业技术讲座，其中有：日本钢琴技师协会理事长齐田健《纠正调律音准的有效方法》、中国台湾钢琴技术者协会技术讲师林大嘉《立式钢琴制音器弹簧创新更换法》、中国台湾钢琴技术者协会荣誉会长刘麟和《钢琴售后服务经验谈》、韩国钢琴技师协会讲师吴在明《三角钢琴的调整与整音》、中国乐器协会钢琴调律师分会副会长王文琦《钢琴基准音组分律新方法在调律教学中的应用》、日本钢琴技师协会国际部主任镰田有喜《三角钢琴的调整基本方法》、中国上海瀚森钢琴有限公司副总经理、CMIA KAWAI钢琴调律标准认证联盟客座讲师宋歌《浅谈三角钢琴工作程序的设定》、中国上海桓鹏钢琴有限公司总经理、韩国钢琴调律师协会干事姜桓《立式钢琴调整》、中国台湾钢琴技术者协会荣誉顾问张朝任《钢琴声音的修饰与处理》。可以说，来自中、日、韩的资深调律专家的针对性课题，为当前中高端调律人才的培训平台与机制的创建，进行了积极有益的探索与尝试，为中国乐器协会钢琴调律师分会后期的调律人才队伍的建设积累了宝贵的经验。

在开幕式当晚的音乐会期间，大会还对参加技术讲座的10位嘉宾讲师颁发了荣誉奖杯，以感谢各位行业专家的技术分享与奉献精神。会议最后，与会代表还兴致勃勃地参观了温克尔曼钢琴有限公司的生产车间和展厅，并共同前往上海，参观将于10日开幕的上海乐器展。此外，在7日晚的理事会上，各方一致同意第五届亚洲钢琴技师协会年会由韩国钢琴技师协会承办。

2018年全国钢琴调律师考核鉴定情况统计表

鉴定站（所）	鉴定日期	五级 / 初级技能	四级 / 中级技能	三级 / 高级技能	二级 / 技师	一级 / 高级技师	合计
北京鉴定站	2018-06（沈阳）	8	25	38	6		77
	2018-07（考核鉴定）	7	21	13			41
	2018-07（调律班）	53					53
	2018-09（新疆）	9	7	3			19
	小计	77	53	54	6		190
上海鉴定所	2018-07（考核鉴定）	6	44	31			81
	2018-10（考核鉴定）	16	40	33			89
	小计	22	84	64			170
广州鉴定站	2018-04（考核鉴定）	5	7	24			36
	2018-07（考核鉴定）	19	11	3	2	1	36
	2018-10（考核鉴定）	19	13	3			35
	小计	43	31	30	2	1	107
北京联合大学特殊教育学院	2018-06（考核鉴定）		8	6	2		16
南京艺术学院	2018-06（考核鉴定）		8	4			12
2018 年合计		142	184	158	10	1	495

2018年通过钢琴调律师国家职业资格考核鉴定名单

北京鉴定站

姓　名	性　别	证书号码	级　别
陈茂林	男	5000059081902006	二级 / 技师
唐小可	男	5000059081902007	二级 / 技师
王晓瑞	男	5000059081902008	二级 / 技师
张忠宝	男	5000059081902009	二级 / 技师
孙　进	男	5000059081902010	二级 / 技师
郑　波	男	5000059081902011	二级 / 技师

王俊宇	男	5000059081903106	三级 / 高级技能
赵　阳	女	5000059081903107	三级 / 高级技能

续表

姓　名	性　别	证书号码	级　别
郭晋辰	男	5000059081903108	三级 / 高级技能
黎海麒	男	5000059081903109	三级 / 高级技能
李　刚	男	5000059081903110	三级 / 高级技能
古　丽	女	5000059081903111	三级 / 高级技能
李　虎	男	5000059081903112	三级 / 高级技能
谭　瑞	男	5000059081903113	三级 / 高级技能
彭亚辉	男	5000059081903114	三级 / 高级技能
曹修远	男	5000059081903115	三级 / 高级技能
刘　佳	男	5000059081903116	三级 / 高级技能
叶　佳	女	5000059081903117	三级 / 高级技能
刘　峰	男	5000059081903118	三级 / 高级技能
王宏图	男	5000059081903010	三级 / 高级技能
张　丽	女	5000059081903011	三级 / 高级技能
王海丰	男	5000059081903012	三级 / 高级技能
乾　直	男	5000059081903013	三级 / 高级技能
林盛森	男	5000059081903014	三级 / 高级技能
刘莉波	男	5000059081903015	三级 / 高级技能
翟　民	男	5000059081903016	三级 / 高级技能
薛　岩	男	5000059081903017	三级 / 高级技能
周　阳	男	5000059081903018	三级 / 高级技能
宋全玲	女	5000059081903019	三级 / 高级技能
王　平	男	5000059081903020	三级 / 高级技能
刘景科	男	5000059081903021	三级 / 高级技能
姚铁营	男	5000059081903022	三级 / 高级技能
姜　军	男	5000059081903023	三级 / 高级技能
柳洪亮	男	5000059081903024	三级 / 高级技能
冯英文	男	5000059081903025	三级 / 高级技能
李　岩	男	5000059081903026	三级 / 高级技能
李翰林	男	5000059081903027	三级 / 高级技能
张　振	男	5000059081903028	三级 / 高级技能
弭　超	男	5000059081903029	三级 / 高级技能
李　洋	男	5000059081903030	三级 / 高级技能
高　熠	男	5000059081903031	三级 / 高级技能
刘艳芳	女	5000059081903032	三级 / 高级技能
王文轩	男	5000059081903033	三级 / 高级技能
刘功昊	男	5000059081903034	三级 / 高级技能

续表

姓　名	性　别	证书号码	级　别
刘向平	男	5000059081903035	三级 / 高级技能
王浚杨	女	5000059081903036	三级 / 高级技能
史　博	男	5000059081903037	三级 / 高级技能
佟　健	男	5000059081903038	三级 / 高级技能
王言清	男	5000059081903039	三级 / 高级技能
李丙拓	男	5000059081903040	三级 / 高级技能
武　宸	男	5000059081903041	三级 / 高级技能
胡晓东	男	5000059081903042	三级 / 高级技能
席　鹏	男	5000059081903043	三级 / 高级技能
田帮军	男	5000059081903044	三级 / 高级技能
沈　菲	女	5000059081903045	三级 / 高级技能
张　丽	女	5000059081903046	三级 / 高级技能
李德刚	男	5000059081903047	三级 / 高级技能
方　勇	男	5000059081903119	三级 / 高级技能
周洪涛	男	5000059081903120	三级 / 高级技能
冯启成	男	5000059081903121	三级 / 高级技能

陆文军	男	5000059081904126	四级 / 中级技能
龚晓梅	女	5000059081904127	四级 / 中级技能
韩志忠	男	5000059081904128	四级 / 中级技能
余　震	男	5000059081904129	四级 / 中级技能
李小龙	男	5000059081904130	四级 / 中级技能
杨志和	男	5000059081904131	四级 / 中级技能
丁　勇	男	5000059081904132	四级 / 中级技能
朱芳瑶	女	5000059081904021	四级 / 中级技能
陶丁验	男	5000059081904022	四级 / 中级技能
才志鹏	男	5000059081904023	四级 / 中级技能
王　宾	男	5000059081904024	四级 / 中级技能
丁　隆	男	5000059081904025	四级 / 中级技能
赵　迅	女	5000059081904026	四级 / 中级技能
林树生	男	5000059081904027	四级 / 中级技能
修秉择	男	5000059081904028	四级 / 中级技能
禹　琳	男	5000059081904029	四级 / 中级技能
王　维	男	5000059081904030	四级 / 中级技能
朱健翀	男	5000059081904031	四级 / 中级技能
李文会	男	5000059081904032	四级 / 中级技能

续表

姓 名	性 别	证书号码	级 别
杨懿德	男	5000059081904033	四级 / 中级技能
李佳琪	女	5000059081904034	四级 / 中级技能
周 聪	女	5000059081904035	四级 / 中级技能
林 伟	男	5000059081904036	四级 / 中级技能
刘宇琦	女	5000059081904037	四级 / 中级技能
丁 薇	女	5000059081904038	四级 / 中级技能
王 猛	男	5000059081904039	四级 / 中级技能
李禹作	男	5000059081904040	四级 / 中级技能
高秀秀	女	5000059081904041	四级 / 中级技能
朱耕典	男	5000059081904042	四级 / 中级技能
梁 靖	男	5000059081904043	四级 / 中级技能
关婉一	女	5000059081904044	四级 / 中级技能
于 洋	男	5000059081904045	四级 / 中级技能
张家铭	男	5000059081904105	四级 / 中级技能
李 斐	男	5000059081904106	四级 / 中级技能
陈爱峰	男	5000059081904107	四级 / 中级技能
赵金鑫	男	5000059081904108	四级 / 中级技能
李志高	男	5000059081904109	四级 / 中级技能
殷嘉禾	男	5000059081904110	四级 / 中级技能
肖 丰	男	5000059081904111	四级 / 中级技能
穆学峰	男	5000059081904112	四级 / 中级技能
杨瑞杰	男	5000059081904113	四级 / 中级技能
王 帅	男	5000059081904114	四级 / 中级技能
孙昌盛	男	5000059081904115	四级 / 中级技能
杨 尧	男	5000059081904116	四级 / 中级技能
孙法明	男	5000059081904117	四级 / 中级技能
张钧冰	男	5000059081904118	四级 / 中级技能
刘 涛	男	5000059081904119	四级 / 中级技能
李亚磊	男	5000059081904120	四级 / 中级技能
徐 杰	男	5000059081904121	四级 / 中级技能
刘梦龙	男	5000059081904122	四级 / 中级技能
夏永辉	男	5000059081904123	四级 / 中级技能
王俊轩	男	5000059081904124	四级 / 中级技能
乔善庆	男	5000059081904125	四级 / 中级技能

王璐璐	女	5000059081905038	五级 / 初级技能

续表

姓 名	性 别	证书号码	级 别
王 震	男	5000059081905039	五级 / 初级技能
智 杰	男	5000059081905040	五级 / 初级技能
王 宇	男	5000059081905041	五级 / 初级技能
解 磊	男	5000059081905042	五级 / 初级技能
崔轩宇	男	5000059081905043	五级 / 初级技能
姚云丰	男	5000059081905044	五级 / 初级技能
谭 铮	男	5000059081905045	五级 / 初级技能
杨 帅	男	5000059081905046	五级 / 初级技能
张岩峰	男	5000059081905047	五级 / 初级技能
郝鹏飞	男	5000059081905048	五级 / 初级技能
张 鹏	男	5000059081905049	五级 / 初级技能
潘佳琦	男	5000059081905050	五级 / 初级技能
崔晓伟	男	5000059081905051	五级 / 初级技能
张 松	男	5000059081905052	五级 / 初级技能
刘春龙	男	5000059081905053	五级 / 初级技能
张 扬	男	5000059081905054	五级 / 初级技能
杨硕存	男	5000059081905055	五级 / 初级技能
刘国峰	男	5000059081905056	五级 / 初级技能
王 敏	男	5000059081905057	五级 / 初级技能
丁 蕾	女	5000059081905058	五级 / 初级技能
王云风	男	5000059081905059	五级 / 初级技能
蒋林洋	男	5000059081905060	五级 / 初级技能
韩 雨	男	5000059081905061	五级 / 初级技能
郭文娟	女	5000059081905062	五级 / 初级技能
黄荣兴	男	5000059081905063	五级 / 初级技能
王 涛	男	5000059081905064	五级 / 初级技能
贾喻飞	男	5000059081905065	五级 / 初级技能
李开月	男	5000059081905066	五级 / 初级技能
绕红红	女	5000059081905067	五级 / 初级技能
龙新军	男	5000059081905068	五级 / 初级技能
吴 波	男	5000059081905069	五级 / 初级技能
赵军伟	男	5000059081905070	五级 / 初级技能
巴音桑	男	5000059081905071	五级 / 初级技能
郭长生	男	5000059081905072	五级 / 初级技能
耿宇鑫	女	5000059081905073	五级 / 初级技能
姜畅雨	男	5000059081905074	五级 / 初级技能

续表

姓　名	性　别	证书号码	级　别
韩　奇	男	5000059081905075	五级 / 初级技能
祖景辉	男	5000059081905076	五级 / 初级技能
梁　潇	男	5000059081905077	五级 / 初级技能
张新亮	男	5000059081905078	五级 / 初级技能
张志华	男	5000059081905079	五级 / 初级技能
陆文军	男	5000059081905080	五级 / 初级技能
汪鸿迪	男	5000059081905081	五级 / 初级技能
王东辉	男	5000059081905082	五级 / 初级技能
苏郑良	男	5000059081905083	五级 / 初级技能
卫　博	男	5000059081905084	五级 / 初级技能
张俊之	男	5000059081905085	五级 / 初级技能
唐　凯	男	5000059081905086	五级 / 初级技能
王志刚	男	5000059081905087	五级 / 初级技能
李　辉	男	5000059081905088	五级 / 初级技能
李　峰	男	5000059081905089	五级 / 初级技能
于海鹏	男	5000059081905090	五级 / 初级技能
柳浩然	男	5000059081905091	五级 / 初级技能
张晓晗	男	5000059081905092	五级 / 初级技能
张宏野	男	5000059081905093	五级 / 初级技能
侯士兵	男	5000059081905094	五级 / 初级技能
孙　洋	男	5000059081905095	五级 / 初级技能
魏　欣	女	5000059081905096	五级 / 初级技能
龚晓梅	女	5000059081905097	五级 / 初级技能
张赢日	女	5000059081905020	五级 / 初级技能
石航宇	男	5000059081905021	五级 / 初级技能
郝　淳	男	5000059081905022	五级 / 初级技能
武俊杰	男	5000059081905023	五级 / 初级技能
杨　丽	女	5000059081905024	五级 / 初级技能
张佳童	男	5000059081905025	五级 / 初级技能
汪廷政	男	5000059081905026	五级 / 初级技能
杨嘉辉	男	5000059081905027	五级 / 初级技能
田耕白	男	5000059081905098	五级 / 初级技能
倪雅亮	男	5000059081905099	五级 / 初级技能
于公平	男	5000059081905100	五级 / 初级技能
兰文飞	男	5000059081905101	五级 / 初级技能
何亚龙	男	5000059081905102	五级 / 初级技能

续表

姓　名	性　别	证书号码	级　别
王　冬	男	5000059081905103	五级 / 初级技能
邢志伟	男	5000059081905104	五级 / 初级技能
吴　韬	男	5000059081905105	五级 / 初级技能
武湘云	女	5000059081905106	五级 / 初级技能

上海鉴定所

姓　名	性　别	证书号码	级　别
刘振铁	男	5000059081903051	三级 / 高级技能
周梦伯	男	5000059081903052	三级 / 高级技能
梅晔洲	男	5000059081903053	三级 / 高级技能
廖吴非	男	5000059081903054	三级 / 高级技能
谢跃辉	男	5000059081903055	三级 / 高级技能
马世敏	男	5000059081903056	三级 / 高级技能
魏淑亚	女	5000059081903057	三级 / 高级技能
贺　鹏	男	5000059081903058	三级 / 高级技能
曹殿臣	男	5000059081903059	三级 / 高级技能
张圣凯	男	5000059081903060	三级 / 高级技能
田志辉	男	5000059081903061	三级 / 高级技能
李舒敏	女	5000059081903062	三级 / 高级技能
孙建华	男	5000059081903063	三级 / 高级技能
李　扬	男	5000059081903064	三级 / 高级技能
阚林涛	男	5000059081903065	三级 / 高级技能
张　立	男	5000059081903066	三级 / 高级技能
马　林	男	5000059081903067	三级 / 高级技能
葛光金	男	5000059081903068	三级 / 高级技能
苗雨润	女	5000059081903069	三级 / 高级技能
杨　健	男	5000059081903070	三级 / 高级技能
王胜君	男	5000059081903071	三级 / 高级技能
吴凤秀	女	5000059081903072	三级 / 高级技能
王素红	女	5000059081903073	三级 / 高级技能
陆娟红	女	5000059081903074	三级 / 高级技能
周彩华	女	5000059081903075	三级 / 高级技能
刘立群	女	5000059081903076	三级 / 高级技能
徐将阳	男	5000059081903077	三级 / 高级技能
郑朝领	男	5000059081903078	三级 / 高级技能
罗建广	男	5000059081903079	三级 / 高级技能

续表

姓　名	性　别	证书号码	级　别
包广敏	男	5000059081903080	三级 / 高级技能
边亮明	男	5000059081903081	三级 / 高级技能
时　阳	男	5000059081903125	三级 / 高级技能
陈　振	男	5000059081903126	三级 / 高级技能
刘　彪	男	5000059081903127	三级 / 高级技能
李根林	男	5000059081903128	三级 / 高级技能
车红浩	男	5000059081903129	三级 / 高级技能
从利娜	女	5000059081903130	三级 / 高级技能
王　杰	男	5000059081903131	三级 / 高级技能
龙友达	男	5000059081903132	三级 / 高级技能
倪志明	男	5000059081903133	三级 / 高级技能
乔　亮	男	5000059081903134	三级 / 高级技能
吴　斌	男	5000059081903135	三级 / 高级技能
严凡利	男	5000059081903136	三级 / 高级技能
李　辉	男	5000059081903137	三级 / 高级技能
高晓亮	男	5000059081903138	三级 / 高级技能
张　涛	男	5000059081903139	三级 / 高级技能
尹成超	男	5000059081903140	三级 / 高级技能
郭　霖	男	5000059081903141	三级 / 高级技能
孙建军	男	5000059081903142	三级 / 高级技能
丁汉洋	男	5000059081903143	三级 / 高级技能
王俊夫	男	5000059081903144	三级 / 高级技能
胡　鑫	男	5000059081903145	三级 / 高级技能
明　朗	男	5000059081903146	三级 / 高级技能
许家保	男	5000059081903474	三级 / 高级技能
邵长波	男	5000059081903148	三级 / 高级技能
田帅康	男	5000059081903149	三级 / 高级技能
郭栋梁	男	5000059081903150	三级 / 高级技能
徐一杰	男	5000059081903151	三级 / 高级技能
何成志	男	5000059081903152	三级 / 高级技能
王其波	男	5000059081903153	三级 / 高级技能
窦明烜	男	5000059081903154	三级 / 高级技能
韩　冰	男	5000059081903155	三级 / 高级技能
贾燕飞	男	5000059081903156	三级 / 高级技能
李　果	男	5000059081903157	三级 / 高级技能
彭必余	男	5000059081903158	三级 / 高级技能

续表

姓 名	性 别	证书号码	级 别
吴立昱	男	5000059081903159	三级 / 高级技能
刘春亮	男	5000059081903160	三级 / 高级技能
韩 荣	男	5000059081903161	三级 / 高级技能
吴兴超	男	5000059081903162	三级 / 高级技能
马明轩	男	5000059081903163	三级 / 高级技能
张乐峰	男	5000059081903164	三级 / 高级技能
李会勇	男	5000059081903165	三级 / 高级技能
许丹丹	女	5000059081904054	四级 / 中级技能
蒲双伦	男	5000059081904055	四级 / 中级技能
王功杰	男	5000059081904056	四级 / 中级技能
王少骞	女	5000059081904057	四级 / 中级技能
陈 良	男	5000059081904058	四级 / 中级技能
姜朝辉	男	5000059081904059	四级 / 中级技能
陈兆军	男	5000059081904060	四级 / 中级技能
崔玉强	男	5000059081904061	四级 / 中级技能
卜祥标	男	5000059081904062	四级 / 中级技能
刘大永	男	5000059081904063	四级 / 中级技能
孙一鸣	男	5000059081904064	四级 / 中级技能
刘克勇	男	5000059081904065	四级 / 中级技能
胡宇龙	男	5000059081904066	四级 / 中级技能
龙 川	男	5000059081904067	四级 / 中级技能
史重庆	男	5000059081904068	四级 / 中级技能
谭亚楠	男	5000059081904069	四级 / 中级技能
王 震	男	5000059081904070	四级 / 中级技能
朱小鸥	女	5000059081904071	四级 / 中级技能
马 月	男	5000059081904072	四级 / 中级技能
王津龙	男	5000059081904073	四级 / 中级技能
杨 栗	男	5000059081904074	四级 / 中级技能
朱崇理	女	5000059081904075	四级 / 中级技能
刘卫平	男	5000059081904076	四级 / 中级技能
赵晓龙	男	5000059081904077	四级 / 中级技能
冀海东	男	5000059081904078	四级 / 中级技能
孟 波	男	5000059081904079	四级 / 中级技能
牛素峰	男	5000059081904080	四级 / 中级技能
戴金刚	男	5000059081904081	四级 / 中级技能

续表

姓　名	性　别	证书号码	级　别
曹晓雨	女	5000059081904082	四级 / 中级技能
葛晋铭	男	5000059081904083	四级 / 中级技能
杜士磊	男	5000059081904084	四级 / 中级技能
霍义鹏	男	5000059081904085	四级 / 中级技能
于婷婷	女	5000059081904086	四级 / 中级技能
王学艳	女	5000059081904087	四级 / 中级技能
刘玉贞	男	5000059081904088	四级 / 中级技能
张　鲁	男	5000059081904089	四级 / 中级技能
李　闯	男	5000059081904090	四级 / 中级技能
曹义雄	男	5000059081904091	四级 / 中级技能
唐一奇	男	5000059081904092	四级 / 中级技能
杨　帆	男	5000059081904093	四级 / 中级技能
贾大帅	男	5000059081904094	四级 / 中级技能
张丹韬	男	5000059081904095	四级 / 中级技能
李律卫	男	5000059081904096	四级 / 中级技能
陈诗莹	女	5000059081904097	四级 / 中级技能
彭　金	男	5000059081904146	四级 / 中级技能
黄　鹏	男	5000059081904147	四级 / 中级技能
吴伟超	男	5000059081904148	四级 / 中级技能
赵　锋	男	5000059081904149	四级 / 中级技能
张　航	男	5000059081904150	四级 / 中级技能
曾绪兵	男	5000059081904151	四级 / 中级技能
范里昂	男	5000059081904152	四级 / 中级技能
杨俊贤	男	5000059081904153	四级 / 中级技能
陈　杰	男	5000059081904154	四级 / 中级技能
齐贺程	男	5000059081904155	四级 / 中级技能
廖航毅	男	5000059081904156	四级 / 中级技能
高　嵩	男	5000059081904157	四级 / 中级技能
戈　伟	女	5000059081904158	四级 / 中级技能
张　瑞	男	5000059081904159	四级 / 中级技能
张宏娜	女	5000059081904160	四级 / 中级技能
郭俊杰	男	5000059081904161	四级 / 中级技能
蒋元英	女	5000059081904162	四级 / 中级技能
郝贯超	男	5000059081904163	四级 / 中级技能
黄子洋	男	5000059081904164	四级 / 中级技能
师雅淇	女	5000059081904165	四级 / 中级技能

续表

姓 名	性 别	证书号码	级 别
程明亮	男	5000059081904166	四级 / 中级技能
孙一丹	女	5000059081904167	四级 / 中级技能
董全志	男	5000059081904168	四级 / 中级技能
王复灵	男	5000059081904169	四级 / 中级技能
童雨行	男	5000059081904170	四级 / 中级技能
吴肖玥	女	5000059081904171	四级 / 中级技能
徐宜正	男	5000059081904172	四级 / 中级技能
郭 攀	男	5000059081904173	四级 / 中级技能
孙 畅	男	5000059081904174	四级 / 中级技能

马国翔	男	5000059081905027	五级 / 初级技能
施霞鑫	男	5000059081905028	五级 / 初级技能
沈奇杰	男	5000059081905029	五级 / 初级技能
施辰悦	女	5000059081905030	五级 / 初级技能
周广明	男	5000059081905031	五级 / 初级技能
李 昊	男	5000059081905032	五级 / 初级技能
杨 林	男	5000059081905126	五级 / 初级技能
赵梓润	男	5000059081905127	五级 / 初级技能
韩卫东	男	5000059081905128	五级 / 初级技能
徐明峰	男	5000059081905129	五级 / 初级技能
段美伶	女	5000059081905130	五级 / 初级技能
殷跃峰	男	5000059081905131	五级 / 初级技能
董阿峰	男	5000059081905132	五级 / 初级技能
殷 恺	男	5000059081905133	五级 / 初级技能
吕林凤	男	5000059081905134	五级 / 初级技能
张龙龙	男	5000059081905135	五级 / 初级技能
孙大校	男	5000059081905136	五级 / 初级技能
叶 进	男	5000059081905137	五级 / 初级技能
汪 寅	男	5000059081905138	五级 / 初级技能
杨 鑫	男	5000059081905139	五级 / 初级技能
肖 斌	男	5000059081905140	五级 / 初级技能
陈 璐	女	5000059081905141	五级 / 初级技能
石 葵	男	5000059081905142	五级 / 初级技能
朱增飞	男	5000059081905143	五级 / 初级技能
耿 迪	男	5000059081905144	五级 / 初级技能

续表

广州鉴定站

姓　名	性　别	证书号码	级　别
吴志辉	男	5000059081901001	一级 / 高级技师
何贤星	男	5000059081902003	二级 / 技师
蒋林华	男	5000059081902004	二级 / 技师
张　帅	男	5000059081903007	三级 / 高级技能
何兆堂	男	5000059081903008	三级 / 高级技能
陈立霖	男	5000059081903009	三级 / 高级技能
戴茂勇	男	5000059081903122	三级 / 高级技能
于德霖	男	5000059081903123	三级 / 高级技能
郝　磊	男	5000059081903124	三级 / 高级技能
邱晨煜	男	1858003002300024	三级 / 高级技能
焦永涛	男	1858003002300001	三级 / 高级技能
曹　萌	女	1858003002300002	三级 / 高级技能
周子凯	男	1858003002300003	三级 / 高级技能
薛程友	男	1858003002300004	三级 / 高级技能
吴　彤	男	1858003002300005	三级 / 高级技能
李远星	男	1858003002300006	三级 / 高级技能
葛艺伟	女	1858003002300007	三级 / 高级技能
杨　晨	女	1858003002300008	三级 / 高级技能
但文杰	男	1858003002300009	三级 / 高级技能
符甘雨	女	1858003002300010	三级 / 高级技能
金　桂	男	1858003002300011	三级 / 高级技能
刘兆蕤	男	1858003002300012	三级 / 高级技能
李姝璇	女	1858003002300013	三级 / 高级技能
徐照丛	男	1858003002300014	三级 / 高级技能
董　琦	男	1858003002300015	三级 / 高级技能
宁　一	男	1858003002300016	三级 / 高级技能
赵程程	女	1858003002300017	三级 / 高级技能
胡金东	男	1858003002300018	三级 / 高级技能
卢建婷	女	1858003002300019	三级 / 高级技能
杨惠婷	女	1858003002300020	三级 / 高级技能
李思雨	女	1858003002300021	三级 / 高级技能
周子雁	女	1858003002300022	三级 / 高级技能

续表

姓　名	性　别	证书号码	级　别
马杨珍妮	女	1858003002300023	三级 / 高级技能
李　涵	男	5000059081904009	四级 / 中级技能
卢　昉	男	5000059081904010	四级 / 中级技能
赖启鸣	男	5000059081904011	四级 / 中级技能
郭　晶	男	5000059081904012	四级 / 中级技能
张　颂	男	5000059081904013	四级 / 中级技能
夏俊杰	男	5000059081904014	四级 / 中级技能
伍俊蔚	男	5000059081904015	四级 / 中级技能
董攀飞	男	5000059081904016	四级 / 中级技能
曾青松	男	5000059081904017	四级 / 中级技能
彭　清	男	5000059081904018	四级 / 中级技能
刘少强	男	5000059081904019	四级 / 中级技能
林　鑫	男	5000059081904133	四级 / 中级技能
杨子铖	男	5000059081904134	四级 / 中级技能
何广亮	男	5000059081904135	四级 / 中级技能
黄阳辉	男	5000059081904136	四级 / 中级技能
刘　华	男	5000059081904137	四级 / 中级技能
王玉徽	男	5000059081904138	四级 / 中级技能
王炫桦	男	5000059081904139	四级 / 中级技能
李　研	男	5000059081904140	四级 / 中级技能
麦文浩	男	5000059081904141	四级 / 中级技能
黄国飞	男	5000059081904142	四级 / 中级技能
邱永强	男	5000059081904143	四级 / 中级技能
孙晓波	男	5000059081904144	四级 / 中级技能
邵发松	男	5000059081904145	四级 / 中级技能
雷宇航	男	1858003002400004	四级 / 中级技能
许灿铭	男	1858003002400001	四级 / 中级技能
周广杰	男	1858003002400002	四级 / 中级技能
王婷婷	女	1858003002400003	四级 / 中级技能
梁银燕	女	1858003002400005	四级 / 中级技能
刘伟民	男	1858003002400006	四级 / 中级技能
王咏丹	女	1858003002400007	四级 / 中级技能
唐小涵	女	1858003002500001	五级 / 初级技能
唐晓霞	女	1858003002500002	五级 / 初级技能

续表

姓　名	性　别	证书号码	级　别
洪艺冰	女	1858003002500003	五级 / 初级技能
孙　凯	男	1858003002500004	五级 / 初级技能
王智伟	男	1858003002500005	五级 / 初级技能
黄海涛	男	5000059081905107	五级 / 初级技能
李名彦	男	5000059081905108	五级 / 初级技能
吴春燕	女	5000059081905109	五级 / 初级技能
章海涛	男	5000059081905110	五级 / 初级技能
杨　港	男	5000059081905111	五级 / 初级技能
刘学军	男	5000059081905112	五级 / 初级技能
张靖文	男	5000059081905113	五级 / 初级技能
李帮堤	男	5000059081905114	五级 / 初级技能
王　蒴	男	5000059081905115	五级 / 初级技能
王　洋	男	5000059081905116	五级 / 初级技能
杨京毅	男	5000059081905117	五级 / 初级技能
郭凯铭	男	5000059081905118	五级 / 初级技能
林进阳	男	5000059081905119	五级 / 初级技能
谭扬辉	男	5000059081905120	五级 / 初级技能
周启航	男	5000059081905121	五级 / 初级技能
唐　硕	男	5000059081905122	五级 / 初级技能
马文豪	男	5000059081905123	五级 / 初级技能
卢凯玲	女	5000059081905124	五级 / 初级技能
龚　勋	男	5000059081905125	五级 / 初级技能
樊　镭	男	5000059081905001	五级 / 初级技能
杨帅萍	男	5000059081905002	五级 / 初级技能
李如聪	男	5000059081905003	五级 / 初级技能
吕振龙	男	5000059081905004	五级 / 初级技能
潘振宇	男	5000059081905005	五级 / 初级技能
梁志彦	男	5000059081905006	五级 / 初级技能
陈钦灿	男	5000059081905007	五级 / 初级技能
林　洋	男	5000059081905009	五级 / 初级技能
蔡建荣	男	5000059081905008	五级 / 初级技能
陈星铭	男	5000059081905010	五级 / 初级技能
陈国辉	男	5000059081905011	五级 / 初级技能
张展瑜	男	5000059081905012	五级 / 初级技能
黄泽凯	男	5000059081905013	五级 / 初级技能
黄俊刚	男	5000059081905014	五级 / 初级技能

续表

姓　名	性　别	证书号码	级　别
伍永超	男	5000059081905015	五级 / 初级技能
姜淑辉	男	5000059081905016	五级 / 初级技能
周晓东	男	5000059081905017	五级 / 初级技能
林少华	男	5000059081905018	五级 / 初级技能
花　峻	男	5000059081905019	五级 / 初级技能

北京联合大学特殊教育学院

姓　名	性　别	证书号码	级　别
李　乐	女	5000059081902001	二级 / 技师
陈少华	男	5000059081902002	二级 / 技师
苏醒辰	男	5000059081903001	三级 / 高级技能
张智玄	男	5000059081903002	三级 / 高级技能
段重生	男	5000059081903003	三级 / 高级技能
张　琪	女	5000059081903004	三级 / 高级技能
徐士傑	女	5000059081903005	三级 / 高级技能
禹彦伟	男	5000059081903006	三级 / 高级技能
高洪宇	女	5000059081904001	四级 / 中级技能
何家宇	男	5000059081904002	四级 / 中级技能
孙　腾	男	5000059081904003	四级 / 中级技能
谭　娟	女	5000059081904004	四级 / 中级技能
王　磊	男	5000059081904005	四级 / 中级技能
姚　滨	男	5000059081904006	四级 / 中级技能
殷美剑	男	5000059081904007	四级 / 中级技能
张宝贝	女	5000059081904008	四级 / 中级技能

南京艺术学院

姓　名	性　别	证书号码	级　别
李金辉	男	5000059081903048	三级 / 高级技能
李元甲	男	5000059081903049	三级 / 高级技能
秦雪蕾	女	5000059081903050	三级 / 高级技能
王聪聪	女	5000059081903051	三级 / 高级技能
曹星月	女	5000059081904046	四级 / 中级技能
陈静娴	女	5000059081904047	四级 / 中级技能

续表

姓　名	性　别	证书号码	级　别
林　颖	女	5000059081904048	四级 / 中级技能
刘　云	女	5000059081904049	四级 / 中级技能
唐　姝	女	5000059081904050	四级 / 中级技能
谢慧智	女	5000059081904051	四级 / 中级技能
张芮菡	女	5000059081904052	四级 / 中级技能
周茹玥	女	5000059081904053	四级 / 中级技能

2018年取得钢琴调律联盟标准“高级钢琴技师”证书的调律师名单（17人）

证书号码	姓　名	性　别	省　市
PTSC-2017-S-0001	王国波	男	浙江温州
PTSC-2017-S-0002	董　倩	女	福建厦门
PTSC-2018-S-0003	董　翔	男	山东菏泽
PTSC-2018-S-0004	马祥军	男	海南海口
PTSC-2018-S-0005	闫　海	男	山西太原
PTSC-2018-S-0006	王　凯	男	山东曲阜
PTSC-2018-S-0007	王光余	男	浙江乐清
PTSC-2018-S-0008	叶　亮	男	广东广州
PTSC-2018-S-0009	郑倩男	男	辽宁大连
PTSC-2018-S-0010	肖远华	男	广东深圳
PTSC-2018-S-0011	黄创维	男	广东揭阳
PTSC-2018-S-0012	李韶康	男	河北石家庄
PTSC-2018-S-0013	张　颂	男	广东肇庆
PTSC-2018-S-0014	赵建东	男	浙江杭州
PTSC-2018-S-0015	刘　佳	男	北京
PTSC-2018-S-0016	曹新宇	男	山东威海
PTSC-2019-S-0017	江伟业	男	中国香港

乐器检测

国家轻工业乐器质量监督检测中心2018年工作总结

国家轻工业乐器质量监督检测中心

2018年已经过去，国家轻工业乐器质量监督检测中心在上级领导的正确领导及关怀支持下，通过检测中心全体职工的共同努力，坚持推行先进的管理和服务理念，努力实现“管理零漏洞、工作零差错、服务零投诉、报告零缺陷”的工作目标，求真务实、开拓创新、团结一致，圆满完成了各项工作任务，保证检测中心和谐、稳定与健康发展。为总结工作经验，今后能更好的做好服务工作，现将全年工作情况总结如下。

一、抓中心建设，进一步提升检测中心的工作服务质量

1. 进一步建立健全中心的各项规章制度，并在工作中严格执行，确保各项规章制度真正落到实处。要求中心工作人员对客户做到耐心、认真受理，服务周到，不断增强主动服务、自觉服务、热情服务的意识；在工作中进一步公开检测程序、标准、检测时限，中心的服务水平有了明显的提升，工作作风得到不断改进，办事效率显著提高。行为规范、运转协调、公正透明、廉洁高效的中心运行机制进一步形成。中心人员检测责任明确、行为规范，保证了第三方的公正立场，以监督与服务并举的一流服务手段和热情的服务态度为广大用户提供了科学、公正、准确的检测服务。

2018年底我们按照CNAS的最新要求重新修订了《质量手册》《程序文件》《作业指导书》等系列质量管理文件，并将在具体工作中按照新的质量保证体系进行试运行，通过运行不断修订和完善体系的要求。

2. 坚持提高检测人员素质，通过业务学习、外出培训等方式全面提高检验检测人员的综合业务能力。参加各类业务和检验员资格培训班，通过培训考核，检验工作质量有了较大程度的提高。

3. 加大检验仪器设备等资源建设的投入，确保检验数据的准确可靠。力争几年内成为满足全部检验能力的国家级实验室。

二、立足行业需求、服务行业发展

2018 年中心主要在以下几个方面开展了工作：

1. 乐器的委托检测工作。截至12月底，我中心共完成检测工作1270台次，所检测产品主要包括钢琴、弦鸣乐器、铜管乐器、木管乐器、民族乐器、电声乐器等。检验产品地区覆盖了我国北京、上海、广州、重庆、福建、浙江、江苏、山东、辽宁等大部分地区。

2. 乐器产品的认证工作。除已经开通的钢琴、民族弦鸣乐器的环保认证工作外，本年度检测中心又与中国质量认证中心CQC一起开通了提琴、吉他类乐器的环保认证，并成功得到实施。

3. 与各地方政府质量监督管理局合作，开展乐器的抽检等一系列活动。与当地政府部门共同搭建乐器产业市场监督和品质提升的平台，共同搭建“市场主导、政府推动、改善供给、协调发展”的良好发展前景，为当地企业和乐器行业的发展做好服务。

三、服务社会、面向大众

中心网站（www.gjyqjczx.org）自开通以来，一直面向社会播报检测报告信息，为行业、为消费者

及采购招标方提供了及时有效的报告查询服务。检测报告的网上播报工作是我中心面向行业的窗口服务，更是面向社会面向广大消费者的窗口服务。我中心在现有资源在播报工作上拓展播报模式及传媒方式，多渠道多元化多方位的开展检测报告播报工作以及报告证明工作。对于采购招标项目，中心还提供了书面征询工作，为采购招标方保驾护航提供权威有效的证明文件。

四、2019年中心的发展方向

1. 进一步加强中心质量体系的运行与管理，提升服务质量，为用户、政府和相关企业提供科学、准确的检测数据。为政府决策，部门执法，企业提高产品质量提供强有力的技术支持。

2. 加强检测人员的培训，主要措施是：

（1）内部培训：采取以老带新，以强代弱等方式；

（2）采取请进来、送出去等方式，使检测人员尽快熟练掌握大型检测仪器的使用及操作，提高检测人员的检测技术能力及水平；

（3）结合新仪器的检测能力，申请资质项目的扩项；

（4）按照检测计划，完成好全年的检测任务及上级部门交办的其他任务。

乐器标准

2018年全国乐器标准化技术委员会工作总结

全国乐器标委会秘书处

一、领域现状与发展趋势

乐器作为与人民群众密切相关的消费品，同时也是中小学音乐教育的重要配备，随着居民生活方式的改变、生活的丰富、音乐教育的重视，对乐器的品质提出了更高的要求。反映到实际中，乐器产品在种类、产量上也都呈现逐年增长的趋势。随着《标准化法》《全国专业标准化技术委员管理办法》《关于培育和发展团体标准的指导意见》等等一系列政策与措施的颁布与出台，标准化工作从制度到制修订各个环节，都提出了更高的要求。在标准化改革的形势下，利用标准来倒逼产业升级，对乐器行业来讲，是挑战也是机遇，把握时机，把乐器产品质量做好、品牌做大，让中国的乐器“走出去”。

二、本TC负责归口的国内标准现状

截止到2018年12月，乐器标委会归口管理的乐器类标准共计112项，其中国标19项，行标93项。其中基础通用标准31项、占比28%，方法标准项5项、占比4%，产品标准76项、占比68%。

三、年度工作完成情况

（一）标准制修订工作情况

1. 年度标准计划项目立项情况

依据“十三五”规划安排，2018年共提出制修订标准8项，其中制定标准7项，修订标准1项。该8项标准经委员表决同意立项，平均投票率为100%，见表1。

2. 年度计划项目进展情况

本年度完成了2017年立项的1项国标、5项行标的上报工作，完成率100%。其中国标《电鸣乐器能耗设计通用技术规范》属于“消费品标准和质量提升专项”项目，本项目2017年10月30日下达立项通知，2017年11月组建工作组，进行分工，开展了大量的调研、试验工作后，于2018年7月完成标准

表1 2018年立项标准清单

序号	计划号	标准类别	标准名称	制/修订
1	2018-1139T-QB	行标	钢琴金属件尺寸系列	制订
2	2018-1140T-QB	行标	手风琴规格划分与型号命名方法	制订
3	2018-1141T-QB	行标	手风琴零部件名称	制订
4	2018-2121T-QB	行标	口琴	修订
5	2018-2122T-QB	行标	乐句循环录音类音效器通用技术条件	制订
6	2018-2123T-QB	行标	组合式效果器通用技术条件	制订
7	2018007	团标	键盘乐器用智能系统通用技术条件	制订
8	2018026	团标	绿色产品评价 乐器	制订

草案，邀请各方专家、质检机构、大专院校，对草案进行研讨，对文本进行多次修改，在对草案稿进行不断修改、完善、并将草案稿及实验情况分发电鸣乐器相关企业进行审阅、验证和达成一致后，于2018年10月形成征求意见稿，发至标委会委员及相关方征求意见，起草单位对收集的意见进行处理汇总，形成送审稿，于2018年12月，在北京召开标准审定会，对标准文本进行逐条审定并一致通过，形成报批稿，于2018年12月底完成上报工作。

（二）参与国际标准化工作情况

目前，国际标准化组织ISO尚未成立乐器类的标准化技术组织，我国乐器标准中确定的内容覆盖了所有进行剖析国外样品的定量指标，基本不低于先进国家同类产品的指标，其中某些质量指标和技术要求比先进国家同类产品标准中所规定的更明确、更具体。经行业管理、企业、商业、院校、质检、科研等部门的审查以及市场的实践检验，可以认定我国乐器各类标准的水平已接近国际先进，达到了国际一般水平。

此外，乐器标委会建立了乐器标准体系，数量上也形成一定规模，在整合了相关资源后，于2018年2月2日向国标委相关部门提出在ISO下申请乐器标委会事宜，依据ISO导则，逐步推进相关工作。

（三）年会情况

2018年12月12-14日，全国乐器标准化技术委员会在北京市召开了年度工作会议。出席会议的委员40名，占全体委员51名的78%（比例超过3/4），符合程序。相关单位的领导及工程技术人员列席了会议，参加本次审定会的实际人数共计52人。副主任委员张小川主持年度工作会议。

本次年度工作会议主要内容：

1. 工作总结

本届任期将届满，即将换届，主任委员曾泽民对本届自2014年6月成立5年以来所做工作和2018年标准工作做了总结并对乐器标委会行将换届提出了建议与要求。

2. 审定国家标准《电鸣乐器能耗设计通用技术规范》

3. 邀请轻工业标准化编辑出版委员会主任、总编审张磊高级工程师给委员进行了《标准的起草与报批》的培训。

4. 邀请中国音乐学院副教授李子晋和中国传媒大学刘京宇博士与委员针对《乐器声学客观测量方法研究与制定》《乐器声学主观评价方法研究与制定》开展研讨会。

四、主要成绩和存在问题

（一）本年度主要工作成绩

1. 随着新《标准化法》《全国专业标准化技术委员管理办法》的出台，乐器标委会秘书处派员参加了相关的知识培训，为进一步推进乐器标准工作打下基础。

2. 推进在ISO下申请乐器标委会的相关进度。

3. 完成并上报国标“消费品标准和质量提升专项”项目《电鸣乐器能耗设计通用技术规范》，填补了乐器绿色环保、节能减排领域的标准空缺，促进了乐器产业的健康发展。

4. 开展标准化知识培训。

5. 开展产学研结合方面工作。

（二）存在的主要问题

从整体看在以下几个方面还存在些不足：

1. 主要是产品标准居多，基础通用标准和方法标准较少，综合利用、节能、安全、安全生产等领域的标准虽然有，但数量少，未形成有效的标准体系，可执行标准较为缺失。

2. 按行业内外发展需求，个性化、定制类标准还达不到有效供给。

3. 标准化工作的规范性还需进一步加强。

4. 标准实施力度有待加强。

（三）工作措施和建议。

针对存在问题，加强标准化科研的力度，广泛开展涉及综合利用、节能、安全、安全生产等领域的标准制定工作，形成相应的标准体系。加强标准宣贯工作，增加标准的转化率，真正做到利用标准倒逼企业技术升级，为产业的发展起到积极的作用。

五、明年工作计划

2019年乐器标准化六个方面重点工作：

1. 完善优化现有乐器标准化体系，整体提升乐器类标准化水平，提出重点标准项目；

2. 围绕产品质量提升和产业结构优化需求，加快“智能化”等通用标准制定；

3. 整合各类资源，继续推进ISO下建立乐器标委会的相关事宜；

4. 持续开展中外标准比对工作，加快国际标准转化；

5. 培育和发展具有国际影响力的团体标准，积极主导和参与国际标准的研制与制定，推动我国优势技术标准成为国际标准；

在标准制修订方面，2019年期间要完成2018年申报的标准制修订工作，并依据“十三五”规划，提出申报一些标准的制修订工作，见表2。

表2　2019年拟制修订标准

序号	标准名称	标准类别	制/修订	标准号
1	乐器有害物质限量	国标	修订	GB/T 28489-2012
2	乐器产品中多环芳烃的测试方法	国标	制订	—
3	民族弦鸣乐器通用技术条件	行标	修订	QB/T 1207.1-2011
4	琵琶	行标	修订	QB/T 1207.2-2011
5	筝	行标	修订	QB/T 1207.3-2011
6	阮	行标	修订	QB/T 1207.4-2011
7	三弦	行标	修订	QB/T 1207.5-2011
8	月琴	行标	修订	QB/T 1207.6-2011
9	京胡	行标	修订	QB/T 1207.7-2011
10	二胡	行标	修订	QB/T 1207.8-2011
11	柳琴	行标	修订	QB/T 1948-2011
12	扬琴	行标	修订	QB/T 1949-2011
13	古琴	行标	修订	QB/T 4181-2011
14	行进军鼓	行标	制订	—

国家标准、行业标准（轻工）目录
（乐器部分）

国家标准

序号	标准编号及年代号	标准名称
1	GB/T 10159-2015	钢琴
2	GB/T 12105-2007	电子琴通用技术条件
3	GB/T 12106-2007	电子琴的环境试验要求和试验方法
4	GB/T 23146-2008	十二平均率的音频与音分的计算
5	GB/T 23151-2008	乐器产品使用说明的编制原则
6	GB/T 23173-2008	乐器分类
7	GB/T 25454-2010	电鸣乐器均衡类音效装置通用技术条件
8	GB/T 25455-2010	电鸣乐器放音设备 设备音乐性能评价规范
9	GB/T 25456-2010	钢琴用毡
10	GB/T 25457-2010	钢琴弦轴板
11	GB/T 28484-2012	电鸣乐器压缩与扩展类音效装置通用技术条件
12	GB/T 28489-2012	乐器有害物质限量
13	GB/T 30414-2013	乐器音乐信号采集规范
14	GB/T 31109-2014	乐器声学品质评价方法
15	GB/T 31731-2015	废弃乐器回收利用通用技术规范
16	GB/T 33722-2017	电鸣乐器音色与音乐风格中文通用名称
17	GB/T 33723-2017	乐器声学品质主观评价人员等级规范
18	GB/T 33726-2017	乐器中文通用名称
19	GB/T 34838-2017	电鸣乐器教学系统配备及安装通用技术条件

行业标准

序号	标准编号及年代号	标准名称
1	QB/T 1153-2014	吉他
2	QB/T 1207.1-2011	民族弦鸣乐器通用技术条件
3	QB/T 1207.2-2011	琵琶
4	QB/T 1207.3-2011	筝
5	QB/T 1207.4-2011	阮

续表

序号	标准编号及年代号	标准名称
6	QB/T 1207.5–2011	三弦
7	QB/T 1207.6–2011	月琴
8	QB/T 1207.7–2011	京胡
9	QB/T 1207.8–2011	二胡
10	QB/T 1298–2014	手风琴通用技术条件
11	QB/T 1299–2011	口琴
12	QB/T 1477–2012	电子钢琴
13	QB/T 1657.1–2012	唇振动气鸣乐器通用技术条件
14	QB/T 1657.2–2012	小号
15	QB/T 1657.3–2012	圆号
16	QB/T 1657.4–2012	长号
17	QB/T 1657.5–2012	中音号
18	QB/T 1657.6–2012	低音号
19	QB/T 1658.1–2012	簧振动和边棱音气鸣乐器通用技术条件
20	QB/T 1658.2–2012	长笛 短笛
21	QB/T 1658.3–2012	单簧管
22	QB/T 1658.4–2012	高音双簧管
23	QB/T 1658.5–2012	低音双簧管
24	QB/T 1658.6–2012	萨克斯管
25	QB/T 1817–2010	琴弦通用技术条件
26	QB/T 1818–2010	提琴弦
27	QB/T 1947.1–2012	民族气鸣乐器通用技术条件
28	QB/T 1947.2–2012	笛子
29	QB/T 1947.3–2012	笙
30	QB/T 1947.4–2012	箫
31	QB/T 1947.5–2012	唢呐
32	QB/T 1948–2011	柳琴
33	QB/T 1949–2011	扬琴
34	QB/T 1984–2000	风琴
35	QB/T 1985–2000	风琴音簧
36	QB 2100–2007	十二平均律音名标注方法
37	QB/T 2167–2013	小提琴
38	QB/T 2168–2013	小提琴弓

续表

序号	标准编号及年代号	标准名称
39	QB/T 2169–2014	电吉他
40	QB/T 2175.1–1995(2009)	响铜体鸣乐器通用技术条件
41	QB/T 2175.2–1995(2009)	虎音锣
42	QB/T 2175.3–1995(2009)	武锣
43	QB/T 2175.4–1995(2009)	苏锣
44	QB/T 2175.5–1995(2009)	手锣
45	QB/T 2175.6–1995(2009)	抄锣
46	QB/T 2175.7–1995(2009)	水镲
47	QB/T 2175.8–1995(2009)	吊镲
48	QB/T 2175.9–1995(2009)	军镲
49	QB/T 2279–2013	钢琴击弦机
50	QB/T 2417–2011	校音器
51	QB/T 2444–2010	钢琴零部件名称
52	QB/T 2587–2013	大提琴
53	QB/T 2607–2013	提琴弓通用技术条件
54	QB/T 2663–2013	大提琴弓
55	QB/T 2740–2014	口风琴
56	QB/T 2838–2014	爵士鼓
57	QB/T 2841–2007	乐器音准装置及准确度等级判定
58	QB/T 2916–2007	自由低音手风琴
59	QB/T 2978–2008	钢琴音板
60	QB/T 2979–2008	乐器用材 钢琴锯材
61	QB/T 4014–2010	电子鼓通用技术条件
62	QB/T 4015–2010	MIDI键盘通用技术条件
63	QB/T 4016–2010	中提琴弓
64	QB/T 4017–2010	倍大提琴弓
65	QB/T 4018–2010	倍大提琴
66	QB/T 4019–2010	中提琴
67	QB/T 4129–2010	吉他弦
68	QB/T 4130–2010	竖笛
69	QB/T 4131–2010	键盘乐器键宽尺寸系列
70	QB/T 4181–2011	古琴
71	QB/T 4220–2011	乐器用材 提琴锯材

续表

序号	标准编号及年代号	标准名称
72	QB/T 4323−2012	钢琴弦
73	QB/T 4324−2012	电鸣乐器用效果器通用技术条件
74	QB/T 4325−2012	电鸣乐器放音设备 多功能音箱
75	QB/T 4326−2012	电鸣乐器放音设备 电吉他用音箱
76	QB/T 4327−2012	键盘乐器用音箱通用技术条件
77	QB/T 4328−2012	电子鼓用音箱通用技术条件
78	QB/T 4487−2013	电鸣乐器电声性能测量方法
79	QB/T 4488−2013	电子管风琴
80	QB/T 4489−2013	半音阶口琴
81	QB/T 4490−2013	电鸣乐器放音设备 踏板控制器通用技术条件
82	QB/T 4491−2013	电鸣乐器电源适配器通用技术条件
83	QB/T 4771−2014	管钟
84	QB/T 4772−2014	定音鼓
85	QB/T 4773−2014	木琴
86	QB/T 4841−2015	葫芦丝
87	QB/T 4842−2015	陶笛
88	QB/T 4843−2015	巴乌
89	QB/T 5169−2017	板胡
90	QB/T 5170−2017	节拍器
91	QB/T 5171−2017	筝弦
92	QB/T 5172−2017	编钟
93	QB/T 5173−2017	钢琴用琴凳

全国乐器标准化技术委员会秘书处 提供

乐器专利

2018年中国乐器专利分析

由国家知识产权局发布，中国乐器协会信息部整理的2018年度中国乐器专利日前发布。发布专利涵盖钢琴、管乐、提琴、弦乐、手风琴、口琴等各种乐器门类。2018年中国乐器专利技术含量稳步提升，乐器新技术，新创意、新产品层出不穷，从一个侧面显示出在深化供给侧改革背景下，乐器行业科技创新步履坚实，正向高质量发展方向稳步迈进。

2018年中国乐器专利发布总数大幅提升。2018年1季度363项。2季度511项，3季度598项，4季度648项，全年中国乐器专利发布数量共计2074项，较2017年度1317项同比增长37.8%。按发布类型统计，发明专利641项，同比增长34%；实用新型964项，同比增长39%；外观设计469项，同比增长36%。数据显示，发明专利申报数量显著增长，结构进一步优化，新技术，新工艺竞相涌现。

作为重要无形资产，专利对于提升企业产品质量、凸显品牌优势和维护自身合法权益具有重要现实意义。2018年中国乐器专利申报以乐器行业骨干企业为主，广州珠江钢琴集团、海伦钢琴、宜昌金宝乐器、森鹤乐器、上海民族乐器一厂、天津津宝、江苏东方、天鹅、奇美乐器积极申报。此外，科研院所和外资企业申请积极性明显增强。

从专利发布内容看，乐器专利与创新科技和互联网加速融合。例如，“乐器蓝牙无线传输器”“基于互联网app定位的乐器管理系统及方法”“AR辅助乐器练习方法”“无线吉他传输系统（M5）”“一种数字扬琴演奏平台及演奏方法”“一种基于MIDI音乐技术的古筝灯光助学系统”，乐器技术专利借力互联网快速发展，使乐器产品更加智能和便捷。专利作为知识产权的重要表现形式之一，专利创造、应用和推广价值受到行业和企业高度重视。当前，中国经济建设进入新常态，深入实施创新驱动发展战略成为时代主题。党的十九大报告关于知识产权的总体要求是“倡导创新文化，强化知识产权创造、保护、运用”，知识产权作为创新发展的基本保障和重要支撑，将承载着更加重要的使命，发挥更加显著作用。

2017—2018年度中国乐器专利发布数量一览表

类别 \ 年份	2017 年	2018 年	同比（%）
发明专利	423	641	34%
实用新型	579	964	39%
外观设计	315	469	32%
总计	1317	2074	36%

2018中国乐器专利发布目录

专利类型——发明专利

名称	申请（专利）号	公开（公告）日	申请（专利权）人	发明（设计）人
用于吹奏乐器的导音器	CN201680019441.3	2018.01.02	西尔温・扬西克	西尔温・扬西克
小型吉他	CN201780001591.6	2018.01.02	佐羽津平	佐羽津平
一种打击乐器的消音设备	CN201610530102.3	2018.01.05	天津达姆特乐器有限公司	杜承柱
一种打击乐器教学棒	CN201610529951.7	2018.01.05	天津达姆特乐器有限公司	杜承柱
一种打击乐器消音装置	CN201610530101.9	2018.01.05	天津达姆特乐器有限公司	杜承柱
一种钢琴专用谱架	CN201610462586.2	2018.01.05	高伟	高伟
一种吉他背板吸盘机械手	CN201710993700.9	2018.01.05	惠州市德尚乐器有限公司	钟文辉
一种钢琴架子鼓	CN201610531799.6	2018.01.09	天津市欧斯曼乐器有限公司	吴宝忠
人性化智能盲人教学钢琴	CN201710898354.6	2018.01.09	李聪	李聪
一种带节拍器的钢琴乐谱架	CN201610531796.2	2018.01.09	天津市欧斯曼乐器有限公司	吴宝忠
一种儿童喷水音响钢琴	CN201610531798.1	2018.01.09	天津市欧斯曼乐器有限公司	吴宝忠
一种钢琴音乐地毯	CN201610531800.5	2018.01.09	天津市欧斯曼乐器有限公司	吴宝忠
一种练习吉他	CN201710693749.2	2018.01.09	佛山市幻龙科技有限公司	黄小席
一种基于阻抗技术的中提琴共鸣箱的声学评价方法及实验装置	CN201710832889.3	2018.01.09	安徽理工大学	张军、黎俊楠、张泽宇、汤红梅、李宪华、张继明、赵义、袁翔、陆俊峰、王古超
一种多功能钢琴识别教学辅助系统	CN201710542043.6	2018.01.10	珠海市维想科技有限公司	黄玉英
一种钢琴专用凳	CN201610531857.5	2018.01.10	天津市欧斯曼乐器有限公司	吴宝忠
应用于乐器或音乐设备的控制器	CN201710734584.9	2018.01.12	得理电子（上海）有限公司、得理乐器（珠海）有限公司	陆克明、史刚、阮巨楼、张国稳
基于互联网 app 定位的乐器管理系统及方法	CN201710841255.4	2018.01.12	于委	于委
一种基于阻抗技术的小提琴共鸣箱的声学评价方法及实验装置	CN201710833816.6	2018.01.12	安徽理工大学	张军、张泽宇、汤红梅、李宪华、黎俊楠、赵义、袁翔、陆俊峰、王古超、张继明
一种钢琴初学者手姿矫正工具	CN201710984388.7	2018.01.16	郑州幼儿师范高等专科学校	朱丽娟、马志飞
一种电子乐器操控系统	CN201710706043.5	2018.01.19	得理电子（上海）有限公司	区骏熙、陈洁珺
电弦乐器	CN201680033315.3	2018.01.19	融合音乐科技 IP 私人有限公司	D・麦考德
盲人助学钢琴	CN201710899917.3	2018.01.19	胡振强	胡振强
一种用于吉他护板的保压整平机构	CN201710993756.4	2018.01.19	惠州市德尚乐器有限公司	钟文辉
一种用于吉他琴头的螺丝松紧调节装置	CN201710993744.1	2018.01.19	惠州市德尚乐器有限公司	钟文辉
一种便携式吉他	CN201710895367.8	2018.01.19	贵州华成乐器制造有限公司	卢彭建
一种吉他品记反光片点胶组件	CN201710995911.6	2018.01.19	惠州市德尚乐器有限公司	钟文辉

续表

名称	申请（专利）号	公开（公告）日	申请（专利权）人	发明（设计）人
一种用于吉他琴头调节螺丝松紧的松紧调节装置	CN201710995914.X	2018.01.19	惠州市德尚乐器有限公司	钟文辉
一种便携式吉他用的压弦机构	CN201710895372.9	2018.01.19	贵州华成乐器制造有限公司	卢彭建
一种钢琴铁板铸造方法	CN201710713570.9	2018.01.23	宜昌金宝乐器制造有限公司	罗扬、贺清礼、庄联森、陈虎、姚国江、贺子洪、陈超、王龙军、熊南方
钢琴练习手指矫正器	CN201610569175.3	2018.01.23	张盛凯	张盛凯
一种基于阻抗技术的钢琴音板超声振动时效方法及实验装置	CN201710833010.7	2018.01.26	安徽理工大学	张军、黎俊楠、张泽宇、汤红梅、李宪华、赵义、袁翔、陆俊峰、王古超、张继明
一种吉他生产中粘合固定钢板的运输供料装置	CN201710834875.5	2018.01.26	遵义神曲乐器制造有限责任公司	郑传玖
一种用于吉他生产中面板及背板粘接的多功能装置	CN201710827035.6	2018.01.26	遵义神曲乐器制造有限责任公司	郑传玖
一种吉他刷胶用的出胶量可控刷胶器	CN201711093534.3	2018.01.26	贵州谦梦乐器制造有限公司	丁盛
一种吉他生产胶水自动供给上胶装置	CN201710828037.7	2018.01.26	遵义神曲乐器制造有限责任公司	郑传玖
用于吉他面板的转移装置	CN201710993713.6	2018.01.26	惠州市德尚乐器有限公司	钟文辉
一种吉他生产中粘合多功能固定装置	CN201710833869.8	2018.01.30	遵义神曲乐器制造有限责任公司	郑传玖
一种方便固定吉他面板的装置	CN201711080893.5	2018.01.30	贵州贝加尔乐器有限公司	高益波
一种发热式吉他侧板肋条静置装置用的压块	CN201711100081.2	2018.02.02	贵州华成乐器制造有限公司	卢彭建
提琴刷油漆的支架	CN201711016375.7	2018.02.02	巫山县创想乐器工作坊	芦蓉
一种用金砖制作打击乐器音板的方法	CN201710653479.2	2018.02.06	苏州市干将坊营造艺术工程有限公司	金磊
管乐器木质材料、管乐器和管乐器木质材料的制造方法	CN201710633184.9	2018.02.06	雅马哈株式会社	曾我一树、仲井一志、平工达也
一种基于组合理论的低幼儿小提琴启蒙教学方法	CN201711038571.4	2018.02.06	黄佳音	黄佳音
一种木管吹奏乐器	CN201711175600.1	2018.02.09	招德镰	招德镰
一种金属笛箫乐器及其制备工艺	CN201710872211.8	2018.02.09	汪婉玉	汪婉玉
一种用于弦乐器的滑臂式变调夹	CN201610624525.1	2018.02.09	王龙江	王龙江
一种快速安装吉他音梁的设备	CN201711107182.2	2018.02.09	贵州新发展乐器制造有限公司	王远
一种安装吉他弦的辅助装置	CN201711100259.3	2018.02.09	遵义神曲乐器制造有限责任公司	郑传玖
一种钢琴指力练习器	CN201710917099.5	2018.02.13	姚溪浏	姚溪浏
一种基于 RBF 神经网络的多种乐器调音方法	CN201710707233.9	2018.02.16	广东工业大学	夏楠、李海艳、黄运保
一种电子乐器模拟设备	CN201711178401.6	2018.02.16	李超鹏、王云鹏、任国庆	李超鹏、王云鹏、任国庆、王汉唐
乐器配件荷包	CN201710965759.7	2018.02.16	巫山县创想乐器工作坊	龙颖
一种距离矫正钢琴凳	CN201711070547.9	2018.02.16	鞍山师范学院	李京容

续表

名称	申请（专利）号	公开（公告）日	申请（专利权）人	发明（设计）人
一种远程钢琴教学系统	CN201711135929.5	2018.02.16	江门市星望教育科技有限公司	凌宗毅
一种出胶量可控的按压式吉他刷胶器	CN201711092753.X	2018.02.16	贵州谦梦乐器制造有限公司	丁盛
一种带踏板的古筝架	CN201711183861.8	2018.02.16	扬州天韵琴筝有限公司	李同志
一种儿童钢琴辅助脚踏	CN201711160712.X	2018.02.23	青岛理工大学	孙匡正、刘美佳、孙珈琦、许明珠、高斌、刘思棋、张俊齐
一种方便吉他音梁安装的工作台	CN201711100368.5	2018.02.23	贵州新发展乐器制造有限公司	王远
一种吉他指板粘合挤压机	CN201711098255.6	2018.02.23	遵义神曲乐器制造有限责任公司	郑传玖
一种便于使用的折叠式吉他支架	CN201711093556.X	2018.02.23	贵州贝加尔乐器有限公司	高益波
一种一体式的多功能小扬琴	CN201711091516.1	2018.02.23	李玲玲	李玲玲、吴汉军
一种可监测湿度的古筝架	CN201711182514.3	2018.02.23	扬州天韵琴筝有限公司	李同志
一种新型古筝架	CN201711218107.3	2018.02.23	扬州天韵琴筝有限公司	李同志
提琴侧板组装夹	CN201711016381.2	2018.02.23	巫山县创想乐器工作坊	芦蓉
一种可调节古筝架	CN201711184840.8	2018.02.27	扬州天韵琴筝有限公司	李同志
一种钢琴手指训练装置	CN201710919055.6	2018.03.02	姚溪浏	姚溪浏
一种吉他自动打磨装置	CN201711107536.3	2018.03.02	贵州金韵乐器有限公司	刘江波
电子乐器的音乐直播方法和装置	CN201610694004.3	2018.03.06	范子文	范子文
一种智能钢琴演奏测评方法及系统	CN201710912292.X	2018.03.06	小叶子（北京）科技有限公司	夏雨、应笕、闫召曦
一种吉他支撑架	CN201711047745.3	2018.03.06	广西一带一路科技有限公司	黄佐理
一种弹奏流畅的多指法古筝弹奏装置	CN201711147955.X	2018.03.06	温州大学瓯江学院	李美琴、何涛、郑一峰、李大卫、章敏煜、潘斌
一种防蛀古筝架	CN201711216261.7	2018.03.06	扬州天韵琴筝有限公司	李同志
空心琴颈及吉他	CN201711288479.3	2018.03.09	广州市拿火信息科技有限公司	陆子天、钟锐、刘可颖、周汀沙、周联峰、瓦西里
吉他背带钉固定结构及吉他	CN201711285889.2	2018.03.09	广州市拿火信息科技有限公司	陆子天、钟锐、刘可颖、周汀沙、周联峰、瓦西里
中音直管萨克斯	CN201610777503.9	2018.03.09	天津市津宝乐器有限公司	王书春
管乐器的管结构	CN201711273791.5	2018.03.13	宁波镇海腾梦乐器销售有限公司	董国定
活塞管乐器	CN201711272368.3	2018.03.13	宁波镇海腾梦乐器销售有限公司	董国定
演奏装置、演奏方法、记录介质以及电子乐器	CN201710789291.0	2018.03.13	卡西欧计算机株式会社	石井宏长
弦乐器弦枕以及弦乐器	CN201711272329.3	2018.03.13	宁波镇海腾梦乐器销售有限公司	董国定
一种多功能钢琴谱架	CN201610801961.1	2018.03.13	淄博夸克医药技术有限公司	高忠青
一种启蒙钢琴	CN201610778650.8	2018.03.13	顾国祥	顾国祥
盲人辅助钢琴	CN201710897331.3	2018.03.13	胡振强	胡振强
一种模拟军鼓声的指尖打击乐器	CN201711157218.8	2018.03.16	电子科技大学中山学院	郭磊

续表

名称	申请（专利）号	公开（公告）日	申请（专利权）人	发明（设计）人
无线乐器接收机	CN201711183035.3	2018.03.16	恩平市上格电子有限公司	吴永慎
一种用于吉他生产中面板及背板的运输供料装置	CN201710833838.2	2018.03.16	遵义神曲乐器制造有限责任公司	郑传玖
一种乐器用砂纸的生产工艺	CN201711075028.1	2018.03.20	青岛少海研磨科技有限公司	冷延波、李玉娟
一种数字扬琴演奏平台及演奏方法	CN201711121338.2	2018.03.20	李彦荣	李彦荣
一种多功能小提琴	CN201711017216.9	2018.03.20	泰兴市卡农斯特乐器行	丁和生、丁家晔
乐器用拾音装置	CN201680040982.4	2018.03.23	阿部制丝株式会社	阿部善武
电子乐器用簧片以及电子乐器	CN201710831308.4	2018.03.23	卡西欧计算机株式会社	外山千寿、春日一贵、林龙太郎
一种自动翻页的钢琴谱显示装置	CN201711329193.5	2018.03.23	刘智亮	刘智亮
一种弹奏流畅的多指法古筝弹奏装置的控制系统及方法	CN201711147954.5	2018.03.23	温州大学瓯江学院	李美琴、何涛、郑一峰、李大卫、章敏煜、潘斌
一种带提醒功能的练习用吉他	CN201711063068.4	2018.03.27	贵州贝加尔乐器有限公司	高益波
一种可调节角度的古筝架	CN201711218098.8	2018.03.27	扬州天韵琴筝有限公司	李同志
电子管乐器、乐音生成装置、乐音生成方法	CN201710654781.X	2018.03.30	卡西欧计算机株式会社	佐佐木博之
发音管理方法、装置、电子乐器及存储介质	CN201711071005.3	2018.03.30	得理电子（上海）有限公司	张涛、陆克明
半音阶口琴远红外辐射加热可调温暖琴袋	CN201711020279.X	2018.03.30	胡雪畅	不公告发明人
半音阶口琴 PI 加热恒温琴盒	CN201711020278.5	2018.03.30	胡雪畅	不公告发明人
半音阶口琴 MCH 迷你暖琴加热器	CN201711020280.2	2018.03.30	胡雪畅	不公告发明人
半音阶口琴 PTC 陶瓷加热恒温琴盒	CN201711020277.0	2018.03.30	胡雪畅	不公告发明人
半音阶口琴碳纤维磁力暖琴加热器	CN201711020381.X	2018.03.30	胡雪畅	不公告发明人
乐音生成装置、其控制方法、存储介质以及电子乐器	CN201710895073.5	2018.04.03	卡西欧计算机株式会社	春日一贵
MIDI 乐器装置	CN201611140042.0	2018.04.03	珠海市杰理科技股份有限公司	毛伟文、陈明秋
电子打击乐器及发音控制方法	CN201710654783.9	2018.04.03	卡西欧计算机株式会社	宗田天志
乐器使用时长监测装置及方法	CN201711006865.9	2018.04.06	江苏觉创科技有限公司、北京乐界乐科技有限公司	卢宝莉、刘育梁、倪卫娟
用于键盘乐器的冲程调整装置	CN201710905693.2	2018.04.06	株式会社河合乐器制作所	日笠博隆
一种用于钢琴码克翻转对接库存周转车	CN201710843840.8	2018.04.06	湖州博得物流设备有限公司	殷岐丰
多功能智能钢琴监测系统	CN201711007470.0	2018.04.06	江苏觉创科技有限公司、北京乐界乐科技有限公司	卢宝莉、刘育梁、倪卫娟
三角钢琴	CN201710911263.1	2018.04.06	株式会社河合乐器制作所	山下光夫
提琴油漆室蜂鸣捕蚊器	CN201711086664.4	2018.04.06	巫山县创想乐器工作坊	张朝殿
魔术贴弓子袋提琴盒	CN201711165929.X	2018.04.06	巫山县创想乐器工作坊	芦蓉
一种吉他、尤克里里琴箱及其加工方法	CN201711372910.2	2018.04.10	陈学孔	陈学孔

续表

名称	申请（专利）号	公开（公告）日	申请（专利权）人	发明（设计）人
一种吉他侧板肋条静置装置用的推动机构	CN201711091819.3	2018.04.10	贵州华成乐器制造有限公司	卢彭建
铜管乐器用练习器具	CN201711273524.8	2018.04.13	宁波镇海腾梦乐器销售有限公司	董国定
基于测度学习半监督的钢琴乐谱难度识别方法	CN201710942785.8	2018.04.13	天津大学	闫晗晗、李锵、关欣
一种脚踏钢琴	CN201711298242.3	2018.04.13	广东皇儿婴童用品有限公司	李希
多通道多种传感器立体采样钢琴质量分析仪	CN201711456800.4	2018.04.13	郝家栋	郝家栋
一种便于寒冷天气使用的发热式吉他	CN201711087319.2	2018.04.13	贵州贝加尔乐器有限公司	高益波
一种提琴包装盒	CN201711044254.3	2018.04.13	泰兴市佳缘乐器有限公司	闾建兵、闾鹏
用于弹奏虚拟乐器的方法和用于支持其的电子设备	CN201680047319.7	2018.04.17	三星电子株式会社	李在学、朴斗用、李永均、李永大、徐银贞、洪东槿、房来爀、李恩英、李青载
一种乐器用辅助清洁设备	CN201711165739.8	2018.04.17	沈家豪	沈家豪、潘国平、彭慧芸
用于弦乐器的打击设备和系统	CN201680048308.0	2018.04.17	凯登乐器有限公司	亚龙·伊斯雷尔
乐音再生装置、电子乐器、乐音再生方法以及记录介质	CN201710928161.0	2018.04.17	卡西欧计算机株式会社	野津友美
电钢琴力度可调重锤键盘	CN201711473467.8	2018.04.17	泉州海丝蔓电子科技有限公司	郑志龙
可调扭力冲击式钢琴调音扳手	CN201610880249.5	2018.04.17	许文辉	许文辉
一种立式落地吉他架	CN201721216879.9	2018.04.17	深圳市阿诺玛乐器有限公司	陈海华
一种多功能便携式吉他椅子	CN201711045775.0	2018.04.17	中山市程博工业产品设计有限公司	陈来胜、陈伟景、陈伟望
一种基于计算机视觉的乐器演奏方法及装置	CN201711183042.3	2018.04.20	北京物灵智能科技有限公司	何嘉斌、蔡森川、闫振雷、顾嘉唯
一种乐器制造用切割机	CN201711351735.9	2018.04.20	湖南新融创科技有限公司	梁威、胡杰、刘建军、王勇
电子乐器	CN201711480700.5	2018.04.20	瞿好冰	瞿好冰
一种新型的电脑电子钢琴桌	CN201711254006.1	2018.04.20	福州热丰信息科技有限公司	张良
一种具有双琴体的多功能吉他	CN201711401604.7	2018.04.20	宁乐	宁乐
双面板琴体共振电吉他	CN201721329808.X	2018.04.20	曹阳	曹阳
保湿提琴油漆干燥箱	CN201711102134.4	2018.04.20	巫山县创想乐器工作坊	张朝殿
弦乐器的板件及其制造方法	CN201610905023.6	2018.04.24	乐盟国际股份有限公司	蔡雨婷
管乐器的演奏辅助装置	CN201711271851.X	2018.04.24	宁波镇海腾梦乐器销售有限公司	董国定
带包装的乐器	CN201711272370.0	2018.04.24	宁波镇海腾梦乐器销售有限公司	董国定
一种用于制造乐器的碳纤维增强复合材料及其制备方法	CN201711315233.0	2018.04.24	金发科技股份有限公司、广州市拿火信息科技有限公司	李名敏、谭松、关安南、黄明瑜、夏超、郑明嘉、宁方林、叶南彪、陆子天

续表

名称	申请（专利）号	公开（公告）日	申请（专利权）人	发明（设计）人
一种吉他、吉他型体及其制备方法	CN201711315232.6	2018.04.24	金发科技股份有限公司、广州市拿火信息科技有限公司	李名敏、关安南、陆子天、黄明瑜、王海兰、谭松、夏超、郑明嘉、宁方林、叶南彪、周起雄
吉他琴颈琴体连接结构及吉他	CN201711286366.X	2018.04.24	广州市拿火信息科技有限公司	陆子天、钟锐、刘可颖、周汀沙、周联峰、瓦西里
反作用力产生器和电子乐器的键盘装置	CN201680049245.0	2018.04.27	雅马哈株式会社	播本宽、大须贺一郎
一种吉他生产用喷漆装置	CN201711124227.7	2018.04.27	倪学才	倪学才
智能钢琴的智能检测和反馈系统	CN201710940859.4	2018.05.01	森兰信息科技（上海）有限公司	燕斌、刘晓露、童刚、朱哲
一种组合式吉他演奏用拨片	CN201711123016.1	2018.05.01	倪学才	倪学才
折叠式吉他	CN201610937971.8	2018.05.01	汤楷骅	汤楷骅
一种便于携带的吉他拨片储存盒	CN201711125209.0	2018.05.01	倪学才	倪学才
一种木吉他生产用指板打磨装置	CN201711123017.6	2018.05.01	倪学才	倪学才
一种便于连接紧固的吉他背带	CN201711124229.6	2018.05.01	倪学才	倪学才
一种具有清洁功能的萨克斯支架	CN201810076958.7	2018.05.01	安徽工程大学	王钰、张勇、李世宏、闫林、张振霖
乐器竹材	CN201711273525.2	2018.05.04	宁波镇海腾梦乐器销售有限公司	董国定
一种乐器指力练习盘	CN201711308246.5	2018.05.04	韦容	韦容
一种电子打击乐器	CN201711308191.8	2018.05.04	吴林嘉	吴林嘉
钢琴轴架自动粘绳设备	CN201711468576.0	2018.05.04	广州珠江恺撒堡钢琴有限公司	黄耿志、林鸣亚、林启东、何建文、何玉坚
一种用于矫正钢琴弹奏坐姿的钢琴座椅	CN201711285979.1	2018.05.04	张林辛	张林辛
一种小提琴弓	CN201711500739.9	2018.05.04	林之铠	林之铠、俞钟晓、吴汉伦
一种由机器人控制的钢琴演奏系统及方法	CN201711429334.0	2018.05.08	昆山塔米机器人有限公司	谭周勇、钟鑫、苗靖
钢琴琴弦磨花装置、绕弦机及其绕弦方法	CN201711469421.9	2018.05.08	广州珠江恺撒堡钢琴有限公司	黄耿志、郭方民、孔超雄、文均明、梁志和、区迎
自动吉他弦微调检测装置	CN201711422472.6	2018.05.08	马根昌	马根昌
传感器单元和乐器	CN201680054404.6	2018.05.11	雅马哈株式会社、优泊公司	宫田智矢、樋山邦夫、饭田诚一郎、小池弘、儿玉秀和
一种弦乐器同频加振扩声技术及共振喇叭在乐器上的应用	CN201810031861.4	2018.05.11	惠州市德博声学有限公司	黄世强
木质音条材料、音条打击乐器、木质音条材料的制造方法	CN201711057602.0	2018.05.11	雅马哈株式会社	平井绘里、曾我一树、平工达也

续表

名称	申请（专利）号	公开（公告）日	申请（专利权）人	发明（设计）人
一种可调节高矮的钢琴踏板	CN201810095717.7	2018.05.11	浙江欧莱克琴业有限公司	赵红强
可用于机加工呢条的钢琴键子	CN201711468795.9	2018.05.11	广州珠江恺撒堡钢琴有限公司	何建文、卢奇剑、龚承忠
钢琴扩展柔音踏板	CN201680046835.8	2018.05.11	施坦威股份有限公司	M.S. 琼斯、S.G. 林、S.Y. 克纳吉
一种吉他琴弦用钢丝的制备方法	CN201711366494.5	2018.05.11	常熟市先锋乐器有限公司	马建锋
一种用于小提琴演奏用乐谱架	CN201711367915.6	2018.05.11	常熟市先锋乐器有限公司	马建锋
一种口琴的生产装置的装配机构	CN201711316771.1	2018.05.11	浙江工业大学奉化智慧经济研究院	李伟
改善弦乐器声音品质的元件	CN201711010628.X	2018.05.15	安德里亚斯·赫林格	安德里亚斯·赫林格
铜管乐器的吹口	CN201711274267.X	2018.05.15	宁波镇海腾梦乐器销售有限公司	董国定
用于乐器演奏的乐谱放置装置	CN201711274695.2	2018.05.15	许昌学院	宋睿龙
钢琴鼓轮压榨夹具	CN201711482782.7	2018.05.15	广州珠江恺撒堡钢琴有限公司	何建文
一种钢琴外壳 UV 辊面－辊边一体化方法	CN201711472529.3	2018.05.15	广州珠江恺撒堡钢琴有限公司	陈日明、陈忠达、徐伟雄、徐洁瑞、邓家智
一种远程钢琴教学互动管理系统	CN201711279793.5	2018.05.15	陈天	陈天
一种高强度低音钢琴琴弦的制备方法	CN201711367948.0	2018.05.15	常熟市先锋乐器有限公司	马建锋
原声弦乐器	CN201711273684.2	2018.05.18	宁波镇海腾梦乐器销售有限公司	董国定
用于清洁乐器的金属弦的清洁装置	CN201711273793.4	2018.05.18	宁波镇海腾梦乐器销售有限公司	董国定
一种乐器拾音装置	CN201810127678.4	2018.05.18	广州市蓝深贸易有限公司	何海峰
一种键盘乐器光感器及信号输出方法	CN201711019134.8	2018.05.18	北京开心练教育科技有限公司	于飞
具有清洁功能的吉他箱	CN201711311426.9	2018.05.18	梁利广	梁利广
提琴漆面挑毛笔	CN201711376698.7	2018.05.18	巫山县创想乐器工作坊	郑福君
一种可调式小提琴弱音器及其调节方法	CN201810122996.1	2018.05.18	大连大学	樊成、陈栋、林宽
弦乐器用的弦轴	CN201711272481.1	2018.05.22	宁波镇海腾梦乐器销售有限公司	董国定
弦乐器的颤音装置和弦乐器	CN201711274268.4	2018.05.22	宁波镇海腾梦乐器销售有限公司	董国定
乐器指法练习装置	CN201711354339.1	2018.05.22	马晶亮	马晶亮
一种口琴的生产装置	CN201711317351.5	2018.05.22	浙江工业大学奉化智慧经济研究院	李伟
一种钢琴的电子曲谱转换方法及系统	CN201611031499.8	2018.05.25	北京酷我科技有限公司	王辉
一种钢琴演奏的纠错方法及系统	CN201611027324.X	2018.05.25	北京酷我科技有限公司	姚树沛
一种钢琴演奏的评价方法及系统	CN201611035880.1	2018.05.25	北京酷我科技有限公司	杨益祥
一种钢琴演奏的评价方法及系统	CN201611035594.5	2018.05.25	北京酷我科技有限公司	陈银态
一种钢琴演奏的纠错方法及系统	CN201611035851.5	2018.05.25	北京酷我科技有限公司	王辉
一种钢琴演奏的评价方法及系统	CN201611020469.7	2018.05.25	北京酷我科技有限公司	陈银态
一种钢琴演奏的视频特征提取方法及系统	CN201611019710.4	2018.05.25	北京酷我科技有限公司	王辉

续表

名称	申请（专利）号	公开（公告）日	申请（专利权）人	发明（设计）人
一种钢琴演奏的纠错方法及系统	CN201611035834.1	2018.05.25	北京酷我科技有限公司	杨益祥
一种钢琴陪练设备及钢琴	CN201611031482.2	2018.05.25	北京酷我科技有限公司	杨益祥
一种钢琴谱放置式文具	CN201610996583.7	2018.05.25	绵阳晓迪圣点创意科技有限公司	胡登香
一种钢琴演奏的评价方法及系统	CN201611020470.X	2018.05.25	北京酷我科技有限公司	王辉
一种钢琴演奏的纠错方法及系统	CN201611027867.1	2018.05.25	北京酷我科技有限公司	姚树沛
萨克斯辅助控制系统	CN201611006830.0	2018.05.25	王文	王文
一种弹拨式弦乐器恒温调频调速老化台及其老化方法	CN201810033781.2	2018.05.29	岳雷	岳雷
一种钢琴外壳高压无气喷涂的涂装工艺	CN201711472171.4	2018.05.29	广州珠江恺撒堡钢琴有限公司	陈日明、陈忠达、邓家智、徐伟雄、毛树标、徐洁瑞
一种适用于不同身高使用的钢琴	CN201810095692.0	2018.05.29	浙江欧莱克琴业有限公司	赵红强
一种盲人钢琴	CN201810097576.2	2018.05.29	上海智勇教育培训有限公司	徐凌舟、邹丽萍、黄晓栋、关大勇
提琴拼缝机器	CN201711166954.X	2018.05.29	巫山县创想乐器工作坊	郑福君
钢琴乐谱放置装置	CN201721690343.0	2018.06.01	大庆师范学院	高璐、修金毓、李姝
一种弦距可调节的吉他	CN201711454664.5	2018.06.01	扬州大学	黄成成、方光耀
一种轻式吉他结构	CN201810048985.3	2018.06.01	郭玉龙	郭玉龙
一种小提琴 D 弦轴	CN201711500740.1	2018.06.01	林之铠	林之铠、俞钟晓、吴汉伦
一种具有按摩功能的钢琴座椅	CN201810096384.X	2018.06.05	浙江欧莱克琴业有限公司	赵红强
转向吉他展示架	CN201810064344.7	2018.06.05	佛山市博蔚金属制品有限公司	王永敢
一种吉他以及音乐系统	CN201810194789.7	2018.06.05	北京罗兰盛世音乐教育科技有限公司	程建铜、毛文铭、安宁
用于簧管乐器的设备	CN201680054857.9	2018.06.08	音频发明有限公司	B·史密斯、P·戴维
一种分解式民族管乐器簧片	CN201711493356.3	2018.06.08	肇庆市智高电机有限公司	陈彬强、邓世祥、邹斌高、罗庆杰
管乐器	CN201680056474.5	2018.06.08	雅马哈株式会社	末永雄一朗
拾音器以及具有拾音器的弦乐器	CN201580083114.X	2018.06.08	片山一朗	片山一朗
弦乐器	CN201680056933.X	2018.06.08	雅马哈株式会社	石坂健太、篠田亮
弦乐器	CN201680055423.0	2018.06.08	雅马哈株式会社	新纳弘崇
用于胡琴类乐器的微调弦轴	CN201810146255.7	2018.06.08	周德柱	周德柱、周毅
琴键、键盘模块及电钢琴	CN201810123519.7	2018.06.08	北京非同文化传媒有限公司	边洪磊
一种可快速清理灰尘的高音质钢琴	CN201810095702.0	2018.06.08	浙江欧莱克琴业有限公司	赵红强
一种快速升降钢琴椅	CN201810064312.7	2018.06.08	佛山市博蔚金属制品有限公司	王永敢
一种电子管乐器的保护装置	CN201711367167.1	2018.06.12	刘小波	刘小波
乐器共鸣箱的侧板结构	CN201710060166.6	2018.06.12	杨璠玙	杨璠玙
一种可调节音准的古筝	CN201810153133.0	2018.06.12	无锡市翱宇特新科技发展有限公司	张鹏

续表

名称	申请（专利）号	公开（公告）日	申请（专利权）人	发明（设计）人
乐器电泳涂装系统及工艺	CN201711446613.8	2018.06.15	河北金音乐器集团有限公司	陈学孔、周杰博
一种无线数据传输方法及系统、电子乐器及智能终端	CN201711373314.6	2018.06.15	得理电子（上海）有限公司	张光中、车超军、周昊来
钢琴教学方法、装置及计算机可读存储介质	CN201711258133.9	2018.06.15	深圳市科迈爱康科技有限公司	袁晖
一种小提琴腮托	CN201810224027.7	2018.06.15	湖南城市学院	余雯
一种简易乐器支架	CN201810177839.0	2018.06.19	冯海洋	冯海洋、申洁
乐器工作坊升降式显示器电脑桌	CN201711263950.3	2018.06.19	巫山县创想乐器工作坊	芦蓉
一种新型调性气鸣吹奏乐器	CN201810206188.3	2018.06.19	许冬林	许冬林
一种木管吹奏乐器	CN201721573834.7	2018.06.19	招德镰	招德镰
一种钢琴学习手型矫正器	CN201810179318.9	2018.06.19	信阳师范学院	员苗苗、任远
一种钢琴课的实时评价系统	CN201810200000.4	2018.06.19	山西师范大学	曹霞
一种便于维修的钢琴琴键	CN201810096403.9	2018.06.19	浙江欧莱克琴业有限公司	赵红强
口琴管及电池模组系统	CN201810249468.2	2018.06.19	华霆（合肥）动力技术有限公司	苏俊松、韩雷、李树民、劳力、王扬、周鹏
一种舞台视觉用乐器的多段固定支架	CN201711454496.X	2018.06.22	徐州茵文特信息科技有限公司	蒲锡鹏、乔学斌
一种乐器展示架	CN201810173865.6	2018.06.22	南京极之视传媒科技有限公司	张建
一种可更换琴身的吉他	CN201711455224.1	2018.06.22	扬州大学	黄成成、方光耀
一种吉他放置架	CN201810256081.X	2018.06.22	刘闪闪	刘闪闪
一种基于增强现实的钢琴教学方法、设备及钢琴	CN201611169359.7	2018.06.26	北京酷我科技有限公司	姚树沛
键盘乐器	CN201711274680.6	2018.06.29	卡西欧计算机株式会社	星野晓久
基于深度学习的钢琴单键音识别方法	CN201711472065.6	2018.06.29	陕西科技大学	齐勇、刘浩哲、张立泽清、赵智健、雷凯、来浩东、王妮、陈坤
钢琴键子的夹板中座板	CN201711468794.4	2018.06.29	广州珠江恺撒堡钢琴有限公司	李伟成
一种智能吉他用便于折叠携带的放置架	CN201810126899.X	2018.06.29	太仓市律点信息技术有限公司	刘明星
口琴管及口琴管系统	CN201810249425.4	2018.06.29	华霆（合肥）动力技术有限公司	李树民、韩雷、苏俊松、劳力、王扬、周鹏
一种乐器箱包肩带包边用定位机构	CN201611222362.0	2018.07.03	天津市金奥林箱包有限公司	杨永闯
吉他专用乐器箱包剪裁装置	CN201611222453.4	2018.07.03	天津市金奥林箱包有限公司	杨永闯
乐音生成装置、电子乐器、乐音生成方法以及存储介质	CN201711428958.0	2018.07.03	卡西欧计算机株式会社	坂田吾朗
一种加工乐器箱包的设备	CN201611222595.0	2018.07.03	天津市金奥林箱包有限公司	杨永闯
乐器箱包专用熨烫机构	CN201611222473.1	2018.07.03	天津市金奥林箱包有限公司	杨永闯
乐音生成装置、电子乐器、乐音生成方法以及存储介质	CN201711428980.5	2018.07.03	卡西欧计算机株式会社	坂田吾朗
一种加工乐器箱包用夹紧机构	CN201611222618.8	2018.07.03	天津市金奥林箱包有限公司	杨永闯

续表

名称	申请（专利）号	公开（公告）日	申请（专利权）人	发明（设计）人
一种乐器箱包肩带包边辅助装置	CN201611222580.4	2018.07.03	天津市金奥林箱包有限公司	杨永闯
电子琴专用乐器箱包加工定位装置	CN201611222404.0	2018.07.03	天津市金奥林箱包有限公司	杨永闯
一种钢琴外壳高压无气喷涂装置	CN201711470122.7	2018.07.03	广州珠江恺撒堡钢琴有限公司	陈日明、陈忠达、邓家智、徐伟雄、毛树标、徐洁瑞
吉他专用乐器箱包剪裁装置	CN201611222453.4	2018.07.03	天津市金奥林箱包有限公司	杨永闯
吉他包切带机	CN201611222567.9	2018.07.03	天津市金奥林箱包有限公司	杨永闯
用于钢琴演奏的自动调整装置及调整方法	CN201611242199.4	2018.07.06	哈尔滨圣高强科技有限公司	姜帅
音柱带有拾功能的提琴	CN201710843927.5	2018.07.06	许昌义	许昌义
一种抗侧风的提琴弓	CN201711500732.7	2018.07.06	俞钟晓	俞钟晓、林之铠、吴汉伦
全自动钢琴调律装置及方法	CN201810252384.4	2018.07.10	吉林大学	石屹然、郭晨、刘帅、王士谦、孙越、车晓男、李厚禹、于润泽、石要武
一种钢琴指法练习按键及练习器	CN201810066656.1	2018.07.10	姚溪浏	姚溪浏
口琴辅助练习器	CN201611249317.4	2018.07.10	芦蓉	芦蓉
一种用于记录键盘乐器用户表现的方法及系统	CN201711011227.6	2018.07.13	森兰信息科技（上海）有限公司	滕杨裔、刘晓露
用于弦鸣乐器的叠层式拨弦片	CN201680015882.6	2018.07.17	迈克・米提莫尔	迈克・米提莫尔
一种可调节乐器声色的音响	CN201810053734.4	2018.07.17	广州特美声电器有限公司	段晓东
可引导练习的智能键盘乐器	CN201710065483.7	2018.07.17	倪国森	倪国森
用于将电声乐器的踏板附接到踏板座的连接器	CN201780004165.8	2018.07.17	爱乐威纳克有限责任公司	乔迪・卡尼韦利格里福尔斯
键盘装置以及键盘乐器	CN201810021588.7	2018.07.17	卡西欧计算机株式会社	西村雄一
一种易消泡古琴乐器不饱和聚酯漆配方及制造方法	CN201610852136.4	2018.07.20	黄克格	黄克格
基于计算机音视频的人机交互数字乐器系统	CN201810181180.6	2018.07.20	吟飞科技（江苏）有限公司	赵平、范廷国、梁俊伟、陈国斌、张俊、呼晓鹏、朱磊、计皓波、秦宏伟、朱小宏、张春红、娄伟明、华那晨、潘晓燕
弦乐器	CN201810030158.1	2018.07.20	爱乐威纳克有限责任公司	乔迪・卡尼韦利格里福尔斯
一种增塑改性古琴乐器不饱和聚酯漆配方及制造方法	CN201610859882.6	2018.07.20	黄克格	黄克格
一种易干的大提琴漆配方及其制造方法	CN201610880550.6	2018.07.20	闫斐斐	闫斐斐
一种大提琴漆配方及其制造方法	CN201610862464.2	2018.07.20	闫斐斐	闫斐斐
一种新型复合材料小提琴及制作方法	CN201810056976.9	2018.07.20	中航复材（北京）科技有限公司	益小苏、仝建峰、陈旭、刘京林、马兴运、李轶

续表

名称	申请（专利）号	公开（公告）日	申请（专利权）人	发明（设计）人
一种不含有机硅易消泡大提琴漆配方及其制造方法	CN201610862973.5	2018.07.20	闫斐斐	闫斐斐
一种乐器房空调器及其控制方法	CN201810184800.1	2018.07.24	徐宏亮	徐宏亮
一种乐器房空调器及其控制方法	CN201810184205.8	2018.07.24	徐宏亮	徐宏亮
一种钢琴视频教学中的同步方法及系统	CN201810158609.X	2018.07.24	宝鸡文理学院	魏安石、任瑞
改善扬声器播放钢琴声音音质的方法	CN201810056961.2	2018.07.24	瑞声科技（南京）有限公司	张姮李子
一种舒适小提琴	CN201810224010.1	2018.07.24	湖南城市学院	余雯
一种基于移动终端的乐器演奏方法及装置	CN201810032252.0	2018.07.27	维沃移动通信有限公司	陈文龙、何军
一种用于弦乐器振动传感和放大系统的传导结构	CN201810442835.0	2018.07.27	广州博创乐器有限公司	布莱德里·罗伊·克拉克
用于弦乐器的可更换的拾音器支撑件	CN201810035232.9	2018.07.27	爱乐威纳克有限责任公司	乔迪·卡尼韦利格里福尔斯
一种乐器房空调器及其控制方法	CN201810183879.6	2018.07.27	徐宏亮	徐宏亮
一种电子钢琴教学方法	CN201810121517.4	2018.07.27	吴希达	吴希达
弦枕弦码点三维建模的钢琴弦码铣削加工方法	CN201711402549.3	2018.07.31	湖北大学	胡东红、张玲、王胜、陈广、赵志刚、王平江
一种街头便携吉他盒	CN201810099978.6	2018.07.31	中山市通发自动化设备有限公司	邓水娣
一种具有防尘功能的吉他展示架	CN201810183219.8	2018.07.31	刘昊	刘昊、楚乐然、孙彦婷、康宇
半音阶口琴膜片微型修整器	CN201711020382.4	2018.07.31	胡雪畅	不公告发明人
半音阶口琴 PTFE 吹嘴贴膜	CN201711020385.8	2018.07.31	胡雪畅	不公告发明人
半音阶口琴 Ni-P-PTFE 复合化学镀吹嘴	CN201711020384.3	2018.07.31	胡雪畅	不公告发明人
半音阶口琴内置隐形 PI 暖琴加热器	CN201711020383.9	2018.07.31	胡雪畅	不公告发明人
一种便携式乐器加工夹紧机构	CN201711473842.9	2018.08.03	天津市双翼乐器有限公司	郑海滨
一种用于乐器钻孔的旋转夹紧装置	CN201711470810.3	2018.08.03	天津市双翼乐器有限公司	郑海滨
一种应用于智能钢琴的数据初始化方法及装置	CN201810184620.3	2018.08.03	安徽华熊科技有限公司	熊世林
钢琴弹奏音符矫正系统及方法	CN201810347517.6	2018.08.03	南通理工学院	王志春
一种单簧管乐器聚氨酯漆的配方及其制造方法	CN201610916756.X	2018.08.07	黄克格	黄克格
一种流平改性的单簧管乐器硝基漆配方及其制造方法	CN201610917527.X	2018.08.07	黄克格	黄克格
一种增塑改性的古琴乐器硝基漆配方及其制造方法	CN201610909132.5	2018.08.07	闫斐斐	闫斐斐
一种流平改性古琴乐器聚氨酯漆配方及制造方法	CN201610988659.1	2018.08.07	孙正国	孙正国
一种易消泡的古琴乐器聚氨酯漆配方及其制造方法	CN201610906623.4	2018.08.07	闫斐斐	闫斐斐

续表

名称	申请（专利）号	公开（公告）日	申请（专利权）人	发明（设计）人
一种易消泡单簧管乐器硝基漆配方及制造方法	CN201610988976.3	2018.08.07	孙正国	孙正国
一种单簧管乐器硝基漆的配方及其制造方法	CN201610916750.2	2018.08.07	黄克格	黄克格
一种不含有机硅易消泡单簧管乐器硝基漆配方及方法	CN201610987379.9	2018.08.07	黄克格	黄克格
一种增塑改性单簧管乐器不饱和聚酯漆配方及制造方法	CN201610989033.2	2018.08.07	孙正国	孙正国
一种古琴乐器不饱和聚酯漆的配方及其制造方法	CN201610987577.5	2018.08.07	黄克格	黄克格
一种古琴乐器聚氨酯漆的配方及其制造方法	CN201610988010.X	2018.08.07	黄克格	黄克格
一种不含有机硅易消泡单簧管乐器聚氨酯漆配方及方法	CN201610987380.1	2018.08.07	黄克格	黄克格
一种流平改性的单簧管乐器聚氨酯漆配方及其制造方法	CN201610917528.4	2018.08.07	黄克格	黄克格
一种古琴乐器硝基漆的配方及其制造方法	CN201610988541.9	2018.08.07	孙正国	孙正国
一种易消泡单簧管乐器不饱和聚酯漆配方及制造方法	CN201610988901.5	2018.08.07	孙正国	孙正国
一种流平改性单簧管乐器不饱和聚酯漆配方及制造方法	CN201610916748.5	2018.08.07	黄克格	黄克格
一种易干的单簧管乐器聚氨酯漆配方及其制造方法	CN201610917522.7	2018.08.07	黄克格	黄克格
一种易干单簧管乐器硝基漆配方及制造方法	CN201610988756.0	2018.08.07	孙正国	孙正国
一种易干古琴乐器不饱和聚酯漆配方及制造方法	CN201610988730.6	2018.08.07	孙正国	孙正国
一种易消泡单簧管乐器聚氨酯漆配方及制造方法	CN201610989035.1	2018.08.07	孙正国	孙正国
一种增塑改性古琴乐器不饱和聚酯漆配方及制造方法	CN201610909131.0	2018.08.07	闫斐斐	闫斐斐
一种易干的古琴乐器聚氨酯漆配方及其制造方法	CN201610988992.2	2018.08.07	孙正国	孙正国
一种增塑改性的古琴乐器聚氨酯漆配方及其制造方法	CN201610906650.1	2018.08.07	闫斐斐	闫斐斐
一种增塑改性单簧管乐器硝基漆配方及制造方法	CN201610989294.4	2018.08.07	孙正国	孙正国
一种流平改性古琴乐器硝基漆配方及制造方法	CN201610988658.7	2018.08.07	孙正国	孙正国
一种流平改性的大提琴漆配方及其制造方法	CN201610988566.9	2018.08.07	孙正国	孙正国
一种易消泡的大提琴漆配方及其制造方法	CN201610906656.9	2018.08.07	闫斐斐	闫斐斐
一种弦乐器及其断弦吸能装置	CN201810451278.9	2018.08.10	梁志辉	梁志辉
乐器支架管接头	CN201810302760.6	2018.08.10	天津市津宝乐器有限公司	戴永才、吴定军

续表

名称	申请（专利）号	公开（公告）日	申请（专利权）人	发明（设计）人
一种琴码、弦乐器及琴弦震动检测方法	CN201810063875.4	2018.08.10	深圳视感文化科技有限公司	宋君、王松伟、涂金龙
一种钢琴练习器	CN201810179065.5	2018.08.10	信阳师范学院	任远、员苗苗
一种人体工学连续可调的钢琴辅助练习装置	CN201810422587.3	2018.08.10	戴阅涵	戴阅涵
一种多媒体钢琴及其自动演奏方法、系统	CN201810142129.4	2018.08.10	牡丹江师范学院	潘栗、崔岩、黄天俐、丁林、田野
一种古筝用便捷式的调节桌	CN201810256075.4	2018.08.10	刘闪闪	刘闪闪
一种钢琴键式书架	CN201810088837.4	2018.08.14	昆明理工大学	冉青、浦丽娟、潘旭萌、李柯杭、陈蜀乔
一种可兼顾儿童使用的钢琴椅	CN201810182535.3	2018.08.14	信阳师范学院	陈楠
一种改良琵琶及其制造方法	CN201810537258.3	2018.08.14	怀化学院	苑文卉
一种音乐体验中心的乐器放置架	CN201810577438.4	2018.08.17	嘉兴环艺文化传播有限公司	周曜婷、胡炎、孙强
乐器音色迁移下的人声音色相似性度量方法	CN201810105191.6	2018.08.17	福州大学	余春艳、齐子铭、刘煌、张栋
一种乐器房空调器及其控制方法	CN201810186601.4	2018.08.17	徐宏亮	徐宏亮
一种适用于乐谱识别的电钢琴即兴伴奏调配管理系统	CN201810167464.X	2018.08.17	湖南城市学院	周丹
一种便于调节的小提琴演奏用音谱架	CN201810256073.5	2018.08.17	刘闪闪	刘闪闪
一种提琴音柱安装调整工具	CN201810335058.X	2018.08.17	向祖树	向祖树
钢琴、钢琴的击弦机	CN201680076480.7	2018.08.21	藤井钢琴服务有限公司	藤井幸光
设钢琴键底边的木门	CN201810156143.X	2018.08.24	浙江名雅居木业有限公司	吴龙君
一种钢琴	CN201810219961.X	2018.08.24	王小华	王小华
一种钢琴榔头	CN201810234721.7	2018.08.24	河南理工大学	戴菲
一种钢琴智能教学系统	CN201810239946.1	2018.08.24	河南理工大学	王芳、张婧、刘婷
一种张力可调式快速脱戴吉他贝司指环义甲	CN201810310587.4	2018.08.24	尹洪波	尹洪波
一种拾音器及吉他	CN201810567236.1	2018.08.24	广州吉木贸易有限责任公司	韦三刚、张彬培
一种小提琴	CN201810223952.8	2018.08.24	湖南城市学院	余雯
一种键盘隐藏式桌钢琴	CN201810329020.1	2018.08.28	广州珠江艾茉森数码乐器股份有限公司	卢毅明、刘春清
一种弹拨乐器张力可调式快速脱戴通用义甲指环	CN201810310747.5	2018.08.31	尹洪波	尹洪波
乐器用踏板装置	CN201780007097.0	2018.08.31	罗兰株式会社	谷田凉、吉野澄
智能电子钢琴谱架	CN201810218272.7	2018.08.31	上海市格致中学	黄嘉宜
一种用于古筝面板的涂料	CN201810220030.1	2018.08.31	铜陵学院	盛霞
一种民族拉弦乐器多功能电子指示学习器	CN201810200761.X	2018.09.04	齐鲁师范学院	王静
一种放置稳定的乐器放置盒	CN201810297531.X	2018.09.04	刘闪闪	刘闪闪
一种钢琴练习手型辅助矫正装置	CN201810656945.7	2018.09.04	郑州智谷工业技术有限公司	不公告发明人

续表

名称	申请（专利）号	公开（公告）日	申请（专利权）人	发明（设计）人
一种钢琴用乐谱收纳装置	CN201810518416.0	2018.09.04	吕瑾	吕瑾、徐冬冬、朱佳
一种具有自卡式琴键的电钢琴键盘	CN201810534792.9	2018.09.04	张建阳	张建阳
一种钢琴教学用模拟装置	CN201810177841.8	2018.09.04	贾震	贾震、申洁
一种电子吉他	CN201810494145.X	2018.09.04	广州吉木贸易有限责任公司	韦三刚、张彬培
一种吉他教学用扩指装置	CN201810177866.8	2018.09.04	贾震	贾震、申洁
一种用于吉他琴颈打磨夹紧装置	CN201810256112.1	2018.09.04	刘闪闪	刘闪闪
一种具有调节保护功能的音乐吉他	CN201810555970.6	2018.09.04	德阳好哲创意文化科技有限公司	汤楷骅
一种古筝面板的处理工艺	CN201810220599.8	2018.09.04	铜陵学院	盛霞
一种便于携带的琵琶放置箱	CN201810256104.7	2018.09.04	刘闪闪	刘闪闪
乐器支架	CN201810156852.8	2018.09.07	雅马哈株式会社	山越哲也
一种乐器混存存储柜	CN201810173220.2	2018.09.07	安徽火炎焱文化传媒有限公司	李声鹏
不变形钢琴用中盘	CN201810461983.7	2018.09.07	湖州华谱钢琴制造有限公司	姚小林、喻国平
一种折叠古筝脚架	CN201810180485.5	2018.09.07	冯海洋	冯海洋、申洁
一种多功能耐用手持式乐器	CN201810555968.9	2018.09.11	德阳好哲创意文化科技有限公司	汤楷骅
多功能钢琴顶盖	CN201810156548.3	2018.09.11	长沙师范学院	俞婕
一种便于捏持的吉他拨片	CN201810296347.3	2018.09.11	姚岚	姚岚
一种音乐教学用口琴清洗设备	CN201810240827.8	2018.09.11	林雪莲	林雪莲、刘信丹、王滢
一种基于神经网络音频技术的智能数码乐器	CN201810148863.1	2018.09.14	吟飞科技（江苏）有限公司	赵平、范廷国、呼晓鹏
乐器用层压胶合板及其制造方法以及乐器	CN201711474498.5	2018.09.14	雅马哈株式会社	大室裕昭、奥村幸正、长岛宏尚
少年弹拨乐器琵琶、阮的综合练习器及其制作方法	CN201810615832.3	2018.09.14	乐海乐器有限公司	宋营彬、宋恩辉
一种钢琴手指练习装置	CN201810628056.X	2018.09.14	姚溪浏	姚溪浏
一种钢琴智能教学系统	CN201810204960.8	2018.09.14	河南科技学院	李莉、杨晨玉、孙磊
吉他弹奏辅助按弦装置	CN201810619919.7	2018.09.14	徐正奇	徐正奇
智能吉他	CN201710118257.0	2018.09.14	别春华	别春华、宋秀琼
用于制作古筝面板的桐木处理工艺	CN201810220596.4	2018.09.14	铜陵学院	盛霞
少年弹拨乐器琵琶、阮的综合练习器及其制作方法	CN201810615832.2	2018.09.14	乐海乐器有限公司	宋营彬、宋恩辉
一种品丝和弹拨类乐器	CN201810564961.3	2018.09.18	程建铜	程建铜
一种基于大数据及神经网络的钢琴教学方法	CN201810277873.5	2018.09.18	陈振奎、侯凤霞、刘祥国、马红、义屈静	陈振奎、侯凤霞、刘祥国、马红义、屈静
一种电控压驱钢琴演奏装置	CN201810427367.X	2018.09.18	河南师范大学	杨聚宝、邢梦怡、胡宇菲、张兵兵
一种钢琴琴键清洁装置	CN201810359339.9	2018.09.18	洛阳理工学院	吴璇、王华、辛颖、李婉晨、金萌、田甜、徐晓蕾、张亦弛

续表

名称	申请（专利）号	公开（公告）日	申请（专利权）人	发明（设计）人
一种十二平均律转调现代古筝	CN201810404023.7	2018.09.18	艺力科技（深圳）有限公司	李川
一种用于乐器销售的展示台	CN201810301482.2	2018.09.21	刘闪闪	刘闪闪
一种带自锁机构的吉他支架	CN201810066311.6	2018.09.21	音王电声股份有限公司	熊齐军、史文国、张赞
电子乐器、乐音发生方法及记录介质	CN201810193370.X	2018.09.25	卡西欧计算机株式会社	田近义则
电子乐器、发音控制方法以及记录介质	CN201810185067.5	2018.09.25	卡西欧计算机株式会社	田近义则
吉他超声波开音机	CN201710145295.5	2018.09.25	许昌义	许昌义
提琴超声波开音机	CN201710145262.0	2018.09.25	许昌义	许昌义
检测装置、键盘乐器、检测方法以及程序	CN201780010504.3	2018.09.28	雅马哈株式会社	太田哲朗、古川令
一种民族乐器代用蟒皮及其制作方法	CN201810312970.3	2018.09.28	湖南城市学院	李斐
一种融合伴奏的 MIDI 钢琴曲风格分类方法	CN201810268151.3	2018.09.28	华南理工大学	韦岗、张楚翘、马碧云、曹燕
一种钢琴指法练习按键及钢琴指法练习装置	CN201810066698.5	2018.09.28	姚溪浏	姚溪浏
一种电钢琴的翅式琴键触感仿真装置	CN201810534826.4	2018.09.28	张建阳	张建阳
一种带翻页功能的钢琴琴谱放置架	CN201810460262.4	2018.09.28	南阳理工学院	邹宓、刘帅、邹玮
一种用于古筝教学的古筝摆放架	CN201810407880.2	2018.09.28	宜春学院	余澜
基于麦克风阵列的时频联合特征乐器音质评价系统及方法	CN201810313228.4	2018.10.02	华南理工大学	韦岗、严轲、曹燕
用于缆线，尤其是用于同轴缆线的优选用于连接在乐器和 / 或音效设备上的插接装置	CN201710164760.X	2018.10.02	汉斯－彼得・威尔弗	R・施密特、K・拉克纳
一种钢琴琴键弹奏力度调整装置	CN201810517589.0	2018.10.02	日照职业技术学院	于明
一种可折叠的便携式旅行吉他	CN201810960188.2	2018.10.02	德阳好哲创意文化科技有限公司	汤楷骅
电子乐器、其控制方法以及记录介质	CN201810238752.X	2018.10.09	卡西欧计算机株式会社	中村厚士
键盘装置以及键盘乐器	CN201810212953.2	2018.10.09	卡西欧计算机株式会社	谷口弘和
用于电子键盘乐器的琴槌装置和键盘装置	CN201810235302.5	2018.10.09	株式会社河合乐器制作所	铃木昭裕、霜田义明
乐音生成装置、乐音生成方法、记录有乐音生成程序的记录介质及电子乐器	CN201810244502.7	2018.10.09	卡西欧计算机株式会社	佐藤博毅、川岛肇
电子管乐器及其控制方法以及记录介质	CN201810213658.9	2018.10.09	卡西欧计算机株式会社	奥田广子、林龙太郎
键盘装置及键盘乐器	CN201810212954.7	2018.10.09	卡西欧计算机株式会社	谷口弘和
滤波器特性变更装置、滤波器特性变更方法、记录介质以及电子乐器	CN201810212952.8	2018.10.09	卡西欧计算机株式会社	佐藤博毅、横田益男
电子乐器、电子乐器的控制方法以及记录介质	CN201810244499.9	2018.10.09	卡西欧计算机株式会社	中村厚士
乐音生成装置、乐音生成方法、记录介质及电子乐器	CN201810244830.7	2018.10.09	卡西欧计算机株式会社	佐藤博毅、川岛肇

续表

名称	申请（专利）号	公开（公告）日	申请（专利权）人	发明（设计）人
用于演奏键盘乐器的下半身标志、包括所述标志的标志	CN201810218056.2	2018.10.09	宋智惠	宋智惠、李知研
一种钢琴翻谱系统中的推纸单元	CN201810526134.5	2018.10.09	湖南城市学院	曹泓
一种用于电子钢琴的支撑装置	CN201810704529.X	2018.10.09	浙江欧莱克琴业有限公司	赵红强
一种用于 3D 打印乐器的聚乳酸木塑复合材料及制备方法、应用	CN201810433720.5	2018.10.12	华南农业大学、广州市拿火信息科技有限公司	董先明、董倩倩、李凯夫、周武艺、陆子天、钟锐
一种电钢琴琴键弹奏力度调整装置	CN201810534820.7	2018.10.12	张建阳	张建阳
一种钢琴音板	CN201810703261.8	2018.10.12	浙江欧莱克琴业有限公司	赵红强
一种电子钢琴用支撑架	CN201810703688.8	2018.10.12	浙江欧莱克琴业有限公司	赵红强
一种钢琴演奏学习方法及装置	CN201810257664.4	2018.10.12	小叶子（北京）科技有限公司	夏雨
一种钢琴烤漆家具制作工艺	CN201810535549.9	2018.10.12	广东粤迪厚创科技发展有限公司、东莞华南设计创新院	王勇、丁超、丁慧、贺璇
一种琴键具有限位机构的钢琴键盘	CN201810534774.0	2018.10.12	张建阳	张建阳
多功能吉他变调夹	CN201810433752.5	2018.10.12	西南石油大学	田家林、周仪、杨琳、姜越、秦汶亮、何虹志、周思奇、熊洁、黎根银
一种具有减震功能的古筝运输盒	CN201810422746.X	2018.10.12	郭斌	郭斌
用于口琴的环保型音孔 PVC 膜片生产工艺	CN201810733928.9	2018.10.12	张敏	张敏
全新结构的膜振民族拉弦乐器	CN201810511785.7	2018.10.16	焦秦生	焦秦生
一种可任意角度调节的钢琴谱架装置	CN201810728162.5	2018.10.16	浙江欧莱克琴业有限公司	赵红强
一种便于移动的钢琴用乐谱支架	CN201810704595.7	2018.10.16	浙江欧莱克琴业有限公司	赵红强
一种在线钢琴陪练系统及使用方法	CN201710214445.3	2018.10.16	上海伍韵钢琴有限公司	姚启武
一种基于可升降技术的便于移动的钢琴琴谱架	CN201810680961.X	2018.10.16	怀化学院	刘纯
一种电子钢琴架用垫脚	CN201810703297.6	2018.10.16	浙江欧莱克琴业有限公司	赵红强
一种立式钢琴架及立式钢琴	CN201810710798.7	2018.10.16	九江学院	蔡静、黄亮
一种便于调节高度的古筝架	CN201810301459.3	2018.10.16	刘闪闪	刘闪闪
一种具有减震功能的小提琴放置箱	CN201810301473.3	2018.10.16	刘闪闪	刘闪闪
一种使用效果好的 10 孔口琴架	CN201810977711.2	2018.10.16	江苏东方乐器有限公司	孔文忠
一种多用途乐器无线拾音器装置	CN201810763265.5	2018.10.19	惠州市天音乐器有限公司	张又文
一种钢琴钢板钻孔装置	CN201810704282.1	2018.10.19	吴兴铭锯钢琴厂	陈国新
一种吉他加丝面板的制作方法	CN201810436610.4	2018.10.19	贵州塞维尼亚乐器制造有限公司	魏友兵
一种便于携带的古筝	CN201810300046.3	2018.10.19	刘闪闪	刘闪闪
一种安装在小提琴上的增音器	CN201810453726.9	2018.10.19	陈凡	陈凡
电子乐器和键盘装置	CN201810220330.X	2018.10.23	雅马哈株式会社	田之上美智子
可产生附加性振动音的乐器及方法	CN201680079546.8	2018.10.23	雅马哈株式会社	江国晋吾、汤姆·施罗尔

续表

名称	申请（专利）号	公开（公告）日	申请（专利权）人	发明（设计）人
管乐器	CN201780012707.6	2018.10.23	雅马哈株式会社	末永雄一朗、村上齐
音键单元以及管乐器	CN201780012690.4	2018.10.23	雅马哈株式会社	末永雄一朗
智能钢琴的散热系统和方法	CN201780007991.8	2018.10.23	森兰信息科技（上海）有限公司	滕杨裔、杨少林、赵建历
一种钢琴音板	CN201811020841.3	2018.10.23	黄雪侨	黄雪侨
具有光屏闪动功能的夜视吉他	CN201810555969.3	2018.10.23	德阳好哲创意文化科技有限公司	汤楷骅
一种带有吉他字典的电吉他	CN201710220636.0	2018.10.23	钟浩	钟浩
一种可调节高度的乐器放置架	CN201810422745.5	2018.10.26	郭斌	郭斌
键盘乐器辅助练习方法、装置	CN201810517929.X	2018.10.26	京东方科技集团股份有限公司	王澍、俞华伟、曹世杰
一种钢琴演奏评分系统及其方法	CN201810392445.7	2018.10.26	山东英才学院	宋占美、刘小林、李昕、李明、伊华
一种户外电子钢琴折叠式支撑架	CN201810703634.1	2018.10.26	浙江欧莱克琴业有限公司	赵红强
一种共享钢琴系统	CN201810322878.5	2018.10.26	佛山市光线网络科技有限公司	黄小席
一种基于互联网的钢琴共享平台	CN201810322864.3	2018.10.26	佛山市光线网络科技有限公司	黄小席
一种双臂扬琴机器人的敲击避碰方法、设备及存储设备	CN201810393756.5	2018.10.26	中国地质大学（武汉）	陈鑫、周莉、周洋、费婷、蒋晨旭
一种可折叠式口琴	CN201810977800.7	2018.10.26	江苏东方乐器有限公司	孔文忠
折叠分体式复合材料乐器支架	CN201810630486.5	2018.10.30	威海光威复合材料股份有限公司	殷飞、段长兵、倪亭、杨佳成、李光友
一种电声乐器用可调节自调音琴码	CN201710246901.2	2018.11.02	泰兴琴艺乐器有限公司	吴建新、林建峰、黄鹏、钱富民、吴泓浩
同质量体积差别同张力单元面积差别的装置之乐器	CN201710281090.X	2018.11.02	林琳	林琳
非接触式打击乐器	CN201810975121.6	2018.11.02	张洋、张虎、姜柳	张洋、张虎、姜柳
一种弦乐器调弦装置	CN201810659934.4	2018.11.02	青岛农业大学	颜飙
一种结合曲风的钢琴演奏音质评价系统及方法	CN201810311753.2	2018.11.02	华南理工大学	韦岗、孙启梦、曹燕
一种采集钢琴按键动作的方法及装置	CN201810237753.2	2018.11.02	深圳市月白电子科技有限公司	王喜祝、董谦伟、李江明、刘军辉、文恒清、王海宇
一种钢琴乐谱翻页装置	CN201810945503.4	2018.11.02	王伟杰	王伟杰、周游
一种钢琴教学辅助装置	CN201810532847.2	2018.11.02	怀化学院	魏彦娜、魏彦霄
一种钢琴搬运架	CN201810719783.7	2018.11.02	浙江欧莱克琴业有限公司	赵红强
一种辅助钢琴练习的手型矫正器	CN201810829282.4	2018.11.02	王博	王博、吴宇
弹奏古筝使用的指套	CN201710250552.1	2018.11.02	枣阳市第三实验小学	朱禹同
一种电子乐器合奏系统和方法	CN201810510485.7	2018.11.06	广州音乐猫乐器科技有限公司	冯山
一种竹材吉他乐器及其制造方法	CN201811054111.6	2018.11.06	国际竹藤中心	陈复明、江泽慧、吴洪欣、王戈、李群、邓凯、欧耀文
一种改进的二重调音乐器	CN201810556240.8	2018.11.06	德阳好哲创意文化科技有限公司	汤楷骅

续表

名称	申请（专利）号	公开（公告）日	申请（专利权）人	发明（设计）人
一种钢琴翻谱系统中的吸纸单元	CN201810526117.1	2018.11.06	湖南城市学院	曹泓
钢琴手指温度调节装置	CN201810719681.5	2018.11.06	西南大学	范子川、李彦姝
智能钢琴翻页机器人	CN201810846134.3	2018.11.06	安徽新华学院	李宏玲、王涛、闪静洁、孙文芳
一种可辅助钢琴演奏的电子乐谱	CN201810578181.4	2018.11.06	肖丹	肖丹
可回收重复使用的钢琴中盘	CN201810462346.1	2018.11.06	湖州华谱钢琴制造有限公司	姚小林、喻国平
一种吉他的智能调音装置及智能调音方法	CN201810284330.6	2018.11.06	胡遵华	胡遵华
一种竹材吉他乐器及其制造方法	CN201811054111.5	2018.11.06	国际竹藤中心	陈复明、江泽慧、吴洪欣、王戈、李群、邓凯、欧耀文
一种音乐吉他展示用承载架	CN201810464368.1	2018.11.06	吕瑾	吕瑾、徐冬冬、朱佳
一种吉他拾音器高度调节系统	CN201810368771.4	2018.11.06	王一彩	肖德武、王一彩
一种防灰尘的口琴	CN201810939578.1	2018.11.06	江苏东方乐器有限公司	孔文忠
一种便于握持不易滑落的口琴保护套	CN201810934529.9	2018.11.06	江苏东方乐器有限公司	孔文忠
键盘装置及电子键盘乐器	CN201780018426.1	2018.11.09	雅马哈株式会社	市来俊介
键盘装置及电子键盘乐器	CN201780018252.9	2018.11.09	雅马哈株式会社	市来俊介
一种钢琴智能教学系统	CN201810630815.6	2018.11.09	商洛学院	杨静
一种具有演奏提示功能的古筝	CN201810976005.6	2018.11.09	北京晨语筝业教育科技有限公司	周永军
可多人同时使用的音乐器材支架及其座椅	CN201810615780.9	2018.11.13	李翠	宋睿龙、其他发明人请求不公开姓名
一种新式弦乐器弦扭帽	CN201810404022.2	2018.11.13	艺力科技（深圳）有限公司	李川
一种弦乐器拾音装置及拾音方法	CN201710279866.4	2018.11.13	北京音未文化传媒有限责任公司	张达林
一种基于全自动乐器合奏的视频录制方法和系统	CN201810510795.9	2018.11.13	广州音乐猫乐器科技有限公司	冯山
一种提高板振动乐器音量、音色、音质的方法	CN201811071230.1	2018.11.13	潘仲文	潘海伟、潘仲文
一种教学用电子钢琴	CN201810861194.2	2018.11.13	赵智娟	赵智娟
一种钢琴手套	CN201810597911.5	2018.11.13	朱希	朱希
一种钢琴弹奏软件指法显示方法及指法存储装置	CN201810501130.1	2018.11.13	朱风明	朱风明
一种钢琴鱼缸	CN201810702296.X	2018.11.13	广东知识城运营服务有限公司	罗燕美
一种钢琴仿真学习设备及使用方法	CN201810614482.8	2018.11.13	天津金稻科技有限公司	薛国辉
一种钢琴翻谱系统	CN201810526132.6	2018.11.13	湖南城市学院	曹泓
一种吉他用多层 PCB 线圈式平板喇叭拾音器装置	CN201810621208.3	2018.11.13	惠州市天音乐器有限公司	张又文
一种耐用的烤漆音乐吉他	CN201810556235.7	2018.11.13	德阳好哲创意文化科技有限公司	汤楷骅
一种防止交叉感染的口琴	CN201810940339.8	2018.11.13	江苏东方乐器有限公司	孔文忠

续表

名称	申请（专利）号	公开（公告）日	申请（专利权）人	发明（设计）人
一种基于人体工学的口琴	CN201810972813.5	2018.11.13	郑州工程技术学院	时伟、高飞、张学涛、张檀、赵晶晶、张战胜、郭亚楠、代卢凯、邵保险、朱梦园
一种简易打击乐器	CN201810608858.4	2018.11.16	青岛农业大学	颜飙
一种柳编音效乐器雨棒的制作方法	CN201810384582.6	2018.11.16	阜南县慧宏柳木工艺品有限公司	刘光新
木管乐器的键油添加器	CN201810723384.8	2018.11.16	刘付轩	刘付轩、施文俊
一种使用弦槌速度传感器的电钢琴	CN201810995195.6	2018.11.16	宜昌金宝乐器制造有限公司	李志洲
不变形钢琴用中盘的拼板	CN201810462378.1	2018.11.16	湖州华谱钢琴制造有限公司	姚小林、喻国平
一种便于音乐课教学使用的钢琴装置	CN201810874422.X	2018.11.16	湖南城市学院	蔡志妮、王知艺
一种钢琴自动翻谱曲谱架	CN201810977618.1	2018.11.16	浙江乐韵钢琴有限公司	章顺龙
一种免安装钢琴自动演奏系统及自动演奏方法	CN201810508900.5	2018.11.16	解韬张茹	解韬
用于矫正钢琴弦码的装置及弦码和音板的装配方法	CN201810541918.5	2018.11.16	北京卡丹萨文化艺术有限公司	张庆海
一种钢琴键盘盖的上漆装置	CN201810691486.6	2018.11.16	湖州德盛塑料包装材料有限公司	朱德章
一种带缓冲组件的隐藏式钢琴键盘盖	CN201810851066.X	2018.11.16	姚岚	姚岚
一种具有动作采集功能的古筝	CN201810975374.3	2018.11.16	北京晨语筝业教育科技有限公司	周永军
一种智能钢琴弹奏方法、智能键盘及智能钢琴系统	CN201810579459.X	2018.11.20	深圳敦骏科技有限公司	朴宁
一种用于琵琶的智能化调音及固定装置	CN201810858147.2	2018.11.20	杨艺云	杨艺云
一种数码口琴	CN201810534368.4	2018.11.20	成都磐基机电设备有限公司	孙辉
一种乐器弹奏按键的引导提示方法及装置	CN201810504576.X	2018.11.23	吴若鹏	吴若鹏
擦弦乐器用弓	CN201680083588.9	2018.11.23	雅马哈株式会社	崔纱也香、中谷宏
一种钢琴翻谱系统中的翻页装置	CN201810726067.1	2018.11.23	湖南城市学院	曹泓
一种基于音弦振动信号的钢琴音律校准装置及使用方法	CN201810364927.1	2018.11.23	南阳理工学院	邹宓、邹玮、王侃
钢琴琴键动作自适应检测电路	CN201810836741.1	2018.11.23	广州市雅迪数码科技有限公司	胡伟
一种钢琴手指练习器自动组装方法	CN201810850608.1	2018.11.23	东莞市益汇知识产权服务有限公司	李扬波
一种距离矫正钢琴凳	CN201810681138.0	2018.11.23	许昌学院	孙祎楠
一种手机播放静音吉他音效的方法	CN201810957153.3	2018.11.23	德阳好哲创意文化科技有限公司	汤楷骅
一种新型非固定音高排管乐器	CN201810575255.9	2018.11.27	中国矿业大学	徐登峰
一种乐器教育辅助装置	CN201810810815.4	2018.11.27	柴明	柴明
一种便于调节的乐器销售架	CN201810422724.3	2018.11.27	郭斌	郭斌
一种多功能钢琴	CN201811171093.9	2018.11.27	湖南城市学院	牟华
一种有保护作用的钢琴凳	CN201810977575.7	2018.11.27	浙江乐韵钢琴有限公司	章顺龙
一种钢琴移动支架	CN201810692063.6	2018.11.27	湖州德盛塑料包装材料有限公司	朱德章

续表

名称	申请（专利）号	公开（公告）日	申请（专利权）人	发明（设计）人
一种吉他侧板肋条侧压静置装置	CN201811110827.2	2018.11.27	贵州凯丰乐器有限公司	张捷峰、张家忠、余林、蒋伟
一种吉他琴弦的自动打磨装置	CN201811117065.9	2018.11.27	贵州金韵乐器有限公司	刘江波、李仕勇、赵和兵、刘代飞
一种具有教学功能的古筝	CN201810697588.9	2018.11.27	怀化学院	梁书琴
一种用于钢琴的红外线烤漆房	CN201810703018.6	2018.11.30	吴兴铭锯钢琴厂	陈国新
一种钢琴翻谱系统中的谱架	CN201810725408.3	2018.11.30	湖南城市学院	曹泓
基于脑机数据集中处理的辅助钢琴训练方法	CN201810937724.7	2018.11.30	华南理工大学	聂文斐、关義轩、王一歌
一种钢琴翻谱系统	CN201810726047.4	2018.11.30	湖南城市学院	曹泓
一种吉他涂覆漆	CN201811126442.5	2018.11.30	贵州律动文化发展股份有限公司	韦永勇、王学、王凯、范胜军、董媛媛
一种吉他琴箱的打磨装置	CN201811116256.3	2018.11.30	贵州金韵乐器有限公司	刘江波、李仕勇、赵和兵、刘代飞
一种吉他琴箱抛光设备	CN201811110836.1	2018.11.30	贵州贝加尔乐器有限公司	赵山
一种多点式木吉他侧板定型支撑装置	CN201811093458.0	2018.11.30	贵州贝加尔乐器有限公司	赵山
一种手机 App 处理音效的静音吉他	CN201810961716.6	2018.11.30	德阳好哲创意文化科技有限公司	汤楷骅
一种吉他面板	CN201811103495.5	2018.11.30	正安索尔乐器文化发展有限公司	余青平
分段式吉他弦枕	CN201811102887.X	2018.11.30	正安索尔乐器文化发展有限公司	余青平
一种吉他粘板用的胶粘固定装置	CN201811110151.7	2018.11.30	贵州凯丰乐器有限公司	张捷峰
一种吉他辅助练习装置	CN201810954011.1	2018.11.30	福州大学厦门工艺美术学院	徐世哲、洪歆慧
一种用于吉他加工的气动注胶笔	CN201811102879.5	2018.11.30	正安索尔乐器文化发展有限公司	卢彭建
一种安全性高的吉他琴箱抛光设备	CN201811110839.5	2018.11.30	贵州贝加尔乐器有限公司	赵山
一种吉他侧板肋条静定保压设备	CN201811093858.1	2018.11.30	贵州华成乐器制造有限公司	卢彭建
一种吉他琴身漆	CN201811110115.0	2018.11.30	贵州融合音源乐器有限公司	李仕勇
一种便于操作的吉他琴箱抛光设备	CN201811110165.9	2018.11.30	贵州贝加尔乐器有限公司	赵山
一种十字形木吉他侧板定型支撑装置	CN201811093430.7	2018.11.30	贵州贝加尔乐器有限公司	赵山
一种用金砖制作打击乐器音板的方法	CN201810855320.3	2018.12.04	红河学院	罗列诗、尹晶
音频数据的乐器识别方法及装置、电子设备、存储介质	CN201810729847.1	2018.12.07	平安科技（深圳）有限公司	梅亚琦、刘昇智、王义文、王健宗、肖京
一种钢琴远程教学系统	CN201810851286.2	2018.12.07	姚岚	姚岚
一种钢琴弹奏教学辅助装置	CN201810846765.5	2018.12.07	山西师范大学	曹霞
一种可升降的教学钢琴及使用方法	CN201810959876.7	2018.12.07	扬州大学	单宏健
一种钢琴琴壳油漆填涂装置	CN201810703032.6	2018.12.07	吴兴铭锯钢琴厂	陈国新
一种带可移动座椅的钢琴	CN201810703030.7	2018.12.07	吴兴铭锯钢琴厂	陈国新
一种钢琴压键条辅助教学装置及其使用方法	CN201811018050.7	2018.12.07	无锡吾成互联科技有限公司	王二艳、符翔、申明华、钦赛勇
一种钢琴击弦机模拟系统	CN201810561167.3	2018.12.07	森鹤乐器股份有限公司	冯高昆、陈旭

续表

名称	申请（专利）号	公开（公告）日	申请（专利权）人	发明（设计）人
一种智能型钢琴	CN201811088505.2	2018.12.07	德清车尔尼钢琴有限公司	毛建芬
一种吉他音孔打磨机	CN201811143248.8	2018.12.07	贵州塞维尼亚乐器制造有限公司	魏友兵
一种折叠吉他外形支撑器的制作方法	CN201810968194.2	2018.12.07	德阳好哲创意文化科技有限公司	汤楷骅
一种高精度的吉他调弦装置	CN201810979377.4	2018.12.07	德阳好哲创意文化科技有限公司	汤楷骅
一种吉他粘板用的十字夹板型胶粘固定装置	CN201811110161.0	2018.12.07	贵州凯丰乐器有限公司	张捷峰
一种便于调节吉他琴颈钢筋弯曲度的L型内六角扳手	CN201811174321.8	2018.12.07	福建金砖知识产权服务有限公司	罗福仲
一种悬臂拾音器电吉他	CN201810957157.1	2018.12.07	德阳好哲创意文化科技有限公司	汤楷骅
一种便携式的可旋转重叠的静音吉他	CN201810961771.5	2018.12.07	德阳好哲创意文化科技有限公司	汤楷骅
固定器以及弦乐器	CN201811069709.1	2018.12.11	金丘科技（深圳）有限公司	杨文淼
通过体感进行音乐模拟的方法、体感设备及乐器终端	CN201810613996.1	2018.12.11	森兰信息科技（上海）有限公司	刘晓露、燕斌、周敏、陶源恒
键盘乐器	CN201810571159.7	2018.12.11	卡西欧计算机株式会社	星野晓久
键盘乐器	CN201810557749.4	2018.12.11	卡西欧计算机株式会社	星野晓久
一种钢琴手指练习器自动组装线	CN201810850612.8	2018.12.11	东莞市益汇知识产权服务有限公司	李扬波
一种钢琴踏瓣震奏机	CN201810980746.1	2018.12.11	广州欧米勒钢琴有限公司	方扬
一种木吉他保养剂制备方法	CN201810747045.3	2018.12.11	商洛学院	冯渊
一种用于吉他加工的手动充气注胶装置	CN201811103493.6	2018.12.11	正安索尔乐器文化发展有限公司	卢彭建
一种吉他背带	CN201810911323.4	2018.12.11	佛山神航科技有限公司	黄小席
一种吉他侧板涂胶装置	CN201811103497.4	2018.12.11	贵州华成乐器制造有限公司	卢彭建
一种具备人工智能算法的排箫样式数字乐器	CN201810789051.5	2018.12.14	冯金硕	冯金硕、张小夫
一种钢琴生产用打孔装置	CN201810703029.4	2018.12.14	吴兴铭锯钢琴厂	陈国新
一种钢琴用木材切割床	CN201810702992.0	2018.12.14	吴兴铭锯钢琴厂	陈国新
一种钢琴脚踏板用钻孔装置	CN201810704299.7	2018.12.14	吴兴铭锯钢琴厂	陈国新
一种新型便于使用的电子钢琴用支撑架	CN201810691531.8	2018.12.14	湖州德盛塑料包装材料有限公司	朱德章
一种新型钢琴卡钉	CN201810692029.9	2018.12.14	湖州德盛塑料包装材料有限公司	朱德章
用于支撑折叠吉他的支架结构	CN201810968170.7	2018.12.14	德阳好哲创意文化科技有限公司	汤楷骅
一种可收音录音的便携式静音吉他	CN201810960915.5	2018.12.14	德阳好哲创意文化科技有限公司	汤楷骅
一种不倒翁娱乐器具	CN201811188812.8	2018.12.18	苏州七巧板日用品科技有限公司	征建芳、陈巧云
一种乐器及其使用方法	CN201811216363.3	2018.12.18	屠雪芳	屠雪芳
一种钢琴盖板用切割模具	CN201810703287.2	2018.12.18	吴兴铭锯钢琴厂	陈国新
一种钢琴踏瓣辅助脚踏装置	CN201811021741.2	2018.12.18	黄雪侨	黄雪侨
一种智能教学钢琴及使用方法	CN201810960058.9	2018.12.18	扬州大学	单宏健

续表

名称	申请（专利）号	公开（公告）日	申请（专利权）人	发明（设计）人
一种钢琴键盖后钻槽机	CN201810704284.0	2018.12.18	吴兴铭锯钢琴厂	陈国新
钢琴学习辅助系统和钢琴	CN201810765872.5	2018.12.18	杜蘅轩	杜蘅轩、张盛泳、杜雨璇
钢琴远程教育的方法及装置	CN201810804157.8	2018.12.18	广州市雅迪数码科技有限公司	胡伟
一种钢琴盖板加工用固定装置	CN201810703288.7	2018.12.18	吴兴铭锯钢琴厂	陈国新
一种拼接式钢琴	CN201810829842.6	2018.12.18	上海智凌信息技术有限公司	高祺、刘睿哲、张五生
一种钢琴压键档的加固装置	CN201811082034.4	2018.12.18	郑州幼儿师范高等专科学校	朱丽娟、马志飞
基于原声钢琴演奏的理疗方法及装置	CN201810806279.0	2018.12.18	广州市雅迪数码科技有限公司	胡伟
一种吉他演奏辅助工具	CN201811093984.7	2018.12.18	上海简音文化传播有限公司	苏兆荣
一种基于松紧线判断音准的吉他调音装置	CN201811015536.5	2018.12.18	郑丽娟	郑丽娟
一种吉他琴颈打磨机	CN201811102892.0	2018.12.18	贵州塞维尼亚乐器制造有限公司	魏友兵
方便外出携带的吉他装置	CN201810957155.2	2018.12.18	德阳好哲创意文化科技有限公司	汤楷骅
一种具有拾音功能的折叠吉他旋臂	CN201810968975.1	2018.12.18	德阳好哲创意文化科技有限公司	汤楷骅
一种吉他侧板肋条压合装置	CN201811103496.X	2018.12.18	贵州凯丰乐器有限公司	张捷峰
旋臂吉他的贴片式电子拾音系统	CN201810968182.X	2018.12.18	贵州凯丰乐器有限公司	张捷峰
一种古筝调音装置	CN201810893907.3	2018.12.18	深圳市魔耳乐器有限公司	沈平、邓小保、张翼、余佩佩
口琴	CN201811167263.6	2018.12.18	常州信息职业技术学院	胡亚玲
一种 48 组和弦口琴的制作方法	CN201810676730.1	2018.12.18	江苏东方乐器有限公司	孔文忠
木管乐器用簧片以及木管乐器用簧片的制造方法	CN201680079747.8	2018.12.21	雅马哈株式会社	安部咏司
一种音乐演奏曲谱匹配方法、存储介质及智能乐器	CN201810521525.8	2018.12.21	森兰信息科技（上海）有限公司	许楠、燕斌、刘晓露
乐器支架	CN201680083871.1	2018.12.21	朴海敏	朴海敏
弦乐器	CN201780016323.1	2018.12.21	马德唐恩音乐股份有限公司	安东尼·布拉格
乐器	CN201780023731.X	2018.12.21	雅马哈株式会社	竹久英昭
一种钢琴音板肋木压机	CN201811021554.4	2018.12.21	黄雪侨	黄雪侨
一种钢琴用电动谱架	CN201810977617.7	2018.12.21	浙江乐韵钢琴有限公司	章顺龙
暗接实木音板在钢琴上的应用	CN201811101981.3	2018.12.21	宜昌金宝乐器制造有限公司	罗扬、王军、邓勇
一种组合儿童辅助踏板的钢琴凳	CN201810703008.2	2018.12.21	吴兴铭锯钢琴厂	陈国新
一种便于固定的半自动钢琴琴槌打磨装置	CN201810703035.X	2018.12.21	吴兴铭锯钢琴厂	陈国新
一种内置式钢琴琴键动作检测装置	CN201811212722.8	2018.12.21	飞来教育科技（深圳）有限公司	曾延寿
一种吉他粘板用的伸缩十字型胶粘固定装置	CN201811110162.5	2018.12.21	贵州凯丰乐器有限公司	张捷峰
一种吉他的双面板粘合方法	CN201810929470.4	2018.12.21	广东红棉乐器股份有限公司	黄毅、何志强、陈钊明、邱晓泽、龙均培

续表

名称	申请（专利）号	公开（公告）日	申请（专利权）人	发明（设计）人
一种吉他专用漆	CN201811110147.0	2018.12.21	贵州融合音源乐器有限公司	李仕勇
一种单工位连续型吉他抛光装置	CN201811117067.8	2018.12.21	贵州华成乐器制造有限公司	卢彭建、冯其勇、陈娇、卢长生、冯文强、冯梅丽
一种初学者吉他练习装置	CN201810808867.8	2018.12.21	杨招成	杨招成
一种扬琴琴弦拉力测量装置	CN201811213002.3	2018.12.21	湖南城市学院	刘科
古筝精细调音手柄	CN201811273878.7	2018.12.21	东北大学	朱雨莲、王旗、朱盼盼、胡广兴
基于阻抗技术的大提琴共鸣箱信息化声学检测方法及系统	CN201810963272.X	2018.12.21	湖南城市学院	徐晓燕
一种乐器移动电源	CN201811125806.8	2018.12.25	深圳智慧前线科技有限公司	不公告发明人
琉璃乐器的制作方法	CN201810871755.7	2018.12.25	太仓经济开发区坚毅工艺美术品工作室	陈善芳
钢琴	CN201811234686.5	2018.12.25	常州轻工职业技术学院	杨滢
一种可提示指法的智能钢琴系统及其使用方法	CN201810838527.X	2018.12.25	海伦钢琴股份有限公司	陈海伦、陈朝峰
一种古筝	CN201811093247.7	2018.12.25	广州羽角乐器有限公司	吕春麒、潘海伟
智能古筝的信号检测方法及装置	CN201810976010.7	2018.12.25	北京晨语筝业教育科技有限公司	周永军
一种琵琶内置差动式调弦方法	CN201811269588.5	2018.12.25	安阳师范学院	赵正巍
一种全音阶口琴及其辅助可控式外壳	CN201811178918.X	2018.12.25	郑州工程技术学院	时伟、吴博、高飞、焦合军、张学涛、臧景义、代卢凯、张战胜
一种 AR 辅助乐器练习方法、系统以及一种智能设备	CN201810614945.0	2018.12.28	森兰信息科技（上海）有限公司	刘晓露、燕斌、童刚、周国栋
古筝演奏信息判断方法、演奏纠错方法及设备	CN201810974455.1	2018.12.28	北京晨语筝业教育科技有限公司	周永军

专利类型——实用新型

名称	申请（专利）号	公开（公告）日	申请（专利权）人	发明（设计）人
一种可调节乐器拨片束缚带	CN201720587171.8	2018.01.02	李萍	李萍
一种新型钢琴拾音装置	CN201720322371.0	2018.01.02	宁波教育学院	马丽娜
一种具有学习桌功能的钢琴	CN201720587892.9	2018.01.02	邱燕	邱燕
钢琴自动演奏测试装置及钢琴	CN201720187856.3	2018.01.02	湖北工程学院	肖永军、彭祺、屠礼芬、李卫中、曾庆栋、方天红
一种可自动弹奏的吉他结构	CN201720025689.2	2018.01.02	陈华斌	陈华斌
一种剪裁吉他轮廓的切割刀	CN201621251386.4	2018.01.02	惠州市天音乐器有限公司	张又文
一种打磨吉他的可测量型研磨机	CN201621242237.1	2018.01.02	惠州市天音乐器有限公司	张又文

续表

名称	申请（专利）号	公开（公告）日	申请（专利权）人	发明（设计）人
一种吉他形路灯	CN201720572761.3	2018.01.02	正安县欧尚电器有限公司	万建军、绍建红、万波
一种扬琴教学用的一体式乐谱支架	CN201720495596.6	2018.01.02	周邦春	周邦春
一种扬琴调音滚轴扳	CN201720495590.9	2018.01.02	周邦春	周邦春
一种提琴及其琴码	CN201720776567.7	2018.01.02	王平	马征、王威、穆子乐、王龙、穆玉峰、王平
一种口琴教学演示板	CN201720437814.0	2018.01.02	陕西职业技术学院	李秀玲、周薇
一种扬琴增音效琴架	CN201720495601.3	2018.01.03	周邦春	周邦春
一种乐器蓝牙无线传输器	CN201720448841.8	2018.01.05	刘哲	刘哲
一种新型乐器舞台架	CN201720402502.6	2018.01.05	张昱	张昱
一种旋转式钢琴键盖缓降器	CN201720579022.7	2018.01.05	宁波市五角阻尼股份有限公司	蔡赋勇
一种方便更换黑白键的钢琴	CN201720807673.7	2018.01.05	林真含	林真含
智能钢琴教学辅助器	CN201720455389.8	2018.01.05	邵俊夫	邵俊夫
一种钢琴教学用踏板延伸装置	CN201720533765.0	2018.01.05	谭湘怡	谭湘怡
一种翻页静音钢琴	CN201720807826.8	2018.01.05	王侃	王侃
一种免尾钉的吉他背带及安装有该背带的吉他	CN201720827662.5	2018.01.05	广州朗汀乐器有限公司	邹建刚
一种古筝演奏放置台	CN201720842016.6	2018.01.05	毕汉杰	毕汉杰
一种钢琴谱架	CN201720812135.7	2018.01.09	郑州大学西亚斯国际学院	程蕴
吉他弦枕的加工装置	CN201720602342.X	2018.01.09	贵州融合音源乐器有限公司	李仕勇
一种吉他变调夹	CN201720465265.8	2018.01.09	广州市罗曼士乐器制造有限公司	郑晓明
一种吉他琴颈弧度调整装置	CN201720775059.7	2018.01.09	上海育音乐器有限公司	李雪强
一种吉他弦轴	CN201720750926.1	2018.01.09	瑞安市中联电声乐器有限公司	林瑞荣
一种镂空式电吉他	CN201720389368.0	2018.01.09	泰兴琴艺乐器有限公司	吴建新、黄鹏、钱富民、林建峰、唐涛、
一种可调式吉他支撑装置	CN201720715220.1	2018.01.09	温州捷高科技有限公司	尹安良、朱盈盈、王凯、
吉他琴箱面板与琴颈配合处加工机	CN201720609112.6	2018.01.09	贵州贝加尔乐器有限公司	高益波
一种带磁吸式储物格的吉他弦锁	CN201720750990.X	2018.01.09	瑞安市中联电声乐器有限公司	林瑞荣
一种带有扩音功能的可升降古筝支撑架	CN201720722065.6	2018.01.09	温州捷高科技有限公司	尹安良、朱盈盈、王凯
一种琴桥及弦乐器	CN201720490583.X	2018.01.12	刘迎春	梁志辉
用于制作弹拨乐器的板材及弹拨乐器	CN201720646389.6	2018.01.12	方仁俊	方仁俊
乐器管壁图案雕刻头	CN201720616381.5	2018.01.12	河北金音乐器集团有限公司	陈学孔
一种音乐器材放置箱	CN201720718938.6	2018.01.12	梁宁宁	梁宁宁
一种方便携带的多功能乐器收纳盒	CN201720722039.3	2018.01.12	温州捷高科技有限公司	尹安良、朱盈盈、王凯
一种便于携带的多用途吉他拨片	CN201720591928.0	2018.01.12	陈书怡	陈书怡

续表

名称	申请（专利）号	公开（公告）日	申请（专利权）人	发明（设计）人
一种吉他按键测试装置	CN201720551212.8	2018.01.12	苏州富晶微精密电子科技有限公司	毕研洋、朱贵峰、曹黎明
一种萨克斯吸音装置	CN201720791665.8	2018.01.12	徐君欢	徐君欢
一种立式钢琴	CN201720723805.8	2018.01.16	梅森翰姆林乐器（营口）有限公司	韩继辉
一种钢琴演奏动作检测装置	CN201710800184.3	2018.01.16	大连佳音科技有限公司	王强
一种吉他拾音器	CN201720546713.7	2018.01.16	胡明星	胡明星
一种可拆卸的吉他	CN201720722053.3	2018.01.16	徐攀	徐攀、方园
一种便于记忆音符位置的吉他音阶贴膜	CN201720430405.8	2018.01.16	王怡瑾	王怡瑾
一种开槽型古筝拨片	CN201720828908.0	2018.01.16	李萍	李萍
一种乐器移动电源	CN201720736878.0	2018.01.19	谢秋菊	谢秋菊
三角钢琴的双音板音源结构	CN201720853414.8	2018.01.19	海伦钢琴股份有限公司	陈海伦
一种立式钢琴静音系统	CN201720853433.0	2018.01.19	海伦钢琴股份有限公司	陈海伦
一种折叠式可调节高度的钢琴脚踏板	CN201720826370.X	2018.01.19	燕山大学	金红莲
一种可调节高度的钢琴脚踏板	CN201720826175.7	2018.01.19	燕山大学	金红莲
一种钢琴用乐谱托架	CN201720885662.0	2018.01.19	林茵	林茵
钢琴触感的电子琴	CN201720888087.X	2018.01.19	泉州市八度电子科技有限公司	林玉坚
一种钢琴用弹奏半音阶辅助键盘	CN201720837488.2	2018.01.19	秦瑞婧	秦瑞婧、郑晓丽
一种钢琴击弦机联动器	CN201720840905.9	2018.01.19	王栋魁	王栋魁
一种钢琴键盘布固定夹及包含该固定夹的钢琴	CN201720882669.7	2018.01.19	周国强	周国强
一种钢琴防潮装置	CN201720819003.7	2018.01.19	陕西职业技术学院	朱飞晔
一种教学钢琴	CN201720820147.4	2018.01.19	陕西职业技术学院	朱飞晔
一种吉他音梁架制作装置	CN201720762735.7	2018.01.19	广东声凯乐器有限公司	黄志康
一种吉他面板压鼓机	CN201720763036.4	2018.01.19	广东声凯乐器有限公司	黄志康
一种吉他	CN201720339595.2	2018.01.19	赵卫国	赵卫国
一种吉他琴鼓	CN201720825355.3	2018.01.19	广东声凯乐器有限公司	黄志康
一种无琴头吉他	CN201720825344.5	2018.01.19	广东声凯乐器有限公司	黄志康
一种电子吉他	CN201720524487.2	2018.01.19	陈育楷	陈育楷
一种吉他多孔钻机	CN201720762947.5	2018.01.19	广东声凯乐器有限公司	黄志康
一种吉他面板和背板制作装置	CN201720762748.4	2018.01.19	广东声凯乐器有限公司	黄志康
一种可钩挂演奏的吉他	CN201720825298.9	2018.01.19	广东声凯乐器有限公司	黄志康
一种吉他侧板制作装置	CN201720762652.8	2018.01.19	广东声凯乐器有限公司	黄志康
一种萨克斯用清洁装置	CN201720010705.0	2018.01.19	常熟理工学院	朱路、杨莉、戴军、石小龙
一种带大提琴支架的琴谱架	CN201720826716.6	2018.01.19	燕山大学	宋军、马凌云

续表

名称	申请（专利）号	公开（公告）日	申请（专利权）人	发明（设计）人
一种用于乐器包边处理的边缘切削机	CN201720865028.0	2018.01.23	漳州市天趣数控设备有限公司	李国庆、曾芳
一种键盘乐器光感器	CN201721402820.9	2018.01.23	北京开心练教育科技有限公司	于飞
一种乐器包专用复合板及其乐器包	CN201720846933.1	2018.01.23	高碑店市佰格乐器箱包厂	邓冰伟
一种钢琴液压缓降器	CN201720579537.7	2018.01.23	宁波市五角阻尼股份有限公司	蔡赋勇
一种旋转式钢琴键盖缓降器用油路结构	CN201720579538.1	2018.01.23	宁波市五角阻尼股份有限公司	蔡赋勇
一种新型钢琴运输架	CN201720805613.1	2018.01.23	荆楚理工学院	冯晓琦
套管式钢琴调音弦轴	CN201720909565.0	2018.01.23	李芳凯	李芳凯
一种能够避免汗水接触面板的吉他臂托	CN201720806352.5	2018.01.23	惠州市家康乐器有限公司	李伯油
一种吉他悬挂装置	CN201720805901.7	2018.01.23	惠州市家康乐器有限公司	李伯油
一种基于可矫正按弦手型的吉他夹式校音器	CN201720568533.9	2018.01.23	肇庆学院	李云鹤、陈晓虹、陈英俊、岑喆鑫
一种组合式吉他拨片	CN201720805880.9	2018.01.23	惠州市家康乐器有限公司	李伯油
一种吉他背带连接扣	CN201720806372.2	2018.01.23	惠州市家康乐器有限公司	李伯油
一种吉他夹具	CN201720420130.X	2018.01.23	广西贺州市金海乐器有限公司	黄韶美
一种吉他防尘除尘架	CN201720806353.X	2018.01.23	惠州市家康乐器有限公司	李伯油
一种吉他除尘装置	CN201720442929.9	2018.01.23	广西贺州市金海乐器有限公司	黄韶美
一种多功能集成屏显全能便携实用电箱一体化吉他	CN201720668723.8	2018.01.23	鲍磊	鲍磊
萨克斯风的改良结构	CN201720696417.5	2018.01.23	大后里有限公司	李国忠
便捷式提琴音质训化器	CN201720840959.5	2018.01.23	陈世江	陈世江
一种键盘类乐器 U 型支架	CN201720432648.5	2018.01.26	青岛珍妮丝乐器有限公司	田金铸
一种智能型教学吉他	CN201720954882.4	2018.01.26	济宁市指乐人教育科技有限责任公司	宋佳轲、杜林、郑超
一种民族管乐器的半音按键装置	CN201720847429.3	2018.01.30	牛建党姚贤达	牛建党、姚贤达
一种教学音乐乐器多功能保养装置	CN201720464583.2	2018.01.30	禹亮亮	禹亮亮
琴身、吉他及弦乐器	CN201720553879.1	2018.01.30	黄海波	黄海波
一种可以背吉他箱或乐器箱的调节减压背垫	CN201720508690.0	2018.01.30	尹星	尹星
一种带底座的水瓶乐器	CN201720627913.5	2018.01.30	李佳美	李佳美
用于存放乐器的智能管理柜	CN201720764591.9	2018.01.30	大连职业技术学院	姜楠
一种乐器琴颈	CN201720431716.6	2018.01.30	中国林业科学研究院木材工业研究所	吕少一、李善明、彭立民、傅峰、陈志林、姜鹏
一种拾音软鞭及弦乐器	CN201720605344.4	2018.01.30	陈丽娜	梁志辉
一种音乐教学乐器摆放架	CN201720385142.3	2018.01.30	河南职业技术学院	郭晓雯、陈婷婷、杨智莎
一种钢琴防尘罩	CN201720320621.7	2018.01.30	华东交通大学	崔中梅、陈丹

续表

名称	申请（专利）号	公开（公告）日	申请（专利权）人	发明（设计）人
一种用于钢琴面板铰链安装的夹具	CN201720316659.7	2018.01.30	华东交通大学	崔中梅、陈丹
纯律钢琴	CN201720546439.3	2018.01.30	冯源	冯源
一种钢琴移动支架	CN201720544490.0	2018.01.30	许晓玲	许晓玲
琴身、吉他及弦乐器	CN201720553879.2	2018.01.30	黄海波	黄海波
一种可以背吉他箱或乐器箱的调节减压背垫	CN201720508690.3	2018.01.30	尹星	尹星
一种可折叠吉他	CN201720950037.X	2018.01.30	章珈璐	章珈璐
一种新型多功能的古筝架	CN201720962500.2	2018.01.30	罗潜	罗潜
一种便携式小提琴	CN201720428097.5	2018.01.30	泰兴市美音乐器有限公司	殷志荣
用于电子乐器的键盘	CN201710613436.1	2018.02.02	阿尔法钢琴有限公司	马里奥·艾娃斯安
一种电子打击乐器击打位置检测装置	CN201720767984.5	2018.02.02	得理乐器（珠海）有限公司	廖照华、苏文武
一种钢琴液压缓降器用单向阀块	CN201720579464.1	2018.02.02	宁波市五角阻尼股份有限公司	蔡赋勇
一种旋转式钢琴键盖缓降器用多段速度结构	CN201720579103.7	2018.02.02	宁波市五角阻尼股份有限公司	蔡赋勇
一种可互动教学的钢琴	CN201720588092.9	2018.02.02	李安迪	李安迪
一种钢琴教学用琴谱架	CN201720315975.2	2018.02.02	李春晓	李春晓
一种钢琴盖板夹持装置	CN201720567289.4	2018.02.02	湖南工业大学	李瑾、李侠斌
一种便于弹奏的扬琴排列结构	CN201720489864.3	2018.02.02	周邦春	周邦春
一种钢琴弦码铲码装置	CN201720463992.0	2018.02.06	广州欧米勒钢琴有限公司	方扬、方柳、温绮玲
一种钢琴弦码加工装置	CN201720465020.5	2018.02.06	广州欧米勒钢琴有限公司	方扬、方柳、温绮玲
一种钢琴弦码种钉装置	CN201720465795.2	2018.02.06	广州欧米勒钢琴有限公司	方扬、方柳、温绮玲
一种钢琴弦码	CN201720463994.X	2018.02.06	广州欧米勒钢琴有限公司	方扬、方柳、温绮玲
一种钢琴键盘盖缓冲装置	CN201720733263.2	2018.02.06	广东聚百洲乐器有限公司温日辉	温日辉
一种钢琴用乐谱架	CN201720158801.X	2018.02.06	谢秋菊	谢秋菊
扬琴琴弦拉力测量装置	CN201720361119.0	2018.02.06	余兆欣	陈永维、董建、余兆欣
一种乐器支架	CN201720774413.4	2018.02.09	杨明刚	杨明刚
一种景颇族乐器吐良	CN201720611998.8	2018.02.09	庞浩然	庞浩然
一种具有卡拉 OK 功能的数码钢琴	CN201720652768.6	2018.02.09	湖北华都钢琴制造有限公司	汪其见、吕旻、李争召
一种具有音量均衡调节功能的数码钢琴	CN201720652833.5	2018.02.09	湖北华都钢琴制造有限公司	汪其见、吕旻、卢涛
一种钢琴教室专用的指法观察视频设备	CN201720672690.4	2018.02.09	山东英才学院	王丽响、张磊、朱文雁、冯聪、杨文文、綦明正、李辉
一种多功能钢琴键盘动作的光电检测装置	CN201720768029.3	2018.02.09	佳木斯大学	王庆梅
一种钢琴低音弦	CN201720862074.5	2018.02.09	宁波四海琴业有限公司	许四海
钢琴键盘盖板铰链	CN201720859908.7	2018.02.09	宁波四海琴业有限公司	许四海

续表

名称	申请（专利）号	公开（公告）日	申请（专利权）人	发明（设计）人
一种钢琴脚轮	CN201720859779.1	2018.02.09	宁波四海琴业有限公司	许四海
一种钢琴踏脚	CN201720860496.9	2018.02.09	宁波四海琴业有限公司	许四海
一种立式钢琴低音弦	CN201720859462.8	2018.02.09	宁波四海琴业有限公司	许四海
一种钢琴移动支架	CN201720545737.0	2018.02.09	许晓玲	许晓玲
一种带磁铁的扬琴琴竹	CN201720490077.0	2018.02.09	周邦春	周邦春
一种新型扬琴框架结构	CN201720498179.7	2018.02.09	周邦春	周邦春
一种钢琴的电子音源装置	CN201721025720.9	2018.02.13	昊智信息技术（深圳）有限公司	陆彦燊、李应钦、谢东海、赵子瑜
一种钢琴琴弦自动清灰装置	CN201720904472.9	2018.02.13	吴小丽	吴小丽
一种扬琴智能演奏的机器人结构	CN201720743808.8	2018.02.13	中国地质大学（武汉）	周莉、周黎、王建涛、张伟民、雷波、熊德云、肖星、熊宏、倪杉、邓阳、胡欣月
一种萨克斯的可调节按键	CN201720930043.9	2018.02.13	山东泰山管乐器制造有限公司	赵人兴
一种萨克斯支撑柱	CN201720930034.X	2018.02.13	山东泰山管乐器制造有限公司	赵人兴
一种萨克斯哨片箍	CN201720930759.9	2018.02.13	山东泰山管乐器制造有限公司	赵人兴
一种多功能小提琴琴盒	CN201720528907.4	2018.02.13	张金权	张金权
多功能民族管弦乐器	CN201720523975.1	2018.02.16	古存恩	古存恩
一种新型三角钢琴音头	CN201720982061.1	2018.02.16	森鹤乐器股份有限公司	胡建迪、陈杰波、陈利亚
一种带连接板的新型钢琴键盘	CN201720982002.4	2018.02.16	森鹤乐器股份有限公司	胡央丹、龚杜一、罗百权
一种吸附式钢琴键盘清理装置	CN201720202708.4	2018.02.16	广西大学	刘雪莹
一种智能钢琴左右键盘分区使用的系统与方法	CN201710991912.3	2018.02.16	森兰信息科技（上海）有限公司	燕斌、刘晓露、严政俊、周钟林、周敏、余立成
一种卧式钢琴顶杆限位调整装置	CN201720982063.0	2018.02.16	森鹤乐器股份有限公司	张开峰、陈利亚、张立峰
一种钢琴键盘白键皮	CN201720982064.5	2018.02.16	森鹤乐器股份有限公司	张开峰、龚杜一、阮波
一种小提琴	CN201720624046.X	2018.02.16	重庆海会艺尚乐器有限责任公司	陈姝乔
一种方便存放不同乐器的音乐器材柜	CN201720950396.5	2018.02.23	林年瑞	林年瑞
一种同频加震开声的乐器拾音器	CN201720857055.3	2018.02.23	惠州市德博声学有限公司	黄世强
一种立式电子仿真钢琴	CN201721034715.4	2018.02.23	昊智信息技术（深圳）有限公司	陆彦燊、李应钦、谢东海、赵子瑜
一种钢琴琴手的矫正装置	CN201720440580.5	2018.02.23	王黛儿	王黛儿
一种多功能钢琴谱架	CN201720738264.6	2018.02.23	陕西学前师范学院	王玉威、金鑫
一种钢琴手型纠正器	CN201720526300.2	2018.02.23	鞍山师范学院	周燕、刘笑言
一种民乐演奏用新型古筝	CN201720647867.5	2018.02.23	管民	管民
一种可调节的小提琴肩托	CN201720860637.7	2018.02.23	泰兴市恒杰乐器有限公司	闫斌

续表

名称	申请（专利）号	公开（公告）日	申请（专利权）人	发明（设计）人
一种通用小提琴肩托	CN201720802878.6	2018.02.23	泰兴市恒杰乐器有限公司	闫斌
一种塑料小提琴肩托	CN201720802794.2	2018.02.23	泰兴市恒杰乐器有限公司	闫斌
一种口琴转调联用器	CN201720881975.9	2018.02.23	寇庆山	寇庆山
一种 24 孔中音口琴	CN201720764752.4	2018.02.23	江苏天鹅乐器有限公司	陈滔
双联和弦口琴	CN201720893821.1	2018.02.23	江苏天鹅乐器有限公司	陈滔
口琴用防水麦克风	CN201720652516.3	2018.02.23	东莞市丰纶电子科技有限公司	温增丰、温景纶、温信浩
乐器演奏架	CN201720983450.6	2018.02.27	仙靖贸易有限公司	陈焕辉
一种采用轴承的铜管乐器转阀及铜管乐器	CN201720799567.9	2018.02.27	胡大为孟朴	胡大为、孟朴
一种新型的音乐器材安全放置箱	CN201720732028.3	2018.02.27	许昌学院	许谷
一种钢琴琴键力度采集装置	CN201721027924.6	2018.02.27	昊智信息技术（深圳）有限公司	陆彦燊、李应钦
一种设有琴键安全保护机构的钢琴	CN201720708084.3	2018.02.27	厦门艾维尔科技有限公司厦门塞巴赫文化传媒有限公司厦门威盾斯坦进出口有限公司	谭兴、谭奇
一种多功能台桌式钢琴	CN201720589452.7	2018.02.27	田丰	田丰
一种可调节钢琴辅助踏板	CN201720622897.0	2018.02.27	运城学院	徐彩虹
一种古筝模板成型装置	CN201721022537.3	2018.02.27	兰考县君谊民族乐器有限公司	赵尚功、赵邦宣
电古筝的前岳山结构	CN201721102766.6	2018.02.27	扬州市百联古筝制作研究院有限公司	陈宏芹
小提琴托架	CN201720850819.6	2018.02.27	宝鸡文理学院	吕博
一种小提琴的琴弦调整装置	CN201721013291.3	2018.02.27	贾丽清	贾丽清
一种管乐器收纳盒	CN201720736576.3	2018.03.02	禹亮亮	禹亮亮
一种古筝架	CN201721001955.4	2018.03.02	乌兰	乌兰、韩旭、渠晓庆、裴斐、曹睿
电琵琶	CN201720984658.X	2018.03.02	郑玺	郑玺
一种新型萨克斯管	CN201720747041.6	2018.03.02	沈春林	沈春林
一种教学用电子钢琴	CN201711136914.0	2018.03.06	江门市星望教育科技有限公司	凌宗毅
古筝框架	CN201730464483.5	2018.03.06	兰考县成源乐器音板有限公司	汤飞
一种可扩音古筝架	CN201711182470.4	2018.03.09	扬州天韵琴筝有限公司	李同志
一种竹制弹拨乐器	CN201720526039.6	2018.03.13	广西师范学院	覃国伟
一种多模式切换的按键乐器装置	CN201720448185.1	2018.03.13	广东工业大学	李伟昌、于兆勤、黄志滨、廖锡博、陈凯帆、贺晓雨
一种钢琴陪练机	CN201720932521.X	2018.03.13	阜阳师范学院	余志超
一种吉他拨片固定及和弦手型矫正装置	CN201720758633.8	2018.03.13	胡涛	胡涛
一种自带录音功能的琵琶	CN201720766357.X	2018.03.13	江苏东方乐器有限公司	孔文忠
一种小提琴琴头加工系统	CN201720646240.8	2018.03.13	南通睿控机械科技有限公司	朱晓亮

续表

名称	申请（专利）号	公开（公告）日	申请（专利权）人	发明（设计）人
一种小提琴加工系统	CN201720646244.6	2018.03.13	南通睿控机械科技有限公司	朱晓亮
一种钢琴的弦槌铆钉	CN201721045042.2	2018.03.16	森鹤乐器股份有限公司	岑迪锋
一种卧式钢琴的制音器	CN201721045252.1	2018.03.16	森鹤乐器股份有限公司	岑迪锋
一种钢琴键盘平衡销纸圈缓冲结构	CN201720982000.5	2018.03.16	森鹤乐器股份有限公司	胡央丹、史久祖、张伟
一种钢琴用便于移动的乐谱支撑架	CN201720346498.6	2018.03.16	武威职业学院	潘从明
一种带谐波管的古筝	CN201720795857.6	2018.03.16	深圳市众邺科技有限公司	许美林
一种新型古筝	CN201720503002.1	2018.03.16	张志民	张志民
一种带音乐控制装置的小提琴	CN201720943340.7	2018.03.16	方树	方树
一种新型钢琴教学乐谱架	CN201720803338.X	2018.03.20	郑州师范学院	常丽文
一种用于吉他制作的除尘系统	CN201721089052.6	2018.03.27	广州市桐馨乐器制造有限公司	汪锋华
一种便携式吉他支架	CN201721152662.6	2018.03.27	李迟	李迟
一种小提琴用的持琴提示器	CN201720991024.7	2018.03.27	宋汉鑫	宋汉鑫、丁芷诺
一种云南民族乐器的内部清洗装置	CN201720630130.2	2018.03.30	云南民族大学	孙明跃、方伟伟
一种云南民族乐器的高效打磨装置	CN201720629814.0	2018.03.30	云南民族大学	孙明跃、方伟伟
乐器活塞按键练习器	CN201720500299.6	2018.03.30	河北金音乐器集团有限公司	陈学孔
一种琴键配重式仿真电钢琴	CN201721223165.0	2018.03.30	董馥伊	董馥伊
一种古筝模板切割装置	CN201721022462.9	2018.03.30	兰考县君谊民族乐器有限公司	赵尚功、赵邦宣
一种古筝用高效切割装置	CN201721022504.9	2018.03.30	兰考县君谊民族乐器有限公司	赵尚功、赵邦宣
一种古筝板用打磨装置	CN201721022463.3	2018.03.30	兰考县君谊民族乐器有限公司	赵尚功、赵邦宣
一种新型架腰低音提琴架	CN201720242665.2	2018.03.30	李明	李明
一种乐器知识宣传用展示装置	CN201720919259.5	2018.04.03	衢州美创乐器有限公司	陈兰
一种乐器用放置架	CN201720920016.3	2018.04.03	衢州美创乐器有限公司	陈兰
一种便于进行节奏训练的打击乐器鼓	CN201721214361.1	2018.04.03	长沙师范学院	陈琳
一种新型乐器容置装置	CN201720514625.9	2018.04.03	南阳师范学院	韩璐
效果赋予装置、效果赋予方法、记录介质以及电子乐器	CN201710887828.7	2018.04.03	卡西欧计算机株式会社	森山修
一种弦乐器的加丝板材	CN201721238203.X	2018.04.03	达州市恒悦乐器有限公司	向可恒
立式钢琴可调节键盘中档	CN201720830658.4	2018.04.03	北京中加海资曼钢琴有限公司	谭汉立
一种钢琴用滑动式乐谱翻页器	CN201721263733.X	2018.04.03	王运东	王运东
电子钢琴（教师端）	CN201730421256.4	2018.04.03	慧鸣科技（天津）有限公司	赵永轩
脚踏板（钢琴款）	CN201730274674.5	2018.04.03	李学凤	李学凤
电子钢琴（学生端）	CN201730421246.0	2018.04.03	慧鸣科技（天津）有限公司	赵永轩
可变音吉他	CN201721200735.4	2018.04.03	别春华	别春华、宋秀琼
一种发光吉他	CN201721090897.7	2018.04.03	深圳市生辉煌电子有限公司	张朝辉、赵军辉
一种便于携带的电子伴奏钢琴	CN201721214613.0	2018.04.03	长沙师范学院	陈琳

续表

名称	申请（专利）号	公开（公告）日	申请（专利权）人	发明（设计）人
一种大提琴用固定卡件	CN201720919287.7	2018.04.03	衢州美创乐器有限公司	陈兰
一种具有乐器功能的野外旅行拐杖	CN201720640482.6	2018.04.06	九江学院	杨云仙
一种方便固定打击乐器及打击乐器配件的箱包	CN201720640203.6	2018.04.06	赵彬	赵彬
一种可调节的收放式钢琴凳	CN201720122535.5	2018.04.06	冯彬	冯彬
带有桌面背光显示系统的电钢琴	CN201720060089.X	2018.04.06	周耀军	周耀军、吴军华
一种独立升降钢琴踏板	CN201721064550.5	2018.04.06	浙江欧莱克琴业有限公司	赵红强
钢琴弹奏矫正装置	CN201720799388.5	2018.04.06	路宁	路宁
一种四周发光的吉他效果器	CN201721287236.3	2018.04.06	深圳市卓乐科技有限公司	李国飞、李群超
一种吉他和弦转换器	CN201721237797.2	2018.04.06	邯郸学院	张渴望、胡俊平
一种便于调音的古筝	CN201720978521.3	2018.04.06	王红梅	王红梅
一种多功能泡沫提琴盒	CN201721012577.X	2018.04.06	南通市金马包装材料有限公司	卢新建
用于打击乐器仿真镲片的固定结构	CN201720690626.9	2018.04.10	深圳市海星王科技有限公司	曹辉、钟品华
一种乐器制造用钻孔结构	CN201720919261.2	2018.04.10	衢州美创乐器有限公司	陈兰
一种木质乐器生产中手工研磨用除尘设备	CN201721016984.8	2018.04.10	贵州金韵乐器有限公司	李仕勇
一种木质乐器生产用除尘设备	CN201721019824.9	2018.04.10	贵州金韵乐器有限公司	李仕勇
一种音乐练习用乐器收纳装置	CN201721003682.7	2018.04.10	佳木斯大学	杨润
设有钢琴键的保护壳	CN201720853180.7	2018.04.10	上海爱优威软件开发有限公司	张志勇、周晓燕
一种带有压键块的新型钢琴键盘	CN201720982003.9	2018.04.10	森鹤乐器股份有限公司	胡央丹、罗百权、龚杜一
一种立式钢琴的双限位档一体结构	CN201720982223.1	2018.04.10	森鹤乐器股份有限公司	张开峰、张伟、陈杰波
一种钢琴演奏动作检测装置	CN201721142022.7	2018.04.10	大连佳音科技有限公司	王强
设有钢琴键和显示屏的保护壳	CN201720853224.6	2018.04.10	上海爱优威软件开发有限公司	张志勇、杨保利
一种吉他用包	CN201721150659.0	2018.04.10	江西工程学院	陈雅雯、耿俊超、周俊英
一种吉他	CN201721148472.7	2018.04.10	广州市桐馨乐器制造有限公司	汪锋华
智能化五合一吉他变调夹节拍器	CN201721112134.8	2018.04.10	杨杨张人杰	杨杨、张人杰
萨克斯笛头盖	CN201721247867.2	2018.04.10	天津市津宝乐器有限公司	王书春
次中音萨克斯	CN201721254488.6	2018.04.10	天津市津宝乐器有限公司	王书春
一种乐器制造用打磨结构	CN201720919409.2	2018.04.11	衢州美创乐器有限公司	陈兰
检测装置及带有检测装置的智能弦乐器	CN201721107028.0	2018.04.13	济宁市指乐人教育科技有限责任公司	宋佳轲、郑超、杜林
便携式钢琴手指训练器	CN201720832348.6	2018.04.13	四川理工学院	王楠
一种折叠便携式古筝支架	CN201720758837.1	2018.04.13	江苏东方乐器有限公司	孔文忠
一种低音提琴支撑器	CN201720961462.9	2018.04.13	湖北师范大学	柳冬瑕
一种大提琴胸托	CN201720958470.8	2018.04.13	湖北师范大学	柳冬瑕

续表

名称	申请（专利）号	公开（公告）日	申请（专利权）人	发明（设计）人
一种方便使用的乐器架	CN201720919622.3	2018.04.17	衢州美创乐器有限公司	陈兰
一种弦鸣乐器的发音装置	CN201721053871.5	2018.04.17	天津优尼柯乐器有限公司	吴臣
一种管乐器滑音键盖结构	CN201721054338.0	2018.04.17	天津优尼柯乐器有限公司	吴臣
一种钢琴教学装置的支撑架	CN201721325476.8	2018.04.17	贵州师范学院	戚化怡
一种钢琴移动支架	CN201720344201.2	2018.04.17	许晓玲	许晓玲
一种钢琴手型矫正器	CN201720798139.4	2018.04.17	深圳市搜罗乐器有限公司	欧阳斌
面板及吉他	CN201721191271.5	2018.04.17	广州市拿火科技有限公司	钟锐
一种拾音器旋钮、拾音器及吉他	CN201721154811.2	2018.04.17	广州市拿火科技有限公司	刘可颖
一种吉他消音装置	CN201721109824.8	2018.04.17	遵义神曲乐器制造有限责任公司	郑传玖
一种木吉他琴箱	CN201721213840.1	2018.04.17	泰兴市维凯纳乐器有限公司	闾建海
拾音器声音调节器及吉他	CN201721002469.4	2018.04.17	广州市拿火科技有限公司	刘可颖
面板及吉他	CN201721002488.7	2018.04.17	广州市拿火科技有限公司	钟锐
一种具有铁芯调整装置的民谣吉他柄	CN201720305575.3	2018.04.17	济宁市技师学院	李明
古筝（金色年华）	CN201730526364.8	2018.04.17	乐海乐器有限公司	宋营彬、宋恩辉
一种萨克斯管笛头卡子	CN201721064378.3	2018.04.17	天津市美声达乐器有限公司	李严肃、郭俊崃
萨克斯管吹嘴的束圈	CN201721127002.2	2018.04.17	刘兆煌	刘兆煌
一种小提琴托腮垫	CN201721213839.9	2018.04.17	泰兴市维凯纳乐器有限公司	闾建海
一种可防止撑脚杆滑脱的大提琴	CN201721204021.0	2018.04.17	于佳汀	于佳汀
一种小提琴面板加工系统	CN201720646197.5	2018.04.17	南通睿控机械科技有限公司	朱晓亮
用于管乐器的吹嘴簧片	CN201720996982.3	2018.04.20	金斗汉林胜泽	金斗汉
乐器盒	CN201721282408.8	2018.04.20	功学社教育用品股份有限公司	叶倩如
一种防氧化的钢琴罩	CN201721241396.4	2018.04.20	杭州派肯科技有限公司	柳建、陈丹
一种连接强度高的吉他	CN201721328067.3	2018.04.20	惠州市恩雅乐器有限公司	胡海明
一种支撑性能好的吉他	CN201721328401.5	2018.04.20	惠州市恩雅乐器有限公司	胡海明
一种新型高强度吉他	CN201721333134.0	2018.04.20	惠州市恩雅乐器有限公司	胡海明
一种携带方便的折叠式古筝支撑架	CN201721357771.1	2018.04.20	王伟杰	王伟杰
提琴木板直线手拉锯工具	CN201721131738.7	2018.04.20	巫山县创想乐器工作坊	邓发科
一种指板可拆卸式简易小提琴和指板	CN201721145368.2	2018.04.24	张烽	张烽
一种云南民族乐器的除尘清洗装置	CN201721267122.2	2018.04.27	云南民族大学	方伟伟、孙明跃
一种电声乐器的音频插孔	CN201720837617.8	2018.04.27	瑞安市中联电声乐器有限公司	林瑞荣
一种分体式钢琴音板结构	CN201721458306.7	2018.04.27	李旭东	李旭东
一种用于笔记本电脑的钢琴烤漆外壳体	CN201721330748.3	2018.04.27	重庆普强电子科技有限公司	叶旭东
一种钢琴背架	CN201721116768.0	2018.04.27	倪穗礼	倪穗礼
一种用于笔记本电脑的钢琴烤漆外壳体	CN201721331097.X	2018.04.27	苏州普强电子科技有限公司	叶旭东

续表

名称	申请（专利）号	公开（公告）日	申请（专利权）人	发明（设计）人
一种电钢琴盖板生产用固定装置	CN201721317530.4	2018.04.27	河北金佰欧教学设备制造有限公司	刘晨
种立式钢琴顶盖撑杆结构	CN201720853461.2	2018.04.27	海伦钢琴股份有限公司	陈海伦
数码钢琴架（U型）	CN201730482957.9	2018.04.27	广州珠江艾茉森数码乐器股份有限公司	卢毅明、刘春清
一种吉他固弦锥	CN201721345961.1	2018.04.27	山东科技大学	翟天文、孔小飞、梁彬、徐吉磊、李兆松、张玉鲁
一种钢琴外壳	CN201720708015.2	2018.05.01	厦门艾维尔科技有限公司厦门塞巴赫文化传媒有限公司厦门威盾斯坦进出口有限公司	谭兴、谭奇
用于置于钢琴上的琴谱翻页装置	CN201721149250.7	2018.05.01	马超群	马超群
一种钢琴键盘的后档装置	CN201721450304.3	2018.05.01	珠海横琴新区欧爵科技有限公司	陈福有
一种抗菌防潮钢琴防尘罩	CN201720708074.X	2018.05.01	厦门艾维尔科技有限公司、厦门塞巴赫文化传媒有限公司、厦门威盾斯坦进出口有限公司	谭兴、谭奇
一种用于电吉他拉弦颤音的装置	CN201720762095.X	2018.05.01	李庆波	李庆波
自锁式吉他架	CN201721430034.X	2018.05.01	宁波启发电子有限公司	翟福平、董玲娟
提琴刷油漆的支架	CN201721393435.2	2018.05.01	巫山县创想乐器工作坊	芦蓉
一种钢琴演奏用谱架	CN201721496353.0	2018.05.04	怀化学院	宋彦斌
一种环保钢琴	CN201720946528.7	2018.05.04	覃钰迪	覃钰迪
一种带有磁悬浮式琴键的钢琴	CN201720126807.9	2018.05.04	杨玉涵	杨玉涵
一种可以弹出音乐的水晶钢琴礼品	CN201721364666.0	2018.05.04	黄国春	黄国春
一种钢琴的选择延音装置	CN201720738265.0	2018.05.04	陕西学前师范学院	王玉威、金鑫
一种钢琴弦槌硬度处理装置	CN201721071680.1	2018.05.04	苏州公爵琴业有限公司	朱庆、黄福民、孙学发
一种钢琴锁门档	CN201721071706.2	2018.05.04	苏州公爵琴业有限公司	朱庆、孙学发
一种钢琴养护系统	CN201721010724.X	2018.05.08	周国强	周国强
一种用于增强共鸣效果的钢琴中盘	CN201721396180.5	2018.05.08	浙江德清豪迈钢琴有限公司	施建国
一种具有录音功能的钢琴节拍器	CN201720523919.8	2018.05.08	长沙师范学院	方涛
一种便于悬挂的多功能吉他	CN201721013559.3	2018.05.08	佛山市幻龙科技有限公司	黄小席
一种小提琴按压贴	CN201721226808.7	2018.05.08	杨澜茜	杨澜茜
一种移动式家用钢琴智能曲谱夹持机构	CN201721127076.6	2018.05.11	中北大学	刘洋
一种家用钢琴智能曲谱夹持板机构	CN201721127090.6	2018.05.11	曲靖师范学院	高蕊
一种吉他琴弦	CN201721292020.6	2018.05.11	翟翠芳	翟翠芳
一种斜拉链吉他包	CN201721375353.5	2018.05.11	广州市润博乐器箱包制造有限公司	王彩虹
一种新型钢琴拨叉	CN201720378507.X	2018.05.15	辽宁科技大学	石杨
一种钢琴陪练机	CN201720743947.0	2018.05.15	广州市贝斯曼乐器有限公司	周毅强

续表

名称	申请（专利）号	公开（公告）日	申请（专利权）人	发明（设计）人
一种用于吉他面板及背板粘接的多功能装置	CN201721178043.4	2018.05.15	遵义神曲乐器制造有限责任公司	郑传玖
一种数字扬琴演奏平台	CN201721521096.1	2018.05.15	李彦荣	李彦荣
一种小提琴肩托	CN201720860605.7	2018.05.15	泰兴市恒杰乐器有限公司	闾斌
一种钢琴辅助踏板	CN201721177102.6	2018.05.18	郑州幼儿师范高等专科学校	杨洁
一种钢琴键盘塑料黑键	CN201720982148.9	2018.05.18	森鹤乐器股份有限公司	胡建迪、谢今天、罗百权
便于清扫琴键的钢琴设备	CN201721433029.4	2018.05.18	山东理工职业学院	王珊珊、曹桂红、侯圣硕
一种自动钢琴翻谱器	CN201721555873.4	2018.05.18	刘洋	刘洋
钢琴琴谱支撑装置	CN201721530054.4	2018.05.18	王冬梅	王冬梅
用于提琴及弹拨乐器的微调弦轴	CN201810146613.4	2018.05.18	周德柱	周德柱、周毅
小提琴肩托连接装置	CN201721518141.8	2018.05.18	王冬梅	王冬梅
拉链弓子袋提琴盒	CN201721563741.6	2018.05.18	巫山县创想乐器工作坊	芦蓉
一种钢琴词谱显示面板	CN201721275730.8	2018.05.22	东北石油大学	周恩泽、董菲、侯艳冰、周立言、丛立军、吴虹
便捷式钢琴指法练习器	CN201720739985.9	2018.05.22	扬州大学	黄成成、方光耀、胡亮
方便移动的钢琴凳装置	CN201720482952.0	2018.05.22	长春大学	尹达
一种钢琴谱架	CN201721198632.9	2018.05.22	张忻桐	
一种可调节钢琴键盘	CN201721398161.6	2018.05.22	浙江德清豪迈钢琴有限公司	施建国
一种便于音乐课教学使用的钢琴装置	CN201721584755.6	2018.05.22	曹晓曼	曹晓曼
一种多功能防滑吉他立体拨片	CN201721475599.X	2018.05.22	寇庆山	寇庆山
一种适于调整坐姿的古典吉他	CN201721356466.0	2018.05.22	万钧	万钧
一种便携式吉他用的压弦机构	CN201721256085.5	2018.05.22	贵州华成乐器制造有限公司	卢彭建
一种电动吉他音梁安装模箱	CN201721267972.2	2018.05.22	贵州贝加尔乐器有限公司	高益波
一种吉他粘合固定钢板的运输供料装置	CN201721184437.0	2018.05.22	遵义神曲乐器制造有限责任公司	郑传玖
一种吉他粘合多功能固定装置	CN201721185150.X	2018.05.22	遵义神曲乐器制造有限责任公司	郑传玖
一种吉他生产使用的胶水半自动上胶装置	CN201721177469.8	2018.05.22	遵义神曲乐器制造有限责任公司	郑传玖
一种吉他生产胶水供给装置	CN201721177021.6	2018.05.22	遵义神曲乐器制造有限责任公司	郑传玖
一种便携式吉他	CN201721256318.1	2018.05.22	贵州华成乐器制造有限公司	卢彭建
一种用于吉他面板及背板的运输供料装置	CN201721184420.5	2018.05.22	遵义神曲乐器制造有限责任公司	郑传玖
古筝调音扳手	CN201721528852.3	2018.05.22	扬州市琼花民族乐器有限公司	曲玉利
一种带内弯脊的萨克斯弯管	CN201721136758.3	2018.05.22	山东泰山管乐器制造有限公司	赵人兴
口琴通道平行流式换热器	CN201721321650.1	2018.05.22	纳百川控股有限公司	陈荣波、宋其敏、张传建

续表

名称	申请（专利）号	公开（公告）日	申请（专利权）人	发明（设计）人
一种双联低音口琴	CN201720765463.6	2018.05.22	江苏天鹅乐器有限公司	陈滔
降低吹气力度的口琴琴格	CN201721344036.7	2018.05.22	江苏奇美乐器有限公司	张敏
一种 24 孔重音口琴	CN201720764751.X	2018.05.22	江苏天鹅乐器有限公司	陈滔
一种 24 孔小调口琴	CN201720764753.9	2018.05.22	江苏天鹅乐器有限公司	陈滔
一种用于吉他胶水供给的压力平衡装置	CN201721176993.3	2018.05.23	遵义神曲乐器制造有限责任公司	郑传玖
一种卧式钢琴的独立可调弦槌柄垫档组件	CN201721045253.6	2018.05.25	森鹤乐器股份有限公司	岑迪锋
一种钢琴支撑架	CN201721436762.1	2018.05.25	武威职业学院	潘从明
新型钢琴辅助踏板	CN201721605421.2	2018.05.25	刘菁菁、孙永波	刘菁菁、孙永波
口琴电容麦克风	CN201721383004.8	2018.05.25	江苏东方乐器有限公司	孔文忠
钢琴节拍器固定装置	CN201721604929.0	2018.05.29	刘菁菁、孙永波	刘菁菁、孙永波
一种用于钢琴训练手指的训练器	CN201721171511.5	2018.05.29	许昌学院	梁翰
一种抗变形钢琴中盘	CN201721395574.9	2018.05.29	浙江德清豪迈钢琴有限公司	施建国
一种一体式的多功能小扬琴	CN201721479078.1	2018.05.29	李玲玲	李玲玲、吴汉军
一种具有防尘保护功能的古筝	CN201721310168.8	2018.05.29	宜春学院	熊佳
一种便于音符识别的古筝	CN201721449781.8	2018.05.29	北京伽冠教育科技有限公司	罗宇、孟斯诺
一种立式钢琴音板	CN201721459987.9	2018.06.01	咸阳师范学院	王一冰
无声隐藏式钢琴键盘盖	CN201721557954.8	2018.06.01	咸阳师范学院	王一冰
一种新型钢琴弦槌	CN201720981953.X	2018.06.01	森鹤乐器股份有限公司	胡建迪、陈求灿、张伟
一种钢琴键盘覆盖贴	CN201721364393.X	2018.06.01	张卓	张卓
一种吉他谱架	CN201721108904.1	2018.06.01	遵义神曲乐器制造有限责任公司	郑传玖
小古筝	CN201721603273.0	2018.06.01	吴大平	吴大平
古筝穿弦辅助器	CN201721454735.7	2018.06.01	临泽县锐翔科技开发有限责任公司	王杨芃、何倩
防粘膜清洁消毒型半音阶口琴盒	CN201721347029.2	2018.06.01	南京工程学院	张佳龙、王新宝
一种钢琴压谱架	CN201720520317.7	2018.06.05	长沙师范学院	方涛
一种钢琴教学用防倾倒乐谱架	CN201721567538.6	2018.06.05	长江大学	邓波尔、董焰
一种钢琴手指训练装置	CN201721290340.8	2018.06.05	姚溪浏	姚溪浏
一种新型古筝拨片指套	CN201721683028.5	2018.06.05	李萍	李萍
一种新型前岳山的古筝	CN201721497492.5	2018.06.05	金剑	金剑
提琴拼缝电刨	CN201721562018.6	2018.06.05	巫山县创想乐器工作坊	郑福君
一种小提琴演奏用琴谱支撑架	CN201720501009.X	2018.06.05	湖南人文科技学院	王文霞
一种用于简易小提琴的指板	CN201721344549.8	2018.06.05	张烽	张烽
提琴刨磨一体机	CN201721563620.1	2018.06.05	巫山县创想乐器工作坊	郑福君
管乐器	CN201680056728.3	2018.06.08	雅马哈株式会社	末永雄一朗、大野彻

续表

名称	申请（专利）号	公开（公告）日	申请（专利权）人	发明（设计）人
一种钢琴乐谱放大装置	CN201721667927.6	2018.06.08	鞍山师范学院	栗琳
一种适用于电钢琴的分布式色彩音乐系统	CN201721419509.5	2018.06.08	哈尔滨理工大学	孙博言、张宏、王传胜、侯林、叶林
琴桥及吉他	CN201721002319.3	2018.06.08	广州市拿火科技有限公司	周汀沙
一种用于吉他侧板的吸附机构	CN201721381374.8	2018.06.08	惠州市德尚乐器有限公司	钟文辉
一种电吉他制造用抛光装置	CN201721213352.0	2018.06.08	泰兴市琅琅乐器有限公司	翁健康、翁江伟
一种用于吉他琴头的螺丝松紧调节装置	CN201721369688.6	2018.06.08	惠州市德尚乐器有限公司	钟文辉
吉他背带钉固定结构及吉他	CN201721711046.X	2018.06.08	广州市拿火信息科技有限公司	陆子天、钟锐、刘可颖、周汀沙、周联峰、瓦西里
一种吉他琴托	CN201721213857.7	2018.06.08	泰兴市维凯纳乐器有限公司	闾建海
一种吉他背板吸盘机械手	CN201721381482.5	2018.06.08	惠州市德尚乐器有限公司	钟文辉
吉他指板加工机构	CN201721410018.4	2018.06.08	漳浦金盛智能科技有限公司	陈金在
吉他琴颈琴体连接结构及吉他	CN201721709663.6	2018.06.08	广州市拿火信息科技有限公司	陆子天、钟锐、刘可颖、周汀沙、周联峰、瓦西里
一种民谣吉他用多功能琴箱	CN201721213320.0	2018.06.08	泰兴市琅琅乐器有限公司	翁健康、翁江伟
一种便于固定的电吉他制造用切割装置	CN201721213396.3	2018.06.08	泰兴市琅琅乐器有限公司	翁健康、翁江伟
一种新型扬琴椅	CN201720495592.8	2018.06.08	周邦春	周邦春
古筝（极简风格）	CN201730641411.3	2018.06.08	扬州大学	徐影
萨克斯连体拔口套	CN201720930745.7	2018.06.08	山东泰山管乐器制造有限公司	赵人兴
一种萨克斯吹口管	CN201720930035.4	2018.06.08	山东泰山管乐器制造有限公司	赵人兴
一种带边沿的萨克斯涨型模具	CN201721142566.3	2018.06.08	山东泰山管乐器制造有限公司	赵人兴
一种可调节间距的小提琴肩托	CN201721213435.X	2018.06.08	泰兴市琅琅乐器有限公司	翁健康、翁江伟
一种小提琴制造用除木屑装置	CN201721213454.2	2018.06.08	泰兴市琅琅乐器有限公司	翁健康、翁江伟
一种墙壁式大提琴琴架	CN201721308931.3	2018.06.08	燕山大学	宋军
口琴演奏辅助工具	CN201721362716.1	2018.06.08	临泽县锐翔科技开发有限责任公司	刘钰栋、何倩
一种新型立式钢琴	CN201721296125.9	2018.06.12	青岛弗尔里希文化传播有限公司	崔颖
一种新型古筝架	CN201721489159.X	2018.06.12	王玥	王玥
一种新型古筝架	CN201721489205.6	2018.06.12	王玥	王玥
荧光钢琴键盘	CN201721185253.6	2018.06.15	陈若男	陈若男
一种电池盒、带电池盒的吉他及带电池盒的乐器	CN201721303298.9	2018.06.15	广州吉木贸易有限责任公司	张彬培
一种改进的木吉他面音板	CN201721688448.2	2018.06.15	佛山市南海音源乐器板材制造有限公司	郭建峰
一种新型吉他自动调音卷弦器	CN201721755354.2	2018.06.15	惠州市韩音乐器贸易有限公司	南宫圣燮
一种古筝内部框架	CN201721704641.0	2018.06.15	开封悦音乐器有限公司	吴扎根

续表

名称	申请（专利）号	公开（公告）日	申请（专利权）人	发明（设计）人
一种新型钢琴支撑架	CN201721700733.1	2018.06.19	曲靖师范学院	高蕊
钢琴壳及钢琴系统	CN201720792318.7	2018.06.19	罗纳德・A・莫雷托・R	罗纳德·A·莫雷托·R
一种钢琴指力练习器	CN201721290461.2	2018.06.19	姚溪浏	姚溪浏
一种电子古筝及基于智能终端的电子古筝	CN201721219156.4	2018.06.19	深圳市众郵科技有限公司	许美林
古筝	CN201721428306.2	2018.06.19	河南省皇钜乐器有限公司	吴二厂
一种电子钢琴的防滑支撑脚	CN201721064619.4	2018.06.22	浙江欧莱克琴业有限公司	赵红强
琴键、键盘模块及电钢琴	CN201820221596.1	2018.06.22	北京非同文化传媒有限公司	边洪磊
古筝（花容月貌）	CN201830106534.1	2018.06.22	兰考天中乐器有限公司	肖世腾
一种多功能吉他侧板热弯成形装置	CN201721688456.7	2018.06.26	佛山市南海音源乐器板材制造有限公司	郭建峰
一种实木芯复合吉他音板	CN201721691436.5	2018.06.26	佛山市南海音源乐器板材制造有限公司	郭建峰
一种用于多指法古筝弹奏装置中的压弦机构	CN201721548725.X	2018.06.26	温州大学瓯江学院	李大卫、李美琴、何涛、郑一峰、章敏煜、潘斌
一种用于多指法古筝弹奏装置中的拨弦机构	CN201721550179.3	2018.06.26	温州大学瓯江学院	郑一峰、李美琴、何涛、李大卫、章敏煜、潘斌
一种用于多指法古筝弹奏装置中的机械手臂	CN201721548670.2	2018.06.26	温州大学瓯江学院	章敏煜、李美琴、何涛、郑一峰、李大卫、潘斌
一种用于多指法古筝弹奏装置中的刮弦机构	CN201721548635.0	2018.06.26	温州大学瓯江学院	潘斌、李美琴、何涛、郑一峰、李大卫、章敏煜
一种高效率低噪音环形弦乐器拾音器	CN201721070565.2	2018.06.29	龙高潮	龙高潮
用于钢琴改制的高度可调节底座	CN201721845750.4	2018.06.29	李康鹏	李康鹏
一种隐藏式多功能钢琴扶手盒	CN201721306726.3	2018.06.29	湖北华都钢琴制造有限公司	汪其见、卢涛、吕旻
一种吉他和弦器	CN201721655827.1	2018.06.29	黄兵	黄兵
一种吉他侧板肋条静置装置	CN201721480258.1	2018.06.29	贵州华成乐器制造有限公司	卢彭建
一种安装吉他弦的辅助装置	CN201721487908.5	2018.06.29	遵义神曲乐器制造有限责任公司	郑传玖
一种吉他自动打磨装置	CN201721496141.2	2018.06.29	贵州金韵乐器有限公司	刘江波
一种折叠式吉他	CN201721444261.8	2018.06.29	贵州贝加尔乐器有限公司	高益波
一种吉他面板	CN201721472054.3	2018.06.29	贵州华成乐器制造有限公司	卢彭建
一种吉他音梁安装用的装置	CN201721496452.9	2018.06.29	贵州新发展乐器制造有限公司	王远
一种方便固定吉他面板的装置	CN201721463817.8	2018.06.29	贵州贝加尔乐器有限公司	高益波
打击乐器及多功能吉他	CN201721429922.X	2018.06.29	丛林象（武汉）科技发展有限公司	胡兰平
一种用于入门指导学习的吉他	CN201721490900.4	2018.06.29	遵义神曲乐器制造有限责任公司	郑传玖
一种方便吉他音梁安装的工作台	CN201721486551.9	2018.06.29	贵州新发展乐器制造有限公司	王远

续表

名称	申请（专利）号	公开（公告）日	申请（专利权）人	发明（设计）人
一种发热式吉他侧板肋条静置装置	CN201721487931.4	2018.06.29	贵州华成乐器制造有限公司	卢彭建
一种用于吉他抛光装置	CN201721487070.X	2018.06.29	贵州华成乐器制造有限公司	卢彭建
一种吉他面板边角料打磨设备	CN201721489437.1	2018.06.29	贵州贝加尔乐器有限公司	高益波
一种吉他琴颈打磨机	CN201721489328.X	2018.06.29	贵州贝加尔乐器有限公司	高益波
一种使用方便的吉他拨片	CN201721472625.3	2018.06.29	贵州贝加尔乐器有限公司	高益波
一种吉他弦距的调节工具	CN201721822849.2	2018.06.29	贵州贝加尔乐器有限公司	高益波
一种加热吉他	CN201721472626.8	2018.06.29	贵州贝加尔乐器有限公司	高益波
古筝乐谱放置架	CN201721839981.4	2018.06.29	大庆师范学院	张浩、赫威、佟桂影
一种便携式古筝托架	CN201721825477.9	2018.06.29	大庆师范学院	张浩、佟桂影、李红娟
古筝支撑架	CN201721673490.7	2018.06.29	商丘师范学院	魏巍、王玉忠、张颖、王梦琪
一种口琴扩音装置	CN201721299191.1	2018.06.29	江新河	江新河
乐器箱包的宽度旋转调节式支腿连座	CN201721467654.0	2018.07.03	乐海乐器有限公司	宋营彬、宋恩辉、宋少康
一种新型便携乐器盒	CN201721882727.2	2018.07.03	鹤壁职业技术学院	杨冯圆
一种脚踏钢琴	CN201721699367.2	2018.07.03	广东皇儿婴童用品有限公司	李希
一种三角钢琴	CN201721535083.X	2018.07.03	梅森翰姆林乐器（营口）有限公司	韩继辉
一种电钢琴琴键的阻力装置	CN201721450305.8	2018.07.03	珠海横琴新区欧爵科技有限公司	陈福有
适用于使用者快速识别指位的小提琴	CN201721686328.9	2018.07.03	顾国祥	顾国祥
一种多音色击打乐器	CN201720931548.7	2018.07.06	薛浩亮	薛浩亮
一种手碟及打击乐器演奏支架	CN201721843135.X	2018.07.06	尹星	尹星
一种电子乐器改善音效结构	CN201721590795.1	2018.07.06	得理乐器（珠海）有限公司	谢奇彬、聂燕辉、齐建业
一种方便存放不同乐器的音乐器材柜	CN201720308174.3	2018.07.06	安然李心怡	安然、李心怡
一种钢琴教学板	CN201721698899.4	2018.07.06	武威职业学院	潘从明
一种便携式钢琴支架	CN201721676759.7	2018.07.06	得理乐器（珠海）有限公司	冯德荣、傅杰明、唐林
一种电钢琴扬声器快捷连接机构	CN201721676797.2	2018.07.06	得理乐器（珠海）有限公司	冯德荣、傅杰明、唐林
一种电钢琴	CN201721830262.6	2018.07.06	深圳市伊诺乐器有限公司	袁雁
一种自动升降式钢琴识谱装置	CN201721350543.1	2018.07.06	陕西国际商贸学院	王欢
一种蓝牙吉他拾音器	CN201721747079.X	2018.07.06	惠州市韩音乐器贸易有限公司	南宫圣燮
一种靠手吉他	CN201721389219.0	2018.07.06	黄泳锦	黄泳锦
一种琴颈纵向拼接式吉他	CN201721389299.X	2018.07.06	黄泳锦	黄泳锦
一种中提琴练习用指环套	CN201721619366.2	2018.07.06	大连艺术学院	牛雪莹
一种中提琴支架	CN201721619368.1	2018.07.06	大连艺术学院	牛雪莹

续表

名称	申请（专利）号	公开（公告）日	申请（专利权）人	发明（设计）人
一种小提琴用的便携式琴盒	CN201721871986.5	2018.07.06	张以一	张以一
一种锯齿形口琴管	CN201721701803.5	2018.07.06	武汉纳百川电池热管理有限公司	张勇、张里扬
一种钢琴手型矫正器	CN201721198546.8	2018.07.10	张忻桐	张忻桐、王枫、张睿博
炫彩灯光钢琴凳	CN201720644926.3	2018.07.10	齐鲁师范学院	张晓蕾
一种用于储存吉他拨片的手环	CN201721485499.5	2018.07.10	东莞市华锦礼品有限公司	姜苏、姜平
一种便捷式小古筝内包装盒	CN201721604708.3	2018.07.10	吴大平	吴大平
一种古筝负重器	CN201721850494.8	2018.07.10	冯世国	冯世国
一种防潮提琴盒	CN201721320301.8	2018.07.10	连梦祺	连梦祺
一种带有过滤器的半音阶口琴	CN201721374686.6	2018.07.10	攀枝花学院	廖海君
一种乐器弓直器	CN201721639442.6	2018.07.13	广州市白云区亿声乐器配件厂	庞善锋
一种电子乐器快速烧录程序代码的结构件	CN201721357640.3	2018.07.13	苏国华	苏国华
一种新型缩调钢琴扳	CN201721894368.2	2018.07.13	黄卓志	黄卓志
一种钢琴教学装置支撑架	CN201721839787.6	2018.07.13	咸阳师范学院	严琦
一种立式钢琴板	CN201721582146.7	2018.07.13	海伦钢琴股份有限公司	陈海伦
一种古筝穿弦结构	CN201721785403.7	2018.07.13	延安大学	兰庆炜、李玉龙
一种带谱架的古筝	CN201721796540.0	2018.07.13	延安大学	兰庆炜、李玉龙
一种具有无线调音功能的智能弦乐器	CN201721059512.0	2018.07.17	黄海龙	黄海龙
声学乐器原声与电子信号转换传输系统	CN201721376892.0	2018.07.17	江新安	江新安
一种新型钢琴琴键	CN201721913795.0	2018.07.17	荆楚理工学院	胡贤波
一种吉他面板打磨机	CN201721489341.5	2018.07.17	贵州贝加尔乐器有限公司	高益波
可实现卡通人物弹吉他动作的机械结构	CN201721519581.5	2018.07.17	黄惠胡伟专胡亦然	黄惠、胡伟专、胡亦然
一种吉他固弦锥拔起工具	CN201721822881.0	2018.07.17	贵州贝加尔乐器有限公司	高益波
一种吉他侧板成形剪切机	CN201721689190.8	2018.07.17	佛山市南海音源乐器板材制造有限公司	郭建峰
一种吉他固弦锥起锥器	CN201721822850.5	2018.07.17	贵州贝加尔乐器有限公司	高益波
一种琴颈榫接结构的吉他	CN201721490969.7	2018.07.17	遵义神曲乐器制造有限责任公司	郑传玖
一种吉他木板烘干箱	CN201721689188.0	2018.07.17	佛山市南海音源乐器板材制造有限公司	郭建峰
一种吉他品记反光片点胶组件	CN201721377118.1	2018.07.17	惠州市德尚乐器有限公司	钟文辉
一种小提琴用的松香防摔器	CN201721873017.3	2018.07.17	张以一	张以一
一种由机器人控制的钢琴演奏系统	CN201721852086.6	2018.07.20	昆山塔米机器人有限公司	谭周勇、钟鑫、苗靖
一种角度可调节家用钢琴智能曲谱夹持机构	CN201721133508.4	2018.07.20	徐良果	徐良果
吉他和弦练习装置	CN201721921867.6	2018.07.20	广东工业大学	邓玮祎、叶凤华

续表

名称	申请（专利）号	公开（公告）日	申请（专利权）人	发明（设计）人
空心琴颈及吉他	CN201721706334.6	2018.07.20	广州市拿火信息科技有限公司	陆子天、钟锐、刘可颖、周汀沙、周联峰、瓦西里
一种古筝穿弦结构	CN201721906220.6	2018.07.20	湖北师范大学	杨小丹
音乐器材运送装置	CN201721839704.3	2018.07.24	大庆师范学院	张浩、赫威、佟桂影
一种具有干湿度自调节功能的钢琴	CN201720708085.8	2018.07.24	厦门艾维尔科技有限公司、厦门塞巴赫文化传媒有限公司、厦门威盾斯坦进出口有限公司	谭兴、谭奇
一种拖拽行走式大提琴琴箱包	CN201721433650.0	2018.07.24	泰兴市佳缘乐器有限公司	闾建兵、闾鹏
乐器调弦工具	CN201721528790.6	2018.07.27	扬州市琼花民族乐器有限公司	曲玉利
一种水果组合乐器玩具	CN201721630193.4	2018.07.27	广东誉海实业投资有限公司	白焱
一种儿童用钢琴座椅	CN201720695516.1	2018.07.27	鞍山师范学院	任海兰
一种钢琴手型矫正装置	CN201721493389.3	2018.07.27	大连艺术学院	谷月
一种多功能钢琴音乐课桌	CN201720878138.0	2018.07.27	罗然	罗然
一种附带手鼓的吉他	CN201820058624.2	2018.07.27	常熟理工学院	丁毅
折叠式吉他的防松脱结构	CN201721025483.6	2018.07.27	汤楷骅	汤楷骅
一种热弯曲制作的古筝	CN201721607718.2	2018.07.27	扬州市金艺乐器有限公司	谈正荣
提琴油漆干燥箱	CN201721490942.8	2018.07.27	巫山县创想乐器工作坊	张朝殿
组合提琴模板	CN201721076580.8	2018.07.27	巫山县创想乐器工作坊	郑福君
乐器教学辅助设备及钢琴教学辅助套件	CN201721092041.4	2018.07.31	北京银河润泰科技有限公司	郭毅、赵悦帆
琴类乐器的琴码	CN201721671949.X	2018.07.31	商丘师范学院	魏巍、孙启良、王珂珂、方静杰
一种用于钢琴踏板脚踏力度调整装置	CN201820090371.7	2018.07.31	西北民族大学	马希刚
一种可升降式钢琴脚踏板装置	CN201820090350.5	2018.07.31	西北民族大学	马希刚
乐器教学辅助设备及钢琴教学辅助套件	CN201721092041.3	2018.07.31	北京银河润泰科技有限公司	郭毅、赵悦帆
一种移动钢琴教学服务车	CN201720953670.4	2018.07.31	朱明明	朱明明
一种用于钢琴教学的翻谱器	CN201820002422.6	2018.07.31	许明	许明
一种吉他自动调弦装置	CN201721542527.2	2018.07.31	杨婧媛	杨婧媛
一种古筝指甲收纳荷包	CN201721824070.4	2018.07.31	刘艺欣	刘艺欣
一种古筝转调装置	CN201721141267.8	2018.07.31	颜飙	颜飙
一种古筝指甲透气防滑拨片	CN201820041551.6	2018.07.31	程雷	程雷
一种小提琴可调消噪阻尼件	CN201820029516.2	2018.07.31	张以一	张以一
一种幼教用乐器玩具板	CN201721470992.X	2018.08.03	靳倩	靳倩
一种号类乐器用放水键	CN201820032438.1	2018.08.03	廊坊市斯尔曼乐器有限公司	王领
一种钢琴调音装置	CN201721379098.1	2018.08.03	陈超超	陈超超
一种便捷升降钢琴凳子	CN201720572955.3	2018.08.03	长沙师范学院	余琳娜

续表

名称	申请（专利）号	公开（公告）日	申请（专利权）人	发明（设计）人
一种吉他变调夹	CN201820113578.1	2018.08.03	王远超糜松桦	王远超、糜松桦
一种新型的吉他音梁结构	CN201721820283.X	2018.08.03	广州市慢手乐器有限公司	梁快光
古筝指甲弹性套	CN201820099927.9	2018.08.03	程雷	程雷
一种手碟及打击乐器腿部固定托架	CN201721850903.4	2018.08.07	尹星	尹星
一种电子乐器模拟设备	CN201721577242.2	2018.08.07	李超鹏、王云鹏、任国庆	李超鹏、王云鹏、任国庆、王汉唐
一种多功能乐器台桌	CN201720646278.5	2018.08.07	刘露	刘露
一种立式钢琴上可伸缩收纳的顶灯装置	CN201720867390.1	2018.08.07	青岛弗尔里希文化传播有限公司	崔颖
自动纠错钢琴	CN201721016445.4	2018.08.07	北京库客音乐股份有限公司	梁利伟
可调音质的电钢琴	CN201721016461.3	2018.08.07	北京库客音乐股份有限公司	姜荣涛
钢琴用快捷式支撑架	CN201820043482.2	2018.08.07	许昌学院	申璐莹
一种钢琴漆包线用粒子检测死机报警装置	CN201820154033.5	2018.08.07	先登高科电气有限公司	施国良
一种吉他加工用加钻装置	CN201721490670.1	2018.08.07	遵义神曲乐器制造有限责任公司	郑传玖
一种新型可拆卸的燕尾槽卡扣式模块的组合吉他	CN201721547394.8	2018.08.07	赵春东	赵春东
一种可自动调节吉他面板厚度的制造装置	CN201721690667.4	2018.08.07	佛山市南海音源乐器板材制造有限公司	郭建峰
提琴侧板热压机	CN201721577744.5	2018.08.07	牡丹江和音乐器有限公司	贾酝
一种多用乐器移动装置	CN201721412551.4	2018.08.10	北京瑞驰飞扬拓展器械有限公司	郭玉华
钢琴壳及钢琴系统	CN201720791565.5	2018.08.10	罗纳德·A·莫雷托·R	罗纳德·A·莫雷托·R
一种防尘型钢琴	CN201820122911.5	2018.08.10	王婷	王婷
吉他、尤克里里琴箱	CN201721778845.9	2018.08.10	武强金音教育文化传媒有限公司	陈学孔
一种轻式吉他结构	CN201820094475.5	2018.08.10	郭玉龙	郭玉龙
吉他、尤克里里的琴箱与琴颈连接结构	CN201721779512.8	2018.08.10	武强金音教育文化传媒有限公司	陈学孔
一种防火吉他结构	CN201820094442.0	2018.08.10	郭玉龙	郭玉龙
一种大提琴琴弓粘贴座	CN201721308893.1	2018.08.10	燕山大学	宋军
电子乐器	CN201721748970.5	2018.08.14	深圳市柔宇科技有限公司	叶建海
一种鼓乐器锤柄防脱装置	CN201721321724.1	2018.08.14	诸暨市艾克米科技孵化器有限公司	陈兰
一种新型钢琴辅助教具	CN201720897508.5	2018.08.14	北方民族大学	张向勇
一种用于钢琴教学的辅助装置	CN201721467822.6	2018.08.14	咸阳师范学院	王一冰
一种方便携带的组合式钢琴键位识别器	CN201820063201.X	2018.08.14	东莞理工学院	莫晃杰、李培、沙秀仪、黄琼、史旻、凌文浩
吉他指板加工的边角料分离机构	CN201721409974.0	2018.08.14	漳浦金盛智能科技有限公司	陈金在
一种吉他的面板硬度检测装置	CN201820132199.7	2018.08.14	可尔特乐器（大连）有限公司	段忠伟、王鹏

续表

名称	申请（专利）号	公开（公告）日	申请（专利权）人	发明（设计）人
一种可移动带角度调整古筝架	CN201820059229.6	2018.08.14	漳州城市职业学院	高巍伟
一种小提琴腮托	CN201820089643.1	2018.08.14	郑好	郑好
一种具有显示屏教学功能的钢琴按键类乐器及其提示板	CN201721315676.6	2018.08.21	拉拉古传媒（深圳）有限公司	吴若鹏
一种具有显示屏教学功能的钢琴按键类乐器及其提示板	CN201721315676.5	2018.08.21	拉拉古传媒（深圳）有限公司	吴若鹏
一种便于维修的钢琴琴键	CN201820174712.9	2018.08.21	浙江欧莱克琴业有限公司	赵红强
一种可调节高矮的钢琴踏板	CN201820173460.8	2018.08.21	浙江欧莱克琴业有限公司	赵红强
一种可调式的吉他架	CN201820139752.X	2018.08.21	吴瑶	吴瑶
一种吉他的琴弦调整装置	CN201820139692.1	2018.08.21	吴瑶	吴瑶
一种防手汗的吉他	CN201820139741.1	2018.08.21	吴瑶	吴瑶
一种吉他音梁固定装置	CN201820139745.X	2018.08.21	吴瑶	吴瑶
一种具有降低声音功能的吉他	CN201820096286.1	2018.08.21	郭梦阳	郭梦阳
一种便于连接与断开的吉他扣带	CN201820138679.4	2018.08.21	吴瑶	吴瑶
一种便于佩戴的吉他琴弦拨片	CN201820138737.3	2018.08.21	吴瑶	吴瑶
一种带有拨片槽的吉他存放盒	CN201820138988.1	2018.08.21	吴瑶	吴瑶
一种吉他琴弦可调式拉紧装置	CN201820139758.7	2018.08.21	吴瑶	吴瑶
一种带有干燥装置的小提琴存放盒	CN201820139737.5	2018.08.21	吴瑶	吴瑶
一种小提琴用的拇指套	CN201820139682.8	2018.08.21	吴瑶	吴瑶
一种小提琴免夹持装置	CN201820139681.3	2018.08.21	吴瑶	吴瑶
一种大提琴用的省力支撑装置	CN201820138978.8	2018.08.21	吴瑶	吴瑶
一种使用舒适的小提琴肩托装置	CN201820139693.6	2018.08.21	吴瑶	吴瑶
一种舒适稳定的小提琴用肩托	CN201820139678.1	2018.08.21	吴瑶	吴瑶
一种小提琴琴弦紧固装置	CN201820139684.7	2018.08.21	吴瑶	吴瑶
一种便于调弦的小提琴	CN201820138745.8	2018.08.21	吴瑶	吴瑶
一种方便调节高度的大提琴琴码	CN201820139787.3	2018.08.21	吴瑶	吴瑶
一种防止磨损的大提琴着地支撑装置	CN201820139784.X	2018.08.21	吴瑶	吴瑶
一种用于钢琴的乐谱夹持装置	CN201820032118.6	2018.08.24	长沙师范学院	唐鸣、张楚婷
一种钢琴键盘动作检测装置	CN201820146562.0	2018.08.24	杨殿金	杨殿金
一种用于钢琴盖的支撑装置	CN201820020148.5	2018.08.24	长沙师范学院	唐鸣、夏欣欣
一种钢琴书夹	CN201721769855.6	2018.08.24	怀化学院	夏雨
带照片打印机的美拍钢琴游戏机	CN201721867510.4	2018.08.24	广州市嘟嘟糖动漫科技有限公司	杨飞武
一种智能吉他拨弦教学装置	CN201721246141.7	2018.08.24	张人杰	张人杰
一种具有高度调节功能的古筝架	CN201820025249.1	2018.08.24	聂朋胜	聂朋胜
一种儿童中音萨克斯	CN201820162713.1	2018.08.24	天津圣迪乐器有限公司	王玉春
一种小提琴琴弦固定件的安装工具	CN201820139688.5	2018.08.24	吴瑶	吴瑶

续表

名称	申请（专利）号	公开（公告）日	申请（专利权）人	发明（设计）人
一种大提琴琴颈修复粘合压紧卡具	CN201820138918.6	2018.08.24	吴瑶	吴瑶
弹拨类电声乐器的延音系统及弹拨类电声乐器	CN201820021059.2	2018.08.28	李嘉辉	李嘉辉
钢琴轴架自动粘绳设备	CN201721889428.1	2018.08.28	广州珠江恺撒堡钢琴有限公司	黄耿志、林鸣亚、林启东、何建文、何玉坚
钢琴琴弦磨花装置和绕弦机	CN201721894582.8	2018.08.28	广州珠江恺撒堡钢琴有限公司	黄耿志、郭方民、孔超雄、文均明、梁志和、区迎
外接镜头设备及钢琴教学辅助套件	CN201721092043.2	2018.08.28	北京银河润泰科技有限公司	郭毅、赵悦帆
一种钢琴音架	CN201820255508.X	2018.08.28	高雄	高雄
一种新型的钢琴固定移动架	CN201721199215.6	2018.08.28	黑龙江民族职业学院	赵英华、唐飞、何苗、李爽、乌兰
可用于机加工呢条的钢琴键子	CN201721925927.1	2018.08.28	广州珠江恺撒堡钢琴有限公司	何建文、卢奇剑、龚承忠
用于吉他指板加工的物料自动输送机构	CN201721410418.5	2018.08.28	漳浦金盛智能科技有限公司	陈金在
吉他指板自动加工生产线	CN201721410720.0	2018.08.28	漳浦金盛智能科技有限公司	陈金在
一种小提琴的可调节肩座	CN201721872001.0	2018.08.28	张以一	张以一
一种用于小提琴的腮托	CN201721871990.1	2018.08.28	张以一	张以一
一种用于音乐乐器的分层稳固收纳装置	CN201820297438.4	2018.08.31	滨州学院	李倩
一种可调节手感的钢琴键杆	CN201820168418.7	2018.08.31	宜昌金宝乐器制造有限公司	吴天延、李志洲
一种方便调整乐谱倾斜角度的钢琴	CN201820152286.9	2018.08.31	张义瑶	张义瑶、杨婷
悬浮式三角钢琴共鸣盘	CN201820145682.9	2018.08.31	王广媛	王永和、王广媛、解建华
用于钢琴教学的辅助用品	CN201721443236.8	2018.08.31	广州皇族文化传播有限公司	谭和平
一种可打印照片的水舞钢琴游戏机	CN201820096606.3	2018.08.31	广州智传电子有限公司	吴洪斌
一种电钢琴踏板总成	CN201820284575.4	2018.08.31	齐鲁师范学院	张倚舲
用于吉他胶合板烘干炉	CN201721691408.3	2018.08.31	佛山市南海音源乐器板材制造有限公司	郭建峰
可调节吉他包	CN201820033053.7	2018.08.31	尹星	尹星
一种可调压力吉他变调调音夹	CN201820146691.X	2018.08.31	张圣楠	张圣楠
一种简易吉他架	CN201820308295.2	2018.08.31	齐鲁师范学院	张倚舲
一种带有无线麦克风的小提琴形蓝牙音箱	CN201820135560.1	2018.08.31	陈泽通	陈泽通
一种便于吹奏的口琴	CN201820284495.9	2018.08.31	齐鲁师范学院	张倚舲
一种舞台视觉用乐器的多段固定支架	CN201721870894.5	2018.09.04	徐州茵文特信息科技有限公司	蒲锡鹏、乔学斌
乐器防伪追溯标签	CN201721623672.3	2018.09.04	查继山严利燕斌	查继山、严利、燕斌
一种琴码及弦乐器	CN201820114856.5	2018.09.04	深圳视感文化科技有限公司	宋君、王松伟、涂金龙

续表

名称	申请（专利）号	公开（公告）日	申请（专利权）人	发明（设计）人
乐器运输支撑架	CN201820128344.4	2018.09.04	渭南师范学院	薛卓艳
一种显示光投影式练习电钢琴	CN201721518651.5	2018.09.04	万莹	万莹
一种音乐钢琴	CN201820084180.X	2018.09.04	渭南师范学院	王燕、葛莉
一种钢琴面板模具的改进结构	CN201820096976.7	2018.09.04	中山实化成塑料有限公司	孙云国
一种钢琴键盘压感检测装置	CN201721518652.X	2018.09.04	万莹	万莹
电钢琴黑白键的减震结构	CN201721895692.6	2018.09.04	泉州海丝蔓电子科技有限公司	郑志龙
钢琴湿度管理装置及系统	CN201820315096.4	2018.09.04	林朝	林朝
转向吉他展示架	CN201820114490.1	2018.09.04	佛山市博蔚金属制品有限公司	王永敢
一种可拆卸古筝架	CN201820216107.3	2018.09.04	北京佳乐圣华商贸有限公司	朱雷
一种萨克斯管旋转升降辅助架	CN201820167363.8	2018.09.04	宝鸡文理学院	吕博
一种萨克斯管用话筒夹	CN201820257091.0	2018.09.04	宝鸡文理学院	吕博
一种提琴座	CN201721659279.X	2018.09.04	朱霞军	朱霞军
一种提琴架	CN201721665479.6	2018.09.04	朱霞军	朱霞军
一种古筝穿弦结构	CN201820262517.1	2018.09.07	咸阳师范学院	宋倩雯
一种便携式古筝架	CN201721808149.8	2018.09.07	延安大学	兰庆炜、李玉龙
一种新型古筝指甲	CN201820248449.3	2018.09.07	咸阳师范学院	宋倩雯
一种便携式古筝架	CN201820247985.1	2018.09.07	咸阳师范学院	宋倩雯
一种小提琴用肩托	CN201721540833.2	2018.09.07	泰兴市卡农斯特乐器行	丁和生、丁家晔
一种小提琴握弓器	CN201721873048.9	2018.09.07	张以一	张以一
一种小提琴调弦装置	CN201721540749.0	2018.09.07	泰兴市卡农斯特乐器行	丁和生、丁家晔
一种小提琴调弦器	CN201721540746.7	2018.09.07	泰兴市卡农斯特乐器行	丁和生、丁家晔
一种小提琴用琴桥	CN201721540700.5	2018.09.07	泰兴市卡农斯特乐器行	丁和生、丁家晔
一种乐器的存放装置	CN201820346364.9	2018.09.11	湖南涉外经济学院	尹理智
可调型乐器支架	CN201820186687.6	2018.09.11	扬州大学	姚霆、秦忠亚、成莉、李嘉宝、李加欢
一种用于胎教的手鼓乐器	CN201820059217.3	2018.09.11	漳州城市职业学院	高巍伟
一种乐器拾音装置	CN201820222912.7	2018.09.11	广州市蓝深贸易有限公司	何海峰
手钟乐器以及手钟乐团	CN201820030093.6	2018.09.11	李谧爱	李谧爱
一种稳定性能好的钢琴架	CN201820333349.0	2018.09.11	新乡职业技术学院	毛鸿亮、刘阳、潘劲成
一种便于教学的钢琴翻谱器	CN201721575423.1	2018.09.11	兰州文理学院	王彬
一种钢琴自动演奏驱动装置	CN201820338267.5	2018.09.11	山西师范大学	曹霞
一种钢琴教学用可调节高度琴谱架	CN201820332389.3	2018.09.11	新乡职业技术学院	潘劲成、毛鸿亮、刘阳
一种教学用钢琴手机支架	CN201820319260.9	2018.09.11	李佳雯	李佳雯
一种新型古筝拨片套	CN201820147047.4	2018.09.11	李萍	李萍

续表

名称	申请（专利）号	公开（公告）日	申请（专利权）人	发明（设计）人
一种可调节固定宽度的小提琴肩托	CN201820289296.7	2018.09.11	陈景欣	陈景欣
一种新型环保乐器埙	CN201721578169.0	2018.09.14	凡响	凡响
一种吉他类乐器用多功能测量规	CN201820194000.3	2018.09.14	HOSCO 株式会社	细川真史
一种钢琴谱架	CN201820183015.X	2018.09.14	江南大学	徐嫣、胡永强
电钢琴力度可调重锤键盘	CN201721895691.1	2018.09.14	泉州海丝蔓电子科技有限公司	郑志龙
一种光感控制自动翻页钢琴谱架	CN201820333626.8	2018.09.14	青岛市技师学院	刘彦
一种平面型钢琴琴盖	CN201820366823.X	2018.09.14	福建网龙计算机网络信息技术有限公司	刘德建、魏泽岚、黄御彰、上官敦成、梁军、林嘉泉
一种吉他类乐器用多功能测量规	CN201820194000.4	2018.09.14	HOSCO 株式会社	细川真史
新型小提琴肩托固定装置	CN201820296463.0	2018.09.14	九江职业大学	曹滔滔
一种带有竹筒的双联低音口琴	CN201820353899.9	2018.09.14	南京机电职业技术学院	戴维斯、徐磊、华福宁
乐器用振动膜板	CN201820324003.4	2018.09.18	文博	文博
一种管乐器收纳盒	CN201820294887.3	2018.09.18	张娜	张娜
一种用于钢琴教学的多功能乐谱架	CN201820208623.1	2018.09.18	陕西职业技术学院	康静、刘菲
一种便于移动的古典音乐教学用钢琴	CN201820081866.3	2018.09.18	长江大学	周卓敏、饶婷婷
一种基于直线电机的钢琴表演装置	CN201820312093.5	2018.09.18	安徽大学	何中燕、随梦理
一种钢琴凳	CN201721283754.8	2018.09.18	诸暨市沃思环保技术有限公司	刘易君
一种钢琴的三防弦槌	CN201721045043.7	2018.09.18	森鹤乐器股份有限公司	岑迪锋
一种带自锁机构的吉他支架	CN201820116462.3	2018.09.18	音王电声股份有限公司	熊齐军、史文国、张赞
一种吉他用可控式的调弦器	CN201820364995.3	2018.09.18	长沙师范学院	潘小星
吉他及尤克里里共鸣箱	CN201820372210.7	2018.09.18	姜桂	姜桂
一种可调式小提琴弱音器	CN201820215425.8	2018.09.18	大连大学	樊成、陈栋、林宽
一种双片磁性吸附式小提琴弱音器	CN201820298263.9	2018.09.18	大连大学	樊成、陈栋、林宽
一种移动拉杆音箱的乐器通道高阻抗输入模块	CN201820335254.2	2018.09.21	广州国光音频科技有限公司	施明华、罗坤辉、梁平
一种键盘乐器支架	CN201721900830.5	2018.09.21	湖北第二师范学院	朱昊文、赵丽娟
一种吉他的琴桶组合粘接压紧装置	CN201820134109.8	2018.09.21	可尔特乐器（大连）有限公司	段忠伟、王鹏
一种吉他的单板拼接加压装置	CN201820132226.0	2018.09.21	可尔特乐器（大连）有限公司	段忠伟、王鹏
一种吉他的单板拼接面数控处理装置	CN201820132800.2	2018.09.21	可尔特乐器（大连）有限公司	段忠伟、王鹏
一种吉他的琴桶燕尾槽数控加工装置	CN201820132294.7	2018.09.21	可尔特乐器（大连）有限公司	段忠伟、王鹏
一种吉他的琴颈数控成型装置	CN201820133239.X	2018.09.21	可尔特乐器（大连）有限公司	段忠伟、王鹏
一种吉他的琴桶侧板中线划线装置	CN201820133375.9	2018.09.21	可尔特乐器（大连）有限公司	段忠伟、王鹏
一种用于吉他音梁粘接的模板	CN201820133148.6	2018.09.21	可尔特乐器（大连）有限公司	段忠伟、王鹏
一种用于生产吉他的设备	CN201721560797.6	2018.09.21	李庆波	李庆波

续表

名称	申请（专利）号	公开（公告）日	申请（专利权）人	发明（设计）人
一种吉他的电子装置安装槽的数控加工装置	CN201820132827.1	2018.09.21	可尔特乐器（大连）有限公司	段忠伟、王鹏
一种吉他的琴颈与琴桶的连接结构	CN201820132167.7	2018.09.21	可尔特乐器（大连）有限公司	段忠伟、王鹏
一种吉他的琴桶数控雕刻装置	CN201820132884.X	2018.09.21	可尔特乐器（大连）有限公司	段忠伟、王鹏
一种吉他的指板挡指线抛光装置	CN201820132338.6	2018.09.21	可尔特乐器（大连）有限公司	段忠伟、王鹏
一种吉他的琴颈燕尾榫数控切割装置	CN201820132273.5	2018.09.21	可尔特乐器（大连）有限公司	段忠伟、王鹏
一种吉他的侧板抛光装置	CN201820148937.7	2018.09.21	可尔特乐器（大连）有限公司	段忠伟、王鹏
一种吉他的面板抛光装置	CN201820133024.8	2018.09.21	可尔特乐器（大连）有限公司	段忠伟、王鹏
一种吉他起锥器	CN201820090370.2	2018.09.21	贵州贝加尔乐器有限公司	高益波
一种吉他专用起锥器	CN201820131611.3	2018.09.21	贵州贝加尔乐器有限公司	高益波
一种吉他指板的一次数控成型装置	CN201820132851.5	2018.09.21	可尔特乐器（大连）有限公司	段忠伟、王鹏
一种乐器教学辅助器	CN201721440684.2	2018.09.25	湖州师范学院	王虞燕、王一超、孙婕、呼格吉乐
一种吹管乐器气流扩大辅助装置	CN201820229442.7	2018.09.25	程鹏	程鹏
一种蒸汽式吉他胶合板压弯机	CN201721689552.3	2018.09.25	佛山市南海音源乐器板材制造有限公司	郭建峰
一种电加热吉他胶合板压弯机	CN201721689790.4	2018.09.25	佛山市南海音源乐器板材制造有限公司	郭建峰
一种音乐器材放置箱	CN201720899902.2	2018.09.28	周诗维	周诗维
一种管弦乐器的传动结构及其长笛	CN201820245285.9	2018.09.28	李秋明	李秋明
一种弦乐器同频加振扩声技术	CN201820053261.3	2018.09.28	惠州市德博声学有限公司	黄世强
一种外置钢琴指力器	CN201721052955.7	2018.09.28	周国强	周国强
钢琴制音器	CN201820065101.0	2018.09.28	赵晴	赵晴
一种移动式钢琴装置	CN201820165853.4	2018.09.28	河南水利与环境职业学院	李文君、孙鲁予、上官迎春
一种新型的钢琴踏脚	CN201820264570.5	2018.09.28	湖南城市学院	刘伟明
一种分体式钢琴手型矫正器	CN201721052966.5	2018.09.28	周国强	周国强
一种电吉他用防折断连接线	CN201820139735.6	2018.09.28	吴瑶	吴瑶
一种基于 MIDI 音乐技术的古筝灯光助学系统	CN201820468658.9	2018.09.28	彭博健	彭博健
半音阶口琴远红外辐射加热可调温暖琴袋	CN201721421578.X	2018.09.28	胡雪畅	胡雪畅
乐器支架管接头	CN201820483062.6	2018.10.02	天津市津宝乐器有限公司	戴永才、吴定军
一种弹拨乐器张力可调式快速脱戴通用义甲指环	CN201820496441.9	2018.10.02	尹洪波	尹洪波
立式钢琴强化铸铁骨架	CN201820368853.4	2018.10.02	福建亚东钢琴有限公司	洪亚东
一种气动钢琴漆砂光机	CN201820318745.6	2018.10.02	佛山市金页盈信智能机械有限公司	邓俊枫
一种用于钢琴教学的辅助装置	CN201721535702.5	2018.10.02	江西师范大学	王琳

续表

名称	申请（专利）号	公开（公告）日	申请（专利权）人	发明（设计）人
一种钢琴铸铁板高音区结构	CN201820377389.5	2018.10.02	福建亚东钢琴有限公司	洪亚东
一种张力可调式快速脱戴吉他贝司指环义甲	CN201820506940.1	2018.10.02	尹洪波	尹洪波
一种携带式琵琶	CN201820505065.5	2018.10.02	贵州师范大学	李楠
一种琵琶辅助练习支架	CN201820511642.1	2018.10.02	怀化学院	苑文卉
一种可以升降的大提琴尾针支架	CN201820348863.1	2018.10.02	泰兴琴艺乐器有限公司	吴建新、钱富民、黄鹏、林建峰、钱彭云
一种弓弦乐器松香打磨器	CN201820499073.3	2018.10.09	陕西理工大学	王旸
一种转向统一、方便固定的钢琴	CN201820499731.9	2018.10.09	陕西理工大学	王旸
一种用于钢琴的复合板材加工装置	CN201820255328.1	2018.10.09	李娉婷	李娉婷
一种乐器液压定位机	CN201721891422.8	2018.10.12	天津市双翼乐器有限公司	郑海滨
钢琴谱架	CN201820266635.X	2018.10.12	长沙师范学院	俞婕
一种钢琴指法练习器	CN201721523414.8	2018.10.12	怀化学院	宋彦斌
用于吉他木板的切割装置	CN201721803729.8	2018.10.12	惠州市德尚乐器有限公司	钟文辉
一种吉他指板加工机	CN201820389642.9	2018.10.12	广州博雕数控机床有限公司	赵国栋
一种琵琶内置差动式调弦装置	CN201820502059.4	2018.10.12	淮阴师范学院	孙雁雁
一种小提琴用音调矫正器	CN201820500344.2	2018.10.12	山东女子学院	刘禹彤
一种新型打击乐器	CN201820139479.0	2018.10.16	梁向阳	梁向阳
一种键盘乐器	CN201820127403.6	2018.10.16	江婧	江婧
一种钢琴键盘盖缓冲装置	CN201820381256.5	2018.10.16	滨州职业学院	朱星云
一种方便维修的钢琴	CN201820084285.5	2018.10.16	苏州驰夫电子科技有限公司	王晓冬
一种吉他的音梁粘接加压固化装置	CN201820133936.5	2018.10.16	可尔特乐器（大连）有限公司	段忠伟、王鹏
一种吉他的侧板边内带加压装置	CN201820132168.1	2018.10.16	可尔特乐器（大连）有限公司	段忠伟、王鹏
一种吉他的琴桶边条粘接加压装置	CN201820132307.0	2018.10.16	可尔特乐器（大连）有限公司	段忠伟、王鹏
模拟小提琴	CN201820112588.3	2018.10.16	顾国祥	顾国祥
一种静音型弹奏乐器系统	CN201820431938.2	2018.10.19	黄瑞强	黄瑞强
乐器柄头多主轴加工工位平弧面切割雕刻自旋转数控机床	CN201820274850.4	2018.10.19	深圳徽雕智能科技有限公司	吕亮
一种钢琴键盘盖缓降装置	CN201820548526.7	2018.10.19	王丹	王丹
钢琴低音弦	CN201820389267.8	2018.10.19	宁波四海琴业有限公司	何四海
一种高度可调节的钢琴练习脚踏	CN201820211325.8	2018.10.19	陕西职业技术学院	康静、刘菲
钢琴长铰链	CN201820389247.0	2018.10.19	宁波四海琴业有限公司	何四海
钢琴踏脚	CN201820389579.9	2018.10.19	宁波四海琴业有限公司	何四海
钢琴压弦条	CN201820391127.4	2018.10.19	宁波四海琴业有限公司	何四海
一种锁弦式吉他弦轴	CN201820506056.8	2018.10.19	瑞安市中联电声乐器有限公司	林瑞荣
古筝演奏放置台	CN201820503179.6	2018.10.19	陇南师范高等专科学校	张芳、牛峰

续表

名称	申请（专利）号	公开（公告）日	申请（专利权）人	发明（设计）人
一种琵琶盒	CN201820328880.9	2018.10.19	贵州师范大学	李楠
一种能够琵琶弹唱的蓝牙音箱	CN201820135558.4	2018.10.19	陈泽通	陈泽通
一种乐器演奏用扩声装置	CN201820236521.0	2018.10.23	川南幼儿师范高等专科学校	喻麒铭
一种便于调节演奏朝向的钢琴	CN201721839900.0	2018.10.23	长江大学	李佳洧、付磊
一种萨克斯的定位键柱	CN201820165530.5	2018.10.23	山东泰山管乐器制造有限公司	赵人兴
提琴音质优化琴垫	CN201820506919.1	2018.10.23	陈宏远	陈宏远
一种音乐教学用多功能乐器盛放盒	CN201820517109.6	2018.10.26	蔡晓	蔡晓
一种用于电子打击乐器的振源传导机构	CN201820538633.1	2018.10.26	重庆电子工程职业学院	吴艾佳
一种独立升降钢琴踏板	CN201820546755.5	2018.10.26	商丘学院	刘畅
一种钢琴铸铁板固定连接螺钉	CN201820549015.7	2018.10.26	冀辰	冀辰
一种新型钢琴卡钉扳手	CN201820000937.2	2018.10.26	星海音乐学院	张晓欣
吉他调音系统	CN201820441436.8	2018.10.26	葛靖轩	葛靖轩
一种吉他指法以及和弦练习器	CN201820488360.4	2018.10.26	尹星	尹星
口琴超音强化组件及超音口琴	CN201820598804.X	2018.10.26	江苏东方乐器有限公司	孔文忠
一种高度可调的钢琴练习脚踏	CN201820586726.1	2018.10.30	西安音乐学院	海瑜、金楠、赵垒
钢琴脚轮	CN201820389168.X	2018.10.30	宁波四海琴业有限公司	何四海
一种智能吉他用便于折叠携带的放置架	CN201820221647.0	2018.10.30	太仓市律点信息技术有限公司	刘明星
一种便携式吉他防护装置	CN201820571279.2	2018.10.30	马俊炜	马俊炜
一种带谱架的古筝	CN201820584531.3	2018.10.30	西安音乐学院	张小东、宋委、金楠
一种智能弦乐器外置式提示装置	CN201721056129.X	2018.11.02	黄海龙	黄海龙
便携式台式乐器支架	CN201820551848.7	2018.11.02	徐正谱	徐正谱
一种音乐练习用乐器收纳装置	CN201820627524.7	2018.11.02	吕媛媛	吕媛媛
钢琴鼓轮压榨夹具	CN201721903903.6	2018.11.02	广州珠江恺撒堡钢琴有限公司	何建文
一种钢琴外壳高压无气喷涂装置	CN201721889213.X	2018.11.02	广州珠江恺撒堡钢琴有限公司	陈日明、陈忠达、邓家智、徐伟雄、毛树标、徐洁瑞
一种钢琴演奏乐谱架	CN201820468909.3	2018.11.02	黑河学院	姜姗姗
一种新型的钢琴整音排针工具	CN201820493835.9	2018.11.02	张贤峰	张贤峰
一种电控压驱钢琴演奏装置	CN201820670007.8	2018.11.02	河南师范大学	邢梦怡、胡宇菲、张兵兵、杨聚宝
一种钢琴用多功能调音锤	CN201820163357.5	2018.11.02	佳木斯大学	迂志勇
吉他弦轴加工设备	CN201820441587.3	2018.11.02	瑞安市中联电声乐器有限公司	林瑞荣
新型小提琴支撑装置	CN201820534062.4	2018.11.02	长春大学	张媛
小提琴弓杆保护装置	CN201820533914.8	2018.11.02	长春大学	张媛
一种多功能乐器摆放架	CN201820571033.5	2018.11.06	黄海琳	黄海琳

续表

名称	申请（专利）号	公开（公告）日	申请（专利权）人	发明（设计）人
一种乐器用效果器板	CN201820198092.2	2018.11.06	宁波鬼火乐器有限公司	孙健
一种钢琴盖板夹持装置	CN201820434521.1	2018.11.06	苏蕾	苏蕾
一种钢琴架旋转落地灯	CN201820594913.4	2018.11.06	东莞市盛雅灯饰电器有限公司	王立新
一种自动演奏的科普展示钢琴	CN201820254019.2	2018.11.06	合肥市科技馆	罗季峰
用于设备安装定位的双钢琴弦找正装置	CN201820353931.3	2018.11.06	重庆工业设备安装集团有限公司	钟炜斌、高波、万雨
一种钢琴按键的去灰清洗装置	CN201820032556.2	2018.11.06	长沙师范学院	唐鸣
一种可折叠的吉他支架	CN201820477549.3	2018.11.06	音王电声股份有限公司	刘杰
一种折叠琵琶	CN201820321894.8	2018.11.06	吴依霖	吴依霖
一种树叶乐器包装盒	CN201721652257.0	2018.11.09	黄海涛	黄海涛
一种卡林巴乐器盒	CN201820449727.1	2018.11.09	赖国强	赖国强
一种辅助钢琴谱架板闭合的装置	CN201820697814.9	2018.11.09	周国强	周国强
一种 UV 钢琴漆生产线	CN201820159707.0	2018.11.09	柳州市万菱科技有限责任公司	姚永钊
一种钢琴盖气动控制装置	CN201820697818.7	2018.11.09	周国强	周国强
一种钢琴学习用琴键遮挡器	CN201820541573.9	2018.11.09	姜乐沂	姜乐沂
钢琴键盘盖自动开关装置	CN201820190095.1	2018.11.09	周国强	周国强
一种十二平均律转调现代古筝	CN201820633190.4	2018.11.09	艺力科技（深圳）有限公司	李川
一种乐器展示架	CN201820292459.7	2018.11.13	南京极之视传媒科技有限公司	张建
一种可调节钢琴辅助踏板	CN201820544671.8	2018.11.13	九江职业大学	欧阳梦莹、周昕佚
一种钢琴防潮装置	CN201820567555.8	2018.11.13	贵州师范学院	戚化怡
一种智能电子钢琴	CN201820212364.X	2018.11.13	吴希达	吴希达
一种钢琴铰链整平机	CN201721199414.7	2018.11.13	佛山市创羿自动化科技有限公司	乐莹、宁自梧
一种钢琴教学使用的琴谱架	CN201820522268.5	2018.11.13	陕西学前师范学院	白艳
一种铁质琴桶吉他	CN201820239517.X	2018.11.13	惠州市德尚乐器有限公司	钟文辉
一种吉他支架	CN201721585229.1	2018.11.13	蔡雄青	蔡雄青
一种便于调节的萨克斯背带	CN201820601316.X	2018.11.13	西安石油大学	马妮
一种防脱的大提琴用的撑脚杆	CN201820139783.5	2018.11.13	吴瑶	吴瑶
半音阶口琴 MCH 迷你暖琴加热器	CN201721421580.7	2018.11.13	胡雪畅	胡雪畅
一种手摇乐器摆件	CN201820308293.3	2018.11.16	齐鲁师范学院	张倚舲
一种乐器教学收纳装置	CN201820736601.2	2018.11.16	佳木斯大学	周桐
一种智能钢琴谱架	CN201820714136.2	2018.11.16	辽宁科技大学	姜华
全自动钢琴调律装置	CN201820411031.X	2018.11.16	吉林大学	郭晨、王士谦、车晓男、刘帅、李厚禹、孙越、于润泽、石屹然、石要武
一种智能纠错吉他	CN201820651964.6	2018.11.16	武汉纺织大学	杨欣、罗庆怡、尹垚
一种可调吉他架	CN201820320756.8	2018.11.16	齐鲁师范学院	张倚舲

续表

名称	申请（专利）号	公开（公告）日	申请（专利权）人	发明（设计）人
一种吉他用手机保护壳	CN201820320768.0	2018.11.16	齐鲁师范学院	张倚舲
一种古筝弹奏用手感训练装置	CN201820627898.9	2018.11.16	窦玉英	窦玉英、单南、鱼翔
一种新型古筝	CN201820272151.6	2018.11.16	深圳市众邺科技有限公司	许美林
一种可调节式钢琴凳	CN201820255510.7	2018.11.20	高雄	高雄
一种立式钢琴击弦系统调试用的测量规	CN201820432629.7	2018.11.20	福州和声钢琴股份有限公司	陈新
一种钢琴黑白键辅助标识装置	CN201820255330.9	2018.11.20	高雄	高雄
一种可调节支座的新型钢琴结构	CN201820070589.6	2018.11.20	贵州民族大学	邓熙
一种儿童钢琴辅助脚踏	CN201721555472.9	2018.11.20	青岛理工大学	孙匡正、刘美佳、孙珈琦、许明珠、高斌、刘思棋、张俊齐
一种矫正坐直的钢琴椅	CN201820255509.4	2018.11.20	高雄	高雄
一种折叠式吉他架	CN201820725317.5	2018.11.20	孙国恒	孙国恒
一种多功能可调音手动吉他卷弦器	CN201820575493.5	2018.11.20	尹星	尹星
一种古筝加工用固定装置	CN201820574831.3	2018.11.20	黄海琳	黄海琳
古筝挖槽器	CN201820023673.2	2018.11.20	薛莲、李小宇	薛莲、李小宇
一种琵琶弹拨用腰托	CN201820490541.0	2018.11.20	鱼翔	鱼翔
一种乐器锁弦器	CN201820500022.8	2018.11.23	孙国军	孙国军、屠健、肖尧轩
一种弹拨乐器调音器固定装置	CN201820783891.6	2018.11.23	佳木斯大学	周桐
一种乐器移动电源	CN201820751216.5	2018.11.23	朱艳	朱艳
一种用于钢琴教学用的教材固定架	CN201820073553.3	2018.11.23	佳木斯大学	迂志勇
一种光感钢琴组件	CN201820045718.6	2018.11.23	飞来教育科技（深圳）有限公司	曾延寿
一种钢琴弱音器	CN201820652796.2	2018.11.23	长沙师范学院	侯杰
钢琴滑板车	CN201820459870.9	2018.11.23	成都东软学院	关冬霞、付一君、石憶容、叶潘
一种钢琴固弦座	CN201820823942.3	2018.11.23	北京卡丹萨文化艺术有限公司	张庆海
一种钢琴后置手柄	CN201820823941.9	2018.11.23	北京卡丹萨文化艺术有限公司	张庆海
一种钢琴练习音色层次训练器	CN201820818267.5	2018.11.23	吉林师范大学	刘兰
一种钢琴脚轮	CN201820381259.9	2018.11.23	滨州职业学院	朱星云
一种便于更换吉他琴弦的装置	CN201820566629.6	2018.11.23	杨帆	杨帆
一种吉他护指手环	CN201820370294.0	2018.11.23	王棱枫	王棱枫
一种吉他琴腔便于清理的装置	CN201820568090.8	2018.11.23	张玲娟	张玲娟
一种可以旋转琴柄的旅行吉他	CN201820355072.1	2018.11.23	惠州市恩雅乐器有限公司	胡海明
一种新型调性气鸣吹奏乐器	CN201820340520.0	2018.11.27	许冬林	许冬林
一种提琴类乐器初学者专用指板	CN201820776287.1	2018.11.27	张烽	张烽
乐器拾音器组合安装结构	CN201820752669.X	2018.11.27	漳州市润德电子工贸有限公司	王哲宏

续表

名称	申请（专利）号	公开（公告）日	申请（专利权）人	发明（设计）人
具有二重调音的手持式乐器	CN201820848138.0	2018.11.27	德阳好哲创意文化科技有限公司	汤楷骅
弹拨乐器中新型音箱腔体结构的 4/5 大阮族	CN201820130493.4	2018.11.27	乐海乐器有限公司	徐阳、宋从甲
少年儿童用新型音箱腔体结构的弹拨乐器 1/2 阮琴	CN201820130506.8	2018.11.27	乐海乐器有限公司	刘星、宋营彬
一种钢琴琴键	CN201820850329.0	2018.11.27	北京卡丹萨文化艺术有限公司	张庆海
一种用于吉他的音量音色调节装置	CN201820348186.3	2018.11.27	惠州市铭仕电子制品有限公司	宋冠雄
一种三弦吉他	CN201820852718.7	2018.11.27	钟振瑜	钟振瑜
一种电子吉他	CN201820771708.0	2018.11.27	广州吉木贸易有限责任公司	韦三刚、张彬培
一种多功能吉他均衡器	CN201820347952.4	2018.11.27	惠州市铭仕电子制品有限公司	宋冠雄
一种具有较长使用寿命的吉他	CN201820850928.2	2018.11.27	德阳好哲创意文化科技有限公司	汤楷骅
一种吉他背带连接扣	CN201820703355.0	2018.11.27	孙国恒	孙国恒
一种拾音器及吉他	CN201820858657.5	2018.11.27	广州吉木贸易有限责任公司	韦三刚、张彬培
一种吉他的琴鼻粘接加压装置	CN201820132899.6	2018.11.27	可尔特乐器（大连）有限公司	段忠伟、王鹏
一种拾音器及吉他	CN201820769645.5	2018.11.27	广州吉木贸易有限责任公司	韦三刚、张彬培
一种便于更换外壳的吉他拾音器	CN201820348495.0	2018.11.27	惠州市铭仕电子制品有限公司	宋冠雄
一种可拼贴便携式古筝练习器	CN201820754940.3	2018.11.27	怀化学院	梁书琴
一种教学使用的新型琵琶	CN201820852639.6	2018.11.27	贵州师范大学	李楠
一种琵琶腰托	CN201820856919.4	2018.11.27	贵州师范大学	李楠
一种提琴类乐器初学者专用指板	CN201820776287.0	2018.11.27	张烽	张烽
一种卡巴撒乐器	CN201820716920.7	2018.11.30	咸阳师范学院	孙玺淼
一种用于物理实验教学的磁生电发声乐器电磁感应演示仪	CN201721924957.0	2018.11.30	王磊陈建文郭欣伟	王磊、陈建文、郭欣伟
一种钢琴调律、机件维修工具轴钉装退器	CN201820191382.4	2018.11.30	杨殿金	杨殿金
一种钢琴踏板	CN201820898550.3	2018.11.30	北京卡丹萨文化艺术有限公司	张庆海
一种钢琴琴键防尘锁闭装置	CN201820898884.0	2018.11.30	北京卡丹萨文化艺术有限公司	张庆海
一种设钢琴键底边的木门	CN201820265270.9	2018.11.30	浙江名雅居木业有限公司	吴龙君
一种钢琴调律扳手	CN201820714138.1	2018.11.30	辽宁科技大学	杨正龙
吉他弹奏辅助按弦装置	CN201820925076.9	2018.11.30	徐正奇	徐正奇
一种可调节式小吉他	CN201820846578.2	2018.11.30	惠州市汤姆乐器有限公司	谢宝舰
一种具有防护结构的尤克里里吉他面板	CN201820846579.7	2018.11.30	惠州市汤姆乐器有限公司	谢宝舰
一种防撞型吉他存放盒	CN201820846572.5	2018.11.30	惠州市汤姆乐器有限公司	谢宝舰
一种方便携带拨片的吉他带	CN201820846577.8	2018.11.30	惠州市汤姆乐器有限公司	谢宝舰
一种 V 型重力自动锁吉他钩	CN201820649903.6	2018.11.30	余勇干	余勇干
一种具有稳定结构的尤克里里吉他	CN201820846573.X	2018.11.30	惠州市汤姆乐器有限公司	谢宝舰

续表

名称	申请（专利）号	公开（公告）日	申请（专利权）人	发明（设计）人
一种便于固定的古筝指甲	CN201820596703.9	2018.11.30	王亚楠	王亚楠
一种可微调防松的琵琶	CN201820347983.X	2018.11.30	宋雪洁	宋雪洁
一种可背可提防压抗震萨克斯箱包	CN201721009985.X	2018.11.30	天津市华尔斯顿科技有限公司	谷春雨
一种便携式小提琴教学训练投影仪	CN201820503805.1	2018.11.30	山东女子学院	刘禹彤
一种便携式小提琴琴箱包	CN201721433646.4	2018.11.30	泰兴市佳缘乐器有限公司	闫建兵、闫鹏
折叠式乐器支架	CN201820493581.0	2018.12.04	威海光威复合材料股份有限公司	殷飞、袁海静、李光友、杨佳成
一种钢琴伴奏和舞蹈表演用的钢琴舞蹈协调架	CN201820624803.8	2018.12.04	舒颖	舒颖、谭纯
一种钢琴音乐教学用识谱板	CN201820124121.0	2018.12.04	谢丽	谢丽
一种钢琴乐谱承载装置	CN201820679451.6	2018.12.04	孙消	孙消
一种钢琴键盘平衡销纸圈缓冲结构	CN201820856679.8	2018.12.04	王洁芳	王洁芳
一种钢琴键盘和包含该钢琴键盘的钢琴	CN201820243224.9	2018.12.04	青岛弗尔里希文化传播有限公司	崔颖
一种古筝拨片绑带	CN201820319487.3	2018.12.04	李萍	李萍
一种古筝拨片套	CN201820682444.1	2018.12.04	李萍	李萍
提琴弓位器	CN201820890466.7	2018.12.04	孙伟	孙伟
一种触发器、电子打击乐器、触发开关及加速度传感器	CN201820509218.3	2018.12.07	纳智源科技（唐山）有限责任公司	钟强、徐传毅
一种钢琴踏板的加固结构	CN201820539710.5	2018.12.07	广州珠江艾茉森数码乐器股份有限公司	卢毅明、刘春清
一种钢琴键盘磁吸结构	CN201820539654.5	2018.12.07	广州珠江艾茉森数码乐器股份有限公司	卢毅明、刘春清
一种独立音响的电钢琴	CN201820531174.4	2018.12.07	广州珠江艾茉森数码乐器股份有限公司	卢毅明、刘春清
一种拼接钢琴	CN201820539709.2	2018.12.07	广州珠江艾茉森数码乐器股份有限公司	卢毅明、刘春清
一种键盘隐藏式钢琴	CN201820530206.9	2018.12.07	广州珠江艾茉森数码乐器股份有限公司	卢毅明、刘春清
一种音乐展厅用击弦古钢琴	CN201820932795.3	2018.12.07	李咏舟	李咏舟
一种可调阻力的钢琴柔音踏板	CN201820944052.8	2018.12.07	北京卡丹萨文化艺术有限公司	张庆海
一种桌式钢琴	CN201820539651.1	2018.12.07	广州珠江艾茉森数码乐器股份有限公司	卢毅明、刘春清
一种键盘隐藏式桌钢琴	CN201820539708.8	2018.12.07	广州珠江艾茉森数码乐器股份有限公司	卢毅明、刘春清
一种多接口钢琴	CN201820531171.0	2018.12.07	广州珠江艾茉森数码乐器股份有限公司	卢毅明、刘春清
一种电子钢琴稳定型可调节防滑支撑腿	CN201820934837.7	2018.12.07	程俊儒	程俊儒
一种钢琴制音器	CN201820943907.5	2018.12.07	北京卡丹萨文化艺术有限公司	张庆海
一种智能钢琴及其租赁系统	CN201820672068.8	2018.12.07	森兰信息科技（上海）有限公司	刘晓露、王昭阳、王海波、马达、陈熹

续表

名称	申请（专利）号	公开（公告）日	申请（专利权）人	发明（设计）人
一种新型吉他拾音器	CN201820725300.X	2018.12.07	孙国恒	孙国恒
一种可折叠吉他架	CN201820920881.2	2018.12.07	深圳市卓乐科技有限公司	李国飞、周卫星、李晨
一种乐器架	CN201820861788.9	2018.12.11	苏州古悦乐器有限公司	采长尧、孙逸雯
一种新型的音乐器材安全放置箱	CN201820536651.6	2018.12.11	齐鲁师范学院	王昱、杨靖、吕品
一种电子钢琴类多功能支架装置	CN201820721271.X	2018.12.11	南京铁道职业技术学院	李慧
一种立式钢琴搬运装置	CN201820721330.3	2018.12.11	南京铁道职业技术学院	李慧
一种用于钢琴教学的辅助装置	CN201721825476.4	2018.12.11	大庆师范学院	张浩、佟桂影、李红娟
具有调节保护功能的旋臂式折叠吉他	CN201820850415.1	2018.12.11	德阳好哲创意文化科技有限公司	汤楷骅
全频谱智能吉他	CN201820107379.X	2018.12.11	张进军	张进军
适用于夜晚使用的音乐吉他	CN201820848157.3	2018.12.11	德阳好哲创意文化科技有限公司	汤楷骅
一种钢丝绳芯古筝弦	CN201820036311.7	2018.12.11	广州市罗曼士乐器制造有限公司	郑晓明
古筝弦钉板	CN201820890560.2	2018.12.11	迟重达	迟重达、迟影影
一种小提琴学习演奏矫正器	CN201820349971.0	2018.12.11	长乐致远技术开发有限公司	张以一
一种小提琴弦轴	CN201820980918.0	2018.12.11	李小平	李小平
一种折叠式乐器板架	CN201820673515.1	2018.12.14	佳木斯大学	王清涛、任大任、赵梦笔、曲思文
一种乐器架	CN201820912604.7	2018.12.14	昆明国御文化传播有限公司	金欣、展萍芳
一种音乐器材柜	CN201720997596.6	2018.12.14	韩金金	韩金金
一种钢琴音板肋木的安装装置	CN201820667816.3	2018.12.14	北京星海钢琴集团有限公司	汤洁、崔修良、白德刚
一种便于调节音色的钢琴	CN201820814948.4	2018.12.14	刘威	刘威
直立式钢琴	CN201820302594.5	2018.12.14	雅马哈株式会社	御影幸宣
一种钢琴音源的弦轴栽入设备	CN201820667807.4	2018.12.14	北京星海钢琴集团有限公司	吴桓芳、陈高恩
一种用于钢琴乐谱的储存装置	CN201820716764.4	2018.12.14	湖南城市学院	赵婷
一种少儿钢琴学习用电钢琴踏板支撑装置	CN201820163000.7	2018.12.14	佳木斯大学	迂志勇
一种可移动管弦乐器底座	CN201820558916.2	2018.12.18	重庆电子工程职业学院	吴艾佳
一种钢琴节拍器定位装置	CN201820973692.1	2018.12.18	门德尔松钢琴（江苏）有限公司	郑明统
一种钢琴面板结构	CN201820973693.6	2018.12.18	门德尔松钢琴（江苏）有限公司	郑明统
一种琴键具有限位机构的钢琴键盘	CN201820820815.8	2018.12.18	张建阳	张建阳
一种用于钢琴教学的演示装置	CN201721825381.2	2018.12.18	大庆师范学院	张浩、佟桂影、李红娟
一种便携式吉他音箱	CN201820726789.2	2018.12.18	东莞市龙健电子有限公司	刘彦华、孙辉
一种脚踏开关及设有该脚踏开关的吉他效果器	CN201820636613.8	2018.12.18	东莞市龙健电子有限公司	刘彦华
一种吉他用多层 PCB 线圈式平板喇叭拾音器装置	CN201820932316.8	2018.12.18	惠州市天音乐器有限公司	张又文

续表

名称	申请（专利）号	公开（公告）日	申请（专利权）人	发明（设计）人
一种古筝老师外出教学用便携式古筝架	CN201820924752.0	2018.12.18	容邵	容邵
一种可移动带角度调整古筝架	CN201820761879.5	2018.12.18	中北大学	陈娟、薛珂可
一种具有录音储藏功能的小提琴	CN201820705467.X	2018.12.18	白承禾	白承禾
一种弹拨乐器	CN201820725014.3	2018.12.21	邱乙亩	邱乙亩
乐器清理装置	CN201820289382.8	2018.12.21	梁道明	梁道明、张新香
一种管类乐器清洗装置	CN201720764518.1	2018.12.21	诸暨市沃驰机械科技有限公司	陈兰
一种钢琴盖及键盘盖支撑装置	CN201820763887.3	2018.12.21	怀化学院	高捷
一种吉他拉弦板	CN201820880166.0	2018.12.21	胡明星	胡明星
一种可稳定固定吉他的吉他架	CN201820900253.8	2018.12.21	贵州民族大学人文科技学院	王可、余修贵
一种钢琴教学使用的模拟键盘	CN201820522135.8	2018.12.25	陕西学前师范学院	白艳
一种钢琴键擦洗装置	CN201820567554.3	2018.12.25	贵州师范学院	戚化怡
方便调整乐谱倾斜角度的钢琴	CN201820650984.1	2018.12.25	林志贤	张义瑶、杨婷
一种钢琴用乐谱翻页装置	CN201820898693.4	2018.12.25	长沙师范学院	胡勍
一种便于调校吉他品丝高度的压块	CN201820748833.X	2018.12.25	福建金砖知识产权服务有限公司	罗福仲
一种教学展示用吉他	CN201820513228.4	2018.12.25	陈灿洪	潘江贵
一种古筝收纳包	CN201820863247.X	2018.12.25	赵衍文	赵衍文
一种古筝音桥以及古筝	CN201820549248.7	2018.12.25	郭少云	郭少云
一种可调式古筝架	CN201820849118.5	2018.12.25	蔡杰	蔡杰
一种防晃动的小提琴存放装置	CN201820627900.2	2018.12.25	窦玉英	窦玉英、单南、鱼翔
一种乐器拾音器	CN201820840962.1	2018.12.28	惠州市沐铃乐器有限公司	莫测
一种铜管乐器用号嘴减压装置	CN201820541839.X	2018.12.28	陕西铁路工程职业技术学院	侯峰
一种多用途乐器无线拾音器装置	CN201821102285.X	2018.12.28	惠州市天音乐器有限公司	张又文
一种钢琴内部加强结构	CN201820850404.3	2018.12.28	北京卡丹萨文化艺术有限公司	张庆海
一种多功能钢琴弹奏教学辅助装置	CN201820282298.3	2018.12.28	王恩宁	王恩宁
钢琴键盘自动滑盖乐谱架	CN201820839850.4	2018.12.28	怀化学院	夏雨
一种钢琴联动器	CN201820850318.2	2018.12.28	北京卡丹萨文化艺术有限公司	张庆海
一种三角钢琴斜撑杆	CN201820943495.5	2018.12.28	北京卡丹萨文化艺术有限公司	张庆海
一种钢琴拉弦装置	CN201820850405.8	2018.12.28	北京卡丹萨文化艺术有限公司	张庆海
一种多功能吉他拨片	CN201820505597.9	2018.12.28	保良局林文灿英文小学法团校董会	苏元龙

专利类型——外观设计

名称	申请（专利）号	公开（公告）日	申请（专利权）人	发明（设计）人
古筝（国色天香牡丹）	CN201730376013.3	2018.01.05	兰考县君谊民族乐器有限公司	赵尚功、赵邦宣

续表

名称	申请（专利）号	公开（公告）日	申请（专利权）人	发明（设计）人
古筝（梅花）	CN201730376001.0	2018.01.05	兰考县君谊民族乐器有限公司	赵尚功、赵邦宣
古筝（荷二）	CN201730375996.9	2018.01.05	兰考县君谊民族乐器有限公司	赵尚功、赵邦宣
古筝（国色天香仕女）	CN201730375983.1	2018.01.05	兰考县君谊民族乐器有限公司	赵尚功、赵邦宣
古筝（牡丹）	CN201730375990.1	2018.01.05	兰考县君谊民族乐器有限公司	赵尚功、赵邦宣
古筝（心仪太极）	CN201730375994.X	2018.01.05	兰考县君谊民族乐器有限公司	赵尚功、赵邦宣
古筝（荷塘月色）	CN201730375979.5	2018.01.05	兰考县君谊民族乐器有限公司	赵尚功、赵邦宣
智能萨克斯	CN201630527172.4	2018.01.05	王文	王文
小提琴肩托（001）	CN201730311317.1	2018.01.05	陈景欣	陈景欣
可以旋转锁定、解锁的电子乐器设备	CN201610505892.X	2018.01.09	得理电子（上海）有限公司	冯德荣、张光中、高超、张继波
用于乐器的效果器	CN201730174118.0	2018.01.09	埃维茨公司	S. 里丁格
古筝（琴棋书画・书）	CN201730255775.8	2018.01.09	扬州天韵琴筝有限公司	李同志
古筝（琴棋书画・画）	CN201730255355.X	2018.01.09	扬州天韵琴筝有限公司	李同志
古筝（琴棋书画・棋）	CN201730255308.5	2018.01.09	扬州天韵琴筝有限公司	李同志
古筝（琴棋书画・琴）	CN201730255782.8	2018.01.09	扬州天韵琴筝有限公司	李同志
古筝（荷一）	CN201730376002.5	2018.01.12	兰考县君谊民族乐器有限公司	赵尚功、赵邦宣
萨克斯笛头变音卡	CN201730163768.5	2018.01.12	李雷	李雷
多厚度一体式乐器拨片	CN201730306988.9	2018.01.16	梁坚	梁坚
乐器包（海盗）	CN201730386880.5	2018.01.16	广州朗汀乐器有限公司	邹建刚
古筝	CN201730283649.3	2018.01.16	兰考县华韵乐器有限公司	徐肖倩
乐器吹嘴卡箍	CN201730407596.1	2018.01.19	河北金音乐器集团有限公司	陈学孔
电钢琴架	CN201730207601.4	2018.01.19	江西师范大学科学技术学院	杜钦
乐器（中国镲）	CN201730220403.1	2018.01.23	张全富	张全富
管乐器用壳体	CN201730316597.5	2018.01.23	雅马哈株式会社	辰巳惠三
电声乐器效果器保护膜正面（1）	CN201730356363.3	2018.01.23	广州市尼韦精密科技有限公司	黎志基
盲人钢琴	CN201730424790.0	2018.01.23	上海智勇教育培训有限公司	徐凌舟、邹丽萍、黄晓栋、关大勇
乐器（和平笛）	CN201730352777.9	2018.01.30	蔡和平	蔡和平
古筝	CN201730407459.8	2018.01.30	兰考华声乐器有限公司	孔文胜
管乐器	CN201730390243.5	2018.02.02	李有良	李有良
钢琴升降辅助踏板	CN201730453274.0	2018.02.23	彭青云	彭青云
古筝（冰清玉洁）	CN201730436912.8	2018.02.23	张马林	张马林
吉他类乐器柄头	CN201730433181.1	2018.02.27	惠州市凯益德乐器有限公司	王玉思、杨大怀
电琵琶	CN201730359620.9	2018.03.02	郑玺	郑玺、王艳苟
古筝（黑檀素面）	CN201730438288.5	2018.03.06	扬州悠悠民族乐器有限公司	薛汉红
古筝（黑檀银丝嵌贝）	CN201730438289.X	2018.03.06	扬州悠悠民族乐器有限公司	薛汉红

续表

名称	申请（专利）号	公开（公告）日	申请（专利权）人	发明（设计）人
电声乐器效果器保护膜（正面 4）	CN201730356362.9	2018.03.09	广州市尼韦精密科技有限公司	黎志基
古筝（墨色荷香）	CN201730543805.5	2018.03.09	杨春燕	杨春燕
乐器拾音器	CN201730401127.9	2018.03.13	惠州市德博声学有限公司	黄世强
乐器演出控制器	CN201730528823.6	2018.03.13	嘉强电子股份有限公司	张洸照
带蓝牙连接的智能乐器控制终端	CN201730401130.0	2018.03.13	惠州市德博声学有限公司	黄世强
乐器拾音器	CN201730058671.8	2018.03.13	惠州市天音乐器有限公司	张又文
便携式古筝专用筝码	CN201730468168.X	2018.03.13	熊立群	熊立群
一种具有自锁功能的民族乐器盒	CN201721118535.4	2018.03.16	重庆工业职业技术学院	刘诗雨、何莉、谢颖
乐器拾音器（2.4G 无线）	CN201730538251.X	2018.03.23	郭彦春	郭彦春
古筝（五亭桥）	CN201730460733.8	2018.03.23	张马林	张马林
电子键盘乐器	CN201730462561.8	2018.03.30	雅马哈株式会社	竹井邦浩
小提琴音频转接头	CN201730477408.2	2018.03.30	何育超	何育超
吉他（RD20）	CN201730430255.6	2018.04.03	泉州市荣东电子商务有限公司	潘国良
吉他琴码	CN201730271419.5	2018.04.03	福州拉维斯文化发展有限公司	廖俊伟
吉他（RD05）	CN201730430203.9	2018.04.03	泉州市荣东电子商务有限公司	潘国良
吉他（RD22）	CN201730430144.5	2018.04.03	泉州市荣东电子商务有限公司	潘国良
吉他（RD15）	CN201730430288.0	2018.04.03	泉州市荣东电子商务有限公司	潘国良
吉他（RD06）	CN201730430256.0	2018.04.03	泉州市榕梦电子科技有限公司	潘国良
吉他（RD29）	CN201730430130.3	2018.04.03	泉州市荣东电子商务有限公司	潘国良
吉他（RD16）	CN201730430286.1	2018.04.03	泉州市荣东电子商务有限公司	潘国良
吉他（RD23）	CN201730430360.X	2018.04.03	泉州市荣东电子商务有限公司	潘国良
吉他（RD14）	CN201730430290.8	2018.04.03	泉州市荣东电子商务有限公司	潘国良
吉他（RD27）	CN201730430266.4	2018.04.03	泉州市荣东电子商务有限公司	潘国良
吉他（RD30）	CN201730430244.8	2018.04.03	泉州市荣东电子商务有限公司	潘国良
古筝（蛇纹木）	CN201730598100.3	2018.04.03	扬州民族乐器研制厂有限公司	田步高、田泉
吉他（RD09）	CN201730430197.7	2018.04.06	泉州市荣东电子商务有限公司	潘国良
吉他（RD03）	CN201730430159.1	2018.04.06	泉州市荣东电子商务有限公司	潘国良
吉他（RM22）	CN201730430317.3	2018.04.06	泉州市榕梦电子科技有限公司	潘国良
吉他（RM03）	CN201730430344.0	2018.04.06	泉州市榕梦电子科技有限公司	潘国良
吉他（RM28）	CN201730430311.6	2018.04.06	泉州市榕梦电子科技有限公司	潘国良
吉他（RM08）	CN201730430238.2	2018.04.06	泉州市榕梦电子科技有限公司	潘国良
吉他（RD04）	CN201730430199.6	2018.04.06	泉州市榕梦电子科技有限公司	潘国良
吉他（RM31）	CN201730430307.X	2018.04.06	泉州市榕梦电子科技有限公司	潘国良
吉他（RM13）	CN201730430237.8	2018.04.06	泉州市榕梦电子科技有限公司	潘国良
吉他（RD18）	CN201730430149.8	2018.04.06	泉州市榕梦电子科技有限公司	潘国良

续表

名称	申请（专利）号	公开（公告）日	申请（专利权）人	发明（设计）人
吉他（Duchess）	CN201730528621.1	2018.04.06	广州市尚律曼森乐器制造有限公司	汪宏齐
吉他（RM14）	CN201730430329.6	2018.04.06	泉州市榕梦电子科技有限公司	潘国良
吉他（RM27）	CN201730430312.0	2018.04.06	泉州市榕梦电子科技有限公司	潘国良
吉他（RM19）	CN201730430257.5	2018.04.06	泉州市榕梦电子科技有限公司	潘国良
吉他（RM12）	CN201730430330.9	2018.04.06	泉州市榕梦电子科技有限公司	潘国良
吉他（RM23）	CN201730430316.9	2018.04.06	泉州市榕梦电子科技有限公司	潘国良
吉他（RM26）	CN201730430227.4	2018.04.06	泉州市榕梦电子科技有限公司	潘国良
吉他（RM24）	CN201730430315.4	2018.04.06	泉州市榕梦电子科技有限公司	潘国良
吉他（RD21）	CN201730430276.8	2018.04.06	泉州市荣东电子商务有限公司	潘国良
吉他（RM11）	CN201730430341.7	2018.04.06	泉州市榕梦电子科技有限公司	潘国良
吉他（RD08）	CN201730430158.7	2018.04.06	泉州市荣东电子商务有限公司	潘国良
吉他（Arthur）	CN201730528622.6	2018.04.06	广州市尚律曼森乐器制造有限公司	汪宏齐
吉他（RD13）	CN201730430196.2	2018.04.06	泉州市荣东电子商务有限公司	潘国良
古筝（翅膀状）	CN201730465135.X	2018.04.06	许学明	许学明
吉他（RM32）	CN201730430294.6	2018.04.07	泉州市榕梦电子科技有限公司	潘国良
吉他（RM17）	CN201730430235.9	2018.04.07	泉州市榕梦电子科技有限公司	潘国良
吉他（RM29）	CN201730430308.4	2018.04.07	泉州市榕梦电子科技有限公司	潘国良
吉他（RD19）	CN201730430190.5	2018.04.07	泉州市荣东电子商务有限公司	潘国良
吉他（RD25）	CN201730430186.9	2018.04.07	泉州市荣东电子商务有限公司	潘国良
一种音乐器材支架	CN201721224640.6	2018.04.10	内蒙古民族大学	刘然
吉他盒	CN201730546440.1	2018.04.10	希米音乐有限公司	克里斯·米克尔
吉他琴头	CN201730448201.2	2018.04.10	黄泳锦	黄泳锦
古筝（120）	CN201730338252.X	2018.04.10	深圳市众郷科技有限公司	许美林
高音直管萨克斯	CN201730462103.4	2018.04.10	天津市津宝乐器有限公司	王书春
上低音萨克斯	CN201730462053.X	2018.04.10	天津市津宝乐器有限公司	丛彦海
吉他箱体	CN201730424101.6	2018.04.13	丁金铃	丁金铃
吉他柄	CN201730448507.8	2018.04.13	黄泳锦	黄泳锦
吉他（1852 系列）	CN201730448188.0	2018.04.13	黄泳锦	黄泳锦
古筝坐凳	CN201730391825.5	2018.04.13	浙江树人学院（浙江树人大学）	胡霜霜、麻静玲
古筝架	CN201730391766.1	2018.04.13	浙江树人学院（浙江树人大学）	麻静玲、胡霜霜
阮乐器（金色年华）	CN201730527798.X	2018.04.17	乐海乐器有限公司	申婷、宋营彬、宋恩辉
乐器带夹	CN201730463002.9	2018.04.17	达达里奥有限公司	扎卡里·斯特林厄姆
扬琴（金色年华）	CN201730527799.4	2018.04.17	乐海乐器有限公司	宋营彬、宋恩辉

续表

名称	申请（专利）号	公开（公告）日	申请（专利权）人	发明（设计）人
扬琴（硕果累累）	CN201730526365.2	2018.04.17	乐海乐器有限公司	宋营彬、宋恩辉
琵琶（金色年华）	CN201730526356.3	2018.04.17	乐海乐器有限公司	宋营彬、宋恩辉
口琴（盖板增加音量）	CN201730565337.1	2018.04.17	江苏奇美乐器有限公司	张敏
半音阶口琴	CN201730565301.3	2018.04.17	江苏奇美乐器有限公司	张敏
口琴（A）	CN201730511533.0	2018.04.17	江苏奇美乐器有限公司	张敏
口琴（B）	CN201730512757.3	2018.04.17	江苏奇美乐器有限公司	张敏
钢管敲击乐器	CN201730459157.5	2018.04.20	济南迈科管道科技股份有限公司	郭雷、尹承伟、张士迎、陈倩倩
钢琴	CN201730488750.2	2018.04.20	上海翰森钢琴有限公司	周约翰
乐器盒（信拓）	CN201730531165.6	2018.04.24	王广亮	王广亮
古筝裙	CN201730498165.0	2018.04.24	何茂军	何茂军
埙（乐器）	CN201730547620.1	2018.04.27	周大遵	周大遵
吉他琴码（3）	CN201730473599.5	2018.05.01	吴明勇	吴明勇
吉他（Rainie 花）	CN201730514028.1	2018.05.01	广州力口一乐器有限公司	伍立野
古筝调音扳手	CN201730561236.7	2018.05.01	扬州市琼花民族乐器有限公司	曲玉利
钢琴（长江系列钢琴 CJ-100）	CN201830046768.1	2018.05.04	宜昌金宝乐器制造有限公司	熊南方、吕露、郑薇
钢琴（KAWAI 系列钢琴 KU-100）	CN201830047488.2	2018.05.04	宜昌金宝乐器制造有限公司	熊南方、吕露、郑薇
钢琴（长江系列钢琴 CJ-200）	CN201830047219.6	2018.05.04	宜昌金宝乐器制造有限公司	熊南方、吕露、郑薇
吉他（3）	CN201730405684.8	2018.05.04	田家树	田家树
吉他（6）	CN201730405325.2	2018.05.04	田家树	田家树
多功能展示钢琴（Freekey）	CN201730589674.4	2018.05.11	广州市雅迪数码科技有限公司	胡伟
吉他（4）	CN201730503061.4	2018.05.11	何铭佳	何铭佳
吉他（2）	CN201730502698.1	2018.05.11	何铭佳	何铭佳
吉他（1）	CN201730502699.6	2018.05.11	何铭佳	何铭佳
小提琴	CN201830011898.1	2018.05.11	潘清进	潘清进
古筝（红檀素面）	CN201830013918.9	2018.05.15	扬州悠悠民族乐器有限公司	薛汉红
钢琴	CN201730525536.X	2018.05.18	广州皇族文化传播有限公司	谭和平
钢琴	CN201730526477.8	2018.05.18	广州皇族文化传播有限公司	谭和平
钢琴	CN201730525531.7	2018.05.18	广州皇族文化传播有限公司	谭和平
古筝（山水）	CN201830025678.4	2018.05.22	开封悦音乐器有限公司	吴扎根
古筝（潋秋色）	CN201830025619.7	2018.05.22	开封悦音乐器有限公司	吴扎根
古筝（玉梅落锦）	CN201830025522.6	2018.05.22	开封悦音乐器有限公司	吴扎根
古筝（落花飞）	CN201830025651.5	2018.05.22	开封悦音乐器有限公司	吴扎根
古筝（秋之漩）	CN201830025618.2	2018.05.22	开封悦音乐器有限公司	吴扎根
古筝（馥郁莲声）	CN201830025530.0	2018.05.22	开封悦音乐器有限公司	吴扎根

续表

名称	申请（专利）号	公开（公告）日	申请（专利权）人	发明（设计）人
古筝（松韵无尽）	CN201830025523.0	2018.05.22	开封悦音乐器有限公司	吴扎根
萨克斯弱音器箱包	CN201730469301.3	2018.05.22	徐君欢	徐君欢
小提琴音乐盒	CN201730544778.3	2018.05.25	黄安	黄安
智能钢琴	CN201730502648.3	2018.05.29	东莞市美派电子科技有限公司	黄健恒
电子钢琴	CN201830033013.8	2018.05.29	雅马哈株式会社	大野正晴
钢琴键盘动作的检测装置	CN201730623141.3	2018.05.29	昊智信息技术（深圳）有限公司	邱文彩、李康鹏、李应钦
钢琴教学仪（64）	CN201730622540.8	2018.05.29	杭州凸凹工业设计有限公司	李立成
电吉他	CN201830005813.9	2018.05.29	徐红先	徐红先
古筝	CN201730501242.3	2018.05.29	北京伽冠教育科技有限公司	罗宇、孟斯诺
古筝（泡桐挖筝）	CN201730501004.2	2018.06.01	许超	许超
钢琴键盘	CN201730345177.X	2018.06.05	黄晋燮	黄晋燮
智能钢琴	CN201730501439.7	2018.06.05	安徽华熊科技有限公司	熊世林
古筝（清香溢远）	CN201730655749.4	2018.06.05	杨春燕	杨春燕
古筝（馥兰幽香）	CN201730655248.6	2018.06.05	杨春燕	杨春燕
智能钢琴	CN201730501451.8	2018.06.08	安徽华熊科技有限公司	熊世林
钢琴（Ⅱ型）	CN201830058284.9	2018.06.12	湖北理工学院	张俊
古筝	CN201730565272.0	2018.06.12	兰考洛水乐器有限公司	杨冰
古筝（黄金檀瘿瘤纹古筝）	CN201830046038.1	2018.06.12	扬州民族乐器研制厂有限公司	田步高、田泉
古筝（五亭桥）	CN201830018772.7	2018.06.12	江苏大学	乔辉、宋晓彤、苗成真、向丽琴
古筝（流光）	CN201830025600.2	2018.06.12	开封悦音乐器有限公司	吴扎根
古筝	CN201830088517.X	2018.06.12	岳倍先	岳倍先
钢琴识谱条（免粘）	CN201730573144.0	2018.06.15	琴之韵（北京）科技有限公司	朱国亮
古筝（静影沉璧）	CN201830011807.4	2018.06.15	扬州悠悠民族乐器有限公司	薛汉红
古筝（蝶恋花）	CN201830013919.3	2018.06.15	扬州悠悠民族乐器有限公司	薛汉红
古筝（仲尼式）	CN201830011740.4	2018.06.15	扬州悠悠民族乐器有限公司	薛汉红
古筝（听雨观荷）	CN201830106250.2	2018.06.22	兰考天中乐器有限公司	肖世腾
古筝（红孔雀）	CN201830105760.8	2018.06.22	兰考天中乐器有限公司	肖世腾
古筝（比翼双飞）	CN201730347708.9	2018.06.22	杨春燕	杨春燕
钢琴	CN201730566642.2	2018.06.29	湖北华都钢琴制造股份有限公司	汪其见、卢涛、吕旻
钢琴指法训练装置的按键	CN201730473739.9	2018.06.29	姚溪浏	姚溪浏
吉他（RM10）	CN201730430183.5	2018.06.29	泉州市榕梦电子科技有限公司	潘国良
古筝（紫檀银丝嵌贝）	CN201830010124.7	2018.06.29	扬州悠悠民族乐器有限公司	薛汉红
乐器箱（01）	CN201830143423.8	2018.07.03	北京佳乐圣华商贸有限公司	朱雷
乐器用脚凳	CN201730673611.7	2018.07.03	严根法	严根法

续表

名称	申请（专利）号	公开（公告）日	申请（专利权）人	发明（设计）人
乐器箱（02）	CN201830143804.6	2018.07.03	北京佳乐圣华商贸有限公司	朱雷
太阳能摇摆器（吉他手）	CN201730655590.6	2018.07.03	四星（深圳）贸易有限公司	陈上元
古筝（7698LCCC-B 生如夏花）	CN201830009169.2	2018.07.03	上海民族乐器一厂	钱冰菁
古筝（7694RR 一帘幽梦）	CN201830011885.4	2018.07.03	上海民族乐器一厂	王琳琳
古筝（7698LCT 春天之约）	CN201830006691.5	2018.07.03	上海民族乐器一厂	钱冰菁
古筝（7691PM 池中逸趣）	CN201830009886.5	2018.07.03	上海民族乐器一厂	杨洋
古筝（S94B-LY 琅华弄影）	CN201830013673.X	2018.07.03	上海民族乐器一厂	乔杨柳、张霁
古筝（7691TL 品臻雅格）	CN201830011915.1	2018.07.03	上海民族乐器一厂	王琳琳
古筝（7698JBB 芒种图案）	CN201830009179.6	2018.07.03	上海民族乐器一厂	王琳琳
古筝（7698JBB 秋分图案）	CN201830008906.7	2018.07.03	上海民族乐器一厂	王琳琳
古筝（S94RR 朝颜斐然）	CN201830011883.5	2018.07.03	上海民族乐器一厂	沈悦、周力
古筝（7698JBB 大暑图案）	CN201830011884.X	2018.07.03	上海民族乐器一厂	王琳琳
古筝（7696M 万象一新）	CN201830009878.0	2018.07.03	上海民族乐器一厂	吴姝蓉
古筝（7694FF 氤氲秋水）	CN201830011914.7	2018.07.03	上海民族乐器一厂	王传赡
古筝（7696E 海底世界）	CN201830009883.1	2018.07.03	上海民族乐器一厂	吴姝蓉
古筝（7691P 童子嬉戏）	CN201830011925.5	2018.07.03	上海民族乐器一厂	周力
古筝（79698PP 一方一净土）	CN201830009399.9	2018.07.03	上海民族乐器一厂	翁纪军、钱冰菁
古筝（79698PP 一叶一菩提）	CN201830009398.4	2018.07.03	上海民族乐器一厂	翁纪军、钱冰菁
古筝（7696T 绿野仙踪）	CN201830006669.0	2018.07.03	上海民族乐器一厂	聂草根
古筝（7694RR 清水芙蓉）	CN201830011913.2	2018.07.03	上海民族乐器一厂	杨洋
古筝（7694T 筝上书兰）	CN201830006554.1	2018.07.03	上海民族乐器一厂	聂草根
古筝（7698JT 清莹透澈）	CN201830009170.5	2018.07.03	上海民族乐器一厂	沈悦、周力
古筝（7691PM 细雨红莲）	CN201830006571.5	2018.07.03	上海民族乐器一厂	钱冰菁
古筝（7698JBB 惊蛰图案）	CN201830009863.4	2018.07.03	上海民族乐器一厂	王琳琳
古筝（7695TM 清香韵律）	CN201830006560.7	2018.07.03	上海民族乐器一厂	钱冰菁
古筝（7695F 壶天日月）	CN201830009885.0	2018.07.03	上海民族乐器一厂	王传赡
琵琶（7545F 竹心琵琶）	CN201830005224.0	2018.07.03	上海民族乐器一厂	王传赡
琵琶（7542PP 一花一世界）	CN201830005043.8	2018.07.03	上海民族乐器一厂	钱冰菁、翁纪军
琵琶（7541F 氤氲秋水）	CN201830005411.9	2018.07.03	上海民族乐器一厂	王传赡
多音打击乐器（金属）	CN201830072721.2	2018.07.06	如音（北京）文化发展有限公司	王晓燕
钢琴（皇家 K8-2）	CN201730483187.X	2018.07.06	靳伟明	靳伟明
音乐盒（钢琴）	CN201830038723.X	2018.07.06	郑世健	郑世健
钢琴	CN201830138509.1	2018.07.06	辽宁科技大学	张潇尹
音乐盒（吉他）	CN201830038722.5	2018.07.06	郑世健	郑世健
吉他	CN201830153619.5	2018.07.06	王金强	王金强

续表

名称	申请（专利）号	公开（公告）日	申请（专利权）人	发明（设计）人
吉他变调夹	CN201830028670.3	2018.07.06	王远超、糜松桦	王远超、糜松桦
酒瓶（吉他瓶）	CN201830057339.4	2018.07.06	刘理文	刘理文
电吉他开关（扇形）	CN201830082337.0	2018.07.06	郝喜清	郝喜清
小提琴磁性指板教具（一）	CN201730610678.6	2018.07.06	蒋颜如	蒋颜如
小提琴磁性指板教具（二）	CN201730610677.1	2018.07.06	蒋颜如	蒋颜如
钢琴指法训练装置的插板（四边形）	CN201830090300.2	2018.07.10	姚溪浏	姚溪浏
钢琴指法训练装置的按键（三角形）	CN201830090705.6	2018.07.10	姚溪浏	姚溪浏
钢琴指法训练装置的插板（三角形）	CN201830090703.7	2018.07.10	姚溪浏	姚溪浏
吉他（酒盒）	CN201830146285.9	2018.07.10	钟清华	钟清华
玩具吉他（任天堂 switch）	CN201830158553.9	2018.07.10	叶星	叶星
手机音箱（钢琴）	CN201730676223.4	2018.07.13	厦门华天涉外职业技术学院	陈庆蕊、林纪勇、迟岩
多色钢琴（2）	CN201730616433.4	2018.07.13	海伦钢琴股份有限公司	陈海伦
钢琴（Ⅰ型）	CN201830058413.4	2018.07.13	湖北理工学院	张俊
多色钢琴（1）	CN201730616752.5	2018.07.13	海伦钢琴股份有限公司	陈海伦
手机音箱（吉他）	CN201730676222.X	2018.07.13	厦门华天涉外职业技术学院	陈庆蕊、林纪勇、迟岩
吉他（Rainie 月）	CN201730502662.3	2018.07.13	广州力口一乐器有限公司	伍立野
吉他（地系列 SD100）	CN201830174773.0	2018.07.13	漳州市龙吟乐器有限公司	段性皓
乐器效果器板	CN201730560498.1	2018.07.17	宁波鬼火乐器有限公司	孙健
电子键盘乐器	CN201830142168.5	2018.07.17	雅马哈株式会社	竹井邦浩
玩具（钢琴）	CN201830312100.7	2018.07.17	汕头市协成塑胶玩具有限公司	陈国雄
鞋底（钢琴）	CN201830121148.X	2018.07.17	福建名品天成国际贸易有限公司	骆欢欢
钢琴（玩具）	CN201830054520.X	2018.07.17	揭阳市德发实业有限公司	卢建文
吉他拨片自制器	CN201730620473.6	2018.07.17	龙相儒	龙相儒
古筝（一）	CN201830004246.5	2018.07.17	薛莲、李小宇	薛莲、李小宇
古筝（二）	CN201830004243.1	2018.07.17	薛莲、李小宇	薛莲、李小宇
吉他琴头（J）	CN201830071546.5	2018.07.20	李晓开	李晓开
吉他	CN201730602114.8	2018.07.20	广州市拿火科技有限公司	陆子天、刘可颖、周汀沙
吉他指板（F1 雕花）	CN201830018896.5	2018.07.20	彭进辉	彭进辉
吉他琴头（T）	CN201830071515.X	2018.07.20	李晓开	李晓开
古筝（金玉满堂）	CN201830106450.8	2018.07.20	兰考天中乐器有限公司	肖世腾
古筝筝码（五亭桥）	CN201830019869.X	2018.07.20	江苏大学	苗成真、乔辉、宋晓彤、向丽琴
键盘乐器	CN201830139818.0	2018.07.24	雅马哈株式会社	御影幸宣
钢琴自动演奏主控系统（freekey）	CN201730682349.2	2018.07.24	广州市雅迪数码科技有限公司	胡伟

续表

名称	申请（专利）号	公开（公告）日	申请（专利权）人	发明（设计）人
钢琴指法训练装置的按键（四边形）	CN201830090704.1	2018.07.24	姚溪浏	姚溪浏
钢琴（皇家 K-G1）	CN201730482826.0	2018.07.24	靳伟明	靳伟明
钢琴（皇家 K8-1）	CN201730482758.8	2018.07.24	靳伟明	靳伟明
吉他造型表带	CN201830083177.1	2018.07.24	深圳市闯一闯科技有限公司	李捡华
电吉他	CN201830188888.5	2018.07.24	李宏	不公告设计人
吊坠（吉他 GP2102）	CN201830046491.2	2018.07.24	中山市酷诗兰首饰有限公司	黄家军
一种琵琶	CN201820003555.5	2018.07.24	史琇华	史琇华
大提琴盒（钻石棱）	CN201730497412.5	2018.07.24	沈阳智创科技有限公司	李广文
钢琴自动演奏系统电源（Freekey）	CN201730681765.0	2018.07.27	广州市雅迪数码科技有限公司	胡伟
手卷电子钢琴（88 键）	CN201830099102.2	2018.07.31	马明、徐芳	马明、徐芳
手卷电子钢琴（88 键）	CN201830096224.6	2018.07.31	马明	马明
吉他	CN201830071898.0	2018.07.31	邹寅祥	邹寅祥
乐器包	CN201830058639.4	2018.08.03	北京佳乐圣华商贸有限公司	朱雷
乐器手指训练器	CN201830095953.X	2018.08.03	邝霄霞	邝霄霞
乐器拾音器	CN201830194603.9	2018.08.03	佳木斯大学	牟乔、刘颖、邵丹、何欢、马嘉
手卷钢琴	CN201830138082.5	2018.08.07	艾乐奇（深圳）科技有限公司	童泽南
吉他拾音器	CN201730621720.4	2018.08.07	广州吉木贸易有限责任公司	张彬培
数字吉他音箱	CN201730667967.X	2018.08.07	深圳市魔耳乐器有限公司	游正晖、李立敬
吉他琴头	CN201830074647.8	2018.08.07	上海玩易乐器有限公司	邓瑶
古筝（凤戏牡丹）	CN201830140835.6	2018.08.07	郑州绿城乐器有限公司	何强
弦乐器	CN201830060495.7	2018.08.10	数字设备股份有限公司	埃亚勒・埃戈西
户外打击乐器（音乐蝴蝶）	CN201730633125.2	2018.08.10	浙江哈灵实业有限公司	陈哈利
多功能包（钢琴谱）	CN201830136643.8	2018.08.10	青岛职业技术学院	陈永斌
扬琴弱音毯	CN201730629538.3	2018.08.10	五色风（北京）音乐文化有限公司	刘寒力
琵琶	CN201730599443.1	2018.08.10	张卫东	张卫东
杯（吉他拨片）	CN201830121795.0	2018.08.14	宁波徽森橡塑科技有限公司	吴晓敏
多功能转接器（口琴）	CN201830034808.0	2018.08.14	深圳市七一二科技有限公司	邓献
钢琴自动演奏蓝牙控制系统（freekey）	CN201730683448.2	2018.08.17	广州市雅迪数码科技有限公司	胡伟
吉他（JT01）	CN201730642892.X	2018.08.17	广州市桐馨乐器制造有限公司	汪锋华
古筝（1）	CN201730633803.5	2018.08.17	曹兰锁	曹兰锁
电子乐器控制踏板（SP30）	CN201830027411.9	2018.08.24	陈丽娜	陈丽娜
电子乐器用音效附加器	CN201830030387.4	2018.08.24	罗兰株式会社	和田纪彦、须藤哲、福田康宏
钢琴踏板	CN201830110127.8	2018.08.24	佳木斯大学	郭玲玲

续表

名称	申请（专利）号	公开（公告）日	申请（专利权）人	发明（设计）人
吉他（东方韵）	CN201830174828.8	2018.08.24	漳州市龙吟乐器有限公司	段性皓
无线吉他传输系统（M5）	CN201830027394.9	2018.08.24	陈亚翠	陈亚翠
电吉他	CN201730618691.6	2018.08.24	惠州市德尚乐器有限公司	钟文辉
拍打按摩器（小提琴）	CN201830039998.5	2018.08.24	东莞市祥勤按摩器材科技有限公司	颜怀祥
线描包装盒（提琴型）	CN201830113371.X	2018.08.24	广州巨拓美甲用品有限公司	张佳琦
钢琴（KA1U）	CN201730680889.7	2018.08.28	广州珠江恺撒堡钢琴有限公司	潘启槟、李建萍
钢琴（UR123)	CN201730680490.9	2018.08.28	广州珠江恺撒堡钢琴有限公司	潘启槟、卢奇剑
吉他	CN201830055000.0	2018.08.28	徐红先	徐红先
古筝	CN201830087958.8	2018.08.28	岳倍先	岳倍先
钢琴桌（SZ#)	CN201830190617.3	2018.08.31	罗孝红	罗孝红
吉他（实木尤克里里）	CN201730673705.4	2018.08.31	朱章灶	朱章灶
吉他钩（重力自动锁款）	CN201830130813.1	2018.08.31	余勇干	余勇干
古筝（上善若水）	CN201830106156.7	2018.08.31	兰考天中乐器有限公司	肖世腾
古筝（扇舞春秋）	CN201830084564.7	2018.08.31	赵从彪	赵从彪
古筝	CN201830157998.5	2018.08.31	郭少云	郭少云
小提琴和弦弓	CN201830026679.0	2018.08.31	丽水学院	林梓、吕珍光
乐器台架	CN201730674427.4	2018.09.04	马永才	马永才
带扬声器的电子钢琴用顶板	CN201830033000.0	2018.09.04	雅马哈株式会社	大野正晴
钢琴（EA-U3）	CN201730556252.7	2018.09.04	厦门塞巴赫文化传媒有限公司、厦门艾维尔科技有限公司、厦门威盾斯坦进出口有限公司	谭兴
数码电钢琴键盘	CN201730617310.2	2018.09.04	郭伟和	郭伟和
钢琴	CN201730388818.X	2018.09.04	曲靖师范学院	高蕊
吉他展示架	CN201830044498.0	2018.09.04	佛山市博蔚金属制品有限公司	王永敢
古筝（国色天香）	CN201830133569.4	2018.09.04	徐登辉	徐登辉
古筝	CN201830180068.1	2018.09.04	铁岭师范高等专科学校	皇丽莉
乐器埙（唐装形）	CN201730329016.1	2018.09.07	曹易	曹易
乐器埙（海螺形）	CN201730329187.4	2018.09.07	曹易	曹易
乐器埙（羊角形）	CN201730329017.6	2018.09.07	曹易	曹易
乐器埙（桃核形）	CN201730329120.0	2018.09.07	曹易	曹易
乐器埙（章鱼形）	CN201730329116.4	2018.09.07	曹易	曹易
乐器架	CN201830110118.9	2018.09.07	佳木斯大学	郭玲玲
钢琴照明灯	CN201830181924.5	2018.09.07	上海悠秀信息科技有限公司	邓江涵
静音钢琴主控系统（freekey）	CN201730682350.5	2018.09.07	广州市雅迪数码科技有限公司	胡伟
电子钢琴	CN201730648353.7	2018.09.07	株式会社河合乐器制作所	伊藤慎一

续表

名称	申请（专利）号	公开（公告）日	申请（专利权）人	发明（设计）人
吉他（1）	CN201830049812.4	2018.09.07	郑州航空工业管理学院	金予湘
古筝（1）	CN201830208316.9	2018.09.07	河南三好乐器有限责任公司	吴大平
便携带轮古筝袋	CN201830100783.X	2018.09.07	上海民族乐器一厂	乔杨柳、林飞
电子乐器用音源装置	CN201830003086.2	2018.09.11	罗兰株式会社	泽田茂、白木顕介、古贺弘隆
弦乐器用调音配件	CN201730667135.8	2018.09.11	卢冠宇	卢冠宇
钢琴椅	CN201830038499.4	2018.09.11	佛山市博蔚金属制品有限公司	王永敢
行李箱（吉他）	CN201830112014.1	2018.09.11	张恬润	张恬润
吉他架	CN201730621531.7	2018.09.11	宁波市鄞州瑞海电子有限公司	史佩战
半音阶口琴	CN201730670901.6	2018.09.11	陈宇昕	陈宇昕、余丽
拼图玩具（立体钢琴）	CN201830086238.X	2018.09.14	星光视觉媒体有限公司	石吉娜
玩具积木（组件吉他）	CN201830133103.4	2018.09.14	南京蜘蛛侠智能机器人有限公司	唐开强、孙建、胡希
瓶（吉他）	CN201830073169.9	2018.09.14	卢家禾、杨玉君	卢家禾、崔洛瑜、张亦博、杜安、魏兰卓、付昱铭、辛灵、杨玉君、莫凡
演奏古筝（景泰蓝菊花）	CN201830176043.4	2018.09.14	江苏大风乐器有限公司	徐宝华
演奏古筝（景泰蓝兰竹）	CN201830175775.1	2018.09.14	江苏大风乐器有限公司	徐宝华
演奏古筝（景泰蓝乐舞）	CN201830176353.6	2018.09.14	江苏大风乐器有限公司	徐宝华
演奏古筝（景泰蓝红牡丹）	CN201830176364.4	2018.09.14	江苏大风乐器有限公司	徐宝华
古筝	CN201830088261.2	2018.09.14	岳倍先	岳倍先
口琴	CN201830181993.6	2018.09.14	张敏	张敏
儿童敲击乐器	CN201630481852.7	2018.09.18	中国传媒大学南广学院	高尚、刘彦希、汤懿
木吉他	CN201830071689.6	2018.09.18	于祥勇	于祥勇
吉他护板	CN201830214255.7	2018.09.18	赵鹏飞	赵鹏飞
自锁吉他支架	CN201830031510.4	2018.09.18	音王电声股份有限公司	熊齐军、史文国、张赞
吉他护板	CN201830214252.3	2018.09.18	赵鹏飞	赵鹏飞
手鼓（打击乐器）	CN201830168302.9	2018.09.21	张万军	张万军
乐器效果器	CN201830192258.5	2018.09.21	佳木斯大学	牟乔、刘颖、张雅囡、刘欣、马嘉
电钢琴键（95）	CN201830204765.6	2018.09.21	森鹤乐器股份有限公司	冯高昆、陈旭
汽车仪表板中部钢琴键	CN201830013179.3	2018.09.21	吉利汽车研究院（宁波）有限公司、浙江吉利控股集团有限公司	张文利、忻运跃、黄宁、盖·白高颐、皮特·霍布里
玩具吉他（萌鸡）	CN201830162532.4	2018.09.21	广东奥迪动漫玩具有限公司、奥飞娱乐股份有限公司、广东奥飞实业有限公司	邵浩钧
吉他（SRV 克罗心电吉他）	CN201730514012.0	2018.09.21	李宗霖	李宗霖

续表

名称	申请（专利）号	公开（公告）日	申请（专利权）人	发明（设计）人
玩具（多功能脚踏钢琴健身架）	CN201830474776.6	2018.09.28	叶松	叶松
钢琴	CN201730494831.3	2018.09.28	森兰信息科技（上海）有限公司	刘晓露、李凯文
钢琴	CN201730493876.9	2018.09.28	森兰信息科技（上海）有限公司	刘晓露、李凯文
钢琴	CN201730493540.2	2018.09.28	森兰信息科技（上海）有限公司	刘晓露、李凯文
小夜灯（钢琴形 – 带音响）	CN201830261694.3	2018.09.28	皖西学院	刘红侠
玩具（吉他 1）	CN201830247436.X	2018.09.28	蔡丹曼	蔡丹曼
吉他拾音器（2）	CN201730400831.2	2018.09.28	惠州市德博声学有限公司	黄世强
吉他拾音器（3）	CN201730401129.8	2018.09.28	惠州市德博声学有限公司	黄世强
古筝（彩虹弦）	CN201830039440.7	2018.09.28	河南省久微乐堂教育信息咨询有限公司	宋杨
萨克斯管	CN201830159289.0	2018.09.28	姜文国	姜文国、王百玉
吉他架的下支承元件	CN201830090366.1	2018.10.02	汉斯 – 彼得・威尔弗	R・施密特、K・拉克纳
吉他架	CN201830090834.5	2018.10.02	汉斯 – 彼得・威尔弗	R・施密特、K・拉克纳
电子钢琴	CN201830058959.X	2018.10.09	北京非同文化传媒有限公司	边洪磊
吉他（BPK BP300）	CN201830138079.3	2018.10.09	王守涛	王守涛
吉他调音器	CN201830273225.3	2018.10.09	刘小兵	刘小兵
吉他（RT）	CN201830137768.2	2018.10.09	王守涛	王守涛
吉他	CN201830123741.8	2018.10.09	厦门巨声文化传播有限公司	廖怡霖
古筝（紫檀瘿瘤纹）	CN201730598601.1	2018.10.09	扬州民族乐器研制厂有限公司	田步高、田泉
古筝（2）	CN201830209260.9	2018.10.09	河南三好乐器有限责任公司	吴大平
半音阶口琴	CN201830245649.9	2018.10.09	张敏	张敏
口琴（24 孔 2）	CN201830245740.0	2018.10.09	张敏	张敏
打击乐器用锤	CN201830186854.2	2018.10.12	雅马哈株式会社	中村理沙
钢琴（Hybrid 跨界钢琴）	CN201830089450.1	2018.10.12	宜昌金宝乐器制造有限公司	吴天延、李志洲
滚塑吉他箱	CN201830207890.2	2018.10.12	苏州和诚瑞达环保科技有限公司	董振雁
多功能吉他变调夹	CN201830201045.4	2018.10.12	西华大学	蔡萧遥、宋春华、周洪婷、王亮、陈鹏、邵维贵、王旗、李茂国
口琴（24 孔 1）	CN201830245597.5	2018.10.12	张敏	张敏
电子乐器连接头	CN201830028707.2	2018.10.16	深圳市海莱特电子有限公司	杨嘉辉
弦乐器弦扭帽	CN201830189466.X	2018.10.19	艺力科技（深圳）有限公司	李川
乐器 MIDI 接口转蓝牙 MIDI 信号装置	CN201830297789.0	2018.10.19	昊智信息技术（深圳）有限公司	邱文彩
吉他拨片自制器	CN201830227802.5	2018.10.19	王天棋	王天棋
古筝	CN201830204539.8	2018.10.23	南京听筝堂文化传媒有限公司	任洁

续表

名称	申请（专利）号	公开（公告）日	申请（专利权）人	发明（设计）人
电子钢琴 (BD-600)	CN201830033578.6	2018.10.26	泉州市八度电子科技有限公司	林玉坚
电子钢琴 (BD-601)	CN201830033762.0	2018.10.26	泉州市八度电子科技有限公司	林玉坚
电子钢琴 (BD-602)	CN201830033761.6	2018.10.26	泉州市八度电子科技有限公司	林玉坚
钢琴	CN201830180581.0	2018.10.26	铁岭师范高等专科学校	皇丽莉
吉他组合效果器	CN201830238009.5	2018.10.26	广州蓝深电子商务有限公司	何海峰
古筝（整挖便携式）	CN201830037906.X	2018.10.26	熊立斌	熊立斌
吹奏乐器鹿哨（能模仿鹿鸣声音）	CN201730625911.8	2018.10.30	那春林	那春林
古筝（繁花似锦）	CN201830140846.4	2018.10.30	郑州绿城乐器有限公司	何强
古筝（金丝楠木）	CN201730673143.3	2018.10.30	陆斌	陆斌
琵琶（金丝楠木）	CN201730673198.4	2018.10.30	陆斌	陆斌
电子小提琴（金丝楠木）	CN201730673196.5	2018.10.30	陆斌	陆斌
小提琴（金丝楠木）	CN201730673190.8	2018.10.30	陆斌	陆斌
吉他（金丝楠木）	CN201730673177.2	2018.11.02	陆斌	陆斌
古筝（丝竹和鸣）	CN201830277304.1	2018.11.02	郭少云	郭少云
提琴尾钮	CN201830118647.3	2018.11.02	湖州师范学院	闫萍
提琴腮托螺丝 (3)	CN201830118590.7	2018.11.02	湖州师范学院	闫萍
吉他形数字音乐合成器	CN201830060495.6	2018.11.09	数字设备股份有限公司	埃亚勒·埃戈西
钢琴（古典风韵）	CN201830216937.1	2018.11.09	赞凯尔松钢琴河北有限公司	宋叶飞
智能钢琴键台灯	CN201830210059.2	2018.11.09	北京鼎晟鑫达科技有限公司	赵忠心
吉他自锁挂钩（木座）	CN201830353716.9	2018.11.09	周盛球	周盛球
钢琴（UR125）	CN201730680890.X	2018.11.13	广州珠江恺撒堡钢琴有限公司	潘启槟、龚承忠
实木钢琴架	CN201830335305.7	2018.11.13	潘红英	潘红英
电子小提琴	CN201830285637.9	2018.11.13	徐默涵	徐默涵
弦乐器(库木孜)	CN201830354924.0	2018.11.16	夏衣波力汗·别尔得拜	夏衣波力汗·别尔得拜
弦乐器拨片	CN201830121774.9	2018.11.16	约翰·范米特	约翰·范米特
弦乐器拨片	CN201830122098.7	2018.11.16	约翰·范米特	约翰·范米特
弦乐器拨片	CN201830122515.8	2018.11.16	约翰·范米特	约翰·范米特
钢琴	CN201730525532.1	2018.11.16	广州皇族文化传播有限公司	谭和平
吉他（QZRD2414）	CN201830365446.3	2018.11.20	泉州市荣东电子商务有限公司	黄娇治
吉他（QZRD2424）	CN201830365412.4	2018.11.20	泉州市荣东电子商务有限公司	黄娇治
吉他（QZRD2432）	CN201830365395.4	2018.11.20	泉州市荣东电子商务有限公司	黄娇治
吉他	CN201830288392.5	2018.11.20	程建铜	程建铜
吉他（QZRD2402）	CN201830365467.5	2018.11.20	泉州市荣东电子商务有限公司	黄娇治
古筝练习机	CN201830193606.0	2018.11.20	淳安县千询企业管理有限公司	胡月霞、周中普

续表

名称	申请（专利）号	公开（公告）日	申请（专利权）人	发明（设计）人
包装盒（半音阶口琴）	CN201830319672.8	2018.11.20	张敏	张敏
户外打击乐器（音乐瓢虫）	CN201730633491.8	2018.11.23	浙江哈灵实业有限公司	陈哈利
户外打击乐器（音乐蜻蜓）	CN201730633470.6	2018.11.23	浙江哈灵实业有限公司	陈哈利
钢琴（带触屏电脑）	CN201830314034.7	2018.11.23	北京盛世雅歌琴行有限公司	于效威
萨克斯背带	CN201830332573.3	2018.11.23	东莞市华锦礼品有限公司	姜苏、姜平、陈可
多功能乐器拾音器（G10)	CN201830375184.9	2018.11.27	惠州市天音乐器有限公司	张又文
钢琴	CN201730493948.X	2018.11.27	森兰信息科技（上海）有限公司	刘晓露、李凯文
吉他(三拼面板)	CN201830355354.7	2018.11.27	广州琅克环声乐器有限公司	章旭生
古筝架	CN201830366373.X	2018.11.27	桂林师范高等专科学校	曾华华、严坤贤
古筝（凤栖疏桐）	CN201830258908.1	2018.11.27	熊立群	熊立群
钢琴背架	CN201830392569.6	2018.11.30	林光哲	林建东
钢琴键盘包装箱（2）	CN201830402841.4	2018.11.30	森鹤乐器股份有限公司	张开峰
钢琴键盘包装箱（1）	CN201830402842.9	2018.11.30	森鹤乐器股份有限公司	张开峰
吉他（QZRD2436）	CN201830365333.3	2018.11.30	泉州市荣东电子商务有限公司	黄娇治
古筝(锦上添花)	CN201830259360.2	2018.11.30	尹素芳	尹素芳
古筝（四季幽兰）	CN201830255835.0	2018.11.30	贾照	贾照
古筝(杏花春暖)	CN201830255004.3	2018.11.30	尹素芳	尹素芳
古筝(素雅恬淡)	CN201830259376.3	2018.11.30	尹素芳	尹素芳
古筝(步步生莲)	CN201830258960.7	2018.11.30	尹素芳	尹素芳
古筝(亭亭玉立)	CN201830254586.3	2018.11.30	尹素芳	尹素芳
古筝(醉颜红)	CN201830258964.5	2018.11.30	尹素芳	尹素芳
古筝(含苞待放)	CN201830255001.X	2018.11.30	尹素芳	尹素芳
古筝（月色如歌）	CN201830254744.5	2018.11.30	贾照	贾照
音箱（琵琶）	CN201730659073.6	2018.11.30	陈泽通	陈泽通
乐器包装盒	CN201830271562.9	2018.12.04	武汉市海平乐器制造有限公司	王志军、王志平
钢琴	CN201830407863.X	2018.12.04	南京乐府信息科技有限公司	王敏
包装盒（情话钢琴键）	CN201830161370.2	2018.12.04	沈洪山	沈洪山
吉他变调夹	CN201830373398.2	2018.12.04	莫力新	莫力新
吉他三合一工具	CN201830255858.1	2018.12.04	上海育音乐器有限公司	李雪强
演奏古筝（景泰蓝汉风流韵）	CN201830176045.3	2018.12.04	江苏大风乐器有限公司	徐宝华
演奏古筝（景泰蓝汉风流韵精品）	CN201830176044.9	2018.12.04	江苏大风乐器有限公司	徐宝华
古筝支架	CN201830315814.3	2018.12.04	于伟杰	于伟杰
演奏古筝（景泰蓝琴韵）	CN201830176344.7	2018.12.04	江苏大风乐器有限公司	徐宝华
古筝（7698J 曲院风荷）	CN201830006567.9	2018.12.04	上海民族乐器一厂	钱冰菁
瓷瓶型低音拉弦乐器	CN201830401507.7	2018.12.07	上海民族乐器一厂	张建平、周力

续表

名称	申请（专利）号	公开（公告）日	申请（专利权）人	发明（设计）人
钢琴	CN201830227865.0	2018.12.07	华蕾	华蕾
钢琴	CN201830235350.5	2018.12.07	郑永红	郑永红
吉他自锁挂钩（铁座）	CN201830353705.0	2018.12.07	周盛球	周盛球
吉他拾音器	CN201830141681.2	2018.12.07	惠州市铭仕电子制品有限公司	魏志荣
古筝（古卷山色）	CN201830309037.1	2018.12.07	江苏大学	袁心仪、丁颖、凌旻、胡亚斌
钢琴（复古内敛）	CN201830216938.6	2018.12.14	赞凯尔松钢琴河北有限公司	宋叶飞
钢琴（尊贵优雅）	CN201830216936.7	2018.12.14	赞凯尔松钢琴河北有限公司	宋叶飞
钢琴（罗马风情）	CN201830210815.1	2018.12.14	赞凯尔松钢琴河北有限公司	宋叶飞
数字扬琴（钢琴卷帘谱）	CN201830403110.2	2018.12.14	李彦荣	李彦荣
电吉他	CN201830468666.9	2018.12.14	壹零（北京）乐器有限公司	李立权
吉他（七星月相图案）	CN201830463862.7	2018.12.14	解增辉	解增辉
数字扬琴（钢琴卷帘谱）	CN201830403110.1	2018.12.14	李彦荣	李彦荣
口琴（玫瑰金）	CN201830286770.6	2018.12.14	张敏	张敏
吉他（QZXC1888）	CN201830367988.4	2018.12.18	泉州市泉港区先创环保技术服务有限公司	黄娇治
吉他（QZXC1877）	CN201830368007.8	2018.12.18	泉州市泉港区先创环保技术服务有限公司	黄娇治
吉他（QZXC1880）	CN201830368006.3	2018.12.18	泉州市泉港区先创环保技术服务有限公司	黄娇治
琴头（五乐琵琶强字）	CN201830183877.8	2018.12.18	汪婷	汪婷
吉他（3）	CN201830405993.X	2018.12.21	徐莉莉	徐莉莉
吉他（4）	CN201830406003.4	2018.12.21	徐莉莉	徐莉莉
吉他袋（RB30 系列）	CN201830241641.5	2018.12.21	东莞市乐邦实业有限公司	曾建辉
吉他（防火板）	CN201830023523.7	2018.12.21	郭玉龙	郭玉龙
吉他袋（龙 30 系列）	CN201830241619.0	2018.12.21	东莞市乐邦实业有限公司	曾建辉
古筝（竹影清风）	CN201830259916.8	2018.12.21	贾照	贾照
钢琴	CN201830407558.0	2018.12.28	南京乐府信息科技有限公司	王敏
吉他箱体	CN201830228994.1	2018.12.28	深圳市魔耳乐器有限公司	游正晖、李立敬
吉他效果器（系列）	CN201830228992.2	2018.12.28	深圳市魔耳乐器有限公司	许智君、廖辉
包装盒（实木古筝）	CN201830450048.1	2018.12.28	皖西学院	潘仁蕾
一种可升降式扬琴支架	CN201720498180.X	2018.01.04	周邦春	周邦春

大国工匠

琴心剑胆40载 工匠精神报效中华

——中国提琴制作大师郑荃侧记

编者按：2018年，在我国制造业“减速调档”，从单纯规模经济向产业中高端转型升级之时，为深入贯彻实践十九大报告的工作精神，全面落实党中央、国务院《新时期产业工人队伍建设改革方案》精神，本刊聚焦立足本职岗位，技艺超群，淡泊名利，甘于为产业创新做出重要贡献的乐器制作人，特别策划《大国工匠》专栏，旨在发挥先进模范人物的示范引领作用，激励全行业职工爱岗敬业，释放创造潜能，助力行业科研创新和中高端转型升级，共筑乐器制作行业大国工匠精魂。

作为当代中国提琴制作界的领军人物，中国提琴制作大师郑荃深耕提琴制作艺术、教育、科研和国际乐器文化交流事业四十载，开创了中国提琴制作学派。20世纪70年代，作为一名“老三届”上海插队落户的知识青年,郑荃在安徽锻炼，与提琴艺术结缘，后师从提琴制作大师戴宏祥。1983-1988年期间，作为首位国家派遣意大利学习提琴制作艺术的制作家，郑荃在意大利留学五年，以优异学习成绩提前毕业并荣获意大利国际提琴制作比赛金奖。1988年学成归国，郑荃受文化部嘉奖并获中国提琴制作大师称号。1990年应邀加入国际提琴制作大师协会，成为世界级提琴制作大师。

回国后，郑荃立志振兴中国提琴制作事业，重建中央音乐学院提琴制作研究中心，辛苦耕耘三十年，为国家培养了大量提琴制作领域的人才。他在科研领域成果颇丰，编写专业教材五部，完成多项国家级、部委级科研项目，发起举办了三届国际提琴制作比赛。

现在，中国已成为世界第一的提琴生产大国，在国际提琴制作界占有重要地位。国际提琴制作大师协会主席约翰·斯特里克曾在中国国际提琴制作比赛作品展览的开幕式上说：如果把中国提琴制作比作一辆在快速道上行使的车，郑荃就是这辆车上的发动机。

赤子之心 报效祖国深恩

郑荃出身于一个具有爱国情怀的知识分子家庭，7年务农和5年留学的经历使他对国家的贫穷落后与西方发达国家之间的差距有了切身体会。因此，他立志献身于国家建设，振兴中国的提琴制作事业。在海外留学期间，郑荃心怀赤子之心，自觉地维护国家利益和声誉，时刻牢记祖国对自己寄予的重托。

有一次在意大利参加比赛时，当他发现自己获奖作品的作者标牌被注明是意大利时，他立即找到比赛组委会，坚决要求把标牌改成中国，在郑荃的赤子之心中，他是代表中国来参加比赛，赢得了奖牌是祖国的荣誉。在一次意大利举行的国际研讨会上，欧共体秘书长攻击中国的贸易政策，抱怨中国以廉价商品倾销占领国际市场，轮到郑荃发言时，他用一半的学术发言时间驳斥了前面发言人对中国的偏见，赢得了与会者的一致赞同，自觉维护了祖国的国际形象。

在海外学有所成且小有名气的时候，郑荃毅然放弃在意大利舒适的生活和工作条件，回到祖国的怀抱，立志要让中国在国际提琴制作领域占有一席之地。他认为，实现“中国提琴梦”，仅凭其个人做好提琴是不够的，需要通过办学来创建中国提琴制作人才的梯队，才能为提高中国提琴制作水平注入核心实力。中国大使馆将他的意见反映回国后，得到国家有关部门的支持，拨出5万美元作为他回国办学的启动资金。

郑荃回国后又有别的国外企业愿意出重金聘请他去工作，还有几次工作调动的机会，但他不忘

"中国提琴梦"的初心，始终坚持在一线从事提琴制作的教学科研工作。作为爱国主义精神的典型，郑荃的事迹被收入北京市中学道德品质教育课的课本，激励了广大中学生的爱国主义情怀。

勤苦钻研 圆梦中华提琴

郑荃的刻苦钻研精神是有名的，长达12年的社会基层磨练使他非常珍惜每一个学习机会。1978年，郑荃有幸认识了中国提琴制作大师戴洪祥，拜师学习提琴制作，并在这个领域如鱼得水，充分发挥了他的才华与灵感。他在意大利学习期间跟随最有名的五位提琴制作大师中的三位学习过。白天在制琴学校学做琴，晚上在夜校学做弓，在两个学校的课余时间还去大师工作室。为了更有效地利用学习时间，他请学校工作人员在课间休息锁闭教室时把自己反锁在教室里继续工作，在学校一时传为佳话。

郑荃在提琴材料方面进行了近30年的研究，为了采集中国的制琴材料标本，他的足迹踏遍了东北的大小兴安岭、长白山，跋涉在云贵川、金沙江畔十万大山中，筛选出的木材为中国提琴制造业打下了坚实的基础。在木材人工老化处理的研究方面，他得到中科院化学所、声学所、力学所、北航力学研究中心、北京矿业大学、传媒大学和原子能所的支持。他目前的研究有多项是自主创新的，部分研究成果领先于国际研究水平，也因此被聘请为意大利小提琴博物馆科学委员会委员。

郑荃的中国提琴梦的首要目标是做出世界一流的提琴，在国际提琴制作比赛中获奖，在1987年他实现国际获奖的目标后，又提出要用中国木料制出提琴在国际上拿奖，1991年实现了这个目标，然后他提出要让中国的小提琴家用其制作的提琴在国际比赛中获奖，要让自己的学生在国际提琴制作比赛中获奖。随着这一个个目标的实现，郑荃逐步实现了自己备比赛作品，每天只睡5个小时。为的是实现"中国提琴梦"。现在他已经是三大国际提琴制作比赛的评委，在国内外享有盛誉。中国提琴制作的进步也为世界所瞩目。

郑荃制作的乐器声音工艺俱佳，在秉承了意大利提琴传统的基础上建立了自己的个人风格，深受演奏家和收藏界的喜爱。有许多国内外的演奏家使用他制作的提琴举办独奏音乐会，录制唱片。他的乐器被意大利、保加利亚、中国台湾的博物馆和诸多藏家收藏。还有数位青年演奏家用他制作的提琴参加国际提琴比赛获得大奖，其中比较典型的是中国青年演奏家陈曦在柴可夫斯基国际小提琴比赛中用他制作的小提琴获得最高奖。

郑荃在提琴制作科研领域立足传统，锐意创新。他承担了国家自然科学基金会、霍英东科研基金、文化部、国家人事部等多项科研任务，在国内外专业杂志上发表论文20余篇。

作为文化部原《民族乐器的改革和研究》专家小组成员，郑荃受文化部委托研究设计民族低音拉弦乐器20多年，由他设计的民族低音拉弦乐器《大华琴》受到演奏家、指挥家的好评，目前已取得阶段性成果，即将进入乐队试奏阶段，这项研究将对我国民族音乐的交响化发展起到重大推进作用。

淡泊名利 芬芳桃李耀中华

多年来，郑荃以提高中国提琴制作水平为己任，在享有国际盛誉之后，不忘初心，不迷恋国外舒适的生活、工作条件，立即回国。回国后不开公司，不办工厂，不向国家提出任何要求，不利用自己的技术和知识谋求个人利益，而是尽全力投入培养提琴制作人才的工作。1988年回国后，郑荃重建了中央音乐学院提琴制作研究中心，在中国的提琴制作人才培养事业方面倾注了30年心血，培养出100多名中国提琴制作领域的人才。

在艺术提琴制作方面，郑荃不仅本人在国际提琴制作比赛中获奖27项，他的弟子在各类国际提琴制作比赛中获奖近百项，郑荃的许多学生已经成为世界著名的提琴制作家。他培养的学生于慧东，在2016年一年中就获得3块金牌、1块银牌。中国有6所音乐学院开设了提琴制作专业，其中5所音乐学院有老师出自郑荃门下，这些人才在中国提琴制作事业的提高和发展中起到了关键作用。

为打开中国提琴制作艺术的国际化视野，郑荃积极推进在中国本土创办国际提琴制作比赛，旨在为众多中国青年提琴制作家脱颖而出提供机会，对外文化交流搭建平台，提振中国提琴在国际提琴制作界的国际影响力和重要地位。2011年，由他呼吁并直接倡导、筹备的“音乐声学”香山会议成功举办，会议积极力促科学界更多地介入乐器制造的研究，意在突破乐器制作核心技术瓶颈。当前，中国的提琴制作业在近30年中快速发展，提琴生产规模已居世界第一，占世界产量的70%以上。郑荃获任国内两个规模最大的生产企业的顾问，定期进驻企业举办讲座并进行技术指导，对提高国产提琴质量功不可没。

郑荃淡泊名利，始终以一名提琴制作者自居，在繁忙的教学、科研、社会活动面前他始终坚持创作自己的作品，已创作了近200件提琴作品。郑荃的提琴作品被许多国际著名的交响乐团如波士顿交响乐团、伦敦交响乐团、里斯本交响乐团的音乐家使用，被吕思清、黄滨、林朝阳、陈曦等小提琴家作为独奏、重奏乐器使用，被意大利克雷莫那国际提琴制作学校博物馆、保加里亚国家博物馆收藏。

盘点中国提琴制作大师郑荃的艺术成果和社会业绩，他曾在国际比赛中获奖20余项，金牌4枚。其中在1987年获意大利第一届全国提琴制作比赛小提琴金奖，同年在保加利亚国际中小提琴制作比赛中获小提琴、中提琴两枚金牌。1990年在苏联柴科夫斯基国际提琴制作比赛中获中提琴金奖。1987年被文化部和轻工业部联合授予“中国提琴制作大师”名誉称号，1991年被《中国音乐年鉴》评为“中国音乐名人”、2002年被《中国乐器》评为“中国乐器名人”。中央电视台人物专题、讲述专题、音乐与人生专题、经济频道、数字频道，中央人民广播电台、上海电视台、天津电视台和美国《洛杉矶时报》、美国国家广播电视公司NBC、美国哥伦比亚电视台CBS、意大利国家电视、英国国家电视台等中外媒体，先后报道了中国提琴制造业发展的盛况和郑荃在其中发挥的作用。

从业40年来，郑荃大师一直秉持大国工匠精神，坚持精益求精，勤苦钻研。他在提琴制作、艺术教育、科研创新和文化交流事业中表现出的执着与精神坚守，正成为当代提琴制作艺术家践行的“中国提琴梦”和大国工匠精神的鲜活写照。

鞠躬尽瘁，毕生守望“筝艺”花园的当代“古筝之父”

——记古筝制作高级技师徐振高

筝，人们已不再陌生，在一台造型漂亮的古筝面前，无论是纤细稚嫩的小手，还是粗糙苍老的手指，即使是五音不全的人，都会忍不住伸手拨动琴弦，耳旁便响起玉珠落盘、水流叮咚般的玲珑之声，眼前似有一番高山流水、渔舟唱晚的诗情画意之景。筝有如此美妙而独特的魅力，因而成了数以千万计的民乐爱好者学习乐器的首选。据统计，仅2017年一年，上海民族乐器一厂的古筝销量便超过九万台。古筝，无疑是今日深受人们欢迎与喜爱的民族乐器。

中国古筝能够有今日之辉煌，必须提到一位重要的人物——徐振高。徐振高是我国古筝制作高级技师，在民族音乐界享有“古筝之父”的美誉。1952年，20岁的徐振高开始了他的民族乐器制作生涯，1958年进入上海民族乐器一厂，师承原大同乐会乐器制作大师缪金林，开始学习制作古筝，如鱼儿得水，从此他与筝结下了情缘。他相信，自己就是为筝而生的，来到这个世界就必须完成这份使命。20世纪60年代初期，徐振高与师父缪金林在民乐专家学者的指导下，共同研制出S型岳山21弦古筝，后成为全国古筝通用样式。并且，自20世纪60年代起的数十年里，徐振高先后培养了百余名徒弟，推动了古筝制作事业的传承发展。数十年如一日，是他，用手去实现一个个筝梦，用筝去镌刻一次次传奇。徐振高，是在中国古筝史上高山仰止的名字。

与时代同起伏共命运 担起守护筝艺的历史使命

徐振高1932年出生于扬州江都，父母皆在家务农，他早年从家乡奔赴上海谋生，在扬州与上海两地奔走，边务农边做工，从事过各种各样的活计，虽饱尝艰难困苦，却始终努力通过自己的勤劳改写命运。1952年，20岁的徐振高在上海城隍庙附近务工时因缘巧合进入上海"朱长友"乐器店铺，正式踏入民族乐器制作行业。徐振高拜朱长友为师，跟随朱长友认真学做二胡、京胡、擦板、三弦等各种各样的民族乐器。这些乐器制作实践使他掌握了基本乐理知识，也为他之后学做古筝奠定了坚实的手艺基础。从那以后，徐振高的行业生涯便随着上海民族乐器制造业的变迁而变迁，一辈子踏实勤恳地守望着这片民乐沃土。

20世纪50年代中期，正值新中国发展史上的合作社时期，1956年，上海民族乐器业全行业实行合作化，其中86户民族乐器制作坊合并成为7家生产合作社，正在这一年，24岁的徐振高加入了上海市第五乐器合作社京音斋小组。1958年，合作社改组成立了地方国营工厂，上海民族乐器一厂自此成立，徐振高随之进入上海民族乐器一厂，从此安顿下来，开启了制筝生涯。

1959年，根据厂里的安排，徐振高成为缪金林的古筝制作接班人。虽然古筝艺术源远流长，现今也是广受欢迎的民族乐器，然而在上世纪初，即使在民族音乐比较活跃的上海，古筝相较于其他民族乐器仍属小众。徐振高的师父缪金林32岁进入现代民族乐队的先驱——"大同乐会"，受到大同乐会创始人郑觐文关于筝、瑟制作方面的指导，又得到同为该乐会的卫仲乐等演奏家从乐器演奏角度给予的诸多指导与建议，累积了制作古筝等民族乐器的经验。缪金林于1958年进入上海民族乐器一厂制作古筝，由于身体状况欠佳，古筝制作技艺的传承成为当务之急。上海民族乐器一厂的领导看重徐振高踏实勤勉的人品与能力，于是安排徐振高跟随缪金林学做古筝，抢救技艺。

在跟随缪金林学做古筝的三年里，为了尽快全面透彻地学习、掌握制筝的技艺精髓，徐振高经常早上7点开始工作，直到晚上11点才收工。徐振高凭着踏实勤勉、不怕吃苦的秉性和不仅要"知其然"还要"知其所以然"的钻研精神，基本掌握了古筝制作技艺。除了学习制作，徐振高印象最深的就是听师父回忆关于大同乐会，关于卫仲乐、王巽之、罗松泉等名家的故事，其中许多有关民族器乐与乐器的见解，对徐振高的古筝制作有着很大的启发。

在徐振高学习古筝制作的那些年里，尽管时常因为古筝生产计划不足而制作过木琴音板、革胡等，但徐振高始终坚信，自己在乐器制作这一行与古筝制作最有缘分，更何况，传承古筝制作技艺也是自己的任务和使命。凭着这样的信念，徐振高在传承技艺的同时，也结合筝艺的方方面面，努力探究古筝制作的理念及其技艺之奥妙。

开创先河创造经典 苦心钻研成就筝艺大师

徐振高学艺时的古筝，形制普遍较小，音域、音量、音色、音质、音律等愈来愈难适应新时代乐曲和演奏变化的需求，古筝改良的要求日益迫切。1959年，浙派筝代表人物、上海音乐学院教授王巽之根据自己对筝艺"第一线"的需求和了解，向缪金林和徐振高提出制作转调方便的七声音阶筝的想法。在合作实践的过程中，缪、徐师徒二人借鉴了潮州筝斜向栓弦桩的设置方法，设计了S形岳山。S形的设计不仅提高了古筝岳山对琴弦张力的承受能力，也使琴弦能更好地区分高中低音。之后，徐振高还加入了钢丝尼龙弦的试制，这种新弦使古筝音色在亮度、厚度和均衡度方面得以完善。

20世纪60年代初，第一台改良筝制作完成。1962年，上海民族乐器一厂携该筝赴北京参展，反响良好，尤其是S形岳山的设计获得了较高评价。1965年之后，随着改良古筝得到推广，来自全国各地的古筝演奏家、教育家纷纷赶赴上海民族乐器一厂与徐振高交流，提出优化建议。徐振高认真听取专家们的意见和建议，仔细查阅资料，观摩各种场合的古筝演奏，继续进行古筝的改良工作。从面板厚度的处理、共鸣体的完善到筝码形状和规格的调整等，徐振高花费了大量心血。在古筝琴弦的数量上，徐振高先后试验了十一弦、十三弦、十六弦、十八弦、二十一弦、二十四弦、二十六弦和二十八弦，后经专家听音鉴定决定采纳二十一弦的制式。此后，作为全国古筝通用样式的S型21弦古筝日臻完善，历经了数千年的古筝在当代焕发了新生。

徐振高对古筝的贡献，还包括他开启了当代古筝外观装饰设计的先河。在古筝界，“双鹤朝阳”久负盛名，“双鹤朝阳”不仅是“敦煌”古筝的经典花色，也是古筝在当代第一次拥有的装饰花色。在20世纪60年代之前，古筝外观鲜有装饰，只是在琴体表面涂刷黑漆，加上古筝两端一大一小的样式，被人戏称为与棺材相似。徐振高突发奇想，“若将字画装饰艺术设计在古筝两端，既可提升古筝的关注度，又可突出古筝的外观工艺价值”。带着这个设想，徐振高在学习制筝技艺的同时，经常到上海的太仓路、城隍庙等有较多古式建筑物的地方获取古筝花式的创意灵感。当时，拍照、录像设备还没普及，徐振高只能用铅笔照着原样在纸上描摹绘画。回到制作车间后，将纸上描摹到的花式画在古筝花板上，画完后再跑去城隍庙等地核对，然后再修改调整，如此反复直到满意为止。

1960年诞生的第一台S型岳山古筝上，就有由徐振高设计、经专业老师指导修改，以松、鹤、朝阳为主题内容的图饰花板。到后来S型21弦古筝流行开来的时候，人们把两只仙鹤穿过松枝飞向太阳的图案直观地称为“双鹤朝阳”。几十年传承发展下来，千年古筝的新面貌“双鹤朝阳”也已成为上海民族乐器一厂“敦煌牌”古筝的经典款式。此后，徐振高的古筝装饰“创举”得到了延续和拓展，1998年全国古筝制作大赛后，“蕉窗夜语”“梅庄琴韵”“香墨垂弦”“五彩呈祥”和“玉影长驻”等数十种花色相继问世，多种雕刻、针刻、绢画、镶骨、漆画、珐琅等装饰性工艺融于古筝，呈现了百花齐放、群芳争艳之势。在如今大家所能看到的精美的古筝身上，从岳山、琴弦、筝码、面板、装饰等等各个方面，皆离不开徐振高孜孜不倦的改良与创新，“现代古筝之父”的名号，可谓当之无愧。

传承筝艺鞠躬尽瘁“筝父”严师高徒满堂

20世纪60年代起，随着古筝形势的良好发展，徐振高一面斟酌制筝技艺，一面开始了筝艺的传授工作。徐振高的第一批学生是上海民族乐器一厂工业中学从社会招收的一批学员。经过点香拜师仪式之后，徐振高与学员们正式确定师徒关系，并与他们吃住在一起。徐振高采取“严师出高徒”的传艺理念培养徒弟，并将自己对古筝制作的严谨态度转移到授艺上。据他的徒弟回忆，徐师傅“对待产品制作非常讲究，不允许任何环节出现质量上的瑕疵”，但他同时耐心指导，经常手把手示范操作。

1992年退休后的徐振高依然活跃在制筝“前线”，监制古筝制作，指点后辈。他坦言，能够亲自指点后辈把自己的制筝技术传承下去，是他无限的工作动力。数十年间，在上海民族乐器一厂以及江苏扬州、河南兰考等地，徐振高培养了百余名徒弟。在1998年的全国民族乐器古筝制作大赛中，徐振高的徒弟包揽了前三名。在众多的徒弟中，有的成为著名的古筝制作师，有的成为古筝制作的管理者，有的成为古筝制作企业的当家人，有的则成为古筝制作技艺改良的专家……他的不少徒弟又继续收徒传艺，因此，徐振高的弟子可谓遍布全国各地，他自己则被尊称为“古筝之父”。

徐振高对现代古筝发展和传扬所做的贡献，为他赢得了良好口碑和众多荣誉。1979年“敦煌古筝”被轻工部命名为优质产品，徐振高是当之无愧的主要奠基人之一。1979年经上海市劳动局批准，徐振高被评聘为工艺师。1979年到1985年，徐振高先后四次被评为上海市劳动模范。1990年经上海市劳动局批准，徐振高被评聘为技师。1993年徐振高获得国家劳动人事部颁发的高级技师证书。2012年被评为上海民族乐器制作技艺的国家级代表性传承人。2014年，获得“中华非物质遗产传承人薪传奖”。2017年，荣获“中国古筝艺术特殊贡献”的荣誉称号。

从业60余年来，“筝父”徐振高一直秉持大国工匠精神，坚守在平常却不平凡的岗位上，踏实勤勉、精益求精、刻苦钻研，让古筝这一有着数千年悠久历史的中国乐器在当代焕发新颜，让中国民族音乐在奏出当今文化自信与大国之音的道路上如虎添翼。徐振高对筝艺的坚守，体现着当代民乐人在民族乐器制作事业传承与弘扬当中的鲜活写照，诠释了大国工匠精神的可敬与可爱。

一代琴圣管平湖的唯一斫琴弟子——田双琨

华夏文化源远流长，古琴也因此历史悠久，并在数千年的中华文化中享有极高的地位：有着三千多年历史的古琴，是中国历史上最为古老、最具民族精神和审美情趣、艺术特质的乐器，位居中国文人必须具有的“琴、棋、书、画”四艺之首；他不仅是人们修身养性、完美自我、提升自我的雅器，更因为其自古就有与生俱来的“乐教”精神和贵族气质。

正如瑞典著名汉学家林西莉所言：“古琴不单是一件乐器，更是一面心灵的镜子。他发出的音能让人类与大自然沟通，触及人的灵魂深处，弹琴者通过音乐达到对人生的领悟”。

古琴艺术不仅长期流行于传统的文人雅士之中，更为历史上的帝王将相所雅赏。古琴，又称“玉琴”“瑶琴”习称“七弦琴”，后因其乃是上古之物，故称“古琴”；2003年，古琴艺术被联合国教科文组织认定为“人类口头和非物质遗产代表作”，使这一曾经日渐式微的古老艺术焕发了新生：不仅当代的文人雅士、政要商贾弹琴赏雅，一些时尚新俊也开始尝试了雅弹这一圣古希音……2008年，北京奥运会开幕式上，古琴雅韵更是让全世界的观众如痴如醉，一时间赏琴、藏琴、弹琴、斫琴成为都市里的新时尚。

师出名门：管平湖的唯一斫琴开门和关门弟子

“五音六律十三徽，龙吟鹤响思庖羲。一弹流水一弹月，水月风生松树枝”。《神奇秘谱·序》中朱权提出：“琴之为物，圣人制之，以正心术，导政事，和六气，调玉烛，实天地之灵器，太古之神物。”由此可见，琴的功用决定了他是由圣人所斫制的圣物；通过弹琴可以与古人对话，与古代先贤进行精神交流，并从中获取力量。如此重要的神圣器物，斫制工艺和流程决不可随意篡改更不可偷工减料。然而在如今的市场大潮中，真正使用传统工艺、传统文化去斫琴的琴人屈指可数。

而本文所写田双琨老人正是这屈指可数的斫琴圣手中的佼佼者：田双琨，字双魁，号虞田琴斋，1933年出生于河北深县。1951年到琉璃厂马良正乐器店当学徒，后进入北京民族乐器厂制作古琴等乐器。1958年，田双琨被抽调到中国民族音乐研究所，师从中国著名古琴演奏、制作大师管平湖先生，是管平湖先生唯一的斫琴开门和关门弟子。田双琨制作的古琴经管平湖、查阜西、郑珉中、龚一、溥雪斋、吴景略、李伯琴、王迪、邓修良等众多名家使用、鉴赏，均给予好评。

“流水白云西复东，高歌一曲走金风。相携自是知音客，故写闲心三次桐。”正如清代黄慎《山谷听琴图》题画诗中所写的意境：田双琨老人大半辈子与“三尺桐”相知相惜，而他的大半生恰巧辗转于北京“西复东”的胡同之中，而这其中古琴是伴他最长的“知音”，而这“知音”中的知音便是一代古琴大师管平湖先生：1949年，16岁的田双琨从河北深县来到京城，在一家京胡店当学徒，学习制作京胡、二胡和三弦。公私合营以后，他成为北京民族乐器厂的技师，不仅制作胡琴，还制作古筝、扬琴、琵琶等乐器。1958年“大跃进”时期，他被抽调到中国民族音乐研究所，从师于中国著名古琴演奏和制作大师管平湖先生研习斫琴。据田老回忆：当初管平湖老师为了提高他对古琴的鉴赏力，亲自带自己拜访京城古琴名家查阜西、夏连居、李伯琴、程午甲，除观看弹琴、聆听琴艺外，并近距离观赏、研究古时流传下来的良琴，通过“唐圆宋扁”的外观特点，鉴别琴的年代（唐代时古琴的琴面较圆，弧度较大，而宋代的琴面比较扁平）。此后的50年间，田双琨在斫琴道路上越走越远，声名远扬，也开始专注精斫古琴，并放弃了其他乐器的制作。

“管平湖老先生在弹琴上教过好几个人，但是在斫琴上只教过我一个人。”田老如是说。这个说法在故宫博物院研究员、国家鉴定委员会委员、著名古琴鉴定家郑珉中那里得到了印证：“田双琨老先生不仅是管平湖大师唯一的斫琴开门弟子，也是唯一的关门弟子”。尽管恩师管平湖先生已故去多年，田双琨工作室的墙上至今仍挂着一幅先师抚琴的照片，以表达其对恩师的崇敬、怀念之情。

大音希声：北京胡同深处的斫琴圣手

在南方被叫着“街巷”的胡同，可是北京的灵魂：不仅因为他具有古朴、厚重、幽静、深邃的气质，更因为他住着各式各样的“人物”而变得愈显“神秘”和“深不可测”；古琴之美，不仅因其高古，更因其苍劲、温雅、静美的气质而和北京的老胡同一脉相承。

“月出鸟栖尽，寂然坐空林。是时心境闲，可以弹素琴。清冷由木性，恬淡随人心。心积和平气，木应正始音。响余群动息，曲罢秋夜深。正声感元化，天地清沉沉。”这是唐代大诗人白居易笔下的琴声所描绘的意境：幽静、深远、怡逸绵长。而本文要写的斫琴圣手田双琨老人，则更像从北京胡同深处飘出的厚重、沉静、古雅的琴音——“从最轻弱细腻的泛音——如寺庙屋檐下的风铃，到深厚低音颤动的深沉”，这正是斫琴老人田双琨的真实写照：一半寂寥一半沉着，与高山流水为邻，与闲云野鹤为伴，但最终归于深厚、苍劲而余韵悠长，继而享誉华夏、蜚声中外。

田双琨自河北到北京工作后，曾辗转劳顿，搬过好几次家，但田先生还是最为钟爱住在深巷的胡同中：无论是在前门还是承恩胡同抑或现在的板厂胡同——凑巧的是：在前一个住处，田双琨和管平湖先生的花枝胡同住得很近，尤其是在1958年被抽调到中国民族音乐研究所工作过，田双琨有了更多的时间向管平湖学习古琴制作、修复，也就是在1958年，在管平湖老师的悉心指导下，田双琨心摹手追，一口气做了三张古琴，其中两张仲尼式，一张伏羲式。当时的琴家们都讲“琴弹500年”，也就是要弹百年以上的老琴，因为老琴经过岁月的洗礼，木料已经没了火气，声音更醇厚，而新做的琴大都像一个破板凳绑上几根弦，声音完全没法听。但因为田双琨是乐器厂“科班”出身，加上有名师管平湖亲传和指点，那年田双琨做出的古琴在专门召开的鉴定会上得到了老琴家们的充分肯定：“声音不错，超出了我们的想象，打破了‘爷爷备料、孙子才能弹琴’的先例”。

年轻时即受到名师和前辈的肯定、鼓励，信心倍增、干劲大涨，但田先生并没有骄傲自满，而是更加一头扎进深厚的斫琴传统技艺之中。田双琨师从一代宗师管平湖，在管先生的口授亲传及自己的专心研习下，年复一年，终于练就一手深厚精湛的技艺：不单复制前人的佳作，而是潜心研究、谦虚求教，不但留下了累累成果和诸多制作工艺学术文献，在我国民族乐器的制作规范、音效、音准、材质用料和审定等的研究方面，也做出了不可磨灭的贡献；为改进调音而对琴轸所做的改革，在我国的琴史上已留下宝贵而重要的一笔。当今中国音乐界的权威人士认为：田先生在国内制琴界首屈一指，是北方宫廷琴派的杰出代表。现在慕名来“虞田琴斋”订琴、学习斫琴的人络绎不绝，其中有弹了几十年古琴的演奏家，也有古琴收藏者爱好者，更有雅兴正浓的政要商贾。

心手双畅，德隆望尊

琴道致和平、琴音正人心。双琨老先生如今虽已80高龄了，但双目炯然，双手精劲有力，精神矍铄、心无挂碍，终日斫琴、修琴，且乐此不疲；除参加有关斫琴学术研究和琴会雅集外，田双琨先生每日的生活都非常有规律：一般上午用于学习、斫琴、修琴、思考和记录心得；中午小憩；下午教授、指导来自全国各地的学生斫琴……对于田双琨在斫琴、古琴修复上的成就，古琴界的泰斗、故宫博物院研究员、著名古琴鉴定家郑珉中，在其发表于《收藏家》杂志、后又被收入故宫博物院文库《蠡测偶录集》中写道：“在北京，著名的制琴家有4位，为田双琨、孙庆堂、王鹏与张建华。”

田双琨是20世纪50年代北京古琴研究会招收的生徒之一，拜管平湖先生为师，专门学制琴，是管平湖先生唯一的学制琴的弟子，聪明好学，先生心得，悉以相授。得师传，数十年间所制之琴不可胜计，为国内及港台人所重，且善于修理传世古琴。昔年唐山地震，九嶷派琴师李浴星先生不幸人琴俱亡，其后人于废墟中拾得先生遗琴碎片，粘接之后，送请田双琨修合，竟得元音复来嘹亮如故，毫无闷哑之弊。近日所制之琴尤得古法，音韵之妙与明弘治惠祥之琴相较似已过之。“高台月色深，月下闻清琴，能使座中客，俱生尘外心”。古琴不仅是高雅的象征，更是镇宅养生的宝物；弹琴之人在平心静气的状态，随着平缓悠远的琴声，更能进入琴人合一、物我两忘、心泰身宁的境界，难怪大凡爱琴人皆长寿：古代的不说，近现代的琴家杨时百、夏连居、严天池、张孔山等均有百岁之寿，这当与古琴通过音韵、音味使人安静、怡神、养性有关。如今心手双畅的田双琨现为中国古琴学会顾问、中国民族器乐学会理事、中国民族管弦乐学会改革与制作专业委员会理事、北京乐器学会理事、北京古琴研究会会员、中国北派最有声望的斫琴大家之一，人们尊称“古琴田”。50多年来斫制大量精品古琴，被世界各地爱好者收藏，美国陈大德博物馆就有他的作品陈列；一位德国朋友买了田老师的古琴并学会了弹奏后还开了10余场个人演奏会；远从他国来“虞田琴斋”购琴的人更是络绎不绝、不计其数。田双琨以修旧如故的精湛技术，拯救大量残缺破损濒临毁灭的古琴，使唐宋雅韵重现今朝。

作为中国最有声望的北方派制琴家，田双琨先生在《中国乐器大全》《中国乐器博物馆》《古琴荟珍》《手艺北京》等著作中都记载了田双琨先生斫制古琴、修复古琴的贡献，被载入中国音乐古琴史，国内外的许多知名杂志如《中国古琴》《中国民乐》《中国古琴民间典藏》《华夏人文地理》《文化月刊》《Vogue》《中华英才》《神州》《世界时装之苑》及众多电台、电视台、文献对其业绩、成就作过诸多报道。“人有寿，琴长在；人会走，琴韵存”，80高龄的田老如是说。这不，由田老全手工斫制、名为“雄风”的伏羲式断纹琴即将亮相于中国著名拍卖公司保利国际拍卖之保利春拍，我们衷心祝福这位斫琴圣手和尊敬的长者：心手双畅、与古琴同在、寿越金石！

坚守艺人情怀 追寻琴声20余载——梁钊明

22年，从每调一个琴键要敲击100多次、手指敲到酸痛起步，到调律“快、准、狠”，广州珠江钢琴KA厂厂长、资深钢琴调律师梁钊明不仅将调律“融入血液”，内心更是坚守着一份乐器工匠的职业情怀。自1994年5月进入珠江钢琴集团工作以来，梁钊明同志先后从事钢琴外壳装配、钢琴调律、质检员、厂长等工作，他积极钻研技术，虚心向国外专家学习德国的钢琴调修技术，得到了外聘专家的一致好评，多次代表集团公司参加广州市、广东省的钢琴调律技能竞赛并取得了良好的成绩，获得优秀钢琴调律师的称号，为珠江钢琴集团技工队伍的培养、高端钢琴的研发做出了很大贡献。

恪守工匠精神，调律技能精湛高超

珠江钢琴作为全球最具规模的钢琴制造商，立足自动化、标准化的钢琴生产创建规模化增速强势发展，面对消费终端的品质需求，以及民族钢琴品牌在专业音乐会用琴领域的瓶颈突破，钢琴作为乐器的声音艺术表现魅力，根据专业演奏者的主观感受做出个性化、艺术化调整，高水准的“纯手工”工序依然是不可或缺。具备卓越技能、深谙音乐会级别钢琴键感与音色的资深钢琴制造与调律专家更是成为民族钢琴品牌进驻专业演奏领域的核心驱动力。“工匠精神”不仅彰显着他们的职业情怀，更决定着钢琴键感和音色的优劣，决定着钢琴品质能否达到殿堂级别的音色标准，更决定着企业品牌的美誉度，成为影响企业发展前景的核心人才要素。

1994年中专毕业的梁钊明南下广州，进入珠江钢琴厂工作。一进厂，梁钊明就被敞开的钢琴内部数千整齐排列的零部件深深吸引，“精密而又有规律，一敲击发出很美妙曼妙的声音”，那时的梁钊明就立志做一名优秀的钢琴调律师。但梁钊明起初并未如愿，而是在共鸣盘车间从事一年多的组装工作，1995年10月后才入行钢琴调律。入行时老师谆谆教诲到，“从事钢琴调律无捷径可走，除了一按键发一个‘声音’外、一次调律扳手的拧松或拧紧就是一次技艺的修炼，没有其他捷径，钢琴调律属于手艺活没有最好只有更好。”起初，他的技能学习颇为艰辛，一台钢琴需要对88个黑白键进行反复的调整，用40多种工具拧230多个钉，平均每个琴键需要敲击100多次才能达标。一天下来，梁钊明常常是拇指和中指都开裂了，第二天只好用胶带缠住伤口，继续练习。

学艺之路无止境，梁钊明始终以学好学精一门技术为标准，多学多思多问多练成为其工作座右铭。在钢琴厂老一代调律师的悉心教导和自己的勤奋钻研下，梁钊明对钢琴调律渐趋熟悉起来，晋级成为厂内的主要技术骨干。除了调律，他还要做音色整理，这些基本上都是靠手工完成，虽然过程漫长，但他却乐在其中。梁钊明认为:“调律师好比钢琴的医生，钢琴使用久了，音色、音准都会有误差，我们可以把他医好。但我更愿意把自己的工作看作是钢琴的化妆师，通过反复的调试，让钢琴达到弹奏者认为最美的声音效果。”

2008年他首次参加中国乐器协会举办的全国钢琴调律技能竞赛，资历虽轻，但凭着不认输的干劲及对技艺的执着追求，经过层层的考验，最终入驻全国钢琴调律总决赛的行列，在首都获得了人生的第一面奖牌——优秀参赛者。

调律是一门考验和挑战操作者身心素质的操作工艺，除了要懂乐理、有悟性，以及平和、稳定的情绪，还要吃得苦，耐得住寂寞，舍得牺牲个人的一些嗜好。为确保双耳的灵敏度，梁钊明放弃了很多会对听力造成影响的活动，KTV、电影院这样的地方，梁钊明是不敢去的，“坐飞机更要戴上降噪耳机”。在工作之外，梁钊明也与钢琴如影相随，经常买各类碟片聆听乐曲，还自费去听音乐会，以提升自身对音准和音乐的敏感度。

功夫不负有心人，梁钊明对钢琴调律渐入佳境，每个琴键从敲100多次缩减到只要敲5次。他的一位同事说：“如果要用三个字来形容梁哥的调律，就是快、准、狠。”但这样的本领显然非一日之功。“基本上每天他都是走得最晚的一个，经常我们所有人都下班了，就他一个人还在那里拨弄钢琴。”2013年9月，梁钊明获得广东省钢琴调律竞赛总决赛第二名、获得“广东省技术能手”“广东省职工经济技术创新能手”“广东省优秀钢琴调律师”等称号。但是他依然“教而后知不足，学而后知困难”，通过这次比赛，他对钢琴制造的认识达到一个新的高度，于是狠下决心，不倦地向外国专家及钢琴制造的老学习，对专家及前辈们提到的要点、难点从不放过，自己反复练习。梁钊明明白，成功非偶然，精益求精才是根本，不同时代有不同的制作方式，但追求高品质的“工匠精神”是一脉相承的。“自己是手艺人，会做到老，学到老。只要不断提高和创新，就有生存的空间。”在他孜孜不倦的努力下，2016年9月，梁钊明终于获得全国钢琴调律职业技能大赛总决赛冠军。

以师带徒薪火相传，建设人才队伍

随着企业的不断发展和壮大，2010年珠江钢琴集团为实现跨越式发展，集团公司重新整合资源，聘请外国专家等，专门组建了一条100%德国工艺标准的生产线用于生产高端钢琴恺撒堡“KA艺术家系列”。从试制到投产，梁钊明全程参与。所有工作都是高要求、高标准，这其中自然有沮丧，有气馁，更有专家严厉的批评。然而，当梁钊明看到一台台恺撒堡KA艺术家钢琴开始下线，“感觉所有的付出都很值得，也很满足”。也正是在这一过程中，梁钊明的技能获得了质的飞跃，调律及整理技术得到国内外专家高度评价。令梁钊明最自豪的是恺撒堡KA系列钢琴在美国的一次盲测，评委都是国际顶级的钢琴专家，一共4台钢琴参与测试，其中1台是KA厂生产的，其余3台都是德国的知名钢琴品牌。分数出来令人意外，79.9%的人都认为KA钢琴是最贵的，另外有20.1%的人认为它第二贵，但其实KA钢琴是四台中最便宜的。

一枝独秀不是春，百花齐放春满园。梁钊明不仅注重自身技能的提高，还非常注重员工团队技能培训，他于2016年挑起恺撒堡KA艺术家分厂厂长的重担，在每一项细节上言传身教，将音板、弦码、肋木、键盘、弦轴板、木支架以及击弦机系统与外壳等诸细节逐一分解，把一项项复杂细致的工作变为好手艺，让员工们接受原汁原味传统手工艺熏陶，毫无保留地将高端钢琴调整与维修技艺薪火相传；在校企联合办学中，他充分发挥传、帮、带的作用，从不吝惜把技能传授他人，不但详细讲解钢琴发音原理，还现场示范钢琴整修调音的技术技巧，为公司培养了一批优秀的调律人才，确保了恺撒堡KA艺术家钢琴的高质量和高技术水准，为公司赢得了良好的声誉，也为公司进军国际高端钢琴市场提供了可靠保障。

同时，他积极参与公司科技项目攻关，如2016-2017年参与项目“钢琴击弦机零件自动加工及装配技术的研究”，实现了公司高端钢琴击弦机系统质量的稳步提高和自动加工技术的研发和推广，为改善钢琴的产品品质做出了突出的贡献；长期积极参与公司QC小组活动，担任“艺术家”QC小组的组长，如开展“降低KA1、KA5、KA6钢琴键盘键架后板的返工率”的攻关活动，已经基本实现相关产品装配工艺的完善，为改进工艺过程质量出力献策。

对完美技艺的追求也为梁钊明带来了许多荣誉，他被评为“优秀珠江钢琴人”“最佳操作者”等，多次在国家级和省级钢琴调律竞赛中取得优异成绩，先后荣获“广东省优秀钢琴调律师”“广东省技术能手”“全国技术能手”称号。当恺撒堡KA艺术家钢琴在人民大会堂鉴定会成功召开，当G20杭州峰会珠江恺撒堡钢琴完美声音呈现于世人面前时，梁钊明一遍遍地告诉员工们，做调律需要专注，更需要的是在浮躁时代中坚守一份工匠精神的职业情怀。

新产品

2018乐器行业新品纵览

编者按：综观2018年乐器行业发展宏观趋向，全球乐器经济震荡加剧，中美贸易摩擦抑制外贸出口活力，环保、成本要素倒逼产业结构升级重组。面对产业发展不利因素，全体乐器行业同仁依托科技创新，精准对接大众音乐制品消费需求，内部设备升级改造，产品标准化、系列化、智能化制造水平有效提升，乐器行业“三品战略”得到贯彻实施，各分支行业科研创新工作取得积极成果。本刊特别策划乐器行业新品纵览专题，旨在透过图文汇编形式，集体巡礼全年乐器行业发展的科技创新成果。

一、珠江钢琴创意精品系列

里特米勒RSH系列

1795年诞生于德国的里特米勒钢琴，作为欧洲名琴代表，饱含欧洲文化底蕴，以其柔美、纯净的音质和卓越的演奏性能著称。里特米勒加入珠江钢琴集团大家庭后，拥有223年历史的钢琴制造技艺得到完好的传承。珠江钢琴集团在继承里特米勒欧洲名琴技术的基础上进行技术改进，推出了RSH钢琴，从外观上进行区别于传统珠江钢琴的改变，并采用了单板实木音板、乌木黑键等应用，在继承里特米勒特有纯净音域的同时丰富了音色表现力。RSH钢琴中使用的单板实木音板，最大程度契合钢琴共鸣系统的发声规律，丰富了钢琴的音响效果，能在多种不同的气候条件下保持音质稳定。同时，应用在RSH钢琴键盘上的乌木黑键不仅原料名贵，当演奏者连续快速弹奏时，具有防滑性的乌木键可以让演奏者手指施力的角度和力度更稳定，不受影响。基于对220余年名琴的传承，RSH钢琴在外观上采用古典钢琴设计元素，扩容音箱的应用有效增加声音共振范围、使音色更明亮通透；大谱架的设计高度还原欧洲古典名琴的气质。

恺撒堡智能钢琴KF系列

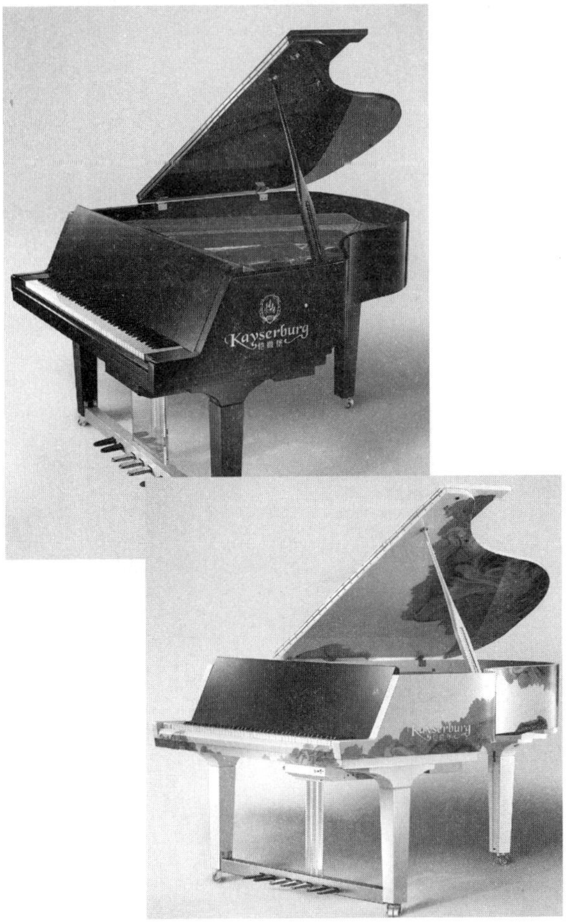

iNSPIRE系列是集合自动演奏、远程控制、录制还原、多媒体娱乐、在线学习等多种功能的现代化智能钢琴。专业的钢琴、简易的操作、海量的学习/娱乐资源，打造家庭参与式音乐终端及在线教育平台，使钢琴真正成为家庭的音乐中心。连接耳机后，开启智能钢琴静音功能，弹奏者可在嘈杂的环境中通过耳机感受自己的演奏。恺撒堡KF系列智能钢琴是拥有丰富教学资源的教学平台，学习者可通过平台自学，并通过录制回放功能检查学习成果。面对家庭娱乐，iNSPIRE系列的自动演奏、卡拉OK、影片观赏等智能多媒体功能丰富家庭娱乐生活。每秒128亿次左右的浮点运算能力，4K级别视频支持，1080P全高清摄像机捕捉你弹奏的每个细节，可以在120的速度里实现一秒钟弹奏32个64分音符，细腻到512级别的力度感知。高品质击弦机和榔头敲出优美的琴音，还可以模仿超过128种乐器的发音。

京珠10周年纪念钢琴JC系列

京珠10周年纪念钢琴JC系列设计灵感以钢琴灵动变化的音色呼应自然花朵的曼妙多彩，又将钢琴颗粒感的音色映衬漫天繁星。JC系列纪念版钢琴立足于欧洲传统工艺的基础上应用前倾式背架技术，对背架进行前倾设计，为击弦机的后仰角度争取了更大的空间，提升了弦槌击弦状态的后倾角，使弦槌在击弦后能够更加快速地回复到下一次的击弦准备状态，增强了立式琴的“复振”性能，键盘控制更加灵敏和精确，满足演奏高要求曲目的要求。同时，配以高贵典雅的乌木黑键，演奏时触感舒适，表现力强。音板采用不等厚加强型的演奏会级实木音板，最大程度激发了音板的振动潜力，极符合钢琴共鸣系统的发声规律，丰富了钢琴的音响效果，在各种不同的气候条件下均能保持优良的音色。

二、上海民族乐器一厂敦煌限量版琴筝

珍藏版小叶紫檀木“海上凤韵”金筝

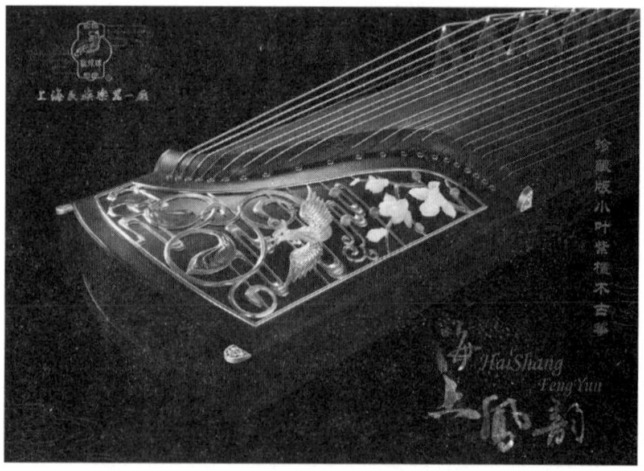

2018年，上海民族乐器一厂在建厂60周年之际，推出售价128万元的珍藏版小叶紫檀木“海上凤韵”金筝。该筝将海派乐器制作技艺与海派金银细工技艺有机结合。由国家级非物质文化遗产“金银细工”代表性传承人张心一、上海工艺美术大师黄雯、吴倍青等精心设计，黄金如浓墨行于纸间，有吉祥之意的绿松石和孔雀石等宝石加以点缀，凤凰栩栩如生。由和田白玉雕刻的白玉兰则象征了上海城市的向上精神，流云纹、卷云纹等纹饰既有音律之美也有传承发展之意。“海上凤韵”金筝以珍贵难得的小叶紫檀木为材，根据声学品质选取最优木料制作而成。从发声面板与小叶紫檀木的挑选，到面板刨制烘烤、岳山制作、琴弦调配、古筝调律，每一个步骤都由敦煌的古筝制作团队倾心投入，严格把关。

“海上花开”系列乐器

“海上花开”系列乐器由上海民族乐器一厂与珠宝设计师马荆棘共同设计制作，有古筝、琵琶、二胡三款乐器。该系列乐器选用上海市市花白玉兰为设计主题。琵琶琴头处，玉兰花悄然绽放，既含蓄典雅，又落落大方。二胡琴头为含苞待放的白玉兰，与琴轴上的玉兰纹饰相呼应；古筝花板则将具有层次感的海浪纹与绽放的白玉兰相结合，整体运用传统银片錾刻工艺，结合天然碧玺与翡翠镶嵌，精致美观。

限量版“鹿王本生”古筝

限量版“鹿王本生”古筝属于上海民族乐器一厂推出的“从‘敦煌’到敦煌”系列乐器。该系列乐器由上海市工艺美术大师翁纪军担纲设计，有飞天系列、乐舞系列及“鹿王本生”古筝。在工艺和材料选择上，运用大漆含蓄沉稳的色泽对比富丽的金属箔料，通过堆高莳绘的技艺以及精细刻画的飞天、九色鹿等形象，将敦煌莫高窟壁画的艺术精华呈现于民族乐器之上。

“鹿王本生”古筝设计表达，源自敦煌莫高窟257号洞窟的九色鹿壁画，通过古筝琴体讲述故事中的各个情节。琴头为故事的开始，溺水人呼救，九色鹿经过水边，救落者，溺水人行礼拜谢。琴尾为溺水者前往王宫告密，王后央求国王捕捉九色鹿，琴身左侧为救人后在森林中奔跑和酣睡中的九色鹿，琴身右侧是故事的最高潮，溺水者带领国王的大军入山捕鹿，九色鹿面对国王，控诉溺水者见利忘义的丑恶行径。在工艺表现和材料运用上，通过裱布、彩绘、磨绘、敷金勾勒等，彰显了古筝精美沉稳高贵之感。

三、海伦智能钢琴系列

海伦智能钢琴系列新品既是一台优秀的传统声学钢琴，也是一台拥有智能硬件的现代化钢琴，他能通过另外购置的iPad与海伦开发的“钢琴·家”、“海伦智能课堂”等智能应用APP交互，增加学琴的趣味性，也便于用户提升演奏水平。

海伦A122、A126型钢琴

该新品在其工业研发及制造过程中，定位孔工艺发明专利保障组装精度，进口的精工设备保障了钢琴部件的加工精度，共同为钢琴的优秀品质与稳定性能提供可靠保障；中盘采用实用新型专利的金属框架结构加固，确保中盘长期稳定不易变形，键面平整，弹奏舒适；铝合金包裹实木多层板实用新型专利的调节档，具有更好的稳定性。标配键盖缓降器，有效保护弹奏者的双手；云杉实木音板，对于音质、音色起到重要作用；采用实用新型专利的插装式弱音档，美观大方，角度定位合理，踏瓣联动系统有效控制杂音；乌木制造黑键，触感舒适，美观自然，通过内置配重调节，可以改变弹奏的动、静负荷力，并且可以有效防滑；弦槌毛毡采用德国进口FFW榔头呢毡，有效提升音质。弦槌木芯采用硬桃花芯木，具有良好的硬度、韧性和内应力；德国进口鲁斯劳（ROSLAU）TQ高等级专用琴弦，运用了自动磨压琴弦机专利，有效控制琴弦应力，使音准更长期稳定，确保音质优美，并保证弹奏时琴弦的良好泛音；采用倒牙车丝弦轴，调律顺手而无杂音；18层优质硬枫木特制的弦轴板，稳定坚固，对弦轴的握持力更强。

海伦C6型钢琴

海伦C6钢琴隶属于海伦经典系列，在其工业研发及制造过程中，集成了较高的科技含量：定位孔工艺发明专利保障组装精度，进口的精工设备保障了钢琴部件的加工精度，共同为钢琴的优秀品质与稳定性能提供可靠保障；中盘采用实用新型专利的金属框架结构加固，确保中盘长期稳定不易变形，使键面平整，弹奏舒适。其他各项工艺、材料、技术指标均与前述A122、A126处于相同的高规格。

四、柏斯音乐集团高端精品系列

高天Wilhelm Grotrian系列——WG-211三角钢琴

高天钢琴WG-211，为高天Wilhelm Grotrian系列三角钢琴。经典的黑色亮光琴身带给人们纯粹又深邃的观感体验。钢琴众多重要零部件均为德国顶级品牌制造生产，确保钢琴音色饱满纯美。为了达到演奏触感的最优化，WG-211选用了德国进口Kluge键盘，黑键选用天然上乘的乌木，保证触键舒适的灵敏度及稳定的性能。其双轮式带刹车铜轮，更是在安全的前提下尽显精致外观。WG-211，不仅是高天钢琴公司180多年制造经验和工艺积累几近极致的体现，更极佳地诠释了“声与形最默契且相辅相成的完美合作”。他延续了高天品牌悠久而璀璨的历史，始终坚守高端定位，成为人们梦寐以求的、极具19世纪欧洲皇室气息的传世之作。

长江钢琴“大成之作”IPC系列——东方古典韵味美学IPC-100

“冠军系列”是长江钢琴历经多年磨砺，产品

荣登世界重大赛事舞台并伴随选手多次“夺冠”后的再“升华”。他集全球甄选良材、世界先进和极致制造工艺于一身，复刻三角钢琴品质标准呕心磨砺的“大成之作”。他可以满足演奏者对“音质、外观、触感”的极致要求，是柏斯集团挑战永无止境“冠军精神”的体现。

“冠军系列”严选自持阿拉斯加云杉基地上等木材，质地顺直通透，纹理均匀。经过工厂配套音板生产产业链，采用特有的音板强化工艺与技术，打造能量损耗最小、更易振动，拥有卓越声学性能的优质音板。耐候性更好且环保的ABS+碳纤维，可承受更高强度，满足各种激情和爆发力演出；触键感更灵敏，能实现更多层次的展示。13位整音大师以严苛的态度，凭借自身具备的传统欧式技术、专业又规范的手感，在多次听、判、调三大步骤中，使IPC-100音质的穿透力更入佳境。栗色亚光，莲花造型，匠心雕刻，东方韵味和古典气质的完美融合，孕育出音乐的无限潜能。

Wilh. Steinberg仿古名琴系列——WST仿达萨罗小提琴

源于德国，WILH.STEINBERG（WST）凭借百多年来对声音和木材研究的丰富经验，独具匠心的制作工艺一直引领时代。由国际知名得奖制琴大师ScottCao曹树堃先生亲自监制，配合得奖制琴团队的过人工艺及独有的“敲击音制琴法”精确调音制琴，每一把WST提琴都是超凡精品。

WST提琴严选天然风干多年的优质板材，配以独特配方的仿古油漆及专业配置，每一道工序都是精雕细琢，为WST提琴缔造了难以超越的高度。专业的订制服务更可让演奏家按照自己的音色爱好，从经典仿古名琴中挑选自己的专属琴型和配置，量身打造令其满意的提琴，一切都为了使每把特别订制的仿古琴从外观造型到琴声音色上都达致尽善尽美，为全世界的提琴爱好者和专业演奏家制作音色丰富，穿透力强的优质提琴。

五、凤灵集团竹制替代材料科技成果

贝拉琴

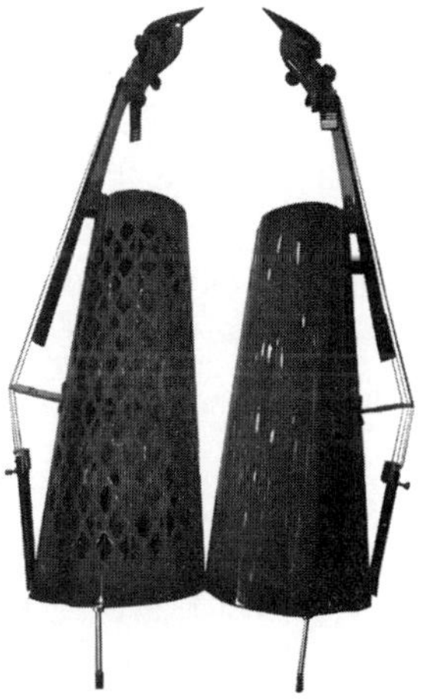

《直立音板双音箱竹制弦鸣乐器——贝拉琴》是江苏凤灵乐器集团耗时多年研制成功的世界唯一的结构创新乐器，荣获国家发明专利，国家文化部认定为科技创新产品。贝拉琴采用琴码与发音板直立于音箱并垂直振动的新思路，使其振动有力、发音快、音色骨感强，将共鸣箱体隔成两个音室的复合共鸣体，形成高、中、低音均透亮的演奏效果，改变了世界低音乐器以及中国拉弦乐器的结构和发音特性！公司与南京艺术学院合作，对贝拉琴外形进行创新设计，将乐器制作与传统雕刻艺术相结合，镂空设计使产品外形更为亮丽，受到广大乐器爱好者的喜爱！

竹制小提琴

竹制小提琴是采用云杉面板，背板、侧板以及

琴头用竹材代替木料制作而成的乐器，国家文化部认定为新材料创新产品。竹材具有生产快、周期短、产量高的特点，而木材生产周期长，资源日渐匮乏；推进“以竹代木”有助于保护森林资源，避免浪费能源。在利用竹材进行提琴制作时，提前将竹材捆扎、蒸煮、烘干、回潮，使其不易开裂、变形；蒸煮可将竹材内的淀粉热解，更易保存；烘干便于竹材定型；回潮可提高竹材韧性；经过这一系列处理后，使其厚薄一致、增强使用寿命，整体抗变形能力强，振动发音性能稳定，优化提高音质！

六、金音集团创意精品系列

喜逢新中国70华诞，恰逢河北金音乐器有限公司（简称金音集团）成立30周年庆典。伴随着社会经济不断发展变化，金音集团直面困难，迎难而上，蓄势待发，积极创新，运用百余项专利技术，成就千万音乐爱好者的梦想。

新型超轻复合材料太阳号

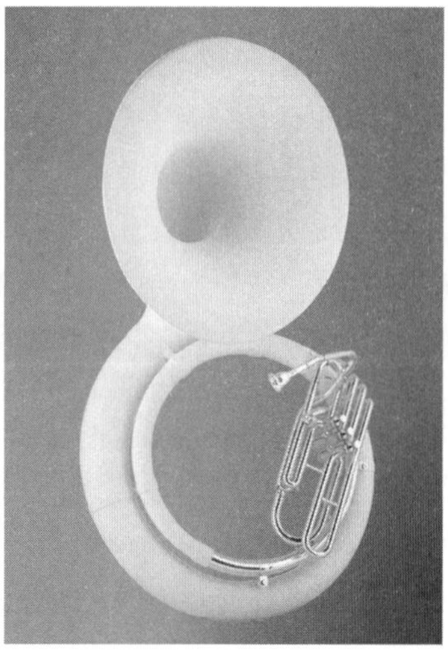

2019年与国际最著名之一的行进乐团组织WGI进行全面合作。双方优势互补，共同潜心开发系列行进乐器。原材料工艺改革、日臻完善的技术革新、持续不断的大型展演和乐团成员日趋提升的吹奏技艺，均有较大幅度的提高。年轻一代的技术团队，继承传统生产工艺的同时，拓展思维，将其他领域的新技术引入乐器行业，进行革新。新型超轻复合材料太阳号一经推出，便受到广大行进乐队的欢迎。他成功地弥补了传统乐器自重较重的问题，不利于长时间行进的缺点，比传统乐器轻了30%左右。不仅仅是行进乐队，更有利于室内静态演奏，与其他乐器相得益彰，完美融合。

金音单簧管精品系列

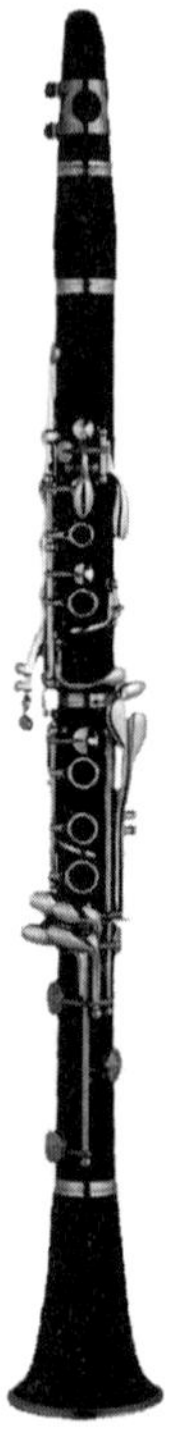

单簧管作为国内外比较常见的乐器之一，在金音集团成立之初，管理层审时度势，就将单簧管技术开发运用于生产销售的各个环节，作为企业的发展核心项目。历经30年企业的稳步发展，几代工程师的技艺传承和新技术、新材料的叠加运用，例如单簧管管体中，最基础的针簧，垫片等零部件及其他配件，均与国际知名乐器行业资深企业开展深入和广泛的合作，开发出一款适用于金音乐器特质的专属零配件。系列产品，款款有特色，金音集团为打造世界高端品质的乐器，不断研发，努力保证每一支出厂的产品都是精品，为集团公司驰骋在国际舞台，始终屹立不倒，奠定坚实的基础。

金音吉他精品系列

众所周知，吉他规模型生产基地和著名品牌生产商均集中在中国南部区域，因其独特的地理优势，已成定局。但是，中国北方地区气候干燥，南方吉他在北方并不能完美地展示其音质。基于此，成就了金音吉他雄踞北方十几年，并不断壮大，新品不断。金音吉他以其真材实料、潜心制作的工匠精神、资深的品牌内涵，赢得了不仅仅是北方地区，而是全国大部分地域吉他爱好者的良好口碑。其独特的音质，享誉国内外。2018年经过公司研发团队精工细作，隆重推出了蜂鸟系列和海豚系列两大系列的吉他产品，得到了经销商、培训机构的高度认可。吉他研发团队，审时度势，立足自身优势，在今年，又开发出新一代蜂鸟系列和海豚系列吉他，伴随音乐爱好者弹唱水平的提升，获得更高端产品而不懈努力。

七、天津津宝乐器管乐、打击乐精品系列

JINBAO——Custom系列之JBSL-990长号

此款长号号口由管乐制造专家分三次加压的制作工艺纯手工打造而成，其余部件均为一次加工成型，一流的制造工艺使之具备了极好的穿透力，保证了高音明亮，低音浑厚的音色特点，发音极其灵敏，风格硬朗的外观设计凸显其别具一格的高贵身份与优良品质，完美的诠释乐曲所要表达的意境是传统乐器制造之典范，是广大音乐学子的优质之选。

JINBAO——SHOSTAKOVICH小鼓

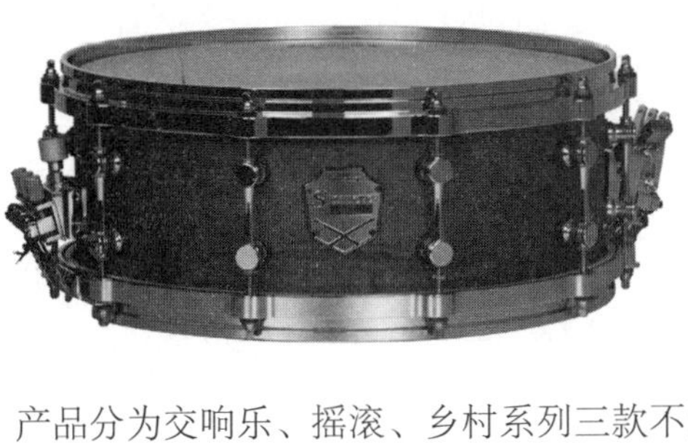

产品分为交响乐、摇滚、乡村系列三款不同演奏风格，此系列小鼓为津宝打击乐研发团队集30余年研发及生产经验，协同国内外知名打击乐艺术家潜心研发并特别得到中央音乐学院刘刚教授的策划与指导，SHOSTAKOVICH交响小鼓是中国生产制造的首颗交响小鼓，此产品集CNC现代加工技术与手工传统工艺和专业打击乐材料于一体，实现了现代技术与传统工艺的完美结合，独特的响弦调节系统，完美的鼓腔、鼓皮、鼓圈结合使其演奏出交响乐中的华丽之音。

八、乐海乐器弹拨乐器精品系列

杨靖监制琵琶

乐海乐器有限公司有着近30年琵琶制作经验，建立科学的琵琶制作标准，严格自然存放周期控制；乐海独特的蒸汽烘干处理工艺减少琵琶材料的内应力，增加其稳定性；科学测试琵琶琴体材料密度配置面板，保证琴体和面板传导的一致性；大数据测试收集分析形成琵琶加工数据，配以智能数控设备，实现了琵琶的标准化生产。

乐海专业的琵琶研发团队，融千年琵琶制作传承，与高等音乐院校专家强项联合，聘演奏专家为技术顾问，通过现场指导、专业制作比赛、声学品质研讨会等方式使演奏家到琵琶制作技师紧密合作。扬靖监制琵琶，专家全程参与每道制作工序。琵琶里膛深度、音梁位置及面板的厚度等关键节点，在杨靖教授的不断测试下进行优化改进提升，音色统一，明亮通透，从音质上得到完美升华。材料上秉承“一木一琴”制作理念，外观纹理自然。严格标准的排品调试，演奏手感舒适。配用乐海高端琴弦品牌“一弦一品”琵琶琴弦，音准统一，四弦音色和谐，得到专业演奏人士的肯定认可。研

发之路很漫长，乐海人将不断努力研发出更好的产品，满足专业的需求。

一弦一品琵琶琴弦

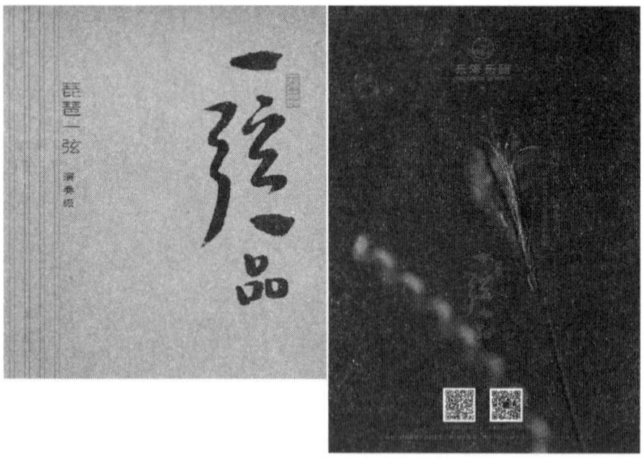

“一弦一品”为乐海乐器高端琴弦品牌。传统的琴弦制作技艺均采用人工缠弦排列，很难控制单位密度均匀，从而导致音准偏差。乐海乐器引进、研发高精度自动缠弦机，采用德国勒斯劳蓝牌音乐琴钢丝、定制外缠弦材料，按每一支琴弦的科学数据标准，在恒温条件下进行加工制作，琴弦泛音清晰准确、音准稳定。于2018年推出高端琴弦品牌“一弦一品”，品牌理念和目标：做中国最好的弦品。乐海琴弦研发组从2018年开始，在杨靖教授及朱凤良老师的指导下，从琴弦材料筛选、比对，进行反复实验、研讨、专家鉴定，总结经验数据。为减少杂音问题，确保琴弦的稳定性，对琴弦钢丝进行了时效处理，对琴弦进行了特殊工艺处理，特别针对2弦、3弦音低的问题，对琴弦加工工艺进行优化改进，调整缠弦的松紧、角度，形成新的琵琶琴弦制作工艺标准，从根本上解决了琵琶琴弦音低的问题。乐海推出的“一弦一品”琵琶琴弦音质稳定，音色纯净，明亮浑厚，得到了专业肯定认可。

九、烟台博斯纳钢琴创新成果

博斯纳GBT127BB立式钢琴

博斯纳立式钢琴独有的音源设计——悬浮式音板。其显著特点是音域宽广、中低音浑厚、高音明亮透彻。博斯纳立式钢琴中的高端产品，采用了原德国博斯纳钢琴的设计理念和工艺技术，悬浮式音板是其中尤为独特的精品理念，极大地增强了钢

琴音板振动的整理共鸣效果，减少了音板振动过程中的振动阻抗与声功率的衰减，从而造就了博斯纳立式钢琴独特的中低音效果。本款产品高音明亮通透，中低音浑厚雄壮，延音绵长震撼，媲美小型三角钢琴。

博斯纳GBT系列升级换代三角钢琴

由当今德国著名设计大师精心设计，在音源加工、机械装配调整、音色音质、弹奏触感等方面，都采用了当今世界顶级的——德国贝希斯坦钢琴公司科学先进的制造技术、加工工艺，其声学品质和演奏性能无与伦比，完美地体现了德国钢琴圆润柔和、厚重绵长的音质音色特点。其键盘和击弦机的加工装配与调整，均采用了德国的标准与专业要求；琴弦采用了德国露丝劳琴弦钢丝；榫击榔头采用了德国软纳或阿贝尔的产品，使键盘的弹奏触感更加灵敏舒适，从而进一步确保了烟台博斯纳钢琴纯正而独特的德国风

格；弦轴板、中密板等其他重要部件均采用高品质进口材料；外观装饰采用的是传统的镶嵌贴花工艺，造型古朴典雅，尽显欧洲风范。

博斯纳GBT217型大三角钢琴

GBT217型大三角钢琴作为舞台演奏专业使用的大型钢琴，完全采用融合了欧洲德国的高品质专业三角钢琴的设计依据和理念，除了大量采用计算机数据计算和辅助设计外，在加工制造中采用了大量的德国的先进而严格的隐形技术。其音量宏大、音色优美，既浑厚雄壮、圆润绵长又明快透彻；键盘触感舒适，弹奏自如，表现力丰富多彩。其声学品质和演奏性能均为专业演奏级大琴，获得了国内外众多钢琴大师演奏家的高度评价。博斯纳立式钢琴和三角钢琴，不仅做工精细、声学品质优良，而且具有非凡卓越的演奏性能，既可以充分精确地演奏古典音乐，也可以完美地表现现代音乐和爵士音乐的品位风格等。

十、江阴金杯GH高端手风琴系列

GH2017HC—4演奏用琴

GH2017HC—4演奏用琴是江阴金杯安琪乐器有限公司2019年研制开发的一款高端演奏用琴。该琴吸纳了国际新的手风琴设计理念，外观时尚新颖，更具吸引力，整体设计更符合人体工学原理,给演奏者带来更大的舒适性。GH2017HC—4手风琴采用四排簧和13个变音器的设计模式。其音域宽度为g—g3，音域更宽广，有效音37个。该琴96贝司、四排簧，键盘采用双串定位装置，增加了键盘的稳定性，演奏时手感更佳。贝司机采用意大利整体式结构，具有高稳定性、低噪音、耐磨损、触感灵敏等优点。簧片采用意大利原装进口簧片，键盘、贝司籽采用意大利玛瑙材料，凸显该琴的雍容华贵。

GH5080两排簧手风琴

GH5080两排簧手风琴是江阴金杯安琪乐器有限公司2018年开发的新产品。是一款针对中小学生、中老年人群学习、演奏用手风琴。GH5080，音域宽为#c—#a3。采用两排簧设计，变音器设置在后背，采用往复式结构。内置风箱框的应用，使琴身外观简洁明快，增加气密性，减少耗气量，演奏更加轻松自如。贝司机采用意大利一体式结构，增强了推杆的强度，提高了工艺精度，最大限度地减少金属撞击声对演奏效果的影响。该琴体积小，外观尺寸为47厘米×18厘米×38厘米，重量为7.8千克，和传统相同规格手风琴相比，减重10%，瘦身11%，同时采用两排簧设计，变音器设置在后背，采用往复式结构，使琴面更加简洁美观，操作更加便捷。

GH1753坤琴系列手风琴

GH1753坤琴系列手风琴是针对长期困扰手风琴使用者的一大难题——体积大、分量重而专门研制开发的手风琴产品。该琴白键宽度由19毫米缩减到17.5毫米，缩小了手风琴的体积，和传统手风琴相比，由于上盖采用了插

入式设计，收窄了白键尺寸，使整个手风琴重量减轻了16%，整体尺寸缩小了13%，给体型娇小者带来了福音。白键采用意大利玛瑙材料制作，更显端庄大气，采用了国际先进的一体式贝司机，和传统的分离式贝司机相比，一体式贝司机零件之间间隙更小，灵敏度更好，零件表面光洁度更高，摩擦系数减少，金属撞击声明显减弱。从而提升了演奏的质量。上盖键杆的固定方式由传统的马鞍悬挂式改为串键固定式，有效控制了键杆传动机构因间隙过大而产生位移而发出的撞击噪音，使得手风琴音色更加纯净。

十一、“吟飞”数字键盘系列

RS800电子管风琴

RS800电子管风琴外观时尚简约，全面升华的音质带来灵动演奏体验，LED背光液晶显示屏，具有音色编辑、音色注册、自动变换音色功能。界面UI设计，中英文双语显示，多套美观实用的UI操作界面，功能强大的操控面板，各项功能清晰明了，双踏板控制，均可实现音色、节奏的切换。RS800电子管风琴采用吟飞自主研发的围绕声音引擎技术和ATS转换合成的第三代RWA音源；16组音色注册，带有四个储存库，随意编程，在演奏过程中可按用户编程顺序自由变换存储。高品质音响，支持耳机模式，静音模式打造属于自己的音乐空间。内置365种优质音色，任何一种音色都可在上键盘、下键盘和脚键盘上使用，优美的音质，使人获得最大的音乐享受。191种不同风格的节奏，丰富的自动伴奏功能与之相匹配。14套打击乐（一套民族打击乐）可提供在键盘上演奏鼓声和打击乐声。键位上的打击乐声音可自由移位，可使用多种音色与打击乐进行组合。便携式U盘具有播放MIDI乐曲、程序升级、读取注册文件、进行录音等功能。

GDP-50专业级三角数码钢琴

GDP-50专业级三角数码钢琴采用88重锤键盘，音色纯正，同时兼具蓝牙音频功能。榔头键盘选用意大利FATAR键盘制造工艺，3种力度曲线可调整，逾百万次机械力度实验，更好地还原三角钢琴手感。产品采用传统钢琴真实采样，无损音频数据库，钢琴家协助调试音色，艺术与科技的更好结合，集智能设备App、双耳机接口，录音和双键盘模式等多样化功能。钢琴外观采用防渗漆处理工艺，防止油漆变黄，防渗透，保证产品光亮如新。个性三踏具有延音、弱音功能，耳机挂钩还原真钢造型高保真扬声音响，该款产品同样搭载吟飞自主研发第三代RWA音源。

RS1000E电子管风琴

RS1000E电子管风琴采用高贵典雅的外观设计，全面升华的音质配上意大利FATAR键盘，带给演奏者灵动的演奏体验。该新品在RS800电子管

风琴各项功能优势的基础上，采用LED背光液晶显示屏，具有音色编辑、音色注册、自动变换音色功能。界面UI设计，中英文双语显示多套美观实用的UI操作界面。操作面板功能强大，各项功能清晰明了，双踏板控制，均可实现音色、节奏的切换。演奏者可在MIDI乐曲中写入相关数据，用来控制本琴在需要换音色的时候自动转换音色，可以不需要用脚控制开关来控制音色的变换。

十二、奇美科技创新成果新品

奇美牌双联和弦、笛声、低音贝司等乐队配套演奏高档口琴

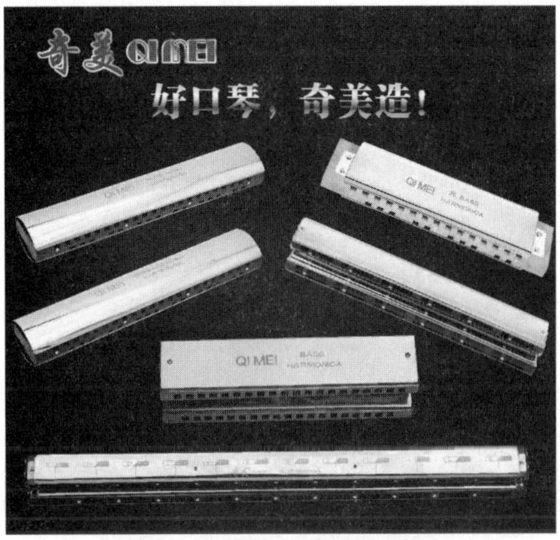

奇美牌24组双联梗音口琴、48组双联贴膜和弦口琴采用树脂琴格，线条流畅、明亮质感，不易磨损剐伤。底部支撑柱设计，双联琴头，角度移动自由，演奏自如。吹奏轻松、音色悦耳，是一款适合中小学生和专业演奏家在重奏、合奏等乐队团体中使用的理想乐器。

奇美牌中音、高音笛声口琴采用优质盖板，柔和现代美学设计，风格简约硬度高，不易变形。红木芯琴格，吹口圆润，白点标识方便吹奏。整琴全包设计，手感顺滑，琴底出音口设计，音质音色好，是适合在独奏、重奏、合奏等乐队团体中使用的理想乐器。奇美牌25孔、39孔低音贝司口琴整体结构结实，气密性强。底部包围设计，美观大方。25孔木质琴格，健康卫生。音色柔和圆润饱满，富有张力，在演奏中担任低音声部，是重奏、合奏、伴奏的理想乐器，可尽情演奏多首乐曲，抒发情感。

奇美牌木质竖笛

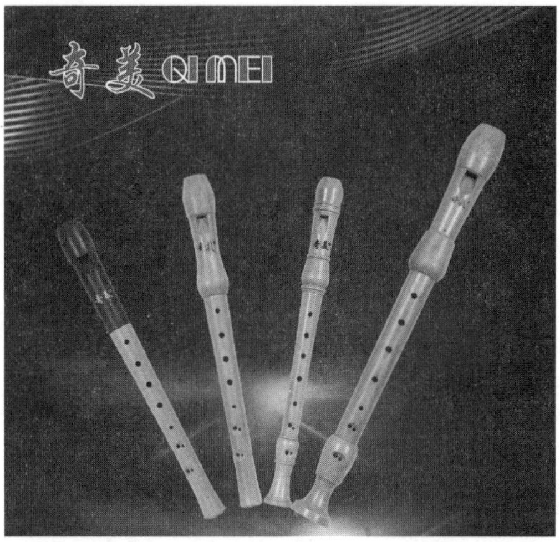

奇美牌木笛是采用加拿大进口枫木原料制造的绿色环保竖笛产品，公司引进德国木质竖笛生产设备，聘请德国和瑞士木质竖笛制造专家现场进行技术指导和质量把关，每支木质竖笛经过100多道工序，进口木材经5年以上的储存和五次音准调整而制成高档木质竖笛产品。木质竖笛音色明亮、柔和、优美，具备木管乐器特有的音质，是塑料竖笛所无法比拟的品质，不但是中小学生音乐课堂学习首选的高档木质竖笛产品，更是专业竖笛演奏大师和班级竖笛乐队的首选乐器。

奇美牌37键全乐理口风琴

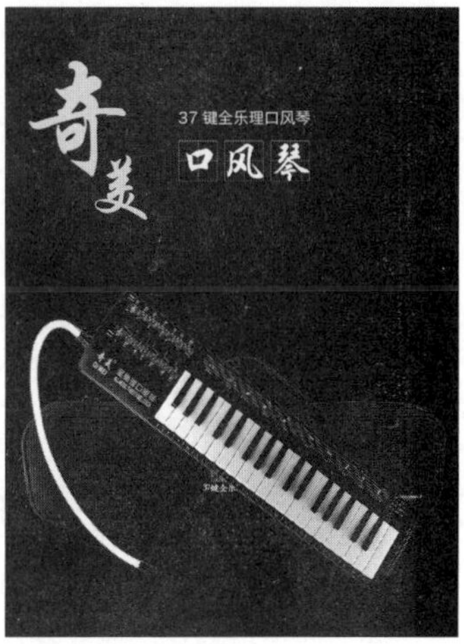

奇美牌37键全乐理口风琴有独特的音标标识，每个按键下方都显示音名，可以快速熟悉键盘，提高学习能力。滑动标尺，一面为唱名尺，另一面为音标尺，以音色柔美、简单易学、携带方便、音域宽等优点进入了音乐课堂，能够演奏更多乐曲，更好地表达乐曲中所蕴含的感情。固定音高与标准钢琴的固定音高完

全相同，干净卫生，属高品质、高质量口风琴。他有利于中小学生和音乐爱好者以及中老年朋友学习键盘乐器以及简单的音乐知识，促进简谱或五线谱视谱的学习，了解浅显的和弦、和声知识。他既是吹奏乐器，也是键盘乐器；既能吹奏单音，又能吹奏和弦；既能独奏，又能齐奏、合奏。通过学习吹奏口风琴，有益于中小学生和音乐爱好者的身心健康，手指活动起来可以锻炼大脑的反应能力，提高思维能力，增强记忆能力，从而改善生活品质，同时也可以促使老年人扩大肺活量，血脉顺畅。

十三、三益钢琴精品系列

GS122CONCERT-EBHP

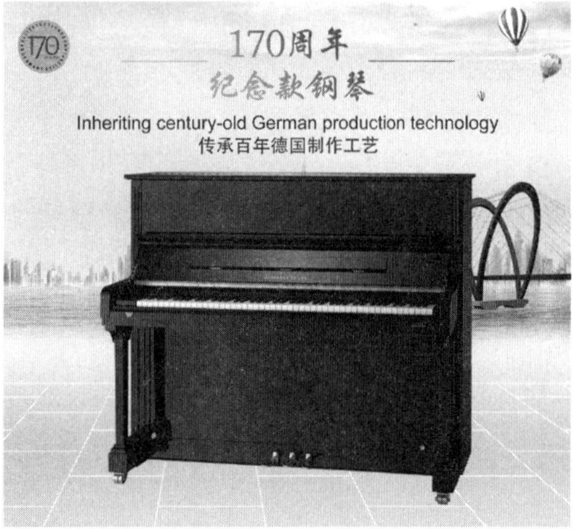

赛乐尔钢琴170年来秉承一贯高标准，延续着德国传统技术精髓，高音清脆明亮，低音浑厚细腻，不愧为钢琴中的极品。而这款GS122CONCERT-EBHP更是延续了百年大师级工艺于一体的赛乐尔170周年定制款立式钢琴，通过4代人的不懈努力，采用现代高科技零部件加工设备，手工结合CNC，以及工匠们如艺术家般的制琴技术、精益求精的专注为此款钢琴臻于完美的品质风格奠定了坚实的基础。完美无瑕、纯净清澈是每一架赛乐尔的共同特点，最一流、最敏锐的触觉满足不同层次使用者的需求。

SK132ME-EBHP

自1958年三益乐器成立以来，始终站在世界乐

器发展与乐器工业的前沿。SK132ME拥有选择性延音踏板的设计，立式钢琴中极为少见的工艺配置，让演奏的音色格外丰富，完全可以与部分三角演奏系列的钢琴相媲美。精湛的工艺与精密的制作，三益钢琴把您的音乐感觉带到了一个新的境界,使其成为专业演奏者以及广大音乐爱好者的不二之选。

SK122SMD/SA-EBHP

三益钢琴通过内部的乐器专业研究所和美国、日本、德国等世界优秀音箱研究所技术的紧密交流，使三益钢琴的声音达到了晶莹浑厚的独特境界。这款三益60周年纪念版钢琴，集三益60年传统文化精髓、顶级技师、独特技术、严苛工艺、精选材料之大成，得益于其适宜的尺寸和高质量的工艺、精湛的设计和技术的完美糅合使得这款钢琴具有优美、浑厚的音色。加之轻柔、微妙却活跃的触感，可以完美地演绎出欧洲传统古典音乐，备受世

界乐迷的青睐。

十四、河北华声管乐精品系列

华声品牌行进上低音号

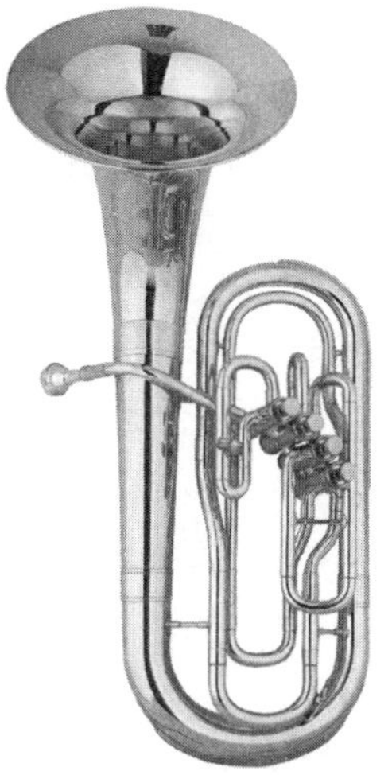

HSD-7334是专门为适应室内管乐团以及室外乐团相互转换的需要设计的，产品音色具有丰富的表现力，吹奏感极佳，可以自由演奏音阶、半音阶、八度以内音程调动。该上低音号采用喇叭口向前而非向上结构，极大提升了声音的传播及演奏的性能，乐器采用前方排列式活塞结构，更方便演奏者的使用。HSD-7334上低音号的设计音质与低音号类似，但体积较小音域较高，在管弦乐团中，他常被用来担任次中音低音号声部。华声品牌低音号之所以具有极高的吹奏性和操作性，其关键在于华声拥有一批技艺精湛，经验丰富的专业技师，每支乐器组装完成后，又经过专业技师调试将每支乐器调整到最佳状态，确保每支乐器都能以最完美的样貌呈献给演奏者。

华声品牌扁键小号

HSX-270原是传统小号的最佳选择，他的音色较活塞式小号柔软圆润，与其他铜管乐器配合时效果较好；音色具有丰富的表现力，吹奏感极佳，产品音色圆润温暖。该产品拥有较小的圆锥形内管及较大的喇叭口，且吹口管较短，在演奏各音域乐曲时更具有灵活性。

HSX-270扁键小号音除了具有纯净完美的音色与快速的吹奏反应之外，还兼具了独特的风格，让演奏者拥有操作自如及轻松舒适的演奏体验感。华声品牌小号具有极高的吹奏性和操作性，40多年管乐器制造的丰富经验以及专业的技师，是每支乐器都能以最完美的样貌呈献给演奏者的保障。

华声品牌行进次中音号

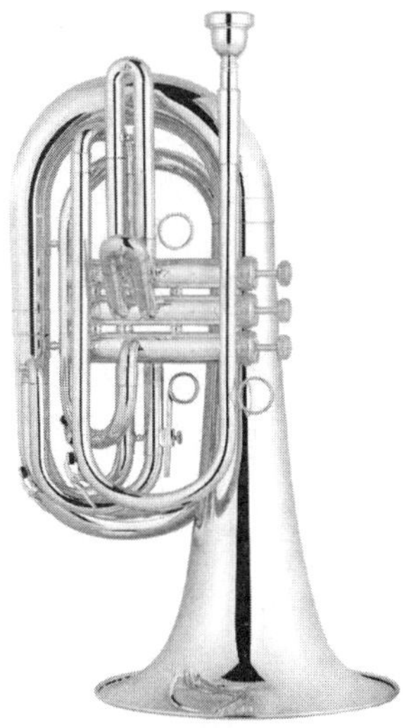

HSD-7352行进次中音号配备专业立键活塞系统使演奏能更快速，顺畅和准确地运作。同时更为细致地关注了行进乐器支撑物的牢固定位，以及活塞系统和人体工程学角度安排。行进次中音号HSD-7352针对室外演奏的特殊性，是更适合在队形变换的同时进行音乐演奏的乐器。

该乐器演出效果极佳，适合快速响应，他音域较低音号高，是非常重要的中音支撑,音域合适时也可以演奏独奏部分。HSD-7352采用电镀表面处理，更适合应对室外复杂环境下的演出需求，他提供了一个饱满精益品质的音色，具有传统铜管乐器的特色，但反应灵活在行进乐队之间起到音域音色的媒介作用。

十五、星臣吉他暨音乐窝教学管理体系

SatrSun 星臣回归系列面单琴旗舰型号——DF60

AAA级西特加云杉单板面板，与真虎纹枫木背侧板的高端配置组合，让DF60拥有动态而平衡，结实而明亮的理想音色，并具有极佳的泛音效果。除了旗舰级别面单的音色，DF60的外观风格华美大气，不论是金黄色还是烟花色，皆与虎纹枫木背侧

板相得益彰，金色配件、镶嵌等细节，无时无刻不彰显着这把琴的标杆品质。

音乐窝少儿钢琴教学体系

音乐窝少儿钢琴教学体系是音乐窝MusicWOW独家7大特色教学体系之一，由音乐窝教研团队基于启发思维，以“普及音乐、培养音乐全能、发掘专业人才”为目的，进行深度研发。该体系通过设计精美且内容丰富的实体教材、音乐窝App线上教辅视频、配套教学工具及学习工具包，结合个性化的趣味教学法，教学内容从初级启蒙阶段的认识音乐、启发想象力、激发学习兴趣，到进阶培养演奏爱好、考级/升学定制，继而发掘创作型及制作型人才。

OSO智能运营管理系统

音乐窝MusicWOW基于创始人连江丰富的音乐教育及琴行经营经验，音乐窝运营团队建立了涵括“人事管理、学员管理、销售管理、财务管理、员工管理、行政管理、市场营销”的OSO智能运营体系，并组建技术团队研发了集教务管理、运营推广、财务管理、权限管理等功能为一体的OSO智能管理系统，同时连接小程序和音乐窝APP，帮助机构实现随时排课考勤、实时监管教学进度、高效管理教务，有效提高机构的运营管理效率。通过将体系及管理系统结合，连接“线上+线下+服务”形成完整的OSO智能管理运营体系，并已应用于音乐窝各大门店，可帮助机构从开业-运营-管理-扩张，全面有效地提升整体运营水平，提高市场竞争力。

十六、鹦鹉高端手风琴系列

迷你型鹦鹉41K/120B4演奏琴

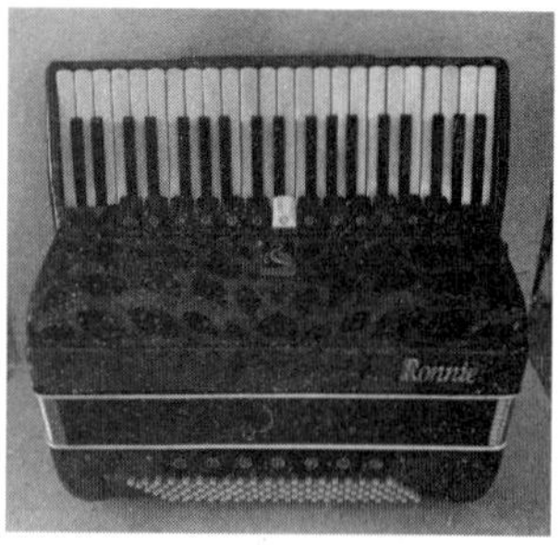

迷你型鹦鹉41K/120B4演奏琴是华韵乐器有限公司在17年对意大利布格里手风琴收购以后，由“布格里和07公司”手风琴工程师蒋卢卡和马克工程师设计指导监制，各项技术指标全部采用意大利工艺制作，进口音簧。琴身采用布格里的手风琴设计理念，造型新颖，工艺精湛，迷你型鹦鹉41K/120B4手风琴采用4排簧13个变音器，一个总还原的设计模式，键盘部分音域从F到A。41个条形琴键，中心距20毫米，琴键宽度18毫米，珍珠白银花键特殊材料铸塑。贝斯部分120个键钮6排7个变音器，贝司音列由5排组成 ，音域从C#到F#。采用专利结构，稳定耐用，低噪音耐磨损，触感灵敏等优点。凸显出意大利的工艺技术。

YW（PA9968）新型41K120B4演奏琴

PA9968新型41K120B4演奏琴是鹦鹉乐器有限公司在原有的传统演奏琴基础上借鉴意大利布格里手风琴的工艺技术，最新研发的传统演奏琴。41K/120B4手风琴采用4排簧13个变音器，一个总还原的设计模式，键盘部分音域从F到A。新型贝斯机，120个键钮，6排；排列整齐，运动灵活，硬质合金铝材质，经久耐用，不易掉齿。中心距：14毫米,行距：9毫米. 6变音器设计音域从#C到#F。采用新型专利结构，稳定耐用，解决了学生和中老年人群对于演奏级别的手风琴需求。

鹦鹉72BS电子手风琴

鹦鹉电子手风琴是一种利用现代数字技术来还

原手风琴发声原理的电子乐器。他通过数字采样技术，将真实的手风琴声音，采样下来，并且存储在存储芯片当中。然后靠风箱模拟PVA（压力变化放大器），以达到仿真还原手风琴音色和其他乐器音色的目的。可以模拟上百种的乐器声音。该琴采用76键纽扣式键盘，纽扣为烤瓷材料，7个变音器按钮设计，贝斯部分6排72个按钮，5个变音器。琴身采用烤漆涂装彰显高端，科技感十足。音色由面板按钮控制主控屏幕实现几十种变化控制。或将制作好的伴奏导入，达到协调演奏的效果，他甚至可将独奏曲目编配成一部小型交响乐，这样就从演奏形式上呈现出新颖的特色。内置的锂电池可以支持长时间演奏8小时。支持sd卡的程序写入和伴奏倒入。不受地域与环境的限制。是便携式综合乐器的首选。

十七、金韵乐器 凤栖疏桐

南方有疏桐，凤凰来栖之；箫韶曲九成，凤凰舞荣仪。

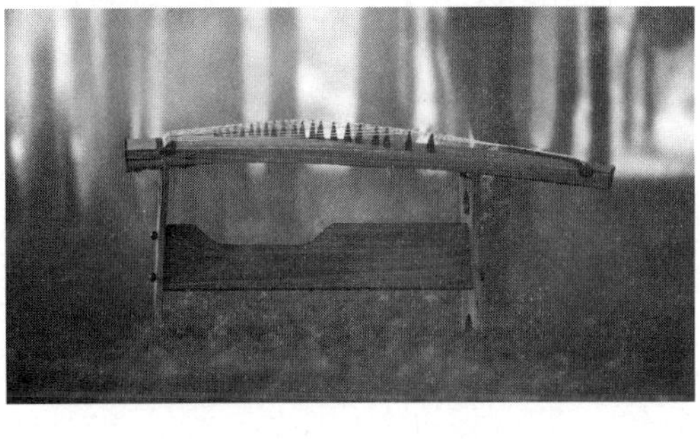

产品工艺：该筝为绿色、环保桐木筝，摒弃传统古筝喷漆工艺，打磨完成后即进行擦蜡工序，零油漆，生态环保无污染。筝体呈梧桐原木色，淡雅朴素，线条流畅，黑檀木外饰点缀素色筝体，撞色设计彰显桐木特色，纹理美观色泽鲜艳，沉稳低调却又不失个性，蕴含着返璞归真的大智慧。无油漆环保桐木筝，音色更加自然纯正，通透圆润，低音饱满，中音明亮，高音清脆，犹如大自然的馈赠，浑然天成，醇美悠扬。

桐木筝体、黑檀配饰、金属配件，没有所有黑檀配饰进行了“塑形瘦身”，线条更加流畅美观。筝脚升级后筝脚线条拉长，整体打薄，流线型的现代设计风格与传统古筝相结合，碰撞出了意想不到的时尚感。相较于传统筝脚，该筝脚功能性更强，可与凳架表面紧密贴合，筝体放置更加稳定，不需要反复调整以达到平稳的状态。设计者对传统龙须进行“修剪”，将以往恢弘豪放的龙须进行瘦身，变得圆润婉约，增加筝体的线条感和设计感，同时也兼顾传统龙须的保护作用，防止底板碰擦磨损。一改传统拼接立柱的方式，采用整体三角木立柱，无拼接缝隙，确保了筝体的稳定性。对传统贴片进行“瘦身”，宽度仅1厘米，造型更加婉约流畅，严格控制45度拼接角拼接；整体框架精密度高，拼接处平整，相互吻合、协调；岳山处贴片做成花瓣造型，既秀气美观又有一定的防护作用。前后岳山两端不再使用牛骨包边，而由能工巧匠打磨出平滑凹线，极具线条感，简约灵动。前岳山增加黑檀装饰弧度条，微微起伏的弧度如同碧波荡漾，正中央留出小小缺口，看似留有遗憾，实则如同诗词留白一样，意寓艺术因缺憾而完美。

十八、上海乐兰ATV及simmons电鼓系列

aDrums artist系列

富有弹力的鼓皮、厚重的桦木鼓腔、深邃的亮丽喷漆、录音室级别的宽广动态范围，aDrums artist为您带来如原声鼓一般的敲击感觉，与 aD5 电鼓音源的完美结合，让您完全掌控声音的动态范围，自然地表现出或轻柔婆娑，或轰动雷鸣的音色。

EXS-1 MK2

EXS-1 MK2电鼓配有12寸（39.96厘米）硅胶材质镲片，10寸（33.33厘米）网状军鼓和8寸网状底鼓，紧凑的外观设计，非常适合家庭使用，搭配了xD3音源的高分辨率，逼真的鼓声，且支持音色拓展，给您完美的用户体验。

SD600

Simmons SD600全网状鼓面套鼓，能够通过简单操作将电鼓与App进行无线连接，通过手机或iPad进行音色切换，参数修改，伴奏播放与游戏娱乐。音源内有着35种音色经典鼓组音色，使其成为摇滚，流行音乐以及其他音乐的理想选择。

十九、德国博兰斯勒限量版周年纪念系列钢琴

德国博兰斯勒165周年纪念版

德国博兰斯勒HIVE特别定制水晶未来之谜系列，拥有最精湛的工艺、黄金般音色的内在，同时拥有精致奢华、与未来主义风格完美融合的外观。这个从蜂巢中得到的启示继而产生的充满未来感的

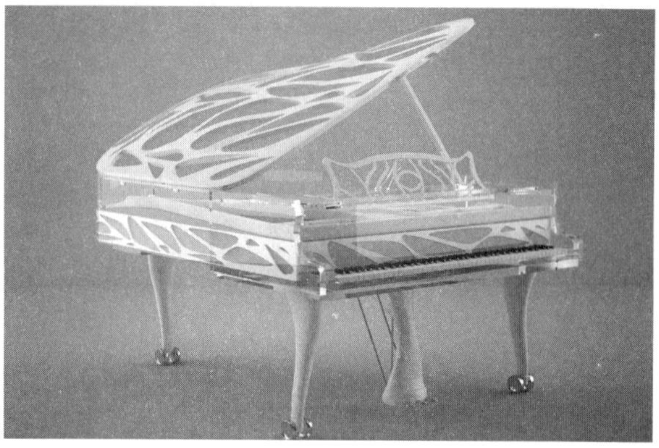

钢琴设计，再次展现了博兰斯勒令人振奋的想象力与创造力！在这个历经5代家族传承、始终屹立在钢琴制造行业最尖端的品牌创立165年之际，他又一次克服了所有常规的“不可能”，这一设计也被誉为是现代钢琴制造和设计的巅峰！

德国欧米勒200周年纪念版

德国欧米勒ArtDesign系列“VanGogh”，德国欧米勒ArtDesign系列全新推出新款“VanGogh”（梵高），这一作为德国欧米勒钢琴200周年特别纪念版新款的外观及配置，都使他当之无愧地成为焦点中的焦点！巧夺天工的胡桃木瘤纹，经最原始的手工打磨，光滑如镜；高贵厚重质感的胡桃木瘤纹与优雅精致的亮光漆面完美拼接，天衣无缝。透露出庄重的王者之气！其采用的加大音板，面积甚至超过市面上的小型三角琴音板，板芯采用直拼结构，发声时振动达至最大值，使演奏者轻松获得最佳音质。

德国霍普菲德K5E

德国霍普菲德钢琴作为德国博兰斯勒集团旗下德国隆尼施钢琴产品线的重要品牌，定位为具有德国血统德国品质最高性价比的中高端产品。继2014年德国博兰斯勒集团于河北衡水投资24亿元打造德国隆尼施钢琴产业园之后，2018年底德国隆尼施钢琴产业园已计划开始全面投产。今年全新推出的霍普菲德K5E高度为123厘米；在常规123型号的设计与基础配置之上，其核心部分特别升级采用了博兰斯勒定制马克音源系统。使钢琴的音色更加出色，音准更加稳定。

二十、嘉德威钢琴系列

嘉德威皇家贵族系列钢琴——U1-125（海德堡）

最能代表嘉德威品牌最高成就的立式琴之一，是演奏会级钢琴，采用德国顶尖工艺，定位演奏级高端钢琴。珠光激光精雕，铸造一体式铁排。独特的城堡浮雕式设计，灵感源自欧洲文艺复兴时期代表着海德堡城堡，尽显王者之气。

钢琴独特金色城堡徽标，彰显皇室用琴的至尊奢华，散发尊贵气息。采用独家蓝呢击弦机系统，有效抑制不规则杂频震动，能提供高达2000万次准确击打稳定性，能达到每秒12次以上的超高振奏频率。作为《钢琴弦轴板》国家标准制定单位，专业定制的演奏级弦轴板，由17层枪木交错拼接而成，为弦轴钉提供强大稳固的握钉力，保证音准稳定性。俄罗斯进口优质鱼鳞松制作的不等厚加强型实木音板，设计贴合钢琴共鸣系统的发声规律，在各种不同的气候条件下均能保持优良的声音表现。德国进口ABLE榔头，世界最佳呢毡及弦槌，能使琴弦发挥超强振动效果。琴键采用进口乌木黑键，触感真实，琴键配重恰到好处，能很好的感知演奏者的手指力量，随心所欲发挥演奏者的水平。键盘为全实木结构，不含金属部件，木材经自然风干、技术风干等处理，耐久不易变形。出厂前经过一次机器振奏不间断击键 20 分钟和8次调律，保证钢琴使用中更好的抗疲劳强度。专属内嵌式金色湿度计，更好呵护钢琴。

嘉德威钢琴华贵至尊——GR6-126（孔雀女王）

嘉德威钢琴旗下一款高端亚光立式琴，采用德国顶尖技术的演奏会级钢琴，拥有外观设计专利证书，带有浓厚的中国风。采用顶尖工艺设计，以“灵动典雅如高贵孔雀，音色醇厚优美像凤凰高声歌唱”为设计理念。整体呈栗壳色亚光，外观设计上加入孔雀开屏图案的点缀，呈现出奢华的复古风情，整体显得十分古典高雅。孔雀造型采用宝格丽、卡地亚等奢侈品大牌常用的珍珠彩贝雕刻而成，精致大气，雍容华贵。

采用独家蓝呢击弦机系统，有效抑制不规则杂频震动，能提供高达2000万次准确击打稳定性。专业定制的演奏级弦轴板，由17层枪木交错拼接而成， 为弦轴钉提供强大稳固的握钉力，保证音准稳定性。俄罗斯进口优质鱼鳞松制作的不等厚加强型实木音板，设计贴合钢琴共鸣系统的发声规律，在各种不同的气候条件下均能保持优良的声音表现。德国进口防蛀呢毡和名贵红木榔头，使用时间可以达到50年以上。

嘉德威钢琴唯美典范——GY29-125（天鹅之恋）

整款琴外观设计采用经典红木亮和黑亮地色调为主，配以金色及银色天鹅图案，华贵典雅，栩栩如生。天鹅寓意永恒唯美的爱，这一份对孩子浓浓的爱，亦是对音乐、对钢琴的挚爱，也预示着嘉德威钢琴对音乐的态度。一对天鹅的唯美设计，浪漫雅致，彰显妍丽不凡、高贵华美的生活品位。

采用德国 RENNER式实木击弦机，相比较塑料配件的击弦机，更加灵活可靠，能自然准确传递。专业定制的演奏级弦轴板，由17层枪木交错拼接而成，为弦轴钉提供稳固的握钉力，保证音准稳定性。俄罗斯进口鱼鳞松不等厚实木板材音板，根据声学原理科学制作，相较云杉木音板，有更好的共鸣性与歌唱性，在各种不同的气候条件下均能保持优良表现。黄金比例配重琴键，仿象牙白键和亚光黑键，手感舒适，观感高雅。键盘为全实木结构，不含金属部件，木材经自然风干、技术风干等处理，耐久不易变形。德国进口聚酯钢琴专用油漆，以特殊工艺喷淋，高硬度，强环保。出厂前经过一次机器振奏不间断击键20分钟和8次调律，保证钢琴使用中更好的抗疲劳强度。

二十一、门德尔松“印象西湖”暨艺术家系列

“印象西湖”概念琴

西湖，是镶嵌在人间天堂一颗璀璨明珠，他的美不可言语，不可描述，门德尔松钢琴技师让他的美变成动感的音符，在饱览人间美景的同时纵享受音乐的美妙。该琴整体琴身以“西湖十景”为素材，巍峨耸立的雷峰塔下，柳丝轻拂湖面，烟波浩渺、碧波荡漾、山峦起伏，一山绿，一山青，一山浓，一山淡。微风吹过，曲园荷叶舞动裙裾，摇曳风情，荷花抖动粉面，顾盼生辉；烟柳画桥、风帘翠幕，十里明湖中，白鹭翩然起舞、一行上青天。葱绿的孤山秀美典雅，白堤和苏堤，宛若两条绿色的绸带，轻柔地飘浮在碧水之上；湖泊潋滟中三潭亭榭倒影、花木扶疏、绿树掩映，与岛内外水光云天相映成辉；更有柔橹一声，咿呀乌篷摇碎千年风华，让人陶醉在白居易“最爱湖东行不足”的款款深情中。景琴合一，令人如临其境，如见其形。良辰美景，坐于琴前，万千杂念尽抛脑后，奏一曲仙弦轻舞荡涤红尘喧嚣。

弗拉基米尔·莫吉列夫斯基大师签名版钢琴(ART1)

本款钢琴是由德国当代杰出钢琴家、被欧洲媒体誉为“真正的艺术大师与音乐家”、有“当代李斯特”美称的德国门德尔松钢琴签约艺术家弗拉基米尔·莫吉列夫斯基大师亲自定音并签名的高端艺术佳作。

黑色亮光主色调中，一位妙龄少女在夜幕下的海滩翩然起舞，唯美的芭蕾、悠扬的琴声，亦琴亦诗亦画，舒展的蝴蝶双翼琴盖、简洁流畅的直腿灵动十足。该款琴采用自然拱形法技术加工音板，让音板弹性更强，加宽音板设计，增加了共鸣区面积，让发音源产生更大能量，音色更清澈明亮；“米”字形背架的结构设计，增强了背架强度，保证音准更稳定；实木总档设计，永久可维修，液压缓降设计，确保安全；罗斯劳琴弦、ABEL纯天然羊毛击弦槌、德国原装STRUNZ音板、实木键盘搭配名贵乌木黑键，整台琴配置高端豪华，镶嵌弗拉基米尔·莫吉列夫斯基大师镀银签名更彰显品位非凡，是您值得的拥有的艺术珍品。

弗拉基米尔·莫吉列夫斯基大师签名版钢琴(ART2)

本款钢琴是由德国当代杰出钢琴家、被欧洲媒体誉为“真正的艺术大师与音乐家”、有“当代李斯特”美称的德国门德尔松钢琴签约艺术家弗拉基米尔·莫吉列夫斯基大师根据自己四十年钢琴演艺生涯经验，亲自参与设计、定音并签名的匠心之作。

该款琴为经典的黑色亮光琴身，倒半月形上门板，配以专业音箱布发音窗，弧形花纹雕刻“虎爪”琴腿，巧妙的采用东方古典家具元素，整体外形东西文化兼容，典雅端庄又不显沉闷。加宽型背架立柱让音板受力后更具稳定，框架式铁排有效支撑弦张力，让音准更平稳通透；加宽音板设计，增加了共鸣区面积，让音色更清澈明亮；实木击弦机总档，永久可维修；罗斯劳琴弦、FFW纯天然羊毛击弦槌、德国原装STRUNZ音板、实木键盘搭配名贵乌木黑键，整台琴配置高端豪华，镶嵌弗拉基米尔·莫吉列夫斯基大师镀银签名更彰显奢华名贵，是不可多得的学习、表演、收藏臻品。

二十二、金斯波格经典K系列钢琴精品

KH系列

金斯波格KG系列继续以创造“有色彩的音色”为起点，在此再度升级为金斯波格KH系列。持续保证细节上的高品质并追求钢琴本质的卓越性能，KH系列钢琴采用了世界著名设计、制造大师克劳斯.芬纳先生经典设计和工艺，其严格遵照击弦机、键盘“三点一线”“施坦威钢琴键杆设计比例”的设计理念，使触感灵敏。集160余年的德国技艺与现代精工于一身，让您享受轻盈灵敏流畅的触键与操控，感受音色的通透清澈，演绎丰富而深厚的优美音色，传承着欧洲风格。

此外，本次升级了现代外观设计和纯木质踏板杠杆，为KH系列带来全新外观的同时提供了更多的演奏舒适性；音板涂料选用了更加符合音板振动特性的材料，使声音具有更高的延展性；音源采

用了强振式悬浮音板的专利设计，使音质更加浑厚有力；多年来金斯波格不断采用数控设备的加工提升制造水平，本次新品上市期间再次改良了整音工艺，使得钢琴音域更加宽广。其丰富多样的规格配置，更能满足您多元化的喜好需求。具备德国基准的KH系列，每一台都融入了造琴师对“有色彩的音色”的毕生投入。是从初学者到业余爱好者乃至音乐教育家的心爱之选。

K系列钢琴

克劳斯芬纳，出生于1927年，基于家庭的影响，芬纳从小就对钢琴产生浓厚的兴趣。

20世纪50年代的德国钢琴行业已经成熟，行业标准需要提升。克劳斯芬纳意识到这个问题，开始运用他的知识以及设计来完善钢琴制造理论与工艺。至20世纪60年代，克劳斯·芬纳——KLAUS·FENNER成为世界三大钢琴设计师之一，德国钢琴制造联盟首席大师，当今钢琴设计理论及制造的权威领导人。其经典之作被誉为“世界至高的权威设计”。全球生产的钢琴30%是由他设计的。曾给予众多世界知名钢琴厂家及顶尖品牌技术指导。

从20世纪90年代开始，克劳斯芬纳先生开始为金斯波格钢琴设计并且在接下来将近10年里多次到访烟台完成他的设计——KU, KG, KF系列。

在中国，克劳斯芬纳先生只为金斯波格进行钢琴设计，将其一生的经验与知识赋予金斯波格钢琴，K系列钢琴是完全采用芬纳设计，结合现代工艺，将芬纳先生毕生精髓凝结而成的精品。为纪念芬纳先生及其为金斯波格所作出的贡献，将K系列钢琴命名为KLAUS FENNER。

K280

金斯波格K280专业演奏钢琴制作非常精致，用料非常专究，同时吸收了世界著名钢琴设计大师克劳斯·芬纳先生设计精髓，特别运用最先进的钢琴弦列优化设计软件进行优化设计，并结合较多现代世界名琴的设计思想，倾力打造世界领先水平的共鸣系统，使金斯波格KF280钢琴更具有完美的音色、震撼的共鸣效果和操控自如的弹奏舒适感。

二十三、德国温克尔曼精品钢琴系列

私人定制钢琴-皇室风情

为了满足了现今社会有品位与文化涵养的高端人士对个性化与理想的终极追求，我们聘请制琴大师与艺术大师合作，运用绘画、雕刻、镶嵌等技法，以传统工艺打造温克尔曼手工定制钢琴。其中这一台扎特&温克尔曼“ZEITTER & WINKELMANN”钢琴，我们邀请台湾的工艺美术大师以精致完美的油画及镶贝技术，以耀眼无比美丽的色彩呈现出皇室生活的奢华曲线，美丽的画

卷，遍布于整个钢琴的外壳之上，将皇室生活魅力完好封存，令人心醉神往！

温克尔曼艺术定制钢琴声与画，韵律与色彩，精神内涵与艺术技巧的完美融合，让客户在演奏华美的音乐之外，也为艺术铺陈了极富灵感的画卷。

温克尔曼180周年纪念版钢琴125E

此款钢琴采用温克尔曼独有的手工工艺精心制作而成。125E钢琴的研发是在德国温克尔曼公司完成，该款钢琴采用上等的优质原材料，技术上改变了琴弦的排列和铁牌的结构，使用专利的波浪纹铁板，使音色更加明亮圆润、音色过度均匀自然，外观设计简约、时尚成为黑色经典系列的典范。

温克尔曼智能静音钢琴AI-MT-123

加装有智能静音系统，把人与智能钢琴、服务（钢琴教育）、内容（课程曲谱）连接起来。智能陪练，纠错评分，成人自学，静音练习，MIDI输出等等强大功能，使得钢琴的学习与教育变得越来越高效、有趣、寓教于乐。

中国乐器年鉴（2019）

CHINA MUSICAL INSTRUMENT YEARBOOK

音教政策

教育部发布《关于切实加强新时代高等学校美育工作的意见》

2019年3月29日，教育部发布了《关于切实加强新时代高等学校美育工作的意见》。“意见”中提出了高校美育工作的总体要求、高校美育工作的重点任务、高校美育工作的重点举措以及高校美育工作的组织保障。

“意见”中提出，高校美育教育以习近平新时代中国特色社会主义思想为指导，以“坚持正确方向”“坚持面向全体”“坚持改革创新”为原则，同时还提出了高校美育工作的总体目标：到2022年，高校美育取得突破性进展，美育教育教学改革成效显著，师资队伍建设和场馆设施明显加强，推进机制和评价体系日益完善，高校学生的审美和人文素养显著提升。到2035年，形成多样化高质量具有中国特色的社会主义现代化高等学校美育体系。

“意见”指出，高校美育要以艺术教育的改革发展为重点，紧紧围绕高校普及艺术教育、专业艺术教育和艺术师范教育三个重点领域，大力加强和改进美育教育教学。“意见”对于不同层次高校的艺术教育发展方向给出了具体指导，如：强化普及艺术教育、提升专业艺术教育、改进艺术师范教育。同时指出高校美育工作的主要举措包括：建强美育教师队伍、深化美育教学改革、推进文化传承创新、增强服务社会的能力水平。

“意见”中还强调了高校美育工作的组织保障，包括明确高校主体责任、加强地方统筹协调、落实美育经费保障落、完善评价监测督导等。

教育部发布《中华人民共和国民办教育促进法实施条例（修订草案）（征求意见稿）》并向公开征求意见

为贯彻落实党的十九大精神和新修订的《中华人民共和国民办教育促进法》要求，支持和规范社会力量兴办教育，保障民办教育事业健康发展，教育部于2018年4月对《中华人民共和国民办教育促进法实施条例》（国务院令第399号）进行修订。在充分调研与广泛征求意见基础上，起草了《中华人民共和国民办教育促进法实施条例（修订草案）（征求意见稿）》，并面向社会公开征求意见。

在“征求意见稿”中，对民办学校的设立、民办学校的组织与活动、教师与受教育者、民办学校的资产与财务管理、对民办学校的管理与监督、支持与奖励以及相关法律责任等，都做了详细的阐述。

同时，在《中华人民共和国民办教育促进法实施条例（修订草案）（征求意见稿）》起草说明中，对“民促法”修订的背景及过程、修订的基本思路和主要内容等都做了说明。修订工作贯彻落实党的十九大精神，以新的民办教育促进法和“国务院三十条”为依据，以强化“支持”政策、加强“规范”管理为主线，以促进民办教育稳定、健康发展为目的，遵循科学立法、民主立法、依法立法的要求，按照坚持正确政治导向、准确把握改革方向；坚持法制统一原则、落实修法各项要求；坚持问题导向、着力破解难题；坚持落实落细、注重条文可操作性；坚持改革创新、增加制度供给的基本思路，对《实施条例》内容做了较大范围的调整，对31个原条文进行了修改，新增19个条文，删除8个条文，同时调整了章节结构。修改的部分主要包括加强民办学校党的建设、完善和明确支持措施、完善民办学校设立与审批制度、规范民办学校办学行为和内部治理、规范教育培训机构、维护举办者合法权益、强化教师权益保障、健全监督管理机制等方面。

中共中央国务院发布《关于深化教育教学改革全面提高义务教育质量的意见》

义务教育质量事关亿万少年儿童健康成长，事关国家发展，事关民族未来。为深入贯彻党的十九大精神和全国教育大会部署，加快推进教育现代化，建设教育强国，办好人民满意的教育，2019年6月，中共中央、国务院发布了《关于深化教育教学改革全面提高义务教育质量的意见》，包括：坚持立德树人，着力培养担当民族复兴大任的时代新人；坚持“五育”并举，全面发展素质教育；强化课堂主阵地作用，切实提高课堂教学质量；按照“四有好老师”标准，建设高素质专业化教师队伍；深化关键领域改革，为提高教育质量创造条件；加强组织领导，开创新时代义务教育改革发展新局面。

音教活动

中国乐器协会音乐教育专业委员会 2018年工作会议召开

1月12日，中国乐器协会音乐教育专业委员会（以下简称音教专委会）工作会议在北京召开，共有来自全国各地的40多家音乐教育企业及相关单位负责人共60余人参加。音教专委会是中国乐器协会的分支机构，主要由从事音乐教育及相关领域的企业、机构及个人组成。

中国乐器协会常务副理事长曾泽民介绍了音教专委会的规划要点及工作说明。曾泽民说，音教专委会以“音乐让生活更美好”为宗旨，倡导“每个国民一生学会一件乐器，每个家庭一年听一场音乐会”。专委会的功能定位为：通过行业、跨界交流合作，整合业内、社会及国际同行业专家和团体资源，为会员提供信息、渠道、合作项目等服务。选拔推广音乐教育优秀项目，组织行业交流合作，组织音乐教育专题活动等。组织行业专家与音乐教育产业集群共建示范基地，有计划地组织社会师资培训，引进推广国内外优秀音乐教育项目。推进音乐教育标准化建设，研究、制修订音乐教育培训机构及社会音乐教师标准，开展培训机构经营管理和社会师资培训，组建行业培训服务平台。

随后，中国乐器协会秘书长陈晋武和上海国展展览公司项目组分别介绍了2018年“6・21国际乐器演奏日”的情况及2018年北京音乐生活展及国民音乐教育大会的情况。其中，2018年的“6・21国际乐器演奏日”活动将采用联合主办单位授权机制，授予一批有素质、有能力、有信誉的单位为国际乐器演奏日的联合主办单位，目前已经确认的首批单位有20多家。

本次会议中还安排了音乐教育项目经验分享和音乐教育行业论坛。其中，佛山小钟琴文化传播有限公司董事长钟飞翔、北京罗兰乐动教育科技有限公司总经理翟翀、北京扬世正雅有限公司总经理胡瑨、find智慧钢琴音乐教育研究院高级研究员毕格格、晨语古筝创始人李君、长春新博乐琴行总经理周洲，分别从各自角度进行了6场音乐教育项目经验分享。而音乐教育论坛的主题为音乐教育产业的“合纵”与“连横”，5位论坛嘉宾分别是广州珠江钢琴文化教育投资有限公司总经理邹海波、北京睿卡教育科技有限公司总经理陈向丽、广州闻乐教育科技有限公司总经理梁永波、河北秦川文体乐器有限公司总经理秦川、海伦艺术教育投资有限公司副总经理顾箐，他们也围绕音乐教育行业在产业链延伸和跨界融合过程中出现的问题和解决办法分享了各自的见解。

本次会议还选举产生了音教专委会的领导机构成员，其中专委会主任由中国乐器协会秘书长陈晋武兼任，钱富民、程晋垣、毕可炜、邹海波、姜伟、周洲分别担任副主任，专委会秘书长由中国乐器协会项目主管张蕾担任。此外，会议还公布了音乐教育专委会首批专家组名单，包括周海宏、吴斌、于海、赵易山、郑莉、陈自明、赵寒阳、黄茂强、朱文玉、秦川等各个领域的专家。该专家库的成员还会继续扩充，未来将成为音教专委会的顾问团队。

全国音乐教育跨界合作高峰论坛在黄桥举行

5月8日，全国音乐教育跨界合作高峰论坛在江苏·黄桥——“中国提琴产业之都”召开。论坛由全国音乐教育服务合作联盟主办，中国乐器协会、江苏省文化艺术科学技术协会、江苏省文化产业协会、江苏省职业技术教育学会、江苏省泰兴市黄桥镇人民政府承办。论坛主题“音乐让生活更美好”，旨在营造国民音乐教育可持续生态圈，深化推进国民音乐教育大会和6·21国际乐器演奏日各项活动，扩大音乐人口，提高民众美誉感、幸福感，逐步实现“乐器是家庭的标配，音乐是生活的刚需”的发展目标。

江苏省文化厅巡视员、江苏省文化产业协会理事长马宁，中央音乐学院教授周海宏，中国轻工业联合会城镇集体经济部副主任康培莲，中国乐器协会常务副理事长曾泽民、副理事长王松美，江苏省职业技术教育学会副会长兼秘书长尹伟民，泰州市文广新局局长钱建网，泰州市教育局副局长封留才，泰兴市人大常委会副主任、黄桥镇党委书记、黄桥经济开发区党工委书记耿元进，黄桥镇人民政府镇长王晓云女士，江苏省文化厅科教产业处副调研员张人健，首都师范大学教授、博士生导师郑莉，安徽省音乐家协会副主席、指挥家、作曲家撒世斌，安徽省池州市音乐家协会主席曾晓红，江苏省阜宁县教育局局长蔡卫国，泰兴市教育局局长夏立新，泰兴市文广新局局长冯军，中国乐器协会副理事长、提琴分会会长李书，以及来自江苏、安徽周边省市的艺术院校、音乐家协会的领导、专家和院校教师等近100人莅临论坛现场。

上午专题发言环节中国乐器协会副秘书长兼音乐教育专业委员会常务副主任钱富民主持。

泰兴市人大常委会副主任、黄桥镇党委书记耿元进对行业领导及各界同仁莅临黄桥工作指导表示欢迎，并向与会嘉宾介绍了“琴韵小镇”的宏伟蓝图与阶段性成果。

中央音乐学院教授周海宏以《富强美善进程中的音乐事业》为题进行主旨发言，他认为，中国艺术教育应大力宣传音乐文化生活的重要性，树立国民音乐教育的重要性。企业应提升审美素质，提高国民审美素质，提供充分良好的艺术教育，是建设美丽中国，创造美好生活的国民素质的基础。

江苏省文化厅巡视员马宁以《音乐教育关系祖国的未来》为题，进行了区域艺术教育发展战略规划的专题发言。马宁认为，音乐教育对人的发展起重要作用，对人的素质的影响是深远的，音乐教育对培养人的正确审美观和创造美的能力起到重要作用。素质教育应顺应潮流，树立培养创新精神的音乐教育理念，健全组织机构，跨界发展，高效整合各方社会资源。

中国乐器协会常务副理事长曾泽民做《国民音乐教育大会的意义与实践探索》专题发言，旨在向与会嘉宾强化国民音乐教育大会举办的各项议程，以及大会的举办宗旨，希望通过本次论坛遴选出优秀的主题，在7月国民音乐教育大会上再次与全国音乐教育同仁分享。让“每个国民一生学会一件乐器，每个家庭一年听一场音乐会”的目标成为音乐教育同仁共同教育愿景。

下午的“音乐教育跨界融合”高峰论坛由中国乐器协会音乐教育专业委员会秘书长张蕾主持，几位嘉宾为首都师范大学音乐学院教授郑莉、江苏省教育厅副巡视员尹伟民、泰州市委教育工委副书记管文化、黄桥镇人民政府副镇长丁春兵、安徽省音乐家协会副主席撒世斌、江苏省阜宁县教育局长蔡卫国、中国乐器协会琴行分会副会长秦川。几位嘉宾就国民音乐教育发展的痛点、阶段性成果，以及瓶颈突破展开了观点的碰撞与交流。

随后，来自江苏、安徽等地的艺术院校的文化和教育机构代表进行了多元化的主题发言，包括黄桥镇人民政府副镇长丁春兵《黄桥琴韵小镇营造百姓美好生活》、常州艺术高等职校高慰《艺术教育——重拾初心再出发》、马鞍山市二十二中梁晓星《音乐让学生插上自信的翅膀》、南京玄武中等专业学校殷珺《职业学校音乐教学与信息化融合》、黄桥镇中心小学章素娟《小学音乐教育的社团化管理》、小钟琴研究会秘书长蔡景林《幼儿园音乐启蒙教育联盟》、琴行分会青年委员会干事周洲《钢琴教师如何转化为音乐教师》，让与会嘉宾深切感受到一线音乐教育的蓬勃发展和丰硕教育成果，作为教育工作者的职业情怀，以及互联网科技手段引发的教育模式的变革。最后，由中国乐器协会项目部主任刘勇介绍了“6·21国际乐器演奏日”的活动议程，并由中国乐器协会常务副理事长曾泽民与江苏省文化厅科教产业处副调研员张人健对华东地区部分联合主办单位授旗。

乐器企业代表参加新时代音乐教育学术研讨会

5月19日，“新时代音乐教育学术研讨会暨第四届世界音乐院校合作论坛”在浙江师范大学音乐学院开幕，共有来自全国各高校音乐学院院长、音乐系主任、音乐专业学科负责人、中国音协音乐教育学学会理事、会员，高校音乐学科、音乐通识课程教师、研究生等近300人参会。

本次会议为期3天，主题是：新时代国际合作音乐精品课程建设与共享。会议将围绕在线课程的设计理念、国际合作、育人思想、文化传承、现状研究、技术创新、实践思考等方面由中国内地和香港、澳门特别行政区，以及美国、挪威等国的音乐教育专家作17场专题报告，并分组开展高校课程，高校音乐教育改革坛，美育与传统音乐，海外专家，中国乐器教育化、国际化、智能化和学前音乐教育六个分论坛。乐器行业若干企业也参加了本次会议，包括北京龙羽时代科技有限公司、大连音教科教装备有限公司、大连佳音科技有限公司、海伦音乐教育、Find智慧钢琴、The ONE 钢琴、扬州金韵乐器御工坊有限公司、珠江艾茉森钢琴、江苏天鹅乐器有限公司、光速飞行文化传媒(北京)有限公司等几家企业。这些企业在大会期间提供了产品的展示，并组织了一台创新乐器音乐会，起到了很好的展示效果。

2018中国社会音乐艺术教育高峰论坛上海举行

由中国乐器协会音乐教育专业委员会主办，“帮你教”承办的“2018中国社会音乐艺术教育高峰论坛”于10月9日在上海举行。中国乐器协会及各分会、中国音乐家协会音乐教育学学会、教育行业相关协会（学会）等领导，音乐院校、乐器厂家、音乐出版社及音乐艺术培训机构负责人出席。大会采用主题演讲和圆桌论坛等多种形式，围绕民办教育新规下音乐艺术培训机构的规范办学、教学模式创新、管理与信息化创新、社会音乐教育与学校音乐教育的合作与互补、跨界协同发展等主题进行交流研讨。

大会由中国乐器协会音乐教育专业委员会秘书长张蕾担任主持。中国乐器协会秘书长陈晋武为本次大会致开幕辞。陈秘书长说，“2018中国社会音乐艺术教育高峰论坛”旨在全面贯彻习近平新时代中国特色社会主义思想和党的十九大精神，响应国家文化强国战略，引导社会音乐艺术培训机构向规范化、信息化、专业化、国际化方向发展。他表示，音乐艺术教育正在迎来新的发展契机，社会音乐艺术培训机构要适应新形势、抓住新机遇，推动国民艺术修养和综合素质的提升。

中国乐器协会常务副理事长曾泽民发表主旨演讲《跨界合作：搭建社会音乐教育服务平台》。曾副理事长通过分析当前中国音乐艺术教育的市场状况，倡导行业人士要以创新的思维改善音乐教育行业的管理，积极跨界合作，搭建一个社会音乐教育服务平台，让更多人学习音乐。

秦川教育科技集团董事长秦川发表主题演讲，他建议，面对复杂市场形势带来的冲击和压力，培训机构应突破自我，改变过去。在确保企业的产品、研发、人才、管理升级的基础上，实现多元化的创新，乘着“互联网+”的东风，借助新的信息科技手段，化危机为机遇。

帮你教创始人梁永波分享了自己的创业经历和对行业的理解，结合帮你教平台行业大数据，对音乐艺术培训行业的发展状况与趋势做了分析。契合本次大会“规范”的主题，梁永波还对艺术培训机构管理的相关政策作出解读，倡导培训机构规范办学。

延续音乐教育信息化与智能化的话题，中国音协音乐教育学学会会长谢嘉幸提出中国音乐教育产业面临五大转向，包括：艺术教育到美育观念的转变观念、美育对传统文化教育价值的提升、教育信息化与乐器智能化的数字革命、社会效益与市场效益的体制互溶、在线课程联盟国际化等。

爵角文化股份有限公司创始人罗叶青从团队薪酬、商铺租金，到教师工资、分店资金，以及精力支出等方面分享了一套琴行支出解决方案。罗兰数字音乐教育常务副总裁孙晨康认为，素质教育的重要性不断提升，艺术教育需要颠覆传统中国式教育，寓教于乐。

天津九拍教育科技集团董事长李红育梳理了音乐艺术培训机构的痛点，提出以用户思维为导向、以用户体验为前提、以用户需求为目标的解决方案。

牛班音乐学校联合创始人张辉分享了音乐学校品牌运营经验，他认为好内容是获取用户最好的方式，培训机构品牌创立的同时，也要创造新的品类和新的商业模式。

周广仁钢琴艺术中心董事长陈达结合自身的成长经历，以及在钢琴教学中的实践经验，为大家展示了线上教学的模式和案例，精彩幽默的演讲屡获台下掌声。

本次大会还举办了两场圆桌论坛。围绕“音乐教育内容的建设与商业模式的搭建”的主题，睿艺执行主编陈婕、上海音乐出版社副总编朱凌云、海伦艺术教育投资有限公司副总经理顾箐、乐斯教育CEO宫旭生、育星教育集团董事长吴永利以及黑白键钢琴教学法联合创始人王婷展开讨论，从音乐教育内容与商业模式的进化，延伸到如何打造好的内容产品。

第二场圆桌论坛的主题是 “新时代音乐教育培训行业的创新与发展”，嘉宾包括：中国乐器协会音乐教育专业委员会秘书长张蕾、中国乐器协会社会音乐教育教师委员会总干事周洲、快乐音符CEO张晓坤、如微乐器创始人侯百春、江西宏声艺校创始人刘宏、京东商城乐器采销部总经理刘利振。话题从创新的定义展开，深化到如何在音乐教育培训中寻求创新，以及创新后的反馈。

大会最后，由中国乐器协会副秘书长兼音乐教育专业委员会常务副主任钱富民作总结致辞。他表示，本次峰会在理论上有高度、观点上有深度、前瞻性上有广度、在实际应用上更有可操作性，是一个创新又务实的大会，将会引导社会音乐艺术教育适应新形势，打开新局面。

当天晚上，大会还举办了分会场音乐艺术教育项目与机构管理交流。分会场一由珠江钢琴教育课程研发专家翁菀璟、帮你教副总经理邹海波、升声琴行创始人侯媛、江西博乐琴行创始人汪辛娟等分享钢琴教学、培训机构管理信息化、琴行经营与创业经验。

分会场二的分享嘉宾是小熊吉他连锁教育CEO朱海东、艺术留学广场运营总监涂俊、苏州百亚琴行创始人王海明、琴行管理学院院长李仙星，探讨了吉他教学、艺术留学、教师薪酬制度、兼职老师管理等话题。

国民音乐教育大会

2018国民音乐教育大会总结报告

国民音乐教育大会组委会

2018国民音乐教育大会于7月6—8日在北京国际展览中心（静安庄馆）举行。本次大会是近几年来国内规模最大、规格最高、涉及门类最广、内容最丰富的一次综合性音乐教育大会，引起了国内甚至国际音乐教育、乐器及相关行业的广泛关注。

一、大会概况

本次国民音乐教育大会以“音乐让生活更美好”为主题，以创建“美好生活，美丽中国”为宗旨，倡导“每个国民一生学会一件乐器，每个家庭一年听一场音乐会”。本次大会重点是“音乐教育普及与推广”。

大会汇集国内外著名专家、学者，聚焦音乐理论、创作、教学、体验、交流等热点焦点议题，集中展现当今音乐教育各方面成果，是广大音乐教育工作者学习交流体验的国际化平台。本次大会与北京国际音乐生活展同期同址举办。

1. 大会组织及内容构架

本次大会主办单位为中央音乐学院、中国乐器协会、中国音乐家协会管乐学会、全国音乐教育服务联盟；承办单位为中国乐器协会和上海国展展览中心有限公司；协办单位包括中国音乐家协会音乐教育学学会、中国音乐家协会奥尔夫专业委员会、中国音乐家协会手风琴学会、 中国民族管弦乐学会陶笛专业委员会、北京乐器学会、国际键盘手风琴联盟、北京学前教育学会。

本次大会内容分为三个板块，包括9场主旨、主题发言、3场圆桌论坛、89场工作坊，共101场活动。主讲嘉宾共140位，加上助讲嘉宾，所有参与讲座及工作坊的展示人员共370位左右，分别来自中国、美国、奥地利、日本、捷克、英国、澳大利亚和泰国8个国家和中国台湾地区。

参加大会工作坊的国内讲师分别来自中央音乐学院、中国音乐学院、上海音乐学院、沈阳音乐学院、星海音乐学院、首都师范大学音乐学院、北京师范大学、华东师范大学音乐学院、华中师范大学音乐学院、上海师范大学音乐学院、南京师范大学音乐学院、中央民族大学音乐学院、中国石油大学文体学院、中山大学南方学院、鲁东大学艺术学院、河南大学艺术学院、山西大学音乐学院、宁波大学音乐学院、齐齐哈尔大学音乐学院、临沂大学音乐学院、广西艺术学院、中国艺术研究院音乐研究所、清华大学艺术教育中心、上海复旦大学艺术教育中心等近30所专业和师范、综合类院校以及数十家从事儿童教育、社会音教培训机构和专家工作室。

2. 内容分析

9场主旨、主题发言，基本都是关注音乐教育发展宏观趋势和前沿思想理念，具体包括：中央音乐学院院长俞峰《音乐如何让生活更美好》、美国国际音乐制品协会玛丽·卢尔森《数据与案例：乐器力量打造音乐生活》、维也纳音乐与表演艺术大学乌尔里克祖希校长和格莱哥·韦德霍姆教授《国际音乐教育的新趋势》、中央音乐学院教授周海宏《建设与强国相适应的音乐文化生活》、中国音协管乐学会主席于海《管乐艺术的魅力》、美国音乐教育专家安妮·芬奈尔《音乐如何激发儿童创作力》、澳大利亚墨尔本大学音乐心理学家简·戴维森《体验乐器学习魅力，保持器乐学会持续性》、中国音协音乐教育学学会会长谢嘉幸《华夏乐府音乐在线课程联盟的基本设想与其020策略》、中国音乐学院教授刘沛《西方音乐教育的东方化趋势》。

在92场圆桌论坛+工作坊中，按照内容类别来分：教育理论与趋势21场，教学实践与展示35场，社会及幼儿数字教育19场，管乐艺术6场，钢琴教学10场。按照听众听众来分，其中听众听众在150人以上的有8场；100~150人的有8场，50~100人的有21场，30~50人的有21场，30人以下的，有34场。

主办单位方面，中央音乐学院共组织了7场工作坊，内容包括计算机音乐、儿童声乐及合唱训练、嗓音治疗、钢琴技师培养、校外考级介绍、远程音乐教育介绍以及“让艺术教育奏出技术教育的误区”。最为中国最高专业音乐学府，中央音乐学院提供内容很大程度上提高了大会内容的专业层次。

中国乐器协会组织了许多行业内的乐器企业和培训机构参加，比如珠江钢琴、海伦钢琴、功学社、上海民族乐器一厂、罗兰数字音乐教育、卡西欧、卡瓦依等，都贡献了各自的优质资源，组织优秀讲师，贡献了许多优质课程。

中国音协管乐学会组织的“管乐系列”也是本次大会中的亮点之一，除了于海主席第一天进行了《管乐艺术的魅力》的主题发言之外，另外姜斯文、王清泉、丛煜滋、齐鑫、王和声、荣艾国六位专家，讲述了《学校管乐团的建设》《圆号演奏指导》《现代行进打击乐》《萨克斯艺术与演奏指导》《中国管乐作品分析》等，从各个不同角度围绕管乐做了专题讲座。

协办单位方面，中国音乐家协会音乐教育学学会谢嘉幸会长领衔10位老师组织的主题为“音乐教育信息化与乐器智能化”的圆桌论坛，获得了很好的反响；同时音乐教育学学会还组织了多位优秀老师进行了工作坊展示，包括华中师范大学赵洪啸的《音乐自由教学法》、宁波大学王蕾《如何打造一门国家级精品在线课程》、鲁东大学崔学荣《多觉联动教学法》、沈阳师范大学铁梅《中小学音乐课堂家教学新思维》；临沂大学彭程《成人钢琴教学法与集体课展示》等，从理念到方法都对新时期的音乐教育有很大的启发。

本次大会中，中国音协奥尔夫专业委员会推荐的课程也倍受欢迎，奥尔夫专业委员会会长、中国奥尔夫泰斗级人物李妲娜亲自挂帅，包括曹利、韩瀚、蔡霞、何璐、王亚、谢呈等国内知名奥尔夫教学法老师都在本次大会上奉献了精彩的课程，奥尔夫音乐教育板块也成为本次大会当中人气最旺的板块之一。

其他协办单位，如中国音协手风琴学会、中国民族管弦乐学会陶笛专业委员会、北京乐器学会、国际键盘手风琴联盟、北京学前教育学会等协办单位也都分别推荐了许多优秀的课程，为大会增添了色彩。

从现场听众的反映来看，注重操作、参与、互动的教学法内容比较受欢迎。听众听众达到150人的8场工作坊，有7场是有关教学法的，另外一场是“教育信息化·乐器智能化论坛”。

其中，涉及奥尔夫、达尔克罗兹和柯达伊这三大教学法的有3场，包括：李茉的《体态律动教学法》听众达到230人，是本次大会听众最多的一场；曹利主讲的《即兴——奥尔夫音乐教育体系的重要核心之一》听众为180人；韩翰主讲的《柯达伊教学法在合唱训练中的应用》，听众为170人。

有关钢琴教学法的有2场：来书鹏主讲的《辛笛应用钢琴教学法》听众达到200人；卡瓦依公司推荐的日本钢琴家褚元康代主讲的《新钢琴课程方法》听众为150人。

几组国外嘉宾的工作坊也很受欢迎：安妮·芬奈尔主讲的《以学生为中心的创意音乐教学法》听众达到180人；简·戴维森主讲的《有效引导群体乐器学习》，听众也为180人。安娜和肯两人主讲的《音乐未来——非正式音乐教学法》非常受欢迎，场面火爆，听众达到150人。佩卓夫推荐的捷克钢琴家米兰教授也很受欢迎，尽管是在小教室，但依然吸引了57位听众。

此外，钢琴教育家陈达的《琴乐·心悦——对钢琴弹奏方法的思考》，吸引了120位听众，功学社推荐的台湾专家陈怡玲老师主讲的《ESP幼儿音乐萌发教育》吸引了120位听众。谢呈《达尔克罗兹体态律动——最早版本教材介绍与实践》有110位听众；赵洪啸的《自由音乐教学法》吸引了110人；郑莉老师的《核心素养视阈下音乐教育的新思考》听众约为100人；卡西欧四位专家主讲的《卡西欧钢琴集体课》听众达到100人；莫卉卉的《探索绘本在儿童音乐教育中的运用与拓展》也吸引了100位听众。

还有很多工作坊，因为场地限制没法容纳太

多听众，但也是很欢迎，比如李妲娜老师的“诗与扇”、屈维的“小学音乐创造活动思路”等，不一一列举。

三场圆桌论坛都非常受欢迎，其中谢嘉幸、铁梅主持的“教育信息化、乐器智能化论坛”，听众达到150人；北京乐器学会主办的“重构音乐教育，演绎未来韵律——首都音乐发展论坛”听众为120人；吴斌、李燕芳、陈福美、尹小珂、万鸽5位嘉宾组成的“中小学音乐教育质量监测与提升论坛”，也吸引了大量的听众。

总体来说体态律动及合唱教学法、器乐教学法（主要是钢琴）、具有前瞻性的理论讲座、知名专家参与的论坛，这几类内容都比较受欢迎。

二、组织情况

1. 组委会构架

本次大会在组织结构以专业院校、行业协会（学会）、社会培训机构为重点，尽管体制内系统因为受到体制内管理因素没能参加，但是即便没有体制内的行政手段，依靠内容吸引，最终有大量的体制内的老师参加了本次大会，占总听众的60%左右，这说明我们的内容策划还是成功的。

由于前期大会组织结构搭建遇到了一些困难，确定较晚，在一定程度上影响了后续的内容的组织和宣传推介工作。主办四方积极协商，充分发挥各系统的专家资源，全力组织现场活动是大会成功的重要保证。主办方大胆布局，多方沟通，组织广大企业单位深度参与，协办单位领导带头，专家引领，形成了多个系统广泛发动的态势，落实了百余场活动，千人参与，实现了预期目标。

2. 听众组织

本次大会网络报名听众共462人，主要报名途径有三个：“乐动北京”微信报名通道、中国乐器协会微信报名通道和中国乐器协会集体报名。其中，通过“乐动北京”微信通报报名261人，通过协会微信通报报名115人，协会集体报名86人。主办、协办单位组织代表近300人，此外，中央音乐学院、中国音协管乐学会、中国音协音乐教育学学会等系统组织购买了部分单日票。

从听众构成来看，来自高校的人员占45%左右（其中大部分是来自于各种师范大学），中小学和少年宫的老师约占15%；各种社会音乐教育培训机构的人员约占40%。

3. 乐器行业资源组织

本次大会，中国乐器协会各分支机构和骨干企业积极参与，组织音乐教育、社会培训相关人员报名参加音教大会，获取教育信息和资源，探讨体制内外合作项目。与此同时，本届大会现场还设置名优特产品和项目展示区并为企业定制品牌宣传展示。 广州珠江钢琴、海伦钢琴、宜昌金宝乐器、功学社、上海民族乐器一厂、天津津宝、凤灵乐器等17家制造企业参与赞助与支持，涵盖了钢琴、提琴、民乐、电声、打击、口琴以及音乐教育等类别。其中，珠江钢琴、海伦钢琴、宜昌金宝乐器和功学社作为本次大会的指定乐器提供商。三家钢琴企业各提供了1台三角钢琴和2台立式钢琴，功学社则提供了全套的奥尔夫打击乐器，保证了所有奥尔夫课程正常进行。其他企业也都为大会提供了不同程度的支持和赞助。

4. 宣传组织

(1) 会前宣传

5月24日召开了一次新闻发布会，邀请了若干媒体，起到了一定的造势作用。6月开始，在《音乐周报》微信公众号发布了4期宣传文章,起到了一定宣传和拉动报名的作用。从5月开始，大会组委会在中国乐器协会微信公众号持续发布有关大会的内容报道。

另外，从4月开始，大会组委会陆续发布了几版H5，主要通过主办、协办单位各系统和个人转发传播，其中进行了几次改版，阅读听众最终达到将近35000人，这也成为宣传大会最有力的宣传工具，对于报名的拉动效果十分明显。

(2) 会中阶段

大会期间，组委会通过多类渠道的媒体推广，覆盖专业人群及音乐爱好者，对大会进行了全面、深度、又富有个性化的报道。

专业媒体方面，展会选择了《乐器》《音乐周报》《小演奏家》等7家杂志和《中国音协网》等2

家网站，在会前、会中及会后进行跟踪报道，让更多行业人士及时有效地了解大会信息。

公众媒体方面，共有25家合作媒体，其中包括新华社、《人民日报》《光明日报》《中国艺术报》《现代教育报》《北京晨报》等11家报纸杂志，《中国新闻网》《新浪网》《环球网》《央广网》等8家专业网站，中央电视台音乐频道、北京电视台新闻频道以及中国国际教育台3个电视台，中央人民广播电台文艺之声栏目等多个电视栏目、杂志都对大会进行了专题报道，提高了大会推广的力度与深度。

与此同时，通过中国乐器协会官网、官微、杂志发布展会资讯、活动内容的相关信息。此外，本届展会尝试与新媒体的合作与推广，延展与音乐、艺术类微信公众平台的合作。并首次采用直播的方式，向更多的热爱音乐的人展示了大会的进程，扩大了大会的宣传面及时效性。

（3）会后阶段

大会过后，进入资料收集和整理阶段，由于活动场次太多，组委会只安排了首日的全程录像直播，后面两日的圆桌论坛和工作坊安排部分重点场次进行录像，会议结束后，选取了20场市场关注度较高的项目视频上传到优酷，供听众在线观看。

4．活动流程组织

大会涉及内容广泛，组织单位众多，代表来自全国各地各个系统，是个复杂多元的系统工程。整个大会的组织工作基本能够做到有序、有效，各个部门分工明确，也可以做到协调合作，保证了整个活动的顺利进行。总体来说，整个大会的组织工作可以分为三个阶段：会前组织阶段、会中操作阶段、会后善后阶段。

（1）会前组织阶段

主要工作集中在嘉宾的邀请、资料的收集与整理、听众的组织、场馆及有关器材的协调安排等几个方面，工作量非常大，内容非常繁杂琐碎。主要工作集中在组委会项目部，会期临近，各方动员，召开协调会，每日通报进度，针对出现问题研究解决方案，分别落实，收到较好效果。

大会的筹备阶段，各系统发动较晚，导致工作压力过分集中，值得今后注意。应打破常规，从各系统、各部门抽调人员成立专项工作组，做到人员和资源更加合理的分配，提高工作效率。

（2）会中操作阶段

6月底开始进入会议操作阶段，所有资料准备完成，嘉宾的证件提前快递到每个人手里。7月4日进入现场，7月5日开始报到。7月6日早上听众集中报到造成积压，一度造成代表入场滞后。所有听众入场后，到8日会议结束总体顺利，除了因为个别服务细节和音乐会票不够，造成一些问题，但总体顺利。

会议组织中，所有嘉宾证提前快递是一个好方法，相当于把现场的工作提前完成，减小了现场的压力。6日早上听众门口造成积压也是因为5号报到的人员太少，如果下次能够把听众代表证提前快递，或者增加网上报道的通道，总之通过各种手段减小现场的压力，会更好一些。

大会后两天，9个分会场同时启动，个别时间段出现几个会场同时出现问题需要解决，造成短时瞬间压力集中，现场有些忙乱，这是由于缺乏经验和不可预测因素太多而造成的。从组织角度来说，与工作坊嘉宾沟通不够充分，组织力量不足，是造成这种局面的主要原因。

三、大会主要成果及问题

中国的音乐教育事业已经进入了全新的发展阶段，无论从教育理念还是教育方式上都将会发生深刻的变革。从国家政策层面来说，教育部出台了一系列文件来鼓励素质教育，而音乐教育是培养学生核心素养的重要途径。体制外教育领域，国家民办教育促进法（送审稿），也为民办教育指出了新的发展方向。在这种情况下，国民音乐教育大会的召开为可谓恰逢其时，对于音乐教育行业及乐器行业的发展起到了积极的作用。

1．主要成果

（1）本次大会学校老师和社会音乐教育机构参与广泛。大会内容丰富，规模宏大，规格和专业水平都很高，体现在邀请专家级别、发言的水平及圆桌论坛及工作坊的水平，既有高度和深度，又直面当今音乐教育发展趋势和关注热点。参会教师普遍反映大会的内容很好，既有学术高度，又有许多实用的音乐教育理论和技能，大部分参会代表和讲课嘉宾都表示不虚此行，受益匪浅。本次大会引起了国内外的音乐教育行业的关注和反响，相信未来将会成为中国音乐教育发展历史上的重要事件。

（2）本次大会是各系统之间交流协作的一次大胆尝试，体制内、体制外、培训机构和企业跨界融合。大会坚持市场为导向，不受条块系统的限制。以音乐教育为本质，“让生活更美好”为宗旨，服务音乐普及教育为目标。

（3）引进市场机制，从内容到形式采取集中与分散、引导与自由选择相结合的市场运作方法。主旨主题发言由组委会反复研究，专家委员会推荐，邀请知名专家，保证了大会的学术高度和专业高度。圆桌论坛和工作坊则主要是各协办单位推荐，加上许多老师自荐，内容丰富，八仙过海各显神通，参会代表根据自己喜好自由选择，体现了市场化的原则。

（4）国际化合作充实了大会内容，提升了大会的高度和广度。大会得到了美国国际音乐制品协会、欧洲音乐产业联盟和国际各国行业协会及著名院校领导的专家的支持，收到了很好的效果，也扩大了国际影响力。

2．存在问题和不足

（1）由于经验不足，大会的内容太多，面太宽，但深度不够。涵盖门类太多，但每个门类都是涉及较浅，没有深入展开。同时也是因为课程分散，造成专业性不够，也就很难吸引各个门类的专业教师参加。同样是因为数量太多，单个工作坊时间太短，不能充分展示内容。今后可以适当减少数量，精选优质内容，单个工作坊给予更长时间。

（2）在安排场地及排期时，应该更多考虑工作坊内容的展现形式特点。比如多数教学法类的工作坊都以互动和操作形式为主，需要大片空地及种类繁多的打击乐器，像这类工作坊可以安排在一起，避免来回搬桌椅。

（3）大会宣传周期太短。从4月才开始第一次对外宣传，真正的大规模宣传是从5月以后才开始的，导致了最后报名的听众没有达到预期。加上体制内系统发动不够，也造成了听众组织困难。

（4）大会场地并不尽如人意，主会场和会议楼之间距离过远，而且各个会议室的面积差距过大，大的太大，小的太小。下次选址应考虑到主会场与分会场相结合、展与会交流互动、嘉宾与代表互动等因素，也要考虑到配套服务设施、交通与安全等问题。

最后，大会组委会感谢各主办、承办、协办单位和支持单位，感谢所有讲课嘉宾和全体代表，感谢媒体及社会各界的厚爱与支持。

2018国民音乐教育大会日程表

2018 国民音乐教育大会开幕论坛

序号	演讲人	职务	发言题目
1	王世成	中国乐器协会理事长	开幕致辞
2	张崇和	中国轻工业联合会会长	宣布开幕
3	俞峰	中央音乐学院院长	音乐如何让生活更美好
4	玛丽・卢尔森	NAMM 公共事务与政府关系部总监	数据与案例：乐器力量打造音乐生活
5	乌尔里克・祖希、格莱戈尔・韦德霍姆	维也纳音乐与表演艺术大学校长及教授	求同存异，优势互补——世界音乐教育趋势解析

续表

序号	演讲人	职务	发言题目
6	周海宏	中央音乐学院教授	需求侧发力、供给侧改革——建设与强国相适应的音乐文化生活
7	于海	中国音协管乐学会主席	管乐艺术的魅力
8	安妮・芬奈尔	美国奥尔夫协会认证专家	音乐教育如何激发儿童创造力
9	简・戴维森	澳大利亚墨尔本大学教授	体验乐器学习魅力，保持器乐学习持续性
10	谢嘉幸	中国音乐学院教授	音乐在线课程联盟的基本设想与策略
11	刘沛	中国音乐学院教授	西方音乐教育哲学的“东方化”趋势——埃利奥特新版《音乐教育哲学》的“和合”观

2018 国民音乐教育大会圆桌论坛

序号	主讲人	职务	题目及内容
1	主持人：吴斌	中国教育学会音乐教育分会理事长	中小学音乐教育质量监测与提升论坛
	李燕芳	北京师范大学中国基础教育质量检测协同创新中心主任助理	
	陈福美	中国基础教育质量检测协同创新中心艺术检测部副主任	
	尹小柯	北京师范大学中国基础教育质量检测协同创新中心教育检测与评价方向博士	
	万鸽	北京师范大学中国基础教育质量检测协同创新中心博士后	
2	谢嘉幸（主持人）	中国音乐学院教授	教育信息化乐、器信息化圆桌论坛
	铁梅（主持人）	沈阳师范大学音乐学院副教授	
	赵洪啸	华中师范大学音乐学院教授	
	李茉	华东师范大学音乐学院讲师	
	王蕾	宁波大学音乐学院副院长	
	崔学荣	鲁东大学艺术学院教授	
	张晓坤	快乐音符教育科技有限公司 CEO	
	滕腾	泉州师范学院音乐与舞蹈学院副教授	
	李玲	北京电子科技学院人文社科部	
	彭程	临沂大学音乐学院教授	
	陈瑾	衡阳师范学院音乐学院音乐教育系主任	
	邵涛	THE ONE 智能钢琴高级副总裁	
3	主持人：铁梅	沈阳师范大学音乐学院副教授	中小学音乐课堂乐器教学新思维
	魏剑羽	北京龙羽时代科技有限公司总经理	
	冀超	北京现代音乐学院双排键教师	
	李丽	大连市沙河口区艺术教育联合体负责人	
	时岩	大连市沙河口区春柳小学音乐教师	
	杨群力	大连音教科教装备有限公司总经理	

续表

序号	主讲人	职务	题目及内容
4	主持人：毕可炜	中国民族器乐学会常务副会长	首都音乐发展论坛——重构音乐教育，演绎未来韵律
	丰元凯	资深乐器专家	
	王立新	北京市科技进修学院副院长	
	于川	首都师范大学音乐学院讲师、青年二胡演奏家	
	张子盛	古琴演奏家、教育家	
	周子雷	陶笛演奏家、教育家	
	宝玉	著名作曲家、中央音乐学院作曲博士	
	高平	作曲家、钢琴家、首都师范大学音乐学院作曲教授	

2018 国民音乐教育大会发言

序号	主讲人	职务	题目及内容
1	李小兵	作曲家、中央音乐学院作曲系教授、博士生导师	计算机与音乐生活
2	赵怡清	中央音乐学院继续教育学院声乐讲师、童声训练课程教研组组长	趣味声乐教学之用“心”歌唱的打开方式
3	金妍斐	中央音乐学院继续教育学院合唱指挥教师、儿童合唱团指挥	合唱初级趣味训练
4	孔聪	中央音乐学院继续教育学院院长	让艺术教育走出技术教育的误区
5	李小曼	中央音乐学院考级委员会秘书长	中央音乐学院校外音乐水平考级展示
6	赵东升	中央音乐学院乐器管理中心主任	钢琴技师培训方向——如何以专业的方式调试一台演奏用琴
7	韩丽艳	中央音乐学院嗓音研究中心主任	艺术嗓音医学在音乐教育中的应用
8	王垠丹	中央音乐学院现代远程音乐教育学院培训部副主任	现代远程学院各类精品课程及特色项目介绍
9	韩瀚	中央音乐学院副教授	柯达伊教学法在合唱训练中的运用
10	张努	中央民族大学音乐学院副教授	鼓圈
11	何璐	中山大学南方学院副教授	即兴乐舞——奥尔夫音块 & 海上丝路的摇竹
12	崔学荣	鲁东大学艺术学院教授	多觉联动教学法
13	安妮·芬奈儿	美国奥尔夫协会认证专家	以学生为中心的创意音乐教学法
14	简·戴维森	澳大利亚墨尔本大学教授、音乐心理学专家	有效引导群体乐器学习
15	李茉	华东师范大学音乐学院教师，博士	体态律动音乐教学法工作坊——以海顿《惊愕》交响曲为素材的教学案例
16	郑莉	首都师范大学教授、博导、音乐教育学家	核心素养视阈下音乐教育的新思考
17	潘文	上海音乐学院附中古筝专业副教授	古筝基本功训练中的音乐感培养
18	陈怡玲	台湾 ESP 音乐教育系统教案创编及师资培训导师	ESP 幼儿音乐萌发教育

续表

序号	主讲人	职务	题目及内容
19	刘欣欣	清华大学艺术教育中心、教育部高等院校艺术专业教学指导委员会委员	西方文艺复兴与合唱艺术解读——谈高校音乐教育
20	王亚	中科院心理研究所儿童发展心理学硕士、资深奥尔夫教学法讲师	声势节奏在教学中的运用
21	肯·欧文 、安娜·戈沃尔	“音乐未来”国际主任、高级讲师	音乐未来——非正式音乐教学法
22	来书鹏	星海音乐学院应用钢琴教师	辛笛应用钢琴教学法
23	諸原康代	日本国立大学音乐教育学科幼儿教育专家	新钢琴课程方法——关注提升孩子们的艺术表现力
24	陈达	北京周广仁钢琴艺术中心董事长	“琴乐·心悦”对钢琴弹奏方法的思考
25	曹利	中国奥尔夫协会幼教中心主任	即兴——奥尔夫音乐教育体系的重要核心之一
26	黄健怡	爵士钢琴演奏家	卡西欧钢琴集体课
	纪鹏	贝斯演奏家	
	叶文	西安文理学院副教授	
	文烽	打击乐演奏家	
27	赵洪啸	华中师范大学音乐学院教师	玩音乐的无限可能——音乐自由教学法
28	屈维	黔南民族师范学院音乐舞蹈学院音乐系主任	小学音乐创造活动思路
29	蔡佩志	中国台湾爵士钢琴学会创会会长	钢琴教育的新思维——流行爵士钢琴的重要性与急迫性
30	Milan Franek	欧洲钢琴教师协会 (EPTA) 捷克区主席	钢琴演奏技巧与音乐性的结合
31	陈妙音	中国台湾长庚科技大学媒体传播系教师	音乐与美术相结合的艺术教育
32	李妲娜	著名音乐教育家、中国音协奥尔夫专委会会长	诗与扇——中国传统文化的新演绎
33	刘映莲	星海音乐学院音乐教育硕士	《春晓》——古诗词传统文化小学音乐综合课
	王昕	广州市音乐教研员	
34	张桐	香港国际奥尔夫协会全国巡回实训师	互联网 + 下的钢琴集体课教学
35	李卓锐	多妙教育研究员、教学主任	幼儿艺术启蒙课程展示（音乐戏剧 + 古诗词艺术）
36	张洪赫	罗兰数字音乐教育集团总裁助理	音乐教育新纪元：数字音乐教育体系解读实践
37	白燕生	中国大众音乐学会口琴专委会会长	让“口袋里的钢琴”成为国民教育普及的乐器
38	乔欣	山西大学音乐学院声乐歌剧系副教授	原创音乐情景剧《小狐狸的逐梦记》
39	陈艺文	慕特国际教育教学总监	原本性音乐与律动教育中的抽象艺术学习
40	李丽	成都蒙彼利埃小学音乐教师	走进四川清音
41	张天宇	手风琴演奏家、中国人民解放军空军政治工作部文工团团长	浅谈乐器对人性格、修养、行为的影响及养成
42	孙佳慧	The ONE 钢琴院校合作负责人	在线音乐教育的模式创新与市场机遇
43	翁菀璟	广州珠江钢琴文化教育投资有限公司课程研发专家	钢琴这么学，孩子怎么会不爱！
44	罗泽燕	甘肃省舞蹈家协会副主席	大美·敦煌乐舞
45	彭程	临沂大学音乐学院教授	成人钢琴教学法与集体课展示
46	陈锦莹	广州市越秀区教育研究院音乐教研员	乐韵飞扬——中华小四弦进课堂
47	赖达富	中国石油大学文体学院副教授	众里寻她千百年——穿越时空的中国陶笛文化
48	李奕	广东省华侨职业技术学校学前教育教师	幼儿园综合音乐戏剧活动分享

续表

序号	主讲人	职务	题目及内容
49	莫卉卉	中国科学院心理研究所发展心理学硕士	探索绘本在儿童音乐教育中的运用与拓展
50	谢呈	北京舞蹈学院教师、慕尼黑音乐与戏剧大学音乐教育博士	达尔克罗兹体态律动——最早版本教材介绍与实践
51	王蕾	宁波大学音乐学院副院长、副教授	国家精品在线开放课程《音乐与健康》的构建与实践
52	卜劼	MTNA 中美联邦音乐教师协会行政总裁	唯乐不可以为伪——论考级在国民音乐教育中的作用
53	方曦	中国音协奥尔夫专委会全国师资培训骨干教师	戏剧在音乐教学中的渗透及不同形式的呈现
54	郭红霞	TTMDA 国际非洲鼓学院幼教体系设计导师	西非曼丁鼓舞结合奥尔夫教学展示
55	姚格非	海伦艺术教育管理中心总监	聆听音乐之美，创享艺术世界——维也纳 EMP 音乐启蒙项目
56	王育	温州籀园小学音乐教师、加拿大 JHUI 尤克里里国际认证教师	乐享尤克里里
57	周洲	Musictalks 创办人、中国乐器协会社会音乐教师委员会总干事	国际音乐课程和评估体系
	张乐	美国宾夕法尼亚州立大学音乐教育专业博士、前人大附中国际课程中心艺术教研组组长；	
	周诗蕾	国际儿童音乐教育资深工作者、ABRSM 英皇考级培训及课程资深教学专家	
58	王从余	上海师范大学音乐学院器乐系副主任	风牵动簧片的艺术——手风琴音乐的新视野
59	姜斯文	中国音协管乐学会副主席	学校管乐团的组织与管理
60	从煜滋	解放军军乐团圆号首席、中国音协圆号协会副会长	管乐圆号演奏指导
61	齐鑫	中国音协管乐学会行进联合会副会长	走近现代行进打击乐
62	荣艾国	中国音协管乐学会行进管乐联合会常务副会长	行进艺术与行进乐队
63	王清泉	萨克斯演奏家、解放军艺术学院军乐表演专业萨克斯教员	萨克斯管的演奏艺术与演奏指导
64	王和声	中国音协管乐学会理事	中国音乐作品赏析
65	蔡霞	广州幼儿师范学校幼儿园音乐课程建设特聘专家	“动、唱、奏”－探索多声部乐队教学的奇妙乐趣
66	张乐瑄	深圳南山国际学校音乐教师、美国柯达伊认证教师	“互动视唱”Conversational Solfege ——由柯达伊教学法衍生的一套美国现代音乐教学大纲
67	宋丹	深圳宋丹奥尔夫音乐工作室创始人	奥尔夫音乐教学的综合性
68	王丹	中华女子学院儿童发展与教育学院艺术教研室主任	高师学前音乐教育的培养方案
69	贺洁	国际儿童发展与教育学会（ACDEI）认证讲师	打击乐课堂在一日生活中的渗透
70	余甲方	上海复旦大学艺术教育中心音乐教研室副教授	音乐教育与人的全面发展
71	邵申弘	沈阳音乐学院音乐科技系主任	音乐治疗在儿童音乐启蒙中的应用
	史美馥	沈阳音乐学院音乐科技系乐音与健康教研室主任	
	顾秋鸿	沈阳音乐学院音乐科技系，国家二级心理咨询师，音乐疗愈理念倡导者	
72	亚伦・弗莱德曼	国际乐器演奏日联盟主席	6・21 国际乐器演奏日

续表

序号	主讲人	职务	题目及内容
73	徐双雨	四川文化传媒职业学院学前教育系	结合中国传统吟诵，探索声势和奥尔夫乐器在中小学课堂及幼儿园中的运用
74	舒飞群	泰国吞武里大学音乐学院硕博连读研究生	“一带一路”形势之下的比较音乐教育——泰国音乐教育概述及启示
75	黄沙玫	星海音乐学院音乐教育系副主任	基于具身认知理论的综合音乐概念课——以音乐情绪教学为例
76	喻意	北京师范大学教育学原理博士后	行动中的音乐教育——埃利奥特实践音乐教育哲学研究
77	孙嘉艺	中国艺术研究院音乐研究所副研究员	少儿歌唱艺术与审美
78	任雯	常州艺术高等职业学校器乐教研室主任	丝竹尽江南——国家级非遗江南丝竹乐的发展一瞥
79	殷珺	南京市玄武中等专业学校教师	基于智慧课堂的体验式音乐教学创新研究
80	蔡卫国	江苏省阜宁县教育局局长	艺海扬帆育桃李 乐器飞歌杏满园——江苏阜宁如何实现让每个孩子学一件乐器
81	程昕	南京先恒音乐传媒有限公司总经理	互联网 + 艺术课堂——跟着名师学音乐
82	何亚辉	睿卡音乐教育课程研发总监	睿卡音乐启蒙教育体系教学实践成果分享
83	钟飞翔	佛山小钟琴文化传播有限公司董事长	从小钟琴创新音乐启蒙课程的普及中探讨中国幼儿园音乐特色园所的品牌打造
84	路文汗	原齐齐哈尔大学音乐与舞蹈学院教授	传统创新型的民族管乐器——丁笛的普及教学
	路文明	原齐齐哈尔大学音乐与舞蹈学院教授	
	王岳云	齐齐哈尔大学丁笛研究生	
	郑文萍	青年丁笛演奏家	
	路馥麟	北京五中分校大厂幸福学校音乐教师	
85	刘晖	“爱来课”SAAS 平台创始人	爱来课——链接国内外优秀艺术教学法，打造艺术教育的双师课堂
86	梁永波	广州闻乐教育科技有限公司 CEO	信息化助力音乐教育快速发展
87	王龙	中国乐都（青岛）国际音乐小镇乐工坊总监	中国乐都（青岛）国际音乐小镇——乐工坊
88	徐大勇	姜杰钢琴城总经理助理	业余培训学校招生与教师把控
89	韩中键	南京师范大学音乐学院教授	让竖笛走进中小学音乐课堂
90	张晓坤	快乐音符在线教育科技（北京）有限公司 CEO	快乐音符在线直播互动课程及远程乐器陪练的实践研究
91	温丽柔	广西艺术学院硕士研究生	“声势、律动”在广西民族音乐创编中的融合与应用——以广西歌舞剧《刘三姐》主题曲《山歌好比春江水》声势律动作品为例

2018 国民音乐教育大会演出

序号	地点	内容
1	香河园地区文化中心	海派的味道——民族室内乐音乐会
2	中央音乐学院歌剧音乐厅	小提琴专场音乐会
3	香河园地区文化中心	6·21 国际乐器演奏日优秀节目音乐会

社会音教培训

2018年中国乐器协会社会音乐教师专业技能培训概况

2018年，中国乐器协会社会音乐教师专业技能培训工作开展顺利，全年共培训学员10批次，共计411人取得证书。

中国乐器协会社会音乐教师专业技能培训是近年来协会推出的一项全新服务，其目的是为引导和规范国内社会音乐教育市场，提高我国社会音乐教育师资水平，推动社会音乐教育行业的规范化发展。通过培训向学员颁发《中国乐器协会社会音乐教师专业技能证书》，将以此作为行业协会对社会音乐教育行业进行规范和引导的重要手段之一。

获得培训证书的学员，将被编入中国乐器协会“社会音乐教师资源库”。该库教师将按档案编号，通过中国乐器协会官网可查询，并同时成为中国乐器协会的储备教师资源，如有合适机会可以进行推荐任用。同时，获得本证书的学员，参加中国乐器协会组织的相关活动均可享受不同程度的优惠，如上海国际乐器展、北京音乐生活展、国民音乐教育大会、6・21国际乐器演奏日以及其他相关的音乐教育教研、培训活动等。

该项培训工作由中国乐器协会选择有资质、有实力的合作机构共同开展，该项目一经推出就受到广大乐器企业及音乐培训行业的关注和欢迎，2018年，包括江苏新基因文化发展有限公司、昌乐雅特乐器有限公司、北京唐采文化发展有限公司、临沂宗沛斋工贸有限公司、魔菇音乐、扬州金韵乐器、江苏东方口琴、天鹅口琴在内的多家企业及机构参与了这项合作。

2018年中国乐器协会社会音乐教师技能培训取得证书名单

1. 2018 年 1 月杭州小提琴培训班取得证书学员信息

序号	姓名	证书编号
1	卓　骢	SMT2019-V-0001
2	任良辰	SMT2019-V-0002
3	郑淑萍	SMT2019-V-0003
4	黄哲远	SMT2019-V-0004
5	孙嘉杰	SMT2019-V-0005
6	贾晶晶	SMT2019-V-0006
7	李全和	SMT2019-V-0007

序号	姓名	证书编号
8	刘攀斌	SMT2019-V-0008
9	宁千锐	SMT2019-V-0009
10	欧阳健强	SMT2019-V-0010
11	黄晨琳	SMT2019-V-0011
12	倪一江	SMT2019-V-0012
13	徐　涛	SMT2019-V-0013
14	于　龙	SMT2019-V-0014

序号	姓名	证书编号
15	段梦迪	SMT2019-V-0015
16	程露露	SMT2019-V-0016
17	冯关根	SMT2019-V-0017
18	李素文	SMT2019-V-0018
19	冯　震	SMT2019-V-0019
20	蒋云富	SMT2019-V-0020
21	莫晨曦	SMT2019-V-0021
22	杨　伦	SMT2019-V-0022

序号	姓名	证书编号
23	郭　宁	SMT2019-V-0023
24	梅庆庆	SMT2019-V-0024
25	李晴雯	SMT2019-V-0025
26	沈靓云	SMT2019-V-0026
27	林婷波	SMT2019-V-0027
28	张　盼	SMT2019-V-0028
29	金友春	SMT2019-V-0029
30	许　蕊	SMT2019-V-0030

2. 2018 年 3 月安徽马鞍山钢琴培训班取得证书学员信息

序号	姓名	证书编号
1	万如玉	SMT2018-P-0001
2	陈　伟	SMT2018-P-0002
3	吴心潭	SMT2018-P-0003
4	张　宇	SMT2018-P-0004
5	王再霞	SMT2018-P-0005
6	孙　艳	SMT2018-P-0006
7	路广宏	SMT2018-P-0007
8	张　骞	SMT2018-P-0008
9	王成明	SMT2018-P-0009

序号	姓名	证书编号
10	曹　玥	SMT2018-P-0010
11	周　静	SMT2018-P-0011
12	孙莉莉	SMT2018-P-0012
13	撒彦霖	SMT2018-P-0013
14	陈　丹	SMT2018-P-0014
15	汪　艳	SMT2018-P-0015
16	贺　奕	SMT2018-P-0016
17	赵　逸	SMT2018-P-0017
18	金子茹	SMT2018-P-0018

3. 2018 年 4 月黄桥小提琴培训取得证书学员信息

序号	姓名	证书编号
1	苍　鹤	SMT2018-V-0031
2	曹瑞音	SMT2018-V-0032
3	陈　芳	SMT2018-V-0033
4	陈　红	SMT2018-V-0034
5	陈　诺	SMT2018-V-0035
6	成亚民	SMT2018-V-0036
7	丛虹廷	SMT2018-V-0037
8	单缤叶	SMT2018-V-0038
9	胡顺兴	SMT2018-V-0039
10	匡　琳	SMT2018-V-0040

序号	姓名	证书编号
11	李思佳	SMT2018-V-0041
12	李武和	SMT2018-V-0042
13	李　媛	SMT2018-V-0043
14	刘　浪	SMT2018-V-0044
15	刘　莉	SMT2018-V-0045
16	刘　琳	SMT2018-V-0046
17	鲁凡钰	SMT2018-V-0047
18	马海峰	SMT2018-V-0048
19	潘逸凡	SMT2018-V-0049
20	钱　慧	SMT2018-V-0050

序号	姓名	证书编号
21	钱 赟	SMT2018-V-0051
22	任思霖	SMT2018-V-0052
23	任银英	SMT2018-V-0053
24	吴 俊	SMT2018-V-0054
25	夏弘卫	SMT2018-V-0055
26	夏梦洁	SMT2018-V-0056
27	谢 丹	SMT2018-V-0057
28	杨 晨	SMT2018-V-0058
29	伊 娟	SMT2018-V-0059
30	易一凡	SMT2018-V-0060

序号	姓名	证书编号
31	殷亚男	SMT2018-V-0061
32	尹必贝	SMT2018-V-0062
33	张铷鏷	SMT2018-V-0063
34	张云鹏	SMT2018-V-0064
35	钟 炼	SMT2018-V-0065
36	周慧敏	SMT2018-V-0066
37	潘 晶	SMT2018-V-0067
38	汤伊伦	SMT2018-V-0068
39	吴蕴梅	SMT2018-V-0069
40	尹 波	SMT2018-V-0070

4. 2018 年 4 月黄桥钢琴培训班学员信息

序号	姓名	证书编号
1	陈 琲	SMT2018-P-0019
2	陈韦斌	SMT2018-P-0020
3	刁冠南	SMT2018-P-0021
4	韩彬彬	SMT2018-P-0022
5	韩 少	SMT2018-P-0023
6	黄霜霜	SMT2018-P-0024
7	蒋青岑	SMT2018-P-0025
8	李 斌	SMT2018-P-0026
9	李 璨	SMT2018-P-0027
10	凌 玲	SMT2018-P-0028
11	刘红丽	SMT2018-P-0029
12	刘 云	SMT2018-P-0030

序号	姓名	证书编号
13	吕 琪	SMT2018-P-0031
14	史 佳	SMT2018-P-0032
15	孙 冉	SMT2018-P-0033
16	陈 飞	SMT2018-P-0034
17	唐 佳	SMT2018-P-0035
18	土文勃	SMT2018-P-0036
19	徐 婧	SMT2018-P-0037
20	许蕴彰	SMT2018-P-0038
21	张幸妮	SMT2018-P-0039
22	周学柱	SMT2018-P-0040
23	朱佳佳	SMT2018-P-0041

5. 2018 年 5 月扬州古筝培训取得证书学员信息

序号	姓名	证书编号
1	李 露	SMT2018-GZ-0001
2	陈 越	SMT2018-GZ-0002
3	刘茹伊	SMT2018-GZ-0003
4	陶 蕾	SMT2018-GZ-0004
5	尹必贝	SMT2018-GZ-0005
6	杨 静	SMT2018-GZ-0006

序号	姓名	证书编号
7	杨贵琼	SMT2018-GZ-0007
8	杜 婕	SMT2018-GZ-0008
9	丁益萍	SMT2018-GZ-0009
10	贾 敏	SMT2018-GZ-0010
11	曹 霞	SMT2018-GZ-0011
12	李欣颖	SMT2018-GZ-0012

序号	姓名	证书编号
13	王艺旦	SMT2018-GZ-0013
14	宿亚茹	SMT2018-GZ-0014
15	杨雪源	SMT2018-GZ-0015
16	雷慧芬	SMT2018-GZ-0016
17	贾宁蒙	SMT2018-GZ-0017
18	赵蒙晶	SMT2018-GZ-0018
19	杨　子	SMT2018-GZ-0019
20	叶　姣	SMT2018-GZ-0020
21	鞠　娜	SMT2018-GZ-0021
22	朱亚红	SMT2018-GZ-0022
23	黄小蕊	SMT2018-GZ-0023
24	顾天慧	SMT2018-GZ-0024
25	张　锐	SMT2018-GZ-0025
26	夏小雨	SMT2018-GZ-0026
27	唐　佳	SMT2018-GZ-0027
28	徐　婧	SMT2018-GZ-0028
29	唐金花	SMT2018-GZ-0029

序号	姓名	证书编号
30	钱俊平	SMT2018-GZ-0030
31	何　雨	SMT2018-GZ-0031
32	尹相玉	SMT2018-GZ-0032
33	韩　陈	SMT2018-GZ-0033
34	王　燕	SMT2018-GZ-0034
35	王媛媛	SMT2018-GZ-0035
36	陆淑敏	SMT2018-GZ-0036
37	高海燕	SMT2018-GZ-0037
38	李　萍	SMT2018-GZ-0038
39	蒋婷婷	SMT2018-GZ-0039
40	姜　红	SMT2018-GZ-0040
41	季丹丹	SMT2018-GZ-0041
42	张幸妮	SMT2018-GZ-0042
43	戴美珠	SMT2018-GZ-0043
44	汪国琴	SMT2018-GZ-0044
45	沈　群	SMT2018-GZ-0045

6. 2018 年 5 月江阴口琴培训取得证书学员信息

序号	姓名	证书编号
	李　露	SMT2018-GZ-0001
1	吴申陆	SMT2018-H-0001
2	汤金雄	SMT2018-H-0002
3	关柳平	SMT2018-H-0003
4	官　华	SMT2018-H-0004
5	吴文涛	SMT2018-H-0005
6	程庆友	SMT2018-H-0006
7	田秋玲	SMT2018-H-0007
8	荆学军	SMT2018-H-0008
9	沈士良	SMT2018-H-0009
10	吴　维	SMT2018-H-0010
11	唐琪安	SMT2018-H-0011
12	樊现锁	SMT2018-H-0012
13	孙国强	SMT2018-H-0013
14	史士明	SMT2018-H-0014

序号	姓名	证书编号
15	曹宝英	SMT2018-H-0015
16	孙中林	SMT2018-H-0016
17	白延林	SMT2018-H-0017
18	梁敏海	SMT2018-H-0018
19	关　欣	SMT2018-H-0019
20	陈柱良	SMT2018-H-0020
21	周念红	SMT2018-H-0021
22	陈大忠	SMT2018-H-0022
23	李武英	SMT2018-H-0023
24	陈仲宁	SMT2018-H-0024
25	周　斌	SMT2018-H-0025
26	马永新	SMT2018-H-0026
27	陈业宏	SMT2018-H-0027
28	王相铎	SMT2018-H-0028
29	黄建宽	SMT2018-H-0029

序号	姓名	证书编号
30	康　乐	SMT2018-H-0030
31	王艳丽	SMT2018-H-0031
32	马金平	SMT2018-H-0032
33	姚建元	SMT2018-H-0033
34	张志新	SMT2018-H-0034
35	赵金璋	SMT2018-H-0035
36	宇建华	SMT2018-H-0036
37	黄宝平	SMT2018-H-0037
38	邹林杉	SMT2018-H-0038
39	冯建永	SMT2018-H-0039
40	马强国	SMT2018-H-0040
41	张建平	SMT2018-H-0041
42	刘桂海	SMT2018-H-0042
43	毕克谊	SMT2018-H-0043
44	傅艳雯	SMT2018-H-0044
45	吴德琪	SMT2018-H-0045
46	傅泓亮	SMT2018-H-0046
47	龙丽荣	SMT2018-H-0047
48	姚树和	SMT2018-H-0048
49	王怀宝	SMT2018-H-0049
50	张宝利	SMT2018-H-0050

序号	姓名	证书编号
51	侯士杰	SMT2018-H-0051
52	王忠喜	SMT2018-H-0052
53	陈坤山	SMT2018-H-0053
54	侯天祥	SMT2018-H-0054
55	郭跃清	SMT2018-H-0055
56	郭义龙	SMT2018-H-0056
57	孙　齐	SMT2018-H-0057
58	张　勋	SMT2018-H-0058
59	胡永生	SMT2018-H-0059
60	赵边建	SMT2018-H-0060
61	金春生	SMT2018-H-0061
62	王　军	SMT2018-H-0062
63	孙秀元	SMT2018-H-0063
64	李春文	SMT2018-H-0064
65	刘肇先	SMT2018-H-0065
66	杨天生	SMT2018-H-0066
67	李建设	SMT2018-H-0067
68	李兴年	SMT2018-H-0068
69	陈可严	SMT2018-H-0069
70	宗筱华	SMT2018-H-0070
71	尹　波	SMT2018-H-0071

7. 2018 年 7 月江阴口琴培训取得证书学员信息

序号	姓名	证书编号
1	葛春燕	SMT2018-H-0072
2	胡卫红	SMT2018-H-0073
3	李晓庆	SMT2018-H-0074
4	张占侠	SMT2018-H-0075
5	徐康仪	SMT2018-H-0076
6	孔祥华	SMT2018-H-0077
7	梁红军	SMT2018-H-0078
8	杨利民	SMT2018-H-0079
9	李　斌	SMT2018-H-0080
10	刘永泽	SMT2018-H-0081
11	王　娟	SMT2018-H-0082

序号	姓名	证书编号
12	许建华	SMT2018-H-0083
13	刘大明	SMT2018-H-0084
14	徐季宇	SMT2018-H-0085
15	肖锐玲	SMT2018-H-0086
16	林康宁	SMT2018-H-0087
17	刘春华	SMT2018-H-0088
18	马鲁宁	SMT2018-H-0089
19	唐庆仁	SMT2018-H-0090
20	周时澄	SMT2018-H-0091
21	谢启辉	SMT2018-H-0092
22	冯学君	SMT2018-H-0093

序号	姓名	证书编号
23	邱荣翔	SMT2018-H-0094
24	汪慧媛	SMT2018-H-0095
25	毕其梅	SMT2018-H-0096
26	戴志玮	SMT2018-H-0097
27	孙素娟	SMT2018-H-0098
28	王仁计	SMT2018-H-0099
29	潘孙卿	SMT2018-H-0100
30	周　琴	SMT2018-H-0101
31	金　琦	SMT2018-H-0102
32	袁一丹	SMT2018-H-0103
33	程雪迎	SMT2018-H-0104
34	孔文光	SMT2018-H-0105
35	杭同官	SMT2018-H-0106
36	袁星亚	SMT2018-H-0107
37	王　晨	SMT2018-H-0108
38	李　祥	SMT2018-H-0109

序号	姓名	证书编号
39	吴雅玲	SMT2018-H-0110
40	孙　青	SMT2018-H-0111
41	邱声喜	SMT2018-H-0112
42	刘吉鹏	SMT2018-H-0113
43	王明玉	SMT2018-H-0114
44	苏　蕾	SMT2018-H-0115
45	廉万涛	SMT2018-H-0116
46	远　东	SMT2018-H-0117
47	王丽奎	SMT2018-H-0118
48	倪志强	SMT2018-H-0119
49	蔡　林	SMT2018-H-0120
50	刘　萍	SMT2018-H-0121
51	刘华路	SMT2018-H-0122
52	郑　龙	SMT2018-H-0123
53	安贵林	SMT2018-H-0124

8. 2018 年 11 月北京琵琶培训取得证书学员信息

序号	姓名	证书编号
1	王丽华（琵琶）	SMT2018-P-0001
2	沙　威（琵琶）	SMT2018-P-0002
3	郭涵宇（琵琶）	SMT2018-P-0003
4	马　莉（琵琶）	SMT2018-P-0004
5	陈　蝉（琵琶）	SMT2018-P-0005
6	李治隆（琵琶）	SMT2018-P-0006
7	石　慧（琵琶）	SMT2018-P-0007
8	涂智玄（琵琶）	SMT2018-P-0008
9	陈芸芸（琵琶）	SMT2018-P-0009

序号	姓名	证书编号
10	黄惜妮（琵琶）	SMT2018-P-0010
11	宁金微（琵琶）	SMT2018-P-0011
12	黄　琼（琵琶）	SMT2018-P-0012
13	吴双双（琵琶）	SMT2018-P-0013
14	张添然（琵琶）	SMT2018-P-0014
15	赵倩团（琵琶）	SMT2018-P-0015
16	苗静思（琵琶）	SMT2018-P-0016
17	蒋　娜（琵琶）	SMT2018-P-0017

9. 2018 年 11 月雅特电吉他培训学员名单

序号	姓名	证书编号
1	吴琳琳（电吉他）	SMT2018-EG-0001
2	王　杰（电吉他）	SMT2018-EG-0002
3	唐　兵（电吉他）	SMT2018-EG-0003

序号	姓名	证书编号
4	肖东岳（电吉他）	SMT2018-EG-0004
5	彭　卓（电吉他）	SMT2018-EG-0005
6	代清丽（电吉他）	SMT2018-EG-0006

序号	姓名	证书编号
7	史　瑞（电吉他）	SMT2018-EG-0007
8	邓　静（电吉他）	SMT2018-EG-0008
9	夏新波（电吉他）	SMT2018-EG-0009
10	高　翔（电吉他）	SMT2018-EG-0010
11	寿汪洋（电吉他）	SMT2018-EG-0011
12	张　凡（电吉他）	SMT2018-EG-0012
13	杨乘熊（电吉他）	SMT2018-EG-0013
14	曲磊本（电吉他）	SMT2018-EG-0014
15	余建军（电吉他）	SMT2018-EG-0015
16	马小文（电吉他）	SMT2018-EG-0016
17	李晨鹏（电吉他）	SMT2018-EG-0017
18	王　晨（电吉他）	SMT2018-EG-0018
19	郝晓青（电吉他）	SMT2018-EG-0019
20	赖荣铮（电吉他）	SMT2018-EG-0020
21	王　玮（电吉他）	SMT2018-EG-0021
22	张鹏翔（电吉他）	SMT2018-EG-0022
23	邢明业（电吉他）	SMT2018-EG-0023
24	巩德琛（电吉他）	SMT2018-EG-0024
25	狄娟霞（电吉他）	SMT2018-EG-0025
26	牛　轲（电吉他）	SMT2018-EG-0026

序号	姓名	证书编号
27	张铭森（电吉他）	SMT2018-EG-0027
28	王有林（电吉他）	SMT2018-EG-0028
29	多里斯（电吉他）	SMT2018-EG-0029
30	李　飞（电吉他）	SMT2018-EG-0030
31	赵元明（电吉他）	SMT2018-EG-0031
32	张传煜（电吉他）	SMT2018-EG-0032
33	齐学晗（电吉他）	SMT2018-EG-0033
34	于海洋（电吉他）	SMT2018-EG-0034
35	王旭阳（电吉他）	SMT2018-EG-0035
36	石吉昕（电吉他）	SMT2018-EG-0036
37	杨家梁（电吉他）	SMT2018-EG-0037
38	王澜诺（电吉他）	SMT2018-EG-0038
39	李子强（电吉他）	SMT2018-EG-0039
40	刘宏昌（电吉他）	SMT2018-EG-0040
41	邢国旗（电吉他）	SMT2018-EG-0041
42	孙　健（电吉他）	SMT2018-EG-0042
43	刘　飏（电吉他）	SMT2018-EG-0043
44	魏文敏（电吉他）	SMT2018-EG-0044
45	邓　乔（电吉他）	SMT2018-EG-0045

10. 2018 年 12 月蘑菇音乐电吉他、贝斯、鼓培训学员信息

序号	姓名	证书编号
1	李衡阳（电吉他）	SMT2019-EG-0001
2	张海洋（电吉他）	SMT2019-EG-0002
3	王　璐（电吉他）	SMT2019-EG-0003
4	蔡博洋（电吉他）	SMT2019-EG-0004
5	刘明明（电吉他）	SMT2019-EG-0005
6	鲍大凯（电吉他）	SMT2019-EG-0006
7	谢剑飞（电吉他）	SMT2019-EG-0007
8	詹啸风（电吉他）	SMT2019-EG-0008
9	魏鸿斌（电吉他）	SMT2019-EG-0009
10	于　洋（电吉他）	SMT2019-EG-0010
11	赵　旭（电吉他）	SMT2019-EG-0011
12	刘　潭（电吉他）	SMT2019-EG-0012

序号	姓名	证书编号
13	郝　运（电吉他）	SMT2019-EG-0013
14	江浩然（电吉他）	SMT2019-EG-0014
15	任　鑫（电吉他）	SMT2019-EG-0015
16	徐震州（电吉他）	SMT2019-EG-0016
17	姜景晨（电吉他）	SMT2019-EG-0017
18	柴艳峰（电吉他）	SMT2019-EG-0018
19	殷和强（电吉他）	SMT2019-EG-0019
20	陶肇佶（电吉他）	SMT2019-EG-0020
21	王　东（电吉他）	SMT2019-EG-0021
22	王　虎（电吉他）	SMT2019-EG-0022
23	康　凯（电吉他）	SMT2019-EG-0023
24	蔡顺刚（电吉他）	SMT2019-EG-0024

序号	姓名	证书编号
25	武明星（电吉他）	SMT2019-EG-0025
26	叶　阳（电吉他）	SMT2019-EG-0026
27	崔　健（电吉他）	SMT2019-EG-0027
28	贾玉杰（电吉他）	SMT2019-EG-0028
29	韩玉卿（电吉他）	SMT2019-EG-0029
30	张枫翊（电吉他）	SMT2019-EG-0030
31	赵　咏（电吉他）	SMT2019-EG-0031
32	佟金鑫（电吉他）	SMT2019-EG-0032
33	杨向飞（电吉他）	SMT2019-EG-0033
34	武中琦（电吉他）	SMT2019-EG-0034
35	张恩暄（爵士鼓）	SMT2019-JD-0001
36	李衡阳（爵士鼓）	SMT2019-JD-0002
37	张增强（爵士鼓）	SMT2019-JD-0003
38	刘旸青（爵士鼓）	SMT2019-JD-0004
39	刘鑫浩（爵士鼓）	SMT2019-JD-0005
40	陈　浩（爵士鼓）	SMT2019-JD-0006
41	王天祺（爵士鼓）	SMT2019-JD-0007
42	把　宁（爵士鼓）	SMT2019-JD-0008
43	解彦武（爵士鼓）	SMT2019-JD-0009
44	王　虎（爵士鼓）	SMT2019-JD-0010
45	郑　原（爵士鼓）	SMT2019-JD-0011
46	尤敏智（爵士鼓）	SMT2019-JD-0012
47	詹啸风（爵士鼓）	SMT2019-JD-0013

序号	姓名	证书编号
48	王　峰（爵士鼓）	SMT2019-JD-0014
49	王振宇（爵士鼓）	SMT2019-JD-0015
50	张煜伟（爵士鼓）	SMT2019-JD-0016
51	赵英杰（爵士鼓）	SMT2019-JD-0017
52	范星亮（爵士鼓）	SMT2019-JD-0018
53	王　琴（爵士鼓）	SMT2019-JD-0019
54	柴艳峰（爵士鼓）	SMT2019-JD-0020
55	贾玉杰（爵士鼓）	SMT2019-JD-0021
56	郭　垒（爵士鼓）	SMT2019-JD-0022
57	佟金鑫（爵士鼓）	SMT2019-JD-0023
58	王　浩（爵士鼓）	SMT2019-JD-0024
59	陈更新（民谣吉他）	SMT2019-FG-0001
60	彭博甲（民谣吉他）	SMT2019-FG-0002
61	张轶群（民谣吉他）	SMT2019-FG-0003
62	史晓卓（民谣吉他）	SMT2019-FG-0004
63	李衡阳（民谣吉他）	SMT2019-FG-0005
64	张　洁（民谣吉他）	SMT2019-FG-0006
65	赵守武（民谣吉他）	SMT2019-FG-0007
66	王　新（民谣吉他）	SMT2019-FG-0008
67	石　羽（民谣吉他）	SMT2019-FG-0009
68	曹　旭（民谣吉他）	SMT2019-FG-0010
69	党树旺（贝斯）	SMT2019-B-0001

中国乐器

年鉴

(2019)

CHINA MUSICAL INSTRUMENT YEARBOOK

海外资讯篇之一：全球乐器与音响制品行业225强

2017年全球乐器与音响制品行业225强综述

编者按：美国《音乐贸易》2018第12期发布《2017全球乐器与音响制品行业225强榜单》。2017年全球225强总收入为225亿美元，较2016年218亿美元同比略增长1.7%。

2017年，225强公司涵盖世界五大洲，来自全球26个国家和地区，员工总数116958名。上榜公司数量最多的前10大国家和地区分别是美国70家，中国33家，日本27家，德国19家，意大利17家，加拿大7家，中国台湾6家，澳大利亚4家，法国4家，澳大利亚3家。榜单既有雅马哈、施坦威、珠江、布菲和芬达等老牌国际品牌乐器公司，也有新兴的成长型公司。2017榜单前3位分别是日本雅马哈（营收37.35亿美元），美国吉普森（营收13.25亿美元），美国哈曼音响（营收10.12亿美元）。2017年列入225强榜单的中国公司有33家，主要有广州珠江、北京星海、海伦钢琴、吟飞电子、天津津宝、河北金音、深圳蔚科、广州红棉、江阴金杯、江苏凤灵、烟台波斯纳等。

2017年，国际形势复杂多变，驰骋商界的各大公司在前进的道路上不时面临种种风险和挑战。例如，吉他行业的玫瑰木进出口问题，受到相关国际组织政策法规的严格限制；钢琴企业面临行业需求下滑，加之低成本数码替代品不断涌现，对传统钢琴企业营造带来新的挑战；互联网这只巨大的无形推手，在便利产品跨境销售的同时，也在不断侵蚀曾经井然有序的传统分销体系。面对各种挑战，世界乐器225强公司经营范围不断调整，主动适应外部环境。大家共同的目标和追求，就是努力为爱乐人提供更好传递音乐的高端载体——乐器。

2017年全球225强总收入为225亿美元，较2016年218亿美元同比增长1.7%，有人认为，温和的增长率反映出人们对音乐参与热情有所转移。究其原因，技术不断进步使电脑和智能手机价格逐步下降，数码乐器概莫能外。2017年，世界乐器225强公司员工总数8.3万人，经营类型涵盖高科技公司、专业公司、多元化公司。2017年乐器和音响界225强总营收为225亿美元。放眼世界，业外600家综合性跨国公司的任何一家，年度销售额都能超过这个数字。225亿美元看似数额巨大，但和全球60万亿美元的经济总量相比，只是个小数点。

上榜的企业在经营结构和规模大小上各有不同。排名榜首的是雅马哈，经营范围广泛，制造钢琴、键盘、管乐、音响、吉他等多种产品；排名榜单末尾的是法齐奥利钢琴公司，其厂址位于意大利米兰附近，仍以手工制造为主，年产钢琴约100架。

2017年度世界乐器和音响225强榜单中，按公司类型划分，125家制造商上榜，营业总收入174亿美元；分销商59家，总营收21亿美元；为其他公司代工的企业28家，总营收20亿美元；另有3家出版社以及难以简单分类、兼营乐器制造、销售和批发的混合制音乐制品企业；按产品结构划分，音响制造商数量最多，总营收58亿美元。34家弓弦乐器制造商，总营收18亿美元。另有17家钢琴制造商、15家电吉他制造商、9家管乐公司，7家打击乐器公司。从历史发展周期看，不断满足音乐家的创意需求，是促使乐器技术不断改进的重要因素。例如，空间较大的音乐厅等演奏场所对钢琴声学性能要求较大，钢琴演奏家需要规格更大的钢琴，促使业内不断加强研发，最终促成三角钢琴问世。音乐家的表演需求具体而多样，因此，榜单上的225强业务范围也是五花八门，各有侧重。像森海塞尔（Sennheiser）是业内知名技术型公司，多年来在传感器设计和制造方面积累了丰富经验；闻名业界的施坦威公司精于制造高端钢琴；加拿大的JAM公司则擅长市场营销等等不一而足。虽然榜单上的每家公司都有厂房、固定装置和库存等硬资产，然而，真正决定企业影响力的是该公司的专业价值。

音乐制品的好坏有时难以用客观标准衡量。他不像汽车，可用每英里耗油量评价，也不像电脑，以处理器速度来评判，而乐器更多会用“音色”“触感”“灵敏度”等主观因素评判。用这些主观指标评价乐器，能够更好地理解乐器间的微妙差异，而225强榜单为读者观察各家企业的经营效能提供了最好参考。

如何定义音乐制品公司

2017年，音乐制品行业规模161亿美元，而上榜的225家公司总营业收入达225亿美元，原因何在？一是统计数字涵盖不少非乐器收入。特别是榜单上的音响制造商还兼营非乐器产品，如影院音响和酒店音效系统；二是销售重复计算。例如音王和吟飞出产的代工产品，转由其他制造商销售，销售收入被重复计算。因此，200亿美元中有相当一部分是被计算两次：一次是代工产品卖给制造商，之后又被冠以其他品牌再次转售。榜单还有59家分销商的总营业收入为20亿美元。例如，美国Ibanez吉他公司的销售收入不仅被计入日本细川公司，其他国际分销商转手销售中，再次被重复计算。类似这样的重复计算使总金额增加了20亿美元。其三，南撒哈拉沙漠和部分中亚国家由于缺乏有效数据难以统计，以上国家和地区的营收总额也未统计进来。

关于榜单统计数据来源：榜单有18家上市公司，对于法国、英国、德国、荷兰、瑞典和意大利等部分欧洲国家，通过其公布的上市公司报表即可获得准确数据。而对某些其他国家，参考数据源于世界贸易组织和该国行业协会数据。为便于比较和统计，所有销售收入按2017年12月31日的汇率折算为美元。

榜单上公司排名变化也为研究各公司管理团队和产品类型提供了有效视角。数字成绩的背后，反映的是各大公司勤奋努力、管理智慧和执着奉献。投身于乐器行业的管理人员，对行业发展倾注了极大热情，深信公司生产的音乐制品及其提供的音乐服务是一种伟大的艺术表现形式，会让世界更美好。榜单表面反映的仅仅是数字，但数字的背后则体现出其更深刻的价值内涵：为音乐传承和社会进步做出了卓越的文化贡献！（编译自美国《音乐贸易》2018年第12期）

中国大陆乐器企业进入2017年全球乐器与音响制品225强基本情况

排名	公司名称	销售收入（美元）	员工数（人）	负责人
4	金山工业(集团)有限公司	804940000	1600	罗仲荣
18	广州珠江钢琴集团股份有限公司	255800000	1950	李建宁
22	东莞市龙健电子有限公司	223100000	2200	陈逸
31	宁波音王电声股份有限公司	120000000	2400	王祥贵
40	北京星海钢琴集团有限公司	102000000	2800	祝宁伟
56	海伦钢琴股份有限公司	66410000	1200	陈海伦
61	吟飞电子（上海）有限公司	60200000	1000	范廷国
65	森鹤乐器股份有限公司	59000000	890	罗森鹤
75	天津津宝乐器有限公司	50000000	2600	刘运斌
78	河北金音乐器制造有限公司	49000000	2200	陈学孔
102	杭州沃尔特数码钢琴有限公司	36000000	500	赵为民
118	深圳市蔚科电子科技开发有限公司	30000000	490	赵哲
122	广州市长秦城乐器有限公司	28200000	38	叶劲斌
123	广东红棉乐器股份有限公司	28150000	418	何志强
138	江阴金杯安琪乐器有限公司	25000000	1200	时建明
142	深圳市帕思高电子有限公司	24000000	150	林俊杰
154	深圳伏荣科技有限公司	20000000	900	李卫
159	上海华新乐器有限公司	19000000	1200	林伯龙
161	浙江友谊电子科技有限公司	18800000	280	陈天浩

续表

排名	公司名称	销售收入（美元）	员工数（人）	负责人
166	江苏凤灵乐器集团	18480000	1320	李书
169	广东龙声乐器制造有限公司	18000000	400	李庆炎
174	深圳卓乐科技有限公司	17500000	900	李国飞
195	南京爱韵乐器有限公司	13180000	43	童磊
196	乐盟国际股份有限公司	13000000	50	蔡志强
198	烟台博斯纳钢琴制造有限公司	13000000	275	孙强
206	广州保嘉乐器制造厂有限公司	11700000	625	邢宝嘉
214	聊城山石麦尔乐器有限公司	10500000	180	刘树广

中国香港乐器企业进入2017年全球乐器与音响制品225强基本情况

排名	公司名称	销售收入（美元）	员工数（人）	负责人
13	柏斯音乐集团	395000000	5000	吴天延
25	通利琴行有限公司	145000000	450	李敬章
34	得理电子有限公司	109000000	1000	郑荃文

中国台湾乐器企业进入2017年全球乐器与音响制品225强基本情况

排名	公司名称	销售收入（美元）	员工数（人）	负责人
14	功学社乐器股份有限公司	390000000	4200	梁钦贵
45	全域股份有限公司	86984760	628	王敏烈
76	宏寰贸易股份有限公司	49230000	60	陈少宏
104	高琳乐器制造有限公司	35400000	40	吴懋仁
117	ELEDER AUDIO	30000000	700	Yao Rui
160	GRAND GLOBE鼓厂	18800000	350	Tony Huang
189	ANGEL实业公司	14200000	135	Frank Yang
218	国巧乐器木器厂	10000000	290	蔡经茂

2017年全球乐器与音响制品225强榜单

排名		公司名称	2017销售收入（美元）	2017员工数（人）	负责人	国家和地区
2017年	2016年					
1	1	YAMAHA CORPORATION	3,735,660,000	20500	Takuya Nakata	JAPAN
2	2	GIBSON BRANDS	1,325,500,000	3500	James Curleigh	USA
3	3	HARMAN PROFESSIONAL(div. of Harman International)	1,012,000,000	3000	Mohit Parasher	USA
4	N	GOLD PEAK INDUSTRUSTRIES	804,940,000	1600	Victor Lo Chung Wing	中国大陆
5	4	SENNHEISER ELECTRONIC	773,640,000	2350	Jorg Sennheiser	GERMANY

续表

排名		公司名称	2017销售收入（美元）	2017员工数（人）	负责人	国家和地区
2017年	2016年					
6	5	KAWAI MUSICAL INSTRUMENTS MFG. Co.,LTD.	728,000,000	2833	Hirotaka Kawai	JAPAN
7	6	SHURE INC.	694,000,000	1305	Christine Schyvinck	USA
8	8	FENDER MUSICAL INSTRUMENTS	585,000,000	1800	Andy Mooney	USA
9	7	PIONEER DJ	560,000,000	260	Akio Moriwaki	JAPAN
10	11	ROLAND CORPORATION	420,000,000	1200	Junichi Miki	JAPAN
11	12	STEINWAY MUSICAL INSTRUMENTS	417,000,000	1789	Ron Losby	USA
12	9	MUSIC GROUP	400,000,000	400	Uli Behringer	GERMANY
13	14	柏斯音乐集团	395,000,000	5000	吴天延	中国香港
14	13	功学社乐器股份有限公司	390,000,000	4200	梁钦贵	中国台湾
15	15	INMUSIC BRANDS(Akai,Alesis,Numark,M-Audio)	370,000,000	531	Jack O'Donnell	USA
16	10	JAM INDUSTRIES	325,000,000	500	Martin Szpiro	CANADA
17	16	AUDIO-TECHNICA CORPORATION	281,240,000	580	Kazuo Matsushita	JAPAN
18	17	广州珠江钢琴集团股份有限公司	255,800,000	1950	李建宁	中国大陆
19	19	CASIO COMPUTER CO.,LTD.	241,000,000	N/A	Kazuhiro Kashio	JAPAN
20	20	SAMICK MUSICAL INSTRUMENTS CO., LTD.	233,140,000	2900	Jong Sup Kim	SOUTH KOREA
21	18	QSC AUDIO	230,000,000	477	Joe Pham	USA
22	21	东莞市龙健电子有限公司	223,100,000	2200	陈逸	中国大陆
23	23	HAL LEONARD CORPORATION	201,643,000	447	Keith Mardak	USA
24	22	D'ADDARIO & COMPANY	185,000,000	1145	James D'Addario	USA
25	25	通利琴行有限公司	145,000,000	450	李敬章	中国香港
26	26	KORG, INC.	133,000,000	290	Seiki Kato	JAPAN
27	29	MRH/LUTHMAN/4SOUND	130,000,000	350	Anders Endertorp	SWEDEN
28	38	ALGAM	127,000,000	250	Gerard Garneier	FRANCE
29	30	BUFFET GROUP	125,000,000	950	Jerome Perrod	FRANCE
30	31	LOUD TECHNOLOGIES	120,000,000	2400	Mark Graham	USA
31	28	宁波音王电声股份有限公司	120,000,000	2400	王祥贵	中国大陆
32	27	AVID AUDIO(division of Avid Technology)	116,000,000	350	Jeff Rosica	USA
33	33	MARTIN GUITAR COMPANY	109,851,000	967	Christian F.Martin IV	USA
34	42	得理电子有限公司	109,000,000	1000	郑荃文	中国香港
35	34	HOSHINO GAKKI CO., LTD.	108,000,000	134	Kimihide Hoshino	JAPAN
36	32	PEAVEY ELECTRONICS CORP.	105,000,000	200	Hartley Peavey	USA
37	N	RCF S.P.A.	104,754,780	284	Arturo Vicari	USA
38	43	NATIVE INSTRUMENTS GMBH	103,200,000	438	Daniel Haver	JAPAN
39	35	TAYLOR GUITAR	102,425,000	967	Kurt Listug	USA

续表

排名		公司名称	2017销售收入（美元）	2017员工数（人）	负责人	国家和地区
2017年	2016年					
40	37	北京星海钢琴集团有限公司	102,000,000	2800	祝宁伟	中国大陆
41	39	CORT MUSICAL INSTRUMENT CO., LTD.	97,000,000	2900	Young H. Park	SOUTH KOREA
42	44	ADAM HALL GMBH	92,600,000	220	Alexander Pietschmann	GERMANY
43	40	SAMSON TECHNOLOGIES CORP.	89,000,000	52	Jack Knight	USA
44	62	THE RAPCO HORIZON COMPANY	88,871,083	599	Ben Saltzman	USA
45	120	全域股份有限公司	86,984,760	628	王敏烈	中国台湾
46	46	FOCUSRITE AUDIO ENGINEERING LTD.	85,871,000	220	Tim Carroll	U.K.
47	N	CHAUVET	85,000,000	153	Albert Chauvet	USA
48	78	AVEDIS ZILDJIAN COMPANY	81,200,000	260	Craigie Zildjian	USA
49	47	AMERICAN D.J.	78,000,000	89	Charles Davies	USA
50	45	YORKVILLE SOUND	77,000,000	260	Steve Long	CANADA
51	36	YOUNG CHANG AKKI LTD.	75,000,000	850	KeyHeung Hyun	SOUTH KOREA
52	50	GEWA MUSIC GMBH	73,170,580	272	Hans Peter Messener	GERMANY
53	49	DRUM WORKSHOP, INC.	73,000,000	225	Chris Lombardi	USA
54	52	ERNIE BALL / MUSIC MAN	70,000,000	421	Sterling Ball	USA
55	61	BLUE MICORPHONES	6,750,000	67	John Maier	USA
56	71	海伦钢琴股份有限公司	66,410,000	1200	陈海伦	中国大陆
57	53	SFM	64,000,000	120	Randal Tucker	CANADA
58	54	GODIN GUITAR COMPANY	63,000,000	410	Simon Godin	CANADA
59	55	ALFRED MUSIC	60,500,000	155	Gear Fisher	USA
60	68	BEYERDYNAMIC	60,320,000	200	Fred R. Beyer	GERMANY
61	72	吟飞电子（上海）有限公司	60,200,000	1000	范廷国	中国大陆
62	65	SKB CORPORATION	60,000,000	250	Dave Sanderson	USA
63	57	MUSIK MEYER GROUP	60,000,000	175	Matthias Meyer	GERMANY
64	58	PRO SHOWS BRASIL	60,000,000	72	H.Martellotta&V.de Souza	BRAZIL
65	59	森鹤乐器股份有限公司	59,000,000	890	罗森鹤	中国大陆
66	93	A&T TRADE	57,000,000	453	Aleksey Kurochkin	RUSSIA
67	64	ZOOM CORPORATION	55,929,000	87	Masahiro Lijima	JAPAN
68	77	PRESONUS AUDIO ELECTRONICS	55,000,000	127	Sephen Fraser	USA
69	66	PEARL MUSICAL INSTRUMENTS CO., LTD.	53,400,000	134	M. Yanagisawa	JAPAN
70	73	EASTMAN MUSIC COMPANY	52,500,000	1000	Qian Ni	USA
71	74	SINGING MACHINE COMPANY	52,000,000	31	Yi Ping Chang	USA
72	70	KYORITSU CORP.	51,620,000	141	Shinichi Suzuki	JAPAN

续表

排名		公司名称	2017销售收入（美元）	2017员工数（人）	负责人	国家和地区
2017年	2016年					
73	60	COSMOS CORP.	51,000,000	86	Kwankil Min	SOUTH KOREA
74	91	PAUL REED SMITH GUITARS	50,000,000	300	Paul Reed Smith	USA
75	76	天津津宝乐器有限公司	50,000,000	2600	刘运斌	中国大陆
76	75	宏寰贸易股份有限公司	49,230,000	60	陈少宏	中国台湾
77	67	NONAKA BOEKI CO., LTD.	49,000,000	70	John Nonaka	JAPAN
78	80	河北金音乐器制造有限公司	49,000,000	2200	陈学孔	中国大陆
79	79	THE MUSIC PEOPLE	48,800,000	61	Sharon&John Hennessey	USA
80	63	ROLAND MEINL MUSIKINSTRUMENTE GMBH	47,500,000	180	Reinhold Meinl	GERMANY
81	82	KONIG & MEYER	46,800,000	280	Gabriela Konig	GERMANY
82	N	DB TECHNOLOGIES	45,506,239	75	Giovanni Barbieri	ITALY
83	69	ESP CO., LTD.	45,000,000	250	Hisatake Shibuva	JAPAN
84	104	ABLETON	44,700,000	290	Gerhard Behles	GERMANY
85	84	TAKEMOTO PIANO CO.,LTD.	44,500,000	69	Koichi Takemoto	JAPAN
86	86	MATTH.HOHNER GMBH	44,200,000	211	Stefan Althoff	GERMANY
87	83	DUNLOP MFG.	44,000,000	223	James Dunlop	USA
88	N	B&G SPEAKERS	43,263,000	115	Lorenzo Coppini	SPAIN
89	88	HENRI SELMER, ET CIE	42,820,000	500	Jerome Selmer	FRANCE
90	87	PRIMA GAKKI CO., LTD.	42,720,000	100	Hitoshi Ohashi	JAPAN
91	85	TEVELAM S.R.L,	42,635,000	65	Hugo Martellotta	ARGENTINA
92	103	C.BECHSTEIN PIANO FOR TEFABRIK AG	42,560,000	400	Karl Schulze	GERMANY
93	89	ZEN-ON MUSIC CO., LTD.	40,050,000	120	Tsuneaki Kasai	JAPAN
94	90	STAMER GROUP	39,303,000	170	Hans & Lothar Stamer	GERMANY
95	98	REM0, INC.	38,500,000	164	Brock Kaericher	USA
96	94	PIRASTRO GMBH	38,300,000	166	Annette Muller-Zierach	GERMANY
97	95	FUJIGEN INC.	38,270,000	239	Hiromi Kamijo	JAPAN
98	112	TROPICAL MUSIC GROUP	38,000,000	55	Oscar Mederos	USA
99	97	INTELLIMIX CORP.	37,250,000	35	Stephen Kosters	CANADA
100	125	PROEL SPA	37,137,462	77	Fabrizio Sorbi	ITALY
101	100	CASA VEERKAMP S.A. DE C.V.	37,000,000	135	Thomas Veerkamp	MEXICO
102	106	杭州沃尔特数码钢琴有限公司	36,000,000	500	N/A	中国大陆
103	101	MARSHALL AMPLIFICATION PLC	35,405,000	190	Jonathan Ellery	U.K
104	99	高琳乐器制造有限公司	35,400,000	40	吴懋仁	中国台湾

续表

排名		公司名称	2017销售收入（美元）	2017员工数（人）	负责人	国家和地区
2017年	2016年					
105	92	JULIUS BLUTHNER PIANO GMBH	35,000,000	352	C.Bluther–Hasessler	GERMANY
106	105	EMD MUSIC GROUP	35,000,000	125	Giovanna Baldoccci	BELGIUM
107	107	EM NORDIC AB	34,500,000	100	Benny Englund	SWEDEN
108	114	ELECTRO–HARMONIX	33,000,000	135	Mike Matthews	USA
109	102	G.A. YUPANGCO & CO.	33,000,000	295	Philip Yupangco	PHILIPPINES
110	109	SUZUKI MUSICAL INSTRUMENT MFG. CO.,LTD.	32,930,000	190	Manji Suzuki	JAPAN
111	110	WARWICK GMBH & CO.–MUSIC EQUIPMENT	32,540,000	56	Hans–Peter Wilfer	GERMANY
112	96	EKO MUSIC GROUP SPA	32,096,000	62	Stelvio Lorenzetti	ITALY
113	123	ARAI & CO., INC.	32,040,000	50	Kazuyuki Matsuda	JAPAN
114	111	ST.LOUIS MUSIC	32,000,000	70	Mark Ragin	USA
115	N	EXHIBO S.P.A.	30,969,000	55	Antonio Becherucci	ITALY
116	N	MUSIC & LIGHTS S.R.L.	30,454,262	43	Fabio Sorabella	ITALY
117	113	ELEDER AUDIO	30,000,000	700	Yao Rui	中国台湾
118	118	深圳市蔚科电子科技开发有限公司	30,000,000	490	赵哲	中国大陆
119	126	CORDOBA MUSIC GROUP	28,800,000	105	Tim Miklaucic	USA
120	115	HARRIS TELLER INC.	28,508,000	52	Mike Harris	USA
121	121	HHB COMMUNICATIONS LTD.	28,428,000	60	lan Jones	U.K.
122	122	GREAT WALL MUSICAL INSTRUMENTS	28,200,000	38	Ye Jin Bin	中国大陆
123	119	广东红棉乐器股份有限公司	28,150,000	418	何志强	中国大陆
124	142	UNIVERSAL AUDIO	28,000,000	150	Bill Putnam Jr.	USA
125	135	CLAVIA DIGITAL MUSIC INSTRUMENTS	27,250,000	37	Hans Nordelius	SWEDEN
126	134	KALA BRAND MUSIC CO.	27,200,000	70	Mike Upton	USA
127	162	SOUND TECHNOLOGY PLC	27,010,000	60	David Marshall	U.K.
128	116	GIANNINI S/A	26,500,000	400	Roberto Giannini	BRAZIL
129	128	FISHMAN TRANDUCERS	26,208,000	64	Larry Fishman	USA
130	117	TODOMUSICA S.A.	26,000,000	68	Rafael Pedace	ARGENTINA
131	137	CMl MUSIC&AUDIO	25,553,483	48	Peter Trojkovic	AUSTRALIA
132	129	TKL PRODUCTS CORPORATION	25,250,000	80	Thomas Dougherty	USA
133	127	RBX INTERNATIONAL CO.LTD.	25,200,000	125	Yoel Brand	ISRAEL
134	133	SABIAN LTD.	25,000,000	97	Andy Zildjian	CANADA
135	138	ARMADILLO ENTERPRISES	25,000,000	46	Evan Rubinson	USA
136	131	KANDA SHOKAI CORPORATION	25,000,000	70	Masatoshi Kojima	JAPAN
137	N	GRUPO CLASSIC	25,000,000	200	Rogierio Bousas	BRAZIL

续表

排名		公司名称	2017销售收入（美元）	2017员工数（人）	负责人	国家和地区
2017年	2016年					
138	136	江阴金杯安琪乐器有限公司	25,000,000	1200	时建明	中国大陆
139	181	PRASE ENGINEERING	24,511,009	150	Ennio Prase	ITALY
140	140	AUSTRALIS MUSIC GROUP PTY. LTD.	24,000,000	38	Trevor Morrow	AUSTRALIA
141	145	DANSR INC.(U.S. Vandoren distributor)	24,000,000	25	Michael Skinner	USA
142	130	深圳市帕思高电子有限公司	24,000,000	150	林俊杰	中国大陆
143	165	FATAR S.R.L.	23,142,087	75	Bruno Tanoni	ITALY
144	132	ELIXIR STRINGS(W.L. Gore and Associates)	23,000,000	N/A	Terri L.Kelly	USA
145	149	EMINENCE SPEAKER LLC.	22,785,000	107	Chris Rose	USA
146	124	LOUIS RENNER GMBH	22,000,000	175	Clemens von Arnim	GERMANY
147	139	SHIMRO	21,500,000	50	Won Jung Kim	SOUTH KOREA
148	147	MOGAR MUSIC S.P.A.	21,386,217	37	Antonio Monzino	ITALY
149	148	GLOBAL & CO.,INC.	21,360,000	42	Shinichi Fukuda	JAPAN
150	152	MAPES PLANO STRING COMPANY	20,495,000	120	William L. Schaff	USA
151	146	MORIDAIRA MUSICAL INSTRUMENTS CO., LTD.	20,470,000	48	Tamio Minagawa	JAPAN
152	151	SCHIMMEL PIANOFORTEFABRIK	20,000,000	230	Zhaoyin Chen	GERMANY
153	155	RADIAL ENFINEERING	20,000,000	95	Michael Belitz	CANADA
154	160	深圳伏荣科技有限公司	20,000,000	900	Wei Lee	中国大陆
155	157	MOOG MUSIC	19,600,000	108	Mike Adams	USA
156	N	LEADINF TECHNOLOGIES S.R.L.	19,273,000	15	Marco Porro	ITALY
157	161	ROYAL INSTRUMENTS	19,200,000	110	Rene Moura	BRAZIL
158	163	CONNOLLY MUSIC COMPANY	19,100,000	26	John M. Connolly III	USA
159	154	上海华新乐器有限公司	19,000,000	1200	林伯龙	中国大陆
160	150	GRAND GLOBE鼓厂	18,800,000	350	Tony Huang	中国台湾
161	N	浙江友谊电子科技有限公司	18,800,000	280	N/A	中国大陆
162	182	SARA-TRANS GROUP	18,758,321	541	Jasbeer Singh	INDIA
163	N	MARSHALL ELECTRONICS	18,750,000	87	Leonard Marshall	USA
164	159	AUSTRALASIAN MUSIC SUPPLIES PTY, LTD	18,700,000	49	Kevin Hague	AUSTRALIA
165	166	TWO OLD HIPPIES	18,500,000	101	Tom Bedell	USA
166	153	江苏凤灵乐器集团	18,480,000	1320	李书	中国大陆
167	165	FATAR S.R.L.	18,118,867	65	Ragni Marco	ITALY
168	144	GHS / R0CKTRON	18,000,000	64	Russell S. McFee	USA
169	24	广东龙声乐器制造有限公司	18,000,000	400	李庆炎	中国大陆
170	171	VISCOUNT INTERNATIONAL	17,800,000	120	Loriana Galanti	ITALY

续表

排名		公司名称	2017销售收入（美元）	2017员工数（人）	负责人	国家和地区
2017年	2016年					
171	195	ARTURIA	17,623,915	50	Frederic Brun	FRANCE
172	173	ALLEN ORGAN COMPANY,LLC	17,500,000	149	Steve Markowitz	USA
173	185	ALGAM BENELUX	17,500,000	16	Alain Bokken	BELGIUM
174	170	深圳卓乐科技有限公司	17,500,000	900	李国飞	中国大陆
175	141	WHIRLWIND	17,250,000	150	Michael Laiacona	USA
176	172	THOMASTIK-INFELD GMBH	17,100,000	200	Peter Infeld	AUSTRIA
177	164	THE MUSIC LINK	17,000,000	45	Steve Patrino	USA
178	167	DAS AUDIO S.A.	16,500,000	55	Jose Vila Ortiz	SPAIN
179	180	PRIDE MUSIC	16,463,582	42	Enrico Lori	BRAZIL
180	175	TAKAMINE GUITARS, LTD.	16,020,000	74	Hayami Tate	JAPAN
181	186	SEYMOUR DUNCAN	16,000,000	105	Cathy Carter Duncan	USA
182	177	SCHECTER GUITAR RESEARCH	15,750,000	35	Michael Ciravolo	USA
183	176	UNIVERSAL PERCUSSION,INC.	15,250,000	55	Thomas W. Shelley	USA
184	189	JOHANNUS ORGELBOUW BV	15,000,000	55	Marco VaNDEWEERD	NETHERLANDS
185	178	TYCOON MUSIC CO.,LTD.	15,000,000	164	Stephen Yu	THAILAND
186	174	DAVE SMITH INSTRUMENTS LLC	15,000,000	32	Dave Smith	USA
187	169	M. CASALE BAUER SPA	14,602,169	15	Patrizia Bauer	ITALY
188	183	MURAMATSU INC.	14,240,000	81	Akio Muramatsu	JAPAN
189	187	ANGEL实业公司	14,200,000	135	Frank Yang	中国台湾
190	198	ORANCE MUSIC ELECTRONIC COMPANY	14,115,272	80	Clifford Cooper	U.K.
191	180	PRIDE MUSIC	14,000,000	50	Lucio Grossman	BRAZIL
192	191	LUTNER SPB LTD.	13,500,000	32	Sergey Antonov	RUSSIA
193	190	TATSUNOYA CO.,LTD.	13,500,000	23	Munehiro Okada	JAPAN
194	N	FRENEXPDRT S.P.A.	13,353,815	18	Romano Frenquelli	ITALY
195	N	ALLEEN MUSIC CO.,LTD.	13,180,000	43	Lei Tong	中国大陆
196	193	乐盟国际股份有限公司	13,000,000	50	蔡志强	中国大陆
197	194	SHADOW ELEKTROAKUSTIK	13,000,000	125	Joe Marinic	GERMANY
198	196	烟台博斯纳钢琴制造有限公司	13,000,000	275	孙强	中国大陆
199	N	HALILIT EXPORT LTD.	13,000,000	42	Hagai Greenspoon	Isreal
200	192	NEIL A. KJOS MUSIC COMPANY	12,750,000	75	Neil A. Kjos. Jr.	USA
201	211	BLACKSTAR AMPLIFICATION LTD.	12,592,353	55	Ian Robinson	U.K.
202	188	APOGEE ELECTRONICS CORPORATION	12,500,000	32	Betty Bennett	USA
203	202	JOHN HORNBY SKEWES & COMPANY LTD.	12,083,000	55	Dennis Drumm	U.K.
204	184	PIANODISC	12,000,000	81	Kirk Burgett	USA

续表

排名		公司名称	2017销售收入（美元）	2017员工数（人）	负责人	国家和地区
2017年	2016年					
205	197	WAVES, INC.	12,000,000	20	Gilad Keren	USA
206	203	广州保嘉乐器制造厂有限公司	11,700,000	625	邢宝嘉	中国大陆
207	208	MANUFACTURAS ALHAMBRA, S.L.	11,500,000	125	Valeria Torregrosa	SPAIN
208	204	RENKUS-HEINZ,INC.	11,500,000	77	Roscoe Anthony	USA
209	207	MEGA MUSIC SP. Z.O.O.	11,381,000	22	Dariusz Adamowicz	POLAND
210	212	MESA BOOGIE	10,900,000	99	Randall Smith	USA
211	N	PARSEK SRL	10,888,871	31	Marco De Virgiliis	ITALY
212	206	KIKUTANI MUSIC CO., LTD.	10,680,000	26	Toshi Kikutani	JAPAN
213	218	CHESBRO MUSIC	10,500,000	47	Tana Jane Stahn	USA
214	209	聊城山石麦尔乐器有限公司	10,500,000	180	刘树广	中国大陆
215	143	SALVI/LYON & HEALY HARPS	10,268,000	63	Marco Salvi	ITALY
216	N	ENRIQUE KEKKER S.A.	10,250,000	35	Cristina Keller de Porras	SPAIN
217	213	EMG	10,250,000	53	Robert A. Turner	USA
218	205	国巧乐器木器厂	10,000,000	290	蔡经茂	中国台湾
219	215	COLLINGS GUITARS	10,000,000	88	Steve McCreary	USA
220	216	CHARLES DUMONT & SON	9,800,000	26	Charles J. Dumont	USA
221	217	CAE,INC.	9,750,000	37	Jim Fackert	USA
222	220	STENTOR MUSIC CO., LTD.	9,603,000	32	Michael C. Doughty	U.K.
223	N	FAZIOLI PIANOS	9,431,154	55	Paolo Fazioli	ITALY
224	221	PETERSON ELECTRO-MUSICAL PRODUCTS	9,250,000	35	Scott Peterson	USA
总计			22,527,812,281	116,958		

2018全球乐器评估报告

全球音乐制品行业总产值161亿美元，但放在全球经济大格局来看，这个金额仅仅是个小数点。这一数值仅相当于全球石油一天的产值，全球啤酒一周的销售额，一次性婴儿尿不湿一半的产值。乐器行业产值虽小，但全球化程度很高。例如，日本生产的电声乐器可能卖到南美的苏里南。美国制造的吉他会在黎巴嫩找到。乐器业内的高端品牌在全球195个国家和地区经销。近4年来，音乐制品行业销售基本徘徊不前。问题不在于乐器演奏兴趣缺乏，而是制造水平和方法日益提高，技术不断进步使得产品价格逐步走低。2017年，各国乐器市场表现各异，有的上升，有的下降，其受制于经济、文化、政策乃至人口等多种因素综合影响。例如，中国经济繁荣程度不断提升，政府重视对外开放，鼓励乐器演奏，中国人对西方乐器特别是钢琴情有独钟。2017年中国乐器销售产值17.5亿美元，同比增长8.9%；相反，委内瑞拉因国内局势混乱，经济停摆使该国乐器进口戛然而止，乐器产业几近为零。

编制报告过程中，参考了美国官方机构发布的全球经济和人口数据。例如，国民生产总值GDP用来衡量一国经济总量，而国内生产总值GNP反映一国经济繁荣程度，均为评判乐器市场提供了有效标尺。本次评估报告中，本刊力求分析全球乐器、音响及相关配件市场的零售总额。报告显示，2017年世界五大洲的42个国家乐器产值比重占世界70%，较上年的159亿美元同比增长0.8%。这一低增长率一方面与世界经济整体放缓有关，另一方面也反映出技术不断进步，生产工艺自动化水平日渐提高。近十多年来，传统乐器零售定价涨幅远远低于通货膨胀。像智能电视、手机、平板电脑等电子产品价格下降幅度更大，合成器、录音系统等电声乐器也与此类似，电子消费品价格走低，也让音乐制品走向更多家庭。

2017年，美国仍是世界音乐制品第一大市场，总值约71亿美元；“光谱”的另一端希腊在2017年饱受金融市场冲击，全年乐器市场销售额仅为1190万美元。从人均乐器消费金额分析，美国最高，为21.88美元。而印度人口最多，相应人均音乐制品消费最低，仅为0.11美元。乐器人均消费最高和最低国家之间的巨大差异取决于三个因素：一国的繁荣程度，人口数量和该国文化特点。

经济繁荣程度

经济繁荣带来的作用显而易见。一般而言，音乐制品作为非必需品，只有人们满足基本的生活需求之后，才有余钱消费乐器。2017年美国人均GNP为57785美元，比韩国的28340美元高出一倍，因此美国人均乐器开支就比韩国高。音乐制品消费与经济繁荣程度成正比。2017年澳大利亚GNP提高2.6个百分点，音乐制品消费相应增长2.1%。而巴西GNP下降3.6%，该国音乐制品市场也下滑2.8%。

人口因素

人口因素也是一个量化指标，象征着年轻人口可转化为潜在消费力量。

35~50岁的高收入群体是高端吉他和三角钢琴消费的主力军，但全球音乐制品市场的未来仍有赖于12~30岁的青少年群体。以日本为例，近10年来人口数量减少和老龄化程度不断加深，其人口结构变化较快，已严重影响到该国乐器销售。尽管日本拥有经营成功的世界级乐器制造企业。但2017年，日本乐器市场销售下滑9.3%，人口结构因素不容忽视。反之再以印度尼西亚为例，该国人口平均年龄仅为30.2岁。2017年市场销售额增长5个百分点。

文化因素

文化因素是左右音乐制品消费的第三个重要因素，在促进乐器销售方面发挥了重要作用。瑞士号称世界最富裕国家。人均GNP比美国高15%，但其人均乐器消费12.63美元，比美国的21.88美元少得多。

两国乐器市场迥异在于文化差异。美国校园乐器项目和业余音乐活动丰富，相应带动了乐器消费。从GNP角度看，中国香港和荷兰相似，大致具有可比性。但为何香港人均音乐制品消费20.58美元，比荷兰的9.95美元高两倍？原因在于在中国文化中，特别强调要让下一代学习乐器，这就是文化差异使然。

全球贸易正使音乐制品市场日渐趋同化。如果访问世界各地的乐器琴行，很可能会发现相似乐器产品或同样品牌。品牌乐器制造商往往重视开拓出口市场。目前，中国已成为世界最大钢琴市场，年销量30万架，中国的钢琴用户购买力占全球80%；而德国和法国买家则更倾向于电子键盘和电声乐器；在澳大利亚、英国、美国等英语国家，吉他更受客户青睐。文化差异显示出各国市场的不同特性，一国经济越繁荣，音乐文化越发达，往往对高价乐器需求越大。

海外资讯篇之二：美国乐器市场

2018年美国乐器市场调查报告

2018 年美国经济表现活跃，失业率降低，市场投资信心增强，生产力继续提升向好，GDP 增长创下近 10 年新高。在此背景下，音乐制品市场销售收入稳步增长 2.4%，达 76 亿美元，是继 2008 年金融危机之后连续第十个销售增长年份。

音乐制品市场面临二手乐器强力竞争，加之技术进步导致“价格通缩”，产品售价不断下降。乐器制品表现各异，弦乐器销售增长 5.5%，而便携式键盘类乐器下滑 17%。总体而言，市场目前正逐步走出低增长区间，在此过程中，乐器制造商要想避免市场淘汰，只能提升生产经营效率，不断做强自我。

音乐制品市场大致可分两类消费行为：“传统乐器型”和“技术驱动型”。传统型包括木材金属等原材料制成的乐器，如套鼓和吉他，技术型是产品含有微处理器或电子存储功能，如合成器。两类产品性质截然不同，如何选择取决于消费者个人偏好。传统乐器的产品超强耐久性，创生出巨大体量的二手乐器市场，对新品乐器销售造成显著影响。如果去问品牌吉他、钢琴和管乐制造商，他们很可能回答，面临最大的竞争是公司 20 年前生产制造的产品。如果我们把几百万件交易换手的二手产品数量统计进来，市场容量会更高；此外，技术进步使数码电脑，智能手机和平板电视价格降低。由技术进步造成的价格下降以及二手产品冲击无法轻易解决。

2018 年，美国音乐制品市场继续保持庞大规模。美国人口 3.2 亿，数量只占世界 5%，人口和市场规模看似不相匹配，但美国音乐文化发达，经济繁荣程度高，一国的音乐制品消费就占到世界乐器音响市场的 40%。业内人士呼吁，要创造营销手段让更多人参与音乐体验提升音乐广泛参与度，是推动乐器市场发展的强劲动力。

音乐制品行业产品门类多，分布范围广，绝大多数公司均为私营企业，获取数据的渠道较少，因此数据要多方搜集。本报告的乐器销售数据来自多种渠道，进出口数据源自世界贸易组织、业内 15 家大型上市公司发布的报表、行业协会数据及估算数字。以下音乐制品分类报告反映美国乐器批发额，根据批发额，估算零售额。虽不甚完美，但总体还是能够从比对中梳理出年度美国音乐制品市场基本脉络。

弦乐器（含吉他、贝斯、功放、琴弦及相关制品）

弦乐器包括声学吉他、电声吉他，功放、吉他用弦、效果器等。2018 年美国经济向好，带动高端吉他消费增长 6.3%，达 14.13 亿美元。入门级乐器进口减少，显示对初级用户吸引力下降。2018 年吉他销量 258 万把，同比下降 2%，但销售金额增长，说明消费者更多选择高端吉他。其中，声学吉他销量 149 万把同比下降 1.3%，销售金额同比增长 10.8%；电吉他销量 109 万把，下降 2.9%，但销售金额微增 0.8%。2018 年美国吉他市场还表现出两个特点：一是新吉他销量曾是量化市场需求的精确指标，而网上二手吉他几近无限的海量供应，对新吉他销售造成很大影响。亿贝和 Reverb 两大网站的二手吉他年度销售额已高达 7 亿美元，几乎占到新吉他销售总额的半壁江山，二手吉他市场走向有待关注，是否会成为市场主流？答案有待时间揭示。二是 2018 年高端吉他销售增长，显示出买家对市场富有信心，400 美元以下的低成本吉他销量减少，表明市场出现结构性分化。

管乐器（含木管乐器、铜管乐器）

2018 年管乐器销量 98 万只，同比 2017 年 101 万只下滑 2.9%。其中铜管乐器销量 22.6 万只，同比下降 3.3%，销售金额 2.97 亿美元。

管乐器销售总量下降，但销售金额有所提高。2018 年，木管乐器、铜管乐器销售总额 7.55 亿美元，同比 2017 年 7.37 亿美元增长 2.5%。经济稳步复苏，高端乐器进阶，大号、次低音号在校园乐器竞标类价格提高，带动 2018 年管乐器市场销售增长。

2018 年，高价萨克斯备受市场青睐，销售好于低成本萨克斯。2018 年，萨克斯销售金额 3.33 亿美元，同比 2017 年 3.08 亿美元增长 8%。

2018 年，数据显示校园使用管乐数量有所减少，并非学生参与校园乐器项目总人数减少，而是二手管乐使用增多和乐器循环租赁。整体来看，美国校园乐器消费市场非常稳健，校园器乐项目对管乐数量的需求稳步保持在 100 万只左右。近 10 年，管乐销量与入学人数保持密切正相关度。

键盘乐器（含声学、数码钢琴及自动演奏钢琴）

钢琴“块头大”，键盘乐器价格较高，2018 年钢琴零售总额 3.63 亿美元，增长 1.6%。新品乐器交货量 30152 架，较 2017 年 31530 架同比减少 3.2%；数码钢琴价格继续下降，销售总额 1.9 亿美元。2018 年全年发货量 16.6 万架，较 2017 年增长 3.1%。

受经济复苏的利好驱动，2018 年，尽管美国钢琴市场销售增长，但持续受到市场二手钢琴冲击。美国战后婴儿潮一代现已步入退休年龄，居住空间的变化，不少人正在考虑卖掉钢琴。此外，二手钢琴利润非常高，一些琴行将二手琴列为重点销售对象，这对新琴造成影响，也是乐器制造商面临的最大挑战。

数码钢琴方面，技术水平不断进步使得平板电脑、智能手机价格下滑，也使键盘乐器价格不断下行。20 世纪 80 年代首批数码钢琴问世时，价格与立式声学钢琴的入门价格相差无几，时至今日，一款性能优良的数码钢琴价格仅为声学钢琴价位的 1/5，预计今后数码类乐器价格还会趋于下降。

打击乐器

2018 年，美国市场打击乐器制品销售金额 3.71 亿美元，同比下降 0.4%。电子技术发展驱动产品创新，是传统打击乐器销售下行的主因。电子乐器具备音量控制，声道变轨和音色记录等功能，为鼓手演奏提供了多元选择。

10 年来，传统套鼓销售下降幅度达 61%。2018 年套鼓均价提高，销售总金额 9870 万美元，同比增长 6.1%。总销量 12.3 万件，同比下降 5.8%。销量下降对镲片、鼓皮和鼓槌的销售造成负面影响，2018 年，以上鼓类配件均有不同程度下降。

教育类打击乐乐器（含木槌、定音鼓、行进打击乐）销售金额 6000 万美元，与上年持平。手鼓 3600 万美元，也与上年持平。

管风琴

2018 年，最后一家管风琴制造商退出市场。美国市场上几乎没有新订单，今后我们会取消管风琴产品统计。二手管风琴仍然在售，不少琴行都在清理现有存货。此外，管风琴主要销售对象是教堂，2018 年亦乏善可陈。参与人员减少，加之现代音乐风格变化，使管风琴的市场用武之地受到明显挤压。2018 年，管风琴销售金额 2590 万美元，同比下降 8.9%。

1. 2018年美国乐器市场零售概览

（单位：美元）

年份	销量	同比 (%)	批发额	零售额	同比 (%)	平均单价
吉 他						
声学吉他						
2018 年	1,490,000	−1.30%	549,065,000	819,500,000	10.80%	550
2017 年	1,510,000	8.60%	495,733,000	739,900,000	8.60%	490
2016 年	1,390,000	−4.10%	456,337,000	681,100,000	−2.10%	490
2015 年	1,450,000	−2.20%	466,320,000	696,000,000	2.60%	480
2014 年	1,498,700	10.00%	454,506,000	678,368,000	12.40%	453
2013 年	1,362,900	2.70%	404,141,000	603,195,000	13.30%	443
2012 年	1,326,500	1.10%	356,606,194	532,248,050	10.10%	401
2011 年	1,311,585	9.20%	323,856,694	483,368,200	15.50%	369
2010 年	1,200,831	8.20%	280,455,000	418,589,000	6.90%	349
2009 年	1,109,000	−15.77%	262,253,000	391,423,000	−17.21%	353
电吉他						
2018 年	1,090,000	−2.90%	398,013,000	594,050,000	0.80%	545
2017 年	1,123,000	5.00%	395,015,000	589,575,000	9.10%	525
2016 年	1,070,000	6.50%	362,035,000	540,350,000	8.60%	505
2015 年	1,005,000	−11.20%	333,308,000	497,475,000	−1.70%	495
2014 年	1,132,250	2.00%	338,972,000	505,929,000	8.30%	447
2013 年	1,109,800	−4.60%	312,930,000	467,059,000	−0.30%	421
2012 年	1,162,890	−3.20%	313,846,814	468,428,080	3.70%	403
2011 年	1,200,831	2.10%	302,574,178	451,603,250	7.40%	381
2010 年	1,176,479	1.10%	281,675,000	420,411,000	−2.10%	357
2009 年	1,163,000	−19.85%	287,646,000	429,323,000	−24.20%	369
吉他总计						
2018 年	2,580,000	−2.00%	947,078,000	1,413,550,000	6.30%	548
2017 年	2,633,000	7.00%	890,748,000	1,329,000,000	8.80%	505
2016 年	2,460,000	0.20%	818,372,000	1,221,450,000	2.30%	497
2015 年	2,455,000	−6.70%	799,628,000	1,193,475,000	0.80%	486
2014 年	2,630,950	6.40%	793,479,000	1,184,298,000	10.60%	450
2013 年	2,472,000	−0.70%	717,071,000	1,070,254,000	7.00%	433
2012 年	2,489,390	−0.90%	670,453,007	1,000,676,130	7.00%	402
2011 年	2,512,416	5.70%	626,430,872	934,971,450	11.40%	372

续表

年份	销量	同比 (%)	批发额	零售额	同比 (%)	平均单价
2010 年	2,377,310	4.60%	562,130,000	839,000,000	2.20%	353
2009 年	2,273,000	−17.91%	549,900,000	820,746,000	−21%	361
注 1：声学吉他类含班卓琴、曼陀林、冬不拉及其他声学弦乐器，不含夏威夷四弦琴						
注 2：电吉他类含电贝斯						
功放						
2018 年	645,000	−4.40%	98,523,000	151,575,000	2.10%	235
2017 年	675,000	−0.70%	96,525,000	148,500,000	−2.90%	220
2016 年	680,000	−5.60%	99,450,000	153,000,000	−5.60%	225
2015 年	720,000	−7.10%	105,300,000	162,000,000	−12.90%	225
2014 年	775,000	−1.60%	120,900,000	186,000,000	−1.60%	240
2013 年	788,000	−6.60%	122,920,000	189,120,000	−1.70%	240
2012 年	8,444,000	−5.20%	125,080,800	192,432,000	−11.70%	228
2011 年	890,000	−1.30%	141,732,500	218,050,000	−5.10%	245
2010 年	901,400	3.20%	149,407,000	229,857,000	−9.20%	255
2009 年	873,200	−20.33%	164,598,200	253,228,000	−25.47%	290
钢　琴						
三角钢琴						
2018 年	8784	−1.20%	102,316,032	182,707,200	2.70%	20800
2017 年	8893	3%	99,601,000	177,860,000	7.30%	20000
2016 年	8630	−15.80%	92,790,000	165,696,000	−10.30%	19200
2015 年	10,253	−9.00%	103,407,000	184,656,000	−5.00%	18010
2014 年	11,268	−5.10%	108,817,000	194,316,000	−0.30%	17245
2013 年	11,870	4.60%	109,180,000	194,964,000	8.90%	16425
2012 年	11,350	−1.80%	100,297,680	179,103,000	2.10%	15780
2011 年	11,554	−8.20%	98,035,000	175,375,000	0.20%	15179
2010 年	12,587	25.50%	97,977,000	174,959,000	36.20%	13900
2009 年	10,033	−45.17%	71,916,000	128,422,000	−48.18%	12800
立式钢琴						
2018 年	17,857	−5.60%	53,499,572	95,534,950	−4.70%	5350
2017 年	18,921	1.40%	56,157,000	100,281,000	3.70%	5300
2016 年	18,655	−5.70%	54,166,000	96,726,000	−2.50%	5185
2015 年	19,780	−10.40%	55,550,000	99,196,000	−9.90%	5015
2014 年	22,083	9.10%	61,646,000	110,083,000	12.50%	4985
2013 年	20,242	−8.30%	54,796,000	97,849,000	−4.70%	4834
2012 年	22,070	−13.30%	57,470,280	102,625,500	−11.00%	4650

续表

年份	销量	同比 (%)	批发额	零售额	同比 (%)	平均单价
2011 年	25,450	−7.00%	65,408,000	115,358,000	2.80%	4533
2010 年	27,379	37.40%	63,984,000	112,253,000	54.80%	4100
2009 年	19,927	−33.63%	41,344,000	72,534,000	−37.49%	3640
自动演奏钢琴						
2018 年	3875	4.30%	47,523,000	84,862,500	7.20%	21900
2017 年	3716	5.90%	44,324,448	79,150,800	7.40%	21300
2016 年	3,510	−7.10%	41,277,000	73,710,000	2.40%	21000
2015 年	3780	−3.10%	40,325,000	72,009,000	7.60%	19050
2014 年	3902	−3.20%	37,461,000	66,895,000	−0.90%	17144
2013 年	4032	6.70%	37,820,000	67,536,000	12.40%	16750
2012 年	3780	−6.70%	33,657,120	60,102,000	−6.90%	15900
2011 年	4050	6.20%	36,089,000	64,559,000	16.00%	15940
2010 年	3812	23.00%	31,166,000	55,655,000	32.90%	14600
2009 年	3100	−47.11%	23,436,000	41,850,000	−48.26%	13500
钢琴销售总计						
2018 年	30,516	−3.20%	203,338,604	363,104,650	1.60%	11900
2017 年	31,530	2.40%	200,083,000	357,292,000	6.30%	11332
2016 年	30,795	−8.90%	188,234,000	336,132,000	−5.50%	10915
2015 年	33,813	−9.20%	199,282,000	355,861,000	−4.20%	10524
2014 年	37,253	3.10%	207,924,000	371,294,000	3.00%	9967
2013 年	36,144	−2.80%	201,796,000	360,350,578	5.40%	9970
2012 年	37,200	−9.40%	191,425,080	341,830,500	−3.80%	9189
2011 年	41,054	−6.20%	199,532,000	355,292,000	3.60%	8654
2010 年	43,778	32.40%	193,128,000	342,868,000	41%	7832
2009 年	33,060	−38.98%	136,697,000	242,806,680	−45.41%	7344
数码钢琴						
2018 年	166,000	3.10%	106,904,000	190,900,000	−1.20%	1150
2017 年	161,000	7.30%	108,192,000	193,200,000	7.80%	1200
2016 年	150,000	6.10%	100,380,000	179,250,000	0.30%	1195
2015 年	141,343	4.50%	100,127,000	178,798,000	8.40%	1265
2014 年	135,257	3.70%	99,008,000	165,013,000	1.20%	1220
2013 年	130,432	1.90%	97,824,000	163,040,000	2.70%	1250
2012 年	128,000	6.50%	95,232,000	158,720,000	6.20%	1240
2011 年	120,200	1.90%	87,986,400	146,644,000	13.00%	1220
2010 年	118,000	15.70%	77,880,000	129,800,000	29.90%	1100
2009 年	102,000	−16.97%	59,976,000	99,960,000	−17.64%	980

续表

年份	销量	同比 (%)	批发额	零售额	同比 (%)	平均单价
校园乐器						
铜管乐器						
2018 年	266,000	−3.30%	163,856,000	297,920,000	0.30%	1120
2017 年	275,000	1%	163,350,000	297,000,000	6.50%	1080
2016 年	272,200	3.50%	153,450,000	279,000,000	4.60%	1025
2015 年	263,000	9.10%	146,712,000	266,750,000	10.50%	1014
2014 年	241,000	2.80%	132,815,000	241,482,000	3.20%	1002
2013 年	234,000	−5.70%	128,645,000	233,900,000	3.50%	1000
2012 年	248,055	9.90%	124,294,500	225,990,000	15.10%	911
2011 年	225,741	4.40%	108,027,000	196,394,000	5.10%	870
2010 年	216,315	3.30%	102,787,000	186,886,000	−1.10%	864
2009 年	209,500	−11.90%	103,957,000	189,012,000	−15.89%	902
木管乐器						
2018 年	337,000	−2.90%	183,496,500	333,630,000	8%	990
2017 年	347,000	2.40%	169,856,000	308,830,000	3.60%	890
2016 年	339,000	−0.60%	163,900,000	298,000,000	−0.80%	879
2015 年	341,066	−0.90%	165,263,000	300,479,000	−0.20%	881
2014 年	344,000	3.00%	165,550,000	301,000,000	4.60%	875
2013 年	334,000	−2.50%	158,345,000	287,900,000	2.40%	862
2012 年	342,500	−2.80%	154,695,750	281,265,000	5.00%	821
2011 年	352,462	1.30%	147,343,000	267,871,000	2.80%	760
2010 年	348,022	−3.10%	143,312,000	260,567,000	−1.90%	749
2009 年	359,300	−8.19%	146,162,000	265,749,000	−7.61%	740
弦乐器						
2018 年	378,000	−2.60%	72,765,000	132,300,000	0.30%	350
2017 年	388,000	2.10%	72,556,000	131,920,000	5.50%	340
2016 年	380,000	0.50%	68,750,000	125,000,000	0.80%	329
2015 年	378,000	13.90%	68,191,000	123,985,000	14.90%	328
2014 年	332,000	−3.20%	59,345,000	107,900,000	−1.00%	325
2013 年	343,000	−9.20%	59,950,000	109,000,000	−3.50%	318
2012 年	377,960	2.10%	62,120,300	112,946,000	5.20%	299
2011 年	370,200	24.80%	59,046,000	107,358,000	27.40%	290
2010 年	296,610	1.90%	46,330,000	84,237,000	3.60%	284
2009 年	290,845	−16.70%	44,714,000	81,299,000	−16.70%	280

续表

年份	销量	同比 (%)	批发额	零售额	同比 (%)	平均单价
校园乐器总计						
2018 年	981,000	−2.90%	420,117,000	763,850,000	3.50%	779
2017 年	1,010,000	1.90%	405,762,000	737,750,000	5.10%	730
2016 年	991,200	0.90%	386,100,000	702,000,000	1.60%	708
2015 年	982,066	7.10%	380,166,000	691,214,000	6.30%	704
2014 年	917,000	0.60%	357,710,000	650,382,000	3.10%	709
2013 年	911,400	−5.90%	346,940,000	630,800,000	1.70%	692
2012 年	968,515	2.10%	341,110,550	620,201,000	8.50%	640
2011 年	948,403	10.20%	314,416,000	571,623,000	7.50%	603
2010 年	860,947	0.20%	292,430,000	531,691,000	−0.80%	618
2009 年	859,645	−12.28%	294,833,625	536,061,137	−12.12%	624
电声乐器						
键盘合成器						
2018 年	117,000	6.40%	102,934,000	150,930,000	5.50%	1290
2017 年	110,000	13.70%	97,526,000	143,000,000	5.70%	1300
2016 年	96,750	2.90%	92,267,000	135,290,000	9.00%	1398
2015 年	94,000	15.80%	84,622,000	124,080,000	18.90%	1320
2014 年	81,200	−6.10%	71,161,000	104,342,000	−7.60%	1285
2013 年	86,500	6.10%	76,986,000	112,882,500	13.50%	1305
2012 年	81,500	−3.60%	67,811,260	99,430,000	−3.90%	1220
2011 年	84,500	−4.20%	70,595,525	103,512,500	−2.20%	1225
2010 年	88,200	19.50%	72,182,000	105,840,000	8.70%	1200
2009 年	73,779	−7.27%	66,418,807	97,388,280	−17.29%	1320
电钢琴、专业管风琴						
2018 年	9000	1.10%	11,969,100	17,550,000	−1.40%	1950
2017 年	8900	−2.20%	12,139,000	17,800,000	−6.90%	2000
2016 年	9100	−5.20%	13,033,000	19,110,000	3.40%	2100
2015 年	9600	−1.00%	12,603,000	18,480,000	0.30%	1925
2014 年	9700	−15.70%	12,569,000	18,430,000	−12.20%	1900
2013 年	11,500	−5.70%	14,313,000	20,987,000	−4.40%	1825
2012 年	12,200	−23.30%	14,976,720	21,960,000	−22.80%	1800
2011 年	15,900	3.20%	19,410,402	28,461,000	7.10%	1790
2010 年	15,400	−4.90%	18,117,000	26,565,000	−7.90%	1725
2009 年	16,200	−18.18%	19,666,152	28,836,000	−19.09%	1780

续表

年份	销量	同比 (%)	批发额	零售额	同比 (%)	平均单价
电子鼓						
2018 年	n/a	n/a	45,012,000	66,000,000	11.90%	n/a
2017 年	n/a	n/a	40,238,000	59,000,000	5.40%	n/a
2016 年	n/a	n/a	38,192,000	56,000,000	0.50%	n/a
2015 年	n/a	n/a	37,987,000	55,700,000	6.1%	n/a
2014 年	n/a	n/a	35,805,000	52,500,000	2.50%	n/a
2013 年	n/a	n/a	34,918,000	51,200,000	5.60%	n/a
2012 年	n/a	n/a	33,077,000	48,500,000	4.10%	n/a
2011 年	n/a	n/a	31,781,200	46,600,000	−3.90%	n/a
2010 年	n/a	n/a	33,077,000	48,500,000	3.60%	n/a
2009 年	n/a	n/a	31,938,060	46,830,000	−16.00%	n/a
电声乐器销售总计						
2018 年	n/a	n/a	187,666,000	275,290,000	5.50%	n/a
2017 年	n/a	n/a	298,425,000	609,031,000	5.20%	n/a
2016 年	n/a	n/a	170,444,000	250,035,000	4.90%	n/a
2015 年	n/a	n/a	163,437,000	238,290,000	9.90%	n/a
2014 年	n/a	n/a	147,819,000	216,771,000	−1.00%	n/a
2013 年	n/a	n/a	155,249,484	227,806,000	5.60%	n/a
2012 年	n/a	n/a	147,112,740	215,730,000	−2.70%	n/a
2011 年	n/a	n/a	151,244,763	221,791,500	−1.90%	n/a
2010 年	n/a	n/a	154,177,000	226,070,000	14.10%	n/a
2009 年	n/a	n/a	135,073,292	198,054,680	−16.82%	n/a
打击乐器						
套鼓						
2018 年	123,400	−5.80%	65,155,000	98,720,000	6.10%	800
2017 年	131,000	−3%	61,386,000	93,010,000	−1.60%	710
2016 年	135,000	−1.50%	62,370,000	94,500,000	0.00%	700
2015 年	137,000	−1.40%	62,389,000	94,530,000	5.40%	690
2014 年	139,000	−1.10%	59,172,000	89,655,000	0.40%	645
2013 年	140,600	−11.20%	58,925,000	89,281,000	−6.00%	635
2012 年	158,300	−9.00%	62,686,800	94,980,000	−7.50%	600
2011 年	174,000	−3.20%	67,755,600	102,660,000	−2.40%	590
2010 年	179,800	7.00%	69,420,000	105,183,000	6.10%	585
2009 年	168,000	−15.80%	65,419,200	99,120,000	−19.74%	590

续表

年份	销量	同比（%）	批发额	零售额	同比（%）	平均单价
鼓（含支架、踏板、相关零件等）						
2018 年	n/a	n/a	33,660,000	51,000,000	−3.90%	n/a
2017 年	n/a	n/a	34,980,000	53,000,000	−1.90%	n/a
2016 年	n/a	n/a	35,640,000	54,000,000	−3.30%	n/a
2015 年	n/a	n/a	36,828,000	55,800,000	2.00%	n/a
2014 年	n/a	n/a	36,089,000	54,680,000	−1.10%	n/a
2013 年	n/a	n/a	36,490,500	55,288,000	−5.50%	n/a
2012 年	n/a	n/a	38,614,286	58,506,494	−7.80%	n/a
2011 年	n/a	n/a	41,881,004	63,456,067	2.50%	n/a
2010 年	n/a	n/a	40,859,000	61,908,000	6.00%	n/a
2009 年	n/a	n/a	38,546,713	58,404,111	−12.70%	n/a
教学用打击乐器（含行进打击乐器、槌棒、工具等）						
2018 年	n/a	n/a	39,600,000	60,000,000	0%	n/a
2017 年	n/a	n/a	39,600,000	60,000,000	2%	n/a
2016 年	n/a	n/a	38,808,000	58,800,000	3.30%	n/a
2015 年	n/a	n/a	37,554,000	56,900,000	5.50%	n/a
2014 年	n/a	n/a	35,581,000	53,911,000	3.50%	n/a
2013 年	n/a	n/a	36,141,000	54,759,000	2.50%	n/a
2012 年	n/a	n/a	35,260,013	53,424,262	1.50%	n/a
2011 年	n/a	n/a	35,796,968	54,237,830	1.50%	n/a
2010 年	n/a	n/a	36,342,000	55,063,000	−1.00%	n/a
2009 年	n/a	n/a	36,709,191	55,619,986	−7.00%	n/a
镲片						
2018 年	n/a	n/a	35,310,000	53,500,000	−2.80%	n/a
2017 年	n/a	n/a	36,333,000	55,050,000	2.90%	n/a
2016 年	n/a	n/a	35,310,000	53,500,000	−2.40%	n/a
2015 年	n/a	n/a	36,168,000	54,800,000	−5.60%	n/a
2014 年	n/a	n/a	38,314,000	58,052,000	−2.00%	n/a
2013 年	n/a	n/a	39,097,000	59,237,000	−8.50%	n/a
2012 年	n/a	n/a	42,728,850	64,740,682	−9.50%	n/a
2011 年	n/a	n/a	47,214,199	71,536,665	2.00%	n/a
2010 年	n/a	n/a	46,288,000	70,133,000	3.50%	n/a
2009 年	n/a	n/a	44,723,121	67,762,305	−9.50%	n/a
鼓槌和槌棒						
2018 年	n/a	n/a	26,730,000	40,500,000	−3.60%	n/a

续表

年份	销量	同比 (%)	批发额	零售额	同比 (%)	平均单价
2017 年	n/a	n/a	27,720,000	42,000,000	−4.50%	n/a
2016 年	n/a	n/a	29,040,000	44,000,000	−3.70%	n/a
2015 年	n/a	n/a	30,162,000	45,700,000	−2.30%	n/a
2014 年	n/a	n/a	30,879,000	46,787,000	−1.50%	n/a
2013 年	n/a	n/a	31,350,000	47,500,000	−4.50%	n/a
2012 年	n/a	n/a	58,680,715	88,910,174	−4.00%	n/a
2011 年	n/a	n/a	61,125,744	92,614,764	3.00%	n/a
2010 年	n/a	n/a	59,345,000	89,917,000	1.00%	n/a
2009 年	n/a	n/a	58,757,805	89,026,977	−4.50%	n/a
手鼓						
2018 年	n/a	n/a	22,680,000	36,000,000	0.00%	n/a
2017 年	n/a	n/a	22,680,000	36,000,000	−2.70%	n/a
2016 年	n/a	n/a	23,310,000	37,000,000	−2.90%	n/a
2015 年	n/a	n/a	24,003,000	36,100,000	1.90%	n/a
2014 年	n/a	n/a	23,562,000	37,400,000	−2.00%	n/a
2013 年	n/a	n/a	24,043,000	38,163,000	1.10%	n/a
2012 年	n/a	n/a	23,781,289	37,748,078	2.50%	n/a
2011 年	n/a	n/a	23,201,258	36,827,393	4.00%	n/a
2010 年	n/a	n/a	22,308,000	35,410,000	9.00%	n/a
2009 年	n/a	n/a	20,466,882	32,487,115	−12.00%	n/a
鼓皮						
2018 年	n/a	n/a	20,790,000	33,000,000	−2.90%	n/a
2017 年	n/a	n/a	21,420,000	34,000,000	−2.90%	n/a
2016 年	n/a	n/a	22,050,000	35,000,000	−1.40%	n/a
2015 年	n/a	n/a	22,365,000	35,500,000	−2.00%	n/a
2014 年	n/a	n/a	22,818,000	36,220,000	−3.00%	n/a
2013 年	n/a	n/a	23,500,000	37,340,000	−4.50%	n/a
2012 年	n/a	n/a	24,200,000	39,100,000	−7.00%	n/a
2011 年	n/a	n/a	26,000,000	42,000,000	4.00%	n/a
2010 年	n/a	n/a	25,000,000	40,400,000	5.00%	n/a
2009 年	n/a	n/a	23,800,000	38,500,000	−8.00%	n/a
打击乐器总计						
2018 年	n/a	n/a	243,925,000	372,720,000	−0.10%	n/a
2017 年	n/a	n/a	244,119,000	373,060,000	−1%	n/a
2016 年	n/a	n/a	246,528,000	376,800,000	−1.20%	n/a

续表

年份	销量	同比 (%)	批发额	零售额	同比 (%)	平均单价
2015 年	n/a	n/a	249,469,000	381,330,000	1.20%	n/a
2014 年	n/a	n/a	246,418,000	376,708,000	−0.60%	n/a
2013 年	n/a	n/a	249,571,000	381,568,000	−4.80%	n/a
2012 年	n/a	n/a	258,171,000	397,289,000	−5.70%	n/a
2011 年	n/a	n/a	274,049,000	422,617,000	1.30%	n/a
2010 年	n/a	n/a	271,419,000	418,400,000	3.90%	n/a
2009 年	n/a	n/a	260,565,000	401,693,000	−11.16%	n/a
注：“n/a”表示数据不适用、无统计						

2. 2014—2018年美国声学钢琴市场概况

	2018 年销量	同比 (%)	2017 年销量	同比 (%)	2016 年销量	同比 (%)	2015 年销量	同比 (%)	2014 年销量
按型号划分									
立式钢琴									
44″ 以下	3310	−18.40%	4057	22%	3326	−4.30%	3477	−11.60%	3932
44″–47″	10322	1.50%	10168	−9.80%	11275	−5.10%	11875	−8.90%	13042
工作室用琴	4225	−10.10%	4698	15.90%	4055	−8.80%	4448	−12.90%	5109
自动演奏钢琴	325	−7.10%	350	14.80%	305	−8.40%	333	−3.50%	345
立式钢琴总计	18182	−5.70%	19271	1.60%	18961	−5.80%	20133	−10.20%	22428
三角钢琴									
5′ 以下	1401	−0.40%	1406	0.80%	1395	−8.60%	1527	−9.20%	1681
5′–5′5″	2699	−12%	3068	1.80%	3015	−19.70%	3755	−6.10%	3998
5′6″–5′10″	1717	13.90%	1507	1.50%	1485	−15.40%	1755	−5.90%	1867
5′11″–6′4″	1780	17%	1522	7.60%	1415	−16.50%	1695	−11.90%	1923
6′5″–7′10″	554	−14.10%	645	8.40%	595	−33.50%	895	−16.70%	1075
7′11″ 及以上	633	−15%	745	2.80%	725	16%	625	−13.70%	724
自动演奏钢琴	3550	5.50%	3366	4.70%	3215	−6.70%	3447	−3.10%	3557
三角钢琴总计	12334	0.60%	12259	3.50%	11845	−13.50%	13700	−7.60%	14825
声学钢琴总计	30516	−3.20%	31530	2.40%	30806	−8.90%	33833	−9.20%	37253

续表

	2018 年销量	同比 (%)	2017 年销量	同比 (%)	2016 年销量	同比 (%)	2015 年销量	同比 (%)	2014 年销量
按单价划分									
三角钢琴									
10000 美元以下	2166	7.20%	2020	−6.70%	2166	−17.80%	2634	−4.40%	2755
10000 美元以上	10168	−0.70%	10239	5.80%	9679	−12.50%	11066	−8.30%	12070
立式钢琴									
4000 美元以下	7655	−6.80%	8215	−6.20%	8755	−7.60%	9477	−13.30%	10933
4000 美元以上	10527	−4.80%	11056	8.30%	10206	−4.20%	10656	−7.30%	11495

3. 2014—2018年美国声学钢琴主要进口来源国

	2018 年销量	同比 (%)	2017 年销量	同比 (%)	2016 年销量	同比 (%)	2015 年销量	同比 (%)	2014 年销量
立式钢琴									
中国	3177	−5.40%	3357	−42.60%	5845	−15.10%	6885	−4.20%	7188
印尼	6455	−0.60%	6495	−1.20%	6575	−4.30%	6870	−5.30%	7257
日本	6055	−12.60%	6929	38.20%	5015	2.80%	4877	−1.40%	4948
三角钢琴									
中国	1993	−26.80%	2722	2.50%	2655	−8.10%	2890	−8.80%	3170
印尼	3106	−15.00%	3655	−4.20%	3815	3.20%	3695	−19.20%	4571
日本	4597	15%	3998	7.40%	3722	3.40%	3601	0.90%	3570
美国	1325	20.50%	1100	−4.30%	1150	−11.50%	1300	−10.30%	1450

（编译自美国《音乐贸易》2019 No.4）

2018年美国音乐制品行业回顾

2018年，美国外部资本回流，税制调整惠及传统琴行，加之多项利好因素带动美国音乐制品行业市场销售强劲增长。与此同时，2018年关税逐渐提高，成为美国音乐制品行业一大关切。2018年美国各大媒体观点不再相互“笔伐”，一致认为美国经济基本面出奇地好。2018年2季度开始股市上涨，房屋价值逐渐攀升，美国家庭财富净值再次向历史高点挺近。财富指数继而带动经济强劲增长，2季度，美国GDP增幅达4.2%。到2018年年底，美国失业率创下60年来新低，市场消费和中小企业信心指数接近历史峰值。全美各大产品零售市场飘红，音乐制品行业中的各子门类产品，亦能感受到这种繁荣。施坦威钢琴是业界旗舰公司，其经营被业内认为是“感触经济脉搏最敏感的公司”，2018年业绩卓越。待其所有报表公布后，预计2018年全年，该司新品销量增幅将在3%～4%。这不仅仅是技术飞速进步驱动营销快速增长，也展示出音乐制品行业发展趋向成熟。

18世纪90年代查尔斯·狄更斯在其小说的开篇语曾写道，“这是最坏的时代”，历史发展到今天，行业对这种感觉“似曾熟悉”。今天的美国人从没有像今天这样“两极化”：政治偏激，经济分化，文化多元，娱乐活动五花八门。层出不穷的社会景象并未对音乐热情和乐器销售造成负面影响。驱动行业发展最大的动力不仅仅是乐器演奏的热情，而是技术不断进步，乐器出厂价格越来越经济实惠。从市场消费看，音乐风格有所转变。目前30岁以下年轻消费群体生活选项多，被描述为“菜单式一代”。他们在优渥的物质环境成长，喜欢标新立异的个性化生活方式，喜欢收集个性化的歌曲。有人喜欢长笛，有人喜欢摇滚，还有的喜欢曼陀林，对音乐的热情是大家共同的期待。音乐消费群体的这一特点，使音乐市场需求更加分散化、碎片化。美国校园乐器项目表现活跃，受到社会各界支持，这种“全天候”式的广泛参与热情最终体现为乐器销量大增。

技术变革带来最直接的结果是产品价格调整，例如智能手机。技术革新同样会影响到传统工业产品。吉他、管乐和打击乐器价格受通货膨胀因素影响而被迫提价，但由于生产工艺不断改进，乐器制造基地正向劳动力成本较低的地区转移，预计今后产品价格仍有走低的趋势。从供给看，2018年美国乐器厂商继续“开疆拓土”。过去20年来，音乐制品行业内外结构都在演变，苹果公司将其产品外包给富士康，汽车制造行业的供应商分工更细。从全链条生产模式转为依靠承包商的委托加工模式。音乐制品行业的产品生产与此类似。2018年美国自有乐器制造工厂扩建现象大大减少。制造商并不主动增大规模扩建厂房，而是更倾向于采取委托加工方式签订生产承包合同满足市场需求。2018年，美国乐器和音响制造商产能扩建主要在美国本土之外：音响界的百灵达和米达斯公司斥资1亿美元在中国广东扩建生产基地，强化产能；亚当公司在德国豪装“体验中心”，展示公司最新研发的音响和灯光类产品；为更好服务两位数增长的中国乐器市场，施坦威钢琴在上海新建了分销和服务基地；罗兰公司在洛杉矶和伦敦新建“艺术之家”服务中心；弯德龙公司也在纽约市新增“艺术中心”。此外，为收集收藏历史乐器，2018年美国南达科他州州立大学破土开工面积1.6万平方英尺，新建“全美乐器博物馆”。

网络与实体零售继续博弈，实体琴行优势凸显

有人说美国乐器零售正在过剩，但迹象显示，2018年美国新开的实体琴行数量并未减少。2018年全年，吉他中心新增8家琴行并投资500万美元装修好莱坞旗舰店。通过并购与合并，“音乐艺术”琴行新增28个网点；此外，威斯康辛州海德琴行，帕里什乐器，华盛顿州孔雀乐器、北达科他州莱福乐器等个体琴行也在2018年纷纷开业。从零售层面看，随着大众享受网购便利的同时，似乎暗示传统乐器琴行走向没落。亚马逊、甜水琴行等大琴行竞争激烈。然而，人类是社会性动物，还是喜欢来店亲身体验。显示出传统乐器仍有良好发展机遇。

2018年，美国音乐制品行业最大的事件莫过于吉普森乐器申请破产及其产权人变更。早在2015年，吉普森曾负债近5亿美元接手荷兰一家主营电子消费品产业集团——菲利普NV公司时，吉普森经销商、其他观察人士乃至竞争对手均表示不解，甚至直接预言交易会崩。之后几年的剧情坐实了旁观者的传言。当吉普森首席执行官亨利宣称要“将吉普森打造成世界顶级的融乐器与生活方式一体化的公司”“建成乐器界的耐克公司”，2018年初，经营业绩慢慢揭晓。当吉普森债务临近到期，公司被迫变卖资产置换现金。吉普森设在孟菲斯大型工厂关闭并售出，设在纳什维尔几处利用率较低的办公楼也被卖掉，共筹集到6300万美元现金。吉普森集团旗下的Cakewalk软件公司因一直亏损也被卖掉。然而，悲剧并未停歇，之前并购的荷兰菲利普电子消费产品销售不佳，利润从2016年的15亿美元骤降至不足1.2亿美元。在已无选择的背景下，2018年5月底，吉普森按美国公司法第11章申请破产。

由于吉普森各债权人要求分割资产，吉普森在德拉维尔州破产法庭周折了4个月时间。在此过程中，美国业界领先的私募公司KKR获控吉普森乐器集团69%产权份额，同时公布方案，对其旗下的电子消费品业务板块进行资产清算，全力转向主营业务吉普森和普芬高端吉他。同时做出人事调整，任命詹姆斯为吉普森首席执行官，替换饱受争议的原首席执行官亨利。在这一让人遗憾的事件处理过程中，唯一值得慰藉的是，KKR对吉普森集团做了资产评估，认定其吉普森吉他业务总额估值为4亿美元，比当时亨利1986年买入时高出80倍。

吉他界大佬步履维艰，招致市场信息谣传。一时间，媒体报道以“吉他大佬风光不再”“吉他已亡”之类论调喧嚣尘上，这种颇费笔墨的文章却抹煞了市场真实的一面。随着美国经济基本面持续改善，市场消费信心指数提升，加之新品源源不断，吉他广受看好，市场消费增长活跃。本刊所做的年度美国乐器市场零售数据显示，2018年前3季度，美国吉他市场销售增幅7%。

其他能显示吉他市场上升的量化指标还有：吉他类App在苹果手机App网售店下载量连续多月排名第二，直逼财经、天气和健康类App；业界有影响的乐谱出版商——里纳尔德出版公司年报显示，2018年吉他入门教材销售增长5.7%；专营音乐制品的美国电商平台Reverb成立五年来异军突起，这家总部位于芝加哥的在线乐器平台，乐器交易数量突破10亿笔，其中近80%的交易业务来自吉他等弦类乐器。

从产业角度看，音乐制品行业规模小，但产业延伸度广，国际化程度高。即使一家小琴行所售的乐器及配件产品，可能源于多个国家和地区，乐器制造商在各环节相互依赖，产业链的国际依存度更高。因此，每次华盛顿在讨论惩罚性的关税政策时，往往会受到行业广泛关注。2018年初美国对欧盟和日本采取的加征关税告一段落后，特朗普政府又将注意力转向中国，对该国商品（包括部分乐器和音响）大范围加征25%关税。目前定调行业作何反应为时尚早，但可以预期，美国在华的部分乐器制造会回流美国国内，并通过某些灰色营销模式回避关税，一旦形成法令，将无可避免对行业造成影响。

2018年国际濒危物种保护公约（CITIES）缓慢进展

2017年1月1日，国际濒危组织保护公约出台的新规正式生效，要求凡是出口任何含有玫瑰木成分的乐器制造商，必须持有出口许可证。玫瑰木在植物纲目中统一被编入黄檀类，其有200多种变异体，突然被列入应受保护的濒危植物类。当年第一季度，受突如其来的新规影响，全球吉他和木管乐器贸易额猛降30%。之后，制造商渐渐摸清了出口许可证的申请程序，对繁杂的行政手续颇有微词。相关乐器制造商为自身利益奔走呼号，全球公关行动协同一致，不断游说国际濒危物种保护组织。最终，该组织考虑放松对乐器的严格管制。如乐器制造商能够自证半成品玫瑰木的合法性，那么成品乐器可以免开出口许可。此外，个体演出目的也得到豁免。凡是音乐家个人的跨国演出，也可自由携带含玫瑰木成分的乐器。

毕竟，国际濒危物种保护组织是联合国下属官方机构，内部官僚化气息浓重，对于推进修订后的条例生效表决较为迟缓。希望2019年的某个时间，行业能够迎来该组织新规通过的时刻。

最后，本刊邀请几位公司负责人着重回顾2018年音乐制品行业发展并分享对2019年的预期。**美国雅马哈公司负责人汤姆·萨默纳**认为，目前，市场消费信心指数处于过去18年来的最高水平，就业率接近50年来最高点，美国股市的财富效应以及房产价值都处在正向发展区间。虽然经济发展乌云笼罩——主要是美中贸易问题，我们预计2019年美国经济和消费信心指数依然强劲。美中贸易关税问题现在是个大大的未知数，结果不外两种，要么解决要么升级。目前各方仍在密切关注形势，对问题的解决抱有信心。同时看好2019年经销渠道，公司要从不断发展变化的音乐制品行业中寻求新的机遇。

美国艾默生公司首席执行官克里斯谈到，中美贸易战争还是持续。不明白美国贸易代表办公室为何将中国产品的成品及配件都列入加征关税的名单。如果仅对成品加征关税，那就有益于美国制造，而且能为中美制造业提供公平竞争环境。

达达里奥乐器公司首席执行官达达里奥表示，赞同特朗普总统将关税问题摆到台面。但是，我难以理解政府借此想要达到的怎样的目的。目前看出台的加征关税措施更像是制裁性的，像是摆出了辩论的态势，要引起人们的广泛关注。加征关税的举措，没有显示出关税政策如何能够帮助美国制造商制胜外国市场，这方面政策还缺乏清晰的目标。

海伦美国钢琴公司负责人：中国钢琴市场几乎是“无底洞式”需求，美国市场表现像日全食，即使美国经济向好，钢琴销售市场较之前有大幅增长，但也会被中国市场的光辉业绩覆盖。中美贸易战，为了美国利益最大化，游戏可以继续，但我建议要谨慎出牌。

Zoom北美分公司经理古德曼：2019年外部挑战环境在不断变化。比如从中国进口原材料、钢铁或铝制品，都有关联的加征关税问题。换个角度想，如果我们聚焦主业，开发设计符合市场需求的产品，保持多元化营销渠道，那就能稳步推进业务，更好应对2019年可能出现的种种挑战。

抱怨无济于事，无法找到问题的解决之路，只能让公司经营偏离正确航向。过去41年来，公司能够顽强生存下来，就是能在变革的时代中不断找到新的机遇。每当失败之后，我都是眼睛向内自省，不能归咎消费者、经销商甚至对手。他们都是公司的老师，了解客户的动机和需求就是指引我们应对未来的最宝贵经验，以及在此基础上企业要做出的必要调整。

蓝色音乐首席执行官约翰·梅伊尔：估计2019年全年美国经济走势趋好，还会继续走强，公司销售已显示出市场在稳步发展。目前感觉招到合适的人才比较困难，和五六年前相比，要找到岗位所需的合适人选更具挑战；另外一方面，政策走向较为模糊，我公司预计，2019年关税影响将逐渐显现。受其影响，制造商只能被迫提价。

美国芬达乐器集团首席执行官安迪·莫尼：随着网络发展，网络音乐流媒体快速增长。同样让人振奋的是美国女性吉他消费重要性日渐凸显。最新研究报告显示，吉他学习人数中，女士学习的比重高达50%，这种势头是世界性的。吉他适用的人群和场合越来越广。吉他学习老少咸宜，而且学习目的多元，既可以是谋生技能，也可以是体验音乐快乐的工具。吉他发展赶上了最好的时期，吉他受欢迎的程度从未像现在这样热烈。芬达乐器集团将继续通过产品创新，强化营销，增加吉他用户数量，尽全力促进行业发展。

总体来看，2019年中美相互加征关税或成业内人士最关注问题，“调整策略，转变态度，聚焦主业，挖掘需求，适者生存”，成为各方适应新挑战的应对之策。

（编译自美国《音乐贸易》2019 No.1）

海外资讯篇之三：日本乐器市场

2009—2018年日本国产乐器销售实绩

类别 年份	声学钢琴总计		立式钢琴		三角钢琴	
	数量（架）	金额（千日元）	数量（架）	金额（千日元）	数量（架）	金额（千日元）
2009	97,799	24,781,000	82,962	12,433,000	14,837	12,348,000
2010	119,276	26,515,000	100,315	12,402,000	18,961	14,113,000
2011	44,159	23,555,000				
2012	40,308	23,010,000				
2013	38,595	26,020,000				
2014	41,139	27,144,000				
2015	38,273	25,004,000				
2016	39,408	24,395,000				
2017	38,706	24,263,000				
2018	38,917	24,436,000				

类别 年份	电钢琴和电风琴总计		电钢琴		电风琴	
	数量（架）	金额（千日元）	数量（架）	金额（千日元）	数量（架）	金额（千日元）
2009	170,837	16,882,000	156,657	13,022,000	14,180	3,860,000
2010	194,651	18,020,000	180,021	14,423,000	14,630	3,597,000
2011	160,204	15,568,000				
2012	155,504	15,184,000				
2013	175,403	18,946,000				
2014	208,059	21,157,000				
2015	196,780	17,997,000				
2016	215,862	18,381,000				
2017	170,038	15,787,000				
2018	155,486	14,521,000				

年份＼类别	各类电子键盘总计		电子键盘		键盘集音器	
	数量（个）	金额（千日元）	数量（个）	金额（千日元）	数量（个）	金额（千日元）
2009	218,156	7,079,000				
2010	197,125	7,723,000				
2011	127,331	6,737,000				
2012	129,178	5,405,000				
2013	125,644	6,666,000				
2014	135,143	7,555,000				
2015	149,868	7,177,000				
2016	105,196	5,912,000				
2017	87,461	4,439,000				
2018	77,141	3,284,000				

年份＼类别	管乐器合计		吉他总计	
	数量（个）	金额（千日元）	数量（个）	金额（千日元）
2009	212,679	18,183,000	216,998	6,571,000
2010	204,098	18,278,000	215,621	6,091,000
2011	169,874	17,050,000	254,794	6,684,000
2012	163,706	15,922,000	211,400	5,766,000
2013	179,576	19,161,000	184,029	6,006,000
2014	203,005	20,588,000	187,739	5,487,000
2015	189,804	20,521,000	135,022	5,027,000
2016	154,775	18,473,000	151,838	5,284,000
2017	151,479	20,288,000	139,477	5,221,000
2018	172,509	22,008,000	149,870	5,730,000

注：1. 自2011年1月起，立式钢琴，三角钢琴和电钢琴不再列入统计，新增“电钢琴、电风琴合计”一栏。此外，自2011年以来，静冈县乐器制造协会不再报送“KD生产”数据，因此2011年与之前数据相比，钢琴产销数据大幅减少。

2. 2016年6月以来的声学钢琴销售业绩未公布,因此合计一栏无法计算。

3. 2005年起，电子键盘和键盘集音器等两个类别（均不含小型电子键盘）调整后列入“各类电子键盘总计”中。

2018年日本乐器出口国家和地区前10位

(金额单位：千日元 重量单位：千克)

国家及地区	立式钢琴	
	数量	金额
中国大陆	72497	10637727
越南	14886	1684259
美国	5788	2105161
澳大利亚	3573	1062636
马来西亚	3282	289511
加拿大	2341	705504
中国香港	2061	736874
韩国	1856	417350
英国	1371	398563
新加坡	1357	491146

国家及地区	三角钢琴	
	数量	金额
中国大陆	4752	3123814
美国	3133	3630209
德国	1145	1528786
韩国	679	547375
澳大利亚	673	730788
加拿大	557	573412
越南	547	250797
法国	431	610505
英国	341	385937
意大利	321	209093

国家及地区	键盘弦乐器	
	数量	金额
柬埔寨	202	343
越南	17	744
韩国	2	920
中国香港	1	2000
美国	1	1958
中国台湾	1	900
英国	1	288

国家及地区	弓弦乐器	
	数量	金额
韩国	41	3176
中国香港	36	1350
越南	36	1026
美国	11	13522
中国大陆	1	7197
澳大利亚	1	1350
澳门	1	800
斯洛伐克	1	800
英国	1	500
中国台湾	1	211

国家及地区	吉他和其他弦乐器	
	数量	金额
美国	5752	361760
越南	4888	23515
泰国	2934	50686
柬埔寨	1595	15159
德国	1207	111134
法国	990	64891
中国大陆	639	54857
韩国	632	43761
英国	632	52634
俄罗斯	630	9080

国家及地区	铜管乐器	
	数量	金额
美国	19738	3558515
德国	4330	584227
法国	1591	241956
澳大利亚	1079	156535
加拿大	1051	145349
中国大陆	698	92141
英国	531	79984
中国香港	443	69054
柬埔寨	389	15177
中国台湾	326	57166

国家及地区	其他管乐器	
	数量	金额
美国	103666	3029151
德国	80690	1603701
韩国	69717	913206
中国台湾	64853	323643
意大利	55263	91463
英国	48762	323669
加拿大	39487	189049
中国大陆	38543	578462
中国香港	29892	450533
捷克	16195	22386

国家及地区	鼓	
	数量	金额
美国	3105	293440
中国大陆	2149	173000
德国	893	35032
加拿大	317	25086
荷兰	313	10791
意大利	310	11955
中国香港	287	18202
英国	257	10346
瑞士	213	8575
澳大利亚	197	15224

国家及地区	其他打击乐器	
	数量	金额
美国	14077	520786
加拿大	3524	41433
韩国	2601	23898
中国大陆	2527	98731
澳大利亚	2194	45890
中国香港	1480	1920
德国	441	114209
墨西哥	434	989
法国	259	52132
中国台湾	223	57650

国家及地区	电子键盘乐器	
	数量	金额
越南	25365	498674
美国	11474	1219175
德国	4204	374725
法国	2290	155509
英国	2167	210537
阿联酋	1690	120746
韩国	1669	181852
新加坡	1621	107028
中国大陆	1499	259822
俄罗斯	983	48800

国家及地区	电吉他	
	数量	金额
美国	18866	1375575
荷兰	3284	170754
德国	3198	273559
俄罗斯	2617	66541
中国香港	2119	203913
泰国	2048	49717
中国大陆	1721	131772
澳大利亚	1718	112921
英国	1235	96268
法国	1050	84184

国家及地区	其他电子乐器	
	数量	金额
美国	5273	237670
比利时	3788	102415
马来西亚	899	20770
德国	673	64995
俄罗斯	664	12528
中国大陆	442	11318
澳大利亚	333	13479
加拿大	285	11717
英国	185	12490
法国	179	16369

国家及地区	八音盒	
	数量	金额
韩国	6743	7102
马来西亚	5000	810
中国大陆	3559	15485
德国	1649	986
美国	1075	2460
中国台湾	968	5848
泰国	616	2004
新加坡	387	695
英国	340	551
越南	191	341

国家及地区	乐器用弦	
	重量	金额
印度尼西亚	9390	14418
德国	380	4552
美国	361	10712
中国大陆	220	6871
中国香港	211	5924
阿联酋	106	1876
加拿大	93	697
澳大利亚	72	1379
中国台湾	60	2499
韩国	57	1711

国家及地区	钢琴零配件	
	重量	金额
中国大陆	6052387	2037225
印度尼西亚	4214525	2252023
美国	23141	110257
德国	16029	70436
中国台湾	6749	22864
奥地利	1620	9158
澳大利亚	845	1932
越南	603	3269
捷克	294	3470
菲律宾	284	428

国家及地区	弦乐器零配件	
	重量	金额
印度尼西亚	9907	45473
中国大陆	5346	44230
美国	4535	88762
菲律宾	1264	3731
墨西哥	937	15927
英国	706	11467
瑞典	664	4743
中国香港	605	12157
德国	469	9939
西班牙	454	10294

国家及地区	电子乐器零配件	
	重量	金额
印度尼西亚	123538	654115
中国香港	73660	121974
中国大陆	70344	250450
美国	67681	656577
马来西亚	26128	127031
德国	20393	87803
英国	5441	43845
荷兰	5021	26761
比利时	4762	21854
法国	4524	33867

国家及地区	其他零配件	
	重量	金额
中国大陆	122889	1002968
印度尼西亚	107920	640346
美国	55295	545205
德国	8566	191018
中国香港	7060	83391
中国台湾	5131	54563
韩国	3374	38054
荷兰	3210	13605
加拿大	1540	17100
新加坡	1249	22009

2018年日本乐器进口国家和地区前10位

(金额单位：千日元 重量单位：千克)

国家及地区	立式钢琴	
	数量	金额
印度尼西亚	3206	690189
中国大陆	402	76903
韩国	177	31167
德国	153	153034
捷克	73	48043
美国	30	16011
奥地利	3	7261
法国	1	2099
比利时	1	436
瑞士	1	302

国家及地区	三角钢琴	
	数量	金额
德国	194	895544
印度尼西亚	122	52742
美国	81	164255
中国大陆	56	29865
捷克	26	43500
奥地利	16	114578
韩国	15	8058
英国	14	7306
意大利	10	67596
法国	3	9089

国家及地区	键盘弦乐器	
	数量	金额
意大利	176	9999
中国大陆	92	1220
法国	10	11590
荷兰	3	4621
德国	2	2315
波兰	1	541
英国	1	215

国家及地区	弓弦乐器	
	数量	金额
中国大陆	23804	370796
德国	2587	324678
罗马尼亚	2055	80494
捷克	1147	85765
意大利	473	1564642
法国	305	122005
比利时	186	25159
保加利亚	175	34806
英国	164	78766
匈牙利	141	15593

国家及地区	吉他	
	数量	金额
中国大陆	123355	1133867
印度尼西亚	36293	33721
美国	9265	1706551
墨西哥	9211	348727
西班牙	1597	131316
加拿大	606	25896
泰国	520	13913
澳大利亚	518	60786
罗马尼亚	313	3330
越南	305	10625

国家及地区	其他弦乐器	
	数量	金额
中国大陆	101322	353708
印度尼西亚	22078	32745
越南	4747	20726
美国	3246	245813
德国	953	40184
墨西哥	675	21409
意大利	341	105193
巴基斯坦	332	6871
印度	262	735
葡萄牙	110	1224

国家及地区	铜管乐器	
	数量	金额
中国大陆	20618	387680
美国	5459	924985
中国台湾	3501	112506
德国	2067	742197
印度尼西亚	278	675
西班牙	208	17720
瑞士	175	87085
荷兰	77	21407
英国	40	16786
韩国	37	15630

国家及地区	风琴	
	数量	金额
中国大陆	61188	69252
印度	43	1775
荷兰	2	10986
德国	2	33734
瑞士	1	28500
意大利	1	12328
奥地利	1	5650
法国	1	4835
美国	1	3355
英国	1	778

国家及地区	手风琴	
	数量	金额
印度尼西亚	364790	497665
中国大陆	214271	357319
意大利	257	49866
捷克	36	6289
爱尔兰	2	467
美国	2	807
法国	1	354
英国	1	311
德国	1	270
瑞典	1	268

国家及地区	口琴	
	数量	金额
中国大陆	126821	98173
德国	11469	36146
美国	108	863
挪威	1	398

国家及地区	其他管乐器	
	数量	金额
印度尼西亚	1024879	1491566
中国大陆	175070	267934
韩国	12717	35447
中国台湾	11069	326556
美国	10141	523697
法国	8900	2359937
德国	4937	433238
爱尔兰	4330	2266
英国	423	6344
越南	292	18840

国家及地区	鼓	
	数量	金额
中国大陆	1207327	610444
中国台湾	342701	480090
越南	50925	7211
美国	45697	527884
泰国	39584	117524
印度	29790	21071
德国	14662	81237
加拿大	12165	110627
瑞士	8475	74877
韩国	6847	4446

国家及地区	电子键盘乐器	
	数量	金额
中国大陆	435633	4963300
印度尼西亚	84046	4265327
马来西亚	18140	850057
越南	2351	25231
意大利	975	62810
瑞典	777	102984
美国	657	101887
英国	157	5729
荷兰	81	23392
德国	71	4530

国家及地区	电吉他	
	数量	金额
中国大陆	103646	1306627
印度尼西亚	35320	571963
美国	22632	3919069
墨西哥	6228	191669
菲律宾	3734	89726
韩国	3663	157366
德国	1077	163127
加拿大	839	75666
越南	718	13261
波兰	389	72523

国家及地区	其他电子乐器	
	数量	金额
中国大陆	41145	532380
越南	10890	31597
马来西亚	8456	303799
印度尼西亚	4012	98877
中国台湾	3971	72256
美国	678	49661
瑞典	364	16560
捷克	123	11278
德国	121	7377
印度	99	3571

国家及地区	八音盒	
	数量	金额
中国大陆	263085	112433
瑞士	2330	103808
德国	640	3249
法国	439	690
芬兰	144	458
意大利	110	15658
美国	26	16390
英国	6	4347

国家及地区	乐器用弦	
	重量	金额
美国	148484	1116857
中国大陆	22141	73092
墨西哥	7549	138868
德国	6193	389497
韩国	3767	12928
奥地利	2907	432736
法国	2660	49613
意大利	2480	41845
英国	699	26706
丹麦	294	56085

国家及地区	钢琴零配件	
	重量	金额
印度尼西亚	2661622	2273979
中国大陆	290351	327928
美国	35454	31137
韩国	3965	45523
中国台湾	3941	6183
德国	2543	46229
马来西亚	750	1586
意大利	127	2144
奥地利	88	1909
英国	35	365

国家及地区	弦乐器零配件	
	重量	金额
中国大陆	258227	320583
中国台湾	35203	49009
越南	22938	63418
美国	17598	277587
泰国	3520	4645
加拿大	3152	58959
德国	2737	227186
韩国	1984	30377
老挝	1910	28258
西班牙	1085	11996

国家及地区	电子乐器零配件	
	重量	金额
马来西亚	778476	376976
中国大陆	459004	770688
印度尼西亚	353035	319339
美国	74512	629966
中国台湾	25974	54500
越南	18377	158786
意大利	15639	38680
韩国	10103	123288
德国	3944	63994
泰国	3934	71046

国家及地区	节拍器、音叉	
	重量	金额
中国大陆	407772	945321
中国台湾	197443	613492
美国	120817	1209685
印度尼西亚	50736	364032
法国	49193	1930846
泰国	44718	95451
越南	37780	184349
德国	14508	172061
韩国	3096	60528
葡萄牙	2532	14780

海外资讯篇之四：各国乐器市场概述

日 本

日本乐器协会每年都对制造商和零售商做相关统计调查，并于每年8月公布数据调查报告。依据2017年数据与报告，制定了最新的2018年进出口数据。2018年日本乐器进出口情况如下。

出口增长

静冈县乐器制造商协会统计数据显示，2018年声学钢琴的单位销量和成交价格与上年基本持平。虽然国内出货量略有下降，但出口的单位销量和成交价格均增长3%。自2013年以来，日本钢琴出口量逐年增加。继2011年出口创下26000台的新高之后，2018年出口量仅次于2011年。

立式钢琴的国内出货量为9600架，比2017年同比减少11%。过去三年三角钢琴销量有所下降，但2018年达到3700架，增长10%；零售总额134.3亿日元（约合1.208亿美元），略增3%，三角钢琴单价略有下降。

2018年立式钢琴、三角钢琴和其他管乐器、铜管乐器、钢琴零部件和配件的出口占乐器出口总额的77%。立式钢琴出口增长11%，达211亿日元（1.898亿美元）；三角钢琴出口增长6%，达131亿日元（1.178亿美元）。声学钢琴占出口总量的50%。

带电子键盘乐器出口下降18%，为43亿日元（3870万美元），另外还有一小部分产品表现不佳。

进口平稳

进口与前年同期持平，进口总额为554亿日元（4.982亿美元）。声学乐器进口额增加，其中，其他管乐器进口金额56亿日元（5040万美元），同比增长 17%；弓弦乐器28亿日元（2520万美元），同比增长 19%；手风琴9亿日元（810万美元），同比增长11%。

此外，电子乐器零部件和配件的进口增长13%，达28亿日元（2520万美元），但电子键盘乐器下降8%，为104亿日元（9350万美元），电吉他进口下降13%，为66亿日元（5940万美元）。排名前十位的乐器进口类别占进口总量的82%。来源：《日本音乐贸易》（杂志社社长泽野优及总监Shuncho Mori）

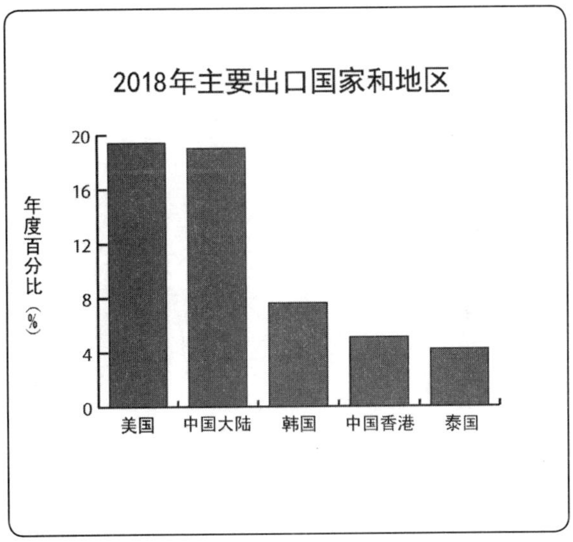

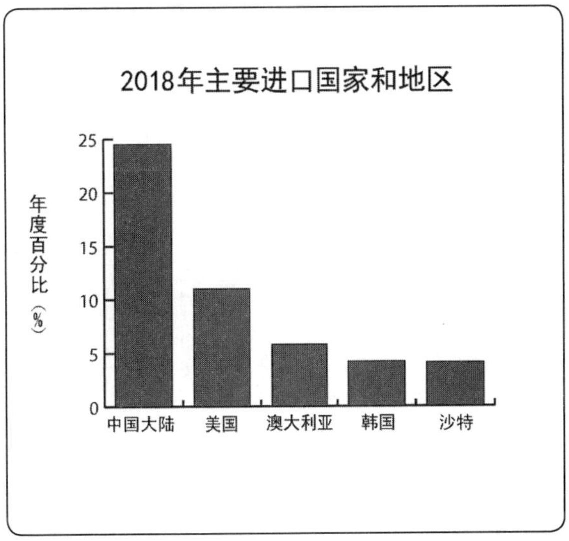

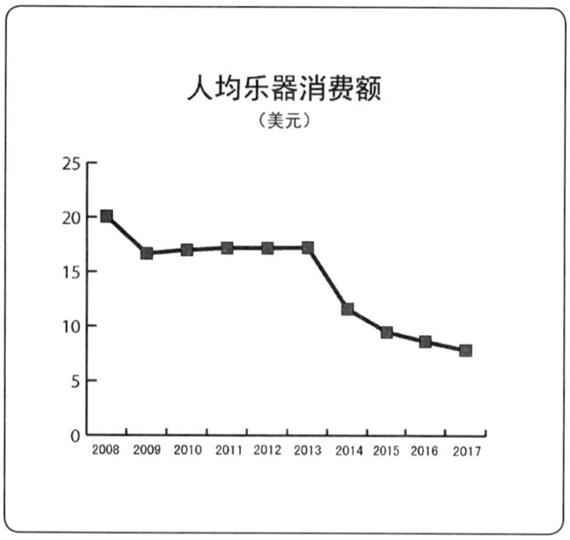
人均乐器消费额
（美元）
25
20
15
10
5
0
2008 2009 2010 2011 2012 2013 2014 2015 2016 2017

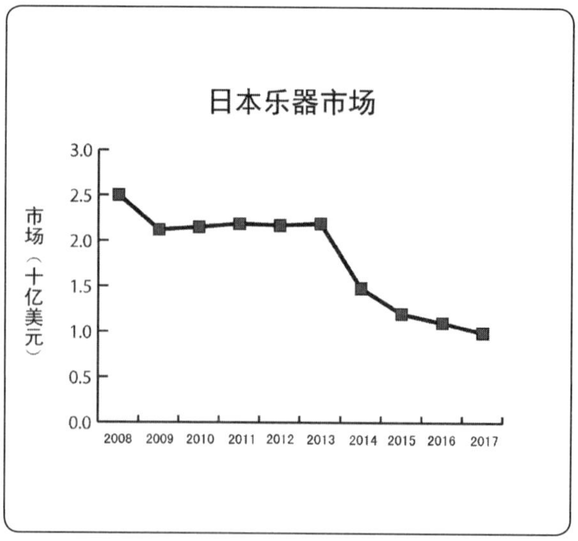
日本乐器市场
市场（十亿美元）
3.0
2.5
2.0
1.5
1.0
0.5
0.0
2008 2009 2010 2011 2012 2013 2014 2015 2016 2017

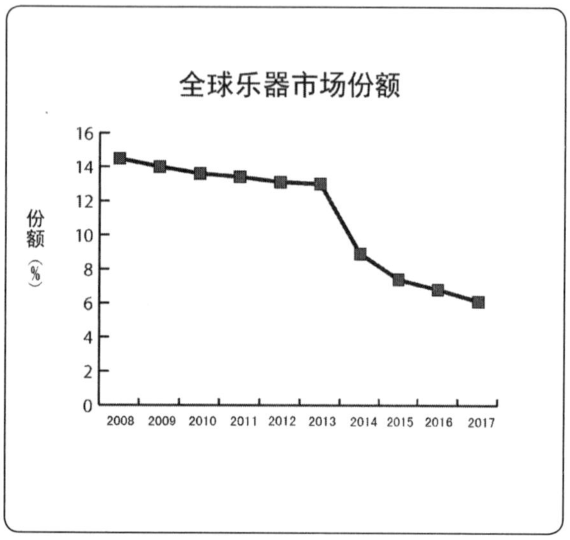
全球乐器市场份额
份额（%）
16
14
12
10
8
6
4
2
0
2008 2009 2010 2011 2012 2013 2014 2015 2016 2017

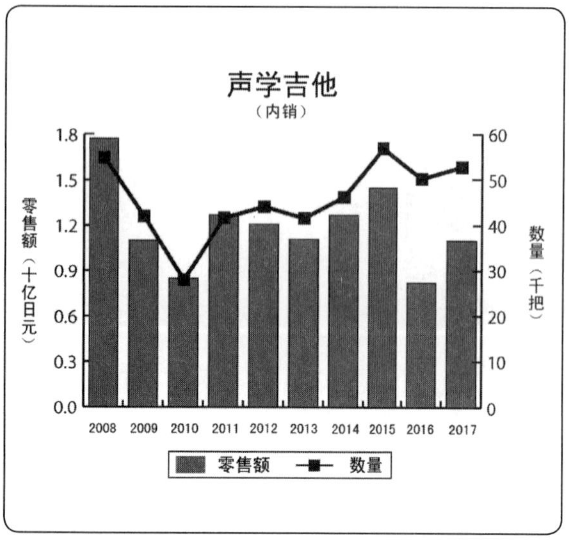
声学吉他
（内销）
零售额（十亿日元）
1.8
1.5
1.2
0.9
0.6
0.3
0.0
数量（千把）
60
50
40
30
20
10
0
2008 2009 2010 2011 2012 2013 2014 2015 2016 2017
零售额 数量

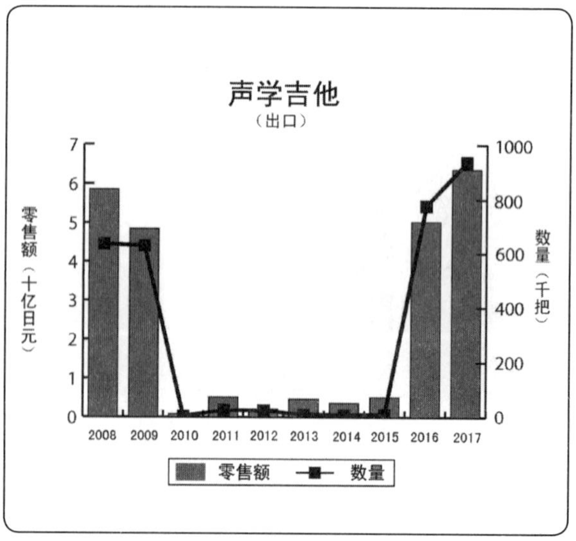
声学吉他
（出口）
零售额（十亿日元）
7
6
5
4
3
2
1
0
数量（千把）
1000
800
600
400
200
0
2008 2009 2010 2011 2012 2013 2014 2015 2016 2017
零售额 数量

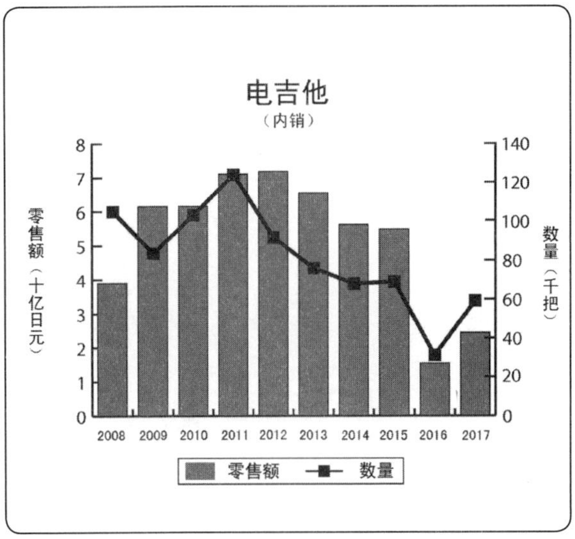
电吉他
（内销）
零售额（十亿日元）
数量（千把）
2008 2009 2010 2011 2012 2013 2014 2015 2016 2017
零售额 数量

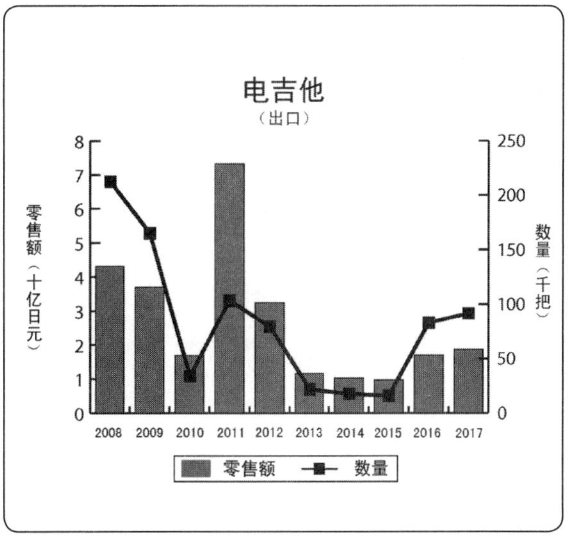
电吉他
（出口）
零售额（十亿日元）
数量（千把）
2008 2009 2010 2011 2012 2013 2014 2015 2016 2017
零售额 数量

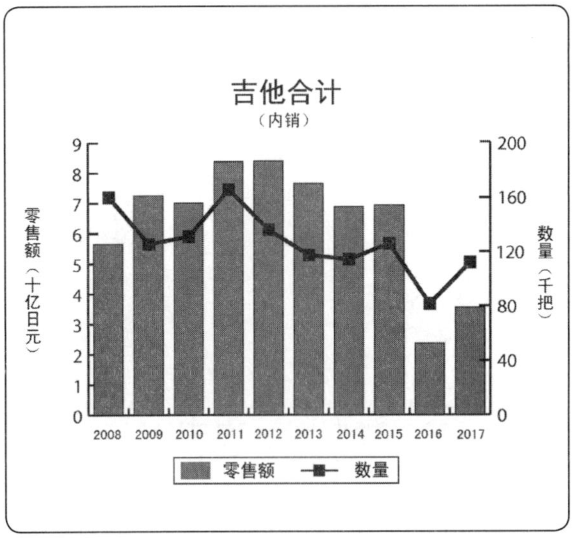
吉他合计
（内销）
零售额（十亿日元）
数量（千把）
2008 2009 2010 2011 2012 2013 2014 2015 2016 2017
零售额 数量

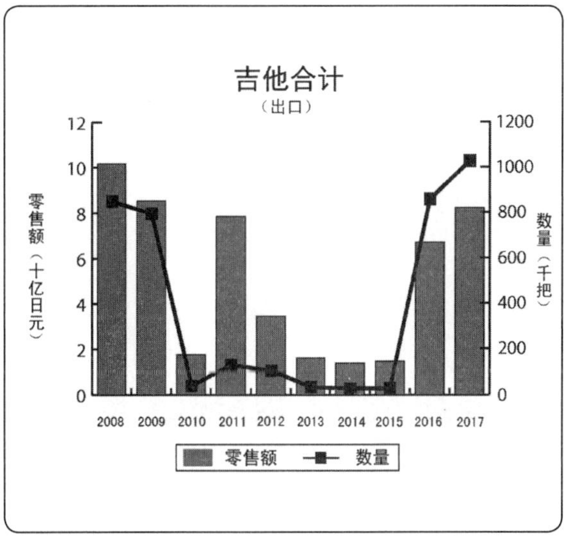
吉他合计
（出口）
零售额（十亿日元）
数量（千把）
2008 2009 2010 2011 2012 2013 2014 2015 2016 2017
零售额 数量

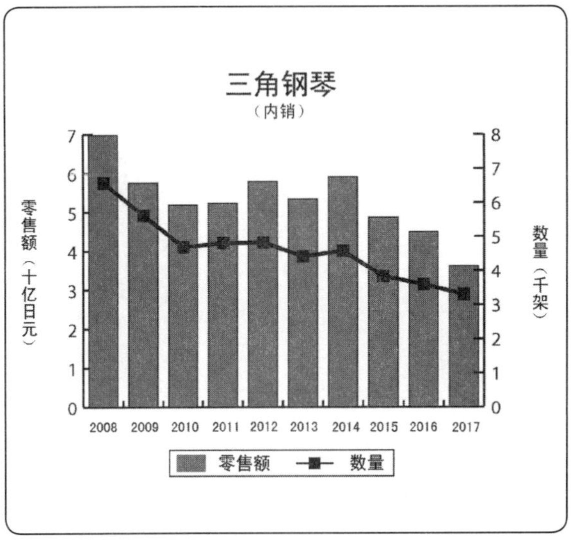
三角钢琴
（内销）
零售额（十亿日元）
数量（千架）
2008 2009 2010 2011 2012 2013 2014 2015 2016 2017
零售额 数量

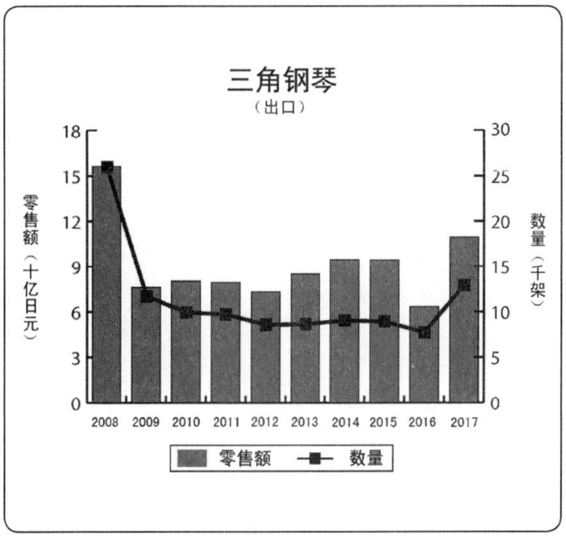
三角钢琴
（出口）
零售额（十亿日元）
数量（千架）
2008 2009 2010 2011 2012 2013 2014 2015 2016 2017
零售额 数量

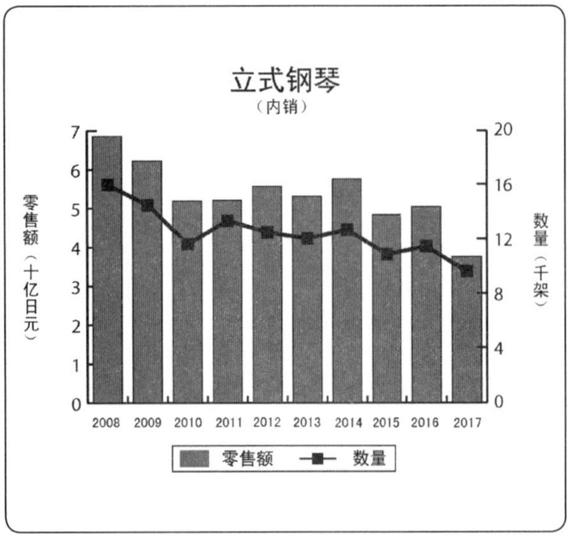
立式钢琴
（内销）
零售额（十亿日元）
数量（千架）
2008 2009 2010 2011 2012 2013 2014 2015 2016 2017
零售额 数量

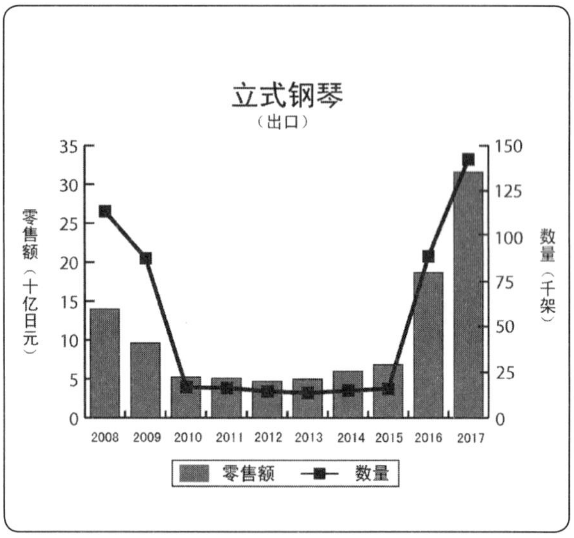
立式钢琴
（出口）
零售额（十亿日元）
数量（千架）
2008 2009 2010 2011 2012 2013 2014 2015 2016 2017
零售额 数量

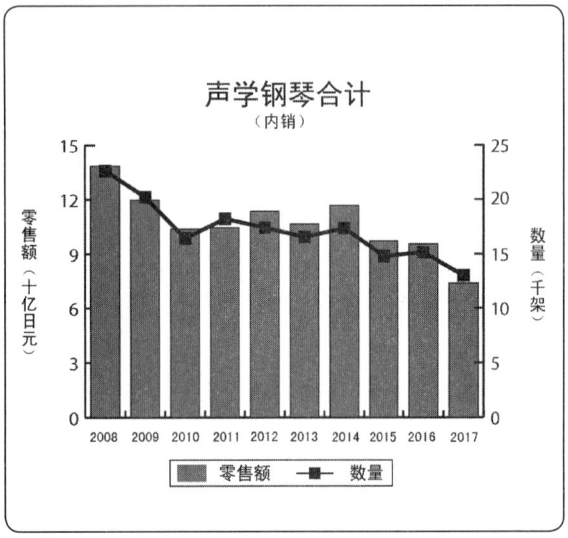
声学钢琴合计
（内销）
零售额（十亿日元）
数量（千架）
2008 2009 2010 2011 2012 2013 2014 2015 2016 2017
零售额 数量

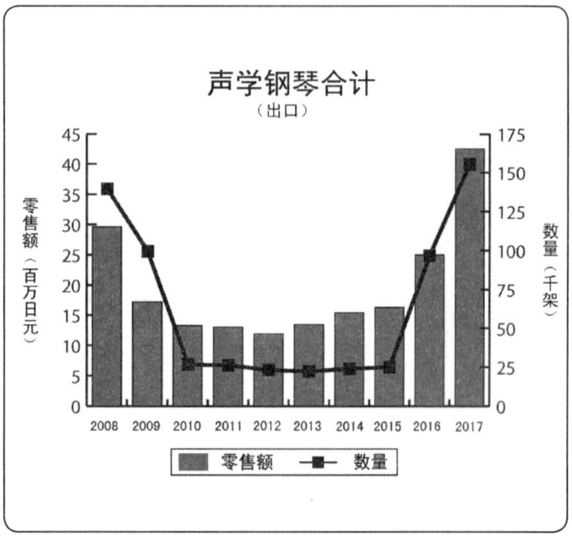
声学钢琴合计
（出口）
零售额（百万日元）
数量（千架）
2008 2009 2010 2011 2012 2013 2014 2015 2016 2017
零售额 数量

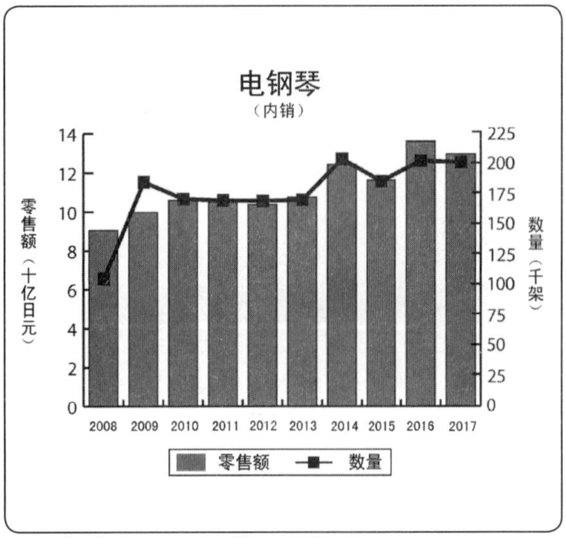
电钢琴
（内销）
零售额（十亿日元）
数量（千架）
2008 2009 2010 2011 2012 2013 2014 2015 2016 2017
零售额 数量

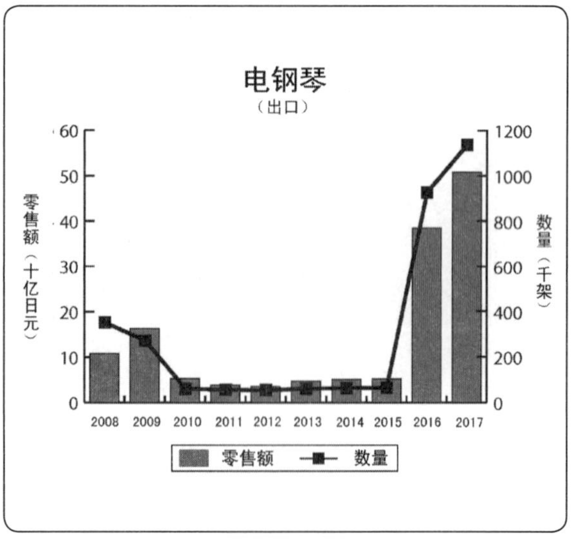
电钢琴
（出口）
零售额（十亿日元）
数量（千架）
2008 2009 2010 2011 2012 2013 2014 2015 2016 2017
零售额 数量

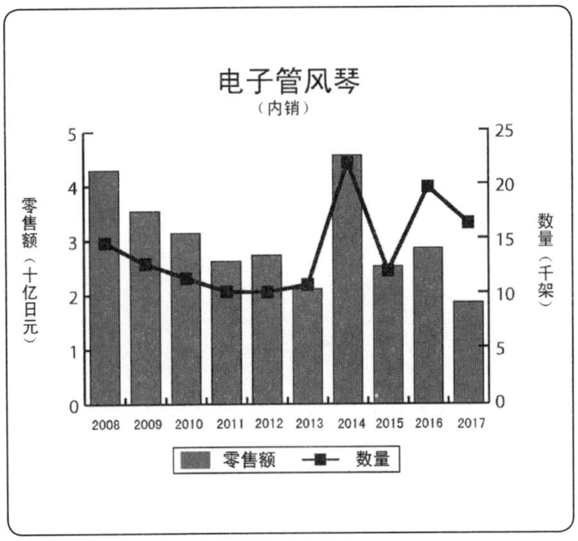
电子管风琴
（内销）
零售额（十亿日元）
数量（千架）
0 1 2 3 4 5
0 5 10 15 20 25
2008 2009 2010 2011 2012 2013 2014 2015 2016 2017
零售额 数量

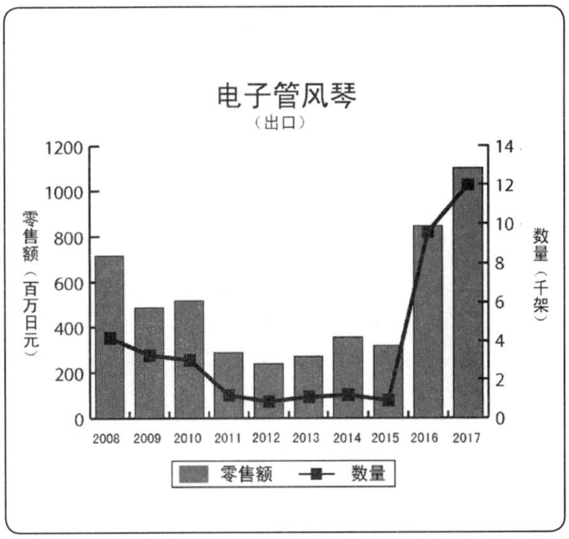
电子管风琴
（出口）
零售额（百万日元）
数量（千架）
0 200 400 600 800 1000 1200
0 2 4 6 8 10 12 14
2008 2009 2010 2011 2012 2013 2014 2015 2016 2017
零售额 数量

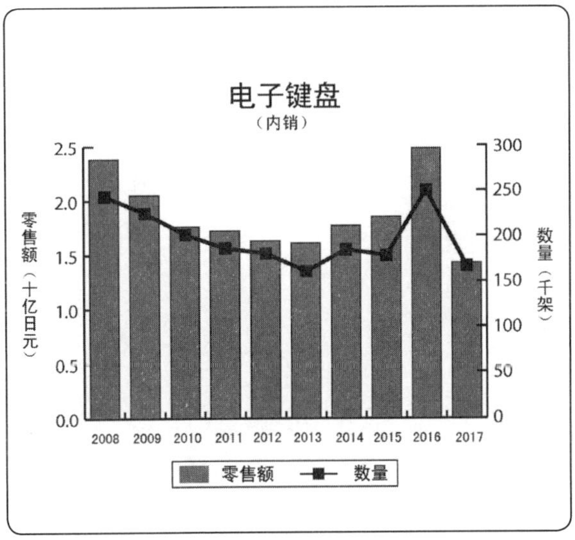
电子键盘
（内销）
零售额（十亿日元）
数量（千架）
0.0 0.5 1.0 1.5 2.0 2.5
0 50 100 150 200 250 300
2008 2009 2010 2011 2012 2013 2014 2015 2016 2017
零售额 数量

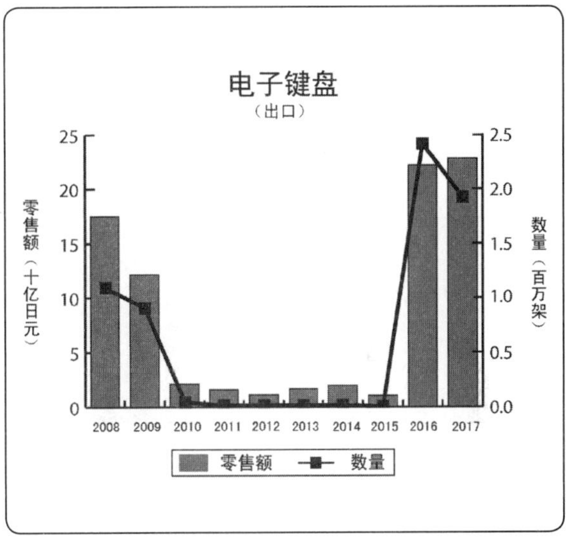
电子键盘
（出口）
零售额（十亿日元）
数量（百万架）
0 5 10 15 20 25
0.0 0.5 1.0 1.5 2.0 2.5
2008 2009 2010 2011 2012 2013 2014 2015 2016 2017
零售额 数量

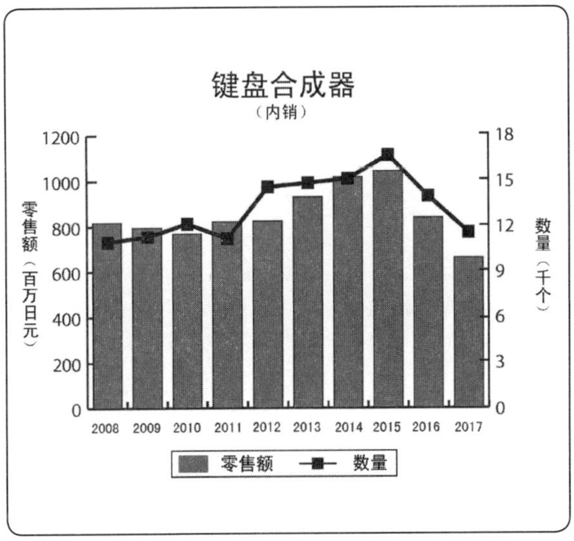
键盘合成器
（内销）
零售额（百万日元）
数量（千个）
0 200 400 600 800 1000 1200
0 3 6 9 12 15 18
2008 2009 2010 2011 2012 2013 2014 2015 2016 2017
零售额 数量

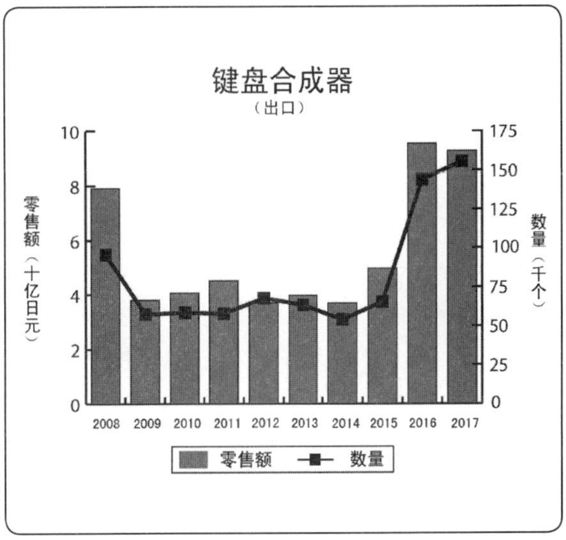
键盘合成器
（出口）
零售额（十亿日元）
数量（千个）
0 2 4 6 8 10
0 25 50 75 100 125 150 175
2008 2009 2010 2011 2012 2013 2014 2015 2016 2017
零售额 数量

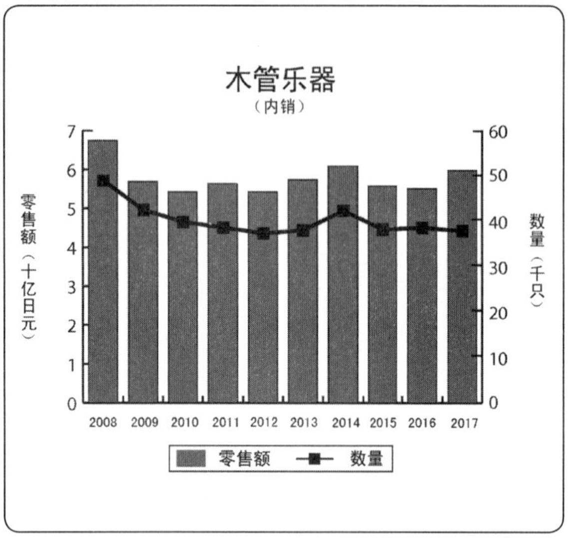

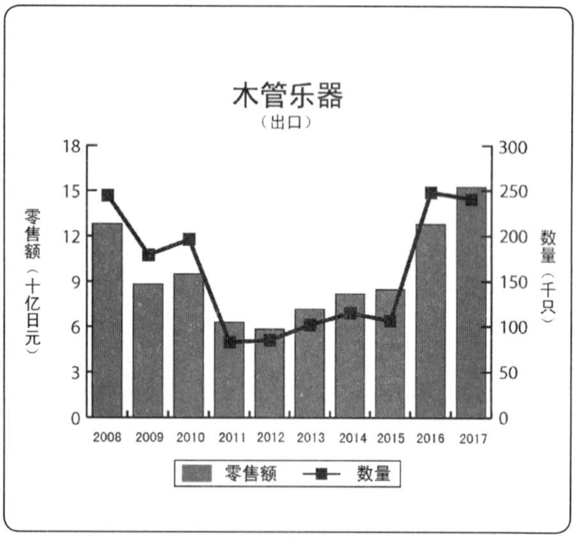

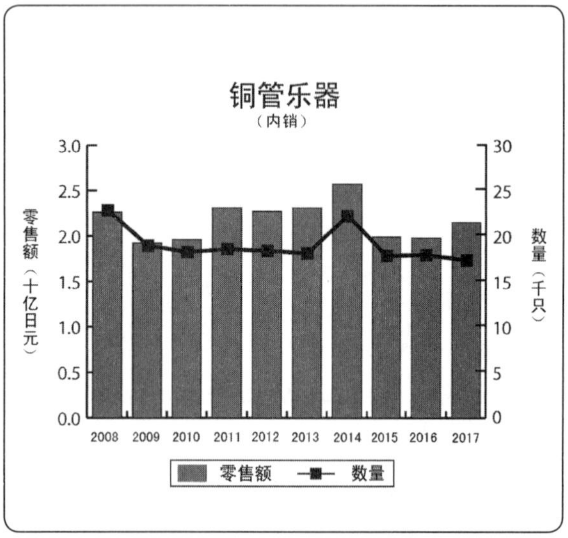

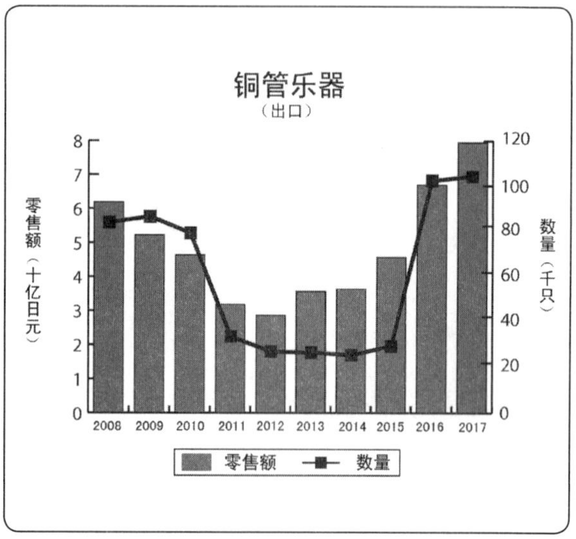

德 国

2018年德国经济形势可总体归纳为营业额强劲增长，国内营业额保持稳定，海外营业额大幅上升。

2017年营业额统计数据发布后，德国1289家乐器制造商营业总额6.599亿欧元，而1713家乐器及其他相关产品零售商的营业额达到13.5亿欧元。过去10年，制造商和经销商营业额增长20%至25%。乐器制造商数量增加约10%，经销商数量降幅超过20%。

2018年，员工人数20名以上的德国公司共55家，较2017年保持稳定。员工总人数3881名，比2017年同比增长2.5%，乐器营业总额4.529亿欧元，增长9%。经历2017年萎缩之后，2018年德国国内乐器营业额1.569亿欧元，仅增长0.4%，但海外营业额达2.959亿欧元，大幅增长14.2%。

德国外贸进出口保持平衡

此前几年，德国乐器外贸顺差十分明显，现在来看，这种情况似乎已成历史。历经金融危机之后，传统的外贸盈余转为逆差。2016年赤字近3000万欧元。2017年略有盈余1100万欧元，而2018年盈余再度缩减至300万欧元。

乐器进口6.395亿欧元，同比增长7.9%，而出口6.43亿欧元，同比增长6.6%。

出口方面，德国最重要的出口国家为法国、中国、美国、奥地利、英国、日本、荷兰、波兰和瑞士，超过一半的出口都流向这些国家。

2018年德国对中国的出口增长33%，使中国首次取代美国成为德国的第二大出口目的地。对法国出口增长15%，但对日本的出口减少9%。

德国进口的产品中，约75%来自以下5个国家：中国、印度尼西亚、美国、日本以及荷兰。从荷兰进口并非反映荷兰本国制造，而是在荷兰转口的亚洲乐器制品，荷兰是亚洲电子乐器转口的第三方平台。具体而言，2018年从中国进口增长16.3%，从荷兰进口增长15%，从印尼进口增长5.7%。相比之下，从美国到德国的进口下降了7.7%。

2019年预测

2018年德国乐器市场表现优异，2018年的产量为3.598亿欧元，同比增长6.6%。产量几乎保持稳定。但是考虑到不断恶化的全球贸易形势和潜在的贸易壁垒，市场能否进一步增长仍有待观察。预计2019年乐器行业仍将保持2018年水平。（来源：德国乐器制造商协会会长温弗莱德·鲍巴）

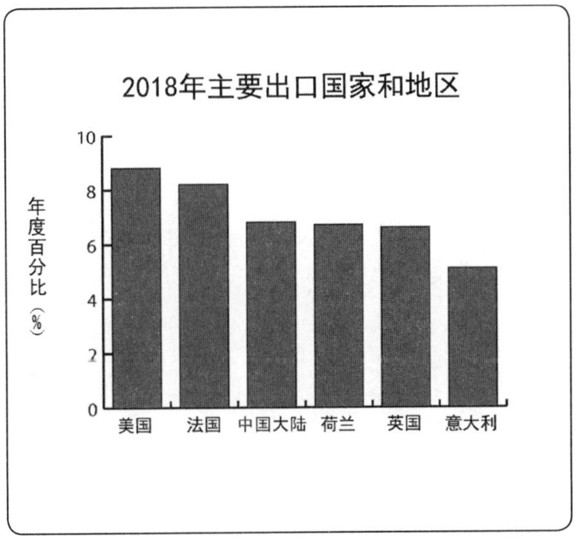

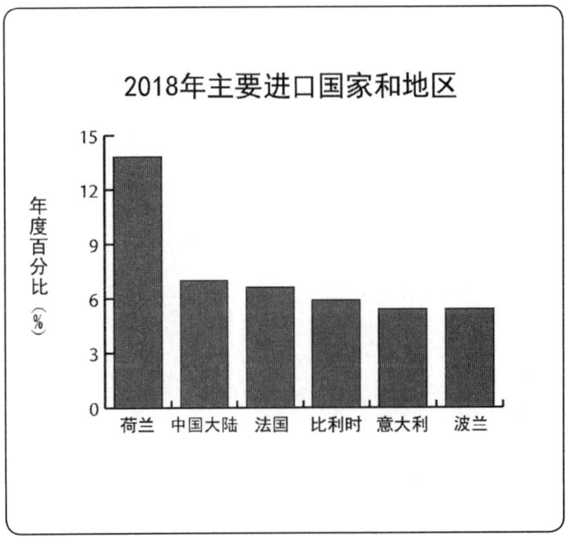

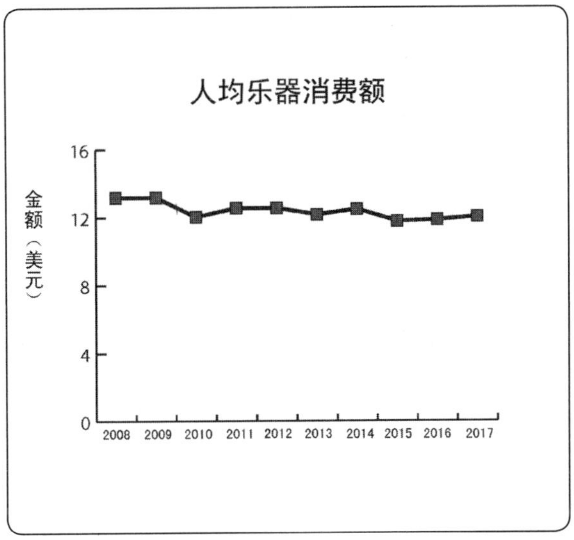

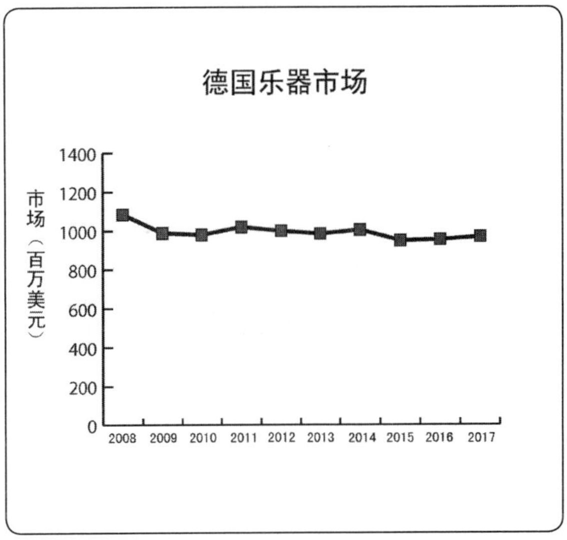

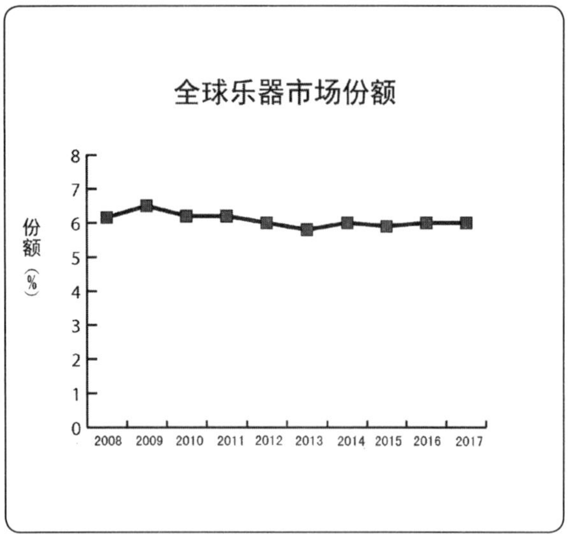
全球乐器市场份额
份额（%）
0 1 2 3 4 5 6 7 8
2008 2009 2010 2011 2012 2013 2014 2015 2016 2017

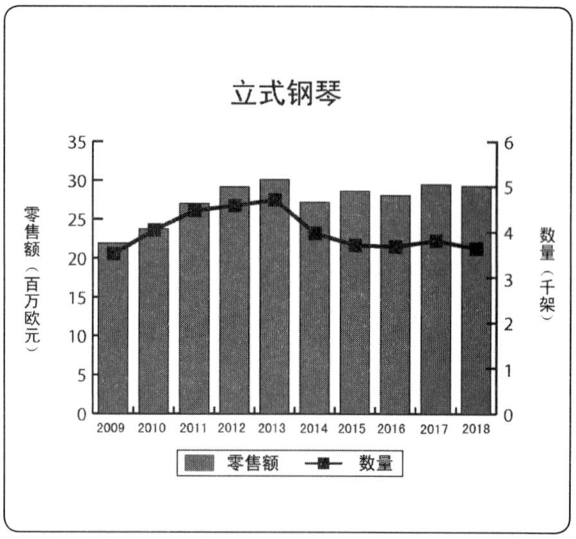
立式钢琴
零售额（百万欧元）
0 5 10 15 20 25 30 35
数量（千架）
0 1 2 3 4 5 6
2009 2010 2011 2012 2013 2014 2015 2016 2017 2018
零售额
数量

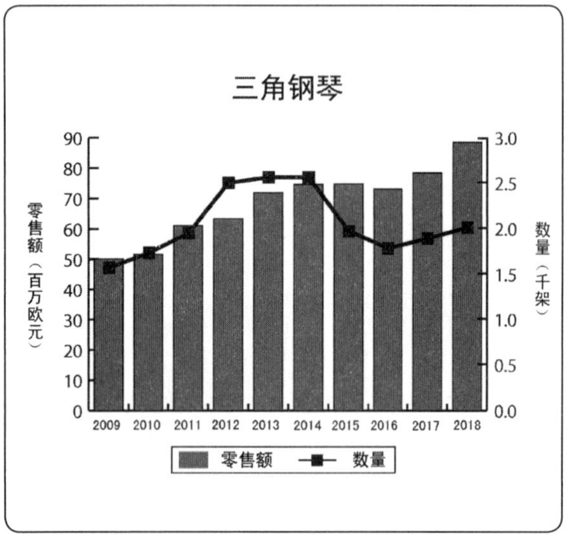
三角钢琴
零售额（百万欧元）
0 10 20 30 40 50 60 70 80 90
数量（千架）
0.0 0.5 1.0 1.5 2.0 2.5 3.0
2009 2010 2011 2012 2013 2014 2015 2016 2017 2018
零售额
数量

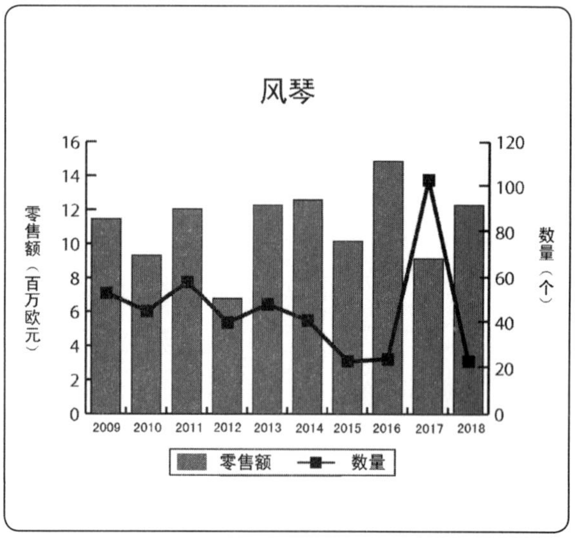
风琴
零售额（百万欧元）
0 2 4 6 8 10 12 14 16
数量（个）
0 20 40 60 80 100 120
2009 2010 2011 2012 2013 2014 2015 2016 2017 2018
零售额
数量

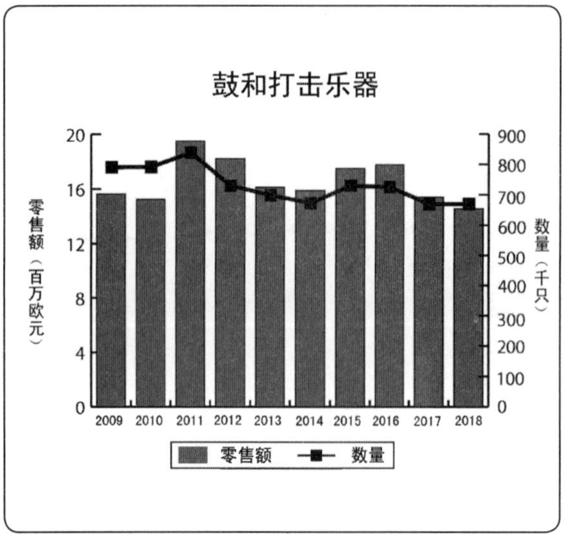
鼓和打击乐器
零售额（百万欧元）
0 4 8 12 16 20
数量（千只）
0 100 200 300 400 500 600 700 800 900
2009 2010 2011 2012 2013 2014 2015 2016 2017 2018
零售额
数量

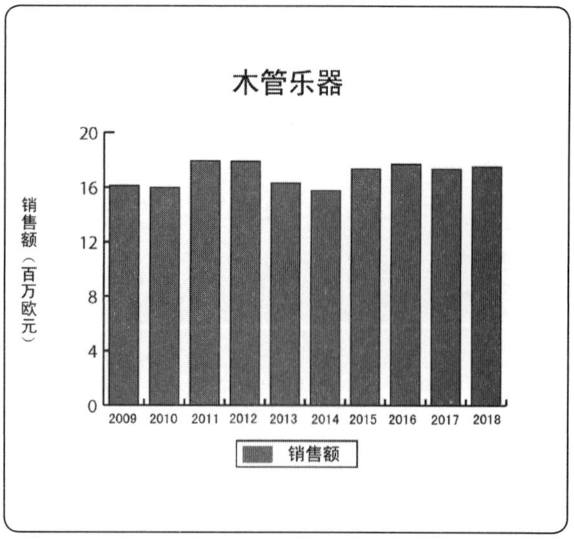
木管乐器
销售额（百万欧元）
0 4 8 12 16 20
2009 2010 2011 2012 2013 2014 2015 2016 2017 2018
销售额

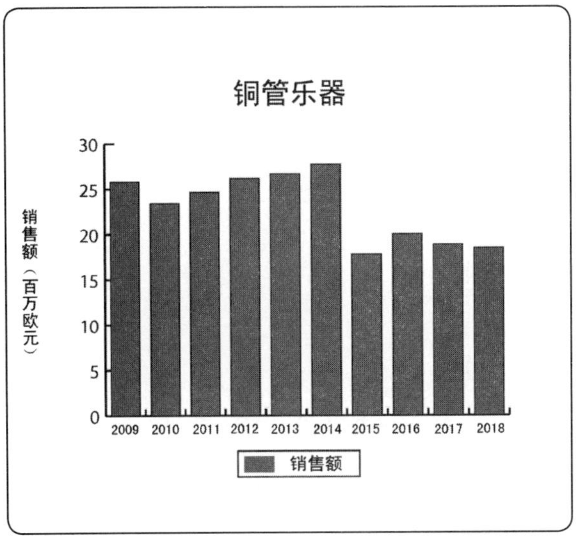
铜管乐器
销售额（百万欧元）
30
25
20
15
10
5
0
2009 2010 2011 2012 2013 2014 2015 2016 2017 2018
销售额

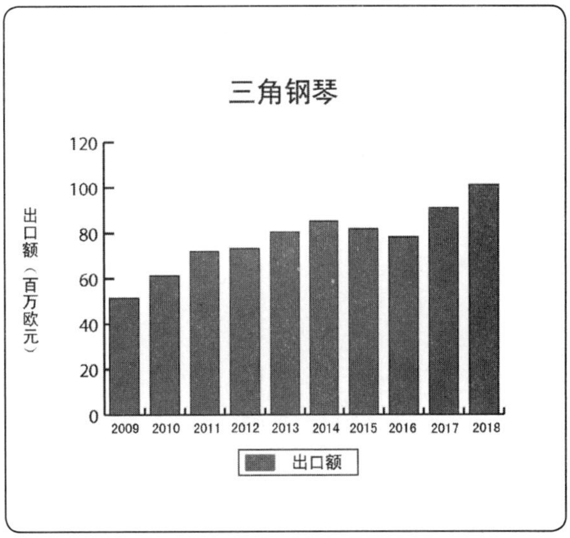
三角钢琴
出口额（百万欧元）
120
100
80
60
40
20
0
2009 2010 2011 2012 2013 2014 2015 2016 2017 2018
出口额

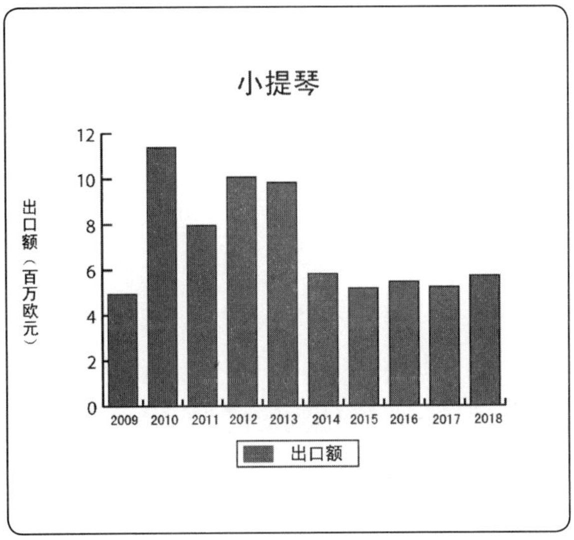
小提琴
出口额（百万欧元）
12
10
8
6
4
2
0
2009 2010 2011 2012 2013 2014 2015 2016 2017 2018
出口额

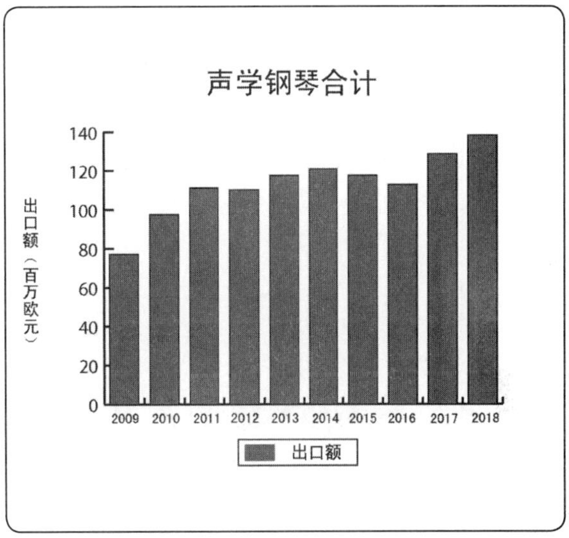
声学钢琴合计
出口额（百万欧元）
140
120
100
80
60
40
20
0
2009 2010 2011 2012 2013 2014 2015 2016 2017 2018
出口额

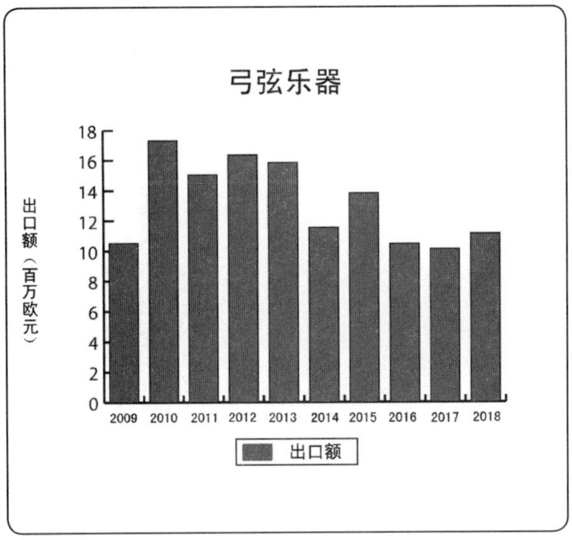
弓弦乐器
出口额（百万欧元）
18
16
14
12
10
8
6
4
2
0
2009 2010 2011 2012 2013 2014 2015 2016 2017 2018
出口额

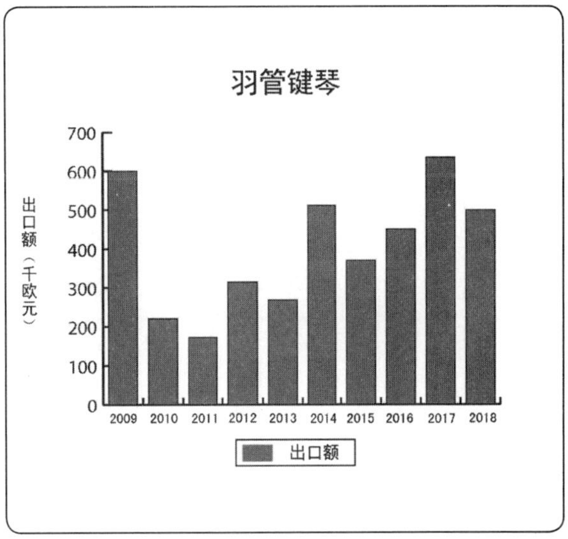
羽管键琴
出口额（千欧元）
700
600
500
400
300
200
100
0
2009 2010 2011 2012 2013 2014 2015 2016 2017 2018
出口额

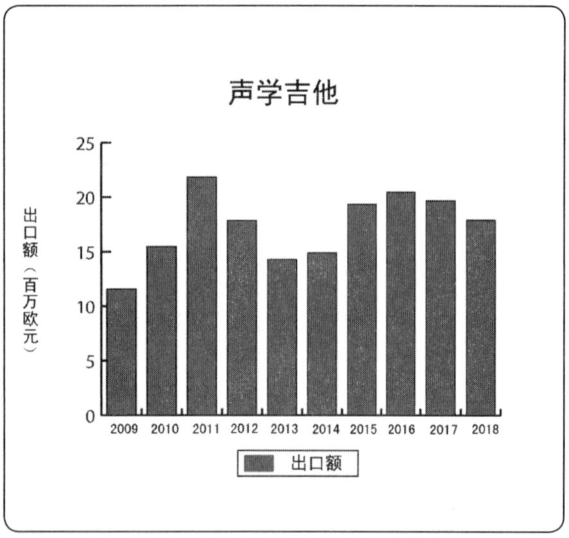
声学吉他
出口额（百万欧元）
25
20
15
10
5
0
2009 2010 2011 2012 2013 2014 2015 2016 2017 2018
出口额

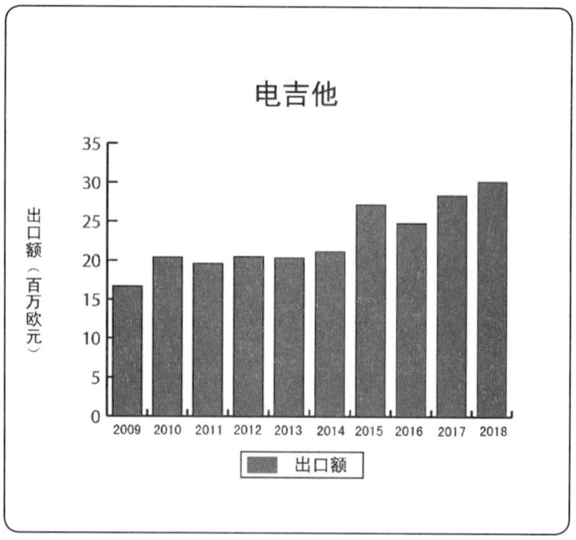
电吉他
出口额（百万欧元）
35
30
25
20
15
10
5
0
2009 2010 2011 2012 2013 2014 2015 2016 2017 2018
出口额

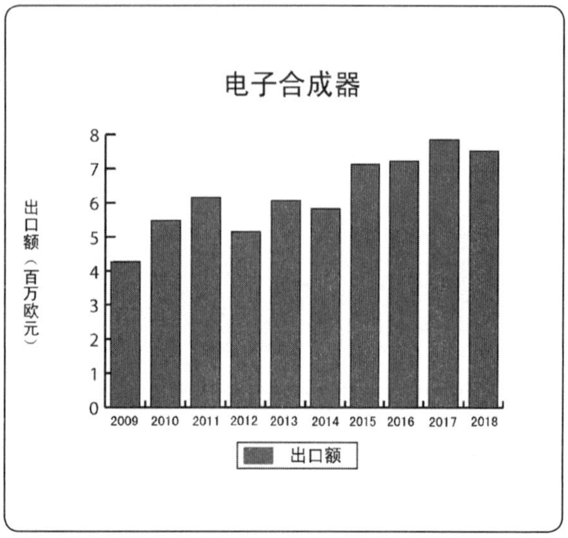
电子合成器
出口额（百万欧元）
8
7
6
5
4
3
2
1
0
2009 2010 2011 2012 2013 2014 2015 2016 2017 2018
出口额

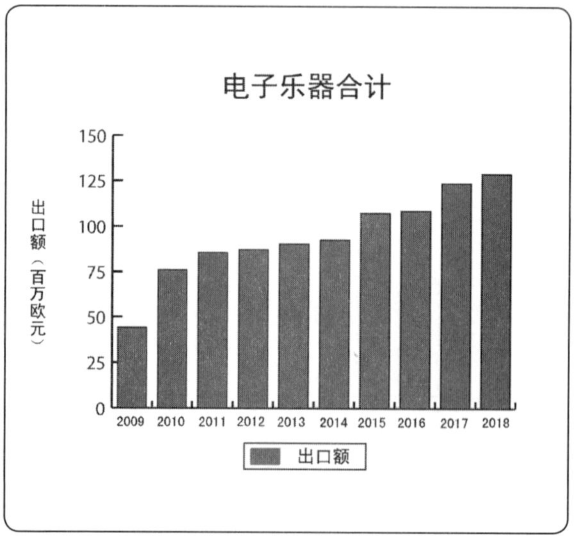
电子乐器合计
出口额（百万欧元）
150
125
100
75
50
25
0
2009 2010 2011 2012 2013 2014 2015 2016 2017 2018
出口额

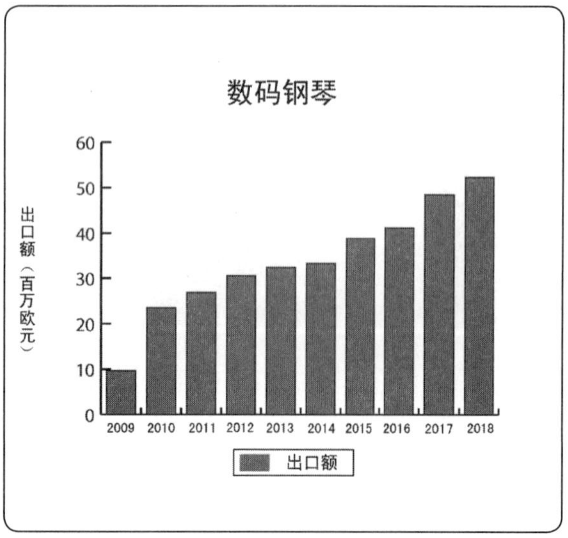
数码钢琴
出口额（百万欧元）
60
50
40
30
20
10
0
2009 2010 2011 2012 2013 2014 2015 2016 2017 2018
出口额

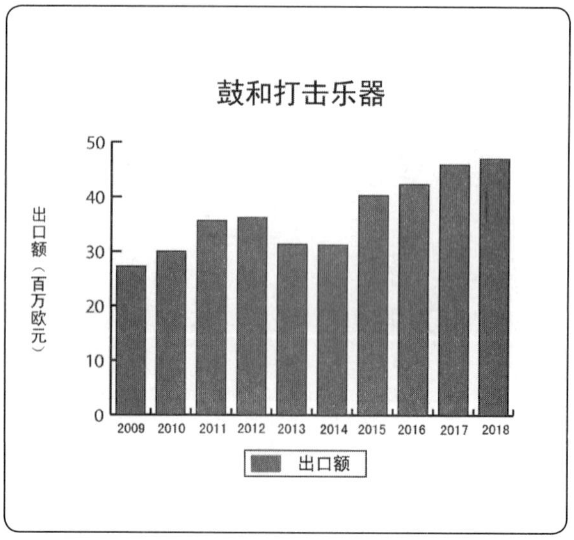
鼓和打击乐器
出口额（百万欧元）
50
40
30
20
10
0
2009 2010 2011 2012 2013 2014 2015 2016 2017 2018
出口额

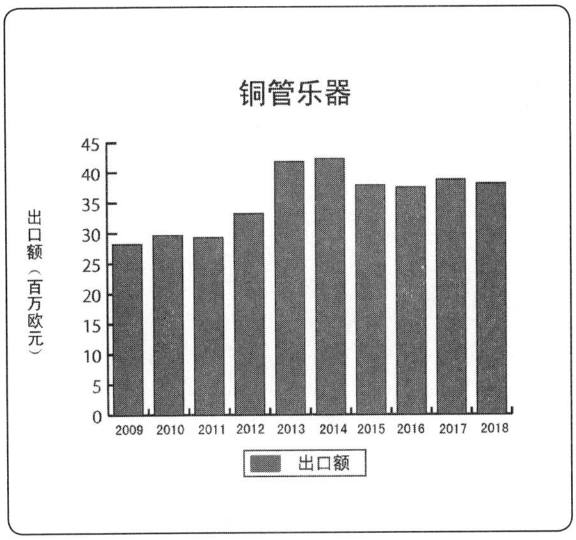
铜管乐器
出口额（百万欧元）
45
40
35
30
25
20
15
10
5
0
2009 2010 2011 2012 2013 2014 2015 2016 2017 2018
出口额

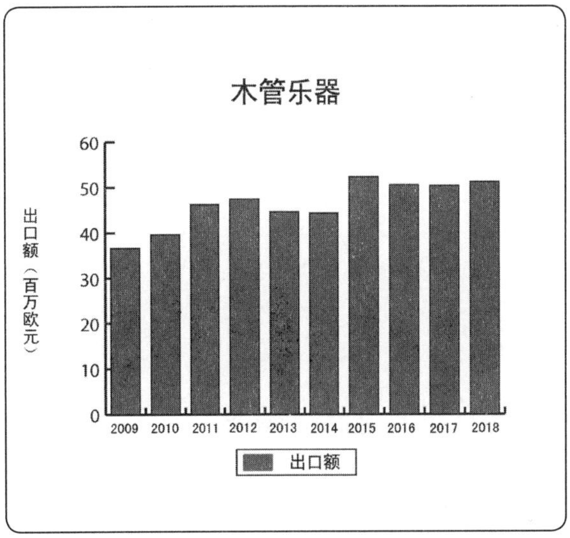
木管乐器
出口额（百万欧元）
60
50
40
30
20
10
0
2009 2010 2011 2012 2013 2014 2015 2016 2017 2018
出口额

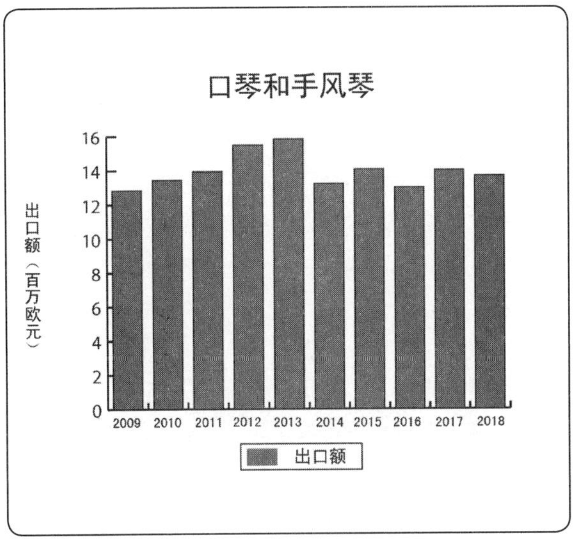
口琴和手风琴
出口额（百万欧元）
16
14
12
10
8
6
4
2
0
2009 2010 2011 2012 2013 2014 2015 2016 2017 2018
出口额

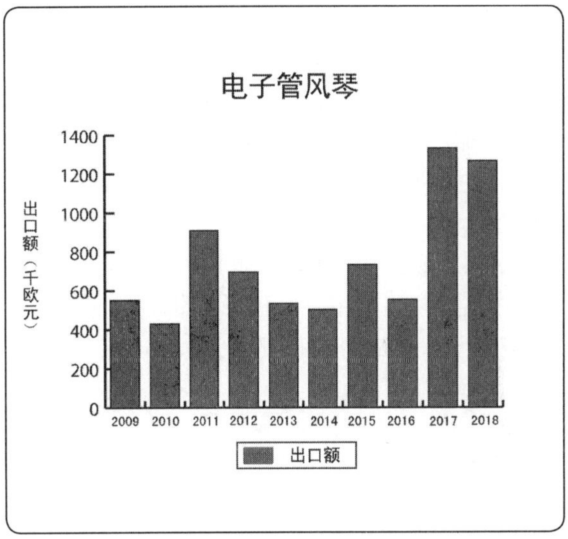
电子管风琴
出口额（千欧元）
1400
1200
1000
800
600
400
200
0
2009 2010 2011 2012 2013 2014 2015 2016 2017 2018
出口额

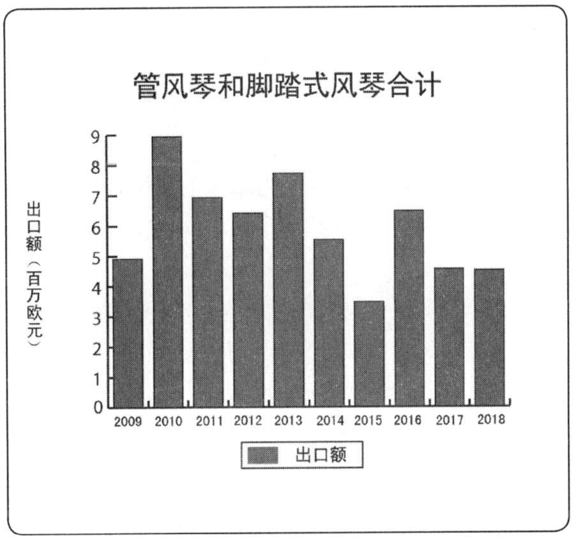
管风琴和脚踏式风琴合计
出口额（百万欧元）
9
8
7
6
5
4
3
2
1
0
2009 2010 2011 2012 2013 2014 2015 2016 2017 2018
出口额

加拿大

加拿大位于北美洲北部，下辖十个省和三个省级地区，其疆域从大西洋绵延至太平洋，并向北延伸至北冰洋，面积达998万平方千米。加拿大国土总面积世界第二，陆地面积世界第四。加拿大与美国的边界也是世界上最长的陆地边界。

经济概述

加拿大是世界第十大经济体，其名义国内生产总值（GDP）约1.79万亿美元，既是经济合作与发展组织（OECD）和七国集团（G7）的成员，也是世界十大贸易国之一，拥有高度全球化的经济规模。加拿大是混合经济体，经济自由度排名指数高于美国及大多数西欧国家，并且国民收入差距相对较小。加拿大的家庭人均可支配收入36138美元，高于经合组织的平均水平。

2014年，加拿大出口总额3970亿美元。进口总额3930亿美元，其中2620亿美元的商品来自美国，370亿美元来自欧盟，260亿美元来自中国。2014年加拿大贸易顺差38亿美元，与2008年352亿美元相比大幅下降。

自20世纪初以来，加拿大制造业、采矿业和服务业不断增长，使该国从以农业经济为主转变为城市化的工业经济。与许多其他发达国家一样，加拿大的经济以服务业为主导，加拿大约四分之三的劳动力从事服务业。

2008年全球金融危机引发严重经济衰退，导致加拿大失业率大幅上升。截至2009年10月，加拿大全国失业率达到8.6%，省级失业率从曼尼托巴省较低的5.8%到纽芬兰拉布拉多省极高的17%比例不等。

2010年第1季度，加拿大的净外债增加310亿美元，达1460亿美元。然而，加拿大银行业监管严格，在八国集团中处于相对保守状态，加之联邦政府危机前预算较为盈余，与其他八国集团成员国相比，加拿大的经济衰退显得并不严重。

截至2015年，尽管受到油价波动、欧元区危机以及失业率影响，加拿大经济基本保持稳定，增长适度恢复。

人口情况

2016年人口普查统计显示，加拿大总人口35151728人，比2011年增加了5%。截至2012年12月，加拿大统计局报告的人口超过3500万，是所有八国集团中增长最快的国家。1990年至2008年间，加拿大人口增加了560万，相当于总体增长20.4%。加拿大人口增加的主要推动力来自移民，人口自然增长幅度则相对较小。

加拿大是世界人均移民率最高的国家之一，家庭团聚是移民率较高的一大因素。加拿大公众以及主要的政党都对目前的移民水平表示支持。2010年，加拿大移民人数280636人，创下纪录。新移民主要集中在多伦多、蒙特利尔和温哥华等主要城市。此外，加拿大还接纳了大量难民，占全球年度难民安置的10%以上。

加拿大乐器市场

加拿大的消费者可通过乐器琴行、音乐学院、百货商店、电子产品零售商、和电商网站选购乐器。电子商务网站主要位于加拿大和美国，其中一些独立运营，另一些则由实体琴行运营。在加拿大销售的大多数乐器均从美国、中国和欧洲进口，但加拿大本土制造业务也正呈现不断增长态势。

美国的政治格局也对加拿大的乐器产业造成了影响，例如，特朗普政府对中国出口产品加征关税。目前，直接从中国进口商品到加拿大的公司可避免关税，而通过美国公司进口中国商品的公司则可能会产生额外费用。

乐器产业供应链各个层面的利益相关者，包括乐器制造商，经销商和批发商，乐谱出版商，零售商和教育工作者，均表达希望加强加拿大乐器市场。加拿大乐器协会曾举办过一年一度的全国性贸易展和行业大会，但遗憾的是自2014年该协会解散以来，迄今为止加拿大仍没有出现类似的乐器展会可为乐器行业填补空白。

加拿大乐器展会取消之后，参加冬季美国NAMM乐器展览会的人数有所增加。2016年至2019年每年展会上的加拿大乐器参展商分别为54家、64家、45家和64家。加拿大观众数量分别为2521名、2868名、2873名和3279名。

进入加拿大乐器行业的年轻人较少。在加拿大服务于乐器供应商的大多数销售代表年龄都超过50岁，过去10年中进入该行业并且仍留在行业内的30岁以下年轻人少之又少。

2019年，加拿大最大的琴行零售连锁店——麦克隆乐器琴行首次邀请多家供应商参加其全国经理人年度大会。一些优秀经销商代表在会上向全加各地的琴行经理发表演讲，显示出麦克隆琴行在乐器市场中的主导地位和重要性。

值得注意的是，加拿大国内生产的许多打击乐器、弓弦乐器、乐器功放等都闻名于世，面向加拿大及全球市场。这些国产产品的数量与价值不包括在上述进口统计数据中。未经加拿大海关批准进入该国的产品也不包括在上述进口统计数据中。

来源：《加拿大音乐贸易》（Canadian Music Trade）杂志，《加拿大音乐家》（Canadian Musician）杂志，加拿大统计局，国际唱片业协会（IFPI），NWC总裁吉姆·诺瑞斯（Jim Norris）；NWC主编安德鲁·金（Andrew King）和NWC高级编辑迈克·雷恩（Mike Raine）

加拿大乐器进口同比变化

类别	2013	2014	2015	2016	2017	2018
声学弦品乐器	0.9%	1.0%	19.6%	−8.9%	0.6%	2.9%
弓弦乐器	5.1%	−13.7%	24.7%	15.6%	1.8%	21.5%
铜管乐器	−2.8%	−13.0%	28.4%	14.6%	1.2%	0.2%
电子乐器（吉他 / 鼓）	−7.3%	−0.9%	6.0%	−2.2%	−8.1%	12.2%
电子键盘	0.2%	−3.4%	12.9%	−2.2%	11.2%	9.2%
扩音系统（PA）/ 录制设备	10.8%	−0.5%	24.5%	2.1%	4.7%	−0.9%
打击乐产品	−9.2%	−14.4%	30.1%	−1.2%	1.2%	6.8%
钢琴	−0.6%	−5.2%	26.8%	2.0%	−6.1%	13.8%
音乐出版物	−2.2%	8.0%	12.3%	−8.9%	11.0%	13.0%
弦乐乐器及配件	−5.8%	−22.1%	23.6%	−4.1%	5.9%	5.1%
木管乐器 / 口琴 / 手风琴	1.0%	−7.2%	17.4%	5.1%	6.8%	4.5%
总计	7.3%	−1.9%	23.1%	1.4%	3.7%	1.0%

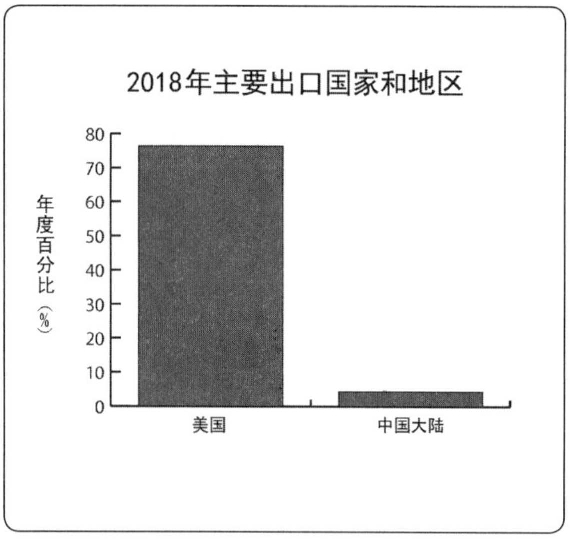
2018年主要出口国家和地区
年度百分比（%）
80
70
60
50
40
30
20
10
0
美国
中国大陆

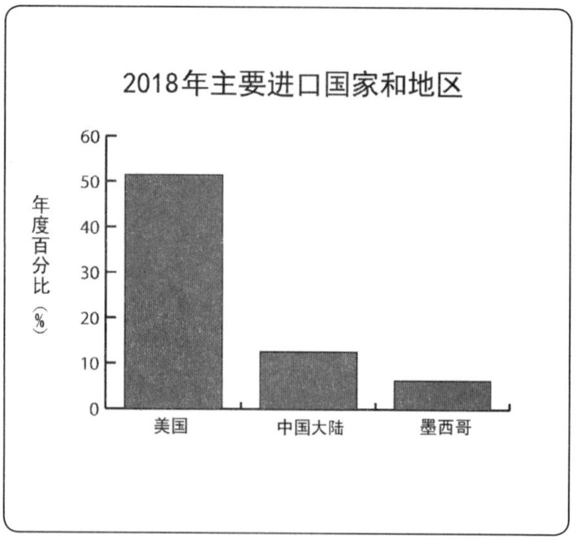
2018年主要进口国家和地区
年度百分比（%）
60
50
40
30
20
10
0
美国
中国大陆
墨西哥

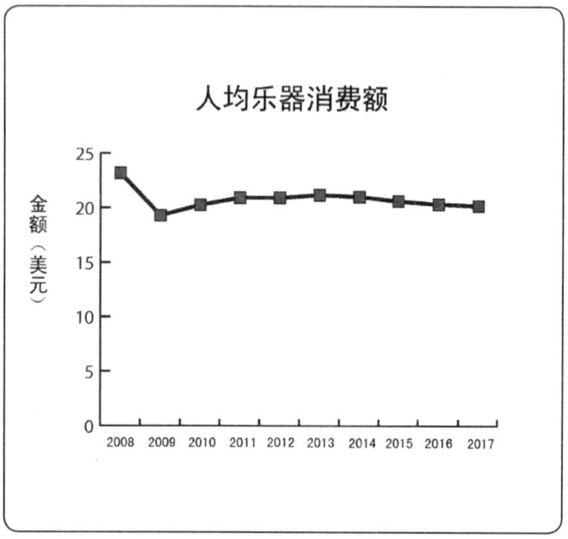
人均乐器消费额
金额（美元）
25
20
15
10
5
0
2008 2009 2010 2011 2012 2013 2014 2015 2016 2017

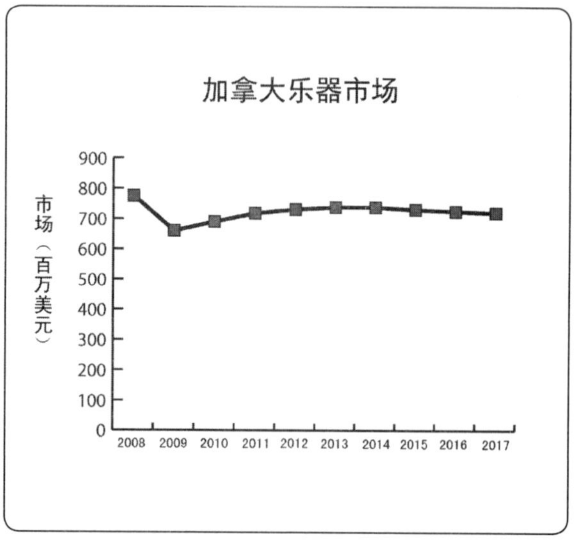
加拿大乐器市场
市场（百万美元）
900
800
700
600
500
400
300
200
100
0
2008 2009 2010 2011 2012 2013 2014 2015 2016 2017

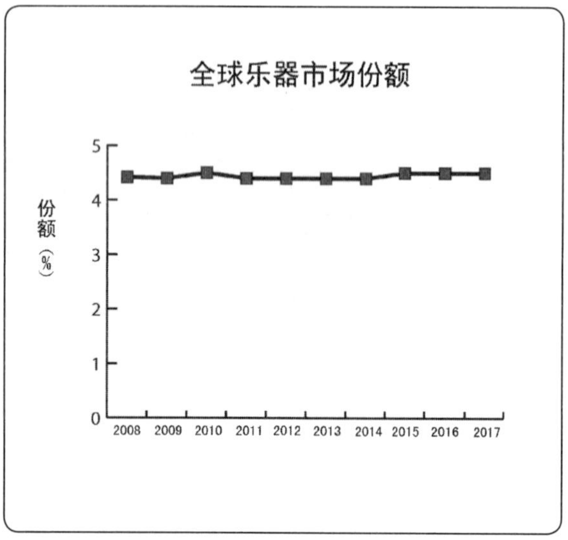
全球乐器市场份额
份额（%）
5
4
3
2
1
0
2008 2009 2010 2011 2012 2013 2014 2015 2016 2017

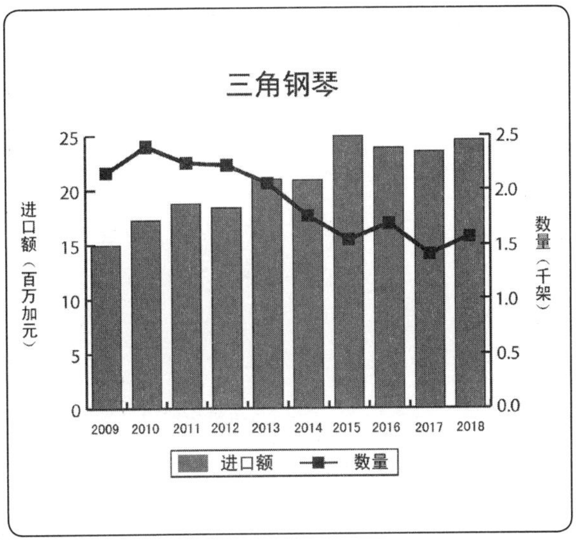
三角钢琴
进口额（百万加元）
数量（千架）
进口额 数量

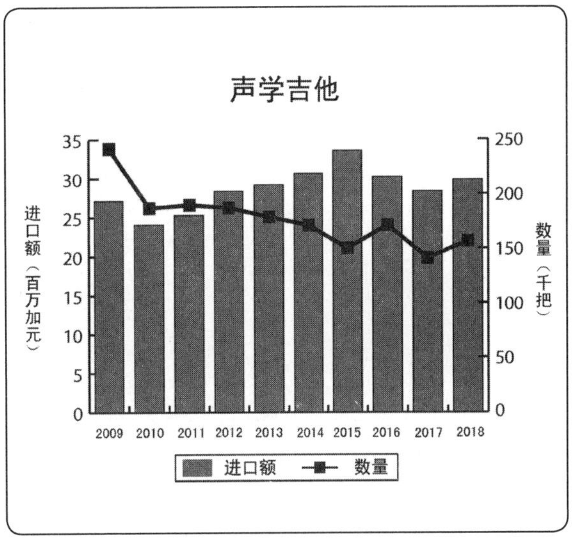
声学吉他
进口额（百万加元）
数量（千把）
进口额 数量

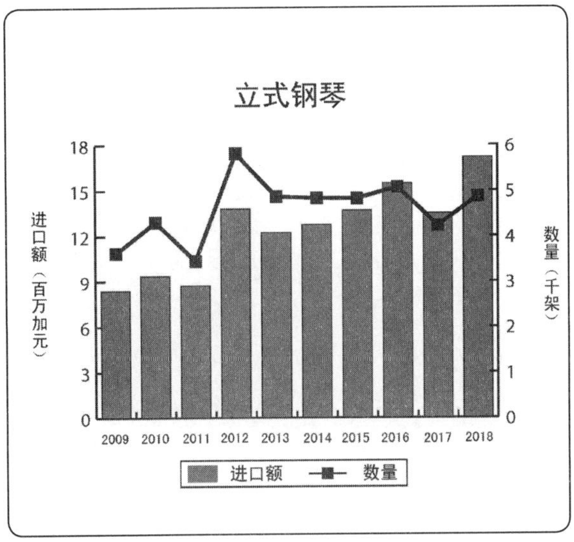
立式钢琴
进口额（百万加元）
数量（千架）
进口额 数量

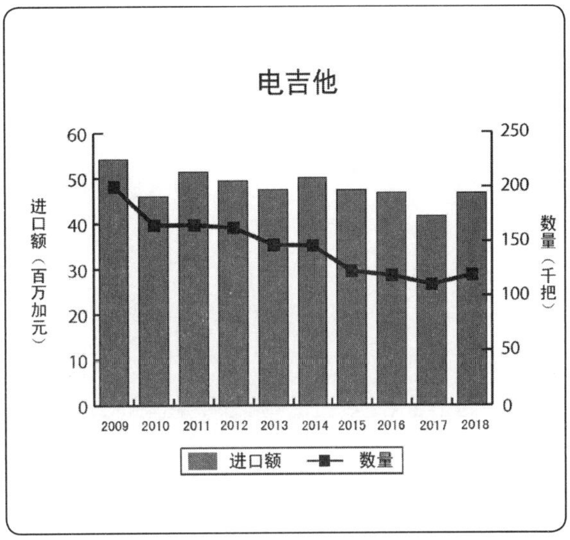
电吉他
进口额（百万加元）
数量（千把）
进口额 数量

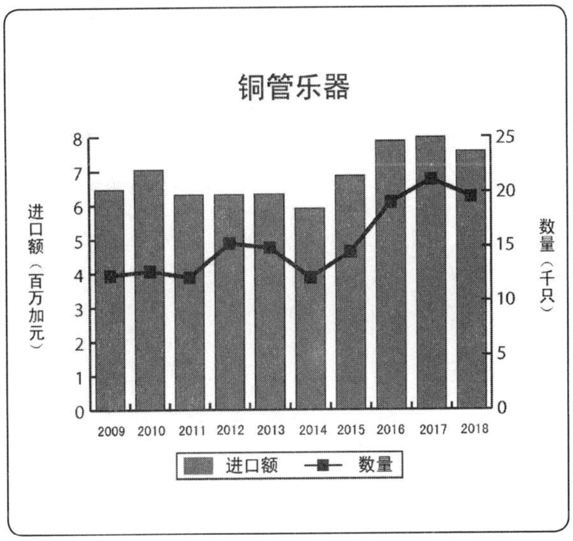
铜管乐器
进口额（百万加元）
数量（千只）
进口额 数量

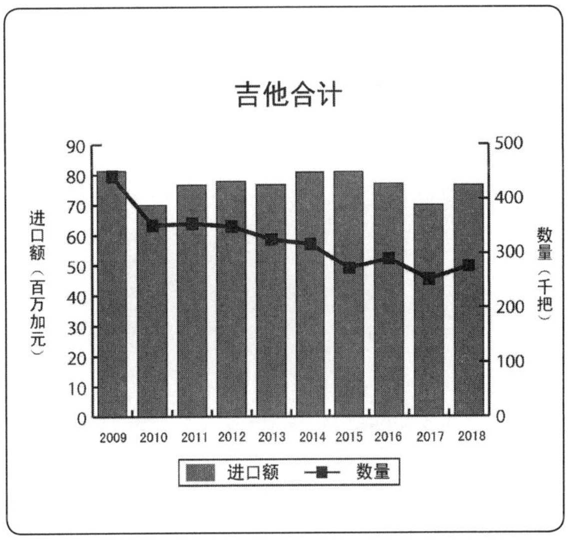
吉他合计
进口额（百万加元）
数量（千把）
进口额 数量

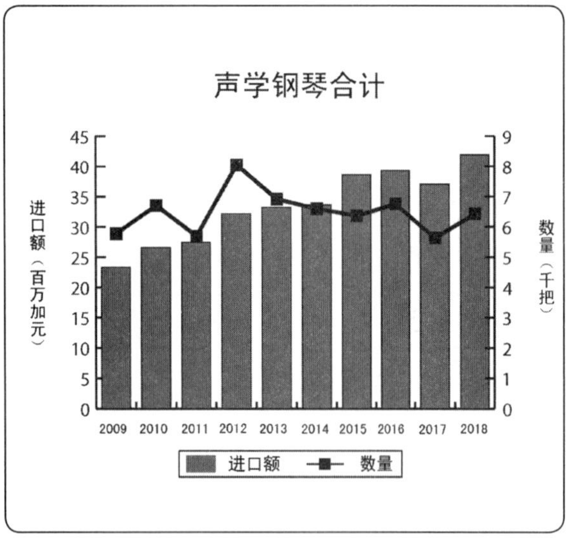
声学钢琴合计
进口额（百万加元）
数量（千把）
45
40
35
30
25
20
15
10
5
0
9
8
7
6
5
4
3
2
1
0
2009 2010 2011 2012 2013 2014 2015 2016 2017 2018
进口额
数量

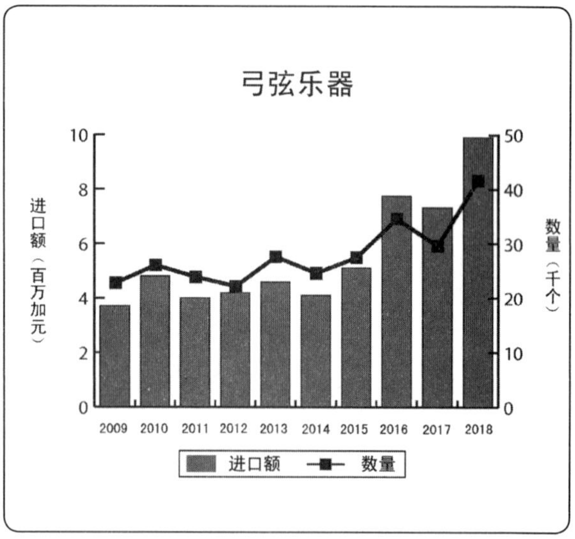
弓弦乐器
进口额（百万加元）
数量（千个）
10
8
6
4
2
0
50
40
30
20
10
0
2009 2010 2011 2012 2013 2014 2015 2016 2017 2018
进口额
数量

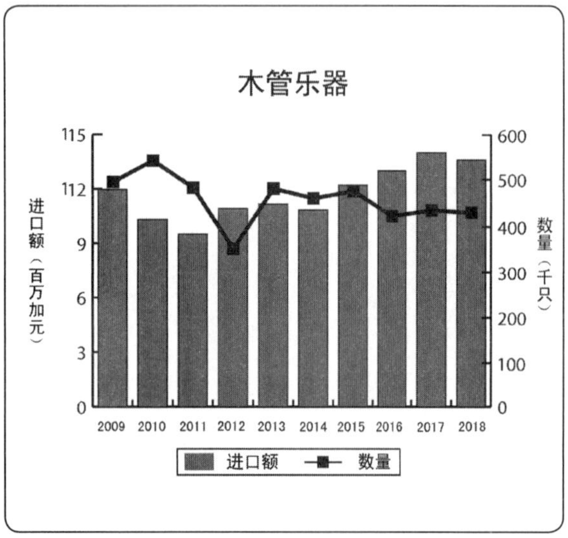
木管乐器
进口额（百万加元）
数量（千只）
115
112
9
6
3
0
600
500
400
300
200
100
0
2009 2010 2011 2012 2013 2014 2015 2016 2017 2018
进口额
数量

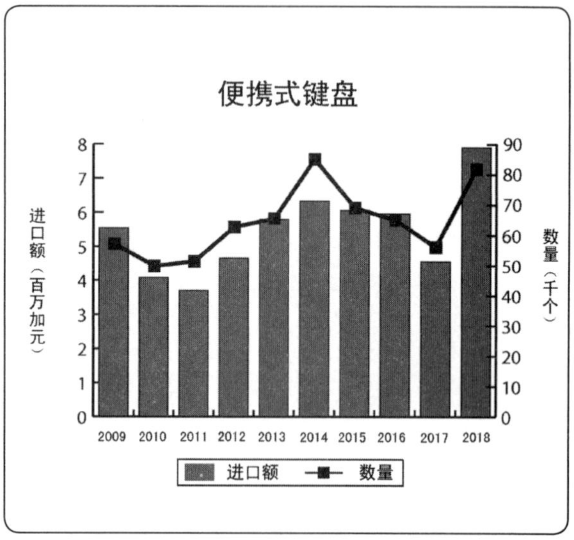
便携式键盘
进口额（百万加元）
数量（千个）
8
7
6
5
4
3
2
1
0
90
80
70
60
50
40
30
20
10
0
2009 2010 2011 2012 2013 2014 2015 2016 2017 2018
进口额
数量

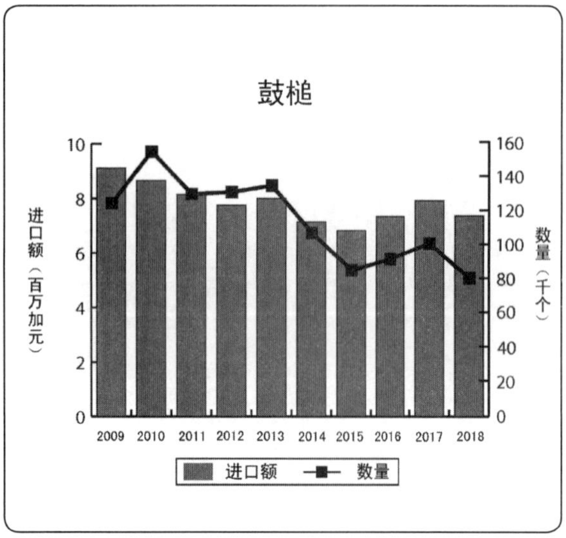
鼓槌
进口额（百万加元）
数量（千个）
10
8
6
4
2
0
160
140
120
100
80
60
40
20
0
2009 2010 2011 2012 2013 2014 2015 2016 2017 2018
进口额
数量

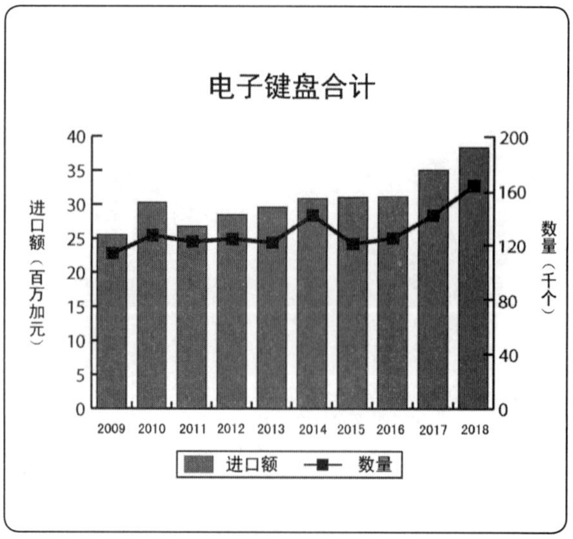
电子键盘合计
进口额（百万加元）
数量（千个）
40
35
30
25
20
15
10
5
0
200
160
120
80
40
0
2009 2010 2011 2012 2013 2014 2015 2016 2017 2018
进口额
数量

法 国

近年来法国乐器市场的乐器销量每年接近160万件，其中74%是新品乐器， 26%是二手乐器。新品乐器交易中，大约47%属入门级，只有6%为最高级。就法国乐器市场而言，新乐器市场销售金额（不含税）估计为3.75亿欧元至4.17亿欧元，配件类市场销售金额（不含税）估计在1亿欧元至1.5亿欧元之间。

吉他、声学乐器或电子乐器的放大器等占乐器销售总额的45%，键盘与手风琴占23%，铜管与木管乐器17%，打击乐器12%以及其他弦乐器3%。该项研究的完整报告可通过法国乐器协会网站www.csfi-musique.fr查阅。总体而言，由于网络乐器的竞争压力，2019年法国市场经销商利润率降低。据估计，代理销售商的数量亦有所下降（目前法国约有900家乐器琴行）。

法国乐器市场也有积极的一面：法国政府目前正在推行一项名为“文化传承”计划，该计划将向18岁以上人群发放500欧元，便于年轻人购买乐器、音乐课程或音乐会门票等文化产品。该卡目前正在法国的五个地区试行，可能于近期扩大推广。更多相关信息请访问https://pass.culture.fr。（来源：法国弯德隆公司总经理暨欧洲音乐产业联盟主席托纳利尔）

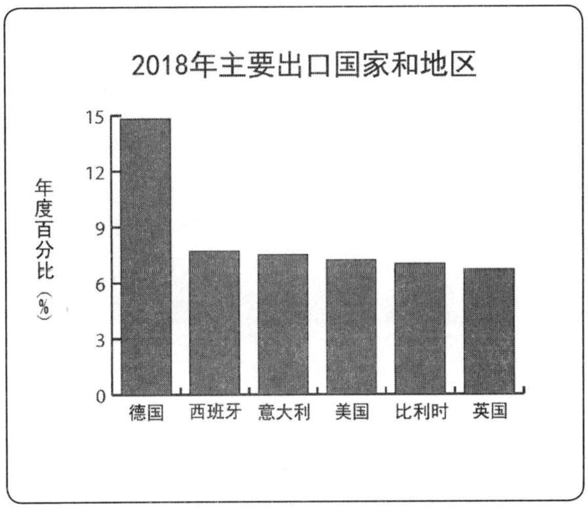

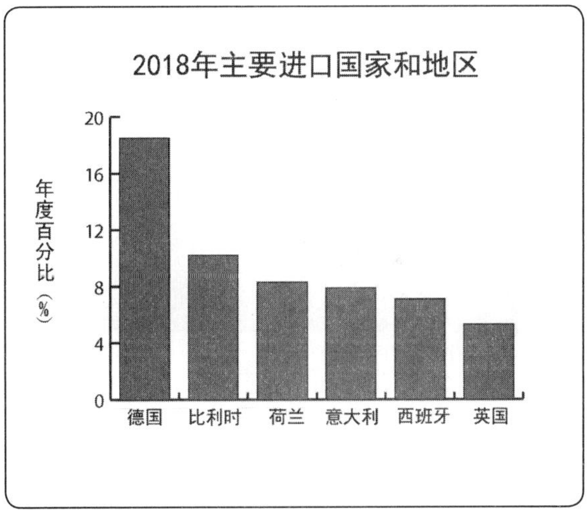

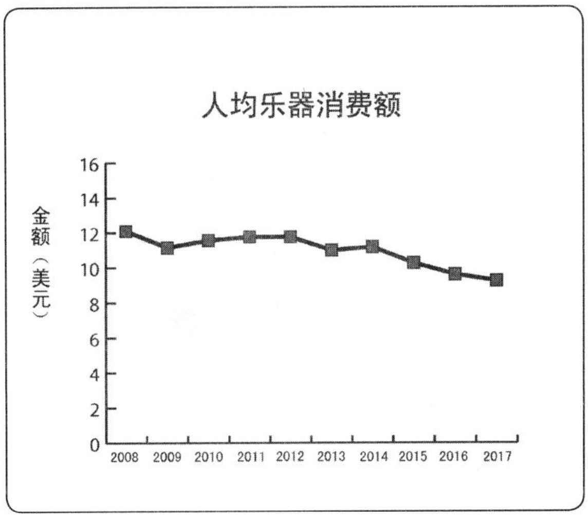

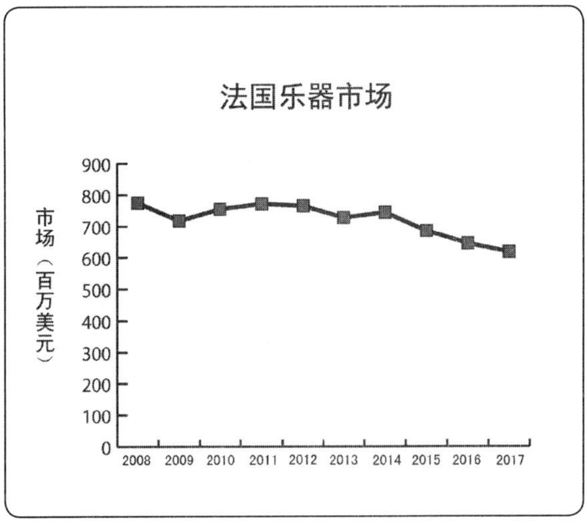

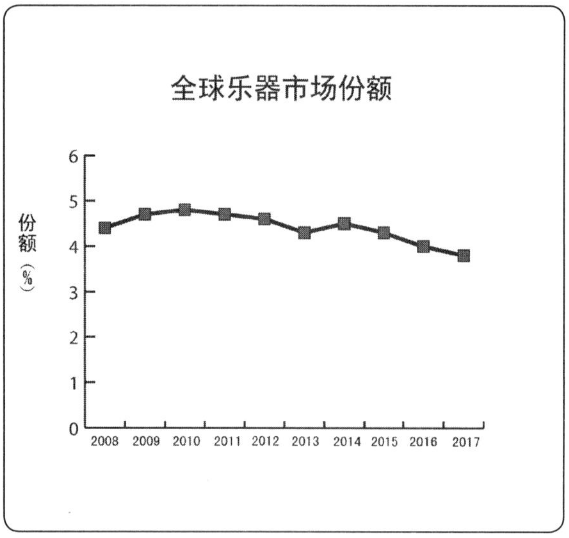
全球乐器市场份额
份额（%）
6
5
4
3
2
1
0
2008 2009 2010 2011 2012 2013 2014 2015 2016 2017

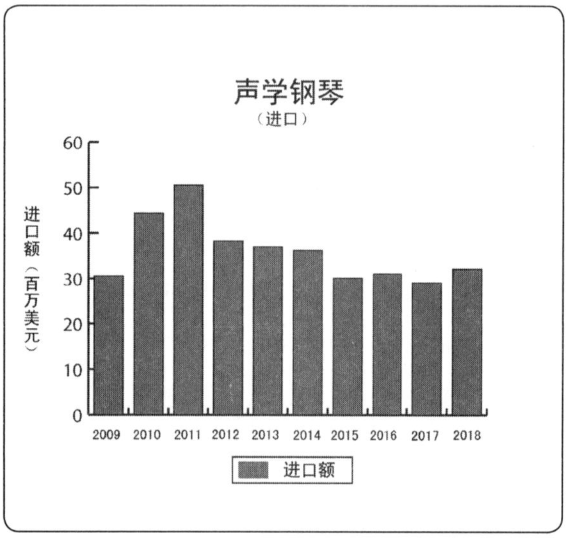
声学钢琴
（进口）
进口额（百万美元）
60
50
40
30
20
10
0
2009 2010 2011 2012 2013 2014 2015 2016 2017 2018
进口额

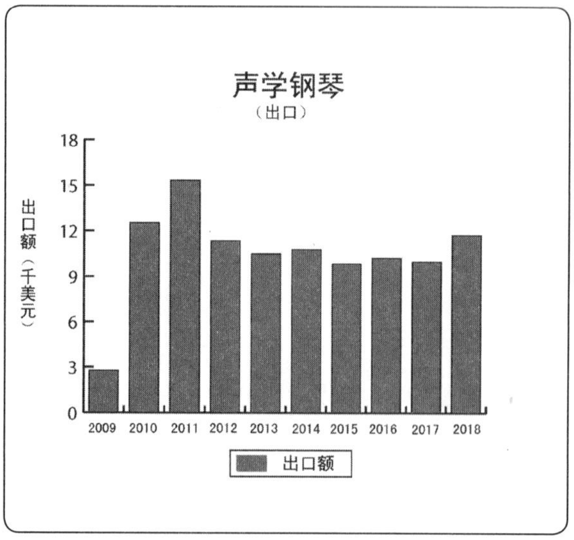
声学钢琴
（出口）
出口额（千美元）
18
15
12
9
6
3
0
2009 2010 2011 2012 2013 2014 2015 2016 2017 2018
出口额

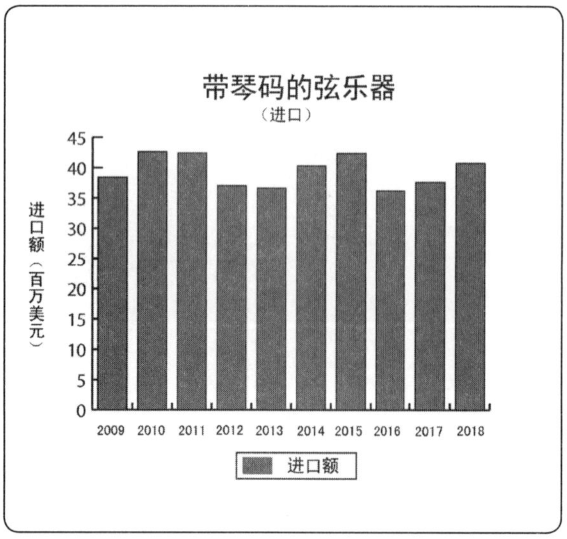
带琴码的弦乐器
（进口）
进口额（百万美元）
45
40
35
30
25
20
15
10
5
0
2009 2010 2011 2012 2013 2014 2015 2016 2017 2018
进口额

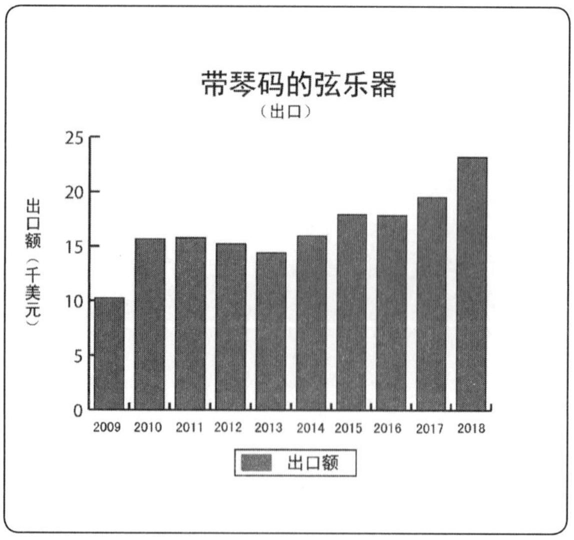
带琴码的弦乐器
（出口）
出口额（千美元）
25
20
15
10
5
0
2009 2010 2011 2012 2013 2014 2015 2016 2017 2018
出口额

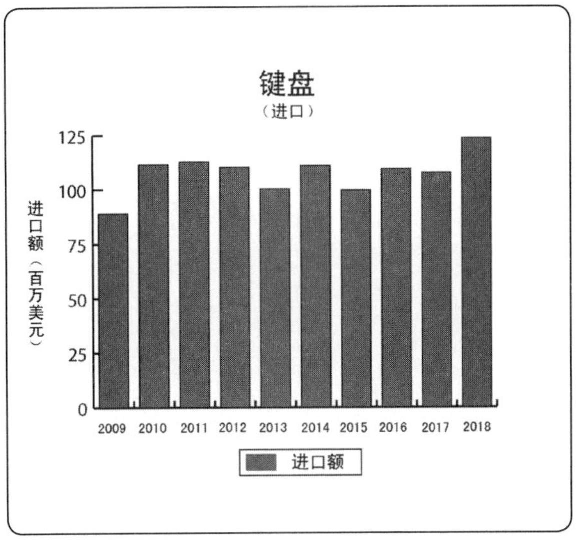
键盘
（进口）
进口额（百万美元）
125
100
75
50
25
0
2009 2010 2011 2012 2013 2014 2015 2016 2017 2018
进口额

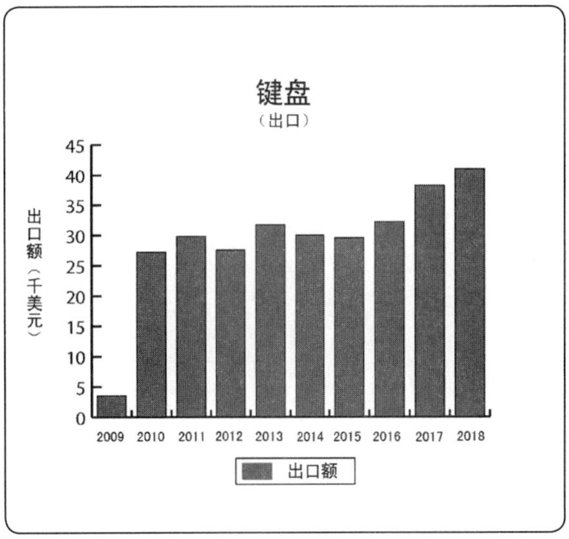
键盘
（出口）
出口额（千美元）
45
40
35
30
25
20
15
10
5
0
2009 2010 2011 2012 2013 2014 2015 2016 2017 2018
出口额

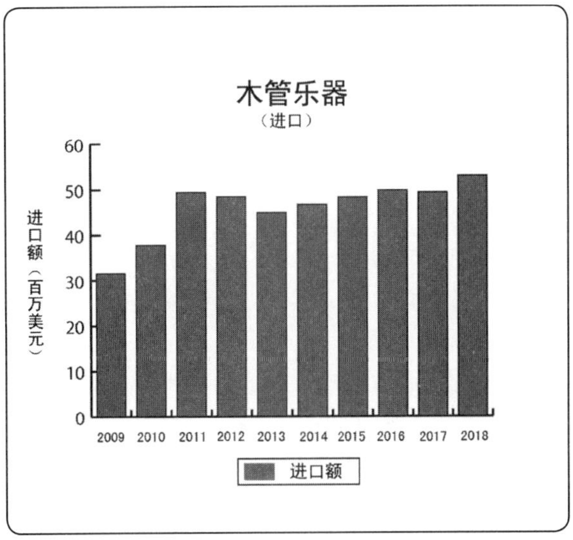
木管乐器
（进口）
进口额（百万美元）
60
50
40
30
20
10
0
2009 2010 2011 2012 2013 2014 2015 2016 2017 2018
进口额

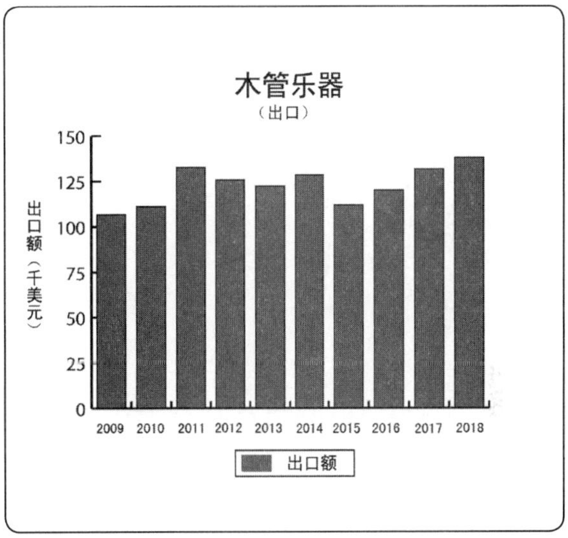
木管乐器
（出口）
出口额（千美元）
150
125
100
75
50
25
0
2009 2010 2011 2012 2013 2014 2015 2016 2017 2018
出口额

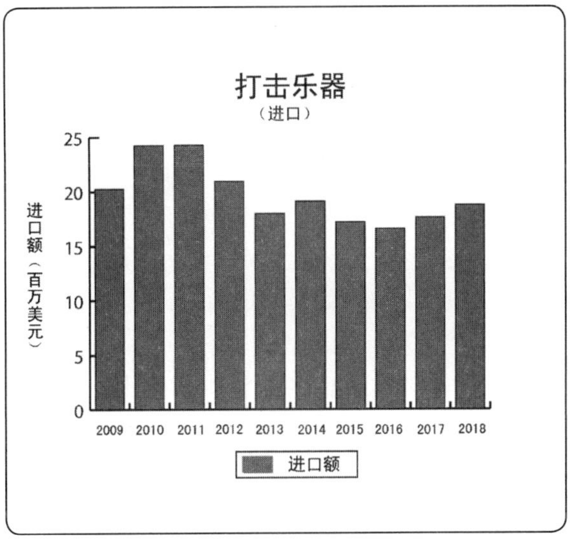
打击乐器
（进口）
进口额（百万美元）
25
20
15
10
5
0
2009 2010 2011 2012 2013 2014 2015 2016 2017 2018
进口额

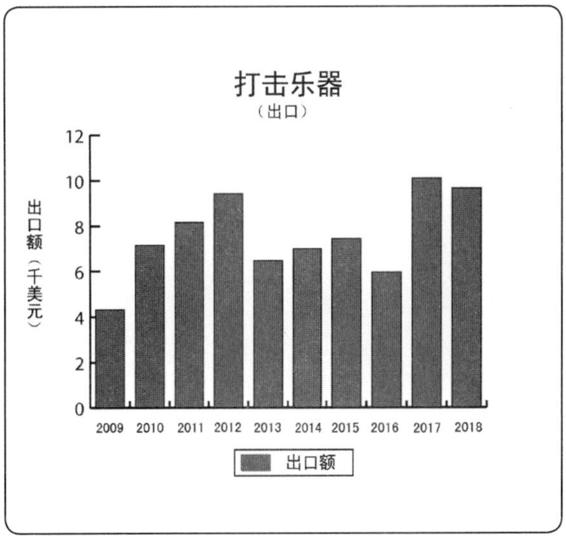
打击乐器
（出口）
出口额（千美元）
12
10
8
6
4
2
0
2009 2010 2011 2012 2013 2014 2015 2016 2017 2018
出口额

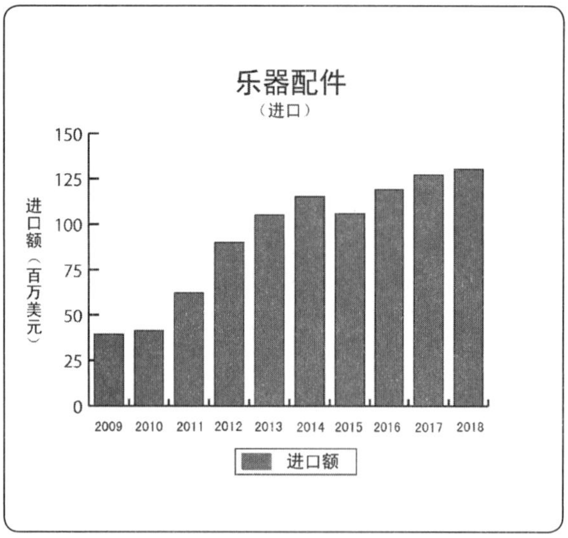

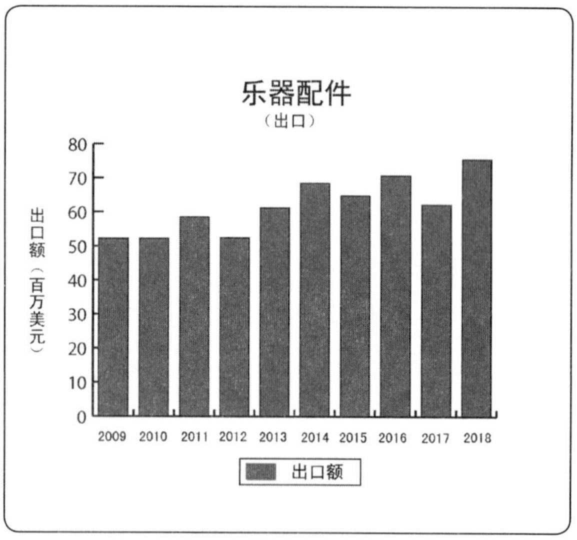

英　国

目前英国正面临重重挑战，这一点无可回避。英国脱欧进程影响了消费者信心，英国实体店的未来正在面临严峻的挑战。玛莎、德本海姆和东方福来德等英国各大百货商店遭遇了重大危机，甚至大型时装零售商Next也预言，未来几年，其500家实体店中将有超过40%关闭。互联网大行其道是造成实体零售困窘的主因，同时零售业也受英国脱欧、营业房产税及租金等因素综合影响。

尽管困难重重，过去12个月，英国被迫关闭的琴行数量极少，绝大多数乐器零售商继续勇敢面对市场挑战，他们通过琴行和网络销售付出大量努力。事实上，与整体零售业相比，我们乐器行业几乎逆转了实体店铺关闭趋势。仍有新的琴行陆续开业，令人欣慰。

随着互联网销售的持续增长，英国人仍然是全球网络销售额最高的消费群体之一。在互联网时代中，当今消费者造访实体店铺时会期待更多“体验式”服务。仅仅展示满墙样品是远远不够的。电话购物和网络购物不断发展，涌现出多种新型零售体验，这就要求实体店与网络销售制胜一筹，就必须提供一系列增值服务，例如线下课程教学活动。

我们观察到，政府仍在削减学校预算经费，这对面向教育市场的乐器供应产生了不利影响，因此，如何支持培养下一代学习乐器备受关注。我们乐器行业厌恶不切实际的空洞环境，创造性的音乐学习永远是有识之士的共同追求，新的音乐教学模式层出不穷，为行业的持续发展注入动力。

就乐器供应而言，因为脱欧可能造成乐器额外增加关税和产品延迟交付等后果，英国脱欧使人们对英国和欧盟之间未来的乐器供应关系产生担忧。脱欧之后，英国本身也将面临一些棘手的问题，比如哪些城市最适合设置乐器库存，以便更便捷进出欧盟海关。

调查显示，英国目前会弹奏乐器的人数以及拥有乐器的家庭数量都在持续增长。那些曾经学过乐器，后来因为学业和工作等原因被迫放弃，现在又希望重拾技艺的人士，这些潜在群体数量庞大，还有数百万从未接触过乐器但想学乐器的人士。如果我们能够找到适当的方式能接触这些人群，并将他们对音乐的潜在兴趣转化为实际行动，那么就有机会大幅提升乐器行业规模！（来源：英国乐器协会首席执行官保罗）

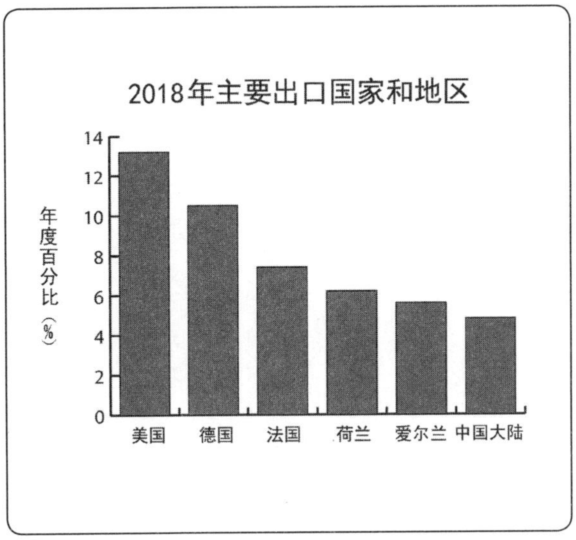
2018年主要出口国家和地区
年度百分比（%）
14
12
10
8
6
4
2
0
美国
德国
法国
荷兰
爱尔兰
中国大陆

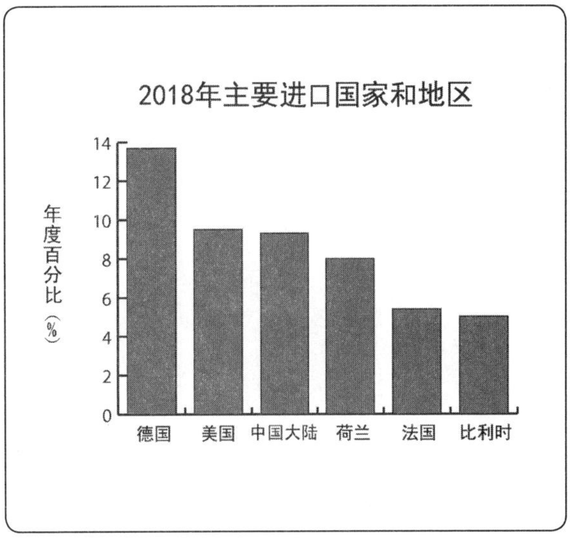
2018年主要进口国家和地区
年度百分比（%）
14
12
10
8
6
4
2
0
德国
美国
中国大陆
荷兰
法国
比利时

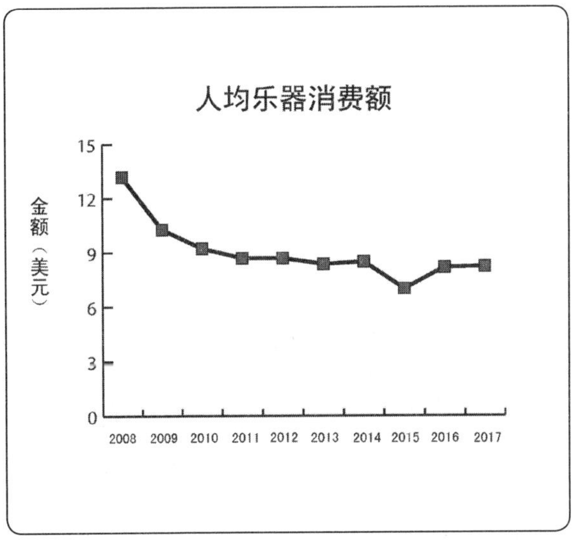
人均乐器消费额
金额（美元）
15
12
9
6
3
0
2008
2009
2010
2011
2012
2013
2014
2015
2016
2017

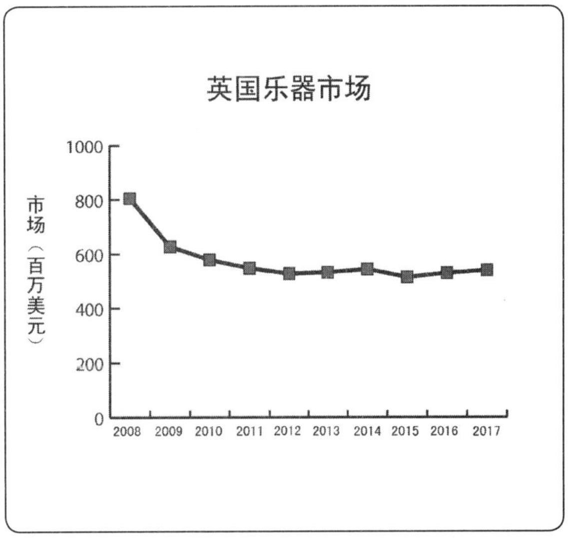
英国乐器市场
市场（百万美元）
1000
800
600
400
200
0
2008
2009
2010
2011
2012
2013
2014
2015
2016
2017

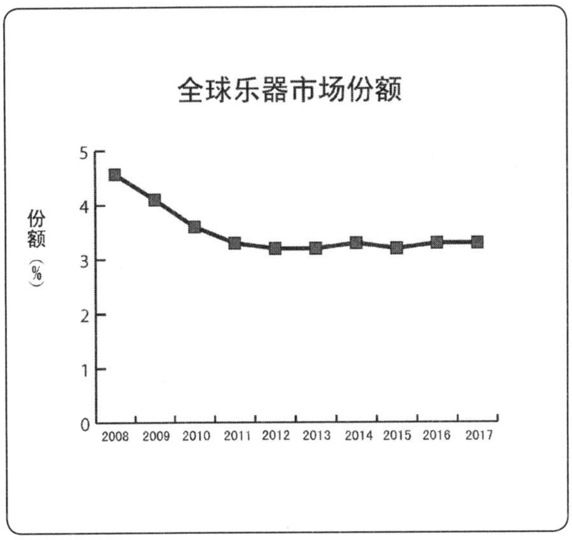
全球乐器市场份额
份额（%）
5
4
3
2
1
0
2008
2009
2010
2011
2012
2013
2014
2015
2016
2017

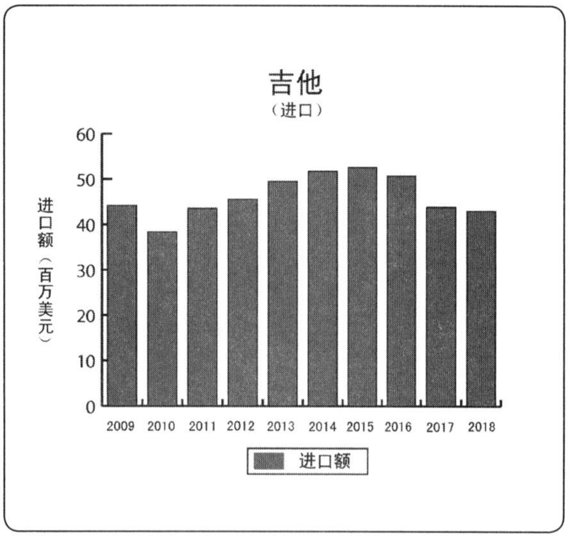
吉他
（进口）
进口额（百万美元）
60
50
40
30
20
10
0
2009 2010 2011 2012 2013 2014 2015 2016 2017 2018
进口额

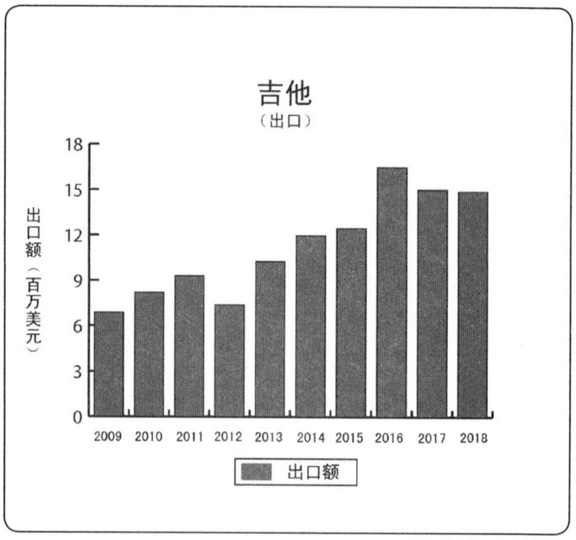
吉他
（出口）
出口额（百万美元）
18
15
12
9
6
3
0
2009 2010 2011 2012 2013 2014 2015 2016 2017 2018
出口额

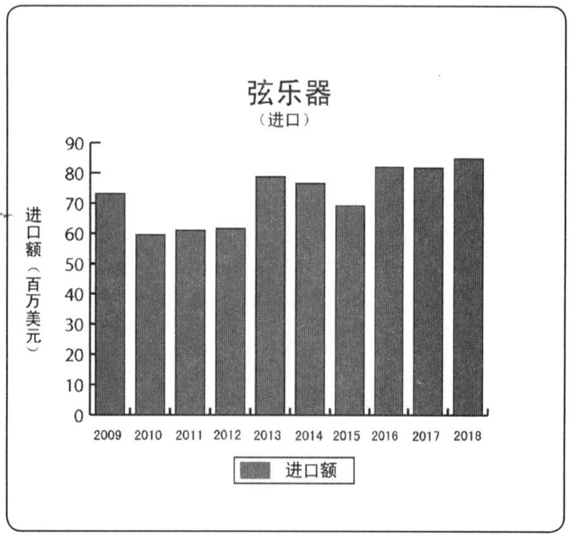
弦乐器
（进口）
进口额（百万美元）
90
80
70
60
50
40
30
20
10
0
2009 2010 2011 2012 2013 2014 2015 2016 2017 2018
进口额

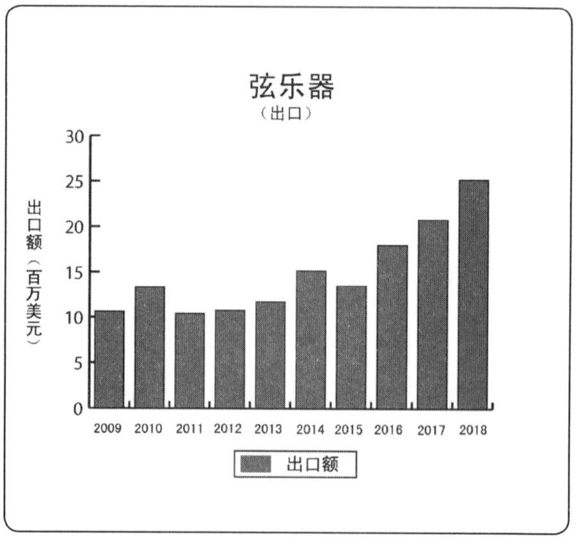
弦乐器
（出口）
出口额（百万美元）
30
25
20
15
10
5
0
2009 2010 2011 2012 2013 2014 2015 2016 2017 2018
出口额

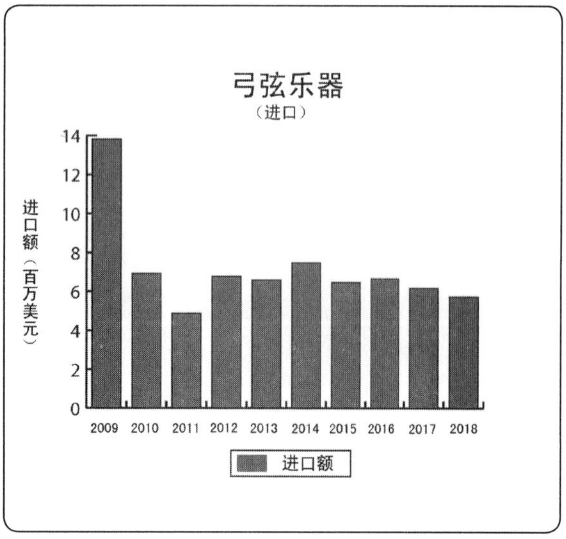
弓弦乐器
（进口）
进口额（百万美元）
14
12
10
8
6
4
2
0
2009 2010 2011 2012 2013 2014 2015 2016 2017 2018
进口额

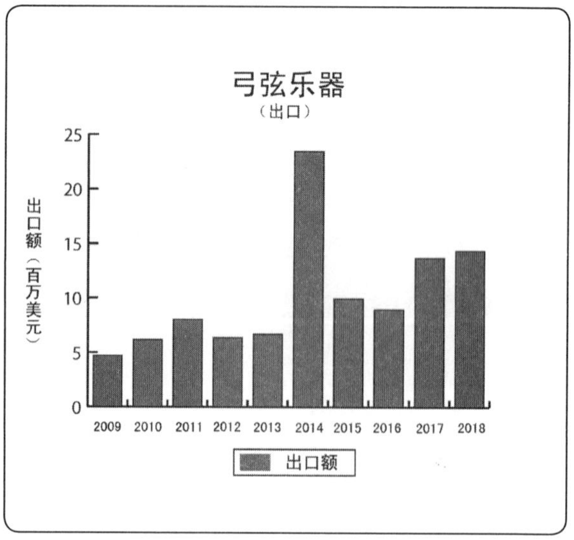
弓弦乐器
（出口）
出口额（百万美元）
25
20
15
10
5
0
2009 2010 2011 2012 2013 2014 2015 2016 2017 2018
出口额

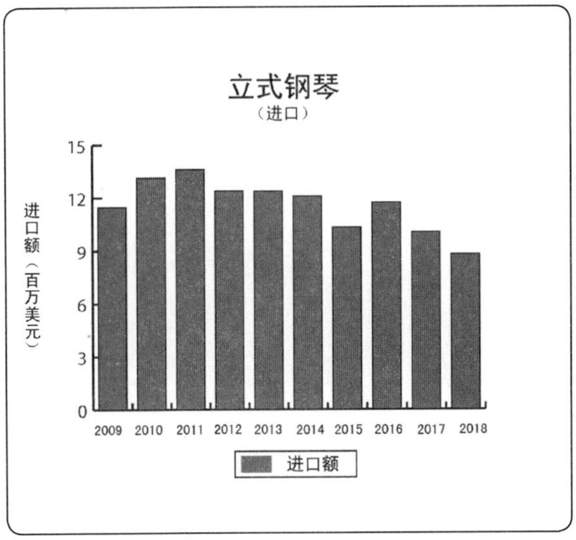
立式钢琴
（进口）
进口额（百万美元）
15
12
9
6
3
0
2009 2010 2011 2012 2013 2014 2015 2016 2017 2018
进口额

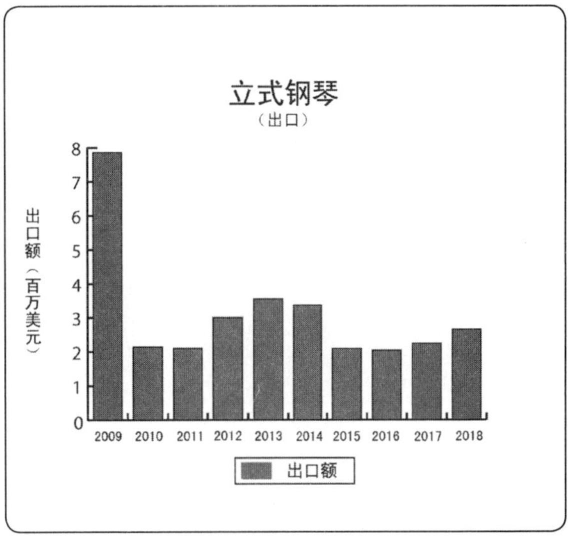
立式钢琴
（出口）
出口额（百万美元）
8
7
6
5
4
3
2
1
0
2009 2010 2011 2012 2013 2014 2015 2016 2017 2018
出口额

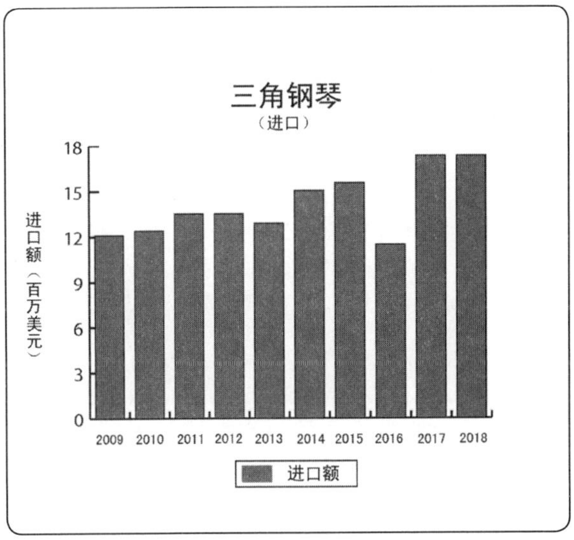
三角钢琴
（进口）
进口额（百万美元）
18
15
12
9
6
3
0
2009 2010 2011 2012 2013 2014 2015 2016 2017 2018
进口额

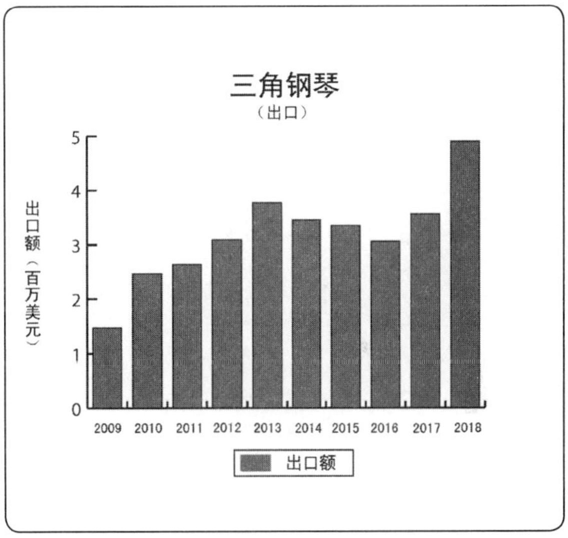
三角钢琴
（出口）
出口额（百万美元）
5
4
3
2
1
0
2009 2010 2011 2012 2013 2014 2015 2016 2017 2018
出口额

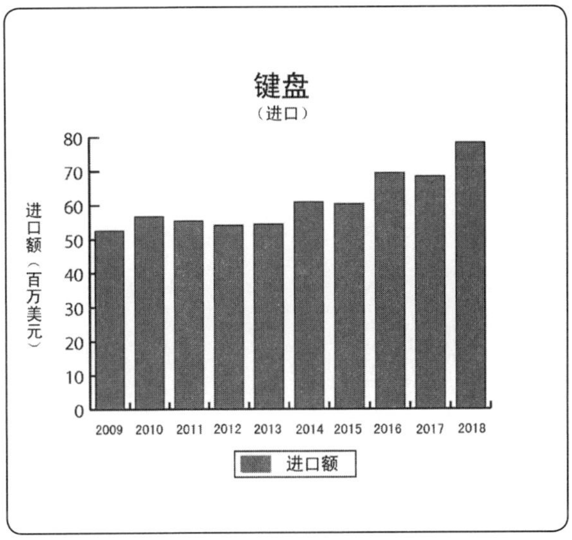
键盘
（进口）
进口额（百万美元）
80
70
60
50
40
30
20
10
0
2009 2010 2011 2012 2013 2014 2015 2016 2017 2018
进口额

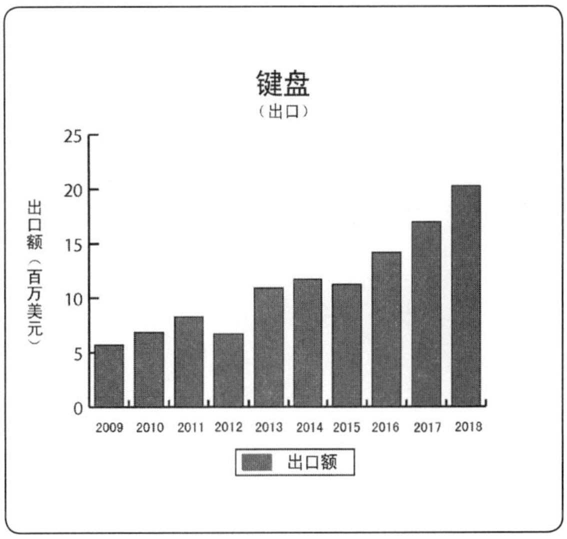
键盘
（出口）
出口额（百万美元）
25
20
15
10
5
0
2009 2010 2011 2012 2013 2014 2015 2016 2017 2018
出口额

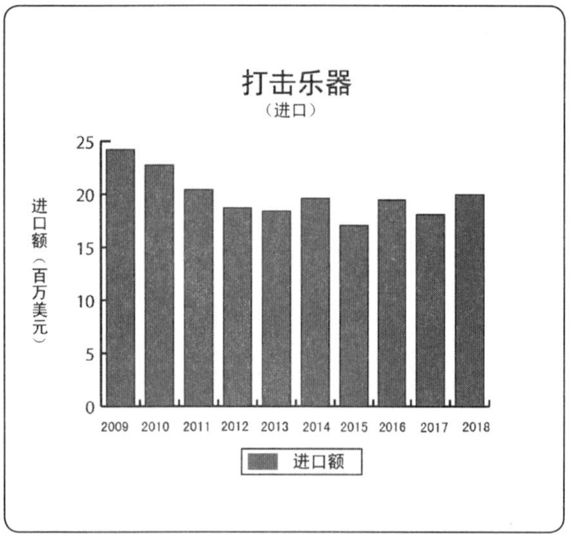
打击乐器
（进口）
进口额（百万美元）
25
20
15
10
5
0
2009 2010 2011 2012 2013 2014 2015 2016 2017 2018
进口额

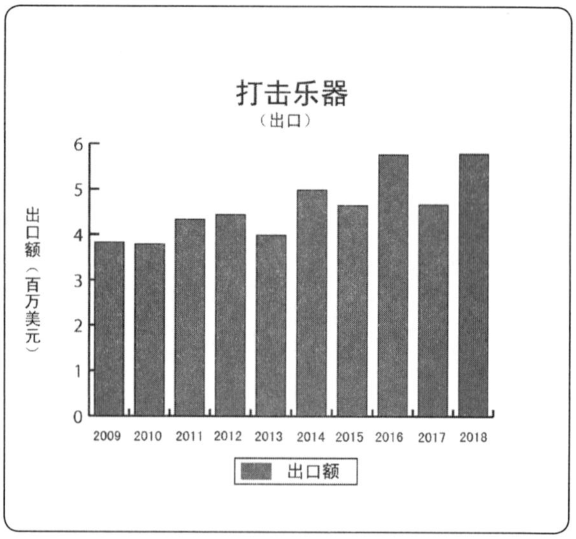
打击乐器
（出口）
出口额（百万美元）
6
5
4
3
2
1
0
2009 2010 2011 2012 2013 2014 2015 2016 2017 2018
出口额

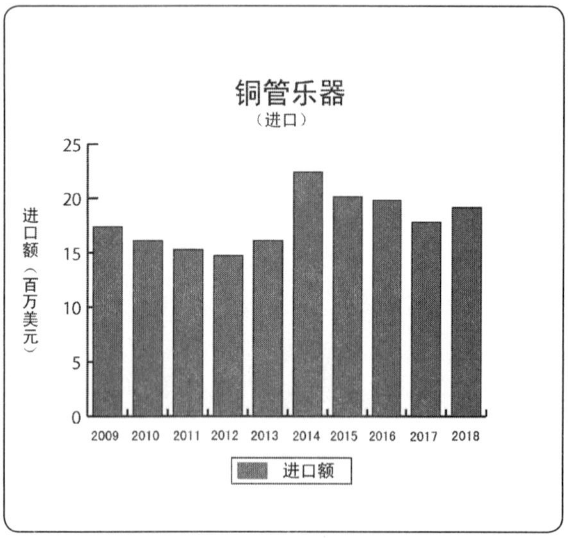
铜管乐器
（进口）
进口额（百万美元）
25
20
15
10
5
0
2009 2010 2011 2012 2013 2014 2015 2016 2017 2018
进口额

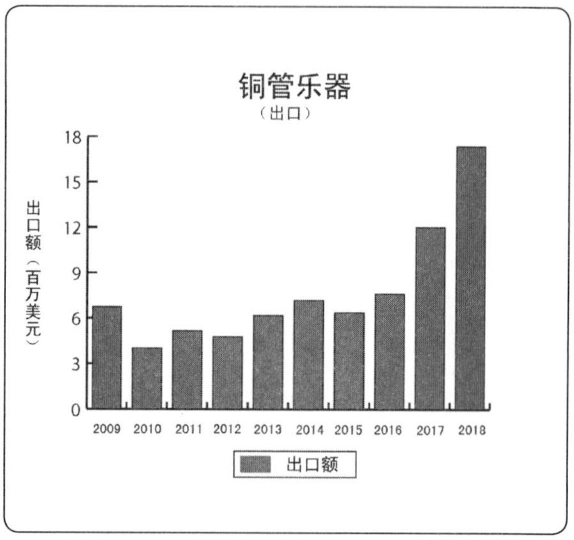
铜管乐器
（出口）
出口额（百万美元）
18
15
12
9
6
3
0
2009 2010 2011 2012 2013 2014 2015 2016 2017 2018
出口额

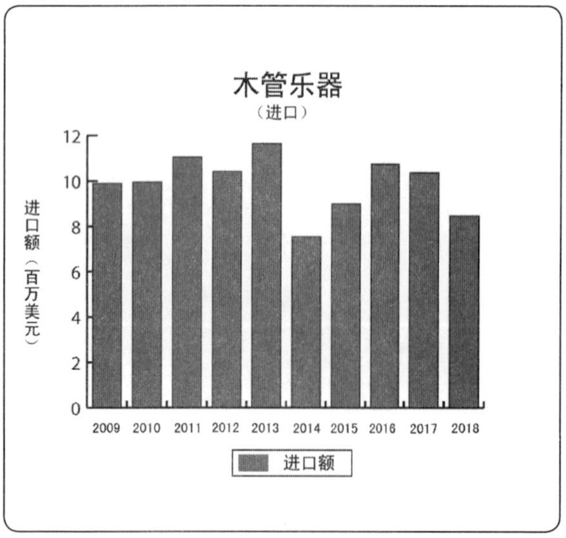
木管乐器
（进口）
进口额（百万美元）
12
10
8
6
4
2
0
2009 2010 2011 2012 2013 2014 2015 2016 2017 2018
进口额

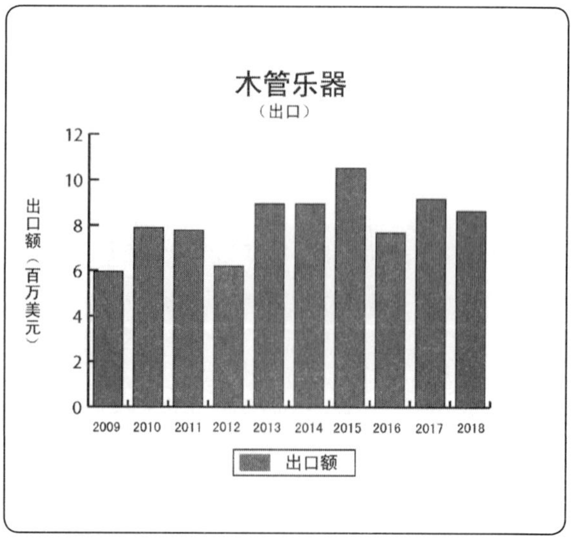
木管乐器
（出口）
出口额（百万美元）
12
10
8
6
4
2
0
2009 2010 2011 2012 2013 2014 2015 2016 2017 2018
出口额

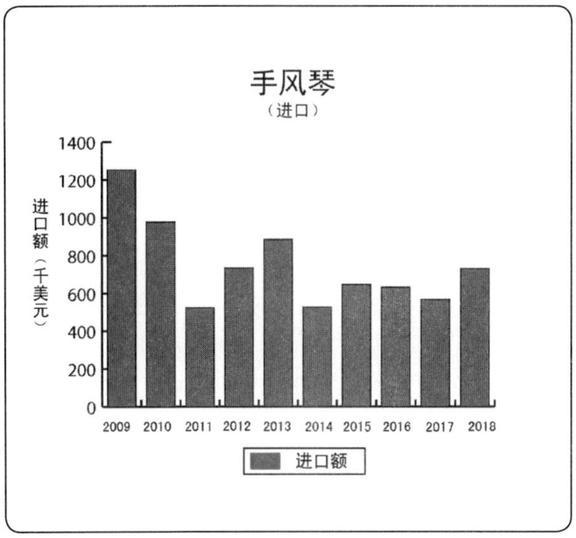
手风琴
（进口）
进口额（千美元）
1400
1200
1000
800
600
400
200
0
2009 2010 2011 2012 2013 2014 2015 2016 2017 2018
进口额

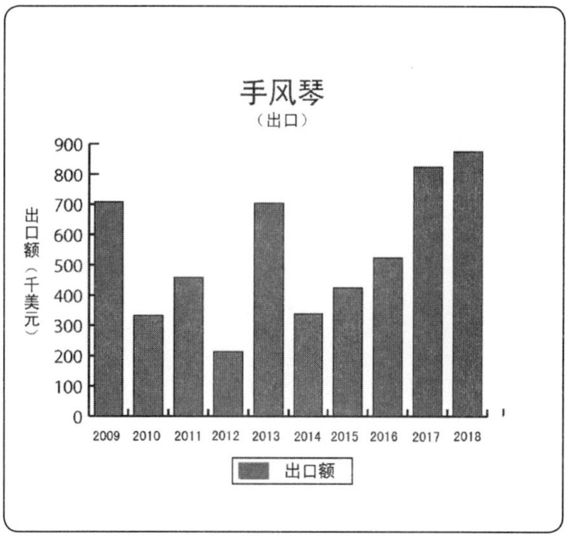
手风琴
（出口）
出口额（千美元）
900
800
700
600
500
400
300
200
100
0
2009 2010 2011 2012 2013 2014 2015 2016 2017 2018
出口额

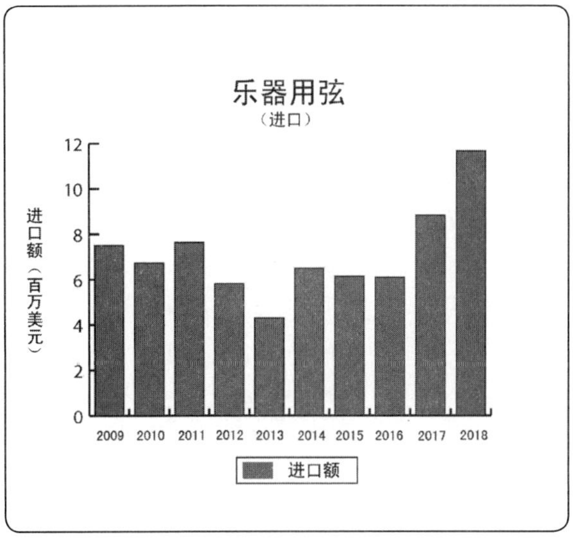
乐器用弦
（进口）
进口额（百万美元）
12
10
8
6
4
2
0
2009 2010 2011 2012 2013 2014 2015 2016 2017 2018
进口额

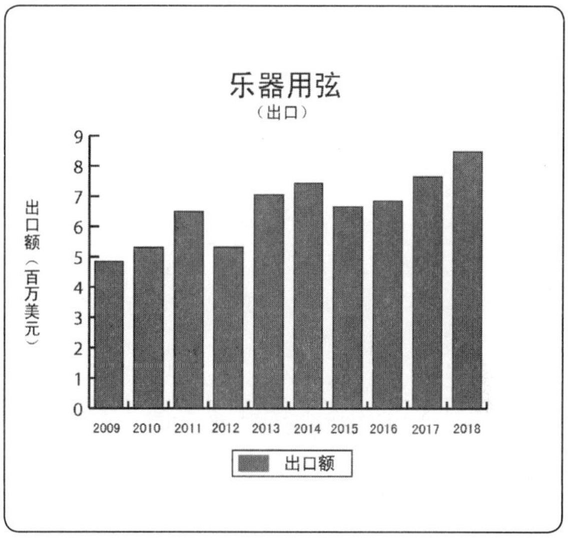
乐器用弦
（出口）
出口额（百万美元）
9
8
7
6
5
4
3
2
1
0
2009 2010 2011 2012 2013 2014 2015 2016 2017 2018
出口额

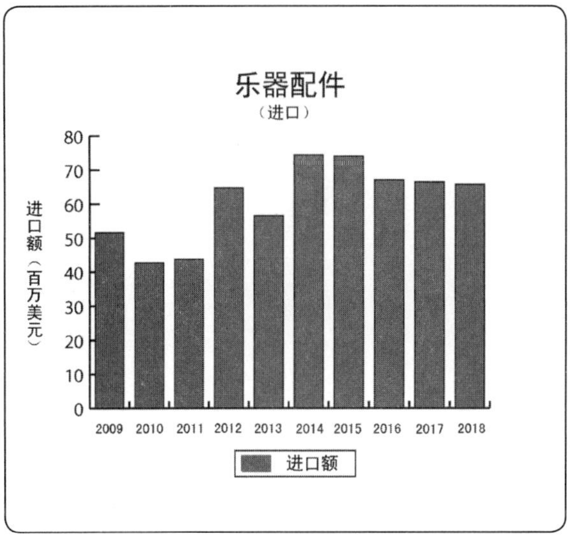
乐器配件
（进口）
进口额（百万美元）
80
70
60
50
40
30
20
10
0
2009 2010 2011 2012 2013 2014 2015 2016 2017 2018
进口额

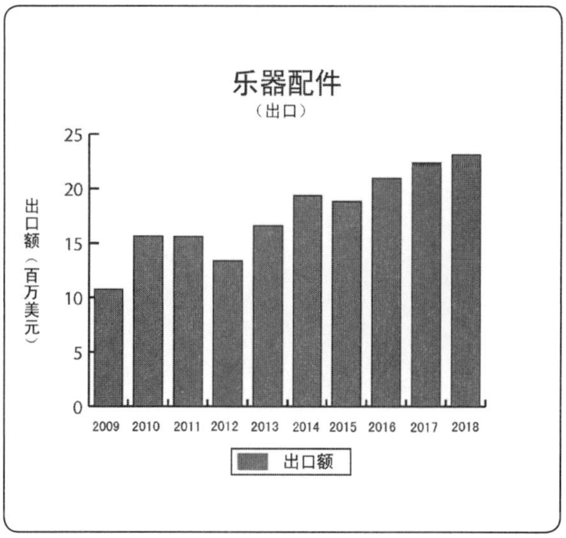
乐器配件
（出口）
出口额（百万美元）
25
20
15
10
5
0
2009 2010 2011 2012 2013 2014 2015 2016 2017 2018
出口额

澳大利亚

2018年澳大利亚经济总体指标：经济增长（GDP）2.8%，通货膨胀1.9%，失业率5.0%，就业增长2.5%，人口增长1.6%至2510万，居民消费价格指数（CPI）在截至2018年12月的一年中上涨了1.9%，消费者信心指数在年中急剧下降，到年底恢复，相关指数在12月达到102，澳大利亚工人继续面临低工资增长率（2.3%），过去12个月，澳大利亚储备银行（RBA）维持利率不变，现金利率为1.5%。

以2018年12月为例，澳大利亚总体零售总额低于预期。多地出现销售疲软，其中以新南威尔士州和维多利亚州的衰退最为明显，这些州目前的房价下跌速度也最快。12月第四季度零售额仅增长0.1%。这是2018年连续第二个季度下滑，表明家庭消费在去年年底已现颓势。

澳大利亚年度国内生产总值增长2.8%（主要由采矿业推动），澳大利亚有连续26年保持GDP增长的全球记录。不过，现在越来越多的人倾向于认为这种增长终将结束，因为近年来工资增速连续多年低于GDP增速。

2018年乐器市场整体呈现增长态势，与2017年相比，乐器销售金额增长5%，销量下降近8%。澳元与美元汇率徘徊在70澳分兑1美元左右，价格将持续上涨。2018年澳大利亚乐器进口额为2.96亿澳元（约2.05亿美元），是以美元计算的最高总额，但与2016年的近200万澳元进口金额相比下降了15%。

传统乐器进口量也有所下降，加之其他木管乐器及其他打击乐器等统计异常，可能暗示着尤克里里的热潮达到高点后趋于下降。此外，录音设备进口量越来越少，已成定势。相关数据证实，2018年上半年消费者支出的强劲势头也在下半年有所减弱。由于收入增长乏力，许多家庭被迫抑制支出。消费者信心似乎也受到金融市场波动和房价下跌的影响。鉴于澳大利亚人口增长率目前为1.6%，这表明过去一年人均可自由支配的支出几乎没有增加。

2018年市场数据显示键盘类乐器的强劲增长。进口量同比增长16%。进口金额略高于6300万澳元，同比增长6%。数码乐器保持增长。2018年，单位销量增加的良好局面。数码乐器单位销量增加8%，而平均单价则再次下降5%。电子键盘数量猛增21%，同时保持良好的成交价格。2018年，澳大利亚立式钢琴取得良好业绩，进口量超过5200架，而且由于年度立式钢琴单价上升，销售金额增长近20%。三角钢琴销量较为可观。此外，消费者似乎更喜欢新产品，市场二手交易量大幅下降。打击乐乐器在2018年表现不佳，成交量下降了8%，成交价格下降7%。管弦乐器和其他打击乐器进一步显示出单位销量下滑的情况，已延续了长达10年的颓弱之势。

澳大利亚市场对国际货币趋势走向非常敏感，澳元在70澳分兑1美元左右徘徊了相当一段时间。我们认为，2018年7月1日消除GST税制门槛后，进一步削弱了海外购买吸引力，使国内竞争加剧。乐器零售商对行业价值不菲，是协会非常重视的工作领域。乐器行业必须在网络乐器销售领域更上一层楼，今后协会的工作目标是继续对琴行强化网络培训。(来源：澳大利亚乐器协会会长沃克尔)

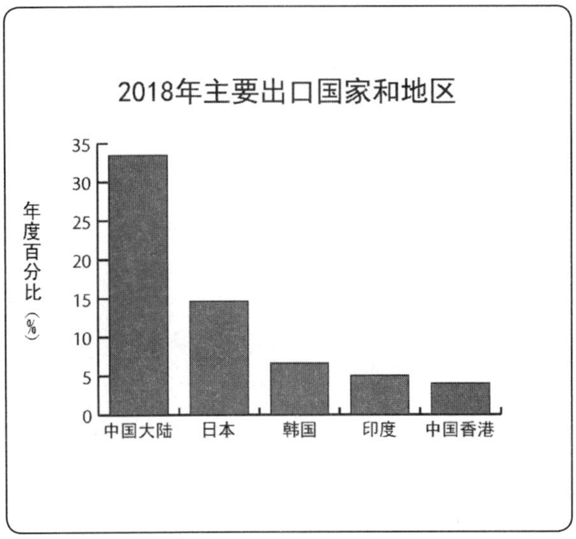
2018年主要出口国家和地区
年度百分比（%）
35
30
25
20
15
10
5
0
中国大陆
日本
韩国
印度
中国香港

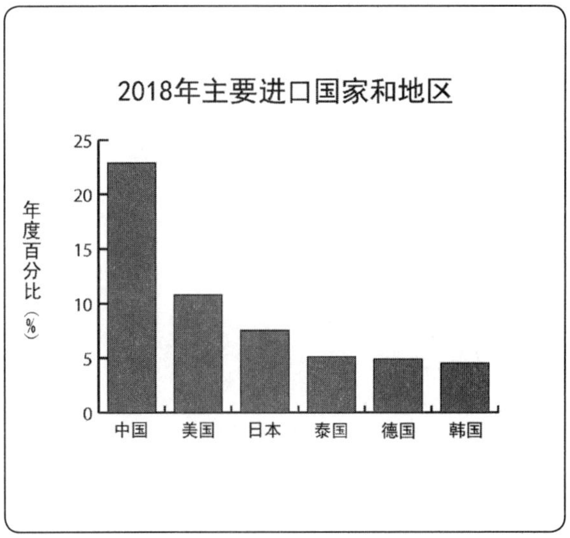
2018年主要进口国家和地区
年度百分比（%）
25
20
15
10
5
0
中国
美国
日本
泰国
德国
韩国

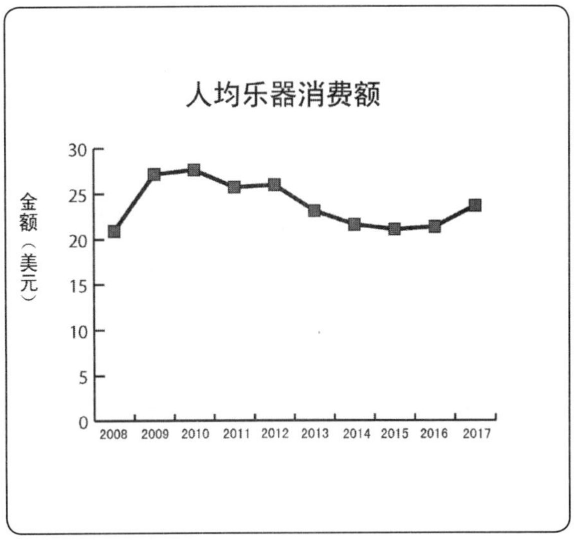
人均乐器消费额
金额（美元）
30
25
20
15
10
5
0
2008
2009
2010
2011
2012
2013
2014
2015
2016
2017

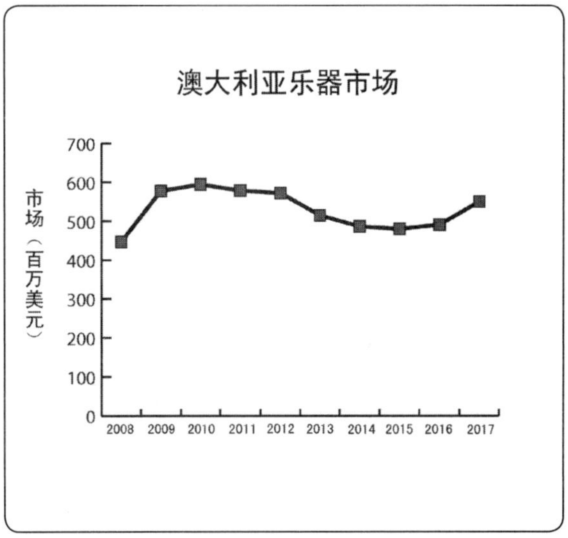
澳大利亚乐器市场
市场（百万美元）
700
600
500
400
300
200
100
0
2008
2009
2010
2011
2012
2013
2014
2015
2016
2017

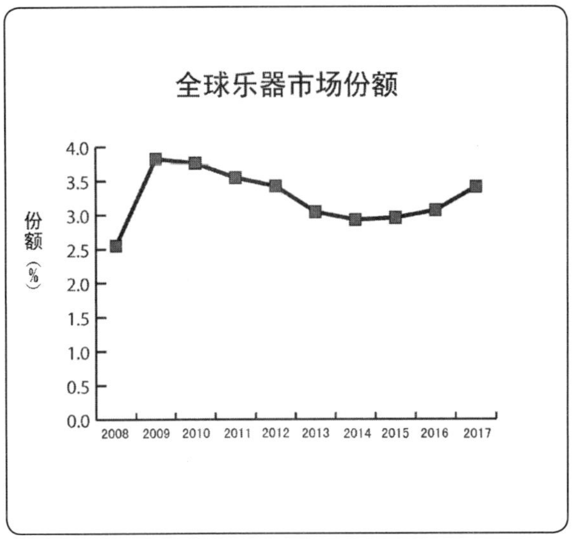
全球乐器市场份额
份额（%）
4.0
3.5
3.0
2.5
2.0
1.5
1.0
0.5
0.0
2008
2009
2010
2011
2012
2013
2014
2015
2016
2017

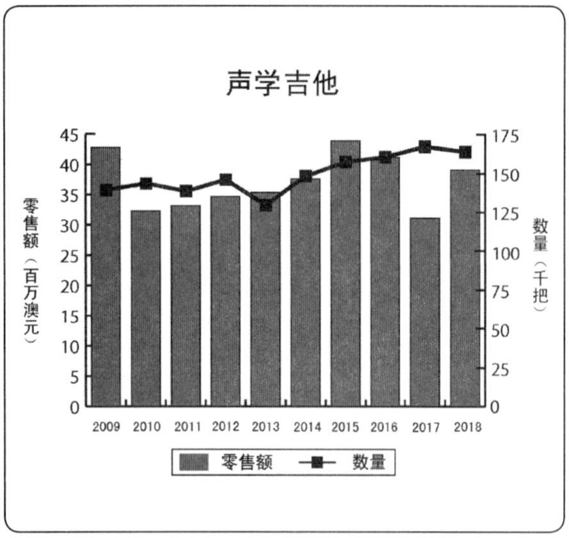
声学吉他
零售额（百万澳元）
数量（千把）
45
40
35
30
25
20
15
10
5
0
175
150
125
100
75
50
25
0
2009 2010 2011 2012 2013 2014 2015 2016 2017 2018
零售额 数量

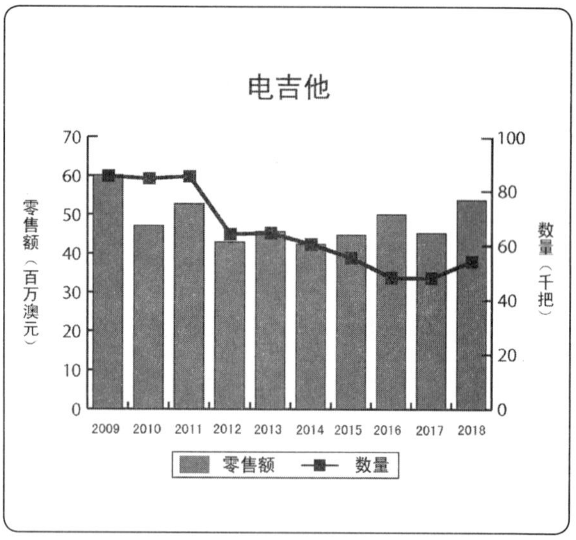
电吉他
零售额（百万澳元）
数量（千把）
70
60
50
40
30
20
10
0
100
80
60
40
20
0
2009 2010 2011 2012 2013 2014 2015 2016 2017 2018
零售额 数量

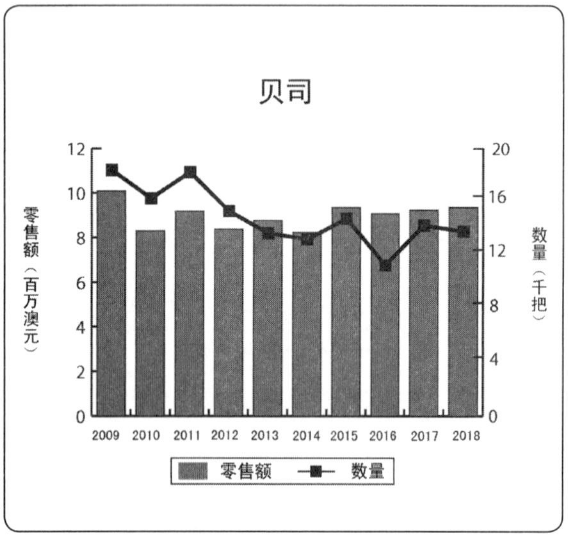
贝司
零售额（百万澳元）
数量（千把）
12
10
8
6
4
2
0
20
16
12
8
4
0
2009 2010 2011 2012 2013 2014 2015 2016 2017 2018
零售额 数量

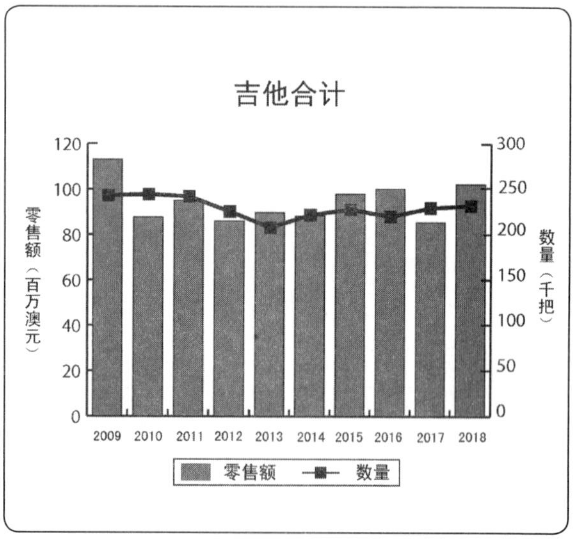
吉他合计
零售额（百万澳元）
数量（千把）
120
100
80
60
40
20
0
300
250
200
150
100
50
0
2009 2010 2011 2012 2013 2014 2015 2016 2017 2018
零售额 数量

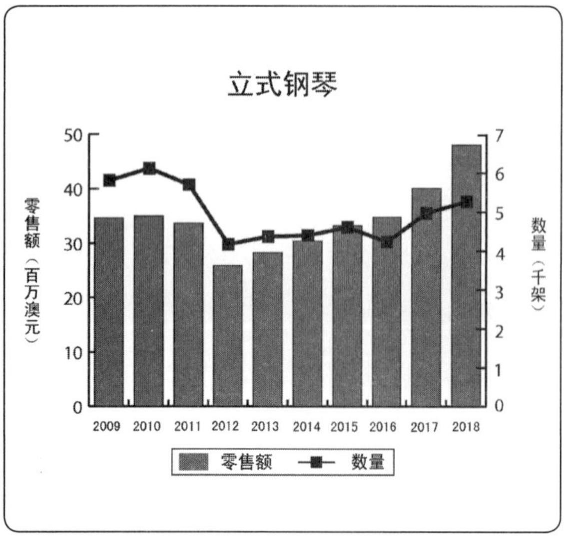
立式钢琴
零售额（百万澳元）
数量（千架）
50
40
30
20
10
0
7
6
5
4
3
2
1
0
2009 2010 2011 2012 2013 2014 2015 2016 2017 2018
零售额 数量

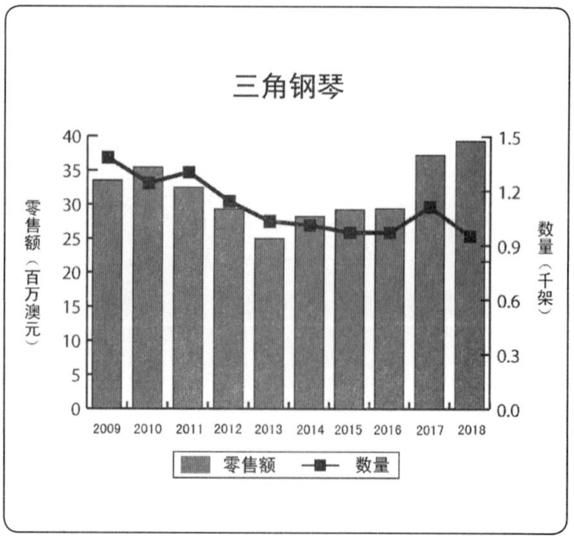
三角钢琴
零售额（百万澳元）
数量（千架）
40
35
30
25
20
15
10
5
0
1.5
1.2
0.9
0.6
0.3
0.0
2009 2010 2011 2012 2013 2014 2015 2016 2017 2018
零售额 数量

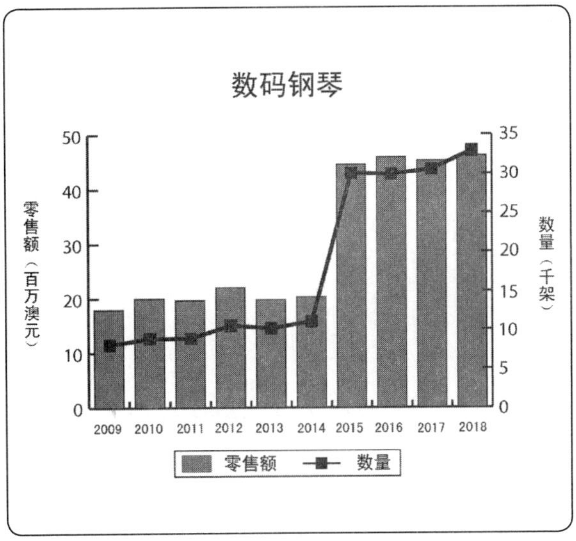
数码钢琴
零售额（百万澳元）
数量（千架）
2009 2010 2011 2012 2013 2014 2015 2016 2017 2018
零售额 数量

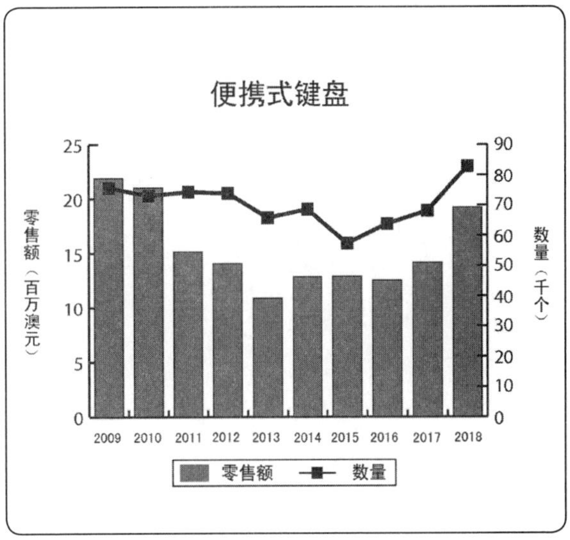
便携式键盘
零售额（百万澳元）
数量（千个）
2009 2010 2011 2012 2013 2014 2015 2016 2017 2018
零售额 数量

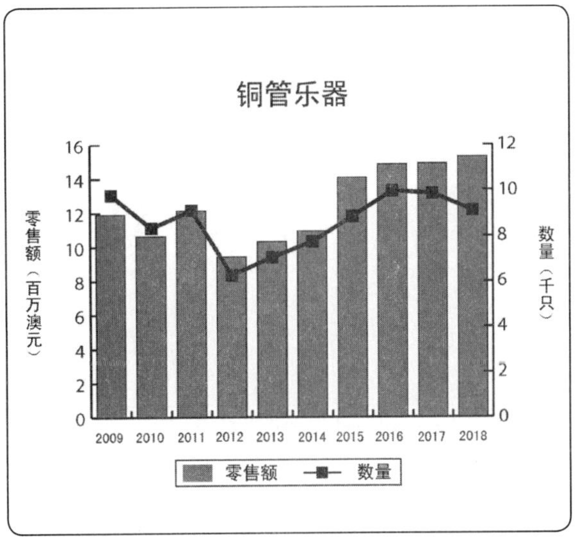
铜管乐器
零售额（百万澳元）
数量（千只）
2009 2010 2011 2012 2013 2014 2015 2016 2017 2018
零售额 数量

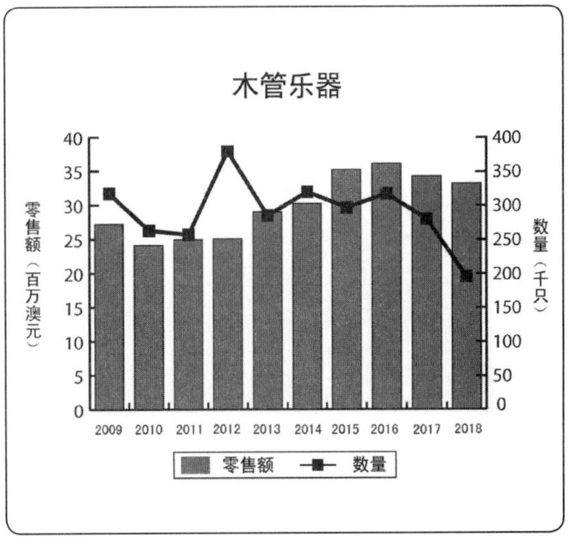
木管乐器
零售额（百万澳元）
数量（千只）
2009 2010 2011 2012 2013 2014 2015 2016 2017 2018
零售额 数量

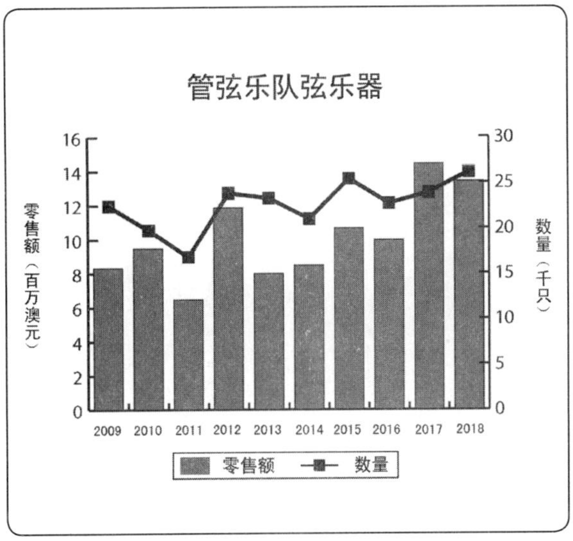
管弦乐队弦乐器
零售额（百万澳元）
数量（千只）
2009 2010 2011 2012 2013 2014 2015 2016 2017 2018
零售额 数量

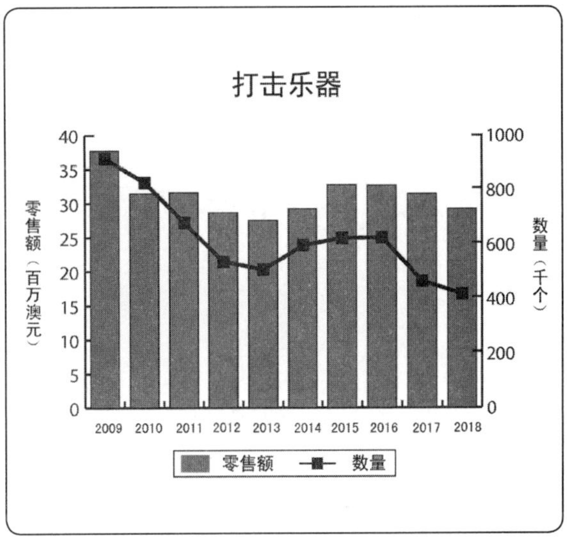
打击乐器
零售额（百万澳元）
数量（千个）
2009 2010 2011 2012 2013 2014 2015 2016 2017 2018
零售额 数量

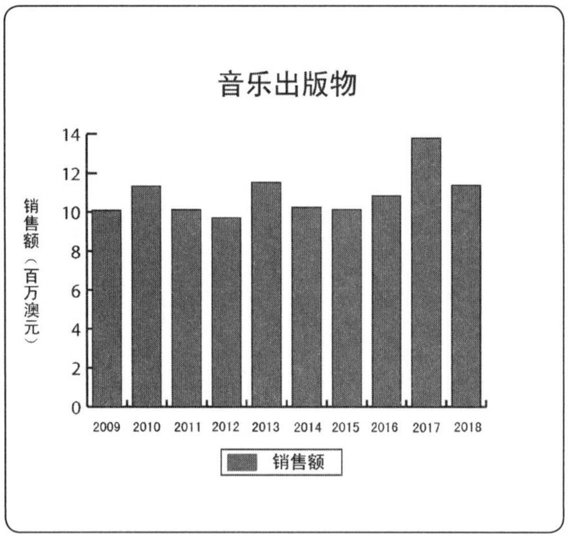
音乐出版物
销售额（百万澳元）
14
12
10
8
6
4
2
0
2009 2010 2011 2012 2013 2014 2015 2016 2017 2018
销售额

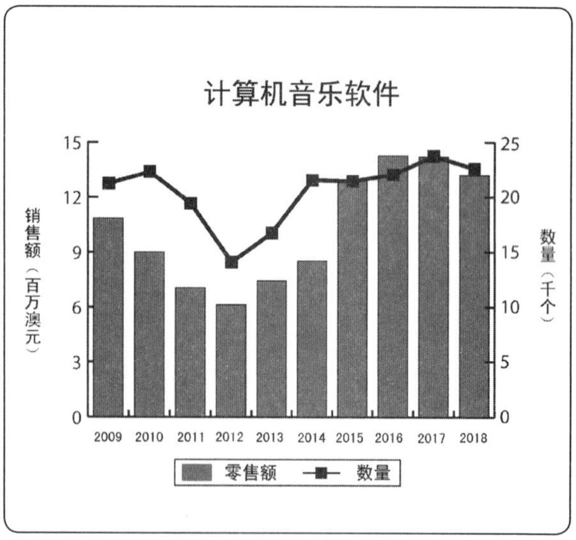
计算机音乐软件
销售额（百万澳元）
15
12
9
6
3
0
数量（千个）
25
20
15
10
5
0
2009 2010 2011 2012 2013 2014 2015 2016 2017 2018
零售额
数量

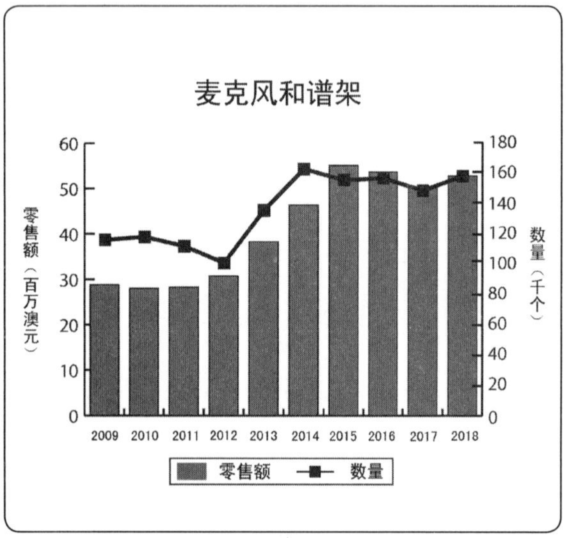
麦克风和谱架
零售额（百万澳元）
60
50
40
30
20
10
0
数量（千个）
180
160
140
120
100
80
60
40
20
0
2009 2010 2011 2012 2013 2014 2015 2016 2017 2018
零售额
数量

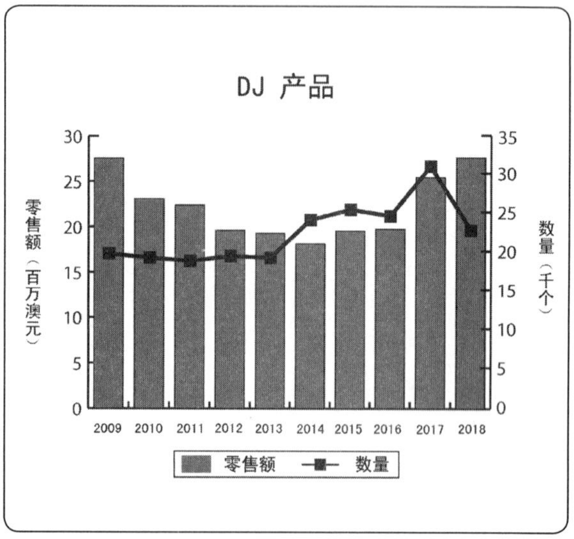
DJ 产品
零售额（百万澳元）
30
25
20
15
10
5
0
数量（千个）
35
30
25
20
15
10
5
0
2009 2010 2011 2012 2013 2014 2015 2016 2017 2018
零售额
数量

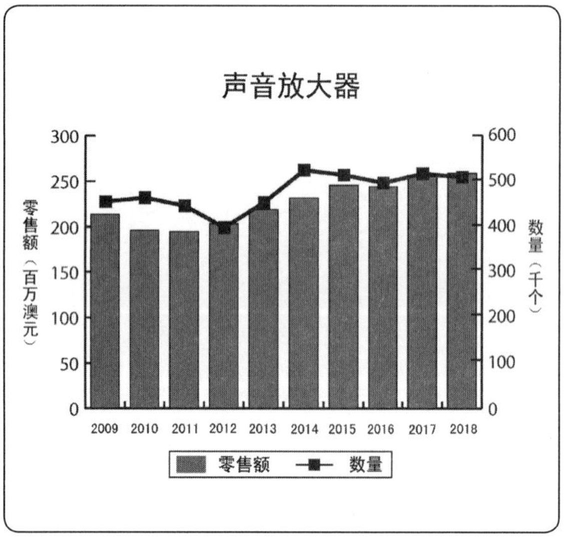
声音放大器
零售额（百万澳元）
300
250
200
150
100
50
0
数量（千个）
600
500
400
300
200
100
0
2009 2010 2011 2012 2013 2014 2015 2016 2017 2018
零售额
数量

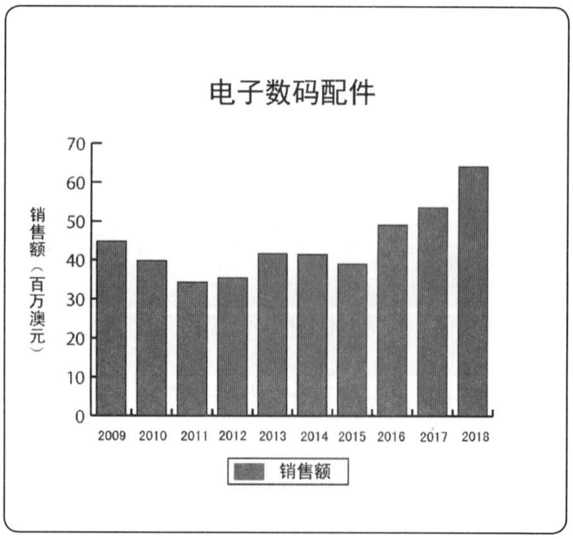
电子数码配件
销售额（百万澳元）
70
60
50
40
30
20
10
0
2009 2010 2011 2012 2013 2014 2015 2016 2017 2018
销售额

意大利

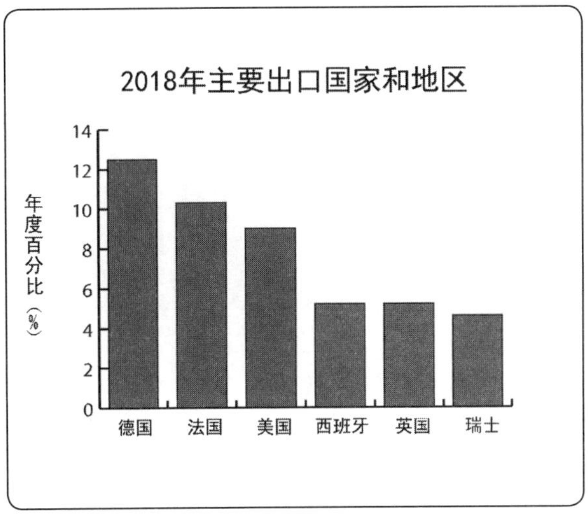
2018年主要出口国家和地区
年度百分比（%）
14
12
10
8
6
4
2
0
德国
法国
美国
西班牙
英国
瑞士

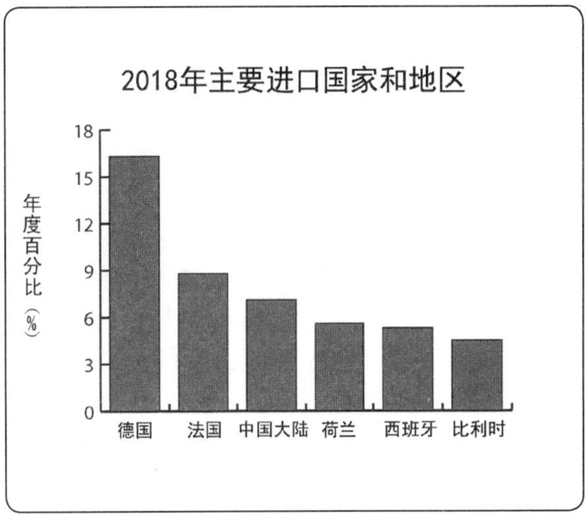
2018年主要进口国家和地区
年度百分比（%）
18
15
12
9
6
3
0
德国
法国
中国大陆
荷兰
西班牙
比利时

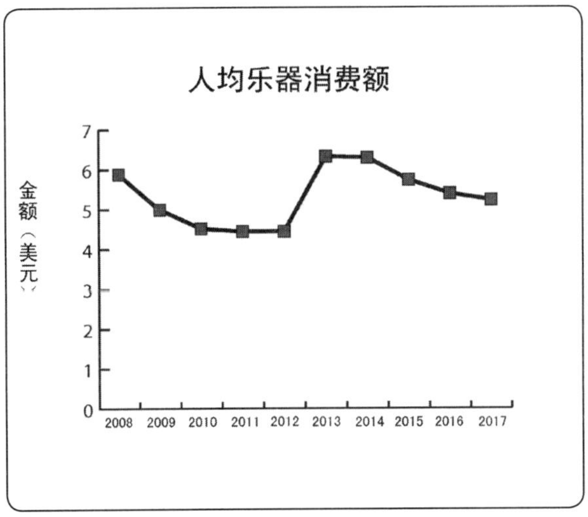
人均乐器消费额
金额（美元）
7
6
5
4
3
2
1
0
2008
2009
2010
2011
2012
2013
2014
2015
2016
2017

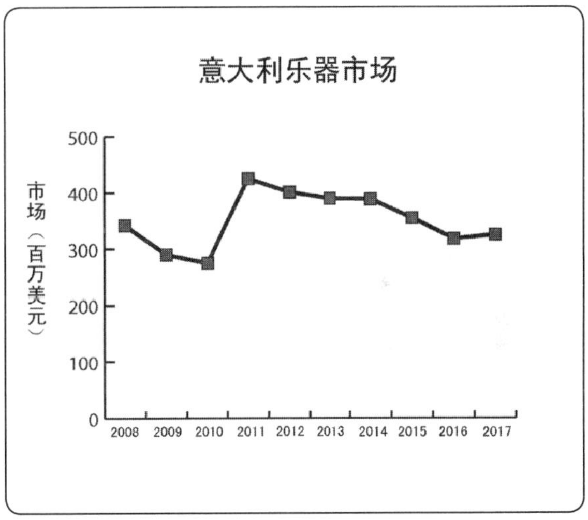
意大利乐器市场
市场（百万美元）
500
400
300
200
100
0
2008
2009
2010
2011
2012
2013
2014
2015
2016
2017

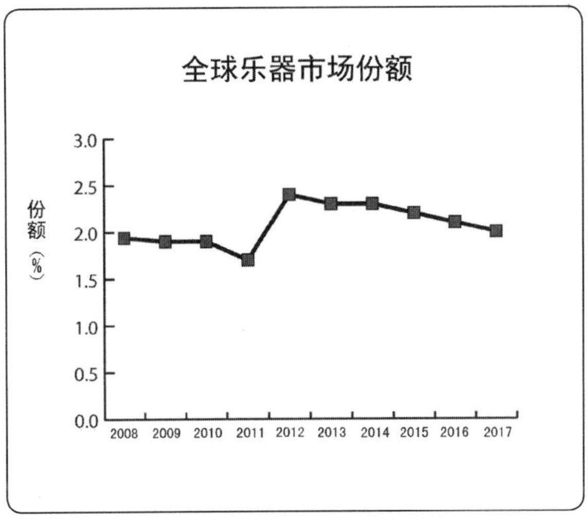
全球乐器市场份额
份额（%）
3.0
2.5
2.0
1.5
1.0
0.5
0.0
2008
2009
2010
2011
2012
2013
2014
2015
2016
2017

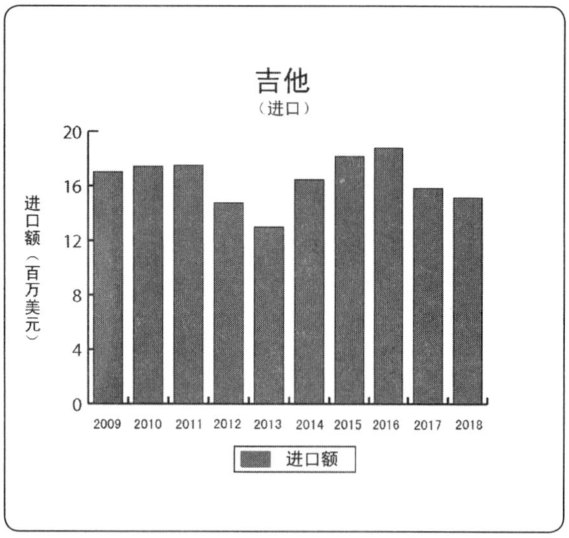
吉他
（进口）
进口额（百万美元）
20
16
12
8
4
0
2009 2010 2011 2012 2013 2014 2015 2016 2017 2018
进口额

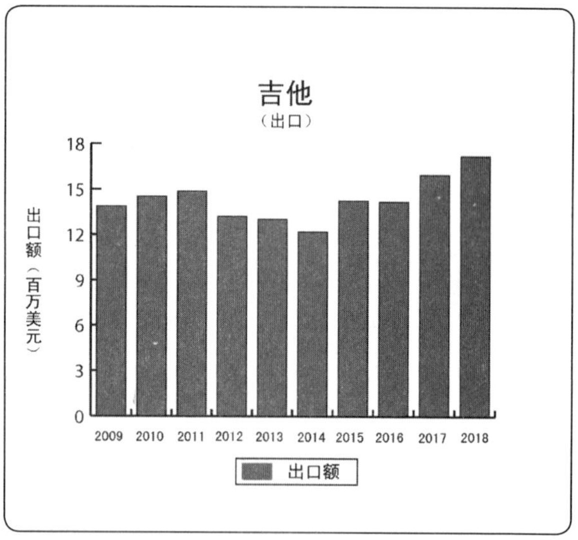
吉他
（出口）
出口额（百万美元）
18
15
12
9
6
3
0
2009 2010 2011 2012 2013 2014 2015 2016 2017 2018
出口额

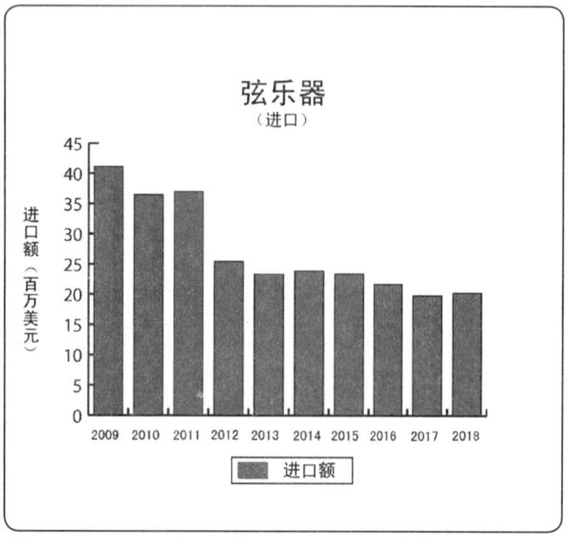
弦乐器
（进口）
进口额（百万美元）
45
40
35
30
25
20
15
10
5
0
2009 2010 2011 2012 2013 2014 2015 2016 2017 2018
进口额

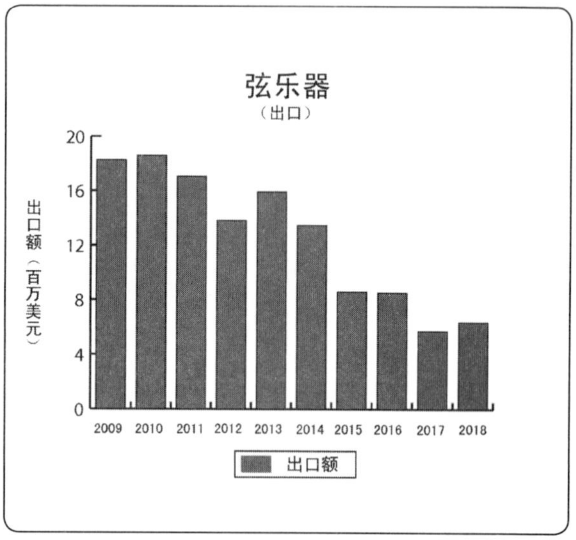
弦乐器
（出口）
出口额（百万美元）
20
16
12
8
4
0
2009 2010 2011 2012 2013 2014 2015 2016 2017 2018
出口额

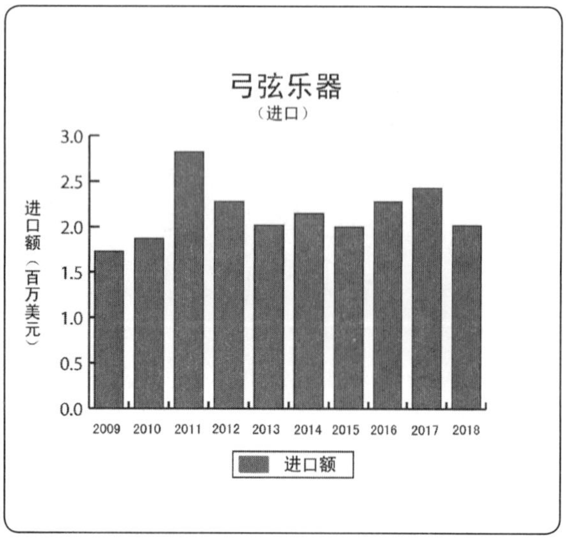
弓弦乐器
（进口）
进口额（百万美元）
3.0
2.5
2.0
1.5
1.0
0.5
0.0
2009 2010 2011 2012 2013 2014 2015 2016 2017 2018
进口额

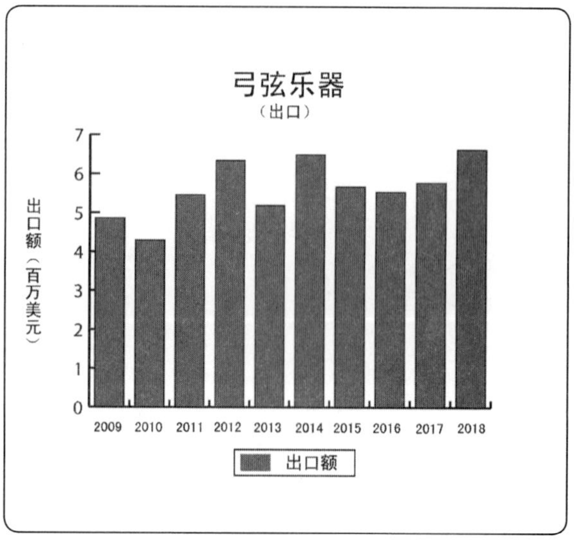
弓弦乐器
（出口）
出口额（百万美元）
7
6
5
4
3
2
1
0
2009 2010 2011 2012 2013 2014 2015 2016 2017 2018
出口额

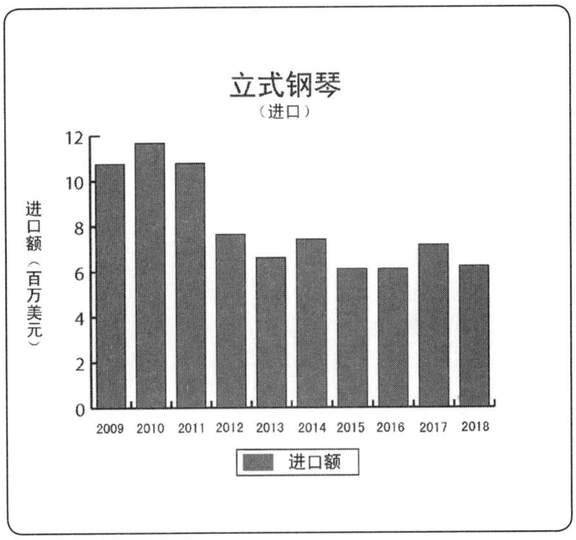
立式钢琴
（进口）
进口额（百万美元）
12
10
8
6
4
2
0
2009 2010 2011 2012 2013 2014 2015 2016 2017 2018
进口额

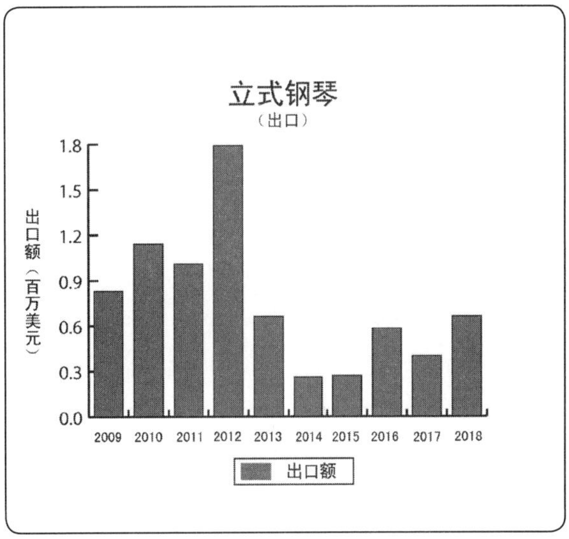
立式钢琴
（出口）
出口额（百万美元）
1.8
1.5
1.2
0.9
0.6
0.3
0.0
2009 2010 2011 2012 2013 2014 2015 2016 2017 2018
出口额

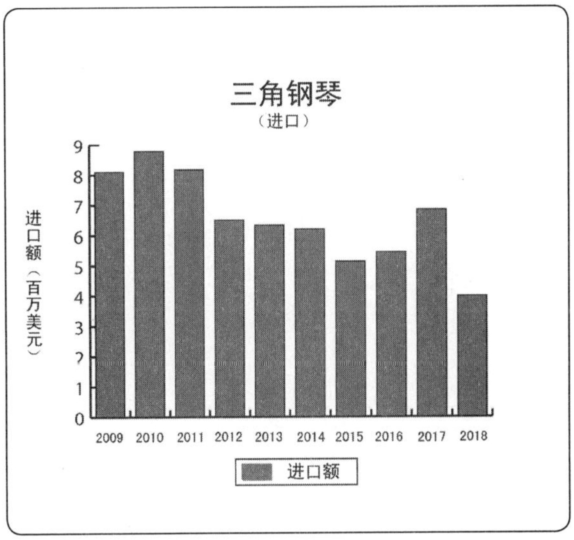
三角钢琴
（进口）
进口额（百万美元）
9
8
7
6
5
4
3
1
0
2009 2010 2011 2012 2013 2014 2015 2016 2017 2018
进口额

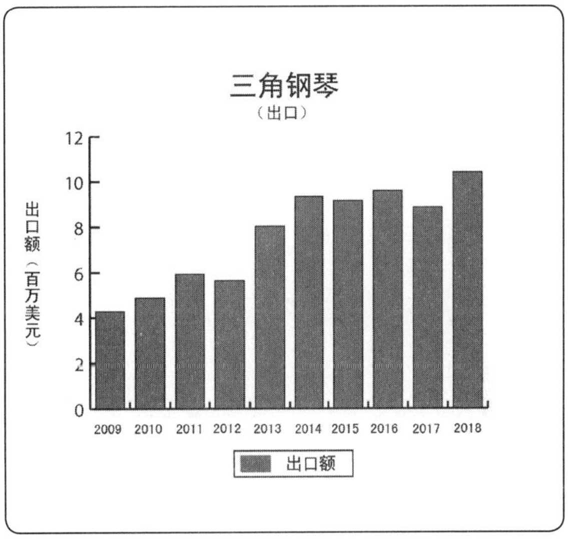
三角钢琴
（出口）
出口额（百万美元）
12
10
8
6
4
2
0
2009 2010 2011 2012 2013 2014 2015 2016 2017 2018
出口额

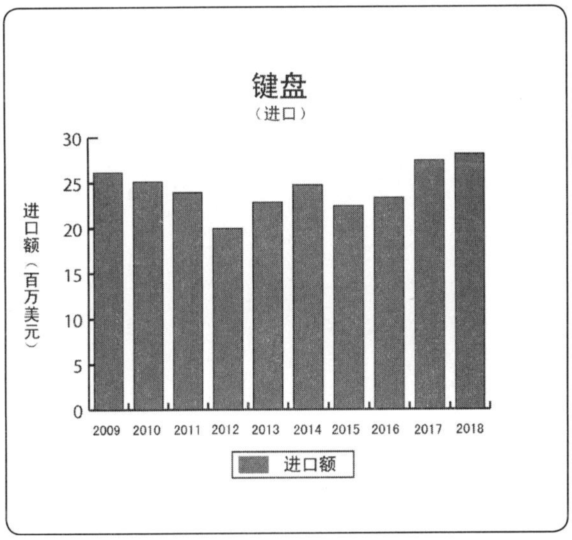
键盘
（进口）
进口额（百万美元）
30
25
20
15
10
5
0
2009 2010 2011 2012 2013 2014 2015 2016 2017 2018
进口额

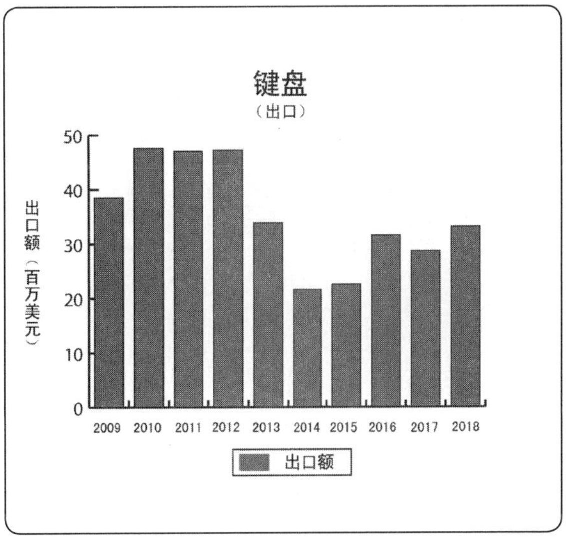
键盘
（出口）
出口额（百万美元）
50
40
30
20
10
0
2009 2010 2011 2012 2013 2014 2015 2016 2017 2018
出口额

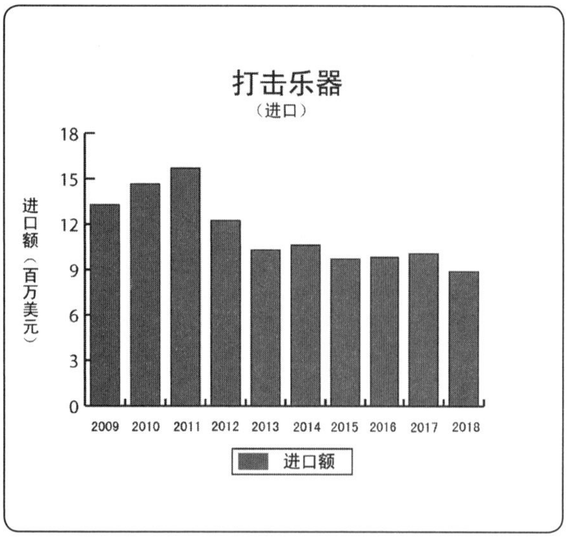
打击乐器
（进口）
进口额（百万美元）
18
15
12
9
6
3
0
2009 2010 2011 2012 2013 2014 2015 2016 2017 2018
进口额

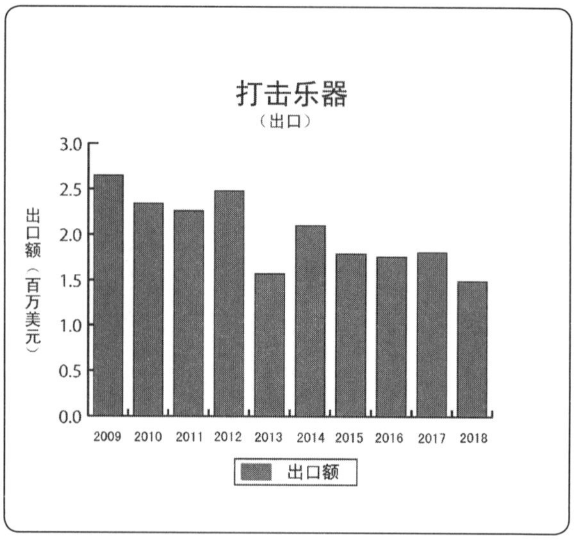
打击乐器
（出口）
出口额（百万美元）
3.0
2.5
2.0
1.5
1.0
0.5
0.0
2009 2010 2011 2012 2013 2014 2015 2016 2017 2018
出口额

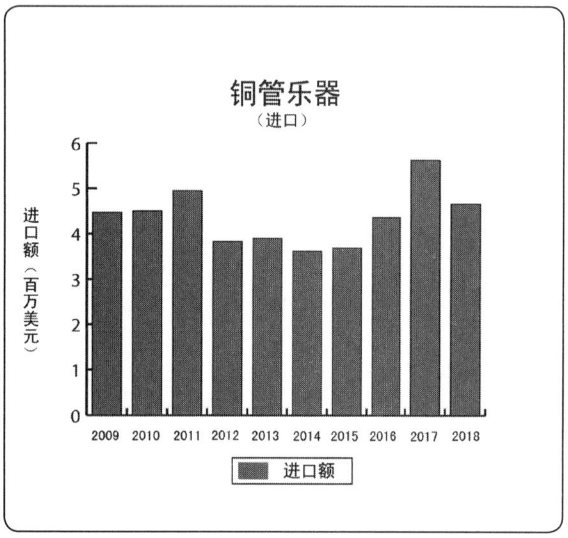
铜管乐器
（进口）
进口额（百万美元）
6
5
4
3
2
1
0
2009 2010 2011 2012 2013 2014 2015 2016 2017 2018
进口额

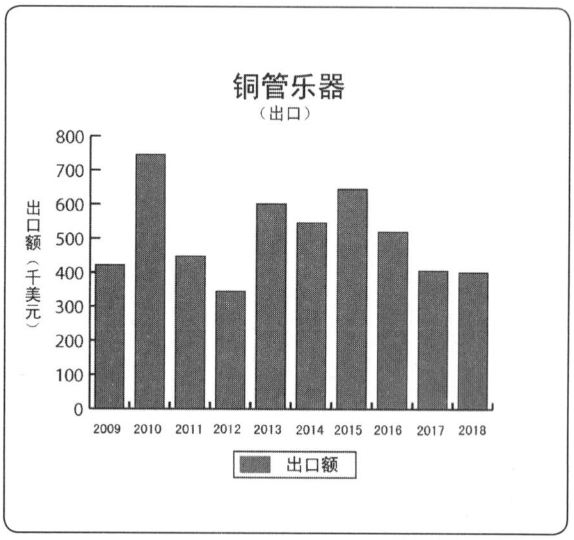
铜管乐器
（出口）
出口额（千美元）
800
700
600
500
400
300
200
100
0
2009 2010 2011 2012 2013 2014 2015 2016 2017 2018
出口额

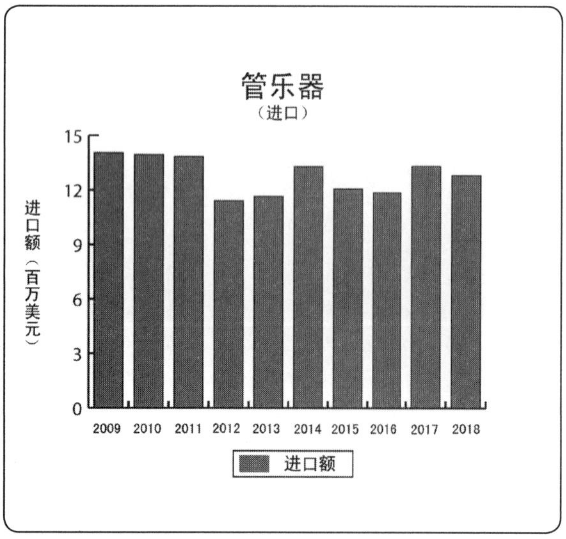
管乐器
（进口）
进口额（百万美元）
15
12
9
6
3
0
2009 2010 2011 2012 2013 2014 2015 2016 2017 2018
进口额

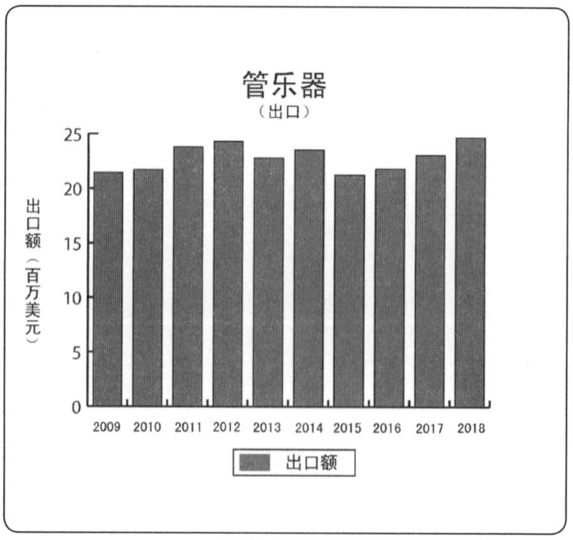
管乐器
（出口）
出口额（百万美元）
25
20
15
10
5
0
2009 2010 2011 2012 2013 2014 2015 2016 2017 2018
出口额

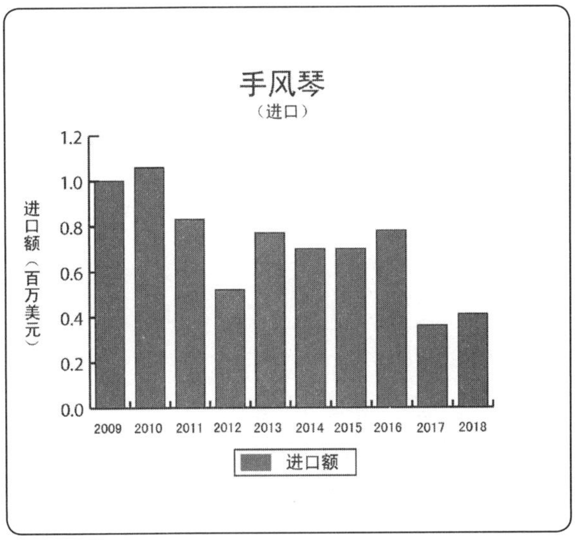
手风琴
（进口）
进口额（百万美元）
1.2
1.0
0.8
0.6
0.4
0.2
0.0
2009 2010 2011 2012 2013 2014 2015 2016 2017 2018
进口额

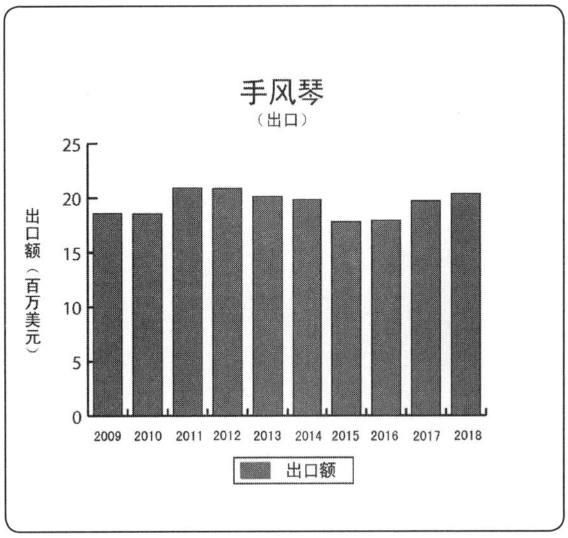
手风琴
（出口）
出口额（百万美元）
25
20
15
10
5
0
2009 2010 2011 2012 2013 2014 2015 2016 2017 2018
出口额

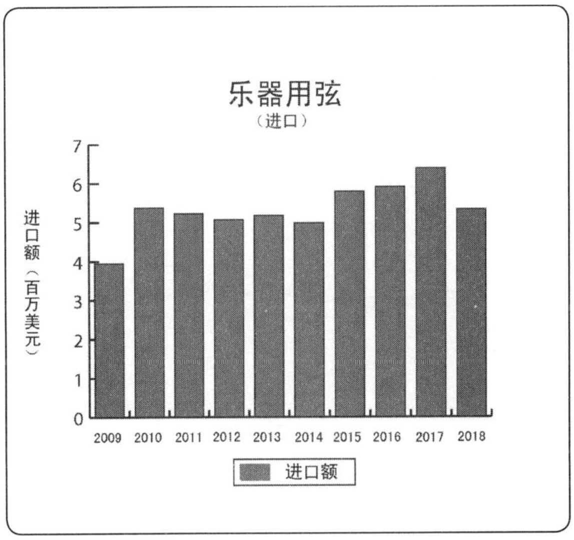
乐器用弦
（进口）
进口额（百万美元）
7
6
5
4
3
2
1
0
2009 2010 2011 2012 2013 2014 2015 2016 2017 2018
进口额

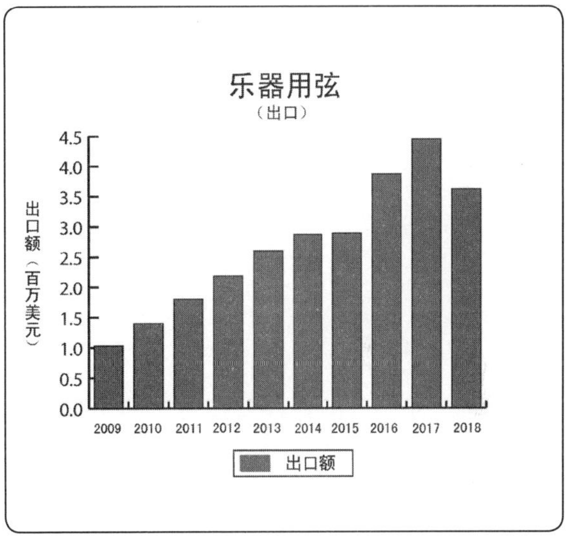
乐器用弦
（出口）
出口额（百万美元）
4.5
4.0
3.5
3.0
2.5
2.0
1.5
1.0
0.5
0.0
2009 2010 2011 2012 2013 2014 2015 2016 2017 2018
出口额

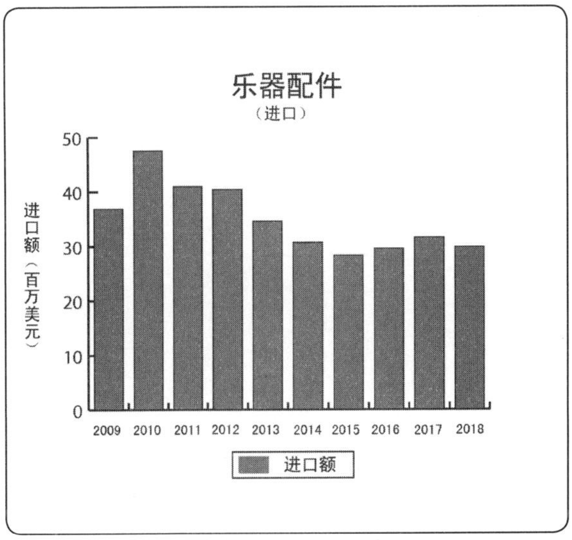
乐器配件
（进口）
进口额（百万美元）
50
40
30
20
10
0
2009 2010 2011 2012 2013 2014 2015 2016 2017 2018
进口额

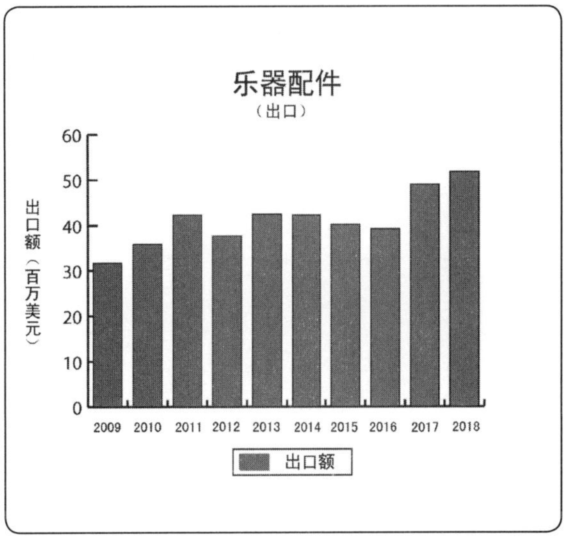
乐器配件
（出口）
出口额（百万美元）
60
50
40
30
20
10
0
2009 2010 2011 2012 2013 2014 2015 2016 2017 2018
出口额

韩 国

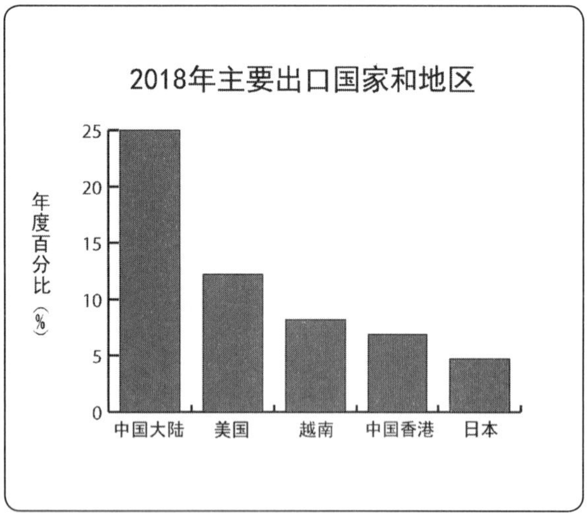
2018年主要出口国家和地区
年度百分比（%）
25
20
15
10
5
0
中国大陆
美国
越南
中国香港
日本

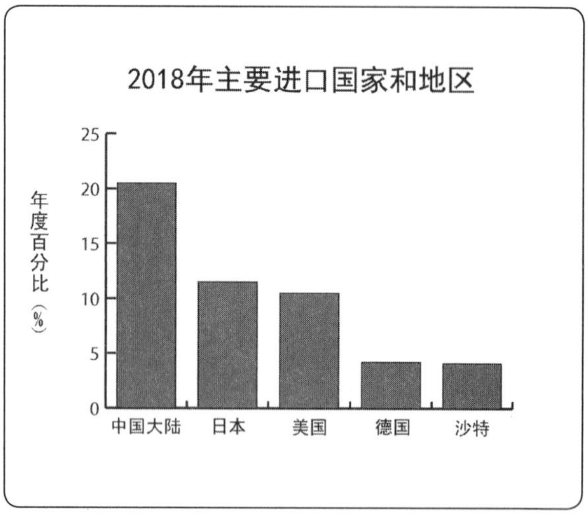
2018年主要进口国家和地区
年度百分比（%）
25
20
15
10
5
0
中国大陆
日本
美国
德国
沙特

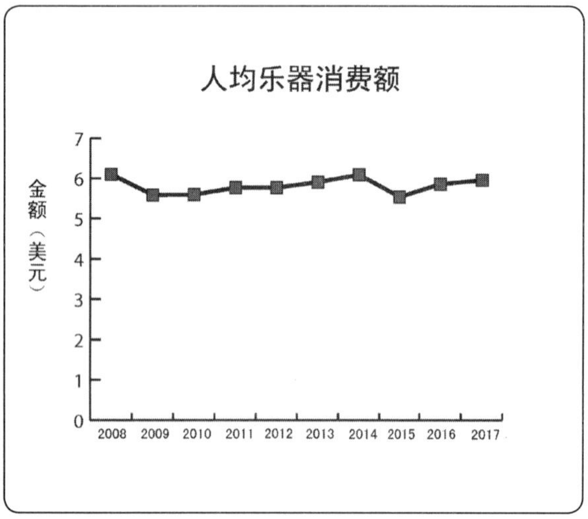
人均乐器消费额
金额（美元）
7
6
5
4
3
2
1
0
2008
2009
2010
2011
2012
2013
2014
2015
2016
2017

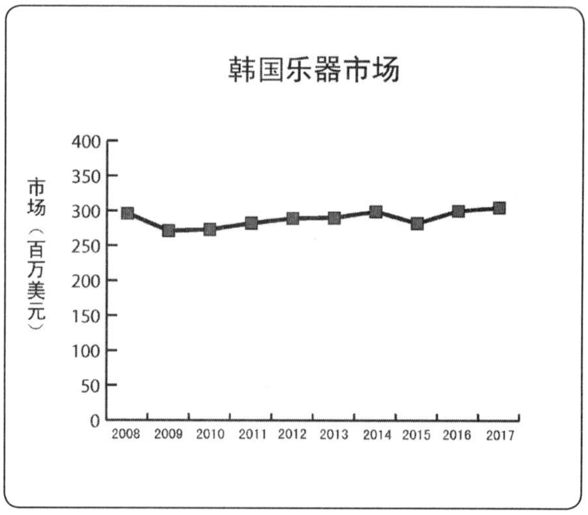
韩国乐器市场
市场（百万美元）
400
350
300
250
200
150
100
50
0
2008
2009
2010
2011
2012
2013
2014
2015
2016
2017

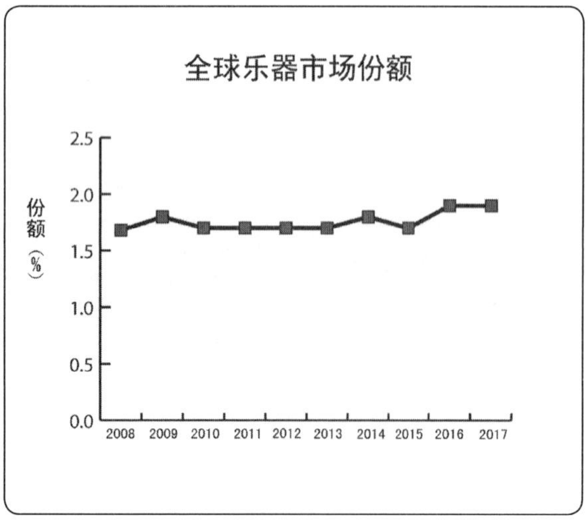
全球乐器市场份额
份额（%）
2.5
2.0
1.5
1.0
0.5
0.0
2008
2009
2010
2011
2012
2013
2014
2015
2016
2017

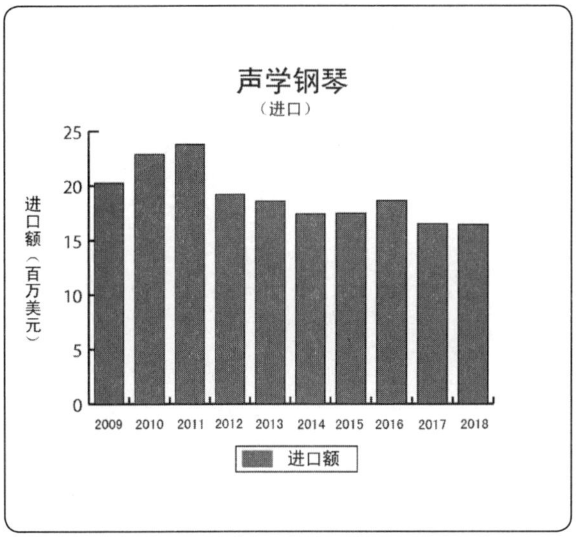
声学钢琴
（进口）
进口额（百万美元）
25
20
15
10
5
0
2009 2010 2011 2012 2013 2014 2015 2016 2017 2018
进口额

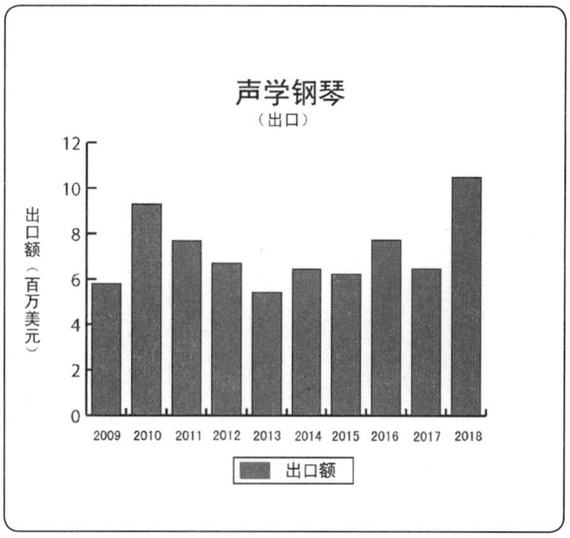
声学钢琴
（出口）
出口额（百万美元）
12
10
8
6
4
2
0
2009 2010 2011 2012 2013 2014 2015 2016 2017 2018
出口额

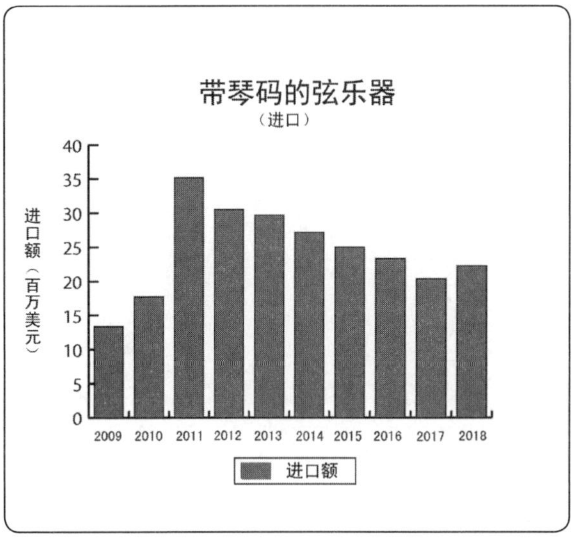
带琴码的弦乐器
（进口）
进口额（百万美元）
40
35
30
25
20
15
10
5
0
2009 2010 2011 2012 2013 2014 2015 2016 2017 2018
进口额

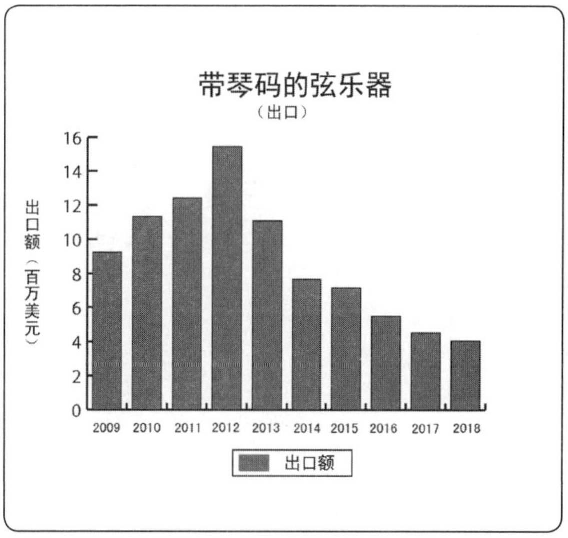
带琴码的弦乐器
（出口）
出口额（百万美元）
16
14
12
10
8
6
4
2
0
2009 2010 2011 2012 2013 2014 2015 2016 2017 2018
出口额

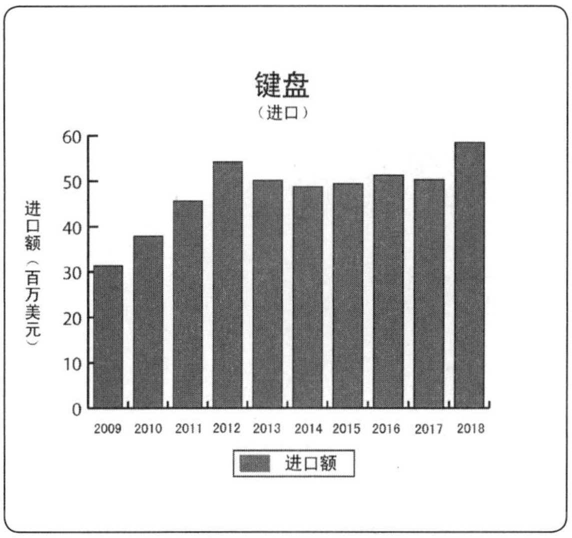
键盘
（进口）
进口额（百万美元）
60
50
40
30
20
10
0
2009 2010 2011 2012 2013 2014 2015 2016 2017 2018
进口额

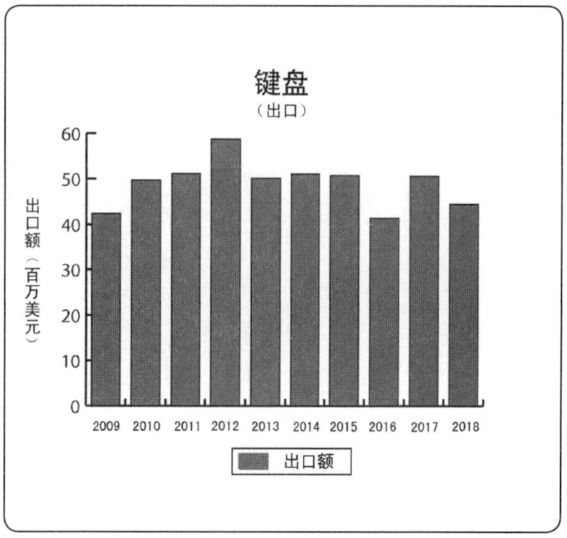
键盘
（出口）
出口额（百万美元）
60
50
40
30
20
10
0
2009 2010 2011 2012 2013 2014 2015 2016 2017 2018
出口额

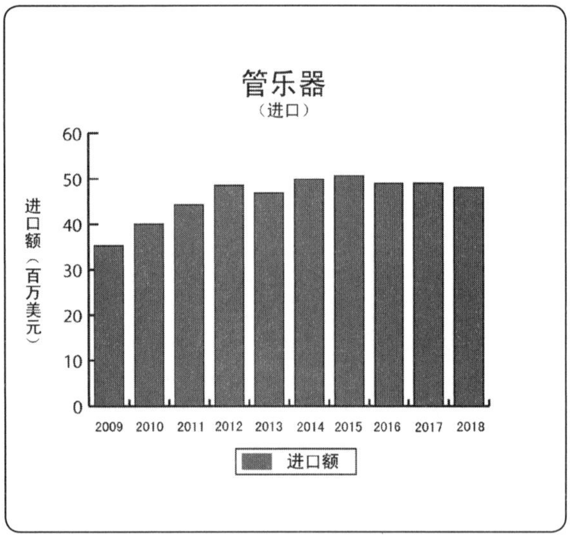
管乐器
（进口）
进口额（百万美元）
60
50
40
30
20
10
0
2009 2010 2011 2012 2013 2014 2015 2016 2017 2018
进口额

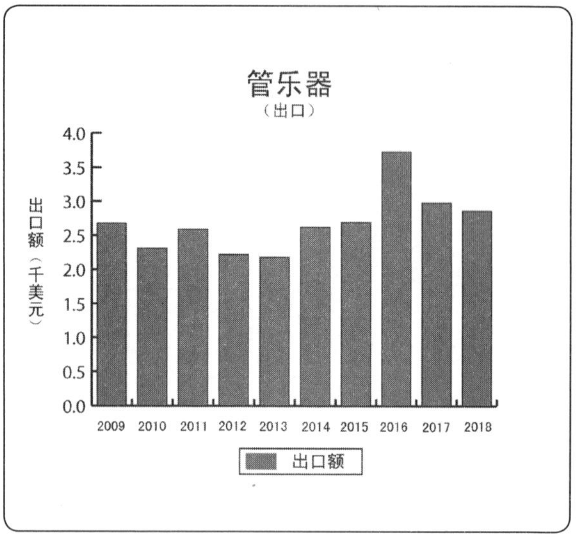
管乐器
（出口）
出口额（千美元）
4.0
3.5
3.0
2.5
2.0
1.5
1.0
0.5
0.0
2009 2010 2011 2012 2013 2014 2015 2016 2017 2018
出口额

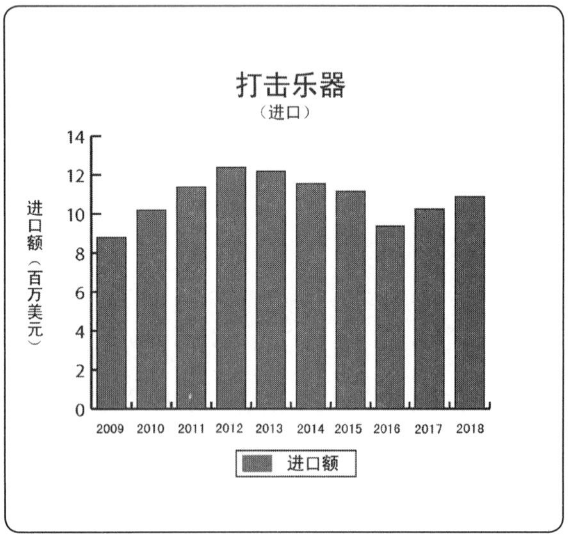
打击乐器
（进口）
进口额（百万美元）
14
12
10
8
6
4
2
0
2009 2010 2011 2012 2013 2014 2015 2016 2017 2018
进口额

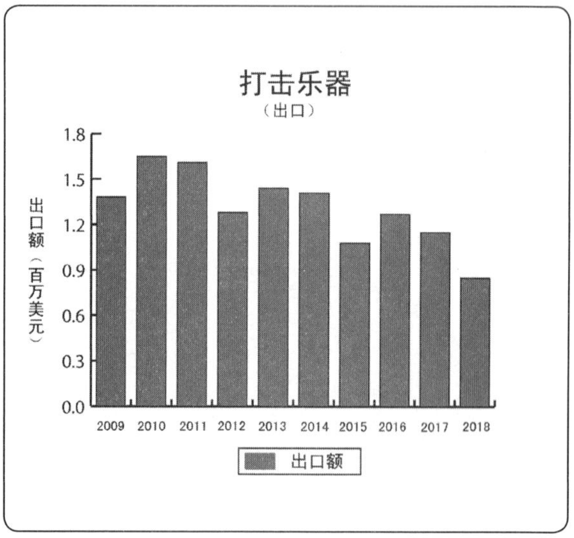
打击乐器
（出口）
出口额（百万美元）
1.8
1.5
1.2
0.9
0.6
0.3
0.0
2009 2010 2011 2012 2013 2014 2015 2016 2017 2018
出口额

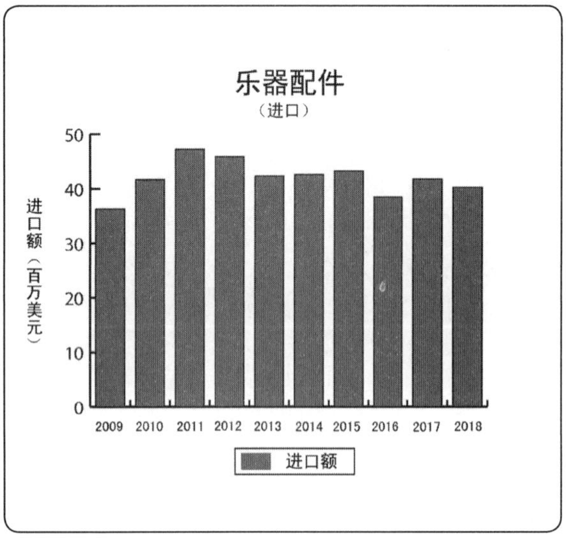
乐器配件
（进口）
进口额（百万美元）
50
40
30
20
10
0
2009 2010 2011 2012 2013 2014 2015 2016 2017 2018
进口额

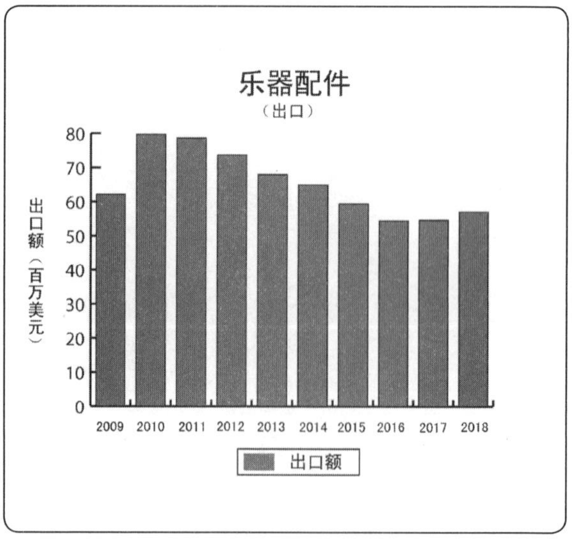
乐器配件
（出口）
出口额（百万美元）
80
70
60
50
40
30
20
10
0
2009 2010 2011 2012 2013 2014 2015 2016 2017 2018
出口额

荷　兰

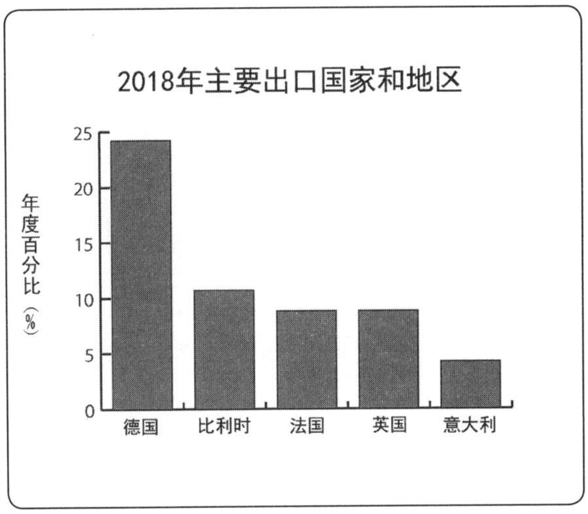
2018年主要出口国家和地区
年度百分比（%）
25
20
15
10
5
0
德国
比利时
法国
英国
意大利

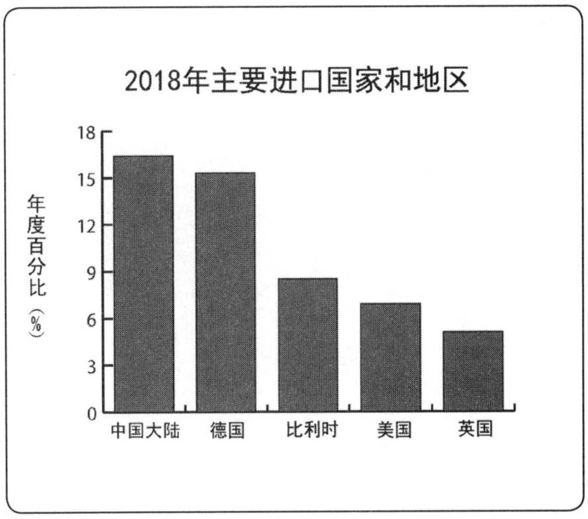
2018年主要进口国家和地区
年度百分比（%）
18
15
12
9
6
3
0
中国大陆
德国
比利时
美国
英国

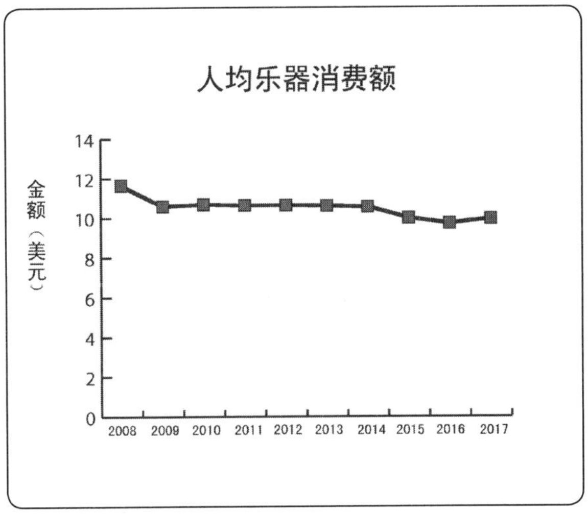
人均乐器消费额
金额（美元）
14
12
10
8
6
4
2
0
2008
2009
2010
2011
2012
2013
2014
2015
2016
2017

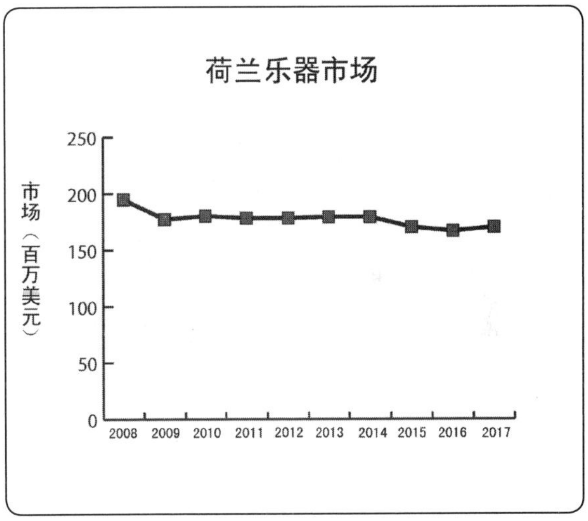
荷兰乐器市场
市场（百万美元）
250
200
150
100
50
0
2008
2009
2010
2011
2012
2013
2014
2015
2016
2017

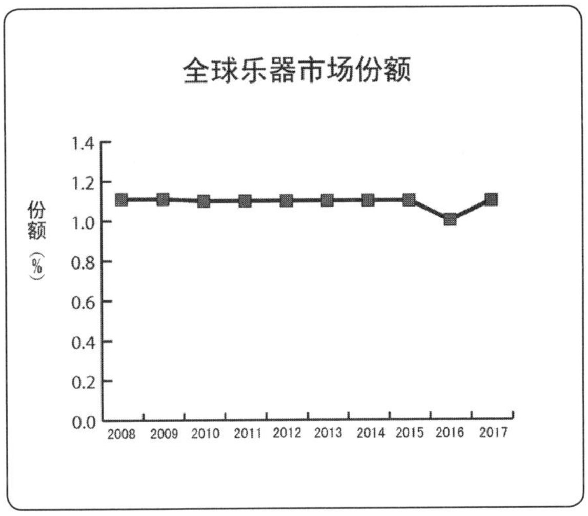
全球乐器市场份额
份额（%）
1.4
1.2
1.0
0.8
0.6
0.4
0.2
0.0
2008
2009
2010
2011
2012
2013
2014
2015
2016
2017

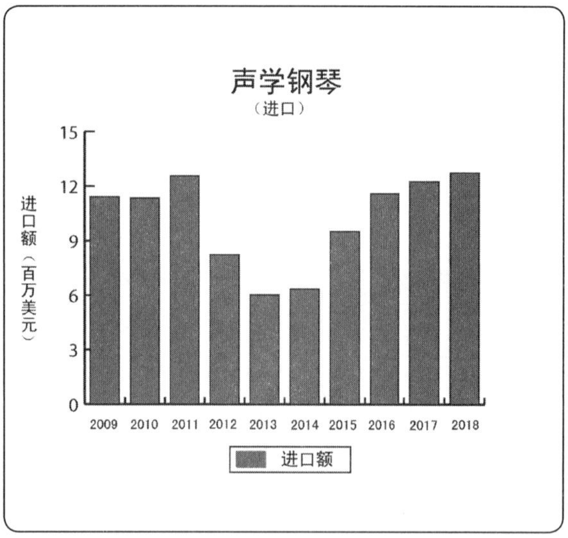
声学钢琴
（进口）
进口额（百万美元）
15
12
9
6
3
0
2009 2010 2011 2012 2013 2014 2015 2016 2017 2018
进口额

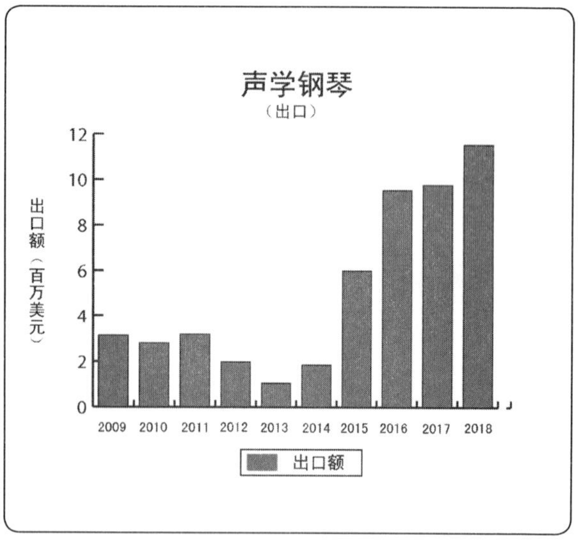
声学钢琴
（出口）
出口额（百万美元）
12
10
8
6
4
2
0
2009 2010 2011 2012 2013 2014 2015 2016 2017 2018
出口额

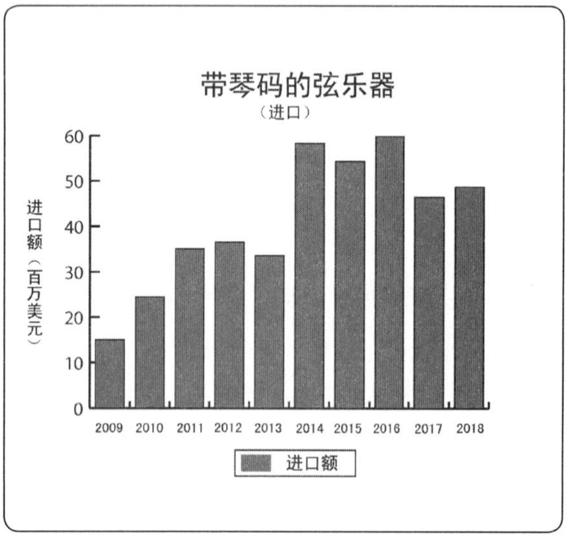
带琴码的弦乐器
（进口）
进口额（百万美元）
60
50
40
30
20
10
0
2009 2010 2011 2012 2013 2014 2015 2016 2017 2018
进口额

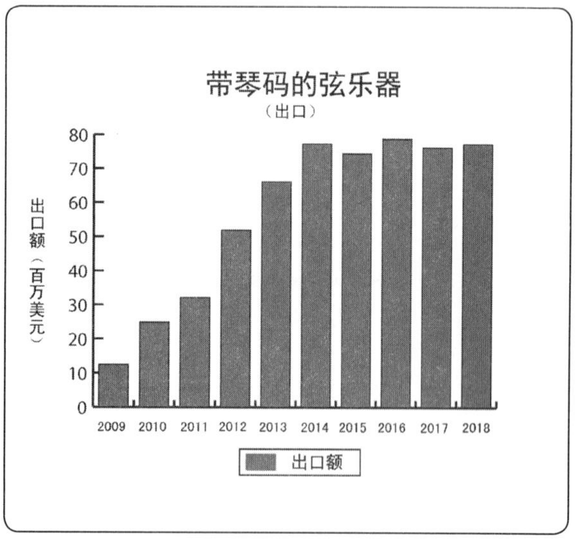
带琴码的弦乐器
（出口）
出口额（百万美元）
80
70
60
50
40
30
20
10
0
2009 2010 2011 2012 2013 2014 2015 2016 2017 2018
出口额

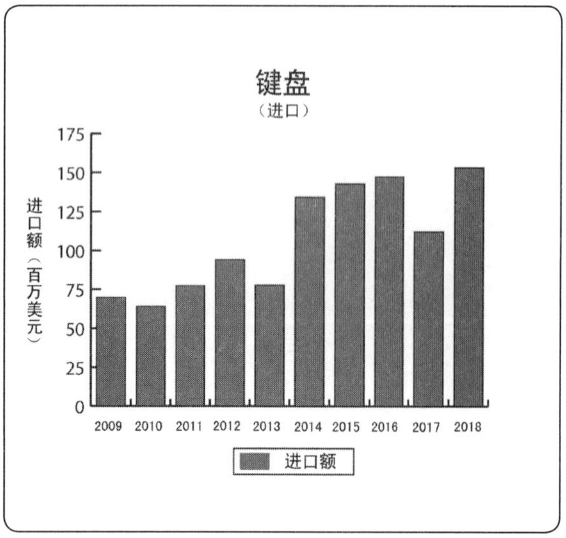
键盘
（进口）
进口额（百万美元）
175
150
125
100
75
50
25
0
2009 2010 2011 2012 2013 2014 2015 2016 2017 2018
进口额

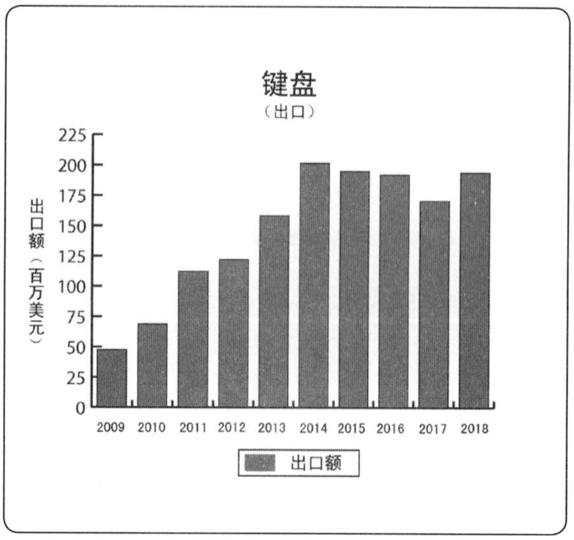
键盘
（出口）
出口额（百万美元）
225
200
175
150
125
100
75
50
25
0
2009 2010 2011 2012 2013 2014 2015 2016 2017 2018
出口额

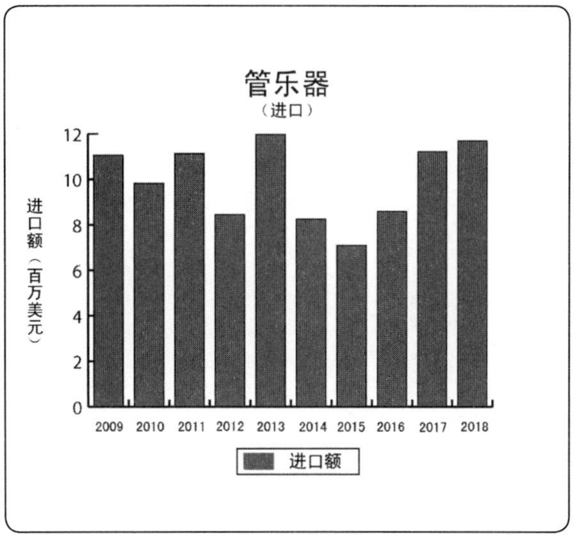
管乐器
（进口）
进口额（百万美元）
0
2
4
6
8
10
12
2009 2010 2011 2012 2013 2014 2015 2016 2017 2018
进口额

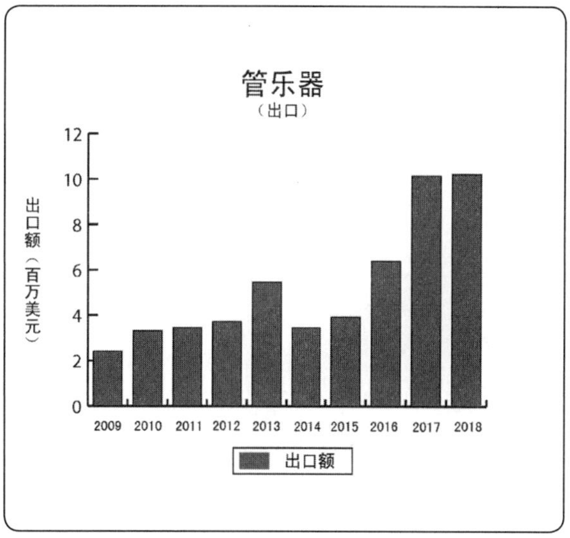
管乐器
（出口）
出口额（百万美元）
0
2
4
6
8
10
12
2009 2010 2011 2012 2013 2014 2015 2016 2017 2018
出口额

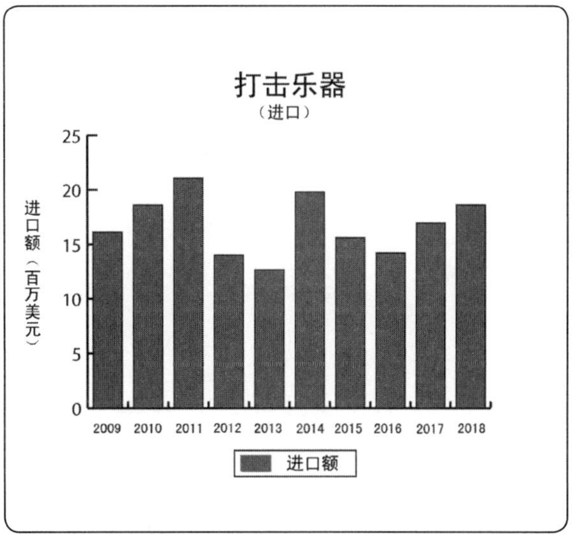
打击乐器
（进口）
进口额（百万美元）
0
5
10
15
20
25
2009 2010 2011 2012 2013 2014 2015 2016 2017 2018
进口额

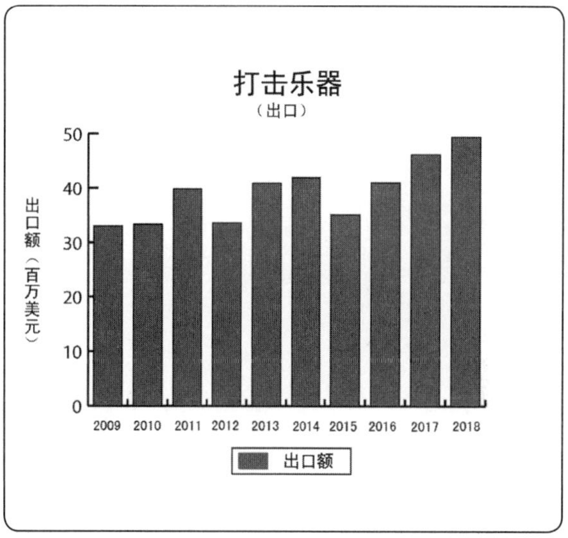
打击乐器
（出口）
出口额（百万美元）
0
10
20
30
40
50
2009 2010 2011 2012 2013 2014 2015 2016 2017 2018
出口额

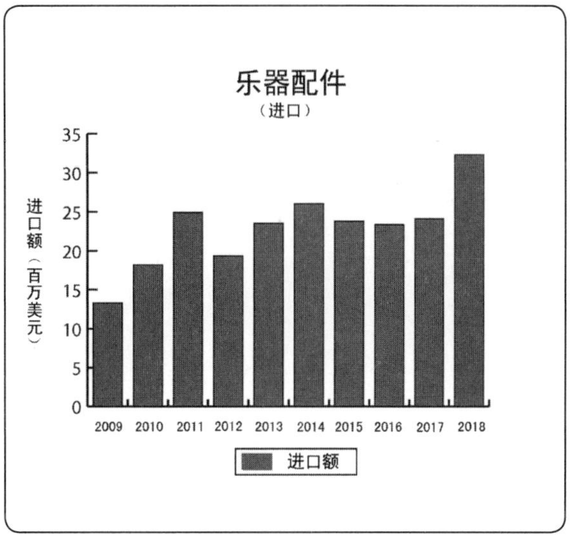
乐器配件
（进口）
进口额（百万美元）
0
5
10
15
20
25
30
35
2009 2010 2011 2012 2013 2014 2015 2016 2017 2018
进口额

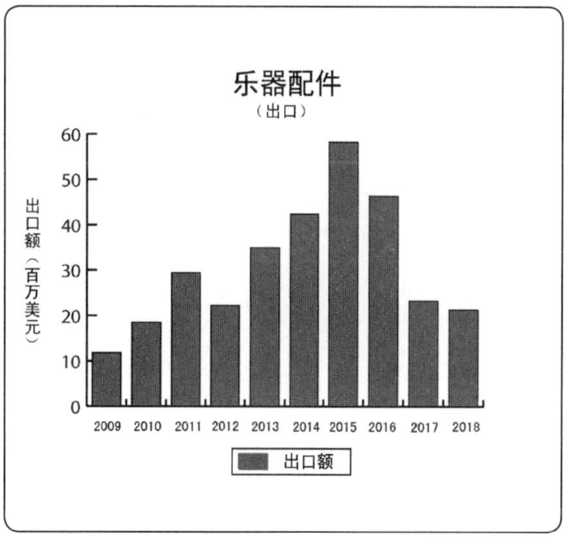
乐器配件
（出口）
出口额（百万美元）
0
10
20
30
40
50
60
2009 2010 2011 2012 2013 2014 2015 2016 2017 2018
出口额

俄罗斯

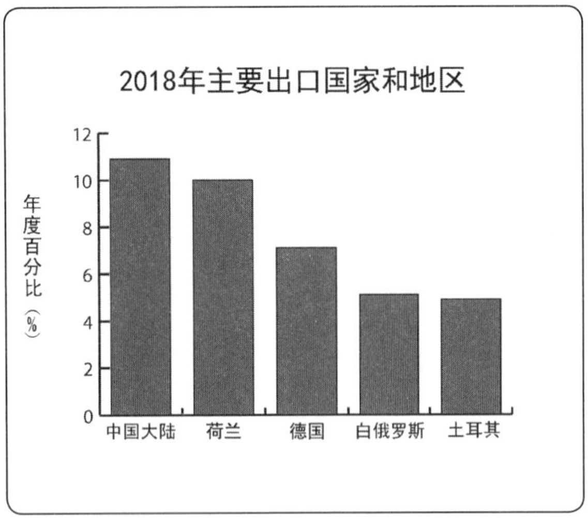
2018年主要出口国家和地区
年度百分比（%）
12
10
8
6
4
2
0
中国大陆
荷兰
德国
白俄罗斯
土耳其

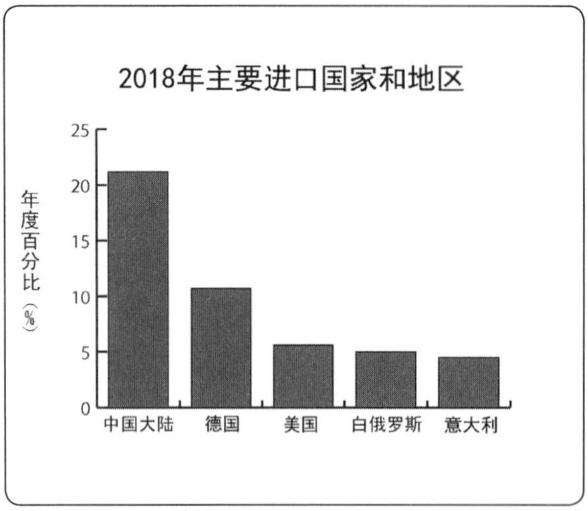
2018年主要进口国家和地区
年度百分比（%）
25
20
15
10
5
0
中国大陆
德国
美国
白俄罗斯
意大利

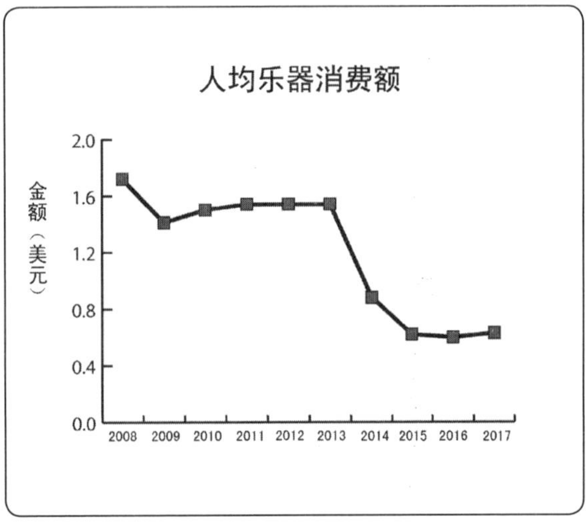
人均乐器消费额
金额（美元）
2.0
1.6
1.2
0.8
0.4
0.0
2008
2009
2010
2011
2012
2013
2014
2015
2016
2017

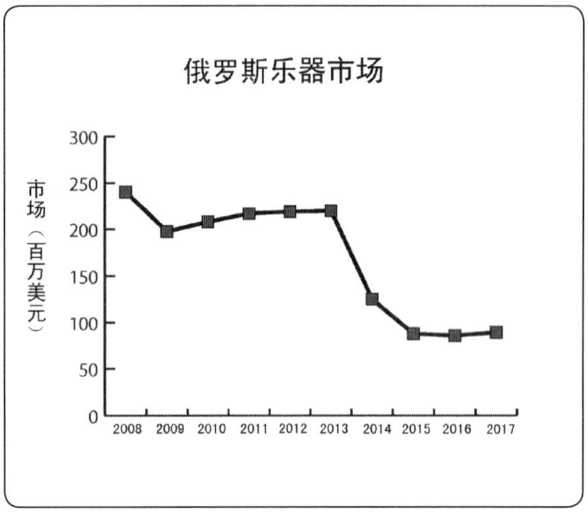
俄罗斯乐器市场
市场（百万美元）
300
250
200
150
100
50
0
2008
2009
2010
2011
2012
2013
2014
2015
2016
2017

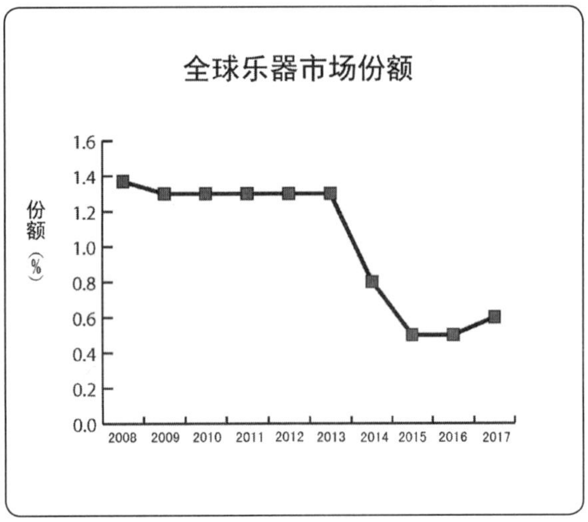
全球乐器市场份额
份额（%）
1.6
1.4
1.2
1.0
0.8
0.6
0.4
0.2
0.0
2008
2009
2010
2011
2012
2013
2014
2015
2016
2017

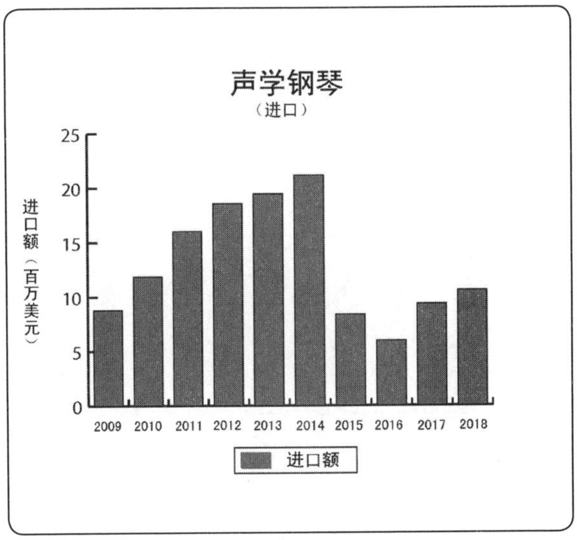
声学钢琴
（进口）
进口额（百万美元）
0
5
10
15
20
25
2009 2010 2011 2012 2013 2014 2015 2016 2017 2018
进口额

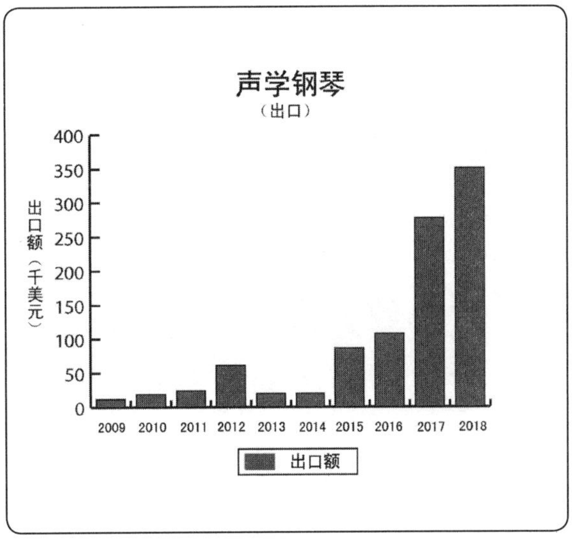
声学钢琴
（出口）
出口额（千美元）
0
50
100
150
200
250
300
350
400
2009 2010 2011 2012 2013 2014 2015 2016 2017 2018
出口额

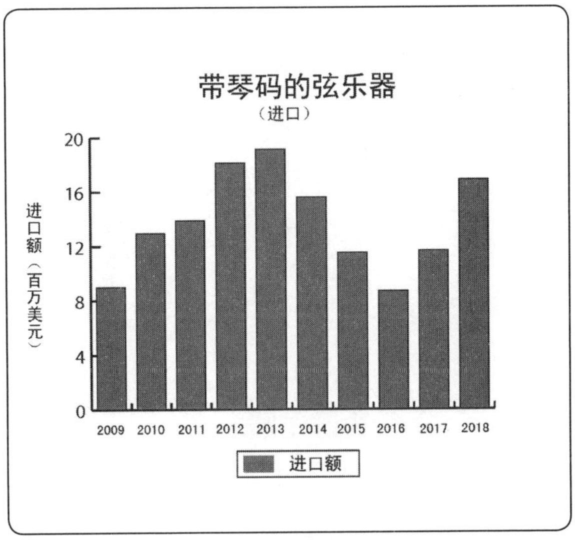
带琴码的弦乐器
（进口）
进口额（百万美元）
0
4
8
12
16
20
2009 2010 2011 2012 2013 2014 2015 2016 2017 2018
进口额

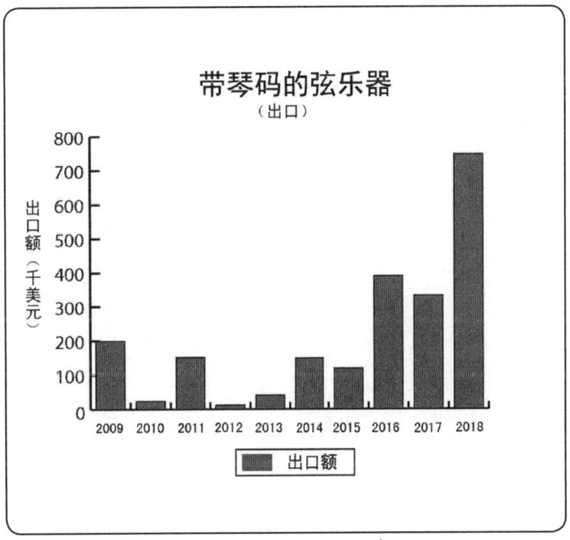
带琴码的弦乐器
（出口）
出口额（千美元）
0
100
200
300
400
500
600
700
800
2009 2010 2011 2012 2013 2014 2015 2016 2017 2018
出口额

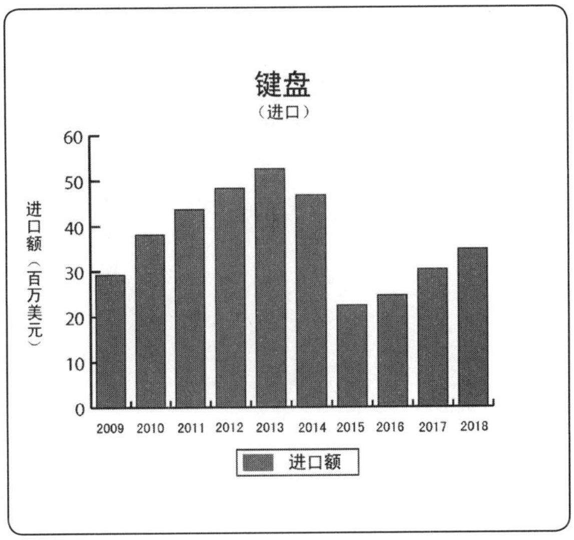
键盘
（进口）
进口额（百万美元）
0
10
20
30
40
50
60
2009 2010 2011 2012 2013 2014 2015 2016 2017 2018
进口额

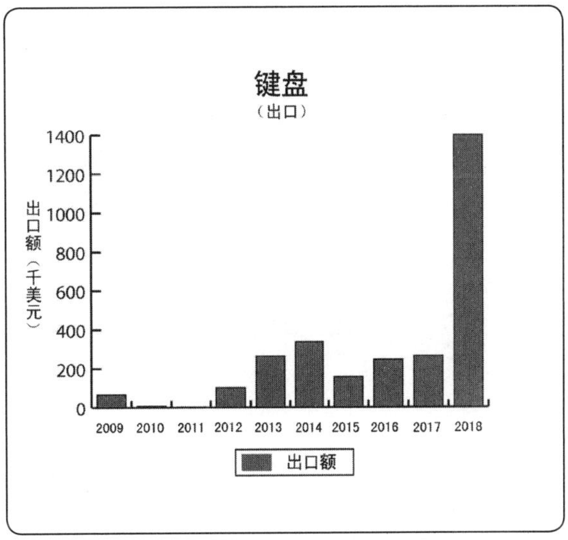
键盘
（出口）
出口额（千美元）
0
200
400
600
800
1000
1200
1400
2009 2010 2011 2012 2013 2014 2015 2016 2017 2018
出口额

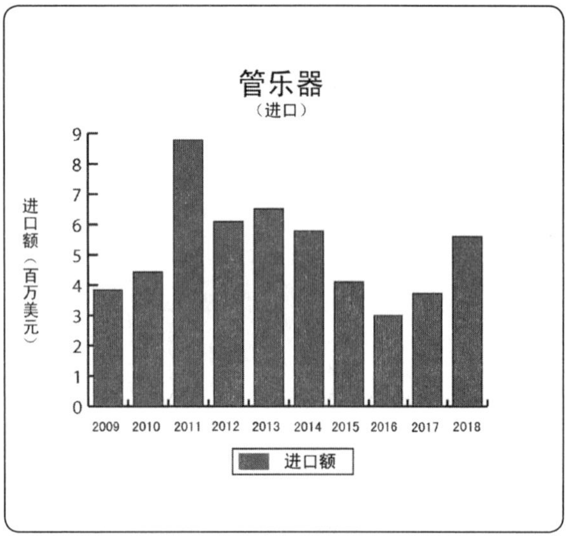
管乐器
（进口）
进口额（百万美元）
9
8
7
6
5
4
3
2
1
0
2009 2010 2011 2012 2013 2014 2015 2016 2017 2018
进口额

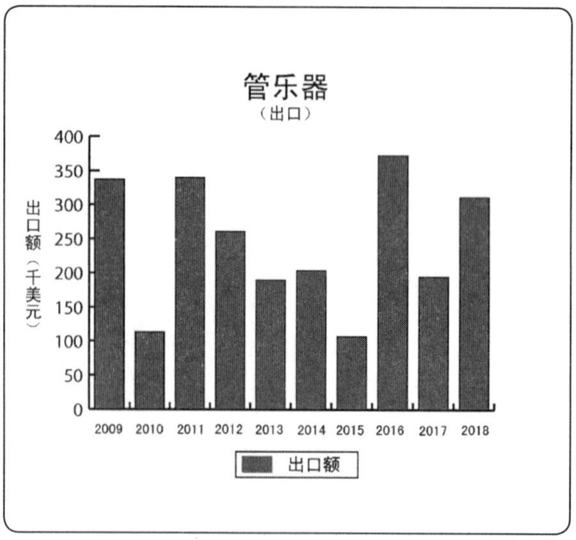
管乐器
（出口）
出口额（千美元）
400
350
300
250
200
150
100
50
0
2009 2010 2011 2012 2013 2014 2015 2016 2017 2018
出口额

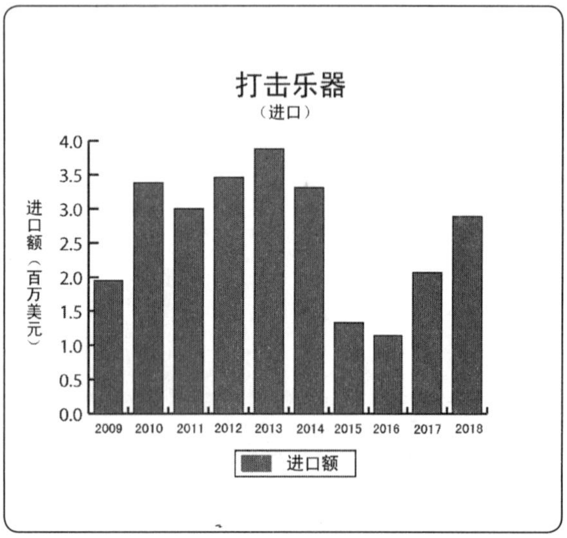
打击乐器
（进口）
进口额（百万美元）
4.0
3.5
3.0
2.5
2.0
1.5
1.0
0.5
0.0
2009 2010 2011 2012 2013 2014 2015 2016 2017 2018
进口额

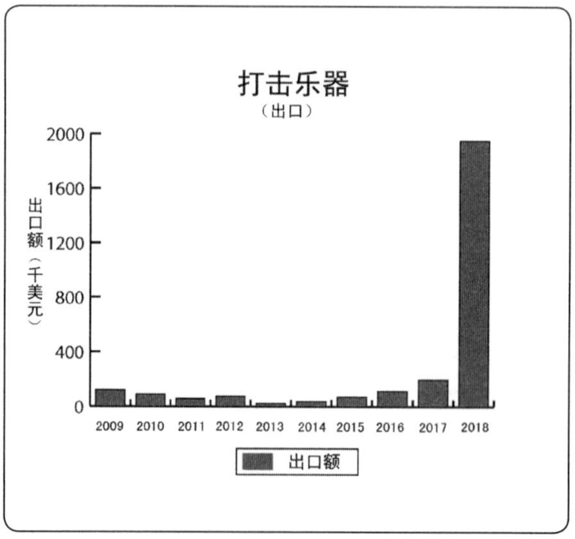
打击乐器
（出口）
出口额（千美元）
2000
1600
1200
800
400
0
2009 2010 2011 2012 2013 2014 2015 2016 2017 2018
出口额

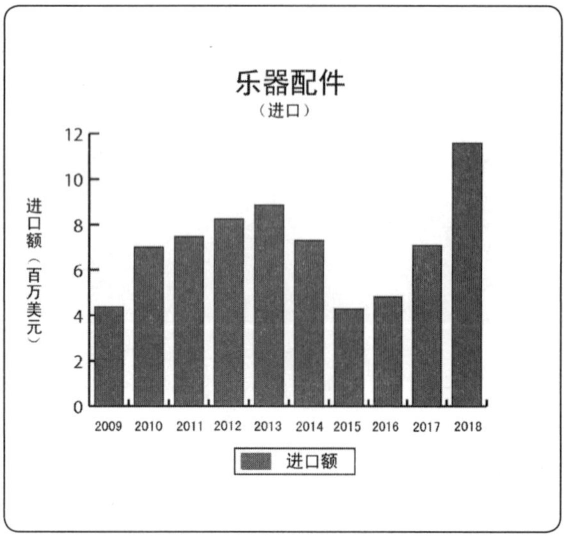
乐器配件
（进口）
进口额（百万美元）
12
10
8
6
4
2
0
2009 2010 2011 2012 2013 2014 2015 2016 2017 2018
进口额

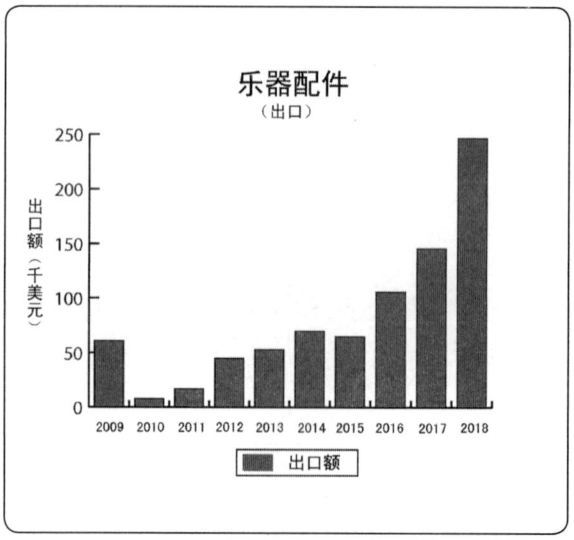
乐器配件
（出口）
出口额（千美元）
250
200
150
100
50
0
2009 2010 2011 2012 2013 2014 2015 2016 2017 2018
出口额

图书在版编目（CIP）数据

中国乐器年鉴. 2019 / 中国乐器协会编. -- 北京 ：
中国轻工业出版社, 2019.11
ISBN 978-7-5184-2697-3

Ⅰ. ①中… Ⅱ. ①中… Ⅲ. ①乐器－制造工业－中国
－2019－年鉴 Ⅳ. ①TS953-54

中国版本图书馆CIP数据核字(2019)第218176号

责任编辑：李建华
策划编辑：刘云辉　杜宇芳　　　责任终审：劳国强
封面设计：郑　雷　　　　　　　版式设计：王　超　郑　雷

出版发行：中国轻工业出版社（北京东长安街6号，邮编：100740）
印　　刷：北京久佳印刷有限责任公司
经　　销：各地新华书店
版　　次：2019年11月第1版第1次印刷
开　　本：889×1194　1/16　　　　印张：26
字　　数：800千字　　　　　　　　插页：30
书　　号：ISBN 978-7-5184-2697-3　　定价：300.00 元
邮购电话：010-65241695
发行电话：010-85119835　　　传真：85113293
网　　址：http://www.chlip.com.cn
Email：club@chlip.com.cn
如发现图书残缺请与我社邮购联系调换
191055K4X101HBW